GUANGFU JIANZHU YITIHUA GONGCHENG
SHEJI YU YINGYONG

光伏建筑一体化工程设计与应用

李英姿　编著

中国电力出版社
CHINA ELECTRIC POWER PRESS

内 容 简 介

本书以国家、行业最新颁布的光伏并网发电相关系列设计标准和规范为依据，涵盖了光伏建筑一体化、光伏并网电气系统设计、光伏系统接入电网方案、光伏方阵设计、直流和交流电气设备选型、光伏直流系统保护、计量与监测、安全防护、安装型（BAPV）和集成型光伏建筑（BIPV）设计等方面的具体内容。

全书以光伏建筑一体化中的光伏并网电气系统设计所涉及的内容为剖析对象，详细分析讲解了光伏发电标准、系统可行性研究和规划方案、并网接入方案、工程计算、并网技术要求、电气系统设计、安全系统设计、设备选型等有关的设计规范、设计要求、设计计算、设计方法和设计内容，最后给出了 BAPV 和 BIPV中光伏应用的设计和安装等相关内容。

本书突出工程实践和理论知识的应用，涉及 IEC 标准、国家标准、行业标准等不同体系和要求，可以作为学习光伏发电工程设计专业知识的配套学习材料，特别适合刚刚从事光伏发电系统设计、施工、监理、维护管理和其他相关专业的工程技术人员阅读，也适合高等院校相关专业作为工程实践教学环节的辅助参考教材。

图书在版编目（CIP）数据

光伏建筑一体化工程设计与应用/李英姿编著. —北京：中国电力出版社，2016.1（2019.8 重印）

ISBN 978-7-5123-8141-4

Ⅰ.①光… Ⅱ.①李… Ⅲ.①太阳能发电-太阳能建筑-建筑设计 Ⅳ.①TU18

中国版本图书馆 CIP 数据核字（2015）第 183156 号

中国电力出版社出版发行
北京市东城区北京站西街 19 号　100005　http://www.cepp.sgcc.com.cn
责任编辑：杨淑玲　责任印制：杨晓东　责任校对：李　楠
航远印刷有限公司印刷・各地新华书店经售
2016 年 1 月第 1 版・2019 年 8 月第 3 次印刷
787mm×1092mm　1/16・25.25 印张・603 千字
定价：**68.00** 元

前　言

本书依据国家最新颁布的与光伏并网发电相关的系列设计规范来撰写，内容涉及光伏建筑一体化、光伏并网电气系统设计、系统接入电网方案、方阵设计、直流和交流电气设备选型、光伏直流系统保护、计量与监测、安全防护、安装型（BAPV）和集成型光伏建筑（BIPV）设计等方面的内容。通过详细而完整地讲解光伏并网发电系统设计的各个子系统的设计细节，使读者能够比较全面了解光伏发电设计的内容深度、设计要求和配合协调等问题。

本书共有十二章。

第一章重点介绍国内外光伏并网发电的发展现状，国内光伏政策、光伏发电系统设计规范以及光伏并网系统项目的前期准备等内容。使读者了解光伏并网系统设计的依据。

第二章重点介绍光伏建筑一体化，包括光伏建筑一体化的发展历程、分类、应用形式与前期的规划设计等内容。该部分内容以国内行业标准为基础，突出光伏建筑一体化的应用和前期准备内容。

第三章重点介绍光伏并网电气系统设计，包括项目设计前期太阳能资源分析和可研、并网规划设计、并网接入对配电网的影响、接入架构设计和并网电气系统设计等。便于读者从全局角度了解光伏并网发电系统设计过程中各个不同阶段的工作任务和具体内容要求。

第四章重点介绍光伏发电系统接入电网方案，即单点接入电网和多点接入电网方案的并网技术要求、内容和深度。具体包括接入电网电气设备、继电保护及安全自动装置、调度自动化、通信、计量与结算等。该部分以国家电网公司的标准为主，主要解决光伏并网系统与电网之间的接口问题。

第五章重点介绍光伏方阵设计，包括光伏组件技术参数和选型、光伏方阵计算、方阵设计、方阵连接。该部分内容以 IEC 标准为依据，重点内容是解决光伏方阵的整体设计与细节设计的问题。

第六章重点介绍直流电气设备选型，包括光伏接线盒、汇流设备、直流配电柜、光伏电缆、光伏连接器、逆变器等内容。该部分以国家标准和企业标准为重要论述依据，得到光伏发电系统的直流部分硬件的合理配置。

第七章重点介绍交流电气设备选型，包括交流配电柜、交流电缆、SVG 无功补偿装置、变压器等。该部分同样以国家标准和企业标准为重要论述依据，保证光伏发电系统的交流部分硬件的合理配置。

第八章重点介绍光伏直流系统保护，包括光伏组件故障与旁路二极管保护、直流侧过电流保护、直流侧开关设备以及光伏并网特有的逆功率保护等，这是保证光伏电源安全正常运行的保障。

第九章重点介绍光伏并网系统计量与监测，包括上网电价、并网计量点、并网计量方案、光伏并网在线监测系统和系统采集与监测的数据。该部分以国家光伏电价政策、国家标准和电网企业标准为依据，最大限度满足并网接入点的计量和监测，确保用户和电网双方的经济效益和安全运行。

第十章重点介绍并网发电系统安全防护，包括并网系统过电压、直击雷防护、电磁脉冲防护、光伏方阵的接地、等电位联结等内容。此部分内容既参考了国家相关标准，又引入了 IEC

标准，力保光伏建筑免受外界侵害。

第十一章重点介绍安装型光伏建筑（BAPV）设计，主要涉及BAPV建筑设计要求、光伏支架设计、结构设计、平面屋顶、坡屋面、钢板屋面光伏组件的安装，这部分只介绍光伏一体化设计中应用最广的，意在突出BAPV的设计安装要求。

第十二章重点介绍集成型光伏建筑（BIPV）设计，包括光伏一体化的光伏组件、光伏组件的一体化设计、光伏幕墙、嵌入式斜面屋顶的安装、屋顶光伏瓦的安装和光伏遮阳，这部分内容与建筑、结构等专业结合密切，也是光伏系统在建筑领域应用最灵活的部分。

本书的第四章由青岛能源集团青岛泰能热电有限公司的刘晓峰撰写，第九章由广东电网有限公司佛山供电局的郭羚撰写，第十一章由北京京东方能源科技有限公司运营维护部王少义撰写，其余章节由北京建筑大学电气工程与自动化系的李英姿撰写。

全书在编写过程中，参阅了大量的参考书籍和国家有关规范和标准及相关的论文，将其中比较成熟的内容加以引用，并作为参考书目列于本书之后，以便读者查阅。在此对参考书籍的原作者表示衷心感谢。

由于目前光伏发电技术发展迅速，而作者的认识和专业水平有限，加之时间仓促，书中必定存在有不妥、疏忽或错误之处，敬请专家和读者批评指正。

编　者

目 录

第一章　绪　论

第一节　光伏并网发电系统的发展现状

一、国外光伏并网发电系统的发展现状

1. *发展历史*

光伏发电是利用半导体界面的光生伏特效应而将光能直接转变为电能的一种技术。这种技术的关键元件是太阳能电池。太阳能电池经过串联后进行封装保护可形成大面积的光伏电池组件。

光伏发电的发展经历了以下几个阶段：

(1) 第一阶段（1954—1970 年）。

1839 年，法国科学家贝克雷尔（Becqurel）发现，光照能使半导体材料的不同部位之间产生电位差。这种现象后来被称为“光生伏特效应”，简称“光伏效应”。

1954 年，美国科学家恰宾（Chapin）和皮尔松（Pearson）在美国贝尔实验室首次制成了实用的单晶硅光伏电池，当时的效率为 6%，成为光伏发展史上的一个里程碑，标志着光伏发电的实际应用真正开始迈步。同年，韦克尔发现了 GaAs 亦有光伏效应，并在玻璃上沉积 CdS 薄膜，制成第一块薄膜光伏电池。诞生了将太阳光能转换为电能的实用光伏发电技术。

(2) 第二阶段（1970—1990 年）。

20 世纪 70 年代，随着现代工业的发展，全球能源危机和大气污染问题日益突出，传统的燃料能源正在一天天减少，对环境造成的危害日益突出，同时全球约有 20 亿人得不到正常的能源供应。全世界都把目光投向了太阳能能源。

20 世纪 80 年代后，太阳能电池的种类不断增多，应用范围日益广泛，市场规模也逐步扩大。

(3) 第三阶段（1990—2010 年）。

20 世纪 90 年代后，光伏发电快速发展。

1995 年光伏电池的转换效率实现奇迹般飞跃，高效聚光 GaAs 光伏电池效率达到 32%，高于以往任何水平。

2006 年世界上已经建成了十几座兆瓦级光伏发电系统，6 个兆瓦级的并网光伏电站。

美国是最早制定光伏发电发展规划的国家。1997 年又提出“百万屋顶”计划。

日本 1992 年启动了新阳光计划，到 2003 年日本光伏组件生产占世界的 50%，世界前 10 大厂商有 4 家在日本。而德国新的可再生能源法规定了光伏发电上网电价，大大推动了光伏市场和产业发展，使德国成为继日本之后世界光伏发电发展最快的国家。瑞士、法国、意大利、西班牙、芬兰等国，也纷纷制订光伏发展计划，并投巨资进行技术开发和加速工业化进程。

2. 全球光伏市场

在化石能源短缺、CO_2 减排压力及多国财政补贴政策刺激下，光伏发电成为全球发展最快的可再生能源发电技术。

全球清洁能源市场在 2011 年巨幅放量，尽管存在着经济、政治和价格障碍。全球太阳能光伏、风能和生物能源收入上升 31%，达到 2461 亿美元，2010 年仅为 1881 亿美元。这种增长归功于风能和太阳能市场实现的两位数增长率。

对于全球光伏市场，其中包括组件、系统部件和项目安装，收入达到 916 亿美元，而 2010 年则为 712 亿美元。光伏安装项目量增长了超过 69%，从 2010 年的 15.6GW 上升到 2011 年的 26GW。

根据欧洲光伏行业协会（EPIA）公布的 2013 年全球光伏产业统计数据，见表 1-1。

表 1-1 2000—2013 年全球光伏新增装机区域统计 （单位：MW）

年份/年	中国	美国	欧洲	其他地区	合计
2000	19	2	58	214	293
2001	2	3	133	186	324
2002	19	30	134	271	454
2003	10	48	202	306	566
2004	10	61	705	312	1088
2005	8	82	985	314	1389
2006	10	110	997	430	1547
2007	20	166	2023	315	2524
2008	40	306	5708	607	6661
2009	160	500	5833	847	7340
2010	500	1082	13 616	1909	17 107
2011	2500	2181	22 407	3194	30 282
2012	3500	3774	17 580	5011	29 865
2013	11 300	5153	10 253	10 301	37 007

产业信息网发布的《2013—2018 年中国光伏发电产业全景调研及未来发展前景预测报告》显示，截至 2013 年度，全球光伏累计装机容量达 136 697MW，较 2012 年度增加 37 007MW，年度增长幅度为 37%。2013 年中国光伏装机总量超越美国成为全球第一大光伏装机市场，累计装机量达到 18 100MW，占全球光伏装机总量的 13.2%；美国累计装机排名降至全球第二位，2013 年度光伏装机总量为 13 518MW，见表 1-2。

表 1-2 2000—2013 年全球光伏累计装机容量分区域统计 （单位：MW）

年份/年	中国	美国	欧洲	其他地区	合计
2000	19	21	116	1119	1275
2001	24	24	249	1302	1599
2002	42	54	381	1573	2050
2003	52	102	580	1880	2614

续表

年份/年	中国	美国	欧洲	其他地区	合计
2004	62	163	1283	2192	3700
2005	70	246	2264	2505	5085
2006	80	355	3258	2936	6629
2007	100	522	5274	3250	9146
2008	140	828	10 970	3857	15 795
2009	300	1328	16 777	4703	23 108
2010	800	2410	30 352	6621	40 183
2011	3300	4590	52 462	9816	70 168
2012	6800	8365	69 699	14 826	99 690
2013	18 100	13 518	79 952	25 127	136 697

在欧洲传统光伏市场和美国、日本、中国等新兴市场的共同作用下，欧洲光伏协会预计，2011—2015年全球新增光伏装机容量将以年均复合增长率20.04%的速度稳定增长，2015年全球新增光伏装机容量达到43.90GWp，如图1-1所示。

全球电力总装机容量很可能将从2013年的190GW翻番至2019年的389GW。报告指出，截至2013年末，全球分布式光伏发电量约达92GW，占全球分布式总发电量的比例为48%。报告预测，到2019年底，亚太地区分布式光伏装机量将至89GW，主要源于中日不断扩大的太阳能市场。

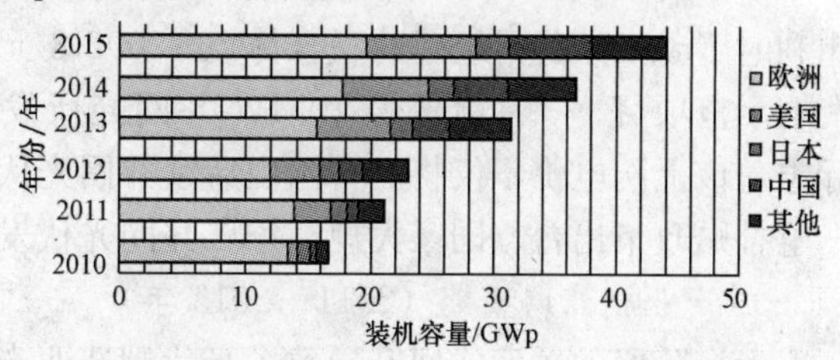

图1-1 2015年全球新增光伏装机容量

二、国内光伏并网发电的发展现状

1. 国内光伏发展历程

发展历程包括了快速发展时期、首度调整期、爆发式回升期等产业剧烈调整期和产业逐渐回暖期。

20世纪90年代中期后，中国的光伏发电进入稳步发展时期，光伏电池及组件产量逐年增加。经过30多年的努力，21世纪初迎来了快速发展的新阶段。

中国的光伏产业的发展有两次跳跃，第一次是在20世纪80年代末，中国的改革开放正处于蓬勃发展时期，国内先后引进了多条光伏电池生产线，使中国的光伏电池生产能力由原来的三个小厂的几百千瓦一下子上升到六个厂的4.5MW，引进的光伏电池生产设备和生产线的投资主要来自中央政府、地方政府、国家工业部委和国家大型企业。

2. 快速发展期（2004—2008年）

随着德国出台EGG法案，欧洲国家大力补贴支持光伏发电产业，中国光伏制造业在此背景下，利用国外的市场、技术、资本，迅速形成规模。2007年中国超越日本成为全球最大的光伏发电设备生产国。以尚德电力、江西赛维为代表的一批光伏制造业企业先后登陆美国资本市场，获得市场追捧。光伏发电设备的核心原材料——多晶硅的价格突破400美元/kg。

到2007年年底，中国光伏系统的累计装机容量达到100MW，从事太阳能电池生产的企业达到50余家，太阳能电池生产能力达到2900MW，太阳能电池年产量达到1188MW，超过日本和欧洲，并已初步建立起从原材料生产到光伏系统建设等多个环节组成的完整产业链，特别是多晶硅材料生产取得了重大进展，突破了年产千吨大关，冲破了太阳能电池原材料生产的瓶颈制约，为中国光伏发电的规模化发展奠定了基础。2007年是中国太阳能光伏产业快速发展的一年。

3. 首度调整期（2008—2009年）

全球金融危机爆发，光伏电站融资困难，加之欧洲如西班牙等国的支持政策急刹车等导致需求减退，中国的光伏制造业经历了重挫，产品价格迅速下跌，其中多晶硅的价格更是跌落到约40美元/kg的水平。

4. 爆发式回升期（2009—2010年）

德国、意大利市场在光伏发电补贴力度预期削减和金融危机导致光伏产品价格下跌的背景之下，爆发了抢装潮，市场迅速回暖。而与此同时，我国出台4万亿元救市政策，光伏产业获得战略性新兴产业的定位，催生了新一轮光伏产业投资热潮。作为光伏产业晴雨表的多晶硅价格也迅速回升到90美元/kg的水平。

2009年6月，由中广核能源开发有限责任公司、江苏百世德太阳能高科技有限公司和比利时Enfinity公司组建的联合体以1.0928元/(kW·h)的价格，竞标成功我国首个光伏发电示范项目——甘肃敦煌10MW并网光伏发电场项目。1.09元/(kW·h)电价的落定，标志着该上网电价不仅将成为国内后续并网光伏电站的重要基准参考价，同时也是国内光伏发电补贴政策出台、国家大规模推广并网光伏发电的重要依据。

5. 产业剧烈调整期（2011—2013年）

上一阶段的爆发式回升导致了光伏制造业产能增长过快，但是欧洲补贴力度削减带来的市场增速放缓，导致光伏制造业陷入严重的阶段性过剩，产品价格大幅下滑，贸易保护主义兴起。我国光伏制造业再次经历挫折，几乎陷入全行业亏损。多晶硅价格在此时期一度跌落到约15美元/kg的历史最低位。

6. 产业逐渐回暖期（2013年至今）

日本出台力度空前的光伏发电补贴政策，使市场供需矛盾有所缓和。同时，中欧光伏贸易纠纷通过承诺机制解决，中国以国务院24号文为代表的光伏产业支持政策密集出台，配套措施迅速落实。中国因此掀起光伏装机热潮，带动光伏产品价格开始回升，多晶硅价格微涨至约18美元/kg。

2014年上半年，全国新增光伏发电并网容量330万kW，比去年同期增长约100%，其中，新增光伏电站并网容量230万kW，新增分布式光伏并网容量100万kW。光伏发电累计上网电量约110亿kW·h，同比也增长超过200%。

第二节 国内光伏政策

一、推进光电建筑应用

2006年的《可再生能源法》和《可再生能源发电价格和费用分摊管理试行办法》明确了三项原则：电网企业要全额收购发电量；确定合理上网电价（合理成本加合理利润）；不

让电网企业赔钱，超出常规电价部分在全国电网分摊。

国家发改委2007年发布《可再生能源电价附加收入调配暂行办法》，提出了配额交易的概念；发改委能源局2007年发布《关于开展大型并网光伏示范电站建设有关要求的通知》，明确了大型并网光伏电站的上网电价通过招标确定；发改委能源局2008年3月3日发布《可再生能源发展十一五规划》；财政部2009年出台光电建筑补贴政策《太阳能光电建筑应用财政补助资金管理暂行办法》。

2011年4月国家能源局下发文件《国家能源局关于编制太阳能发电“十二五”发展规划的有关通知》，在“十二五”期间全国太阳能装机规模为10GW。2011年7月，国家发展改革委下发文件《国家发展改革委关于完善太阳能光伏发电上网电价政策的通知》，全国统一的太阳能光伏发电标杆上网电价［1.00元/(kW·h)或1.15元/(kW·h)］出台，这将规范我国太阳能光伏发电价格管理，极大促进太阳能光伏发电产业健康持续发展。

2011年8月初，国家发改委发布了《关于完善太阳能光伏发电上网电价政策的通知》，明确规定2012年7月1日前后核准的光伏发电项目的上网电价分别定为1.15元/(kW·h)和1.0元/(kW·h)。

2013年下半年，国务院发布《国务院关于促进光伏产业健康发展的若干意见》，即通常所说的24号文。之后各相关部门的配套措施、政策也纷纷到位。这其中最重要的几个文件和政策包括《财政部关于分布式光伏发电实行按照电量补贴政策等有关问题的通知》、《国家发展改革委关于调整可再生能源电价附加标准与环保电价有关事项的通知》和《国家发展改革委关于发挥价格杠杆作用促进光伏产业健康发展的通知》等。这些支持性政策的核心内容包括，“十二五”期间光伏装机量目标从21GW上调到35GW；确定补贴电价水平，大型并网光伏电站上网电价按照三个区域分别执行0.9元/(kW·h)、0.95元/(kW·h)、1.0元/(kW·h)的上网电价，分布式光伏发电享受0.42元/(kW·h)的全电量补贴，自用有余部分按照当地燃煤机组标杆上网电价上网的政策；明确补贴年限为20年；明确及充实补贴资金来源，即明确通过向非居民用电户收取可再生能源电价附加费的方式筹集补贴资金，并且把现有标准从0.008元/(kW·h)上调到0.015元/(kW·h)。

二、金太阳示范工程

1. 金太阳示范工程的内容

2009年7月16日国家三部委财政部、科技部、国家能源局联合印发了《关于实施金太阳示范工程的通知》(以下简称《通知》)，随后又公布了具体的《金太阳示范工程财政补助资金管理暂行办法》决定综合采取财政补助、科技支持和市场拉动方式，加快国内光伏发电的产业化和规模化发展，并计划在2～3年内，采取财政补助方式支持不低于500MW的光伏发电示范项目。

《通知》表示，财政补助资金支持范围包括：

(1) 利用大型工矿、商业企业以及公益性事业单位现有条件建设的用户侧并网光伏发电示范项目。

(2) 提高偏远地区供电能力和解决无电人口用电问题的光伏、风光互补、水光互补发电示范项目。

(3) 在太阳能资源丰富地区建设的大型并网光伏发电示范项目。

(4) 光伏发电关键技术产业化示范项目，包括硅材料提纯、控制逆变器、并网运行等关键技术产业化。

(5) 光伏发电基础能力建设，包括太阳能资源评价、光伏发电产品及并网技术标准、规范制定和检测认证体系建设等。

2. 支持项目

《通知》规定，财政补助资金支持的项目必须符合以下条件：

(1) 已纳入本地区金太阳示范工程实施方案。

(2) 单个项目装机容量不低于300kWp。

(3) 建设周期原则上不超过1年，运行期不少于20年。

(4) 并网光伏发电项目的业主单位总资产不少于1亿元，项目资本金不低于总投资的30%。独立光伏发电项目的业主单位，具有保障项目长期运行的能力。此外，光伏发电项目的系统集成商和关键设备应通过招标的方式择优选择。并规定了相应的技术门槛。

此外，《通知》对于电网支持作出规定：各地电网企业应积极支持并网光伏发电项目建设，提供并网条件。用户侧并网的光伏发电项目所发电量原则上自发自用，富余电量及并入公共电网的大型光伏发电项目所发电量均按国家核定的当地脱硫燃煤机组标杆上网电价全额收购。

3. 政策文件

《关于实施金太阳示范工程的通知》(财建[2009]397号)附件有：金太阳示范工程财政补助资金管理暂行办法；《关于做好2010年金太阳集中应用示范工作的通知》(财建[2010]923号)；《关于加强金太阳示范工程和太阳能光电建筑应用示范工程建设管理的通知》(财建[2010]662号)；《关于做好2011年金太阳示范工作的通知》(财建[2011]380号)；《关于做好2012年金太阳示范工作的通知》(财建[2012]21号)；《关于公布2012年金太阳示范项目目录的通知》(财建[2012]177号)。

4. 电价

国家发改委能源研究所提出，光伏"平价并网"的概念包括两层意思：一是输电（发电）侧并网，属于发电站，要与常规上网电价相比较，则平价并网的电价为0.33～0.36元/(kW·h)；二是配电侧并网，即按照"净电表"方式运行，相当于电力公司用销售电价购买光伏电量，并网电价与销售电价相比较，为0.5～1.0元/(kW·h)。

三、光电建筑一体化

根据《财政部住房城乡建设部关于加快推进太阳能光电建筑应用的实施意见》(财建[2009]128号)和《财政部关于印发〈太阳能光电建筑应用财政补助资金管理暂行办法〉的通知》(财建[2009]129号)规定，可知：

1. 申报项目类型

重点支持太阳能光电建筑一体化安装且发电主要用于解决建筑用能的项目。

太阳能光电建筑一体化主要安装类型包括：

(1) 建材型。是指将太阳能电池与瓦、砖、卷材、玻璃等建筑材料复合在一起成为不可分割的建筑构件或建筑材料，如光伏瓦、光伏砖、光伏屋面卷材、玻璃光伏幕墙、光伏采光顶等。

(2) 构件型。是指与建筑构件组合在一起或独立成为建筑构件的光伏构件，如以标准普通光伏组件或根据建筑要求定制的光伏组件构成雨篷构件、遮阳构件、栏板构件等；与屋顶、墙面相结合安装型，指在平屋顶上安装、坡屋面上顺坡架空安装以及在墙面上与墙面平行安装等形式。

2. 补助标准

2009年补贴标准具体为：对于建材型、构件型光电建筑一体化项目，补贴标准不超过20元/W；对于与屋顶、墙面结合安装型光电建筑一体化项目，补贴标准不超过15元/W；具体标准将根据项目增量成本、建筑结合程度确定。以后年度补助标准将根据产业发展状况予以适当调整。

3. 申报主体

财政部、住建部对太阳能光电建筑安装使用进行补贴，申报主体可为项目业主单位或光电一体化产品中标企业，具体由双方协商确定，并经当地财政部门审核确认。

4. 申报条件

（1）项目所在地区具备较好的太阳能资源利用条件，建筑本体应达到国家和地方建筑节能标准。

（2）申报项目能在当年内开工建设，并可在两年内完工。

（3）项目申报单位已与太阳能光电产品生产企业签署中标协议。

（4）申报项目的证明材料齐全，包括项目立项审批、中标协议、由获得认证的第三方实验室或检测机构出具的产品检测报告、资金落实证明等文件。对于新建建筑项目，同时还应包括建设项目选址意见书、建设用地规划许可证、建设工程规划许可证、土地使用证、建筑工程施工许可证、房屋建筑施工图设计审查合格证书。

（5）提供电网接入情况详细说明，并网项目应依法取得行政许可或报送备案。

（6）优先支持已出台并落实光电发展扶持政策的地区项目，包括落实上网电价分摊政策、实施财政补贴等经济激励政策、制定出台相关技术标准、规程及工法、图集等；优先支持并网式太阳能光电建筑应用项目；优先支持太阳能光伏组件与建筑物实现构件化、一体化项目；优先支持学校、医院、政府机关等公共建筑应用光电项目。

（7）已完工项目或已获得国家资金补助的项目不应申报。

5. 技术要求

（1）单项工程应用太阳能光电系统装机容量应不小于50kW。

（2）中标企业的太阳能电池转换效率应达到先进水平，其中单晶硅电池组件转换效率应超过16%，多晶硅的应超过14%，非晶硅的应超过6%。

（3）项目申报单位应建立数据监测与远传系统，实现发电总量、发电功率及环境数据等监测与远传。数据远传系统要求另行通知。

第三节　光伏并网发电系统的设计标准与规范

一、国外设计标准与规范

IEC光伏标准见表1-3。

表1-3　　IEC光伏标准

序号	标准号	内　容
1	IEC 60891	Procedures for temperature and irradiance corrections to measured I-V characteristics of crystalline silicon photovoltaic (PV) devices. Amendment NO1

续表

序号	标准号	内 容
2	IEC 60904-1	PV Part1：Measurements of PV current-voltage characteristics
3	IEC 60904-2	Photovoltaic devices-Part2：Requirements for reference solar cells
4	IEC 60904-3	Photovoltaic devices-Part3：Measurement principles for terrestrial photovoltaic (PV) solar devices with reference spectral irradiance data
5	IEC 60904-5	Photovoltaic devices-Part5：Determination of the equivalent cell temperature (ECT) of photovoltaic (PV) devices by the open-circuit voltage method
6	IEC 60904-6	Photovoltaic devices-Part6：Requirements for reference solar modules
7	IEC 60904-7	Photovoltaic devices-Part7 ：Computation of spectral mismatch error introduced in the testing of a photovoltaic device
8	IEC 60904-8	Photovoltaic devices-Part8 ：Guidance for the measurement of spectral response of a photovoltaic device. Second edition (1998)
9	IEC 60904-9	Photovoltaic devices-Part9：Solar simulator performance requirements
10	IEC 60904-8	Photovoltaic devices-Part10：Methods of linearity measurement
11	IEC 61173	Overvoltage protection for photovoltaic (PV) power generating systems-Guide
12	IEC 61194	Characteristics parameters of stand-alone photovoltaic (PV) systems
13	IEC 61215	Crystalline silicon terrestrial photovoltaic (PV) modules. Design Qualification and type approval
14	IEC 61277	Guide：General description of photovoltaic (PV) power generating systems
15	IEC 6134	UV test for photovoltaic (PV) modules
16	IEC 61427	Secondary cells and batteries for photovoltaic (PV) energy systems-General requirements and methods of test
17	IEC 61646	Thin film silicon terrestrial PV modules-Design Qualification and type approval
18	IEC 61683	PV system-power conditioners-procedures for measuring efficiency
19	IEC 61701	Salt mist corrosion testing of photovoltaic (PV) modules
20	IEC 61702	Rating of direct coupled photovoltaic (PV) pumping systems
21	IEC 61721	Susceptibility of a photovoltaic (PV) module to accidental impact damage (resistance to impact test)
22	IEC 61724	Photovoltaic system performance monitoring-Guidelines for measurement，data exchange and analysis
23	IEC 617257	Analytic expression for daily solar profiles
24	IEC 61727	Photovoltaic systems-Characteristics of the utility interface
25	IEC 61730	Photovoltaic system safety qualification-part1：Requirement for construction
26	IEC 61829	Crystalline silicon PV array-On-site measurement of I-V characteristics
27	IEC 61830	Solar photovoltaic energy system-terms and symbols
28	IEC 61853	Performance testing and energy rating of terrestrial photovoltaic modules
29	IEC 62078	Certification and accreditation program for photovoltaic (PV) components and systems-Guidelines for a total quality system

续表

序号	标准号	内　容
30	IEC 62093	BOS components-Environmental reliability testing- Design qualification and type approval
31	IEC 62108	Concentrator photovoltaic (PV) receivers and modules- Design qualification and type approval
32	IEC 62109	Electrical safety of static inverters and charge controllers for use in photovoltaic (PV) power systems
33	IEC 62116	Testing procedure-Islanding prevention measures for power conditions use in grid connected photovoltaic (PV) power generation systems
34	IEC 62124	Photovoltaic stand-alone systems- Design qualification and type approval
35	IEC 62145	Crystalline silicon PV modules-Blank detail specification
36	IEC 62234	Safety guidelines for grid connected photovoltaic (PV) systems mounted on building
37	IEC 62253	Direct coupled photovoltaic (PV) pumping systems- Design qualification and type approval
38	IEC 62257	Specifications for the use of renewable energies in rural decentralized electrification
39	IEC/PAS 62111	Specifications for the use of renewable energies in rural decentralized electrification
40	PNW 82-263	Maximum Power Point Tracking

二、国内设计标准与规范

建筑与电气设计相关标准见表 1-4，光伏设备相关标准见表 1-5，发电系统相关标准见表 1-6。防雷与接地相关标准见表 1-7。支架设计相关标准见表 1-8。光伏建筑相关标准见表 1-9。电力设备与变电站相关标准见表 1-10。

表 1-4　　建筑与电气设计相关标准

序号	标准号	名　称
1	JGJ 16—2008	民用建筑电气设计规范
2	GB 50303—2002	建筑电气工程施工质量验收规范
3	GB 50352—2005	民用建筑设计通则
4	GB 50300—2013	建筑工程施工质量验收统一标准
5	GB 50207—2012	屋面工程质量验收规范
6	GB 50212—2002	建筑防腐蚀工程施工及验收规范
7	GB 50224—2010	建筑防腐蚀工程施工质量验收规范
8	JGJ 145—2013	混凝土结构后锚固技术规程

表 1-5　　光伏设备相关标准

序号	标准号	名　称
1	GB/T 20047.1—2006	光伏（PV）组件安全鉴定第一部分：结构要求
2	GB/T 9535—1998	地面用晶体硅光伏组件 设计鉴定和定型
3	GB/T 18911—2002	地面用薄膜光伏组件 设计鉴定和定型

续表

序号	标准号	名　称
4	GB 11011—1989	非晶硅太阳能电池性能测试的一般规定
5	GB/T 6495.2—1996	光伏器件 第 2 部分：标准太阳电池的要求
6	GB/T 18210—2000	晶体硅光伏（PV）方阵Ⅰ-Ⅴ特性的现场测量
7	GB/T 29759—2013	建筑用太阳能光伏中空玻璃
8	GB 29551—2013	建筑用太阳能光伏夹层玻璃
9	GB/T 13539.6—2013	低压熔断器 第 6 部分：太阳能光伏系统保护用熔断体的补充要求
10	GB/T 6495.10—2012	光伏器件 第 10 部分：线性特性测量方法
11	GB/T 30427—2013	并网光伏发电专用逆变器技术要求和试验方法
12	GB/T 20321.1—2006	离网型风能、太阳能发电系统用逆变器 第 1 部分：技术条件
13	GB/T 20321.2—2006	离网型风能、太阳能发电系统用逆变器 第 2 部分：试验方法
14	DL/T 637—1997	阀控式密封铅酸蓄电池订货技术条件

表 1-6　　发电系统相关标准

序号	标准号	名　称
1	GB 50794—2012	光伏发电站施工规范
2	GB/T 50795—2012	光伏发电工程施工组织设计规范
3	GB/T 50796—2012	光伏发电工程验收规范
4	GB 50797—2012	光伏发电站设计规范
5	NB/T 32001—2012	光伏发电站环境影响评价技术规范
6	GB/T 29319—2012	光伏发电系统接入配电网技术规定
7	GB/T 29320—2012	光伏电站太阳跟踪系统技术要求
8	GB/T 29321—2012	光伏发电站无功补偿技术规范
9	GB/T 19964—2012	光伏发电站接入电力系统技术规定
10	GB/T 50866—2013	光伏发电站接入电力系统设计规范
11	GB/T 50865—2013	光伏发电接入配电网设计规范
12	GB/T 30152—2013	光伏发电系统接入配电网检测规程
13	GB/T 30153—2013	光伏发电站太阳能资源实时监测技术要求
14	NB/T 32001—2012	光伏发电站环境影响评价技术规范
15	NB/T 32004—2013	光伏发电并网逆变器技术规范
16	NB/T 32005—2013	光伏发电站低电压穿越检测技术规程
17	NB/T 32006—2013	光伏发电站电能质量检测技术规程
18	NB/T 32007—2013	光伏发电站功率控制能力检测技术规程
19	NB/T 32008—2013	光伏发电站逆变器电能质量检测技术规程
20	NB/T 32009—2013	光伏发电站逆变器电压与频率响应检测技术规程
21	NB/T 32010—2013	光伏发电站逆变器防孤岛效应检测技术规程
22	NB/T 32011—2013	光伏发电站功率预测系统技术要求
23	NB/T 32012—2013	光伏发电站太阳能资源实时监测技术规范

续表

序号	标准号	名　称
24	NB/T 32013—2013	光伏发电站电压与频率响应检测规程
25	NB/T 32014—2013	光伏发电站防孤岛效应检测技术规程
26	NB/T 32015—2013	分布式电源接入配电网技术规定
27	NB/T 32016—2013	并网光伏发电监控系统技术规范

表 1-7　防雷与接地相关标准

序号	标准号	名　称
1	GB 50057—2010	建筑物防雷设计规范
2	GB 50601—2010	建筑物防雷工程施工与质量验收规范
3	GB/T 21431—2008	建筑物防雷装置检测技术规范
4	GB/T 18216.4—2012	交流 1000V 和直流 1500V 以下低压配电系统电气安全防护
5	GB/T 50065—2011	交流电气装置的接地设计规范
6	GB 50169—2006	电气装置安装工程接地装置施工及验收规范
7	GB 18802.1—2011	低压电涌保护器（SPD）第 1 部分：低压配电系统的电涌保护器

表 1-8　支架设计相关标准

序号	标准号	名　称
1	GB 50009—2012	建筑结构荷载规范
2	GB 50011—2010	建筑抗震设计规范
3	GB 50223—2008	建筑工程抗震设防分类标准

表 1-9　光伏建筑相关标准

序号	标准号	名　称
1	IEC 60364-7-712（2002）	光伏与建筑结合标准
2	JGJ 203—2010	民用建筑太阳能光伏系统应用技术规范
3	CECS 84：96	太阳光伏电源系统安装工程设计规范
4	CECS 85：96	太阳光伏电源系统安装工程施工及验收技术规范
5	10J908-5	建筑太阳能光伏系统设计与安装（图集）
6	JGJ/T 264—2012	光伏建筑一体化系统运行与维护规范

表 1-10　电力设备与变电站相关标准

序号	标准号	名　称
1	Q/GDW 156—2006	城市电力网规划设计导则
2	DL/T 5056—2007	变电所总布置设计技术规程
3	GB/T 17468—2008	电力变压器选用导则
4	DL/T 5147—2001	电力系统安全自动装置设计技术规定
5	GB/T 25295—2010	电气设备安全设计导则
6	DL 755—2001	电力系统安全稳定导则

第四节　光伏并网系统的前期准备

一、电网规划

光伏发电系统并网规划需要考虑的内容有光伏发电预测、系统运行配置管理、电网调度策略、安全运行评估、发电成本与系统扩展五个部分，如图 1-2 所示。

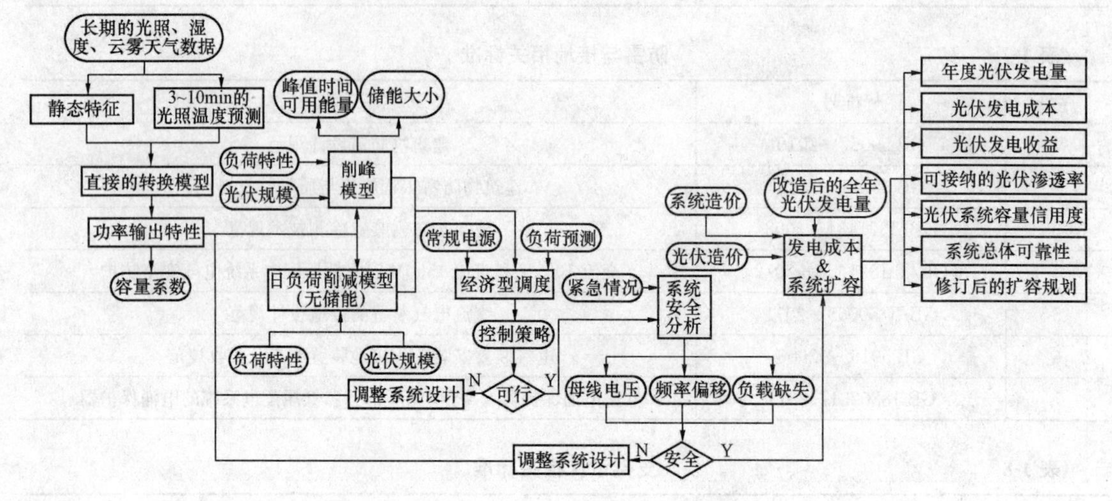

图 1-2　光伏发电系统并网规划内容

二、分布式光伏发电并网政策

1. 政策

2012 年 10 月 26 日，国家电网公司应势出台了《关于做好分布式光伏发电并网服务工作的意见（暂行）》（以下简称《并网服务意见》），向社会郑重承诺：自 2012 年 11 月 1 日起，免费接入 6MW、10kV 的光伏发电项目，需电网审批的相关申请将在 45 天内给予完成。

项目总装机容量可以超过 6MW，只要多设几个并网点即可，按照国家电网制定的分布式光伏适用范围，未来所有的屋顶和光电建筑一体化项目均可涵盖在内。

2. 申请流程

国内分布式光伏发电并网流程如图 1-3 所示。

3. 项目业主任务

在分布式光伏电源并网申办具体流程中，项目业主方需要关注的问题如下：

（1）项目申请。项目业主填写表格，由电网企业协助。

（2）如居民业主的项目占据的是小区公共空间，还需要提供申请人及其所在单元所有住户的书面签字证明（包括所有参与人的签名、电话、身份证

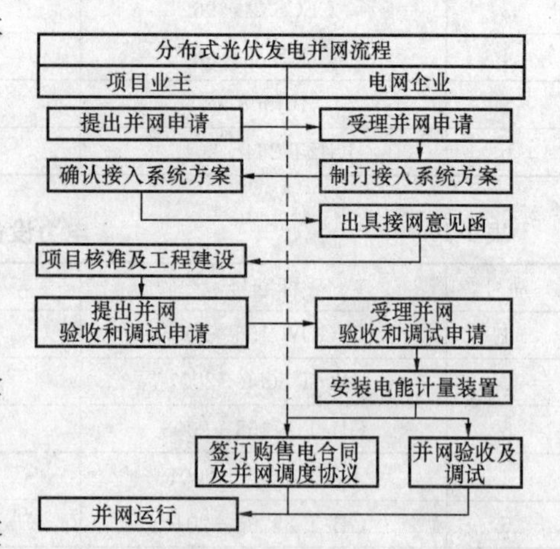

图 1-3　国内分布式光伏发电并网流程

号），以及所在小区物业、业主委员会同意的证明，并由其所在社区居委会盖章。

（3）当电网企业编制的接入方案完成后，项目业主要尽早告知电网企业是否接受，有异议需要尽早提出，否则可能会影响施工进度。

（4）在项目施工前，居民业主还需要准备大小合适的光伏板，最好是统一规格、同一功率的，根据项目容量选择匹配逆变器、逆变器到计量装置的连接导线、支撑安装的水泥墩、三角支架等基础设施，而电网企业会免费提供计量装置。

（5）在工程建设中，项目业主在施工过程中，施工设备质量、相关参数等指标必须按照接入方案执行，有任何疑问应与电网企业及时沟通，防止发生需要返工的现象，以免浪费人力、物力和时间。

（6）项目业主在填写申请调试验收的申请表时，可请求电网企业协助填写。

第二章 光伏建筑一体化

第一节 光伏建筑一体化发展历程和基本要求

一、发展历程

1. 定义

目前对光伏建筑一体化 BIPV（Building Integrated Photovoltaics）的定义有两种：

（1）构件型光伏建筑一体化（BIPV）。BIPV 技术是将太阳能发电（光伏）产品集成到建筑上的技术，其不但具有外围护结构的功能，同时又能产生电能供建筑使用。光伏组件以一种建筑材料的形式出现，光伏方阵成为建筑不可分割的一部分。如光电瓦屋顶、光电幕墙和光电采光顶等。

（2）安装型光伏建筑一体化（BAPV）。BAPV 是将建筑物作为光伏方阵载体，起支撑作用。将太阳能光伏发电方阵安装在建筑的围护结构外表面来提供电力。

在这两种方式中，光伏方阵与建筑的结合是一种常用的形式，特别是与建筑屋面的结合。由于光伏方阵与建筑的结合不占用额外的地面空间，是光伏发电系统在城市中广泛应用的最佳安装方式。光伏方阵与建筑的集成是 BIPV 的一种高级形式，它对光伏组件的要求较高。光伏组件不仅要满足光伏发电的功能要求，同时还要兼顾建筑的基本功能要求。

2. 光伏建筑一体化的起源

1991 年，光伏发电与建筑物一体化的概念被正式提出，是将太阳能利用设施与建筑有机结合，利用太阳能发电组件替代建筑物的某一部分，把建筑、技术和美学融为一体，相互之间有机结合，取代了传统太阳能设施的结构所造成的对建筑的外观形象的影响。利用太阳能设施完全取代或部分取代传统的玻璃幕墙，可减少成本，提高效益。

光伏发电系统与建筑结合的早期形式主要就是德国率先提出的“屋顶计划”。因此，光伏发电系统与一般的建筑结合，即通常简称的光伏建筑一体化应该是太阳能利用最佳形式。

从简单地使用和安装光伏，到现在能够把光伏和建筑进行比较好的结合，使得太阳能光伏发电得到更广阔的发展空间。

从独立系统到并网发电，从环保角度出发，由于少用或不用化学蓄电池，并网光伏发电系统比离网的独立光伏系统更科学和环境友好；从屋顶系统到与建筑结合或光伏建筑一体化；从单纯地将光伏组件安装在屋顶上发展成为光伏组件作为建筑材料的一部分。

3. 国内外应用情况

（1）国外应用情况。国外对太阳能光伏建筑一体化系统的研究已有较长时间。国外的光伏建筑发展是从示范到推广，从屋顶光伏到与建筑集成，并进而将光伏组件作为一种新型的建筑材料。

1）美国。1993 年 6 月，实施“PV：BONUS”计划，耗资 2500 万美元发展与建筑相结合的光伏产品，即建筑幕墙光伏器件和大型屋顶光伏组件等。

1997年6月26日美国开始实施“百万太阳能屋顶”计划，到2010年要在全国范围的住宅、商业建筑、学校和联邦政府办公楼屋顶上安装100万套太阳能系统，包括光伏系统和太阳能集热器，该系统可以为用户供应电力和热水。

2）日本。1997年，通产省又宣布执行“七万屋顶”计划，安装了37MWp屋顶光伏系统。该计划使日本成为该年度世界最大的光伏组件市场。日本政府计划到2000年安装400MWp、2010年安装4600MWp光伏发电系统。

1998年，日本研制一种新型建筑材料，即把太阳能电池安装在建筑材料里，并按需要做成三种规格，用做屋顶和外墙。

3）德国。1990年首先开始实施“一千屋顶计划”，在私人住宅屋顶上推广容量为1～5kWp的用户联网光伏系统。

在光伏器件与建筑相结合方面，ASE所属几家公司分别推出了多种光伏组件，其中有大尺寸（1.5m×2.5m）的无边框非晶硅组件，每块组件功率可达360Wp，可用于垂直外墙和倾斜屋顶；也推出了尺寸为1.0m×0.6m的非晶硅不透明组件，可分别用于屋面、垂直幕墙和窗户。

4）印度。1997年12月18日印度政府宣布，到2002年要在全国范围内推广150万套太阳能屋顶。

5）其他国家。法国、澳大利亚、英国等发达国家也拥有相当先进的太阳能建筑应用技术。著名的集热蓄热墙采暖方式即是法国人菲利克斯·特朗勃的专利，法国的奥代洛太阳房是该采暖理论转化为实际应用的第一个样板房。英国利物浦附近的沃拉西的圣乔治郡中学，则是直接受益式太阳房最大和最早的样板之一。尽管英国的太阳能资源并不丰富，该所中学安装的常规采暖系统却从未使用过。

（2）国内应用情况。1997年底我国太阳能光伏发电系统装机容量为10～15MWp，主要用于边远地区居民的供电。“九五”期间我国在深圳、北京分别成功建成17kWp、7kWp光伏发电屋顶并实现并网发电。

住建部召开了“太阳能与建筑结合应用研讨会”，国家有关部门对这项课题十分重视，住建部、科技部、商务部先后分别下发了《建设部建筑节能“十五”计划纲要》、《科技型中小企业技术创新基金若干重点项目指南》、《新能源和可再生能源产业发展“十五”规划》、《关于组织实施资源节约与环境保护重大的通知》等文件，强调并提出课题开发应用的目标，明确了发展的重点和重点支持的具体项目。

二、基本要求

1. 对光伏方阵与光伏组件的要求

（1）影响光伏发电的因素。影响光伏发电的有两个方面：一是光伏组件可能接受到的太阳能，二是光伏组件的本身的性能。

由于太阳能发电的全部能量来自于太阳，因而太阳能电池方阵所能获得的辐射量决定了它的发电量。而太阳辐射量的多少与太阳高度、地理纬度、海拔高度、大气质量、大气透明度、日照时间等有关。一年当中四季的变化，一天当中时间的变化，到达地面的太阳辐射直散分量的比例，地表面的反射系数等因素都会影响太阳能的发电，但这些因素对于具体建筑而言是客观因素几乎只能被动选择。

对于光伏组件而言，光伏方阵的倾角、光伏组件的表面清洁度、光伏电池的转换率、光伏电池的工作环境状态等是设计过程中应该考虑的。

（2）BIPV 对光伏方阵的布置要求。对于某一具体位置的建筑来说，与光伏方阵结合或集成的屋顶和墙面，所能接受的太阳辐射是一定的。为获得更多的太阳能，光伏方阵的布置应尽可能地朝向太阳光入射的方向，如建筑的南面、西南、东南面和上面等。

（3）BIPV 对光伏组件的要求。BIPV 将太阳能光伏组件作为建筑的一部分，对建筑物的建筑效果与建筑功能带来一些新的影响。作为与建筑结合或集成的建筑新产品，BIPV 对光伏组件提出了如下新的要求。

1）颜色与质感。用于 BIPV 的光伏组件，由于其安装朝向与部位的要求，在不可能作为建筑外装饰的主要材料的前提下，光伏组件的颜色与质感需与整座建筑协调。

2）强度与抗变形的能力。当光伏组件与建筑集成使用时，光伏组件是一种多功能建筑材料，作为建筑幕墙或采光屋顶使用，因此需满足建筑的安全性与可靠性需要。光伏组件的玻璃需要增厚，具有一定的抗风压能力。同时光伏组件也需要有一定的韧性，在风载荷作用时能有一定的变形，这种变形不应影响到光伏组件的正常工作。

3）透光率。在光伏组件与建筑集成使用时，如光电幕墙和光电采光顶，通常对它的透光性会有一定要求。这对于本身不透光的晶体硅光伏而言，在制作组件时采用双层玻璃封装，同时通过调整电池片之间的空隙来调整透光量。

4）尺寸和形状。目前市场上大部分的光伏组件，为用于光伏系统和与光伏电子产品配套，规格比较单一，不能适应建筑多样化与个性化的要求。用于 BIPV 的光伏组件，需要结合建筑的不同要求，进行专门的设计与生产。

2. 安装形式

从光伏方阵与建筑墙面、屋顶的结合来看，主要为屋顶光伏系统和墙面光伏系统。而光伏组件与建筑的集成形式，主要有光电幕墙、光电采光顶、光电遮阳板等。目前光伏建筑一体化主要有八种形式，见表 2-1。

表 2-1　　光伏建筑一体化主要形式

序号	BIPV 形式	光伏组件	建筑要求	类型
1	光电采光顶（天窗）	光伏玻璃组件	建筑效果、结构强度、采光、遮风挡雨	集成
2	光电屋顶	光伏屋面瓦	建筑效果、结构强度、遮风挡雨	集成
3	光电幕墙（透明幕墙）	光伏玻璃组件（透明）	建筑效果、结构强度、采光、遮风挡雨	集成
4	光电幕墙（非透明幕墙）	光伏玻璃组件（非透明）	建筑效果、结构强度、遮风挡雨	集成
5	光电遮阳板（有采光要求）	光伏玻璃组件（透明）	建筑效果、结构强度、采光	集成
6	光电遮阳板（无采光要求）	光伏玻璃组件（非透明）	建筑效果、结构强度	集成
7	屋顶光伏方阵	普通光伏组件	建筑效果 中国网	结合
8	墙面光伏方阵	普通光伏组件	建筑效果	结合

3. 设计要求

(1) 设计原则。光伏建筑一体化是光伏系统依赖或依附于建筑的一种新能源利用形式，其主体是建筑，客体是光伏系统。因此，BIPV设计应以不损害和影响建筑的效果、结构安全、功能和使用寿命为基本原则。

(2) 建筑设计。BIPV的设计应从建筑设计入手，对建筑物所处地的地理气候条件及太阳能的资源情况进行分析；考虑建筑物的周边环境条件，即选用BIPV的建筑部分接受太阳能的具体条件；与建筑物的外装饰的协调；考虑光伏组件的吸热对建筑热环境的改变。

(3) 发电系统设计。BIPV的发电系统设计与光伏电站的系统设计不同，光伏电站一般是根据负载或功率要求来设计光伏方阵大小并配套系统，BIPV则是根据光伏方阵大小与建筑采光要求来确定发电的功率并配套系统。

BIPV光伏系统设计包含三部分，分别为光伏方阵设计、光伏组件设计和光伏发电系统设计。

1) 光伏方阵设计，在与建筑墙面结合或集成时，一方面要考虑建筑效果，如颜色与板块大小；另一方面要考虑其受光条件，如朝向与倾角。

2) 光伏组件设计，涉及电池片的选型（综合考虑外观色彩与发电量）与布置（结合板块大小、功率要求、电池片大小进行）；组件的装配设计（组件的密封与安装形式）。

3) 光伏发电系统的设计，即系统类型（并网系统或独立系统）确定，控制器、逆变器、蓄电池等的选型，防雷、系统综合布线、监测与显示等环节设计。

(4) 结构安全性与构造设计。光伏组件与建筑的结合，结构安全性涉及以下两方面：

1) 组件本身的结构安全，如高层建筑屋顶的风荷载较地面大很多，普通的光伏组件的强度能否承受，受风变形时是否会影响到电池片的正常工作等。

2) 固定组件连接方式的安全性。组件的安装固定不是安装空调式的简单固定，而是需对连接件固定点进行相应的结构计算，并充分考虑在使用期内的多种最不利情况。

建筑的使用寿命一般在50年以上，光伏组件的使用寿命也在20年以上，BIPV的结构安全性问题不可小视。

构造设计是关系到光伏组件工作状况与使用寿命的因素，普通组件的边框构造与固定方式相对单一。与建筑结合时，其工作环境与条件有变化，其构造也需要与建筑相结合，如隐框幕墙的无边框、采光顶的排水等普通组件边框已不适用。

第二节　光伏建筑一体化分类

一、按安装方式分类

光伏系统与建筑的结合有三种类型：建材型、建筑构件型和安装型。

1. 建材型光伏系统

建筑与光伏的进一步结合是将太阳能电池与建筑材料复合在一起，成为不可分割的材料组件形式，如光伏瓦、光伏砖、光伏屋面卷材等，如图2-1所示。

用光伏组件代替部分建材，作为建筑物的屋面瓦、卷材和外墙砖，这样既可用做建材，也可用以发电，可谓物尽其美。

图 2-1 建材型光伏系统

(a) 单晶硅，陶瓷瓦；(b) 单晶，菱形，陶瓷瓦；(c) 单晶，平面，陶瓷瓦；
(d) 光伏屋面卷材；(e) 屋顶光伏瓦

2. 建筑构件型光伏系统

组合在一起或独立成为建筑构件的光伏构件，可用于框架结构建筑物的外围护墙板、幕墙、屋面板，把整个围护结构做成光伏阵列，既可吸收太阳直射光，也可吸收太阳反射光，如图 2-2 所示。

目前已经研制出大尺度的彩色光伏模块，可以实现以上目的，还可使建筑外观更具魅力。其次也可组合成雨篷、栏板、遮阳板等光伏构件，成为既可吸收太阳能源，也具有使用功能的建筑物构件。

3. 安装型光伏系统

把封装好的光伏组件（平板或曲面板）架空安装在居民住宅或建筑物的屋顶或墙面上，再与逆变器、蓄电池、控制器、载荷等装置相连，如图 2-3 所示。

光伏系统还可以通过一定的装置与公共电网联接。

二、按并网方式分类

1. 户用离网型光伏发电系统

户用离网型光伏发电系统是适合一个家庭或多个家庭使用的太阳能光伏供电系统。通过一套新能源技术装置将太阳能转变为电能，解决家庭照明和一些日常电器的基本用

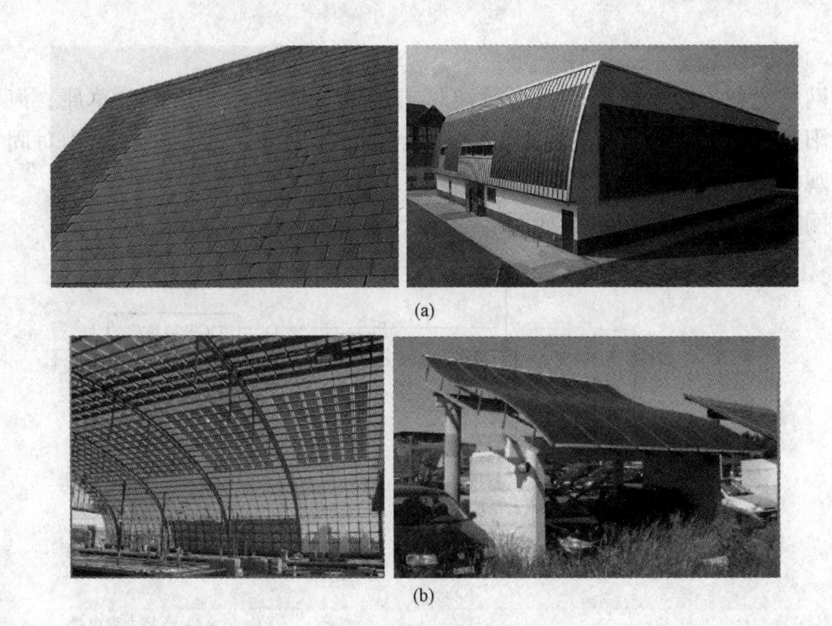

(a)

(b)

图 2-2　建筑构件型光伏系统

（a）光伏墙；（b）光伏屋顶

(a)

(b)

图 2-3　安装型光伏系统

（a）示意图；（b）安装现场

电需求。

户用离网型光伏发电系统特别适合远离城市的区域使用，如远郊、草原、海岛、沙漠、山区等。太阳能光伏发电户用离网系统除了适合家庭使用外，对一些驻地相对固定的工区、作业班组、观察站、哨所、营地等也很适用。

户用离网型光伏发电系统示意如图 2-4 所示。

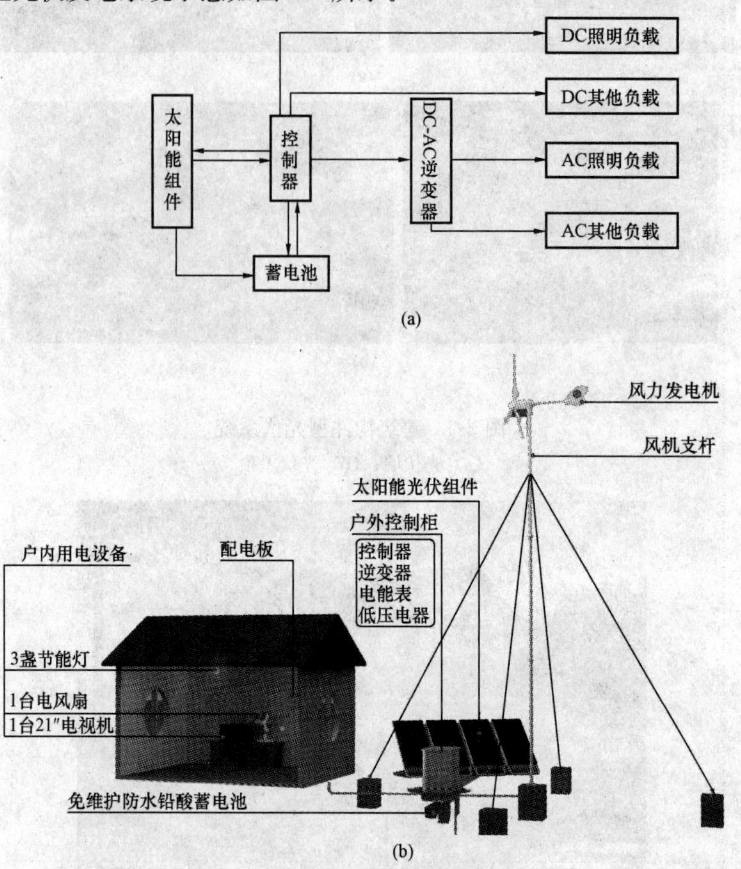

图 2-4　户用离网型光伏发电系统

(a) 组成；(b) 示意

户用离网型光伏发电系统主要包括太阳能光伏组件、储能蓄电池、逆变控制一体机、电池板支架、输电导线和适用的负载器件（如光源）等。

2. 并网型光伏发电系统

并网型光伏发电系统主要由太阳能电池方阵、控制器、逆变器、计量装置、高低压电气系统等单元组成，按类型可分为大型并网系统和中小型并网光伏系统。

(1) 大型并网光伏系统。大规模的在荒漠、贫瘠的地表上通过安装太阳能光伏组件阵列，或者在城市里的建筑物外表面安装光伏组件，通过 BOE（平衡设备）的转换，并接入高压电力网络（10kV 以上）的发电系统。地面安装的大型并网系统按安装形式分为固定式和跟踪式。如图 2-5 所示。

固定式系统是指通过计算得出能够产生全年最大累计发电量的系统安装倾角，并以此角度为参照进行固定安装支架的形式。

(a)

(b)

(c)

图 2-5　地面安装的大型并网系统

(a) 固定式；(b) 跟踪式；(c) 固定式与跟踪式

跟踪式系统是指光伏系统通过自身的转向系统自动跟踪太阳轨迹，相对于固定式系统可增加 20%～30%的发电量。此类系统可分为单轴跟踪和双轴跟踪两种形式。

(2) 中小型并网光伏系统。规模比较小的，利用安装的太阳能光伏组件阵列或者采用 BIPV 组件在建筑外表面安装光伏发电设备，通过 BOE（平衡设备）的转换，接入低压电力网络（10kV 以下）的发电系统。

中小型并网系统的使用对象一般是楼宇大厦，企业厂房或者民宅小区。由于中国电力网络高压集中管理的特点，低压并网系统一般不能大范围使用，产生的电力基本供局域低压电力网络自身使用。并网型光伏发电系统原理如图 2-6 所示。

三、按发电规模分类

综合考虑不同电压等级电网的输配电容量、电能质量等技术要求，根据光伏系统接入电

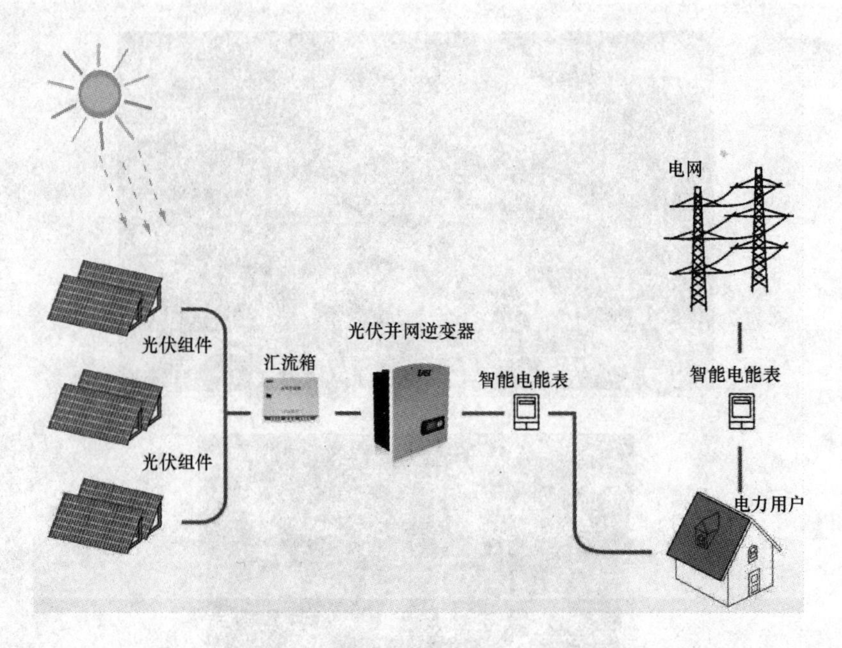

图 2-6 并网型光伏发电系统原理

网的电压等级，可分为小型、中型或大型光伏系统。

1. 小型光伏系统

小型光伏系统——接入电压等级为 0.4kV 低压电网的光伏系统。小型光伏系统的装机容量一般不超过 20kWp。

2. 中型光伏系统

中型光伏系统——接入电压等级为 0.4kV 电网，装机容量在 20～100kWp 的光伏系统。

3. 大型光伏系统

大型光伏系统——接入电压等级为 0.4～10kV 电网，装机容量>100kWp 的光伏系统。

四、按公共连接点接入方式分类

根据是否允许通过公共连接点向公用电网送电，可分为可逆和不可逆的接入方式。

1. 可逆接入方式

可逆系统如图 2-7 所示。可逆系统是在光伏系统产生剩余电力时将该电能送入电网，由于与电网的供电方向相反，所以称为逆流。光伏系统电力不够时，则由电网供电。这种系统一般是为光伏系统的发电能力大于负载或发电时间同负荷用电时间不相匹配而设计的。太阳能屋顶发电系统由于输出的电量受天气和季节的制约，而用电又有时间的区分，为保证电力平衡，一般均设计成有逆流系统。

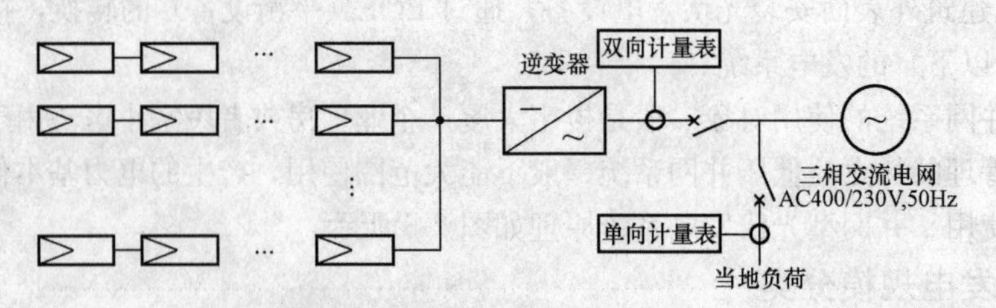

图 2-7 有逆流光伏并网发电系统

2. 不可逆系统

不可逆系统如图 2-8 所示。不可逆系统则是指光伏系统的发电量始终小于或等于负荷的用电量，电量不够时由电网提供，即光伏系统与电网形成并联向负载供电。这种系统即使当光伏系统由于某种特殊原因产生剩余电能，也只能通过某种手段加以处理或放弃。由于不会出现光伏系统向电网输电的情况，所以称为不可逆系统。

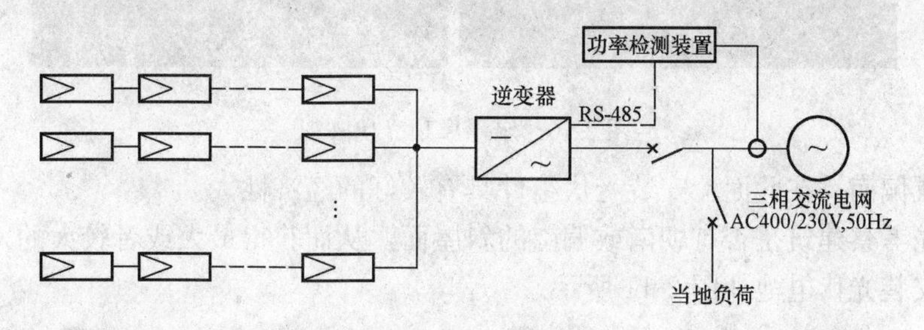

图 2-8　无逆流光伏并网发电系统

3. 切换型系统

所谓切换型并网光伏发电系统，实际上是具有自动运行双向切换的功能。

（1）当光伏发电系统因多云、阴雨天及自身故障等导致发电量不足时，切换器能自动切换到电网供电一侧，由电网向负载供电。

（2）当电网因为某种原因突然停电时，光伏系统可以自动切换使电网与光伏系统分离，成为独立光伏发电系统工作状态。

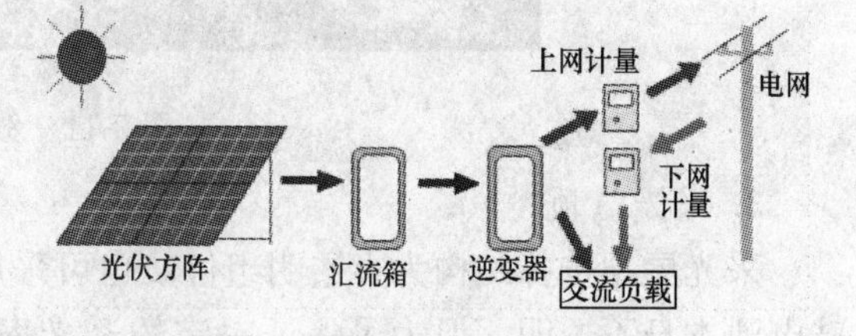

图 2-9　切换型并网光伏发电系统

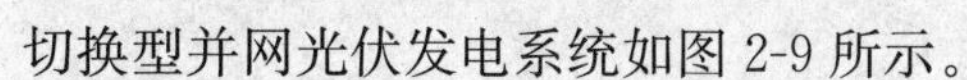

切换型并网光伏发电系统如图 2-9 所示。

切换型光伏发电系统，还可以在需要时断开为一般负载的供电，接通对应急负载的供电。

第三节　光伏建筑一体化应用

一、屋顶

建筑屋顶分为坡屋顶和平屋顶，建筑屋顶只能安装固定式光伏发电系统，依托于水平屋顶、坡屋顶安装普通型光伏电池组件，建筑屋顶作为光伏方阵的载体起支撑作用。

水平屋顶、斜屋顶上可采用与地面固定式电站相同的电池组件，并依托屋顶安装。

1. 水平屋顶

水平屋顶安装形式是将光伏组件，以合适的角度阵列式安装在水平屋顶上。从发电角度看，该方式的经济性最好。光伏电池阵列在屋顶的安装示意如图 2-10 所示。

屋顶为最不影响视觉的部位，在水平屋顶安装光伏组件，能把对建筑物外观和功能的影响降到最低。水平屋顶是 BAPV 的最佳选择。

2. 斜屋顶

斜屋顶适用于在雨水比较丰富的地域，许多老式建筑都采用斜屋顶的做法。一般斜屋顶

图 2-10 水平屋顶光伏阵列

都一面朝南或偏南，在此面上安装光伏组件具有较好的经济性。

安装前先考察建筑是否有朝南或偏南的斜屋面，从而获得最大或者较大的发电量。

斜屋顶安装光伏电池如图 2-11 所示。

图 2-11 斜屋顶安装

3. 采光屋顶

采光屋顶选择结构为半透明组件，也可采用结构为玻璃的单晶硅、多晶硅组件，由于晶硅电池本身不透明，但为了保证一定的透光率，用于采光顶的晶硅组件内的电池应稀疏排列，电池间距较大。采光屋顶如图 2-12 所示。

图 2-12 采光屋顶

4. 采光天棚

现代的大型建筑中，特别是机场、火车站、汽车站、大型室内广场等有采光需要的大型的公共活动场所，都需要布置大面积的采光天棚。现在将光伏组件合成到玻璃中去的技术已经非常成熟，不但可以发电，同时由于太阳能电池板独特的纹理、弱透光性（非晶薄膜），也为建筑增添一点色彩。采光天棚如图 2-13 所示。

由于有采光要求，一般都需要透光组件，虽然可以通过加大透明间隙或者采用透光率高的非晶硅电池板来实现，但是都会影响发电效率，导致整体组件的发电效率较低。

除了要求发电和透光外，采光天棚还要满足大跨度的受力、结构密封防水、二次排水、排冷凝水等建筑方面的要求，功能越复杂，集成度越高的组件相对的成本也会更高，导致了

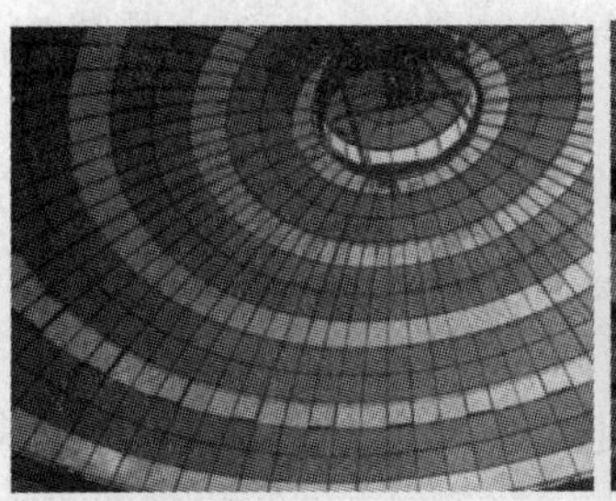

图 2-13 采光天棚

整体的发电成本偏高，因此不适合大面积的铺设。

由于光伏能为建筑带来额外的“绿色概念”，从而提高建筑本身的社会价值，推动构建资源节约型和环境友好型社会。

二、幕墙

光伏幕墙是将传统幕墙与光伏效应相结合的一种新型建筑幕墙技术，如图 2-14 所示。

光伏组件可应用于各种类型的幕墙形式（包括点式、框架、单元、双层）、屋顶及遮阳

图 2-14 光伏幕墙

板等。光伏系统与建筑结构合成一体，省去了单独放置电池组件的额外空间，也省去了专为光伏设备提供的支撑结构。

光伏组件应用于立面可起到遮阳的效果，避免室内温度过高，降低空调负荷。

三、遮阳

利用常规光伏组件遮阳，包括水平式遮阳、综合式遮阳、挡板式遮阳等。光伏遮阳系统是与建筑结合最紧密的部分，除了功能上要满足遮阳和发电的需要外，还要考虑与建筑相协调、一致、美观。光伏遮阳如图 2-15 所示。

图 2-15　光伏遮阳

四、集成

光伏建筑的安装方式见表 2-2。

表 2-2　　光伏建筑的安装方式

序号	示意图	实物图	说　明
1			采用普通光伏组件，安装在倾斜屋顶的建筑材料之上
2			采用普通或特殊的光伏组件，作为建筑材料安装在斜屋顶上

续表

序号	示意图	实物图	说　明
3			采用普通光伏组件，安装在平屋顶原来的建筑材料之上
4			采用特殊的光伏组件，作为建筑材料安装在平屋顶上
5			采用普通或特殊的光伏组件，作为幕墙安装在南立面上
6			采用普通或特殊的光伏组件，作为建筑幕墙镶嵌在南立面上
7			采用普通的光伏组件，作为安装在屋顶上

续表

序号	示意图	实物图	说明
8			采用普通或特殊的光伏组件，作为遮阳板安装在建筑上

光伏建筑的集成可以采用上述几种方式的组合。

第四节　光伏建筑一体化规划设计

一、资源评估

光伏系统规划设计应进行太阳能辐射、建筑物、电网等方面的资源评估。

二、规划设计

（1）应根据建设地点的地理、气候特征及太阳能资源条件，以及建筑的布局、朝向、日照时间、间距、群体组合和空间环境等进行规划设计。

（2）安装在建筑物上光伏系统不应降低建筑本身或相邻建筑的建筑日照标准。

（3）光伏组件在建筑群体中的位置应合理规划，避免建筑周围的环境景观、绿化种植及建筑自身的投影遮挡光伏组件上的阳光。

（4）应对光伏方阵可能引起建筑群体间的二次光反射进行预测，对可能造成的光污染采取相应的措施。

三、总体要求

（1）安装光伏系统的建筑，其主要朝向宜为南向或接近南向。

（2）应根据建筑物的实际条件选择安装位置及系统类型。安装位置宜优先选择屋面，系统宜优先选择并网系统。

（3）应避免建筑物周围的景观与乔木绿化对光伏组件造成遮挡；建筑的外部体形和空间组合应考虑与光伏系统结合，为接收较多的太阳能创造条件。

（4）在建筑群体组合及空间环境的规划中，应用光伏系统的建筑，其日照间距应满足1∶1，同时通过计算机进行模拟，保证光伏组件在冬至日9：00～15：00之间有连续3h以上的日照时数。

（5）在既有建筑上安装光伏系统后，不应降低建筑本身或相邻建筑的建筑日照标准；不应影响建筑物的结构安全、通风，并且不能引起建筑物的能耗增加；不应影响原有排水系统的正常运行。如立面安装，还要考虑下雨时落水的变化对街道行人或下部建筑物造成的影响。

（6）对光伏组件可能引起的二次辐射宜进行预测，避免造成光污染。

（7）光伏组件结合景观小品进行安装时，小品的造型除满足景观的要求外，还应满足光伏组件的日照要求。

（8）在小品设置位置的选择上应注意周围的环境设施与绿化种植不应对投射到光伏组件上的阳光形成遮挡。

（9）安装光伏组件的景观小品，其结构体系、使用寿命除满足景观小品的使用要求外，还应满足光伏组件的相关要求。

（10）光伏组件结合景观小品进行安装时，在满足作为建筑构件所需的强度、刚度等功能外，还应采取保护人身安全的防护要求。

四、建筑设计

（1）光伏系统设计应与建筑单体设计有机结合，并满足相应的强度、刚度、稳定性以及抗风、抗震、防雷等方面的要求。

（2）建筑设计时，应合理确定光伏系统各组成部分在建筑中的位置，便于施工安装及运行管理，并应满足其所在部位的建筑防水、排水和系统的检修、维护与更换的要求。

建筑设计应与光伏系统设计同步进行。

1）建筑设计根据选定的光伏系统类型，确定光伏组件形式、安装面积、尺寸大小、安装位置方式。

2）了解连接管线走向。

3）考虑辅助能源及辅助设施条件。

4）明确光伏系统各部分的相对关系。

5）合理安排光伏系统各组成部分在建筑中的位置，并满足所在部位防水、排水等技术要求。

6）建筑设计应为光伏系统各部分的安全检修、光伏构件表面清洗等提供便利条件。

（3）安装在建筑屋面、阳台、墙面、窗面或其他部位的光伏组件，应满足该部位的承载、保温、隔热、防水及防护要求，并应成为建筑的有机组成部分，保持与建筑和谐统一的外观。

（4）建筑体形及空间组合应为光伏组件接收更多的太阳能创造条件。应满足光伏组件冬至日 9：00～15：00 之间有连续 3h 以上的日照时数。

1）光伏组件安装在建筑屋面、阳台、墙面或其他部位，不应有任何障碍物遮挡太阳光。

2）光伏组件总面积根据需要电量、建筑上允许的安装面积、当地的气候条件等因素确定。

3）安装位置要满足冬至日全天有 3h 以上日照时数的要求。

4）为争取更多的采光面积，建筑平面往往凹凸不规则，容易造成建筑自身对太阳光的遮挡。除此以外，对于 L 形、 ⊔ 形的平面，也要注意避免自身的遮挡。

（5）建筑设计应为光伏系统提供安全的安装和使用条件，并应在安装光伏组件的部位采取安全防护措施。人员容易接近的光伏发电系统组件除应满足相应的结构安全和电气安全外，还应考虑防盗措施。

建筑设计时，应考虑在安装光伏组件的墙面、阳台或挑檐等部位采取必要的安全防范措施，防止光伏组件损坏而掉下伤人，如设置挑檐、入口处设置雨篷或进行绿化种植等，使人不易靠近。

(6) 光伏组件不应跨越建筑变形缝设置。

建筑主体结构在伸缩缝、沉降缝、抗震缝等变形缝两侧会发生相对位移，光伏组件跨越变形缝时容易遭到破坏，造成漏电、脱落等危险。所以光伏组件不应跨越主体结构的变形缝，或应采用与主体建筑的变形缝相适应的构造措施。

(7) 光伏组件的安装不应影响所在部位的保温、隔热、防水性能以及雨水排放等功能。

(8) 光伏系统的控制机房宜采用自然通风，当不具备条件时应采取机械通风措施。

(9) 光伏组件的安装应采取通风降温措施，且通风降温措施不能对周围建筑物及本建筑物造成不利影响。

光伏系统控制机房，一般会布置较多的配电柜（箱）、逆变器、充电控制器等设备，上述设备在正常工作中都会产生一定的热量；当系统带有储能装置时，系统中的蓄电池在特定情况下可能对空气产生一定的污染。因此，控制机房应采取通风措施。

(10) 应用光伏系统的建筑，应根据光伏系统安装位置及与建筑结合的形式，在建筑物外墙或其他明显位置放置光伏系统指示牌。

保证晶体硅光伏电池组件工作时的温度不高于 85℃。组件最佳工作温度宜低于 40℃为好。因此安装光伏组件时，应采取必要的通风降温措施以抑制其表面温度升高。一般情况下，组件与安装面层之间设置 50mm 以上的空隙，组件之间也留有空隙，会有效控制组件背面的温度升高。

通过指示牌可以清楚地反映出系统的安装形式。指示牌可分为地面安装、屋顶水平安装、屋顶倾斜安装、斜屋顶安装、阳台遮阳和光伏幕墙安装等方式。

(11) 设置于建筑物内部的光伏系统各种配电及控制线路应与建筑物其他管线综合设计，统筹安排，满足便于安装、检修、维护及管理的要求。

一般情况下，建筑的设计寿命是光伏系统寿命的 2～3 倍，光伏组件及系统其他部件在构造、型式上应利于在建筑围护结构上安装，便于维护、修理、局部更换。为此建筑设计不仅要考虑地震、风荷载、冰雹等自然破坏因素，还应为光伏系统的日常维护，尤其是光伏组件的安装、维护、日常保养、更换提供必要的安全便利条件。

五、结构设计

(1) 结构设计应与光伏系统设计和建筑设计等其他专业进行专业配合，合理确定光伏系统在建筑中的位置；确认光伏构件的相关结构性能指标。

结构设计应根据光伏系统各组成部分在建筑中的位置进行专门设计，防止对结构安全造成威胁。

(2) 在既有建筑上增设光伏系统，应对既有建筑的结构设计、结构材料、耐久性、安装部位的构造及强度等进行复核验算，并应满足建筑结构及其他相应的安全性能要求。

(3) 安装光伏系统的建筑主体结构及结构构件如屋面、阳台、外墙体及悬臂梁（板）等，应符合相关的工程施工质量验收规范的要求；应能承受光伏系统传递的荷载和作用，具有相应的承载力以确保安全。

首先应满足结构构件自身所必备的结构性能，然后还应具备作为光伏组件支撑体系所应满足的相关要求。

(4) 承受光伏系统的结构及其构件应能抵御强风、雷电、暴雨及地震等自然灾害的影响。

(5) 应为光伏系统的安装预先设计承载构件、预埋件或连接件。预埋件的设计使用年限应与主体结构相同。支架的设计使用年限应与光伏构件的使用年限相同，达到使用年限后应及时拆除。

避免光伏构件更新时对主体结构造成损害。支架、支撑金属件等应根据光伏系统设定的使用寿命选择材料及其维护保养方法。根据目前常见方法以及使用经验，给出如下几种建议：

1）钢制＋表面涂漆（有颜色）：5～10 年，再涂漆。

2）钢制＋热浸镀锌：20～30 年。

镀锌层的厚度要求取决于使用条件和使用寿命，并应根据环境变化确定镀锌层的厚度。日本的经验表明，要获到 20 年的使用寿命，在重要国内工业区或沿海地区镀锌量为 550～600g/m^{2}以上，郊区为 400g/m^{2}以上。

在任何特定的使用环境里，锌镀层的保护作用一般正比于单位面积内锌镀层的质量（表面密度），通常也正比于锌镀层的厚度，因此，对于某些特殊的用途，可采用 50μm 厚度的锌镀层。

在我国，采用碳素钢和低合金高强度结构钢作为支撑结构时，一般采用热浸镀锌防腐处理，锌膜厚度应符合现行国家标准 GB/T 13912《金属覆盖层钢铁制品热浸镀锌技术要求》的相关规定。

钢构件采用氟碳喷涂或聚氨酯喷涂的表面处理办法时，涂膜厚度应满足 JGJ 102《玻璃幕墙工程技术规范》中的相关规定。

3）不锈钢：30 年以上。

不锈钢对盐害等具有高抵抗性。

4）铝合金＋氟碳漆喷涂：20 年以上。

铝合金型材采用氟碳喷涂进行表面处理时，应符合现行国家标准 GB/T 5237《铝合金建筑型材》规定的质量要求，表面处理层的厚度：平均膜厚 $t \geqslant 40\mu m$，局部膜厚 $t \geqslant 34\mu m$。其他表面处理方法应满足 JGJ 102《玻璃幕墙工程技术规范》中的相关规定。

（6）当安装在屋面、阳台、墙面的太阳能光伏组件与建筑主体结构通过预埋件连接时，预埋件应在主体结构施工时埋入，预埋件的位置应准确；当没有条件采用预埋件连接时，应采用其他可靠的连接措施，并通过试验确定其承载力。

预埋件的位置准确性，会影响到光伏组件安装后的外观效果和牢固程度，因此应定位准确。当采用其他连接方式时，也应确保其承载力满足要求。

（7）不应在轻质填充材料上安装太阳能光伏组件。砌体结构、轻质填充墙由于缺乏整体性和足够的强度，因而不应作为太阳能光伏组件的支撑结构。

（8）选用建材型光伏构件时，应符合建材构件的相关性能要求。建材型光伏构件，应满足该类建筑材料本身的结构性能。如光伏幕墙，应至少满足普通幕墙的强度、抗风压和防热炸裂等要求，以及在木质、合成材料和金属框架上的安装要求，应符合 JGJ 102《玻璃幕墙工程技术规范》或 JGJ 133《金属与石材幕墙工程技术规范》中对幕墙材料结构性能的要求；作为屋面材料使用的光伏构件，应满足相应屋面材料的结构要求。

六、支架和基础

（1）支架、基础及其连接节点，应能承受系统自重、风荷载、检修荷载和地震作用的能力，并进行抗滑移和抗倾覆等稳定性验算。

进行结构设计时，不但要校核安装部位结构的强度和变形，而且需要计算支架、连接件及各个连接节点的承载能力。大多数情况下支架基座比较容易满足稳定性要求（抗滑移、抗倾覆）。但在风荷载较大的地区，支架基座的稳定性对结构安全起控制作用，必须进行验算。

光伏方阵与主体结构的连接和锚固必须牢固可靠，主体结构的承载力必须经过计算或实物试验予以确认，并要留有余地，防止偶然因素产生破坏。光伏方阵和支架的质量大约在24～49kg/m²，建议设计支架与基础时取不小于1.0kN/m²。

主体结构必须具备承受光伏方阵等传递的各种作用能力。主体结构为混凝土结构时，混凝土强度等级不应低于C20。

（2）光伏组件或方阵的支架，应由埋设在钢筋混凝土基座中的钢制热浸镀锌连接件或不锈钢地脚螺栓固定。钢筋混凝土基座的主筋应锚固在主体结构内；当不能与主体结构锚固时，应设置支架基座。同时应采取提高支架基座与主体结构间附着力的措施，满足风荷载与地震荷载作用的要求。

（3）连接件与基座的锚固承载力设计值应大于连接件本身的承载力设计值。

连接件与主体结构的锚固承载力应大于连接件本身的承载力，任何情况不允许发生锚固破坏。采用锚栓连接时，应有可靠的防松、防滑措施；采用挂接或插接时，应有可靠的防脱、防滑措施。

（4）当光伏方阵与主体结构采用后加锚栓连接时，应符合下列规定：

1）锚栓产品应有出厂合格证。

2）碳素钢锚栓应经过防腐处理。

3）应进行锚栓承载力现场试验，必要时应进行极限拉拔试验。

4）每个连接节点不应少于2个锚栓。

5）锚栓直径和锚固深度应通过承载力计算确定，锚栓直径应不小于10mm。

6）不宜在与化学锚栓接触的连接件上进行焊接操作。

7）地震设防区，必须使用抗震适用型锚栓。

8）应符合现行行业标准JGJ 145《混凝土结构后锚固技术规程》的相关规定。

当土建施工中未设预埋件，预埋件漏放或偏离设计位置较远，设计变更，或在既有建筑增设光伏系统时，往往要使用后锚固螺栓进行连接。采用后锚固螺栓（机械膨胀螺栓或化学锚栓）时，应采取多种措施，保证连接的可靠性及安全性。

另外，在地震设防区使用金属锚栓时，应符合建筑行业标准JG 160《混凝土用膨胀型、扩孔型建筑锚栓》相关抗震专项性能试验要求；在抗震设防区使用的化学锚栓，应符合国家标准GB 50367《混凝土结构加固设计规范》中相关适用于开裂混凝土的定性化学锚栓的技术要求。

（5）光伏系统结构、构件的设计荷载应满足现行国家标准《建筑结构荷载规范》GB 50009的要求。

七、设计流程

光伏建筑一体化的设计流程如图2-16所示。

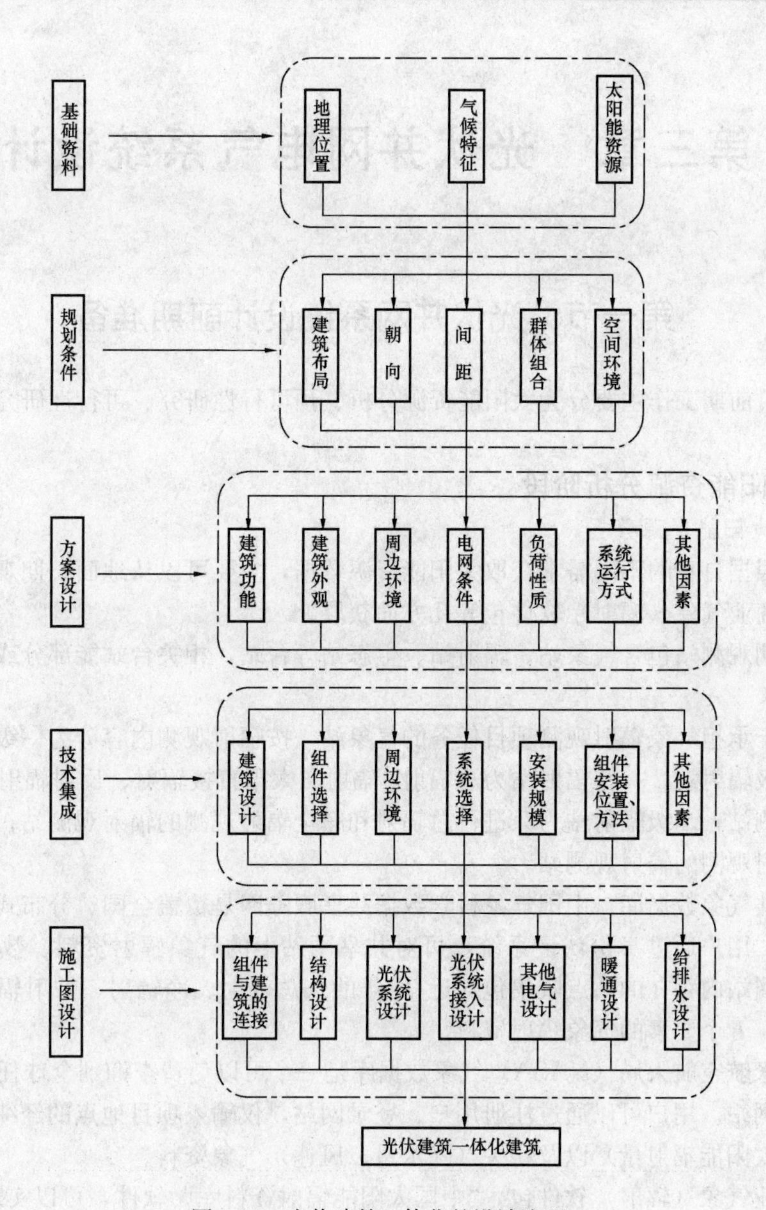

图 2-16　光伏建筑一体化的设计流程

第三章　光伏并网电气系统设计

第一节　光伏并网系统设计前期准备

光伏项目前期工作主要分为太阳能资源分析、预可行性研究、可行性研究、项目申请核准四个阶段。

一、太阳能资源分析阶段

1. 获取太阳能资源数据

用户可根据自身的不同需求获取太阳能资源数据，主要可以从地面长期观测站、公共气象数据库和商业气象（辐射）软件包等几方面获取。

（1）长期观测站包含气象站、辐射站、生态站等台站，相关台站能部分或全部承担气象辐射观测。

我国对于承担气象辐射观测项目任务的气象站，按辐射观测内容分为一级辐射站、二级辐射站和三级辐射站。一级辐射站为总辐射、辐射、太阳直接辐射、反射辐射和净全辐射观测的辐射观测站；二级辐射站为只进行总辐射和净全辐射观测的辐射观测站；三级辐射站为只进行总辐射观测的辐射观测站。

（2）公共气象数据库。中国气象科学数据共享服务网是覆盖全国、分布式的科学数据共享服务系统。用户通过身份认证系统，可对共享网站上的气象辐射资料、数据的检索和下载，可获取网站内存在的站点收集包含近 30 年的（总辐射、净辐射、散射辐射、直接辐射和反射辐射）五个要素的气象辐射资料。

美国国家航空航天局（NASA）气象数据库是一个可以免费查询到全球任何地点的气象数据的服务网站。用户可以通过注册用户、登录网站，仅输入项目地点的经纬度即可获得太阳能资源（太阳能辐射量）以及相关（降水量、风速）气象资料。

（3）商业气象（辐射）软件包。“中国太阳能辐射资料库”软件，可以实现地区（站点）气象辐射资料，包含每个站点 1～12 月份的总辐射和直接辐射数据，范围涵盖全国。

瑞士联邦能源部（Swiss Federal Office of Energy）所开发的气象计算软件 Meteonorm 是一种可以计算全球任何地理位置的太阳辐射和气象资料软件，软件的计算首先依赖于一些预先设定的数据库和运算法则，包含了对全球几百个地区（含亚洲 73 个地区）至少长达 10 年的气象监测资料。软件依据其所处气候区域的气象资料库，通过一定的计算法则与插件计算模拟可得到每月、每天、每小时的气象资料，然后根据海拔高度、地形及其他一些浑浊因素进行修正。

2. 太阳能资源数据处理

太阳能辐射资源的数据处理包括：缺测数据的处理、数据合理性验证、不完整记录的统计、水平代表年数据订正以及太阳能计算资源所需参数的确定，此部分主要针对地面长期观测站或从公共气象数据库获取的数据进行处理。对于承担气象辐射观测的长期观测站，为了完整、正确规范地记录地面气象辐射观测数据及相关背景信息，便于数据的归档、存储、管理和使用，我国已统一地面气象辐射观测数据的归档的格式，便于用户获取。

（1）缺测数据的处理。在地面气象辐射观测中，若没有按照规定的时间或要求对气象辐射要素进行观测，或未将观测结果记录下来，造成气象辐射数据的空缺，需采用一定方法（插补订正、线性回归、相关比值法等）进行缺测数据的处理。

（2）数据合理性的校验。依据日天文辐射量等对其合理性进行判断。

$$\text{总辐射最大辐照度} < \text{太阳常数}[\text{太阳常数为}:(1367 \pm 7)\mathrm{W/m^2}]$$

$$\text{日总辐射曝辐量} < \text{大气层上界日太阳总辐射曝辐量}$$

对数据进行检验后，列出所有不合理的数据和缺测的数据及其发生的时间。对不合理数据再次进行判别，挑出符合实际情况的有效数据，回归原始数据组。

将备用的或可供参考的同期记录数据，经过分析处理，替换已确认为无效的数据或填补缺测的数据。

（3）不完整记录的统计。计算气象辐照有效数据的完整率，有效数据完整率应达到一定百分比。有效数据完整率可按照下列公式进行计算

$$\text{有效数据完整率} = \frac{\text{应测数目} - \text{缺测数目} - \text{无效数据数目}}{\text{应测数目}}$$

式中：应测数目为测量期间小时数；缺测数目为没有记录到的小时平均值数目；无效数据数目为确认为不合理的小时平均值数目。

（4）水平年代表数据订正。为了对太阳能资源进行正确的预测，作为太阳能辐射分析基础的水平年代表数据就必须具有长期气候代表性。

水平年代表数据订正是根据长期测站的总辐射观测数据经验证后，订正为一套能长期代表年气象辐射平均变化规律的一组标准气象辐照年数据。

太阳能辐射资料要素必须从逐月月份的气象辐射资料中选出具有代表性的平均月，将这12个平均月连在起组成一个标准气象辐照年。

（5）气象辐射数据相关性计算。气象辐射相关性计算是指将气象站的水平年辐射代表数据转换为项目建设地点数据的相关性计算，即长期测站与项目地点气象辐射数据有效映射。

3. 太阳能资源分析

太阳能资源分析从两个方面（量、质）三个指标（总量等级、稳定性等级、辐射形式等级）对太阳能资源进行分级。

（1）太阳能资源辐射总量分析。根据QX/T 89—2008《太阳能资源评估方法》与GB/T 31155—2014《太阳能资源等级 总辐射》中对太阳能年总辐射量分类，见表3-1。

表3-1　　太阳能年总辐射量指标表

等级	符号	年总辐射量/（MJ/m²）	年总辐射量/（kW·h/m²）	平均日辐射量/（kW·h/m²）
极丰富带	Ⅰ	≥6300	≥1750	≥4.8
很丰富带	Ⅱ	5040～6300	1400～1750	3.8～4.8
丰富带	Ⅲ	3780～5040	1050～1400	2.9～3.8
一般	Ⅳ	<3780	<1050	<2.9

（2）太阳能资源稳定性分析。水平年代表数据中各月总辐射量（月平均日曝辐量）的最

小值与最大值的比值可表征总辐射年变化的稳定度，在实际大气中其数值在（0，1）区间变化，越接近于1越稳定。采用稳定度作为分级指标，将太阳能资源分为四个等级：稳定（A），较稳定（B），一般（C）以及不稳定（D）。见表3-2。

表3-2　稳定性等级

名　称	符　号	分 级 阈 值
稳定	A	≥0.45
较稳定	B	0.38～0.45
一般	C	0.28～0.38
不稳定	D	<0.28

太阳能资源的稳定性还可以用各月的日照时数大于6h天数的最大值与最小值的比值表示如下：

$$K=\frac{\max(Day1,Day2,\cdots,Day12)}{\min(Day1,Day2,\cdots,Day12)}$$

式中：K 为太阳能资源稳定程度指标，无量纲数；$Day1,Day2,\cdots,Day12$ 为1～12月各月日照时数大于6h天数，单位为天（d）。

表3-3是太阳能资源稳定程度等级表。

表3-3　太阳能资源稳定程度等级表

太阳能资源稳定程度指标	稳 定 程 度
<2	稳定
2～4	较稳定
>4	不稳定

4. 太阳能资源辐射形式分析

太阳能辐射形式与当地的纬度决定太阳能资源开发利用的形式。

水平面总辐射由水平面直接辐射和散射辐射两种形式组成，不同气候类型地区，直接辐射和散射辐射占总辐射的比例有明显差异，不同地区应根据主要辐射形式特点进行开发利用。直射比可以用来表征这一差异，在实际大气中其数值在［0，1）区间变化，越接近于1，直接辐射所占的比例越高。

采用直射比作为衡量指标，将全国太阳能资源分为四个等级：直接辐射主导（A）、直接辐射较多（B）、散射辐射较多（C）和散射辐射主导（D），见表3-4。

表3-4　辐射形式等级

名　称	符　号	分 级 阈 值
直接辐射主导	A	≥0.6
直接辐射较多	B	0.5～0.6
散射辐射较多	C	0.35～0.5
散射辐射主导	D	<0.35

在太阳能应用系统设计中，常常需要知道当地的月平均太阳总辐照量和直接辐照量。但有时可能只有月平均太阳总辐射量的数据，可以采用“直散分离”经验公式得出各月直接辐

射量占总辐照量的比例。

二、预可行性研究阶段

1. 申请开展预可研

预可研的开展由项目单位申请，经上级单位审核、审定后，方可由项目单位推荐可研设计单位，并由上级单位出具预可研委托函，项目单位组织现场勘察，召开可研启动会议。

需要说明的是，根据实际情况，为不造成可研编制费用的浪费，实际工作中一般是取得由发改委下发的同意项目开展工程前期工作的批文之后才启动可研和各项专题。

2. 项目单位组织设计单位编制预可研报告

在预可研报告的编制过程中，项目单位需要向设计单位提供图样、数据等技术资料，根据所签订合同内容的不同，有时还需要向气象局购买近20年气象数据提供给设计单位。

项目单位需要督促设计单位预可研报告编制的进度，保证预可研保质保量按时完成。

3. 预可研报告内审

预可研报告编制完成后，由项目单位、二级单位对可研进行审查，并召开可研内审会议。

4. 申请资源配置

（1）申请资源配置请示文件。设计单位提交预可研报告修订稿后，由项目单位向上级单位提交开展前期工作许可申请，并由上级单位出具申请资源配置请示文件。

需要说明的是，根据实际工作情况，一般由发改委下发的同意项目开展工程前期工作的批文有可能在预可研报告完成之前便已取得，也可以同时进行。

（2）资源配置申请报告。根据当地能源主管部门要求，申请太阳能发电项目前期工作的企业应提供项目所在区域太阳能资源分析报告、企业营业执照、项目单位简介、上一年度有资质的审计单位出具的财务报告。

（3）上级发改部门出具的同意开展前期工作的批复。需要说明的是，实际工作中，一般是取得上级发改部门出具的同意开展前期工作的批复后，才启动可研和各项专题。

三、可行性研究阶段

1. 申请开展可研

（1）可研报告的开展。可研报告的开展由项目单位申请，上级单位审核、审定。

（2）推荐可研编制单位。可研报告编制单位由项目公司推荐，上级单位审定并出具可研委托函。

2. 可研报告的编制

在可研报告的编制过程中，项目单位需要向设计单位提供图纸、数据等技术资料，根据所签订合同内容的不同，有时还需要向气象局购买气象数据提供给设计单位。

项目单位需要督促设计单位预可研报告编制的进度，保证预可研保质保量按时完成。

3. 可研报告的内审

可研报告内审会议由主管部门工程部组织，参加人一般应当有设计单位、总公司工程部、综合计划部、安环部，项目公司工程部、分管领导、特邀专家等。

内审的目的是落实开发单位对项目的个性要求，消除可研报告一般性问题，为顺利通过外审打基础。内审后应出具内审会议纪要，设计单位应根据会议纪要对可研报告进行修改。

4. 取得专题工作及支持性文件

(1) 开展专题工作。项目单位提交专题论证工作计划，上级单位审定专题论证工作计划后，由项目单位与有资质设计单位签署专题研究合同，委托设计单位编制必要专题研究报告，并进行审查和修订。

专题研究报告主要有：接入系统方案设计、项目选址报告、环评报告、地质灾害评估报告、安全预评价报告、节能评估报告、勘测定界报告、土地利用总体规划实施影响评估报告、水保方案报告。

在这个过程中，项目单位应督促设计单位加快专题报告编制进度。

(2) 支持性文件清单。项目单位提交支持性文件清单，上级单位审定清单，项目单位提出取文申请，上级单位审定取文申请后，可以向主管部门提交取文申请，并取得主管部门批复。

(3) 取得接入系统审查意见。在取得由发改委下发的同意项目开展工程前期工作的批文和入网承诺函，一般由拟接入电网所属设计院承担。接入系统设计方案由拟接入电网公司规划部门组织审查，并由该公司出具接入系统审查意见。

接入系统报告的编制和审查过程中，前期人员应加强与设计院和电网公司沟通协调，保证接入系统报告和审查意见尽快出炉。

(4) 环评审批意见。环评审查意见由权限范围内环境保护主管部门出具。

(5) 节能评估审批意见。节能评估审批意见由节能主管部门出具。

(6) 安全预评价报告备案的函。安全预评价报告备案的函由安全生产监督管理部门出具。

(7) 贷款承诺函。贷款承诺函由银行出具。

(8) 其他支持性文件。根据政策和法规要求，可能需要其他支持性文件。

5. 可研报告的外审

参加外审的单位有发改委、电网公司、有资质的中介咨询单位、工程建设部门、公司、可研报告设计单位等。

外审会议结束后，应督促设计单位根据会议纪要尽快修订可研报告，并协调中介咨询单位出具外审意见。外审后，设计单位应根据可研审查意见对可研报告进行修改。

四、项目核准阶段

1. 光伏项目核准必要条件

申请太阳能项目核准应具备以下条件：

(1) 符合确定的太阳能光伏项目建设指导思想、总体规划和重点领域。

(2) 能源开发主管部门核准批复文件。

(3) 具有咨询资质单位编制的项目申请报告和可行性研究报告。

(4) 电网公司出具的电力接入系统审查意见。

(5) 权限范围内环境保护主管部门出具的环评审查意见。

(6) 银行机构出具的贷款承诺函。

(7) 法定咨询中介结构出具的项目可行性研究报告评审意见。

(8) 节能主管部门出具的节能评估审查意见。

(9) 根据有关法律法规应提交的其他文件。

2. 项目申请报告的编制

根据能源主管部门要求，委托有资质的咨询单位编制的项目开发申请报告中应明确项目所在区域太阳能初步测量与评估成果、工程勘查成果和工程建设条件，并说明有无对环境影响，建设必要性、工程规模、设计方案、负荷情况和电网接入条件以及综合效益的分析。

3. 提交核准申请

具备核准条件后，项目单位应出具所有核准必需文件，向发改局提交核准请示。

第二节　光伏并网规划设计

一、电网规划

1. 流程

光伏接入电网具体包括考虑光伏电源接入的负荷预测、网架结构、电源优化组合以及最终的规划评价等。

光伏电源发电的间歇式特点直接导致电网设备类型、容量、安装地点以及投入时间的不确定。一方面，小范围内的负荷变化和光伏电源的接入使得负荷预测变得困难，继而影响系统的后续规划；另一方面，伴随着光伏电源在电网中的高渗透率应用，网络结构最优布置方案和电源组合和容量配比合理性成为规划当中新的难点。

光伏接入电网规划体系流程如图 3-1 所示。

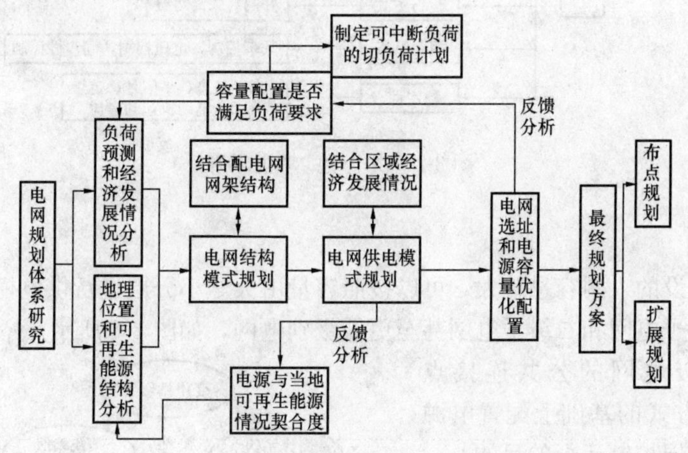

图 3-1　光伏接入电网规划体系流程

2. 影响因素

在电网供电模式的确定时需要考虑一系列外部和内部因素，如图 3-2 所示。

二、容量等级

电网容量与电网电压等级、输送距离等多方面因素有关，设计时应根据所建电网的实际情况确定。

1. 用户电网

从电压等级角度可分为中压公共电网（含低压）和低压用户电网。

根据入网容量大小，大容量的可构成变电站级别电网，中小容量的可构成馈线级和用户

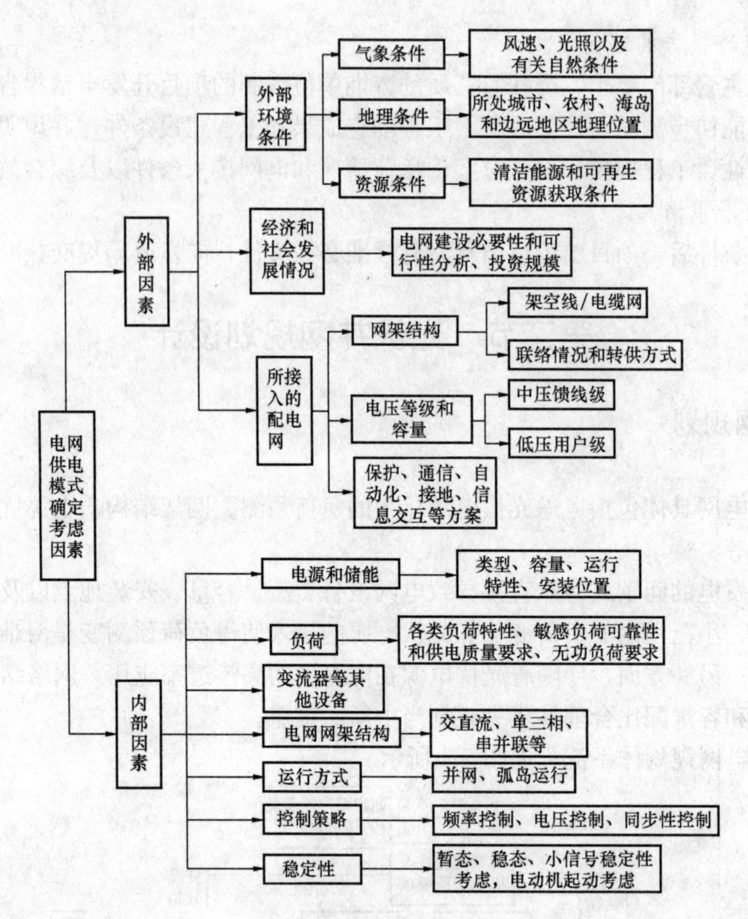

图 3-2　供电模式考虑因素

级电网。

2. 层次级别

如果规划建设的入网容量较大，可以按照容量由大至小分层进行供电模式规划，分别设置主电网、一级子电网和二级子电网甚至更低级别电网，如图 3-3 所示。

在确定各级电网的公共连接点（PCC）和解列方式的基础上配置电源和储能，达到逐层控制运行的目的。

3. 容量等级

从容量角度可以将电网分为 4 类，分别是变电站级别电网、馈线级别电网、含有多种负荷设备和分布式电源的电网、单种负荷设备级别电网，见表 3-5。

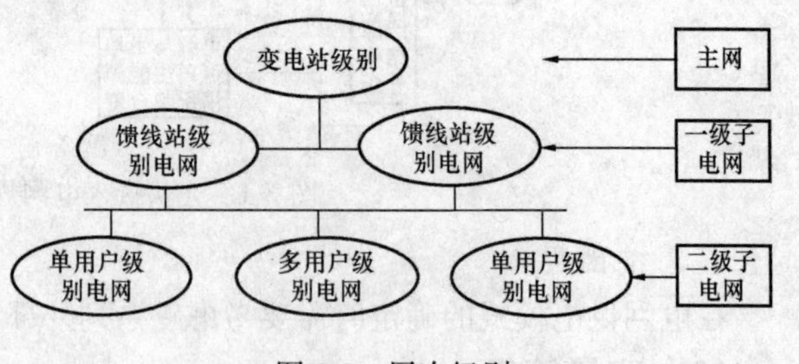

图 3-3　层次级别

表 3-5　容量等级分类

电网分类	容量范围/MW	适 宜 条 件
单用户级	＜2	要应用于居民和商业建筑，一般仅含有一类分布式电源，如冷热电联供系统和屋顶光伏发电系统

续表

电网分类	容量范围/MW	适宜条件
多用户级	2～5	一般包含多种建筑物、多样负荷类型的网络，如小型工业、商业区及居民区等，可能含有不止一类分布式电源
馈线级	5～10	可能由多个包含单一或多样化单元的较小型的光伏电源组合而成，适用于公共设施、政府机构等场合，可能为中压级别
变电站级	>10	可能包括一些变电站内的发电单元以及一些馈线级和设施级的电网，鉴于我国电网实际情况，一般情况下不宜采用

三、用电负荷

1. 城市建筑用电负荷

城市是负荷密集区域，建筑用地种类繁杂，按照负荷类型分类可分为工业建筑、居民建筑、公共和市政建筑、交通设施建筑、商业建筑和其他建筑，见表 3-6。

表 3-6　城市负荷类型分类

负荷分类	负荷设施类型	负荷分级	负荷密度/(W/m²)
工业建筑	三类标准厂房，分别对应于不同负荷密度的工业厂房，有不同的可靠性要求	一类、二类	20～100
居民建筑	包括三类居住形式，一类居住指的是普通住宅，二类居住包括高级住宅和别墅，三类居住包括工业建筑中住宅和工业用地交叉和其他居民用地	二类、三类	20～60
公共和市政设施建筑	学校、图书馆、科研设计单位等教育科研行政办公楼，医院、卫生所等医疗卫生以及各级政府和事业单位等	一类、二类	30～120
商业建筑	包括银行、写字楼等金融贸易建筑，商场、超市等商业服务业建筑，电影院、体育馆、宾馆等文化娱乐设施以及其他用于商业目的建筑	二类、三类	30～120
交通设施建筑	火车站、汽车站、码头、机场、高速服务区等用于交通运输的服务设施	一类、二类	20～100
其余用电设施	涵盖城市电网中的其他用电负荷，其中也包括一些城市的武警驻地和军用基地等需要较高供电可靠性的负荷	一类、二类、三类	10～100

2. 居民用电负荷

居民用电标准提高到 4～8kW/户，其中多层、小高层按每户 4～6kW 计算负荷，高层按 6～8kW/户计算，若按建筑面积考虑，则一般城市约为 50W/m² 左右。

3. 城市用地负荷密度

按照城市在政治经济上的影响力将地区级别分为一级、二级和三级，分别对应我国目前城市发展中的一线、二线、三线城市，同时在不同级别城市内按照负荷密度进行分为 A 至 E 五大类，划分出中心区、一般市区、郊区和城镇，分别对应不同的负荷密度。在这些城市中进行电网供电模式的选择，见表 3-7。

表 3-7　　各类城市负荷密度下电网供电模式选择

地区级别	城市负荷密度分类		
	一线城市	二线城市	三线城市
A	高可靠性或 40MW/km² 以上区域	高可靠性或 30MW/km² 以上区域	无
B	较高可靠性或 30MW/km² 以上区域	中心区域或 20～30MW/km² 区域	中心区域或 20～30MW/km² 区域
C	其他中心区域或 20～30MW/km² 区域	一般市区或 10～20MW/km² 区域	一般市区或 10～20MW/km² 区域
D	一般市区或 10～20MW/km² 区域	5～10MW/km² 城镇、郊区	5～10MW/km² 城镇、郊区
E	10～20MW/km² 城镇、郊区	1～5MW/km² 城镇	1～5MW/km² 城镇

4. 负荷特性

负荷特性包括负荷时间特性、负荷用地特性、负荷气温气候特性、负荷用电类型可靠性经济性特性等，见表 3-8。

表 3-8　　负荷特性分析

特性分类	负荷特性特点
负荷时间特性	直接反映了负荷随时间变化的特点，具体可表现为负荷历史曲线、年负荷曲线、月负荷曲线、典型日负荷曲线等，是确定分布式电源类型选择、供电模式和容量配比的重要依据
负荷用地特性	建筑负荷密度反映单位建筑面积范围内负荷占有量的大小，我国已经形成一整套标准
负荷气温特性	表示电力负荷与气温存在的关系。大量用户开始直接用电作为供冷、供热能源，而冷热负荷有明显的季节波动。 冷负荷主要指空调负荷，热负荷主要指商业、市政、居民等的取暖负荷。 具体可分为两部分，一部分为气温敏感负荷，比如商业、市政、居民负荷对气温较为敏感，另一部分是气温不敏感负荷
负荷可靠性和经济性等特性	负荷可靠性特性直接影响着电网供电模式，不同负荷也有着不同经济性，电网的接入会改变线路线损，对负荷的经济性产生很大的影响

对于重工业企业，一般其负荷较大，同时许多企业为三班制连续生产作业，工业日负荷特性变化较为平坦，一天之中，最小负荷为最大负荷的 85%左右，峰谷差不大。

轻工业行业一班制生产作业较多，企业日负荷特性变化幅度较大，白天负荷较高，夜间许多企业停产休息，负荷较低。

事业单位一般仅在白天办公，因此其负荷高峰主要集中在上午和下午这两个上班时间段，一天之中最低负荷只有最高负荷的 40%左右。

商业活动一般集中在白天和晚上 21 点之前，昼夜负荷变化幅度较大，负荷分为两个明显的时间段，早上 9 点以后至晚上 21 点之前为负荷高峰段。

居民负荷一般集中在晚上，昼夜变化较大，在凌晨四五点左右最低。

四、渗透率

光伏电源提供的电能或功率的比例通常被称为渗透率（penetration），用百分比表示。

1. 渗透率计算

容量渗透率（Capacity Penetration）是指光伏电源全年最大小时发电量与系统负荷全年最大小时用电量的百分比。能量渗透率是光伏电源全年提供的电量占系统负荷全年耗电总量的百分比。

当考虑燃料或者 CO_2减排时，采用平均渗透率（average penetration）；系统控制时，采用瞬时渗透率。

$$平均渗透率=\frac{光伏电源提供的能量(kW\cdot h)}{传递给负载的总能量(kW\cdot h)}$$

$$瞬时渗透率=\frac{光伏电源提供的功率(kW)}{传递给负载的总功率(kW)}$$

2. 容量渗透率与能量渗透率

由于光伏出力的大小受配电网最小允许负荷的限制，在光伏能量渗透率较高的情况下，光伏发电对系统的贡献不再与安装容量成正比，如图 3-4 所示，容量渗透率和能量渗透率呈非线性关系，图 3-4 中 ML 表示配电网的最小允许负荷。

3. 逆功率

在配电网中，需要通过短期和长期的负荷分析和预测合理安排光伏开机方式，进行电源规划。

当光伏系统并网后，考虑到光伏发电的不可调节性，通常将其视为一种特殊的负荷，传统负荷减去该负荷就得到系统的净负荷。

图 3-5 是某一地区实际日负荷和光伏输出采样数据的小时平均值，反映了接入光伏后系统的日净负荷（标幺值）曲线变化情况，图中所有结果均按年负荷峰值进行了标幺化处理。其中容量渗透率 CP 表示光伏的年最大小时发电量和年峰荷的比值。

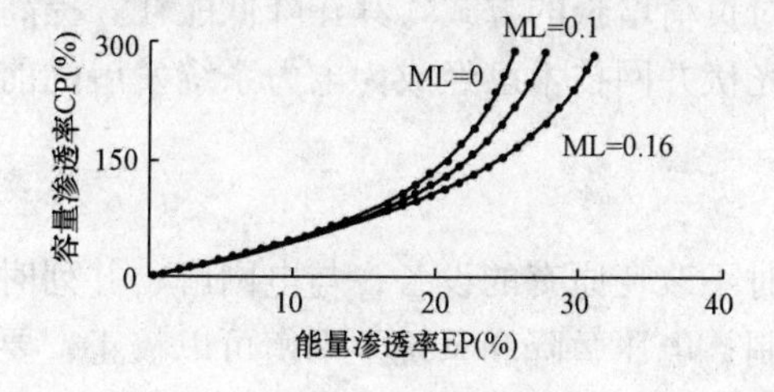

图 3-4　光伏容量渗透率与能量渗透率关系曲线

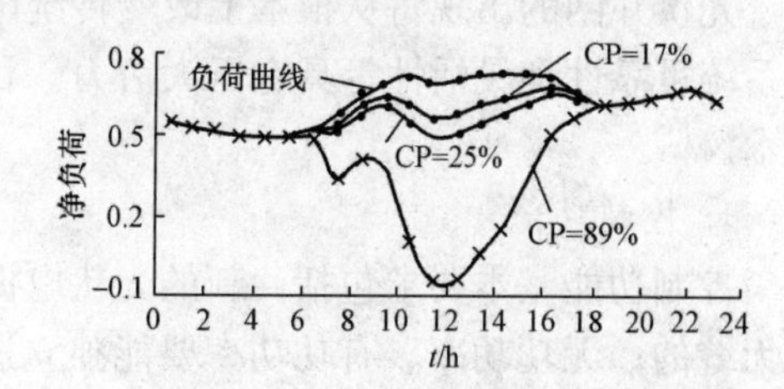

图 3-5　某地日净负荷曲线

从图 3-5 可以看出，集中于午间时段的光伏出力可以有效降低系统日峰荷的大小，但随着光伏容量的增加，如中光伏容量渗透率达到 17%时，系统的日峰荷已经转移至晚高峰时段（23：00 左右），光伏电源容量的增长不再能降低系统峰荷。

当系统中光伏容量继续增加，日间的净负荷可能低于该日最小负荷。如当接入光伏的容量渗透率达到 25%时，午间时段就成为日净负荷曲线的低谷。考虑到光伏系统出力的随机性，日峰荷仍将以一定的概率出现在午间时段。随着光伏容量的继续增加，净负荷降到零值以下，导致配电网向上级电网供电。如当光伏容量渗透率达到 89%时，系统的净负荷在正午时段降至零值以下。

随着系统中光伏接入容量的不断增加，净负荷可能降到零值以下，导致配电网中出现功率倒送，这将打破现有辐射型配电网保护配置的原则，并引发电压调节和继电保护的很多问题。在配电网保护配置的原则作出相应调整或光伏发电的控制和调节装置安装之前，反向潮流是不允许发生的。

4. 容量渗透率极限

为防止馈线出现反向潮流，各馈线最小负荷为 0，即接入馈线光伏电源发电功率不超过同时刻馈线负荷。从这个角度分析，整个配电网也存在一个最小允许（净）负荷，理想情况下该最小允许负荷就是各馈线最小负荷之和。

将配电网的最小允许负荷下限取为 0，上限取为全年实际负荷的最小值。据此，可以对配电网中的光伏渗透率极限进行评估。

当系统中的光伏接入容量渗透率达到某一数值时，系统的最小净负荷降到全年负荷最小值以下；当系统中的光伏接入容量渗透率达到某一数值时，系统的最小净负荷小于 0，对应配电网中出现反向潮流。

根据配电网最小允许负荷的限制，计算得到系统接纳光伏的容量渗透率极限在某一范围之间。由于光伏容量渗透率极限是基于负荷和光照历史数据而计算得到的，光伏容量渗透率极限范围具有一定的随机性，为保证配电网安全，应限制光伏系统的输出。可采取的主要措施包括安装逆功率继电器 RPR（Reverse Power Relay）、最小输入功率继电器 MIR（Minimum Import Relay）或动态控制逆变器 DCI（Dynamic Controlled Inverter）。装设光伏发电控制或切除设备可以增加对光伏系统的控制和调节能力。

第三节　光伏系统并网接入所产生的影响

一、光伏并网关键技术

光伏并网的出现将从根本上改变传统电网应对负荷增长的方式，其在降低能耗、提高电力系统可靠性和灵活性等具有巨大潜力。目前，光伏并网技术已经成为电力系统发展的前沿技术。

1. 控制功能

控制功能基本要求包括：新的光伏电源接入时不改变原有的设备；与电网解、并列时快速无缝的；无功功率、有功功率要能独立进行控制；电压暂降和系统不平衡可以校正；要能适应配电网中负荷的动态需求。

（1）基本的有功和无功功率控制（P-Q 控制）。由于光伏电源大多为电力电子型的，因此有功功率和无功功率的控制、调节可分别进行，可通过调节逆变器的电压幅值来控制无功功率，调节逆变器电压和网络电压的相角来控制用功功率。

（2）基于调差的电压调节。在有大量光伏电源接入时用 P-Q 控制是不适宜的，若不进行就地电压控制，就可能产生电压或无功振荡，而电压控制要保证不会产生电源间的无功环流。

在大电网中，由于电源间的阻抗相对较大，不会出现这种情况。当光伏系统接入电网时，只要电压整定值有小的误差，就可能产生大的无功环流，使电源的电压值超标。因此要根据光伏电源所发电流是容性还是感性来决定电压的整定值，发容性电流时电压整定值要降低，发感性电流时电压整定值要升高。

(3) 快速负荷跟踪和储能。在大电网中，当一个新的负荷接入时最初的能量平衡依赖于系统的惯性，因为大型发电机是惯性，此时仅系统频率略微降低而已（几乎无法觉察）。

光伏电源的惯量较小，电源的响应时间常数又很长，因此当光伏系统与主网解列成孤岛运行时，必须提供蓄电池、超级电容器、飞轮等储能设备，相当于增加一些系统的惯性，才能维持电网的正常运行。

(4) 频率调差控制。在光伏系统成孤岛运行时，要采取频率调差控制，改变各光伏电源承担负荷比例，以使各自出力在调节中按一定的比例且都不超标。

2. 保护功能

光伏并网系统对继电保护提出了一些特殊的要求，必须考虑的因素主要有以下几点：

(1) 配电网一般是放射形的，由于有了光伏电源，保护装置上流经的电流就可能有单向变为双向。

(2) 一旦孤岛运行，短路容量会有大的变化，影响了原有的某些继电保护装置的正常运行。

(3) 改变了原有的单个分布式发电接入电网的方式，为了尽可能地维持一些重要负荷在电网故障时能正常运行而不使其供电中断，必须采用一些快速动作的开关，以代替原有的相对动作较慢的开关。这些均可能使原有的保护装置和策略发生变化。

3. 并网运行

根据负荷需求确定保护方案的同时，也即要根据负荷对电压变化的敏感程度和控制标准来配置保护。如故障发生在配电网中，则要采用高速开关类隔离装置（Separation Device，SD），将电网中重要敏感性负荷尽快地与故障隔离。此时，配电网中的 DR（或 DER）是不应该跳闸的，以确保故障隔离后仍能对重要负荷正常供电。

当故障发生在光伏系统中时，除了上述隔离装置协调，以免影响上一级馈线负荷。一旦配电网恢复正常，就应通过测量和比较 SD 两侧电压的幅值和角度，采用自动或手动的方式将光伏电源重新并网运行。

4. 孤岛运行

当电网孤岛运行时，由于光伏系统电源大多为电力电子型设备，所发出的电力通过逆变器与网络连接，故障时仅提供很小的短路电流，难以启动常规的过电流保护装置。因此，保护装置和策略就应相应地修改，如采用阻抗型、零序电流型、差分型或电压型继电保护装置。

此外，接地系统必须仔细设计，以免电网解列时继电保护误动作。

5. 能量管理系统

能量管理系统（Energy Management System，EMS）的目的即为作出决策以最优地利用发电产生的电能。确定该能量管理决策的依据是当地设备对电量的需求、气候的情况、电价、燃料成本等因素。能量管理系统是为整个电网服务的，即为系统级的，由此首要任务是将设备控制和系统控制加以明确区分，使各自的作用和功能简单明了。频率、端电压、功率因数等应由光伏电源来控制。

EMS 只调度系统的潮流和电压。潮流调度时需考虑燃料成本、发电成本、电价、气候条件等。EMS 仅控制电网内某些关键母线的电压幅值，并由电源的控制器配合完成，与配电网相联的母线电压应由所联上级配电网的调度系统来控制。

除了上述基本功能外，EMS还具有其他一些功能。如当光伏系统与配电网解列后光伏系统应配备快速切负荷的功能，以使光伏供电系统内的发电与负荷平衡。

二、光伏系统接入对配电网的影响

1. 电能质量

（1）电压偏移。集中供电的配电网一般呈辐射状。稳态运行状态下，电压沿馈线潮流方向逐渐降低。接入光伏电源后，由于馈线上的传输功率减少，使沿馈线各负荷节点处的电压被抬高，可能导致一些负荷节点的电压偏移超标，其电压被抬高多少与接入光伏电源的位置及总容量大小密切相关。

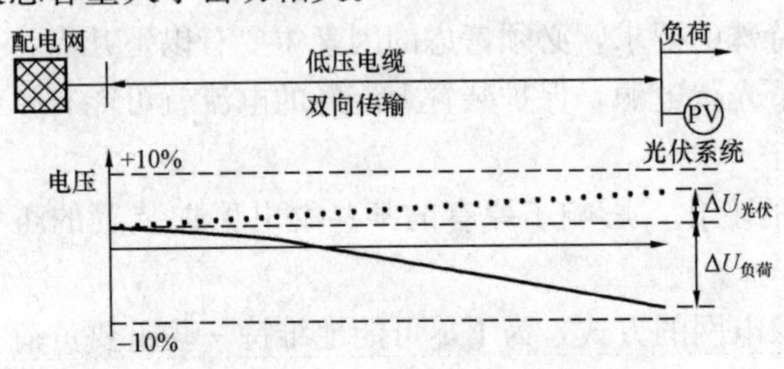

图3-6　分布式光伏系统单点接入对配电网局部电压的影响

……负荷功率＜光伏发电功率；——负荷功率＞光伏发电功率

传统的配电网络是“无源”的辐射状受端网络，光伏发电系统的接入使得配电网变成了一个“有源”的网络。分布式光伏接入后，由于网络传输功率的波动和负荷功率的随机特性，使传输线各负荷节点处的电压可能出现偏高或偏低，导致电压偏差超过安全运行的技术指标。图3-6中描述了分布式光伏接入配电网对于局部电压影响，大规模分布式光伏接入后，配电网局部节点存在静态电压偏移的问题。

图3-6中，光伏在线路的末端单点接入系统，根据$\Delta U=(PR+QX)+\mathrm{j}(PR-QX)$，在中高压输电线路中$X>R$，系统无功功率对电压稳定影响大；在低电压系统中，$R>X$，节点注入的有功功率对电压影响大。

如果光伏在线路的首端单点接入系统，沿线的电压可能会出现先升高后降低趋势。同等容量光伏发电分散接入对电压的提升幅度小于线路末端集中接入，高于集中接入线路前端引起的电压升高。

根据图3-7对某地2MW光伏并网站专线接入变电站低压侧的稳态电压进行计算，此时单个负荷的大小取为$P_d+\mathrm{j}Q_d=0.42+\mathrm{j}0.24$MVA，且假设变压器高压侧电压恒为1.05p.u.。计算结果如图3-7所示，图中光伏系统未接入时配线1～13节点电压均在限制范围内，当光伏系统接入变电站低压侧时，由于流过主变功率减少，若分接头没有降档位仍位于+5%档，则此时馈线后端节点的电压将越限。由此可见如果是按原有的调压策略，将可能使用户侧电压水平降低，因此改进传统的调压方案来应对光伏系统接入电网十分

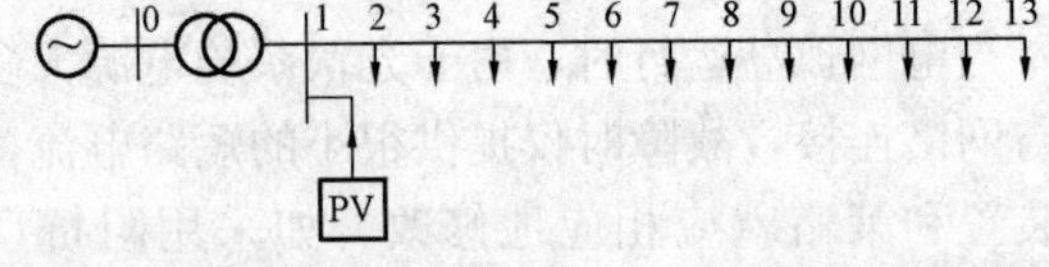

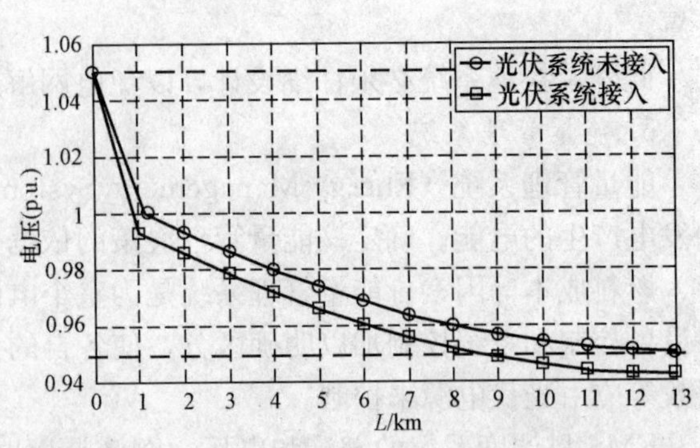

图3-7　光伏发电接入变电站前后馈线电压

必要。

采用图 3-7 网络数据和负荷，在最大运行方式和最小运行方式下，给定分布式电源容量且以功率因数 0.9 运行，光伏系统接入位置和对应的曲线编号见表 3-9，馈线电压曲线将有变化。

表 3-9　光伏系统接入位置

曲线编号	1	2	3	4	5	6	7
光伏系统接入位置	4	7	10	13	4，7	4，7，10	4，7，10，13

取光伏系统的容量为 2MW，功率因数 0.9 滞后，以表 3-9 中各种位置并入电网，在最大运行方式（单个负荷功率 0.42＋j0.24MVA）和最小运行方式（取最大负荷的 0.3 倍）下，对于多节点接入的情况将光伏系统的总容量平均分配给多个节点进行计算。

图 3-8 为馈线最大和最小运行方式下光伏系统接入配电馈线不同位置时馈线电压分布曲线。

图 3-8 中曲线 1 的接入位置为主变电站母线，曲线 2～曲线 4 的接入位置则逐渐向线路

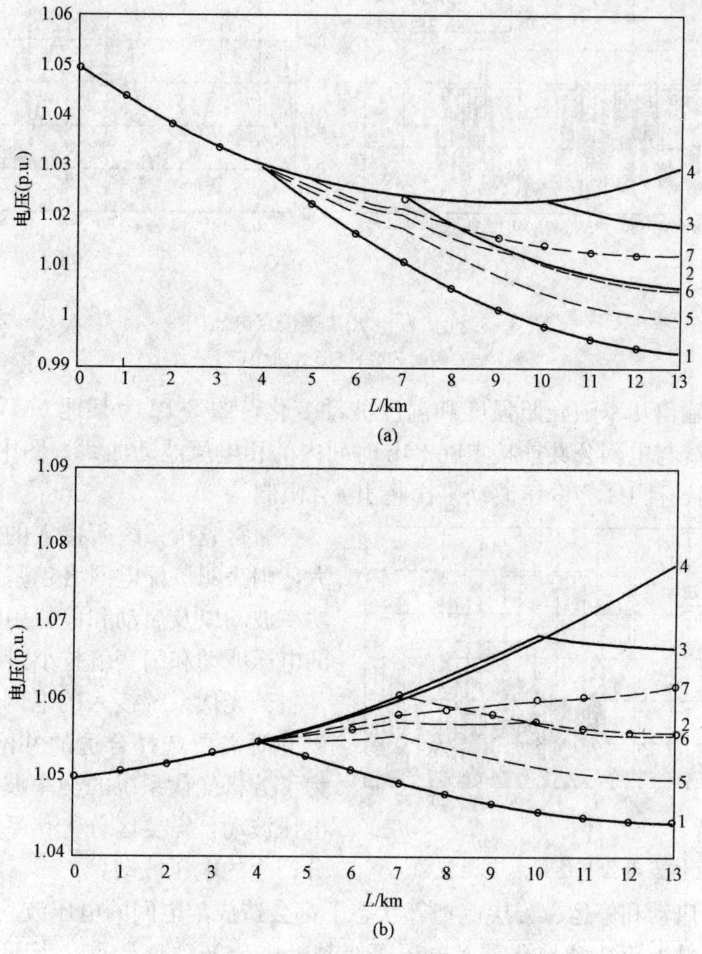

图 3-8　光伏并网系统接入不同位置时馈线电压

（a）最大运行方式；（b）最小运行方式

末端靠近，可知当光伏系统距离主变电站母线越远，则馈线电压升得越高。由于在最小运行方式下，光伏系统容量相对于负荷的比例大，使得电站上游输送的功率减小甚至出现逆流，从而使得最小运行方式下光伏系统不同位置并网的馈线电压分布，与最大运行方式相比馈线电压有着较大的上升。曲线5～曲线7为虚线代表光伏发电多点接入时的稳态电压曲线，可见接入位置分散时的电压曲线比电源集中时电压曲线要平滑，布置越分散则馈线末端节点的电压也被抬得越高。

（2）电压波动和闪变。光伏电源对电压的影响还体现在可能造成电压的波动和闪变。除了光伏系统的投切外和电容器投切外，由于光伏电源的出力随入射的太阳辐照度而变，可能会造成局部配电线路的电压波动和闪变，若跟负荷改变叠加在一起，将会引起更大的电压波动和闪变。

光伏系统输出功率波动是其引起电网电压波动和闪变的直接原因。图3-9为三个连续运行日内光伏系统公共连接电压短时和长时闪变实测曲线，图中长时闪变基本小于限值0.8但短时闪变频繁超出1.0限值。

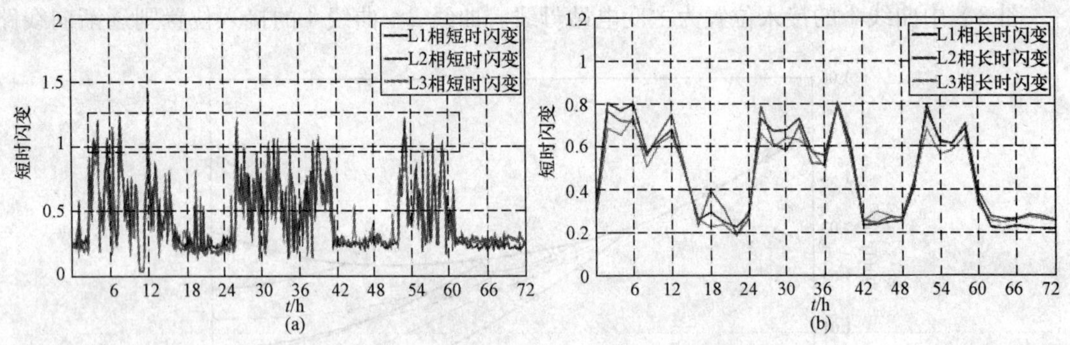

图3-9　光伏发电公共连接点电压闪变

（a）短时闪变；（b）长时闪变

光伏系统的输出功率随光照强度和温度波动变化，图3-10为某地6MW光伏并网系统接入电网时，系统与电网公共连接点在24h时间内的相电压波动曲线，图中L3相电压波动大于L1和L2相，且L3相电压波动多次超出4%限制。

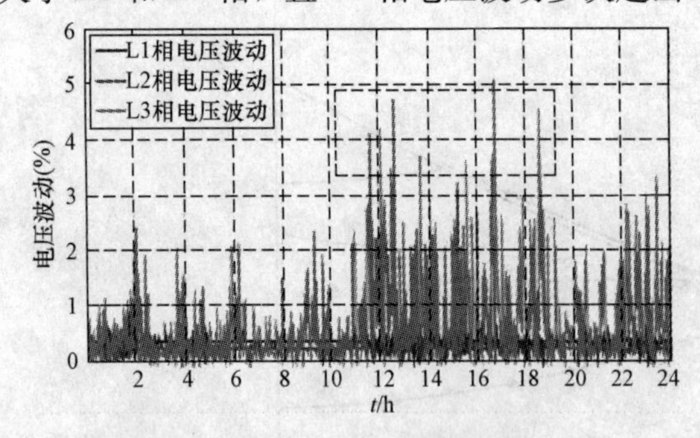

图3-10　光伏发电公共连接点电压波动

通常光伏系统所接入的电网短路容量越大，则表明该配电网络越坚强，光伏系统的功率波动以及启动和停机引起的公共接入点的电压波动和闪变就越小。

若光伏系统接入的电网较薄弱时，则在设计时需要选择合适的并网点和电压等级。为了分析光伏系统的功率波动所引起的电网电压波动，需要区分光伏系统和电网其他部分产生的电压波动。

光伏系统在启动和停运、云层遮挡等状态下都会造成配电网的电压波动。配电网功率因数越低，并网点的电压波动越严重，电压等级越低电压波动越严重。当云暂时遮挡了太阳时，会造成光伏出力的在短时间内骤降，最大变化速率可以在1～2s内，下降30%。

（3）三相不平衡度。根据对称分量法，对于三相不平衡系统，系统中三相电压含有正序、负序和零序分量。

1）正序分量支持基波，减少相对地的危害。

2）负序分量与基波呈对抗趋势，使得设备过热，进而产生很多危害。

3）零序分量在N线处积聚，使得N线发热，造成N线接地和开路情况。

（4）注入直流电流分量。对于逆变器采用脉宽调制技术，其基准正弦波的直流分量、控制电路中运算放大器的零漂、开关器件的设计偏差以及驱动脉冲分配和死区时间的不对称等都会使得输出交流电流中含有直流分量。直流分量将对电网产生以下影响：

1）直流分量主要对配电网中电流式漏电断路器（RCD）、电流型变压器、计量仪表等造成不利影响，其中对电流式漏电断路器的影响最为不利，如造成电流式漏电断路器误动作、磁通饱和、发热、产生谐波和噪声等。

2）在带隔离变压器的逆变器系统中，如果直流分量超过一定值，就会造成隔离变压器饱和，导致系统过电流保护，甚至损坏功率器件。

在不带隔离变压器的逆变器系统中，直流分量将直接对负载供电。对于非线性负载，直流分量会造成电流的严重不对称，损坏负载。

3）直流分量不仅给电源系统本身和用电设备带来不良影响，还会对并网电流的谐波产生放大效应，从而产生电能质量问题，增加电网电缆的腐蚀；导致较高的瞬时电流峰值，可能烧毁熔断器引起断电。

2. 谐波

电流谐波对配电网络和用户的影响范围很大，通常包含改变电压平均值、造成电压闪变、导致旋转电机及发电机发热、变压器发热和磁通饱和、造成保护系统误动作、对通信系统产生电磁干扰和系统噪声等。

1）谐波的危害表现为引起电气设备（电机、变压器和电容器等）附加损耗和发热。

2）使同步发电机的额定输出功率降低，转矩降低。

3）变压器温度升高，效率降低。

4）绝缘加速老化，缩短使用寿命，甚至损坏。

5）降低继电保护、控制，降低检测装置的工作精度和可靠性等。

6）谐波注入电网后会使无功功率加大，功率因数降低，甚至有可能引发并联或串联谐振，损坏电气设备以及干扰通信线路的正常工作。

当光伏电源逆变器生成正弦基波时，可以部分补偿配电网的电压波形畸变，但会使逆变器输出更多的电流谐波，把光伏电源逆变器接入到弱电网时就会明显出现上述现象。当光伏电源逆变器检测配电网电压来生成参考基波时，光伏电源逆变器可以输出很好的正弦波电流，但是无法补偿配电网的电压波形畸变。

高次谐波衰减很快，低次谐波的变化情况比较复杂。在强网中谐波畸变一般是常值，而弱网中的谐波畸变一般随接入的光伏电源逆变器个数增加而加重。当馈电线路阻抗值较大时，可使谐波衰减明显。为了防止特定次数的谐波产生谐振，有必要限制光伏电源逆变器的容量。在实际运行中，光伏电源注入的谐波电流一般都能符合相关标准的要求。

3. 潮流分布

从配电网的潮流计算来讲，传统的配电网络是“无源”的辐射状受端网络，光伏发电系统使得配电网也变成了一个“有源”的网络。由于光伏电源的引入，配电网结构发生变化，配电网潮流不一定只从变电站母线流向各负荷，有可能出现逆潮流和复杂的电压变化；光伏发电系统的输出功率受天气变化影响很大，具有随机变化特性，使得系统潮流也具有随机性。在光伏接入配电网后，光伏并网节点类型、光伏发电容量、位置是影响配电网电压分布的三个重要因素。

光伏并网逆变器常用的控制方式有电压控制、电流控制，以及电压外环、电流内环双环控制等。当电网电压受到扰动或出现不平衡时，电压控制的并网逆变器对电网呈现出低阻特性，可能会影响逆变器的运行；电流控制和双环控制方式是以逆变器输出电流为最终控制量，能够使逆变器获得很好的输出并且受电网电压影响较小。所以越来越多的光伏并网逆变器采用电流控制和双环控制方式来取代电压控制。

对于电流控制型逆变器，其输出有功和注入配电网的电流是恒定的，视为PQ节点。若为电压控制型逆变器，则为输出有功和电压恒定的PV节点，当注入的电流达到边界值后转化为电流控制型来处理。对于电压要求较高且无功储备充足光伏发电系统，可把光伏发电并网节点视为PV节点，对于电压要求相对较低的节点，可把光伏发电并网节点视为PQ节点，或者在MPPT的控制下视为无功为零的PQ节点。

PQ型光伏发电系统所发出功率方向与负荷方向相反，潮流计算中以负荷方向为正方向，则PQ型光伏发电系统相当于负负荷接至配电网中，其潮流计算模型为

$$\begin{cases} P = -P_s \\ Q = -Q_s \end{cases}$$

PV型光伏发电系统注入有功 P 与接入节点电压 V 为已知值，其潮流计算模型为

$$\begin{cases} P = -P_s \\ U = U_s \end{cases}$$

式中：P_s、Q_s 为光伏发电系统的输出功率；U_s 为光伏发电系统的电压。传统配电网潮流计算方法主要包括前推回代法、直接法、改进牛顿法等。

4. 短路电流

在配电网络侧发生短路时，接入到配电网络中的光伏电源对短路电流贡献不大，稳态短路电流一般只比光伏电源额定输出电流大10%～20%，短路瞬间的电流峰值跟光伏电源逆变器自身的储能元件和输出控制性能有关。

光伏系统接入前，公共连接点短路电流

$$I_{POI} = \frac{U_{N2}}{\sqrt{3}\left(\frac{U_{N1}}{\sqrt{3}I_{PCC}} + X_L\right)}$$

式中：I_{POI} 为并网点短路电流，kA；I_{PCC} 为光伏系统接入前公共连接点短路电流，由当地供电公司提供，kA；U_{N1} 为公共连接点基准电压，kV；U_{N2} 为并网点基准电压，kV；X_L 为并网点到公共连接点线路的阻抗，Ω。

光伏系统接入后，公共连接点短路电流

$$I'_{PCC} = I_{PCC} + 1.5I_n$$

并网点短路电流

$$I'_{POI} = I_{POI} + 1.5I_n$$

式中，I_n 为光伏系统额定工作电流。

在配电网络中，短路保护一般采用过电流保护加熔断保护。对于高渗透率的光伏电源，馈电线路上发生短路故障时，可能由于光伏电源提供绝大部分的短路电流而导致馈电线路无法检测出短路故障。

5. 保护装置

（1）单端供电的配电网。图 3-11 为一简单配电网结构，光伏系统接在线路上。

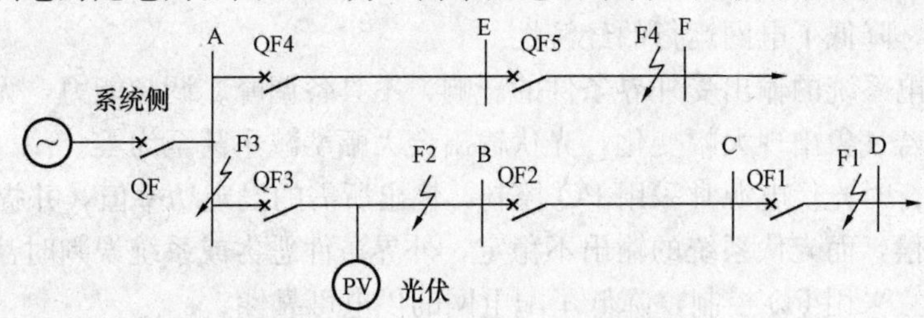

图 3-11　光伏接入简单配电网

1）当光伏系统下游 F1 点发生短路故障时，光伏系统接入对短路点的短路电流增益很明显，流过 QF1 和 QF2 的故障电流增大，断路器的过电流保护动作，但 QF2 的速断保护和限时速断保护，其保护范围可能会延伸到下一条线路，引起其保护的误动，从而失去选择性。

2）当光伏系统出口 F2 点发生短路故障时，由于光伏系统的接入，流过保护装置 QF3 的故障电流减小，保护装置 QF3 的速断保护范围减小、限时速断保护和定时限过电流保护的灵敏度降低，可能引起保护装置 QF3 的拒动或延时动作。

3）当光伏系统上游 F3 点发生短路故障时，由于光伏系统的接入可能会引起保护装置 QF3 的反向误动。

4）当 F4 点发生短路故障时，光伏系统接入的影响同 1），可能会引起保护装置 QF4 的误动。当光伏系统接在母线 B 处时，对保护影响的理论分析同 1）、3）和 4）。

（2）双端供电的配电网。图 3-12 所示光伏接入手拉手的环状配网，原有的双端电源供电网络，变为多端供电，保护配合和协调变得更加复杂。

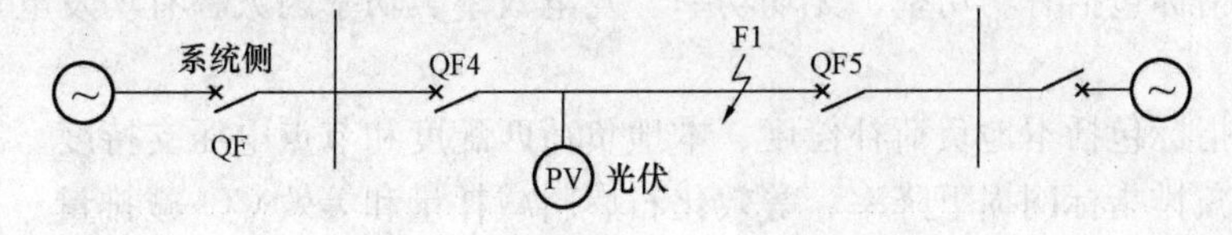

图 3-12　PV 接入手拉手环网

若 F1 处发生故障，右侧保护 QF5 受系统提供短路电流影响，保护能够正常动作，左侧保护 QF4 受到光伏对短路电流的分流影响，使保护检测到的故障电流值要小于故障点实际值，保护可能会拒动。

假如光伏没有孤岛保护的话，会持续对短路点输送电流，有可能使光伏系统损坏。

6. 非正常孤岛

随着在配电网络中有越来越多的分布式电源接入，出现非正常孤岛的可能性也越来越大。

7. 系统稳定性

由于储能设备的成本较高，大规模储能还不现实，而光伏发电的输出又在很大程度上受物理因素和地理条件的制约，并网发电后必然会对系统安全稳定运行、经济性以及电能质量带来一些特殊影响。

光伏系统输出随昼夜和季节的变化呈周期性，白天运行晚上退出，频繁的投切降低了微网稳定性，而且光伏系统发电能力的增加不能减少装机容量和机组冗余，这就减少了原有机组的利用小时数，降低了电网运行的经济性。

光伏并网发电系统的输出受外界条件的影响，不具备调峰、调频能力，无法满足系统的负荷高峰需求，若气象出现大幅变化，光伏输出会大幅度减小甚至为零。

光伏并网运行时光伏电源常采用PQ控制，输出所需的设定功率值，并提供线路电压支撑和无功就地补偿，而光伏系统的输出不稳定，外界条件恶劣或系统误判时甚至根本无法输出功率，就不适宜采用PQ控制，降低了配电网的供电可靠性。

当孤岛运行时，需要由光伏电源维持自身电压和频率的稳定，而容量较小、条件能力差的光伏系统就无法承担此功能，降低了孤岛运行时的稳定性。

8. 配电网络设计、规划和营运

随着越来越多的分布式电源接入到配电网络中，集中式发电所占比例将有所下降，电力网络的结构和控制方式可能会发生很大的改变，这种改变带来的挑战和机遇将要求电力网络从设计、规划、营运和控制等各方面进行升级换代。

大量分布式光伏电源接入到配电网中后，用户侧可以主动参与能量管理和运营，使传统配电网运营费用模型不再适用。因此，一方面面临电力市场自由化和解除管制的压力，另一方面可再生能源诸如光伏电源却得到保护和补贴，使得配电网在保证供电质量和可靠性方面面临越来越大的压力。

三、效应指标

1. 正面效应指标

光伏并网发电对配网影响的正面效应指标包括发电指标、供电指标和节能减排指标三类。

（1）发电指标包括有功功率、无功功率、发电效率、功率因数、有功发电量以及无功发电量。

（2）供电指标包括本地负荷补偿度、本地负荷匹配度和节点电压支持度。

（3）节能减排指标网损下降率、等效化石燃料减耗量和等效CO_2减排量。

2. 负面效应指标

光伏并网发电对配网影响的负面效应指标包括三类：电压质量指标、谐波畸变指标和功率变化指标。

（1）电压质量指标包括电压偏差、电压波动、三相电压不平衡度、电压闪变、电压暂升和电压暂降。

（2）谐波畸变指标包括电压谐波总畸变率、电流谐波总畸变率、电压间谐波含有率、电流间谐波含有率、偶次电流谐波含有率和奇次电流谐波含有率。

（3）功率变化指标包括有功功率变化率和有功功率波动率。

除此三类外，负效应评估还包含直流电流分量和频率偏差两项指标。

3. 效应指标体系

光伏并网系统配电网影响的正负效应指标体系如图 3-13 所示。

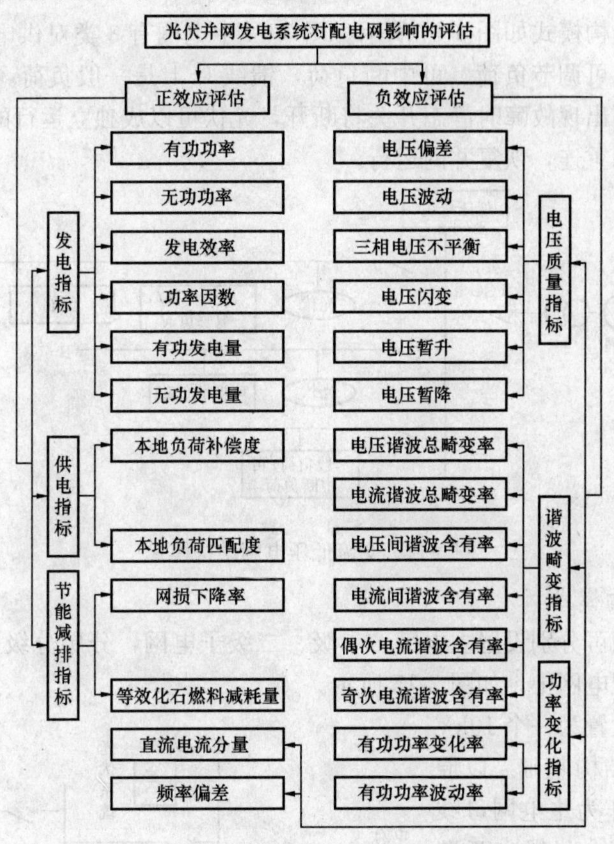

图 3-13　光伏并网发电对配网影响的正负效应指标体系

对于光伏并网系统配电网影响的正负效应指标体系中常见的各项电能质量及基本电量指标，参见 IEC 61000、IEEE 519 和国标。

第四节　光伏并网接入电网架构设计

一、电压等级

综合考虑不同电压等级电网的输配电容量、电能质量等技术要求，根据光伏系统接入电网的电压等级，可分为小型、中型或大型光伏并网系统。

1. 小型光伏发电系统

接入电压等级为 0.4kV 低压电网的光伏系统。小型光伏系统的装机容量一般不超过 200kWp。

2. 中型光伏发电系统

接入电压等级为 10～35kV 电网的光伏系统。

3. 大型光伏系统

接入电压等级为 66kV 及以上电网的光伏系统。

二、电网结构模式

1. 典型电网结构模式

典型交流电网结构模式如图 3-14 所示。图 3-14 中电网有 3 类对供电质量有不同要求的负荷，即敏感负荷、可调节负荷、可中断负荷，馈线 C 上是一般负荷。正常情况下与大电网并联运行，当主网出现故障时静态开关将断开，光伏可以成独立运行的系统。当电网恢复正常以后，可与主网重连，恢复并网运行。

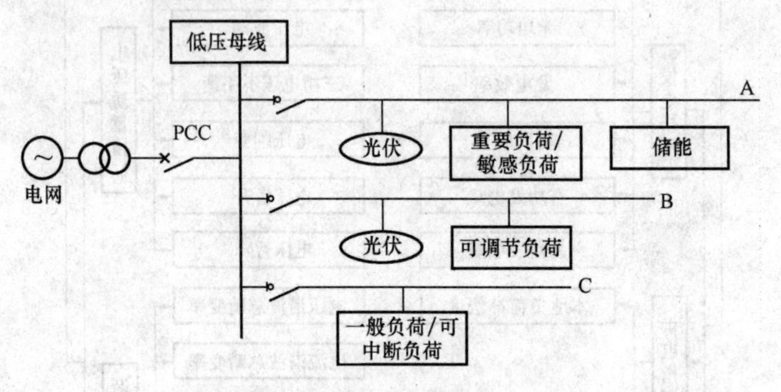

图 3-14　交流低压电网结构模式

2. 分层分级结构模式

中低压交流电网可分别设置主电网、一级、二级子电网，分层分级进行结构模式规划。在以电缆网为主的配电网中，如图 3-15 所示。

主电网通常可设置为一个 10kV 的开闭所作为网架结构基础。以原有开闭所母线结构作为主电网母线结构，比如为单母线分段，两路 10kV 进线分别接两段母线，母联开关平时处于分位分段运行。

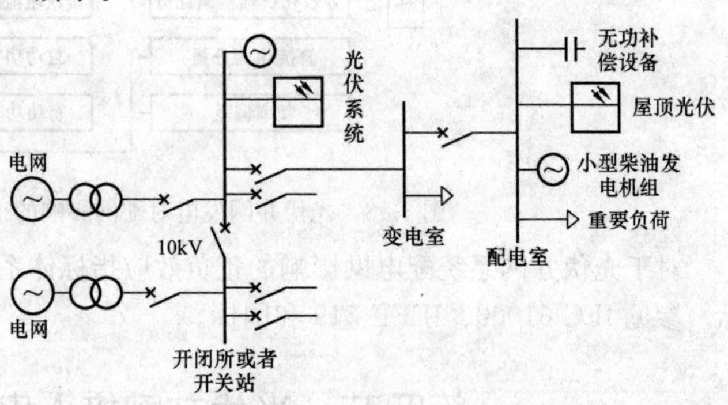

图 3-15　分层分级结构模式

（1）一级子电网通常可以是 10kV 开闭所下设的若干个变电室，以变电室为中心就近向负荷中心供电，每个变电室的进线分别来自上级开闭所的两段母线以增加可靠性。以每一段母线为一个一级子电网的核心网架，将母线所连光伏发电和储能作为一级子电网供电单元，电源容量通常为几十千瓦至几百千瓦的级别为宜，具体容量配置和电源选择视各地负荷密度而异。

（2）二级电网通常由建筑物配电室构成，由上级开闭所或变电室的两段母线分别出线供电，将各建筑 400V 配电系统及所连楼顶光伏、储能及其他电源作为二级子电网供电单元，分别就近接入建筑物的配电子系统，其中以几千瓦至几十千瓦级别的电源和储能作为电源，并结合上级电网共同对负荷供电，这也就是通常意义上靠近负荷终端的低压电网。

主电网及每个子电网都可以实现并网、孤网运行，并可实现无缝切换，即插即用。

3. 中压电网结构模式

中压交流微电网适用于分布式电源容量较大，渗透率高，并且需要保证供电可靠性的敏感负荷分布不集中的场合，其特点是10kV中压馈线上含有容量较大的电源，比如集中型小型光伏系统，而在低压配电二次侧也分布着一定数量的低压小容量的电源，其中每个子电网可以独立构成一个功能系统。

典型中压级别电网如图3-16所示，由于所含负荷中往往既包含敏感负荷，也包括可中断的一般负荷，因此在具体的规划时考虑将电源尽可能地靠近重要负荷。

中压电网可以采用多种形式，一般情况下中压电网内部的电源不能承担电网内的全部负荷，往往需要主网支持，在故障情况下可采用孤岛解列模式，根据电源与负荷的匹配程度合理设置，灵活地选取公共连接点，继而分解构成多种结构电网，并根据用户需求的不同，为内部用户提供不同质量要求的电能，保证减小停电面积。图3-16中的公共连接点PCC均可作为中压电网的解列点。

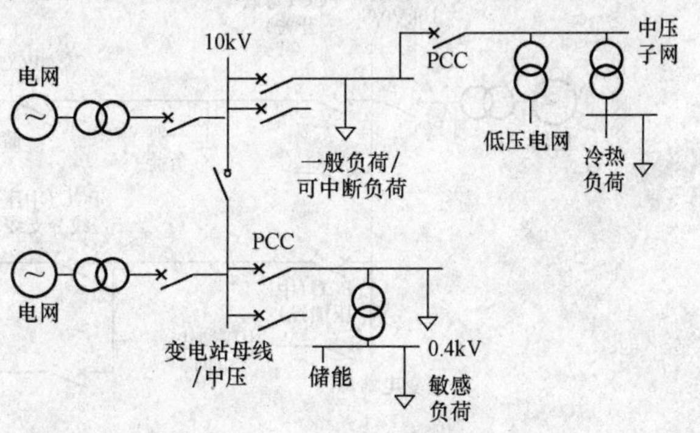

图3-16　典型中压交流电网

按照负荷规模大小可将中压电网供电模式分为以下几类：

(1) 变电站级别电网。以变电站主变低压侧母线进线开关为公共连接点，可构成变电站电网。这类电网一般容量较大，当含有的电源容量较大、并网电压等级较高时，可能带有自属升压变电站，其解列点设置在变电站主变低压侧10kV母线进线开关处。

在电网由低压侧单母分段接线方式的变电站供电时，也可在孤岛形成时将变电站系统母联开关和主变低压侧进线开关作为公共连接点，构成变电站母线级别电网。

(2) 馈线级别电网。以中压配电线路作为整体，以出口开关作为公共连接点可构成变电站馈线电网，馈线级别电网有三类形式。

1) 第一类馈线级别电网是在母线低压侧直接连接低压变压器，将一台或者多台光伏电源和多个用户共同连接在一台变压器的二次侧，其中可能有多个二次侧电网分布于单条母线上。虽然二次侧电网在形式上是低压的，但是由于其公共连接点直接连接在母线上，也将其作为馈线级别电网加以考虑。

2) 第二类馈线级电网以变电站主变低压侧馈线出口开关作为公共连接点，将整条中压馈线划分为一个电网。

3) 第三类电网是以馈线分支出口处开关为公共连接点，可构成馈线分支电网，因其相对供电半径较小，是应用最为普遍的馈线级别电网。

城市中压配电网中馈线除了辐射状的供电模式外，常常通过联络开关而相互构成环网，对于可能存在单联络或者其他联络方式的系统，考虑以馈线出口开关及联络馈线出口开关为公共连接点，构成联络馈线电网，这种供电模式利用了原有线路可互相联络而提高供电可靠性的优势，在外部电网断电时通过线路间互相转供合理分配电源和储能的出力，保证重要负荷供电。这类电网与配电网类似，需要在线路中有若干分段开关以便在具体运行时加以操作控制，各类中压级别电网及其公共连接点设计如图3-17所示。

4. 低压电网结构模式

光伏电源靠近用户侧进行配置，低压电网对于中压电网来说可视为一个可控、可分配、

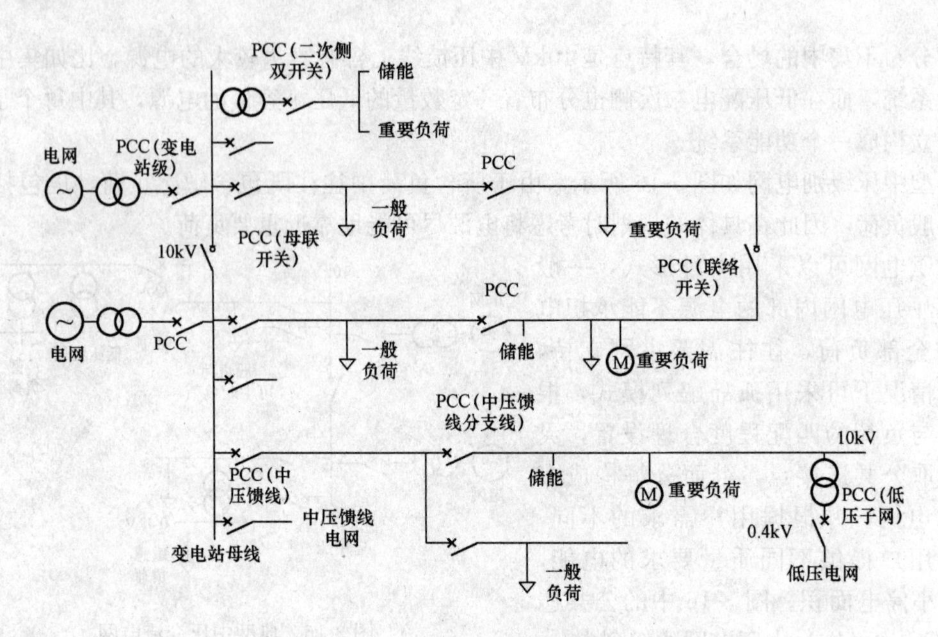

图 3-17　变电站和馈线级别电网

可切除的负荷。

从供电拓扑结构上看，低压电网可分为并联和串联两种，如图 3-18 和图 3-19 所示。

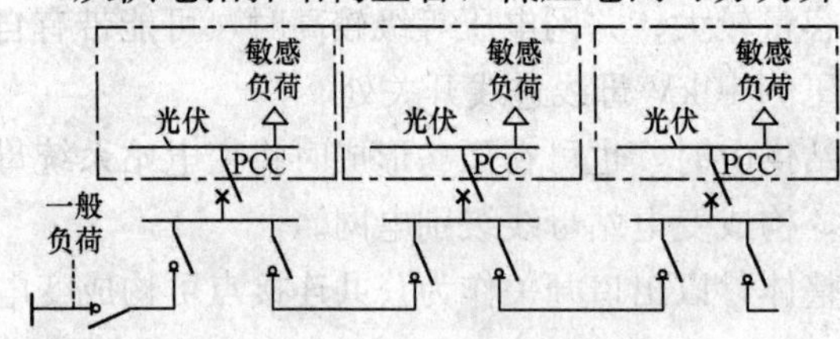

图 3-18　并联电网结构模式

(1) 并联电网在馈线上横向分布电源和负荷，母线通过公共连接点处静态开关与配网变压器相连，电网的构建和扩容比较容易。

(2) 串联式电网则是将电网中所有电源与负荷均接入一条馈线上，馈线始端接至电网母线，适用于在一个负荷点含有多个电源的场合。

从单相/三相用户进线供电制式上看，低压电网又可分别采用三相和单相供电系统，分别对具有不同需求的负荷供电。一般而言电网都是三相电网，单相电网最常见的是单相光伏蓄电池系统，如图 3-20 所示。

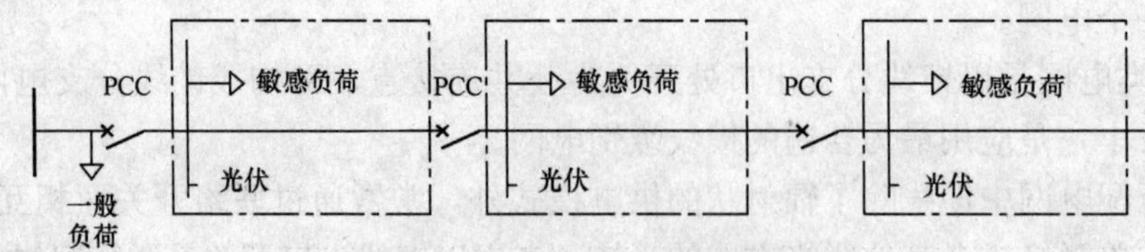

图 3-19　串联电网结构模式

三、接线方式

1. 主接线

(1) 光伏系统安装容量小于或等于 30MW，宜采用单母线接线。

即使是 0.4kV 电压等级，容量仅为 1MW 及以下，其发电单元数量亦不多。根据当前成套开关柜设备制造技术水平，采用单母线接线即可满足安全经济运行的要求。

（2）光伏系统安装容量大于 30MW，宜采用单母线或单母线分段接线。

光伏系统发电容量大于 30MW，母线电压一般采用 35kV，如果一次建成投产，为一条并网进线，一个并网点，可采用单母线接线。如果分期建成投产，或有两条并网进线、两个并网点，则采用单母线分段接线较合理。

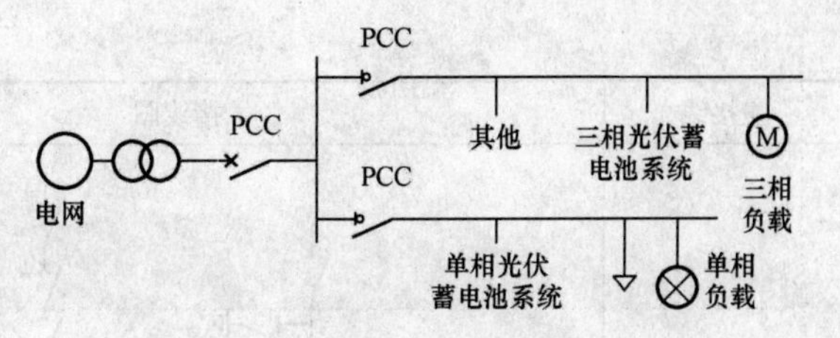

图 3-20　单相和三相光伏微电网结构模式

当分段时，应采用分段断路器。

各种变电所主接线的结构特点、运行方式和适用范围见表 3-10。

表 3-10　变电所主接线的比较

主接线	接线图	应用
单母线	电源 QS1 QF1 QS2 QS3 QF2 QS4	简单，投资少；可靠性和灵活性低； 适用于三级负荷
单母线分段	Ⅰ 电源 Ⅱ QS1 QF1 QS2 QS3 QFL QS6 QS3 QF2 QS4 Ⅰ段 Ⅱ段	任一组母线故障或检修时，用户不停电，可靠性和灵活性较高； 可用于一、二级负荷
单母分段带旁路	电源 QS1 QF1 QS2 主母线 QS3 QS5 QF2 QF3 QS4 QS6 QS7 分路母线 L1 L2 L3	可以实现不停电检修出线断路器；造价高，配电装置复杂； 电压等级为 35kV，出线在 8 回以上；110kV 电压等级出线在 6 回以上，220kV 出线在 4 回以上的屋外配电装置可以加设旁路母线。6～10kV 系统一般不装设旁路母线

续表

主接线	接线图	应用
单元式接线	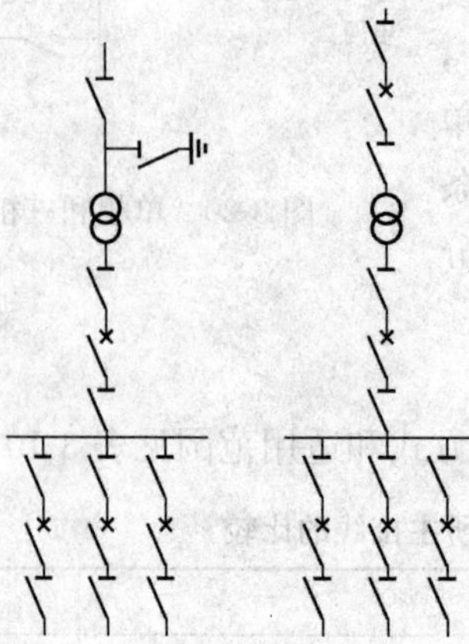	接线简单、开关设备少、操作简便； 单电源进行和一台主变，或者电厂的发电机变压器组接线
桥式接线	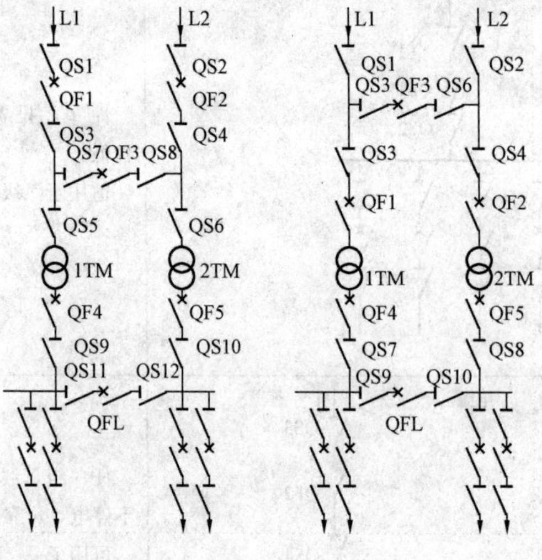 L1 QS1 QF1 QS3 QS7 QF3 QS8 L2 QS2 QF2 QS4 QS5 1TM QF4 QS9 QS11 QS6 2TM QF5 QS10 QS12 QFL L1 QS1 QS3 QF3 QS6 L2 QS2 QS3 QF1 1TM QF4 QS7 QS9 QS4 QF2 2TM QF5 QS8 QS10 QFL	工作可靠、灵活、使用的电器少、装置简单清晰和建设费用低，且特别容易发展为单母线分段和双母线接线； 广泛使用在220kV及以下的变电所中，具有两路电源的工厂企业变电所也普遍采用，还可以作为建设初期的过渡接线

2. 配电接线方式

配电接线方式见表3-11。

表3-11　配电接线方式

序号	接线方式	接线图	应用
1	放射式	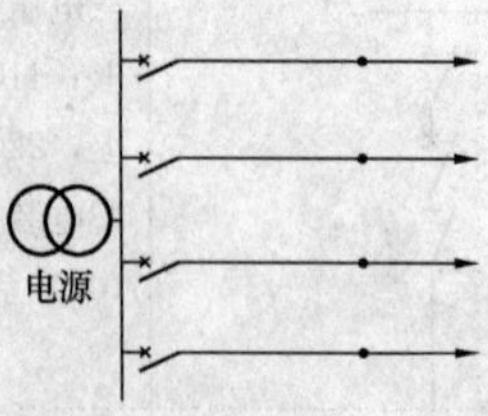 电源	线路末端没有其他能够联络的电源。 配电网结构简单，投资较小，维护方便，但供电可靠性较低，只适合于农村、乡镇和小城市采用

续表

序号	接线方式	接线图	应用
2	双线放射式	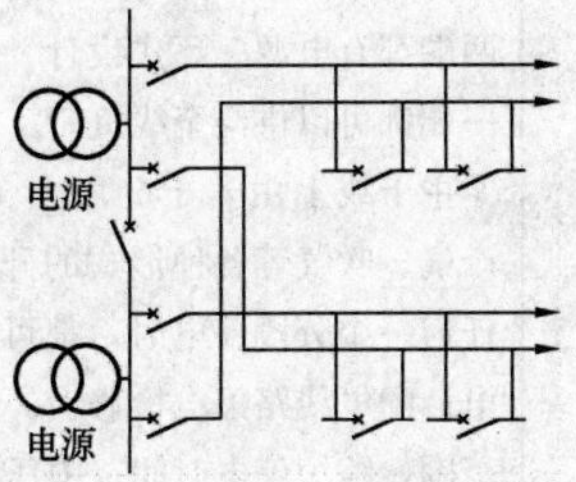	一端供电，但有两回线路，每个用户都能两路供电，即常说的双“T”接。 任何一回线路事故或检修停电时，都可由另一回线路供电。即使两回线路不是来自两个中压变电站，而是来自同一中压变电站10kV侧分段母线的不同母线段，也只有在这个中压变电站全停时，用户才会停电。 同杆架设的两回架空线路和两回电缆线路不同，线路故障时，往往会影响两回线路同时跳闸；线路检修时，为了人身安全，又往往要求两回线路同时停电，供电可靠性并不一定比拉手环式高。 两回线路不同杆架设，结构造价较高，只适合于一般城市中的双电源用户。对供电可靠性较高的地区，往往要求采用电缆线路，投资不比拉手环式或普通环式高，而供电可靠性却高了许多
3	多回路平行线式	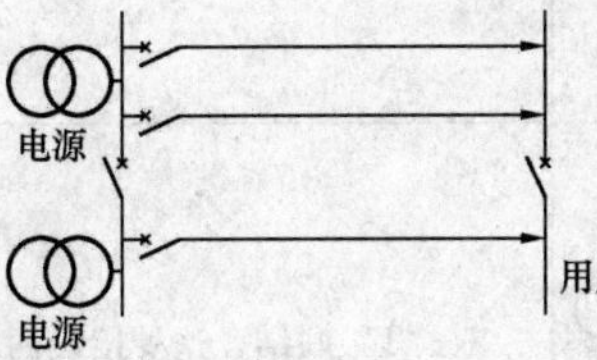	适用于靠近中压变电站的10kV大用户末端集中负荷，可以不要备用电缆，提高电缆的利用系数。 回路一般都分别来自中压变电站10kV侧分段母线的不同母线段，只有中压变电站全停时用户才会停电，供电可靠性是较高
4	普通环式	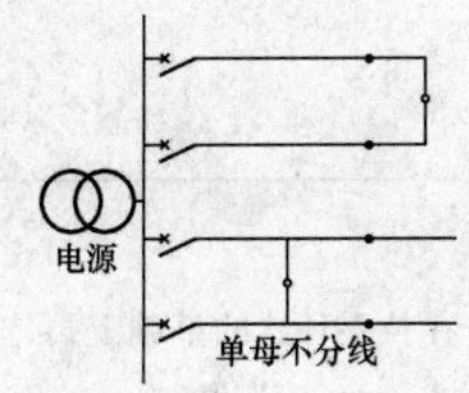 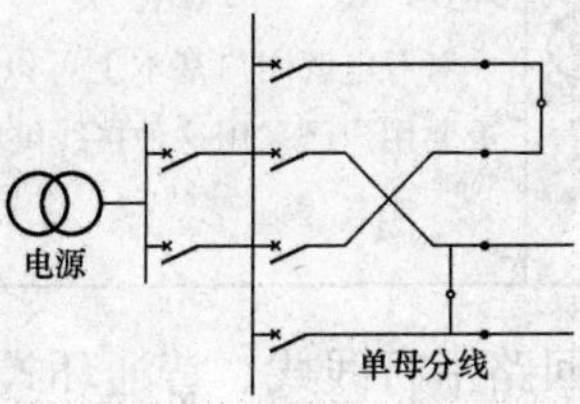	在同一个中压变压器的供电范围内，把不同的两回中压配电线路的末端或中部连接起来构成环式网络。 当中压变电站10kV侧采用单母线分段时，两回线路最好分别来自不同的母线段，只有中压变电站全停时，才会影响用户用电，而当中压变电站一母线停电检修时，用户可以不停电。 投资比放射式高，但配电线路停电检修可以分段进行，停电范围要小得多。用户年平均停电小时数可以比放射式小些，适合于大中城市边缘，小城市、乡镇也可采用
		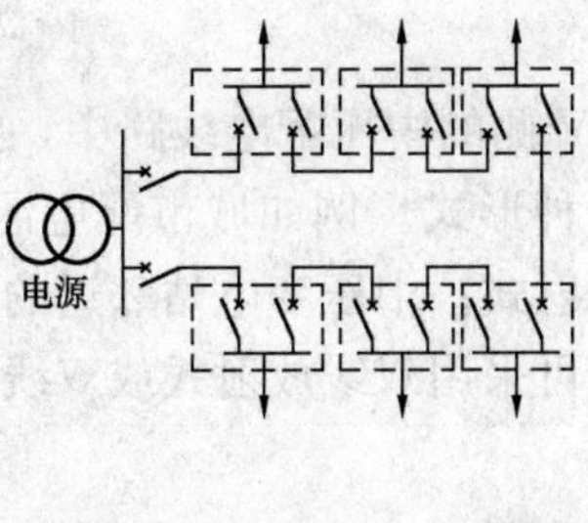	单一电源供电，由电缆本身构成环式，以保证某段电缆故障时各个用户的用电。 每个用户入口都要装设由负荷开关或电缆插头组成的“π”接入口设备。不论是负荷开关还是电缆插头都能保证在某一段电缆故障时，把他的两端断开，其他线路继续供电。 由于电缆线路查找和排除故障要比架空线路需要更长的时间，一般总是设计成环式，“π”联结，极少采用放射式

续表

序号	接线方式	接线图	应用
5	拉手环式	中间断开式 电源　电源 末端断开式 电源　电源	与放射式的不同点在于每个中压变电站的一回主干线都和另一中压变电站的一回主干线接通，形成一个两端都有电源、环式设计、开式运行的主干线，任何一端都可以供给全线负荷。 主干线上由若干分段点（一般是安装油浸、真空、产气、吹气等各种形式的开关）形成的各个分段中的任何一个分段停电时，都可以不影响其他各分段的停电。配电线路停电检修时，可以分段进行，缩小停电范围，缩短停电时间；中压变电站全停电时，配电线路可以全部改由另一端电源供电，不影响用户用电。 本身的投资并不一定比普通环式更高，但中压变电站的备用容量要适当增加，以负担其他中压变电站的负荷
6	双路拉手环式	电源　电源 电源　电源	双“T”联结，这种接线两端有电源，从理论上说，供电可靠性很高，但造价过高，很少采用
		电源　电源	在拉手环式的基础上再增加一回线，形成双路拉手环式，双“π”联结。 对双电源用户基本上可以做到不停电，目前对某些重要用户已采用这种接线供电

中压配电网电缆线路的接线方式主要有多回路平行线式、普通环式、拉手环式、双路放射式、双路拉手环式等五种。

中压配电网架空线路的接线方式主要有放射式、普通环式、拉手环式、双路放射式、双路拉手环式等五种。

在一个中压配电网或一个中压变电站 10kV 侧的中压配电线路中，并不需要全部采用架空线路或电缆线路，接线也不一定全部采用一种形式。例如城市配电网就可采用拉手环式；城市边缘和乡镇配电网就可采用普通环式和放射式；中压变电站邻近的末端集中负荷；就可采用多回路平行线式；供电可靠性要求高的就可采用双线放射式或双线拉手环式。

3. 含光伏发电系统的配电网结构

含光伏发电系统的配电网结构在表 3-12 中给出。

表 3-12　　　　含光伏发电系统的配电网结构

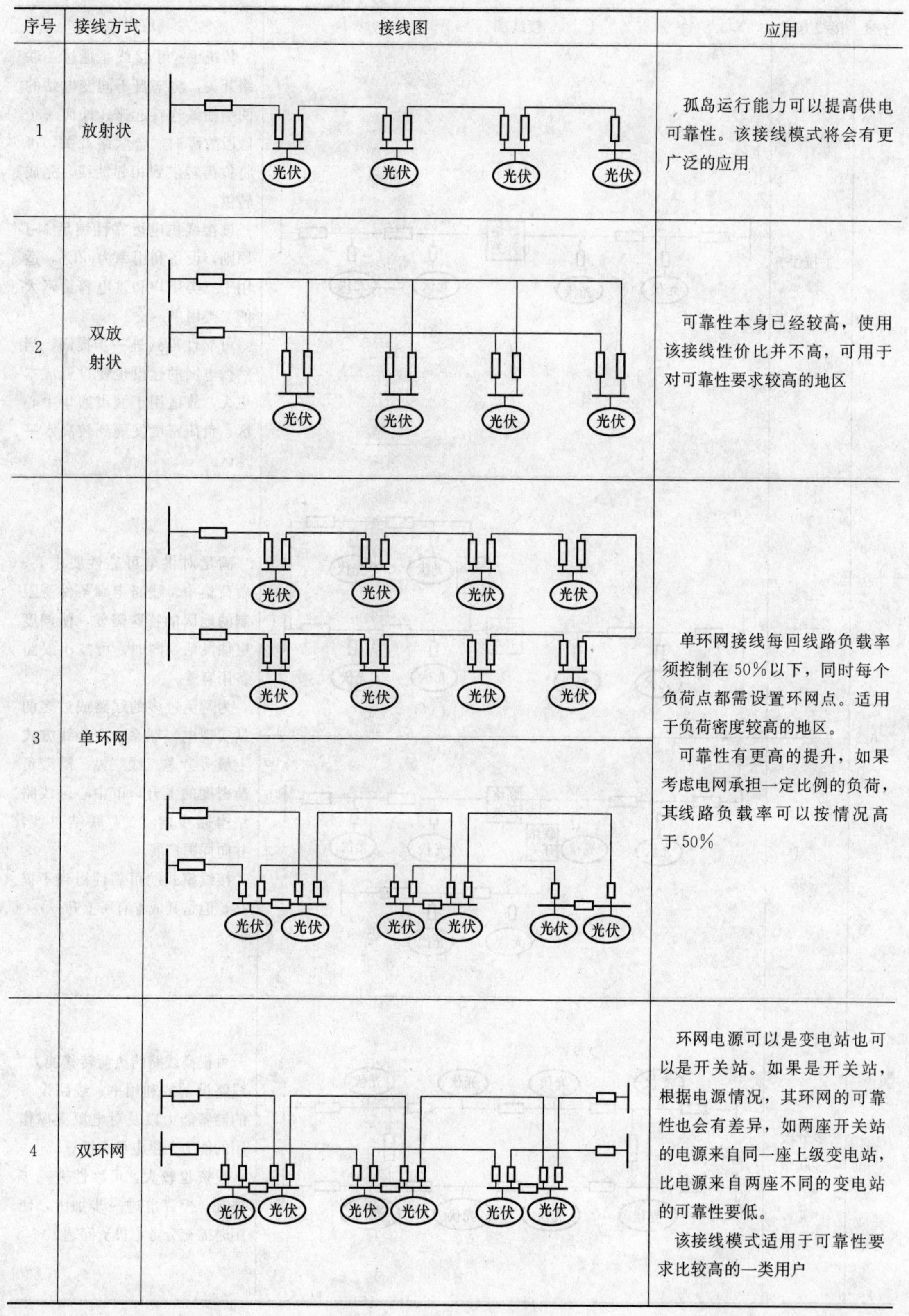

序号	接线方式	接线图	应用
1	放射状		孤岛运行能力可以提高供电可靠性。该接线模式将会有更广泛的应用
2	双放射状		可靠性本身已经较高，使用该接线性价比并不高，可用于对可靠性要求较高的地区
3	单环网		单环网接线每回线路负载率须控制在50%以下，同时每个负荷点都需设置环网点。适用于负荷密度较高的地区。 可靠性有更高的提升，如果考虑电网承担一定比例的负荷，其线路负载率可以按情况高于50%
4	双环网		环网电源可以是变电站也可以是开关站。如果是开关站，根据电源情况，其环网的可靠性也会有差异，如两座开关站的电源来自同一座上级变电站，比电源来自两座不同的变电站的可靠性要低。 该接线模式适用于可靠性要求比较高的一类用户

续表

序号	接线方式	接线图	应用
5	手拉手	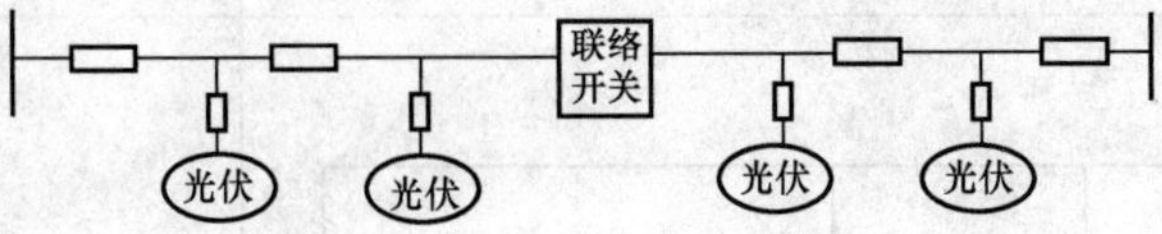 联络开关 光伏 光伏 光伏 光伏	传统手拉手接线是通过一联络开关，将来自不同变电站的两条馈线连接起来。任何一个区段故障时，合联络开关，可将负荷转供到相邻馈线，完成转供。 该接线供电可靠性满足 N-1 原则，设备利用率为 50%，适用于三类用户和供电容量不大的二类用户。 可靠性得到进一步提高，当然微电网的建设也使投资成本更大，故适用于城市繁华中心区、负荷密度发展到较高水平地区
6	三线二站	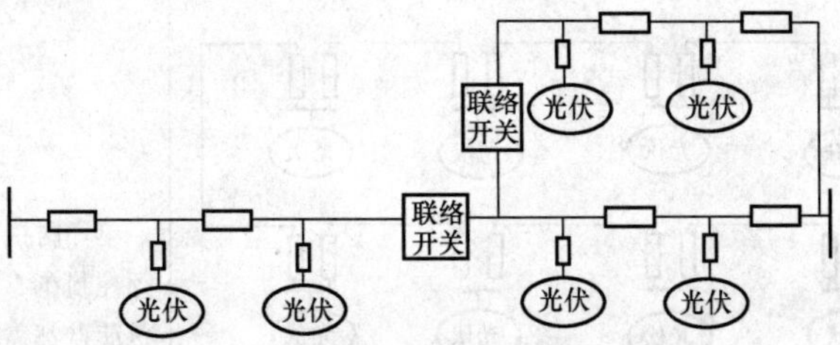 联络开关 光伏 光伏 联络开关 光伏 光伏 光伏 光伏	满足对供电可靠性要求高、负荷集中、线路走廊条件受限制的地区的特殊需要，使调度更加灵活，同时，可减小线路备用容量。 为避免过多的线路或过多的站实现电气联系，在接线方式上最多考虑三线三站。随着负荷密度的上升，市中心区线路结构逐步向“Y”联结过渡，并向周围扩展。 接线模式的可靠性得到了提高，但是其成本有所上升
	三线三站	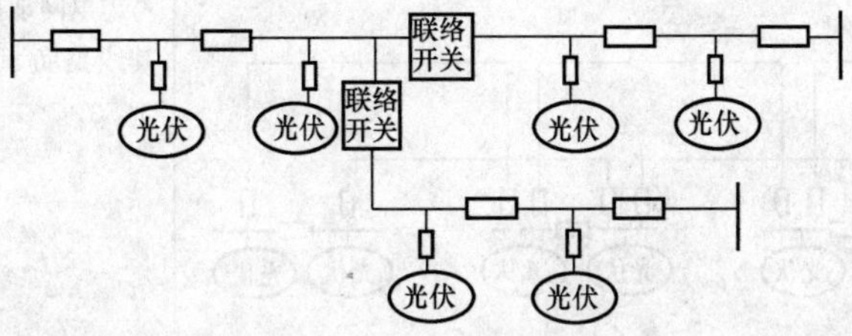 联络开关 光伏 光伏 联络开关 光伏 光伏 光伏 光伏	
7	多分段多联络	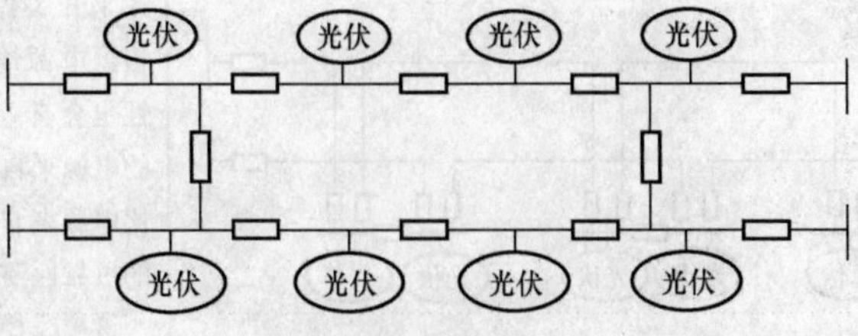 光伏 光伏 光伏 光伏 光伏 光伏 光伏 光伏	可提高线路的负荷转移能力、线路设备的利用率、线路设备的储备能力以及对电源支撑作用的能力、供电可靠性等。 投资也较大，可靠性进一步提升，投资也进一步加大，使用时需充分考虑投资问题

续表

序号	接线方式	接线图	应用
8	直通式备用	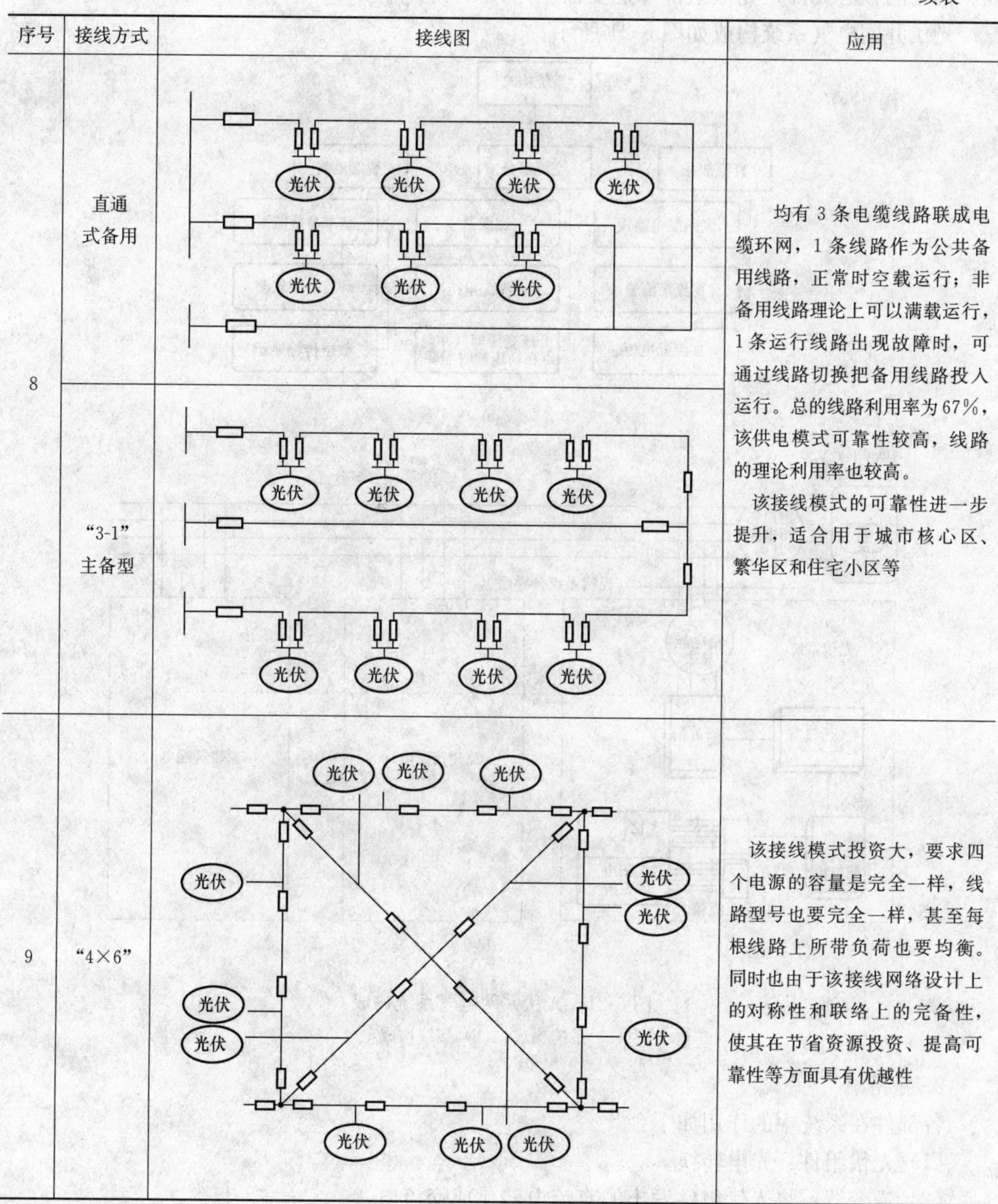	均有3条电缆线路联成电缆环网，1条线路作为公共备用线路，正常时空载运行；非备用线路理论上可以满载运行，1条运行线路出现故障时，可通过线路切换把备用线路投入运行。总的线路利用率为67%，该供电模式可靠性较高，线路的理论利用率也较高。
	“3-1”主备型		该接线模式的可靠性进一步提升，适合用于城市核心区、繁华区和住宅小区等
9	“4×6”		该接线模式投资大，要求四个电源的容量是完全一样，线路型号也要完全一样，甚至每根线路上所带负荷也要均衡。同时也由于该接线网络设计上的对称性和联络上的完备性，使其在节省资源投资、提高可靠性等方面具有优越性

第五节　光伏并网电气系统设计

一、电气系统构成

1. 构成

太阳能光伏发电系统主要由太阳能光伏电池组、逆变器、汇流箱和交直流逆变器等组成。其中的核心元件是光伏组件和逆变器。

光伏并网电气系统构成如图 3-21 所示。

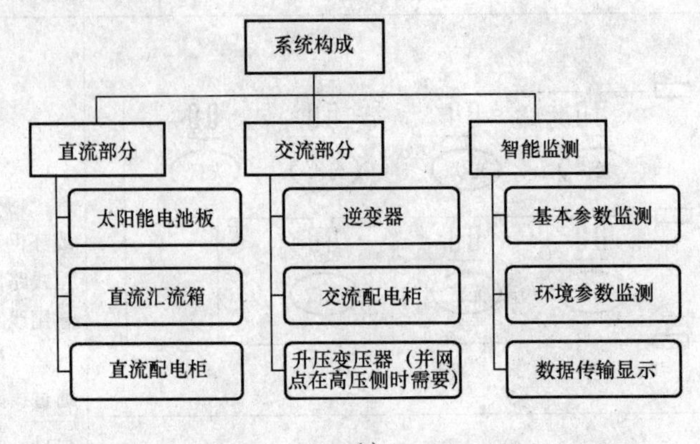

(a)

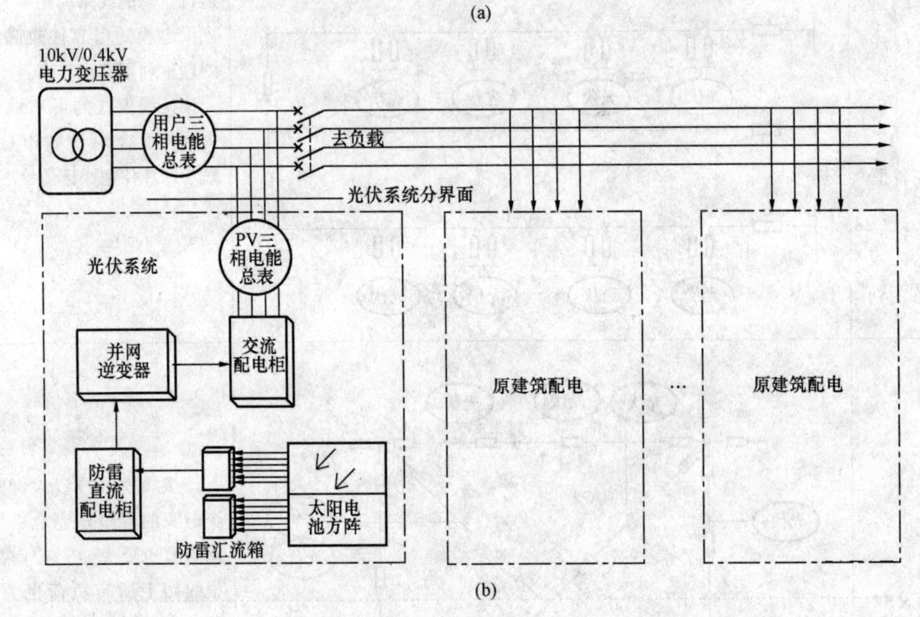

(b)

图 3-21　光伏并网电气系统构成

(a) 系统构成；(b) 接线构成

2. 作用

各部件在系统中的作用如下：

(1) 光伏组件：光电转换。

(2) 逆变器：将光伏组件发出的直流电转化成交流电。

(3) 汇流箱：将一定数量、规格相同的光伏组件串联起来，组成一个个光伏组串，然后再将若干个光伏组串并联接入光伏汇流防雷箱，在光伏防雷汇流箱内汇流后，通过控制开关、直流配电柜、光伏逆变器、交流配电柜等构成完整的光伏发电系统，实现与市电并网。

(4) 交直流逆变器：由于它的功能是交直流转换，因此该部件最重要的指标是可靠性和转换效率。并网逆变器采用最大功率跟踪技术，最大限度地把光伏组件转换的电能送入电网。

二、并网方式

1. 中压并网

中压并网（并入10kV电网）系统采用分块发电，集中并网方式，如图3-22所示。

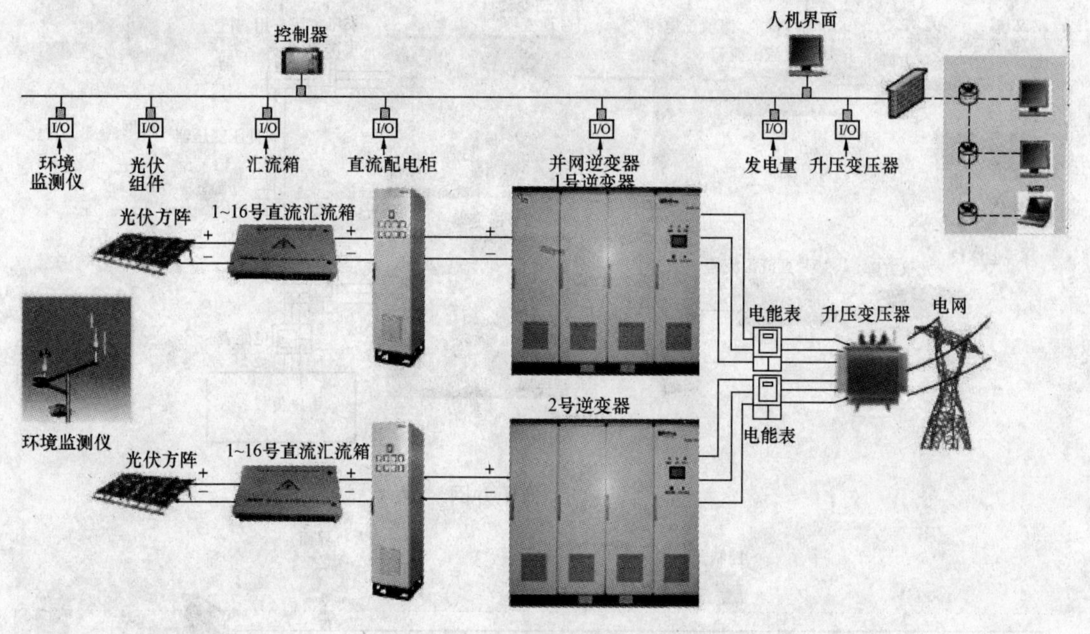

图3-22 中压并网

中压并网适用于较大面积的建筑物顶，如大型超市、工业区等；此类电站一般采用若干个子系统组成，每个子系统输出经回流后集中并网。每个子系统设计为若干个并网发电单元，配置若干台并网逆变器，逆变器不含隔离变压器。经过1台高效10kV双分裂升压变压器接入本地的10kV中压电网。

2. 低压并网

低压并网（并入380V电网）系统采用分布式并网方式，适用于较小面积的建筑物顶，如学校、住宅小区等，如图3-23所示。

如，1MW系统分成2个500kW，或者4个250kW，或者10个100kW的并网发电单元，通过多台并网逆变器接入0.4kV交流电网，实现并网发电。

逆变器含隔离变压器，输出额定电压为400V，50Hz。

3. 用户侧并网

用户侧并网如图3-24所示。

三、电气系统设计

1. 光伏方阵的设计

光伏方阵的设计包含直流方阵配线、电气保护设备选型、开关及接地，其中包含了光伏方阵除储能设备、功率转换设备和负载之外的所有部分。如图3-25所示。

需要注意的是根据光伏系统的特性确定其安全性要求。直流系统特别是光伏方阵会产生一些特殊危害，如产生并维持一个电流不高于正常工作电流的电弧。并网系统中的安全性要求应符合IEC 62109-1《光伏电力系统用电力变流器的安全 第1部分：一般要求》和IEC

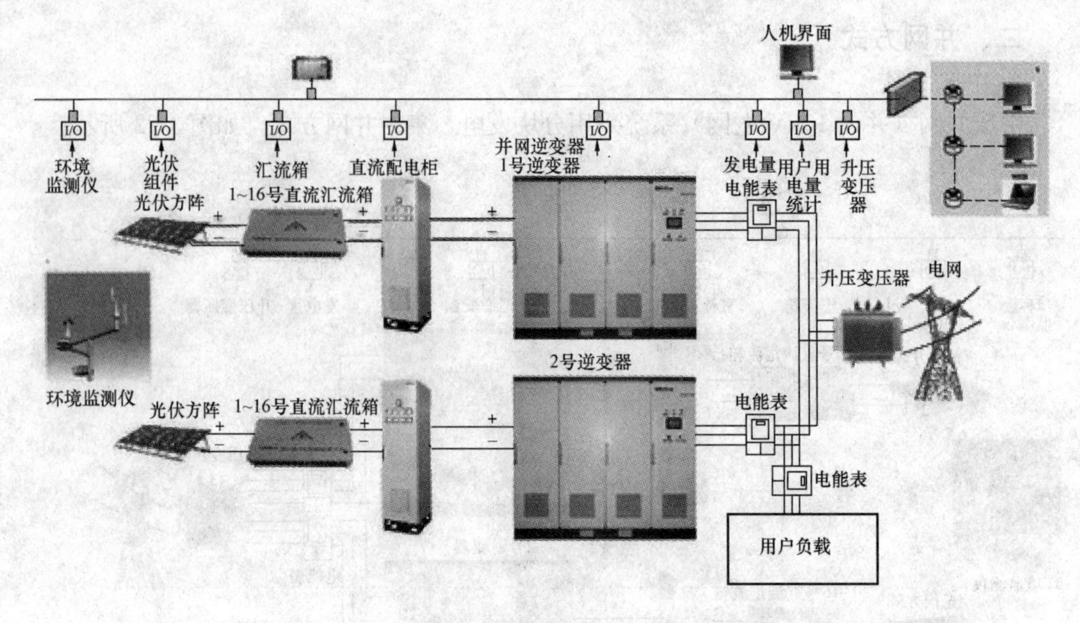

图 3-23 低压并网

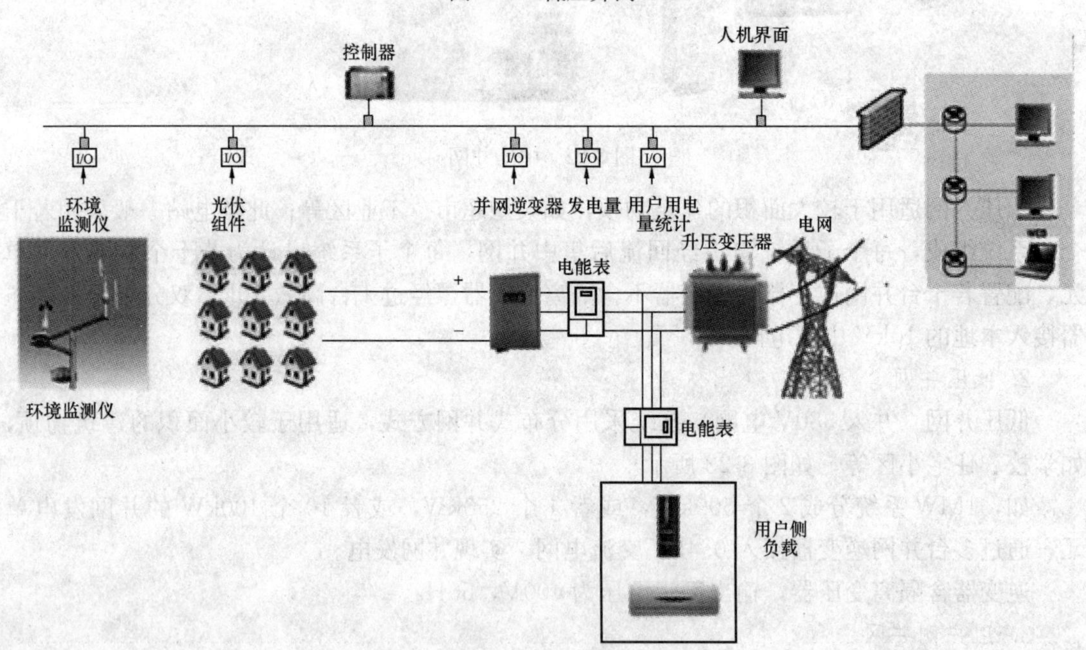

图 3-24 用户侧并网

62109-2《用于光伏发电系统的功率变换器的安全性 第 2 部分：逆变器的特殊要求》中对与光伏方阵相连接的逆变器的要求。安装要求应符合 IEC 60364《建筑物电气装置》的系列标准。

2. 汇流系统设计

光伏汇流箱是将光伏组串连接，实现光伏组串间并联的箱体，并将必要的保护器件安装在此箱体，实现汇流、保护的功能，也可能安装监控模块对光伏组串的工作状态进行监测。光伏汇流箱电气原理如图 3-26 所示。

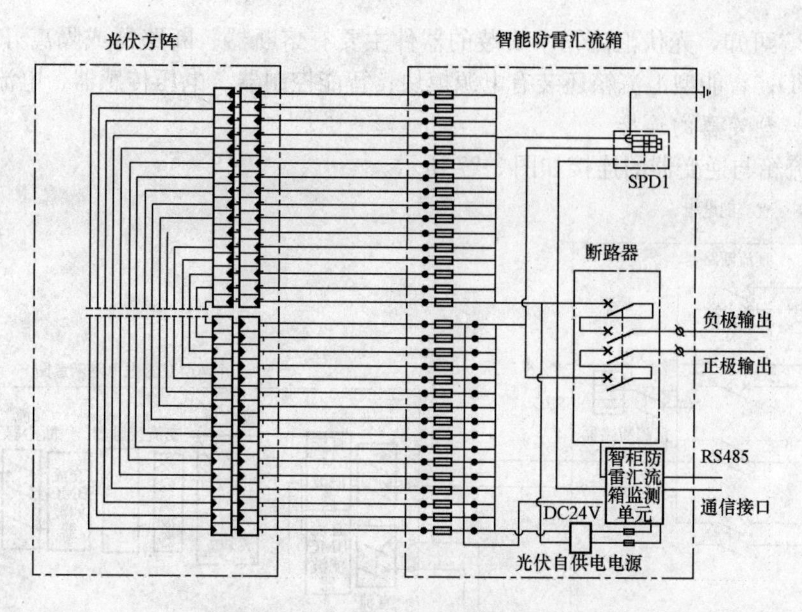

图 3-25　光伏方阵与防雷汇流箱的连接

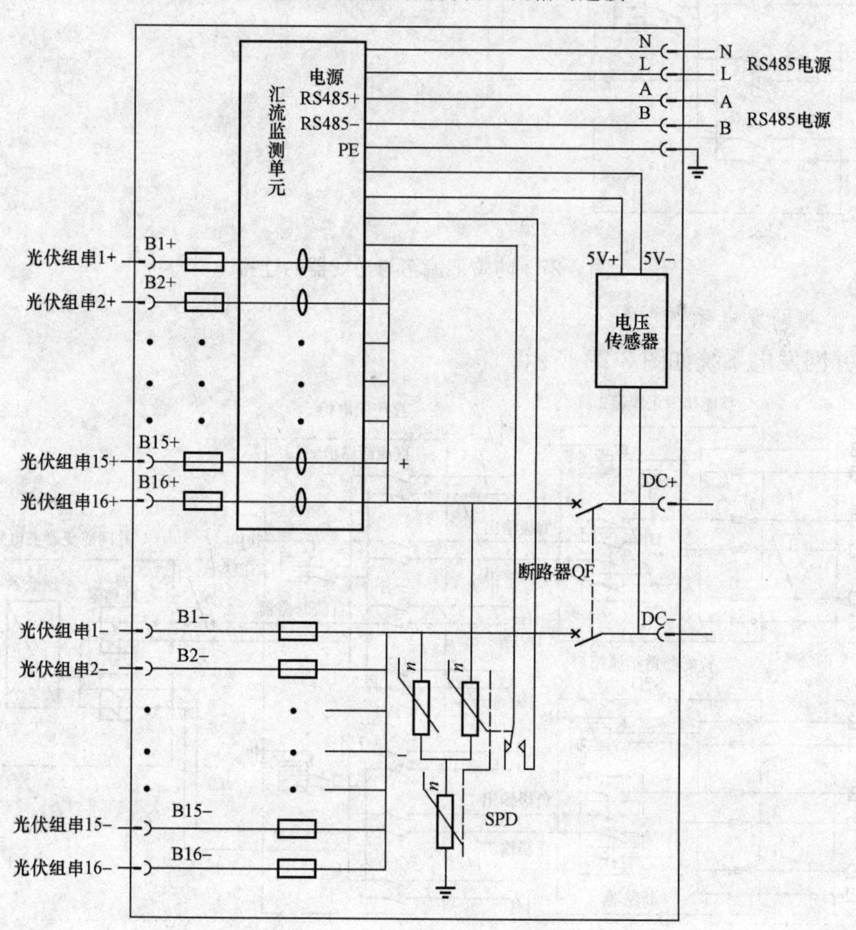

图 3-26　光伏汇流箱电气原理

由图 3-26 可知，光伏汇流箱中安装的器件主要有熔断器、断路器或隔离开关、直流电涌保护器 SPD；智能型汇流箱还装有电源模块、智能控制器、电压传感器、电流传感器等。

3. 汇流与逆变器的连接

防雷汇流箱与逆变器的连接如图 3-27 所示。

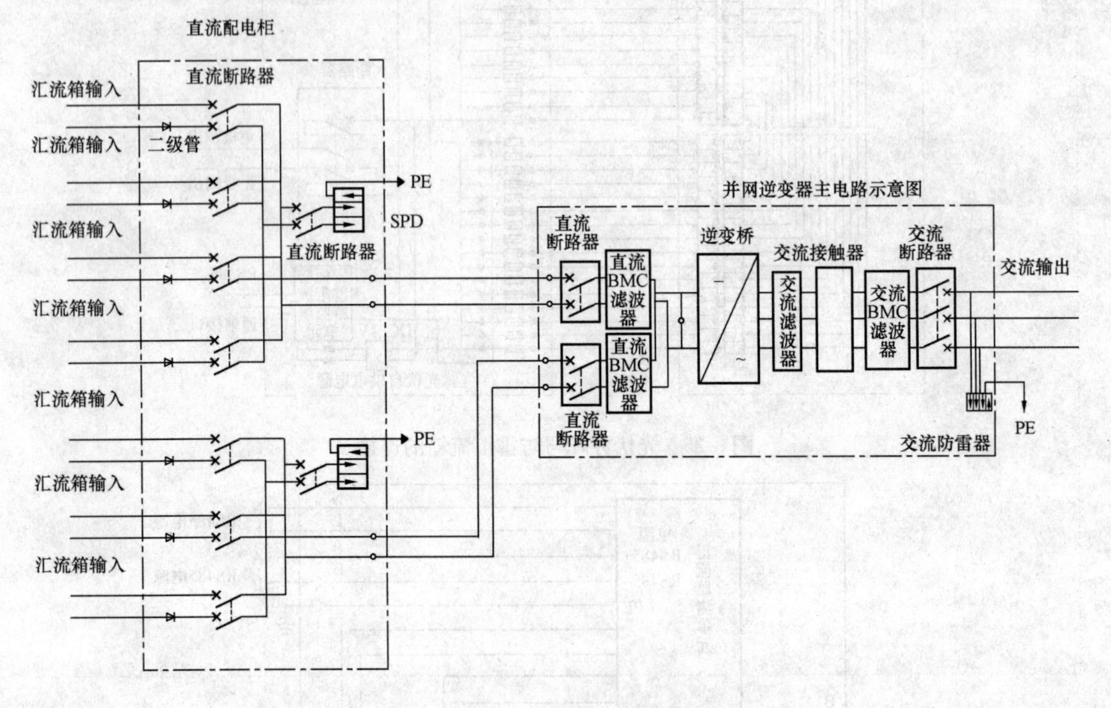

图 3-27　防雷汇流箱与逆变器的连接

4. 光伏并网发电系统

光伏并网发电系统如图 3-28 所示。

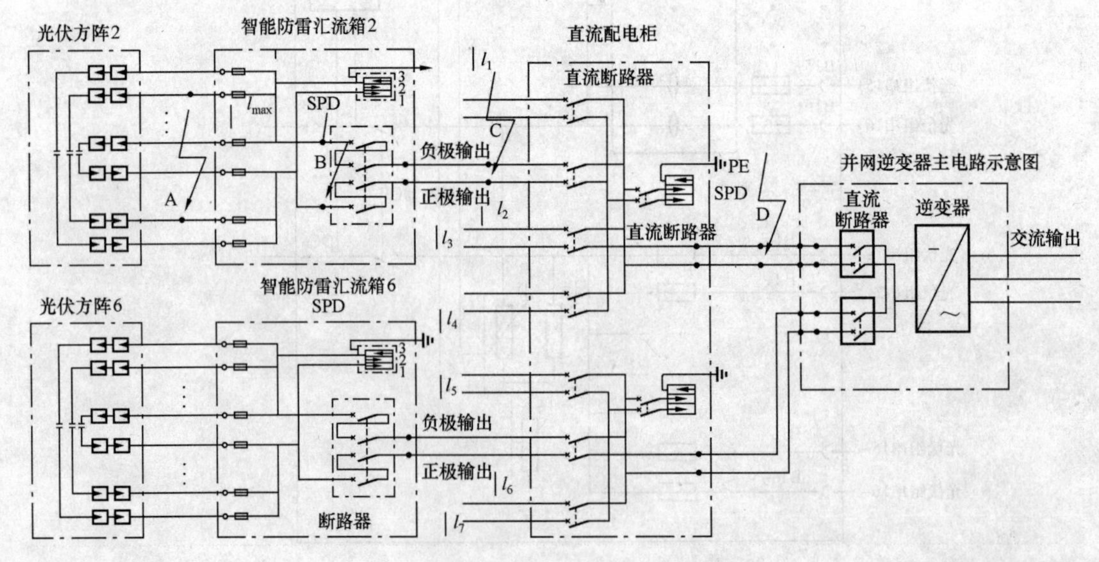

图 3-28　光伏并网发电系统

5. 汇流并网系统

（1）单级汇流系统。单级汇流电气系统如图 3-29 所示。

单级汇流系统电能经过汇流箱直接到逆变器。

（2）多级汇流系统。多级汇流电气系统如图 3-30 所示。

多级汇流系统电能经过汇流箱和直流配电柜进行多级汇集后送到逆变器。

（3）带有防逆流的多级汇流系统。带有防逆流装置的多级汇流电气系统如图 3-31 和图 3-32 所示。

带有防逆流装置的多级汇流系统在多级汇流系统的基础上增加了防逆流装置。

（4）多级汇流、多台逆变器系统。多级汇流、多台逆变器的光伏电气系统如图 3-33 所示。

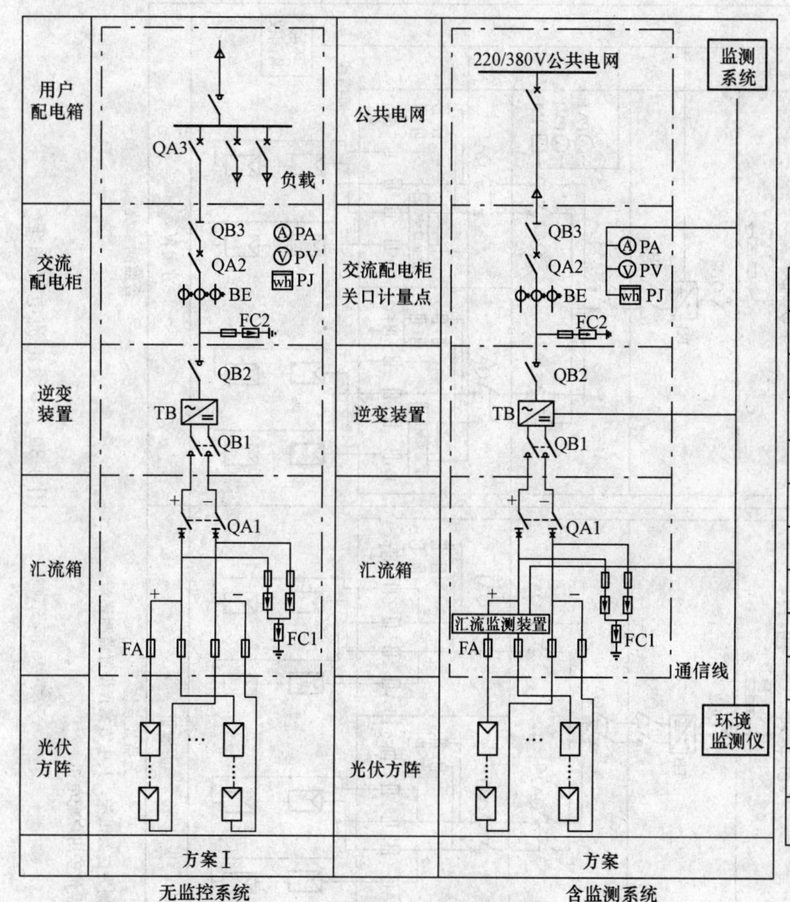

序号	代号	名称
1	FA	直流熔断器
2	FC1	直流电涌保护器
3	QA1	直流断路器
4	TB	逆变器
5	BE	电流互感器
6	FC2	交流电涌保护器
7	QA2~3	交流断路器
8	QB1~2	隔离开关
9	QB3	隔离器
10	PA	交流电流表
11	PV	交流电压表
12	PJ	交流电能表

注：1. 方案Ⅰ和Ⅱ直流侧为单级汇流，其中方案Ⅱ设置监测系统。
2. 方案Ⅰ并网点为用户配电箱，方案Ⅱ并网点为公共电网。

图 3-29　单级汇流电气系统

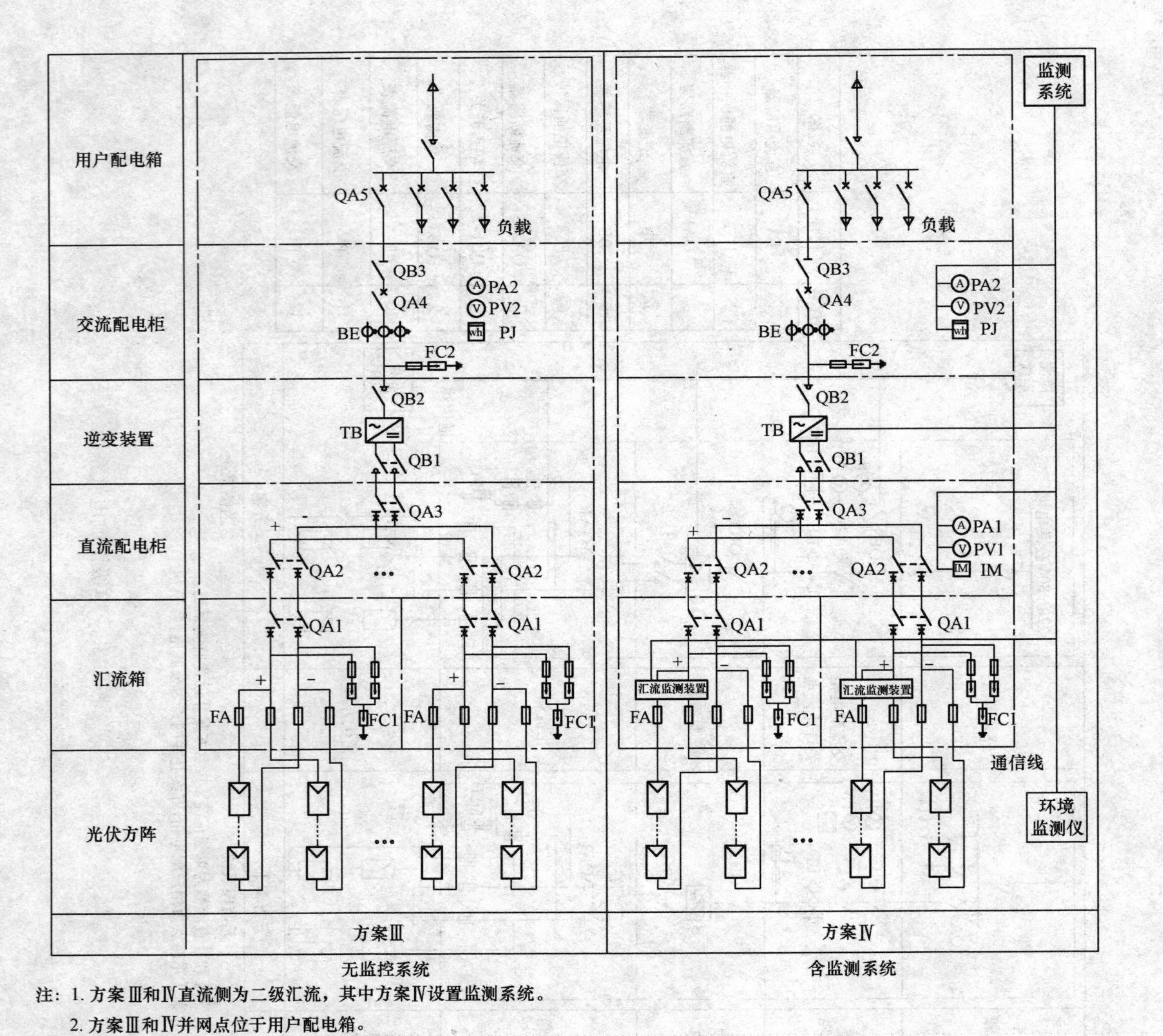

注：1. 方案Ⅲ和Ⅳ直流侧为二级汇流，其中方案Ⅳ设置监测系统。

2. 方案Ⅲ和Ⅳ并网点位于用户配电箱。

图 3-30　多级汇流电气系统

序号	代号	名称
1	FA	直流熔断器
2	FC1	直流电涌保护器
3	QA1~QA3	直流断路器
4	PA1	直流电流表
5	PV1	直流电压表
6	TB	逆变器
7	BE	电流互感器
8	FC2	交流电涌保护器
9	QA4~QA5	交流断路器
10	QB1~QB2	隔离开关
11	QB3	隔离器
12	PA2	交流电流表
13	PV2	交流电压表
14	PJ	交流电能表
15	IM	直流绝缘监测

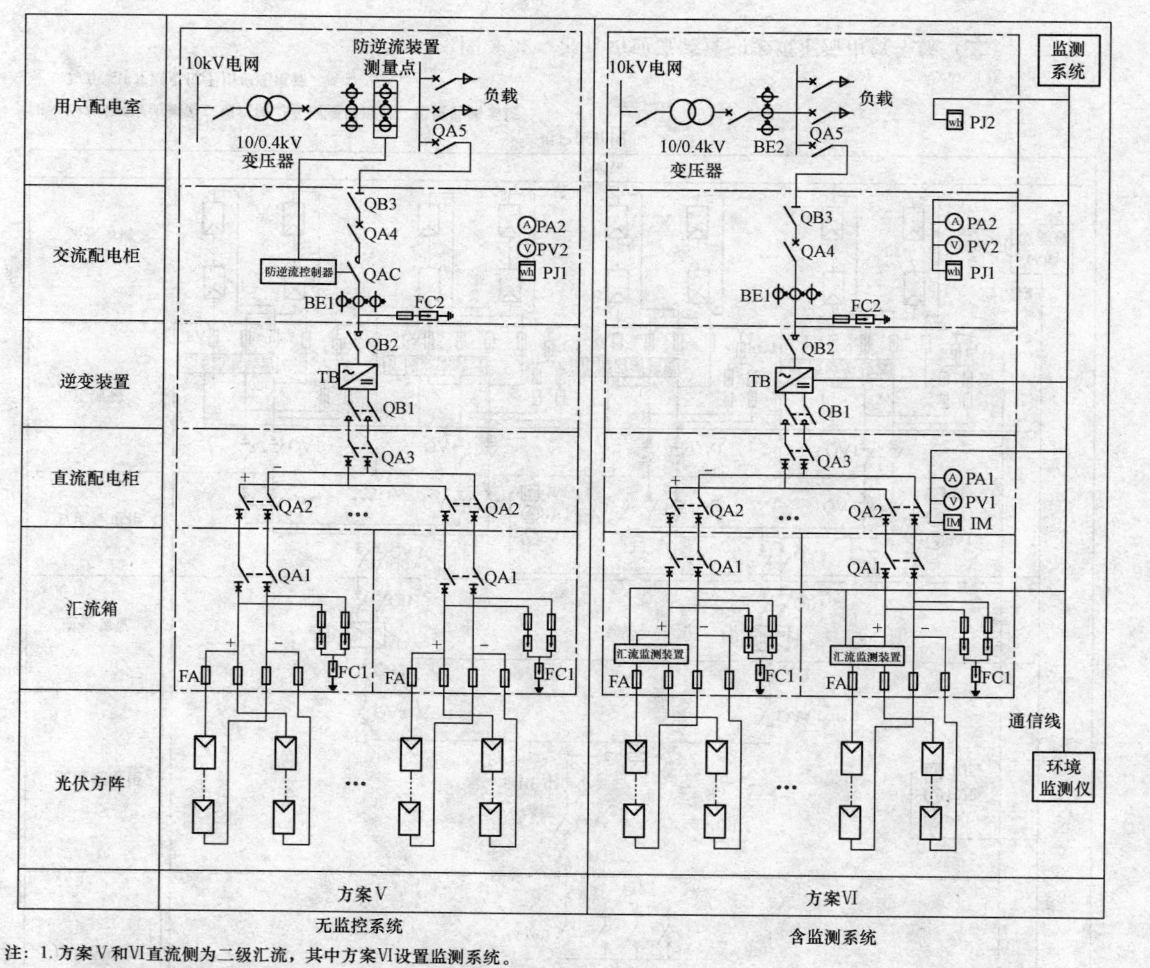

序号	代号	名称
1	FA	直流熔断器
2	FC1	直流电涌保护器
3	QA1~QA3	直流断路器
4	PA1	直流电流表
5	PV1	直流电压表
6	TB	逆变器
7	BE1~BE2	电流互感器
8	FC2	交流电涌保护器
9	QA4~QA5	交流断路器
10	QB1~QB2	隔离开关
11	QB3	隔离器
12	PA2	交流电流表
13	PV2	交流电压表
14	PJ1~PJ2	交流电能表
15	QAC	交流接触器
16	IM	直流绝缘监测

注：1. 方案Ⅴ和Ⅵ直流侧为二级汇流，其中方案Ⅵ设置监测系统。
2. 方案Ⅴ和Ⅵ并网点位于用户配电室，其中方案Ⅴ为非逆流系统。

图 3-31 带有防逆流装置的多级汇流电气系统（一）

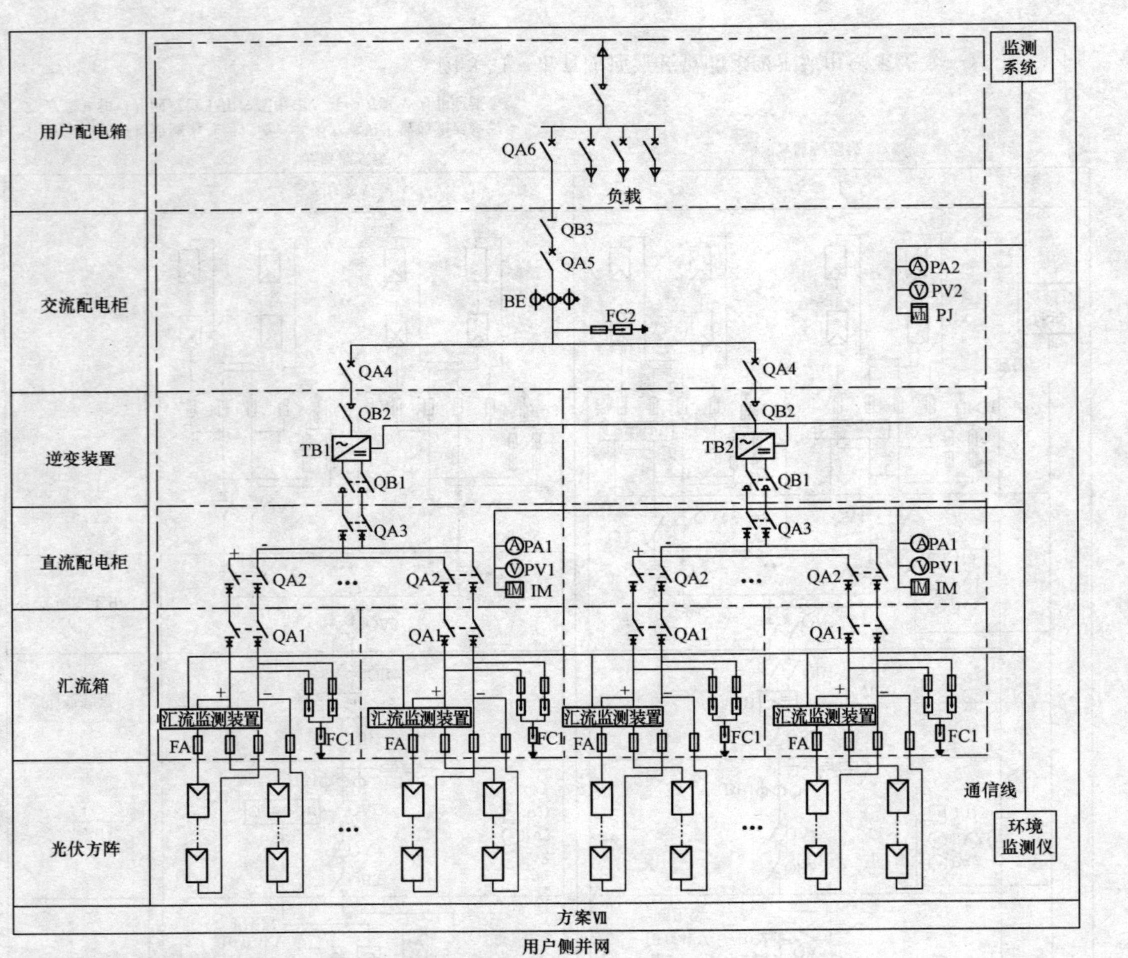

序号	代号	名称
1	FA	直流熔断器
2	FC1	直流电涌保护器
3	QA1~QA3	直流断路器
4	PA1	直流电流表
5	PV1	直流电压表
6	TB1~TB2	逆变器
7	BE	电流互感器
8	FC2	交流电涌保护器
9	QA4~QA6	交流断路器
10	QB1~QB2	隔离开关
11	QB3	隔离器
12	PA2	交流电流表
13	PV2	交流电压表
14	PJ	交流电能表
15	IM	直流绝缘监测

注：1. 方案Ⅶ直流侧为二级汇流，多逆变器形式，设置监测系统。

2. 方案Ⅶ并网点位于用户配电箱。

图 3-32　带有防逆流装置的多级汇流电气系统（二）

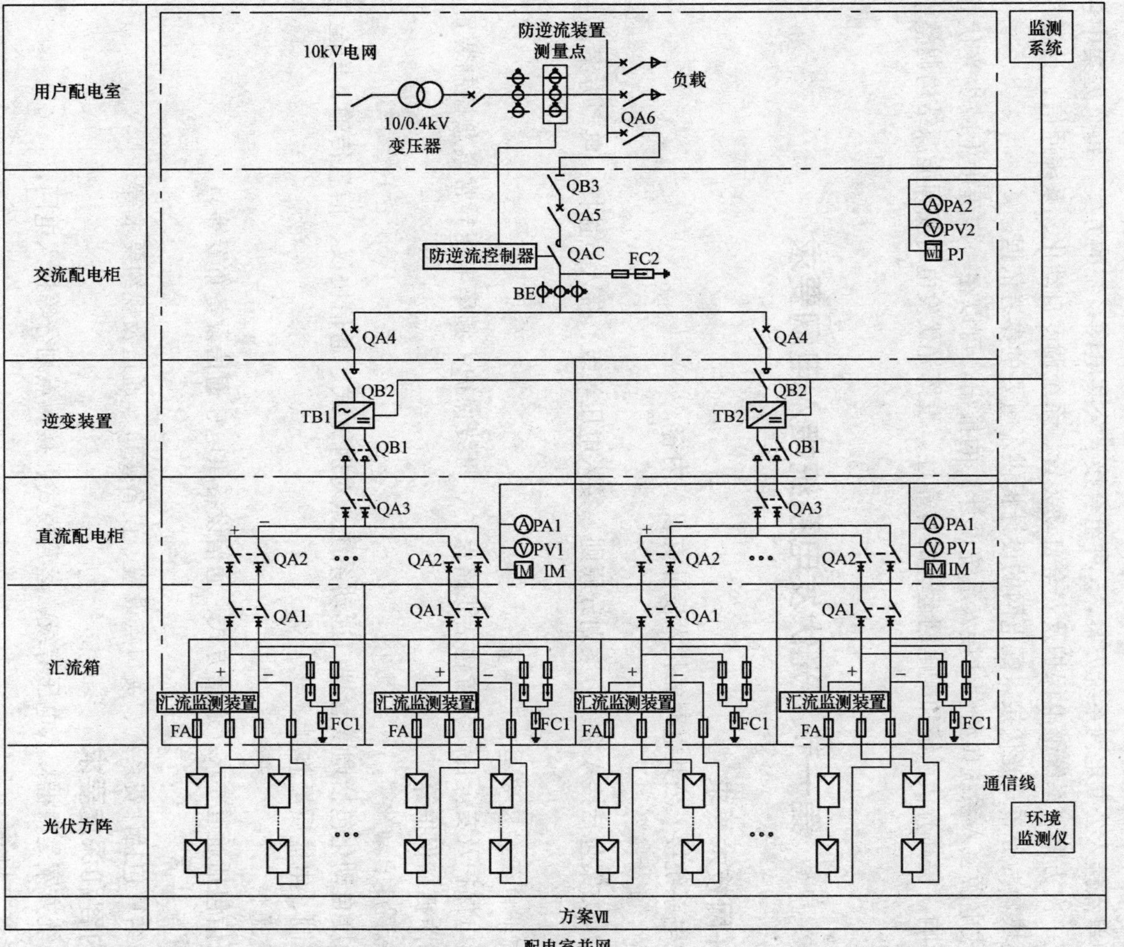

注：1. 方案Ⅶ直流侧为二级汇流，多逆变器形式，设置监测系统。

2. 方案Ⅶ并网点位于用户配电室，为非逆流系统。

图 3-33　含监测系统和防逆流装置的多级汇流、多台逆变器光伏电气系统

序号	代号	名称
1	FA	直流熔断器
2	FC1	直流电涌保护器
3	QA1~QA3	直流断路器
4	PA1	直流电流表
5	PV1	直流电压表
6	TB1~TB2	逆变器
7	BE	电流互感器
8	FC2	交流电涌保护器
9	QA4~QA6	交流断路器
10	QB1~QB2	隔离开关
11	QB3	隔离器
12	PA2	交流电流表
13	PV2	交流电压表
14	PJ	交流电能表
15	QAC	交流接触器
16	IM	直流绝缘监测

第四章 光伏发电系统接入电网方案

2013 年 4 月 25 日国家电网颁布《国家电网公司关于印发分布式电源并网相关意见和规范的通知》（国家电网办［2013］333 号），同时印发了《分布式电源接入系统典型设计——接入系统设计》。

《分布式电源接入系统典型设计——接入系统设计》设计范围为 10kV 及以下电压等级接入电网，且单个并网点总装机容量不超过 6MW 的分布式光伏发电接入系统设计。典型方案包括 8 种单点接入公共电网系统方案，5 种组合接入公共电网系统的方案。每个方案中包括接入系统一次方案、系统继电保护及安全自动装置、系统调度自动化、系统通信、计量与结算 5 个模块，为分布式光伏接入配电网的设计提供了重要的参考依据。

《分布式电源接入系统典型设计接入系统设计》的推出，可以在一定程度上减少光伏并网的不利影响，提高光伏系统和配电网运行的可靠性，发挥光伏发电对我国能源结构调整中应有的作用。

第一节 光伏发电系统接入电网要求

一、并网技术要求

光伏发电系统接入公共电网的技术设计有以下内容。

1. 系统一次方案

系统一次方案包括接入系统方案划分原则、接入电压等级、接入点选择、典型方案、主要设备选择。

2. 系统继电保护及安全自动装置

系统继电保护及安全自动装置包括线路保护、母线保护、频率电压异常紧急控制装置、孤岛检测和防孤岛保护等。

3. 系统调度自动化

系统调度自动化包括调度管理、远动系统、对时方式、通信协议、信息传输、安全防护、功率控制、电能质量监测。

4. 系统通信

系统通信包括通道要求、通信方式、通信设备供电、通信设备布置等。

5. 计量与结算

计量与结算包括计费系统、关口点设置、设备接口、通道及规约要求等。

二、内容和深度要求

接入系统方案是根据接入电压等级、运营模式、接入点划分等接入电网。

1. 主要设计内容

（1）根据装机容量并兼顾运营模式，合理确定接入电压等级、接入点。

（2）确定采用相应并网接入设计方案。

（3）提出对有关电气设备选型的要求。

2. 设计深度

包括接入系统方案，相应电气计算（包括潮流、短路、电能质量分析、无功平衡、三相不平衡校验等），合理选择送出线路回路数、导线截面，明确无功容量配置，对升压站主接线、设备参数选型提出要求，提出系统对光伏电系统的技术要求。

3. 接入电压等级

对于单个并网点，接入的电压等级应遵循安全性、灵活性、经济性的原则，根据分布式光伏发电容量、导线载流量、上级变压器及线路可接纳能力、地区配电网情况综合比选后确定。

（1）单个并网点容量为400kW～6MW推荐采用10kV接入；设备和线路等电网条件允许时，也可采用380V接入。

（2）单个并网点容量为400kW以下推荐采用380V接入。

（3）当采用220V单相接入时，应根据当地配电管理规定和三相不平衡测算结果确定接入容量。一般情况下单点最大接入容量不应超过8kW。

4. 运营模式

（1）10kV接入点。

1）采用统购统销模式。并网点在公共电网变电站10kV母线；公共电网开关站、配电室或箱变10kV母线；T接公共电网10kV线路。

2）采用自发自用（含自发自用，余量上网）模式。并网点在用户开关站、配电室或箱变10kV母线。

（2）380V接入点。

1）采用统购统销模式。并网点在公共电网配电箱/线路；公共电网配电室或箱变低压母线。

2）采用自发自用（含自发自用，余量上网）模式。并网点在用户配电箱/线路；用户配电室或箱变低压母线。

5. 并网方案

光伏发电系统单点接入公共电网系统的方案，见表4-1。

表4-1　光伏发电系统单点接入公共电网系统的方案

<table>
<tr><th>接入电压</th><th>运营模式</th><th>接入点</th><th>送出回路数</th><th>单个并网点参考容量</th></tr>
<tr><td rowspan="4">10kV</td><td rowspan="3">统购统销
（接入公共电网）</td><td>接入公共电网变电站10kV母线</td><td>1回</td><td>1～6MW</td></tr>
<tr><td>接入公共电网10kV开关站、配电室或箱变</td><td>1回</td><td>400kW～6MW</td></tr>
<tr><td>T接公共电网10kV线路</td><td>1回</td><td>400kW～6MW</td></tr>
<tr><td>自发自用/余量上网
（接入用户电网）</td><td>接入用户10kV母线</td><td>1回</td><td>400kW～6MW</td></tr>
<tr><td rowspan="2">380V</td><td rowspan="2">统购统销
（接入公共电网）</td><td>公共电网配电箱/线路</td><td>1回</td><td>≤100kW，8kW及以下可单相接入</td></tr>
<tr><td>公共电网配电室或箱变低压母线</td><td>1回</td><td>20～400kW</td></tr>
</table>

续表

接入电压	运营模式	接入点	送出回路数	单个并网点参考容量
380V	自发自用/余量上网（接入用户电网）	用户配电箱/线路	1回	≤400kW，8kW及以下可单相接入
		用户配电室或箱变低压母线	1回	20～400kW

注：1. 表中参考容量仅为建议值，具体工程设计中可根据电网实际情况进行适当调整。

2. 接入用户电网、且采用统购统销模式的光伏发电系统可参照自发自用/余量上网模式方案设计。

光伏发电系统组合接入公共电网系统的方案，见表4-2。

表4-2　　光伏发电系统组合接入公共电网系统的方案

接入电压	运营模式	接入点
380V/220V	自发自用/余量上网	多点接入用户配电箱/线路配电室或箱变低压母线
10kV		多点接入用户10kV开关站、配电室或箱变
10kV/380V		以380V一点或多点接入用户配电箱/线路、配电室或箱变低压母线，以10kV一点或多点接入用户10kV开关站、配电室或箱变
380V/220V	统购统销	多点接入公共电网配电箱/线路、箱变或配电室低压母线
10kV/380V		以380V一点或多点接入公共配电箱/线路、配电室或箱变低压母线，以10kV一点或多点接入公共电网变电站10kV母线、10kV开关站、配电室、箱变或T接公共电网10kV线路

注：当分布式光伏发电接入35kV及以上用户的10kV及以下电压等级时，可参考多点接入用户10kV开关站、配电室或箱变；以380V一点或多点接入用户配电箱/线路、配电室或箱变低压母线，以10kV一点或多点接入用户10kV开关站、配电室或箱变等设计方案。

第二节　光伏发电系统单点接入电网

一、10kV接入

1. 统购统销接入公共电网

公共连接点为公共电网变电站10kV母线，单个并网点参考装机容量1～6MW。接入公共电网的方案一次系统接线示意图如图4-1所示。

公共连接点为公共电网开关站、配电室或箱变10kV母线，单个并网点参考装机容量400kW～6MW。接入公共电网的方案一次系统接线示意图如图4-2所示。

公共连接点为公共电网10kV线路T接点，单个并网点参考装机容量400kW～6MW。接入公共电网的方案一次系统接线示意图如图4-3所示。

2. 自发自用/余量上网接入用户电网

自发自用/余量上网接入用户电网的光伏系统，单个并网点参考装机容量400kW～6MW。接入用户电网一次系统有两个子方案，子方案接

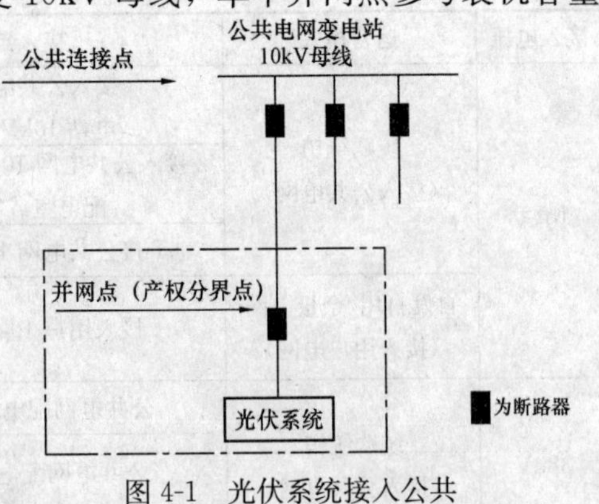

图4-1　光伏系统接入公共电网变电站10kV母线

线示意图如图 4-4 所示。

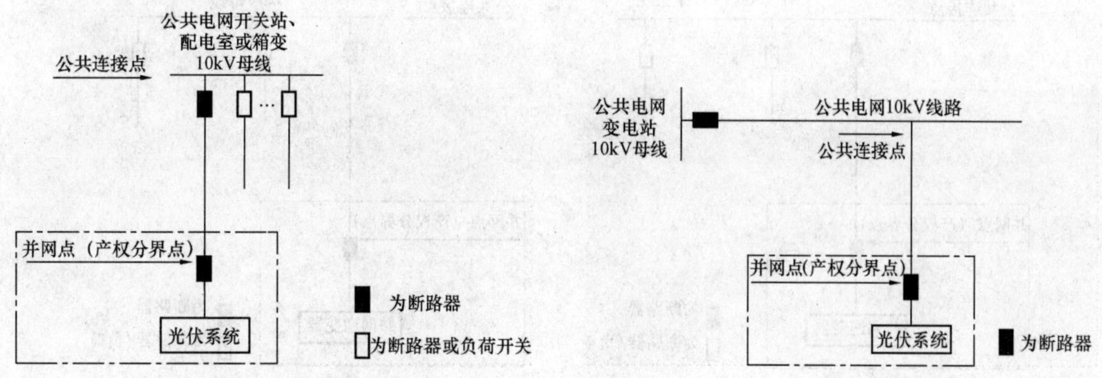

图 4-2　光伏系统接入公共电网开关站、配电室或箱变 10kV 母线

图 4-3　光伏系统接入公共电网 10kV 线路 T 接点

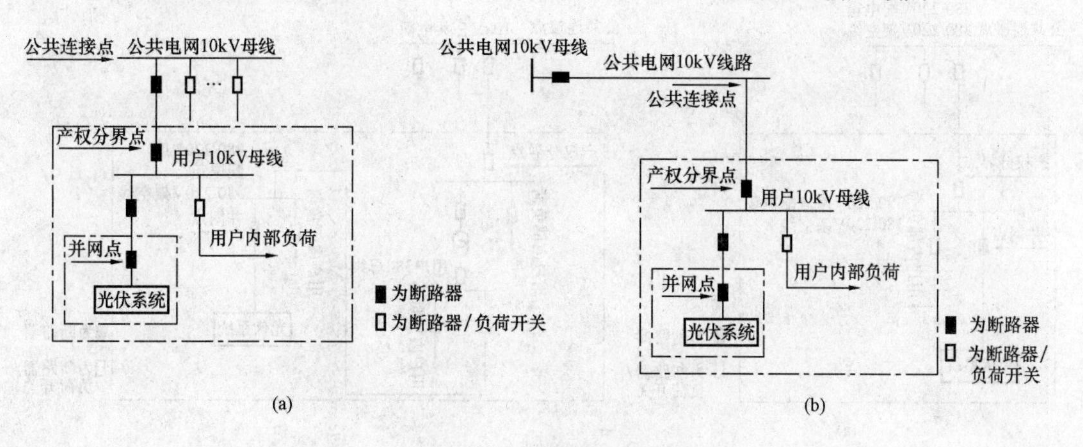

图 4-4　接入用户电网一次系统

（a）专线接入公共电网；（b）T 联结接入公共电网

二、380V 接入

1. 统购统销

统购统销接入公共电网的光伏系统，公共连接点为公共电网配电箱或线路，单个并网点参考装机容量不大于 100kW，采用三相接入；装机容量 8kW 及以下，可采用单相接入。接入公共电网的方案一次系统接线示意图如图 4-5 所示。

统购统销接入公共电网的光伏系统，公共连接点为公共电网配电室或箱变低压母线，单个并网点参考装机容量 20～400kW。接入公共电网的方案一次系统接线示意图如图 4-6 所示。

2. 自发自用/余量上网接入用户电网

自发自用/余量上网接入用户电网的光伏系统，单个并网点参考装机容量不大于 400kW，采用三相接入；装机容量 8kW 及以下，可采用单相接入。接入用户电网一次系统有两个子方案，子方案一接线示意图如图 4-7 所示。

自发自用/余量上网接入用户电网的光伏系统，单个并网点参考装机容量 20～400kW。接入用户电网的一次系统接线示意如图 4-8 所示。

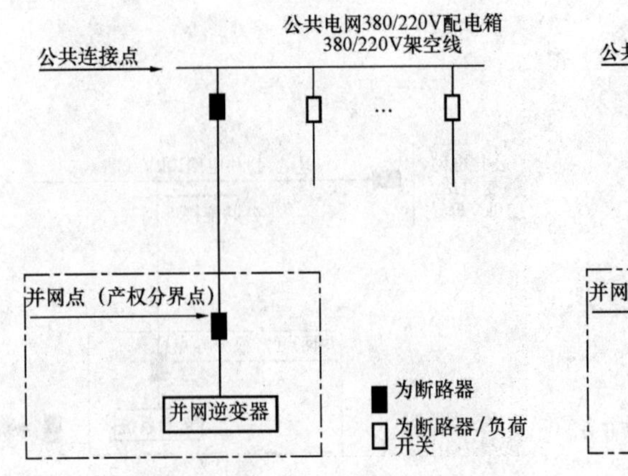

图 4-5　接入公共电网配电箱或线路的方案一次系统接线

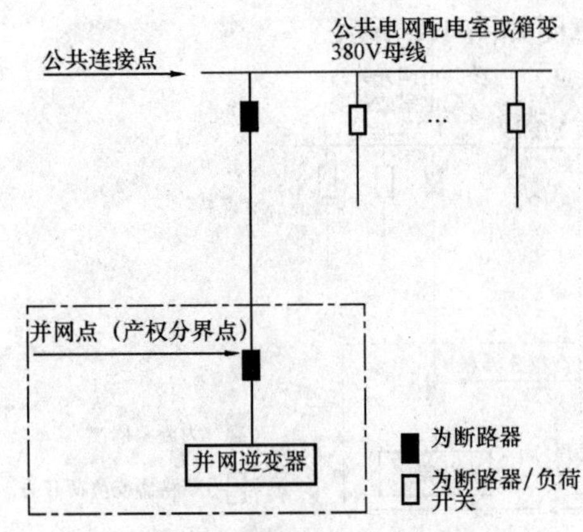

图 4-6　接入公共电网配电室或箱变低压母线的方案一次系统接线

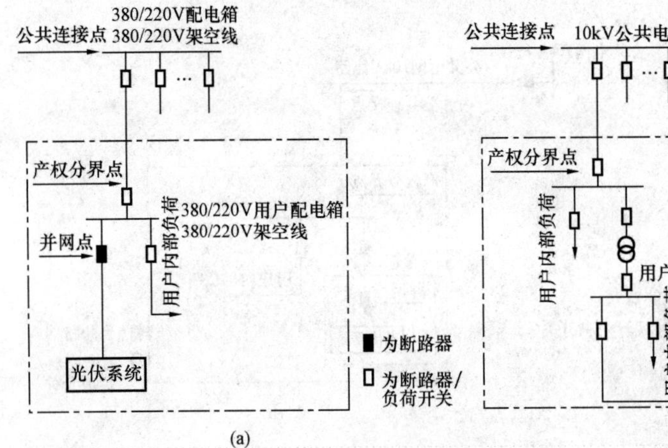

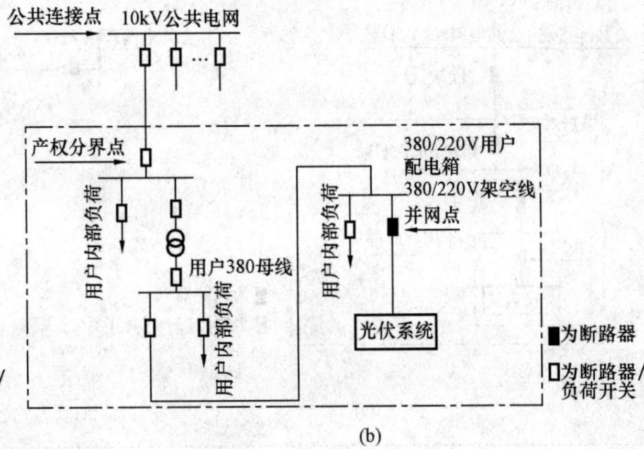

图 4-7　接入用户电网的光伏系统

(a) 接入 380V 用户；(b) 接入 10kV 用户

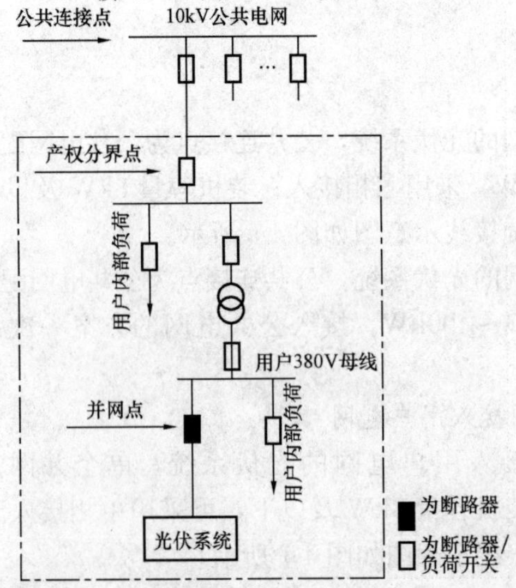

图 4-8　接入用户电网的一次系统接线

第三节　光伏发电系统多点组合接入电网

一、10kV 接入用户电网

采用多回线路将分布式光伏接入用户 10kV 开关站、配电室或箱变。方案以光伏发电单点接入用户 10kV 开关站、配电室或箱变方案为基础模块，进行组合设计。

用于同一用户内部自发自用/余量上网接入用户电网的光伏系统。接入用户 10kV 开关站、配电室或箱变，单个并网点参考装机容量 400kW～6MW。自发自用/余量上网接入用户电网一次系统有两个子方案，子方案接线示意图如图 4-9 所示。

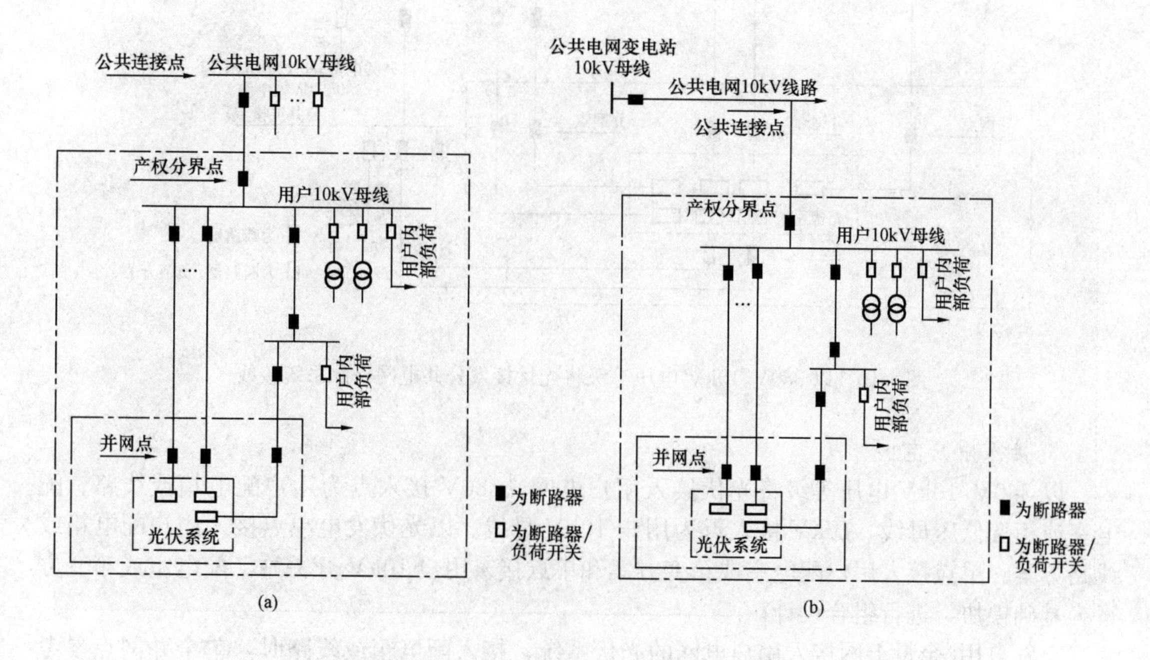

图 4-9　自发自用/余量上网接入 10kV 用户电网一次系统

(a) 专线接入公共电网；(b) T 联结接入公共电网

二、380V/10kV 电压接入

1. 接入公共电网

以 380V/10kV 电压等级将光伏接入公共电网，380V 接入点为公共电网配电箱或线路、配电室或箱变低压母线，10kV 接入点为公共电网变电站 10kV 母线、T 联结接入公共电网 10kV 线路或公共电网 10kV 母线。

方案设计以光伏发电单点接入公共电网配电箱或线路方案、单点接入公共电网配电室或箱变方案、单点接入公共电网变电站 10kV 母线方案、单点接入公共电网 10kV 母线方案和单点 T 联结接入公共电网 10kV 线路方案为基础模块，进行组合设计。方案主要适用于统购统销接入公共电网的光伏系统。

380V 公共连接点为公共电网配电箱或线路、配电室或箱变低压母线；10kV 公共连接点为公共电网变电站 10kV 母线、公共电网 10kV 线路 T 接点或公共电网 10kV 母线。

以380V/10kV电压等级将光伏接入公共电网一次系统接线示意图如图4-10所示。

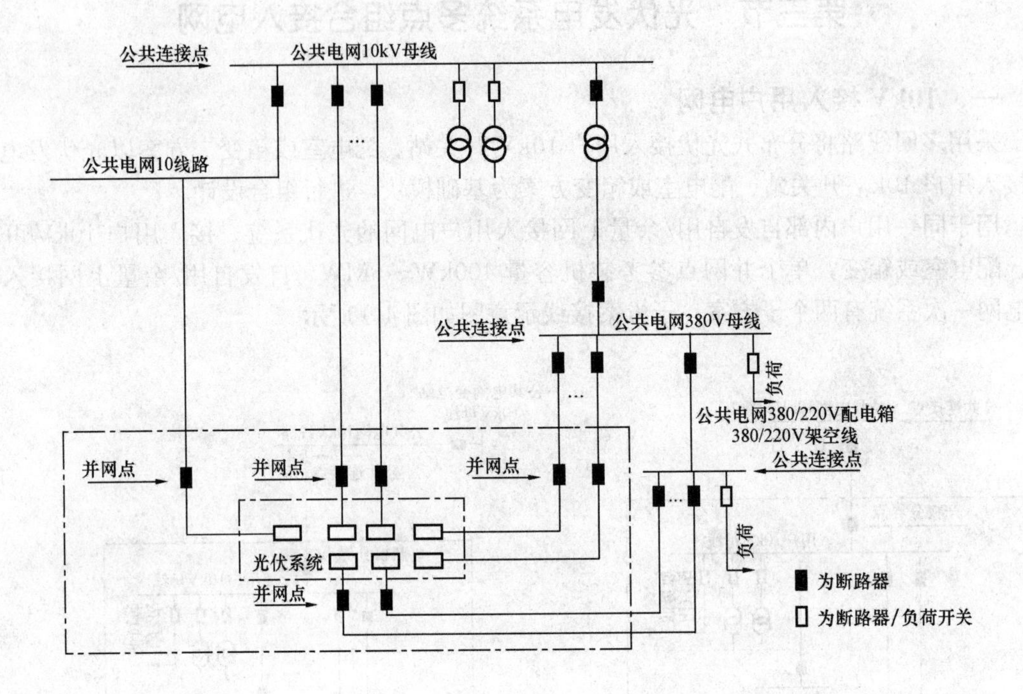

图4-10　以380V/10kV电压等级将光伏接入公共电网一次系统接线

2. 接入用户电网

以380V/10kV电压等级将光伏接入用户电网，380V接入点为用户配电箱或线路、配电室或箱变低压母线，10kV接入点为用户10kV母线。以光伏发电单点接入用户配电箱或线路方案、单点接入用户配电室或箱变方案和单点接入用户10kV开关站、配电室或箱变方案为基础模块，进行组合设计。

自发自用/余量上网接入用户电网的光伏系统，接入配电箱或线路时，单个并网点参考装机容量不大于400kW，采用三相接入，装机容量8kW及以下，可采用单相接入；接入配电室或箱变低压母线时，单个并网点参考装机容量20～400kW；接入用户10kV开关站、配电室或箱变时，单个并网点参考装机容量400kW～6MW。自发自用/余量上网接入用户电网一次系统有两个子方案，子方案接线示意图如图4-11所示。

三、380V接入

1. 接入用户电网

采用多回线路将光伏接入用户配电箱、配电室或箱变低压母线。方案设计以光伏发电单点接入用户配电箱或线路方案和单点接入用户配电室或箱变方案为基础模块，进行组合设计。

自发自用/余量上网接入用户电网的光伏系统，单个并网点参考装机容量不大于400kW，采用三相接入；装机容量8kW及以下，可采用单相接入。自发自用/余量上网接入用户电网的一次系统有两个子方案，子方案接线示意图如图4-12所示。

2. 接入公共电网

采用多回线路将光伏接入公共电网配电箱或线路、配电室或箱变低压母线。方案设计以

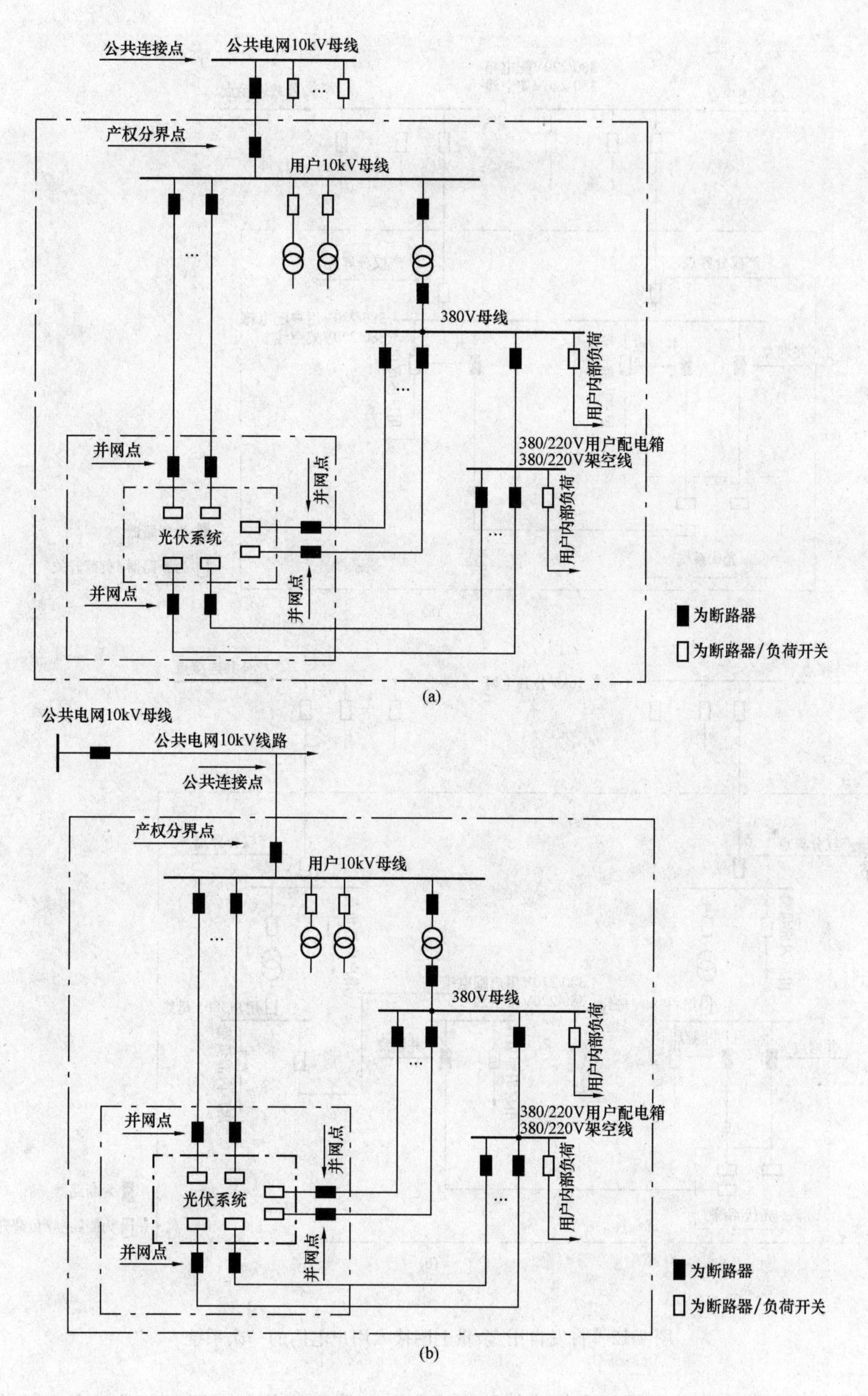

图 4-11　自发自用/余量上网接入用户电网一次系统

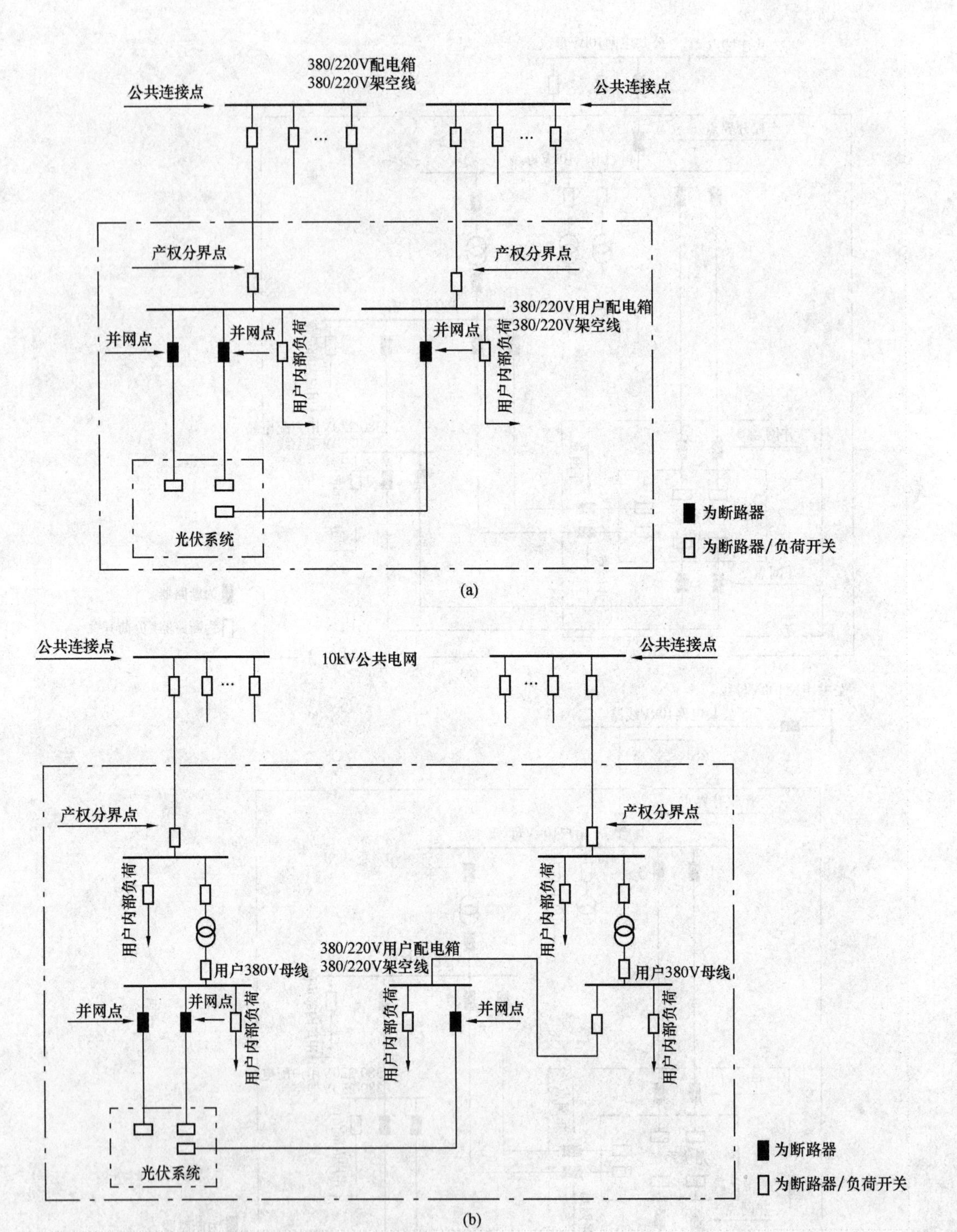

图 4-12　自发自用/余量上网接入用户电网的一次系统

光伏发电单点接入公共电网配电箱或线路方案和单点接入公共电网配电室或箱变低压母线方案为基础模块，进行组合设计。

适用于统购统销接入公共电网的光伏系统，系统接入点为公共电网配电箱或线路、配电室或箱变低压母线。接入配电箱或线路时，单个并网点参考装机容量不大于100kW，单个并网点装机容量8kW及以下时，可采用单相接入；接入配电室或箱变低压母线时，单个并网点参考装机容量20～400kW。接入公共电网一次系统接线示意图如图4-13所示。

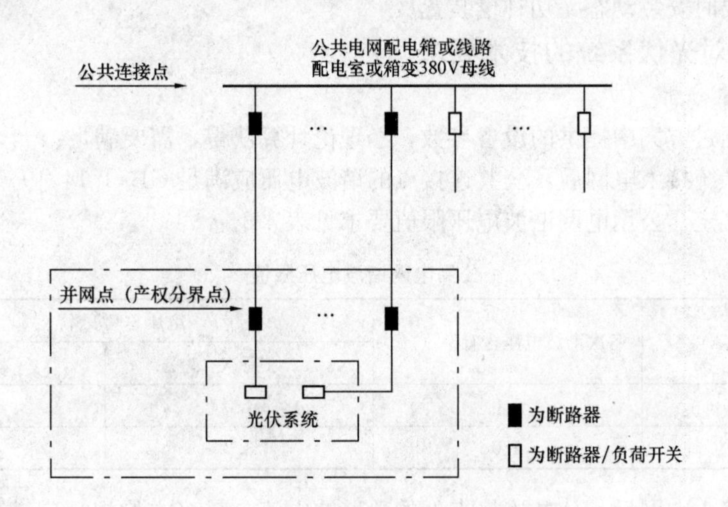

图4-13　接入公共电网一次系统接线示意图

第四节　接入电网电气设备

一、接入一次系统

光伏系统接入系统方案需结合电网规划、分布式电源规划，按照就近分散接入，就地平衡消纳的原则进行设计。

二、电气计算

1. 潮流分析

方案设计中应对设计水平年有代表性的正常最大、最小负荷运行方式，检修运行方式，以及事故运行方式进行分析，必要时进行潮流计算。

2. 短路电流计算

计算设计水平年系统最大运行方式下，电网公共连接点和光伏系统并网点在光伏系统接入前后的短路电流，为电网相关厂站及光伏系统的开关设备选择提供依据。如短路电流超标，应提出相应控制措施。

在无法确定光伏逆变器具体短路特征参数情况下，考虑一定裕度，光伏发电提供的短路电流按照1.5倍额定电流计算。

3. 无功平衡计算

（1）方案光伏发电系统的无功功率和电压调节能力应满足相关标准的要求，选择合理的无功补偿措施。

（2）光伏发电系统无功补偿容量的计算，应充分考虑逆变器功率因数、汇集线路、变压器和送出线路的无功损失等因素。

(3) 通过10kV电压等级并网的光伏发电系统功率因数应实现超前0.95至滞后0.95之间连续可调。

(4) 光伏系统配置的无功补偿装置类型、容量及安装位置应结合光伏发电系统实际接入情况确定，必要时安装动态无功补偿装置。

三、系统对光伏系统的技术要求

1. 电能质量分析

电能质量通过方案中提供的设备参数，经理论计算获得，需要满足：

(1) 光伏系统接入电网后，公共连接点的谐波电压应满足GB/T 14549《电能质量 公共电网谐波》的规定。公用电网谐波电压限值要求见表4-3。

表4-3 公用电网谐波电压限值

电网标称电压/kV	各次谐波电压含有率（%）	电压总畸变率（%）	
		奇次	偶次
0.38	5.0	4.0	2.0
10	4.0	3.2	1.6

光伏系统接入电网后，公共连接点处的总谐波电流分量（方均根）应满足GB/T 14549《电能质量 公共电网谐波》的规定，详见表4-4。其中光伏系统向电网注入的谐波电流允许值按此光伏系统安装容量与其公共连接点的供电设备容量之比进行分配。

表4-4 注入公共连接点的谐波电流允许值

标准电压/kV	基准短路容量/MVA	谐波次数及谐波电流允许值/A											
		2	3	4	5	6	7	8	9	10	11	12	13
0.38	10	78	62	39	62	26	44	19	21	16	28	13	24
10	100	26	20	13	20	8.5	15	6.4	6.8	5.1	9.3	4.3	7.9

标准电压/kV	基准短路容量/MVA	谐波次数及谐波电流允许值/A											
		14	15	16	17	18	19	20	21	22	23	24	25
0.38	10	11	12	9.7	18	8.6	16	7.8	8.9	7.1	14	6.5	12
10	100	3.7	4.1	3.2	6	2.8	5.4	2.6	2.9	2.3	4.5	2.1	4.1

(2) 光伏系统接入电网后，公共连接点的电压偏差应满足GB/T 123258《电能质量 供电电压偏差》的规定。

1) 10kV三相供电电压偏差为标称电压的±7%。

2) 380V三相供电电压偏差为标称电压的±7%。

3) 220V单相供电电压偏差为标称电压的+7%、−10%。

(3) 光伏系统接入电网后，公共连接点的电压波动应满足GB/T 123268《电能质量 电压波动和闪变》的规定。对于光伏系统出力变化引起的电压变动，其频度可以按照$1<r\leqslant 10$（每小时变动的次数在10次以内）考虑，因此光伏系统接入时引起的公共连接点电压变

动最大不得超过3%。

（4）光伏系统接入电网后，公共连接点的三相电压不平衡度应不超过GB/T 15543《电能质量 三相电压不平衡》规定的限值，公共连接点的负序电压不平衡度应不超过2%，短时不得超过4%；其中由光伏系统引起的负序电压不平衡度应不超过1.3%，短时不超过2.6%。

（5）光伏发电系统向公共连接点注入的直流电流分量不应超过其交流额定值的0.5%。

2. 电压异常时的响应特性

光伏系统在电网电压异常时的响应要求见表4-5，按照表4-5要求的时间停止向电网线路送电。此要求适用于三相系统中的任何一相。

表4-5　　光伏系统在电网电压异常时的响应要求

并网点电压	最大分闸时间/s
$U<0.5U_N$	0.1
$0.5U_N \leqslant U<0.85U_N$	2.0
$0.85U_N \leqslant U \leqslant 1.1U_N$	连续运行
$1.1U_N<U<1.35U_N$	2.0
$1.35U_N \leqslant U$	0.05

注：1. U_N 为光伏系统并网点的电网标称电压；

2. 最大分闸时间是指异常状态发生到逆变器停止向电网送电的时间。

低电压穿越能力要求如图4-14所示。

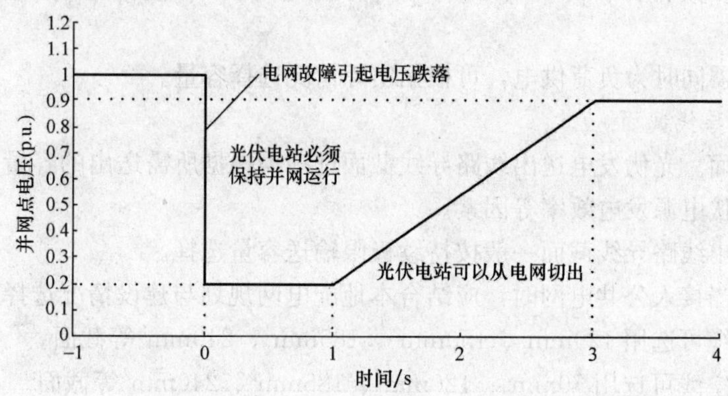

图4-14　大中型光伏系统的低电压穿越能力要求

3. 频率异常时的响应特性

方案应具备一定的耐受系统频率异常的能力，应能够在表4-6所示电网频率偏离下运行。

表4-6　　光伏系统在电网频率异常时的响应要求

频率范围	运行要求
低于48Hz	根据光伏系统逆变器允许运行的最低频率或电网要求而定
48～49.5Hz	每次低于49.5Hz时要求至少能运行10min

续表

频率范围	运行要求
49.5～50.2Hz	连续运行
50.2～50.5Hz	每次频率高于 50.2Hz 时，光伏系统应具备能够连续运行 2min 的能力，同时具备 0.2s 内停止向电网线路送电的能力，实际运行时间由电力调度部门决定；此时不允许处于停运状态的光伏系统并网
高于 50.5Hz	在 0.2s 内停止向电网线路送电，且不允许处于停运状态的光伏系统并网

四、主要设备选择

1. 380V 主接线

采用单元式或单母线接线。

2. 10kV 主接线

采用线路—变压器组或单母线接线。

3. 变压器容量

（1）升压用变压器容量宜采用 315kVA、400kVA、500kVA、630kVA、800kVA、1000kVA、1250kVA 或多台组合。

（2）电压等级为 10/0.4kV。

（3）升压站主变额定容量、电压组合、分接范围、联结组标号、空载损耗、负载损耗、空载电流及短路阻抗应符合满足 GB/T 17468《电力变压器选用导则》、GB/T 6451《油浸式电力变压器技术参数和要求》、GB/T 10228《干式电力变压器技术参数和要求》等规定的要求。

（4）若变压器同时为负荷供电，可根据实际情况选择容量。

4. 送出线路导线截面

（1）导线截面。光伏发电送出线路导线截面选择需根据所需送出的容量、并网电压等级选取，并考虑光伏电源发电效率等因素。

光伏发电送出线路导线截面一般按持续极限输送容量选择。

（2）截面。当接入公共电网时，应结合本地配电网规划与建设情况选择适合的导线。

1）380V 电缆可选用 120mm^2、150mm^2、185mm^2、240mm^2 等截面。

2）10kV 架空线可选用 70mm^2、120mm^2、185mm^2、240mm^2 等截面。

3）10kV 电缆可选用 70mm^2、185mm^2、240mm^2、300mm^2 等截面。

5. 开关设备

（1）380V 并网。光伏发电并网点应安装易操作、具有明显开断点、具备开断故障电流能力的开断设备。

断路器可选用微型、塑壳式或万能断路器，根据短路电流水平选择设备开断能力，并需留有一定裕度，应具备电源端与负荷端反接能力。

（2）10kV 并网。光伏发电并网点应安装易操作、可闭锁、具有明显开断点、带接地功能、可开断故障电流的开断设备。

当光伏并网公共连接点为负荷开关时，需改造为断路器。

根据短路电流水平选择设备开断能力，并需留有一定裕度，一般宜采用 20kA 或 25kA。

五、无功配置

1. 380V 并网

通过 380V 电压等级并网的光伏发电系统应保证并网点处功率因数在超前 0.98 至滞后 0.98 之间。

2. 10kV 并网

发电系统的无功功率和电压调节能力应满足相关标准的要求，选择合理的无功补偿措施；发电系统无功补偿容量的计算，应充分考虑逆变器功率因数、汇集线路、变压器和送出线路的无功损失等因素。

通过 10kV 电压等级并网的发电系统功率因数应实现超前 0.95 至滞后 0.95 之间连续可调；发电系统配置的无功补偿装置类型、容量及安装位置应结合发电系统实际接入情况确定，应优先利用逆变器的无功调节能力，必要时也可安装动态无功补偿装置。

第五节　系统继电保护及安全自动装置

一、内容与深度要求

1. 主要设计内容

包括继电保护、防孤岛及安全自动装置配置方案等。

2. 设计深度

(1) 系统继电保护。根据光伏发电接入系统方案，提出系统继电保护的配置原则及配置方案。

(2) 孤岛检测与安全自动装置。根据光伏发电接入系统方案，提出安全自动装置配置原则及配置方案；提出频率电压异常紧急控制装置配置需求及方案；提出孤岛检测配置方案，提出防孤岛与备自投装置、自动重合闸等自动装置配合的要求。

(3) 其他。提出继电保护及安全自动装置对电流互感器、电压互感器（或带电显示器）、对时系统和直流电源等的技术要求。

二、技术原则

光伏发电的继电保护及安全自动装置配置应满足可靠性、选择性、灵敏性和速动性的要求，其技术条件应符合 GB/T 14285—2006《继电保护和安全自动装置技术规程》、DL/T 584—2007《3～110kV 电网继电保护装置运行整定规程》和 GB 50054—2011《低压配电设计规范》的要求。

三、线路保护

1. 380/220V 电压等级接入

光伏发电以 380/220V 电压等级接入公共电网时，并网点和公共连接点的断路器应具备短路瞬时、长延时保护功能和分励脱扣、失压跳闸及检有压闭锁合闸等功能。

线路发生各种类型短路故障时，线路保护能快速动作，瞬时跳开断路器，满足全线故障时快速可靠切除故障的要求。断路器还应具备反映故障及运行状态辅助接点。

2. 10kV 电压等级接入

光伏系统线路发生各种类型短路故障时，线路保护能快速动作，瞬时跳开断路器，满足全线故障时快速可靠切除故障的要求。

（1）送出线路继电保护配置

1）采用专用送出线路接入系统。光伏发电采用专用送出线路接入变电站或开关站10kV母线，一般情况下可在变电站或开关站侧单侧配置过电流保护或距离保护；有特殊要求时，可配置纵联电流差动保护。

2）采用T接线路接入系统。光伏发电采用T接线路接入系统时，一般情况下需在光伏发电站侧配置过电流保护。

（2）系统侧相关保护校验及完善要求

1）光伏发电接入配电网时，应对光伏发电送出线路相邻线路现有保护进行校验，当不满足要求时，应重新配置保护。

2）光伏发电接入配电网后，当配电网中单侧电源线路（10kV电压等级）变为双侧电源线路时，应按双侧电源线路进行校核，当不满足要求时，需完善保护配置。

（3）10kV线路侧。

1）配置原则。10kV线路在系统侧配置1套线路方向过电流保护或距离保护，光伏系统侧可不配线路保护，靠系统侧切除线路故障。

对2台及以上升压变压器的升压变电站或汇集站，10kV线路可配置1套纵联电流差动保护，采用方向过电流保护作为其后备保护。

2）技术要求。线路保护应适用于系统一次特性和电气主接线的要求；线路两侧纵联保护配置与选型应相互对应，保护的软件版本应完全一致；被保护线路在空载、轻载、满载等各种工况下，发生金属性和非金属性的各种故障时，线路保护应能正确动作。系统无故障、外部故障、故障转换以及系统操作等情况下保护应不误动。

在本线发生振荡时保护不应误动，振荡过程中再故障时，应保证可靠切除故障；主保护整组动作时间不大于20ms（不包括通道传输时间），返回时间不大于30ms（从故障切除到保护出口接点返回）；手动合闸或重合于故障线路上时，保护应能可靠瞬时三相跳闸。手动合闸或重合于无故障线路时应可靠不动作。

保护装置应具有良好的滤波功能，具有抗干扰和抗谐波的能力。在系统投切变压器、静止补偿装置、电容器等设备时，保护不应误动作。

（4）系统侧变电站

1）线路保护。需要校验系统侧变电站的相关的线路保护是否满足光伏系统接入要求。若能满足接入的要求，予以说明即可。若不能满足光伏系统接入方案的要求，则系统侧变电站需要做相关的线路保护配置方案。

2）母线保护。校验系统侧变电站的母线保护是否满足接入方案的要求。

3）其他要求。核实系统侧变电站备自投方案、相关线路的重合闸方案，要求根据防孤岛检测方案，提出调整方案：①光伏系统线路接入后，备自投动作时间须躲过光伏系统防孤岛检测动作时间；②要求线路重合闸动作时间需躲过安全自动装置动作时间。

四、母线保护

1. 设置

光伏发电系统设有母线时，可不设专用母线保护，发生故障时可由母线有源连接元件的后备保护切除故障。

有特殊要求时，如后备保护时限不能满足要求，也可设置独立的母线保护装置。

2. 10kV 母线保护

（1）配置原则。若光伏系统侧为线变组接线，经升压变后直接输出，不配置母线保护。

对于设置 10kV 母线的光伏系统，10kV 母线保护配置应与 10kV 线路保护统筹考虑。当系统侧配置线路过电流或距离保护时，光伏系统侧可不配置母线保护，仅由变电站侧线路保护切除故障；当线路两侧配置线路纵联电流差动保护时，光伏系统侧宜配置一套母线保护；在光伏系统时限允许时，也可仅靠各进线的后备保护切除故障。

（2）技术要求。母线保护接线应能满足最终一次接线的要求。

母线保护不应受电流互感器暂态饱和的影响而发生不正确动作，并应允许使用不同变比的电流互感器。

母线保护不应因母线故障时流出母线的短路电流影响而拒动。

3. 系统侧变电站

需要校验系统侧变电站的母线保护是否满足接入方案的要求。若能满足接入的要求，予以说明即可。若不能满足光伏系统接入方案的要求，则系统侧变电站需要配置母线保护。

4. 380V 母线保护

380V/220V 不配置母线保护。

5. 其他要求

需核实变电站侧备自投方案、相关线路的重合闸方案，要求根据防孤岛检测方案，提出调整方案；光伏系统线路接入变电站后，备自投动作时间须躲过光伏系统防孤岛检测动作时间；10kV 公共电网线路投入自动重合闸时，应校核重合闸时间。

五、孤岛检测与安全自动装置

1. 孤岛检测

光伏发电逆变器必须具备快速检测孤岛且检测到孤岛后立即断开与电网连接的能力，其防孤岛方案应与继电保护配置、频率电压异常紧急控制装置配置和低电压穿越等相配合，时限上互相匹配。

（1）10kV 线路。在光伏系统侧设安全自动装置，实现频率电压异常紧急控制功能，跳开光伏系统侧断路器。若光伏系统侧 10kV 线路保护具备失压跳闸及检有压闭锁合闸功能，可以实现按 U_N（失压跳闸定值宜整定为 20%U_N、0.5s）实现解列，也可不配置独立的安全自动装置。

（2）380V 线路。380V 电压等级不配置防孤岛检测及安全自动装置，采用具备防孤岛能力的逆变器。

380V 电压等级并网点不配置防孤岛检测及安全自动装置。

光伏系统采用具备防孤岛能力的逆变器。有计划性孤岛要求的光伏发电系统，应配置频率、电压控制装置，孤岛内出现电压、频率异常时，可对发电系统进行控制。

逆变器必须具备快速监测孤岛且监测到孤岛后立即断开与电网连接的能力，其防孤岛检测装置配置方案应与继电保护配置、安全自动装置配置和低电压穿越等相配合，时间上互相匹配。

（3）10kV 侧校验。需要时，应校验 10kV 侧的相关保护与安全自动装置是否满足光伏系统接入要求。若能满足接入的要求，予以说明即可；若不能满足光伏系统接入方案的要求，则10kV侧的相关保护与安全自动装置需要按照光伏发电接入10kV相应方案进行配置。

2. 自动装置

光伏发电接入系统，需在并网点设置自动装置，实现频率电压异常紧急控制功能，跳开并网点断路器；若10kV线路保护具备失压跳闸及检有压闭锁合闸功能，可以实现按U_n实现解列，也可不配置独立的安全自动装置。

六、其他

1. 10kV线路接入公共电网环网柜、开闭所

当以10kV线路接入公共电网环网柜、开闭所等时，环网柜或开闭所需要进行相应改造，具备二次电源和设备安装条件。

对于空间实在无法满足需求的，可选用壁挂式、分散式直流电源模块，实现分布光伏发电接入系统方案的要求。

2. 直流电源

10kV接入系统的光伏系统内需具备直流电源，供新配置的保护装置、测控装置、电能质量在线监测装置等设备使用。

3. UPS交流电源

10kV接入系统的光伏系统内需配置UPS交流电源，供关口电能表、电能量终端服务器、交换机等设备使用。

4. 逆变器

光伏系统逆变器应具备过电流保护与短路保护、孤岛检测，在异常时自动脱离系统功能。

第六节　系统调度自动化

一、内容与深度要求

1. 主要设计内容

包括调度管理关系确定、系统远动配置方案、远动信息采集、通道组织及二次安全防护、线路同期、电能质量在线监测等内容。

2. 设计深度

（1）根据配电网调度管理规定，结合发电系统的容量和接入配电网电压等级确定发电系统调度关系。

（2）根据调度关系，确定是否接入远端调度自动化系统并明确接入调度自动化系统的远动系统配置方案。

（3）根据调度自动化系统的要求，提出信息采集内容、通信规约及通道配置要求。

（4）根据调度关系组织远动系统至相应调度端的远动通道，明确通信规约、通信速率或带宽。

（5）提出相关调度端自动化系统的接口技术要求。

（6）根据本工程各应用系统与网络信息交换、信息传输和安全隔离要求，提出二次系统安全防护方案、设备配置需求。

（7）根据相关调度端有功功率、无功功率控制的总体要求，分析发电系统在配电网中的地位和作用，确定远动系统是否参与有功功率控制与无功功率控制，并明确参与控制的上下行信息及控制方案。

（8）明确电能质量监测点和监测量。

（9）暂不考虑光伏发电功率预测系统。

3. 调度自动化系统配置

10kV 调度自动化系统配置如图 4-15 和图 4-16 所示。

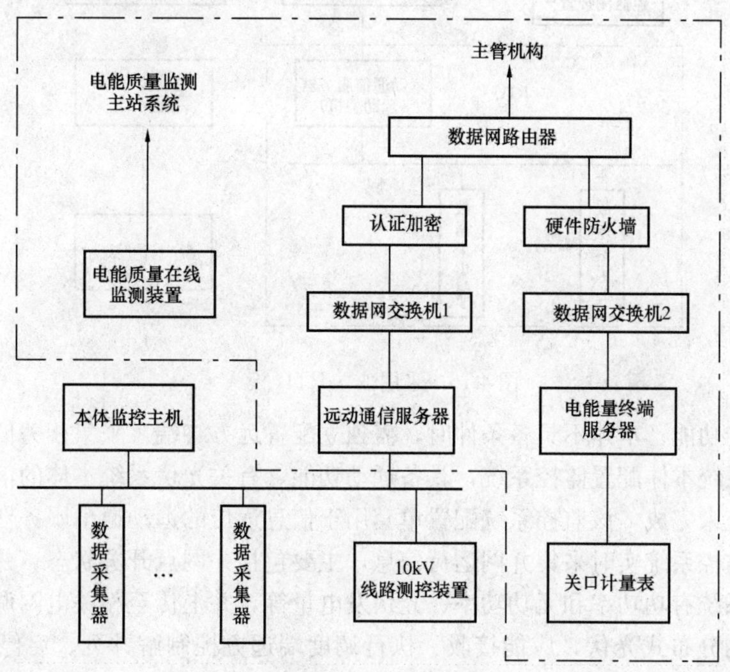

图 4-15　远动系统与本体监控系统合一建设模式

（注：虚线框内为光伏系统运动设备）

二、调度管理

光伏发电项目调度管理按以下原则执行。

1. 10kV 接入

光伏发电项目纳入地市或县公司调控中心调度运行管理。

上传信息包括并网设备状态、并网点电压、电流、有功功率、无功功率和发电量，调控中心应实时监视运行情况。

2. 380V 接入

光伏发电项目暂不考虑建立调度关系，只需上传发电量信息。

三、远动系统

1. 380/220V 电压等级接入

暂只需要上传发电量信息，并送至主管机构，不配置独立的远动系统。

2. 10kV 电压等级接入

10kV 电压等级接入的光伏发电本体远动系统功能宜由本体监控系统集成、本体监控系

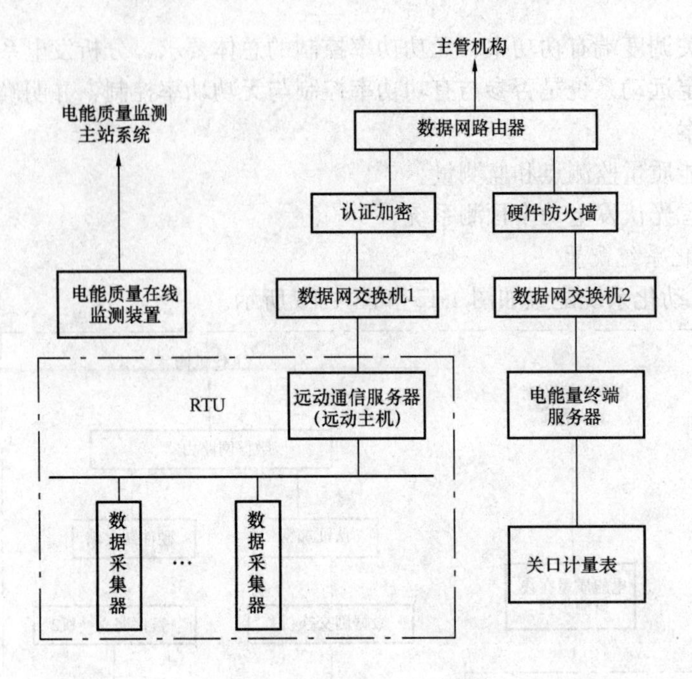

图 4-16　采用独立 RTU 模式

统具备信息远传功能；本体不具备条件时，需独立配置远方终端，采集相关信息。

(1) 光伏系统本体配置监控系统，具备远动功能，有关光伏系统本体的信息的采集、处理采用监控系统来完成，该监控系统配置单套用于信息远传的远动通信服务器。

光伏系统监控系统实时采集并网运行信息，主要包括并网点开关状态、并网点电压和电流、光伏发电系统有功功率和无功功率、光伏发电量等，并上传至相关电网调度部门；配置远程遥控装置的分布式光伏，应能接收、执行调度端远方控制解并列、启停和发电功率的指令。

(2) 单独配置技术先进、易于灵活配置的 RTU（单套远动主机配置)，需具备遥测、遥信、遥控、遥调及网络通信等功能。

实时采集并网运行信息，主要包括并网点开关状态、并网点电压和电流、光伏发电系统有功功率和无功功率、光伏发电量等，并上传至相关电网调度部门；配置远程遥控装置的分布式光伏，应能接收、执行调度端远方控制解并列、启停和发电功率的指令。

3. 10kV/380V 多点、多电压等级接入

10kV/380V 多点、多电压等级接入时，380V 部分信息由 10kV 电压等级接入的光伏发电本体远动系统功能统一采集并远传。

4. 系统变电站

方案光伏系统接入系统变电站变后，变电站调度管理关系不变。需相应配置测控装置，采集光伏系统线路的相关信息，并接入本变电站现有监控系统：

远动信息内容如下：

(1) 光伏系统。光伏系统向电网调度机构提供的信号至少应该包括：

1) 光伏系统并网状态。

2) 光伏系统有功和无功输出、发电量、功率因数。

3）并网点光伏系统升压变 10kV 侧电压和频率、注入电网的电流。

4）主断路器开关状态等。

（2）系统变电站。

1）遥测：新增 10kV 线路的有功功率、无功功率、有功电能及电流。

2）遥信：新增 10kV 线路断路器位置信号；新增 10kV 线路主保护动作信号。

当采用电力调度数据网络时，需在光伏系统配置调度数据专网接入设备 1 套，组柜安装于光伏系统二次设备室。

四、功率控制

1. 设置

光伏系统远动通信服务器需具备与控制系统的接口，接受调度部门的指令，具体调节方案由调度部门根据运行方式确定。

自发自用的光伏发电不考虑系统侧对其有功功率控制及无功电压控制。

余量上网/统购统销的光伏发电，当调度端对光伏发电有功率控制要求时，需明确参与控制的上下行信息及控制方案。

2. 有功功率控制

光伏系统有功功率控制系统应能够接收并自动执行电网调度部门发送的有功功率及有功功率变化的控制指令，确保光伏系统有功功率及有功功率变化按照电力调度部门的要求运行。

3. 无功电压控制系统

光伏系统无功电压控制系统应能根据电力调度部门指令，自动调节其发出（或吸收）的无功功率，控制并网点电压在正常运行范围内，其调节速度和控制精度应能满足电力系统电压调节的要求。

五、同期装置

光伏发电经电力电子设备接入系统，不需要配置同期装置。

六、信息传输

光伏发电远动信息上传宜采用专网方式，可单路配置专网远动通道，优先采用电力调度数据网络。

接入用户侧且无控制要求的分布式光伏发电，可采用无线公网通信方式，但应采取信息安全防护措施。

通信方式和信息传输应符合相关标准的要求，一般可采取基于 DL/T 634.5101《远动设备及系统 第 5 部分 传输规约》和 DL/T 634.5104《远动设备及系统第 5-104 部分：传输规约采 用标准传输协议子集》的通信协议。

七、安全防护

1. 设置

为保证光伏系统内计算机监控系统的安全稳定可靠运行，防止站内计算机监控系统因网络黑客攻击而引起电网故障，通过 10kV 电压等级接入的光伏系统内二次安全防护，应满足“安全分区、网络专用、横向隔离、纵向认证”的总体原则，必要时需配置相应的安全防护设备。

2. 安全防护方案

安全防护方案如图 4-17 所示。

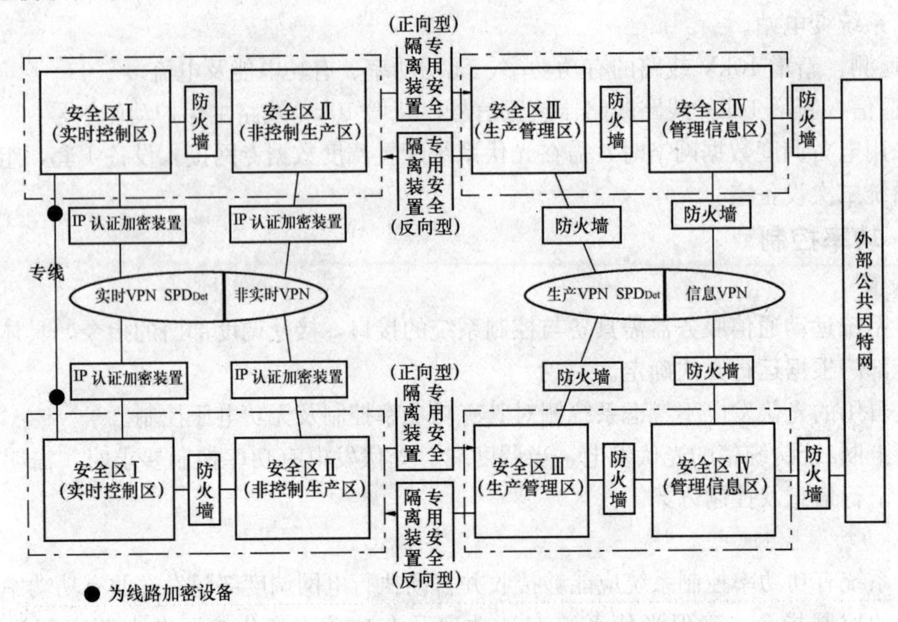

图 4-17　电力二次系统安全防护总体方案的框架结构

(1) 纵向安全防护：控制区的各应用系统接入电力调度数据网前应加装 IP 认证加密装置，非控制区的各应用系统接入电力调度数据网前应加装防火墙。

(2) 横向安全防护：控制区和非控制区的各应用系统之间宜采用 MPLS VPN 技术体制，划分为控制区 VPN 和非控制区 VPN。

(3) 若采用电力数据网接入方式，需相应配置 1 套纵向 IP 认证加密装置和 1 套硬件防火墙。

(4) 若采用无线专网方式，需配置加密装置。

若站内监控系统与其他系统存在信息交换，应按照上述二次安全防护要求采取安全防护措施。

八、对时方式

光伏发电 10kV 电压等级接入时，测控装置及远动系统应能够实现对时功能，可以采用北斗或 GPS 对时方式，也可采用网络对时方式。

九、电能质量在线监测

光伏发电接入系统需在公共连接点装设电能质量在线监测装置，并将相关数据上送至上级运行管理部门。

1. 10kV 电压等级接入

10kV 电压等级接入时，需在并网点配置电能质量在线监测装置；必要时，在公共连接点也需配置电能质量在线监测装置。

监测电能质量参数，包括电压、频率、谐波、功率因数等。

2. 380/220V 电压等级接入

380/220V 电压等级接入时，电能表应具备电能质量在线监测功能，可监测三相不平衡电流。

3. 电能质量监测装置

需要在并网点装设满足 GB/T 19862《电能质量监测设备通用要求》标准要求的 A 类电能质量在线监测装置一套。

监测电能质量参数，包括电压、频率、谐波、功率因数等。

电能质量在线监测数据需上传至相关主管机构。

第七节　系　统　通　信

一、内容及深度要求

1. 主要设计内容

包括明确调度管理关系、介绍通信现状和规划、分析通道需求、提出通信方案、确定通道组织方案、提出通信设备供电和布置方案等。

2. 设计深度

（1）根据配电网调度管理、发电系统的容量和接入配电网电压等级明确光伏发电系统与调度关系。

（2）叙述与光伏发电相关的电力系统通信现状，包括传输形式、电路制式、电路容量、组网路由、设备配置、相关光缆情况等。

（3）根据调度组织关系、运行管理模式和电力系统接线，提出线路保护、安全自动装置、调度自动化等相关信息系统对通道的要求，以及分布式光伏系统至调度等单位的信息通道要求。

（4）根据一次接入系统方案及通信系统现状，提出分布式光伏发电系统通信方案，包括电路组织、设备配置等。一般需提出多方案进行比较，并明确推荐方案。

（5）根据分布式光伏发电的信息传输需求和通信方案，确定各业务信息通道组织方案。

（6）提出通信设备供电和布置方案。

二、技术原则

1. 总体要求

（1）应适应电网调度运行管理规程的要求。

（2）应参照国家电网《终端通信接入网工程典型设计规范》进行设计。

2. 通信通道要求

明确调度关系，根据调度组织关系、运行管理模式和电力系统接线，提出线路保护、安全自动装置、调度自动化等相关信息系统对通道的要求，以及光伏系统至调度、集控中心、运行维护等单位的各类信息通道要求。

（1）根据分布式光伏发电的规模、电压等级、运营模式、接入方式，提出通道要求。

（2）通信通道应具备故障监测、通道配置、安全管理、资源统计等维护管理功能。

（3）分布式光伏发电接入系统可按单通道考虑。

（4）分布式光伏发电接入系统通信通道安全防护应符合国网《电力二次系统安全防护总体方案》、GB/T 22239《信息安全技术-信息系统安全等级保护基本要求》和 Q/GDW 594《国家电网公司信息化“SG186”工程安全防护总体方案》等相关规定。

380V 并网方案信息传输通过无线方式。在箱变配置 1 套无线采集终端装置；也可接入现有集抄系统实现电量信息远传。无线接入时，应满足安全防护的要求。

3. 通信方式

接入系统应因地制宜的选择下列通信方式，满足电源接入需求。

（1）光纤通信。结合本地电网整体通信网络规划，采用 EPON 技术、工业以太网技术、SDH/MSTP 技术等多种光纤通信方式。

1）光缆建设方案。根据光伏系统新建 10kV 送出线路的不同形式，光缆可以采用 ADSS 光缆、普通光缆，光缆芯数 12～24 芯，光缆纤芯均采用 ITU-TG. 652 光纤。进入光伏系统的引入光缆，宜选择非金属阻燃光缆。

2）通信电路建设方案。光缆通信系统建议采用 EPON 传输系统，工业以太网传输系统，SDH 传输系统三个方案。

① EPON 方案。为满足电力系统安全分区的要求，在光伏系统配 2 台 ONU 设备，利用上述光缆，形成光伏系统至系统侧的通信电路，将光伏系统的通信、自动化等信息接入系统。其中 1 台 ONU 设备传输调度数据网至接入变电站 OLT1（配网控制）；另外 1 台用于传输综合数据网及调度电话业务至接入变电站 OLT2（配网管理）。

光伏系统接入系统通信方案如图 4-18 所示。

② 工业以太网方案。为满足电力系统安全分区的要求，在光伏系统配置 2 台工业以太网交换机，在光伏系统接入的变电站配置 2 台工业以太网交换机，利用上述光缆，形成光伏系统至接入变系统的通信电路，将光伏系统的通信、自动化等信息接入系统。其中 1 台工业以太网交换机传输调度数据网（配网控制）；另外 1 台用于传输综合数据网及调度电话业务（配网管理）。

光伏系统接入系统通信方案如图 4-19 所示。

③ SDH 方案。在光伏系统配置 1 台 SDH 155M 光端机，并在接入变电站现有的设备上增加 2 个 155M 光口，利用上述光缆，建设光伏系统至接入变电站的 1＋1 通信电路，将光伏系统的通信、自动化等信息接入系统，形成光伏系统至系统的通信通道。

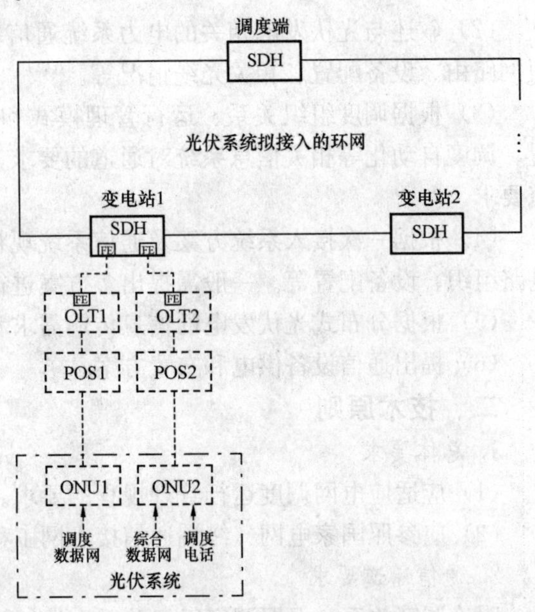

图 4-18 EPON 接入系统通信方案

（注：虚线表示需新增的设备或连接）

光伏系统接入系统通信方案如图 4-20 所示。

（2）电力线载波。在 10kV 配电网中采用中压电力线载波技术。

在光伏系统拟接入变电站侧配置主载波机，光伏系统侧配置从载波机，主载波机依据线路结构对下进行载波组网，并通过载波通信方式将终端数据汇聚至主载波机，将数据信息上传。载波组网通信采用一主多从的方式组网，即一个载波主机和多个载波从机组成一个载波通信网络，载波主机和载波从机之间采用问答方式进行数据传输，载波从机之间不进行数据传输，如图 4-21 所示。

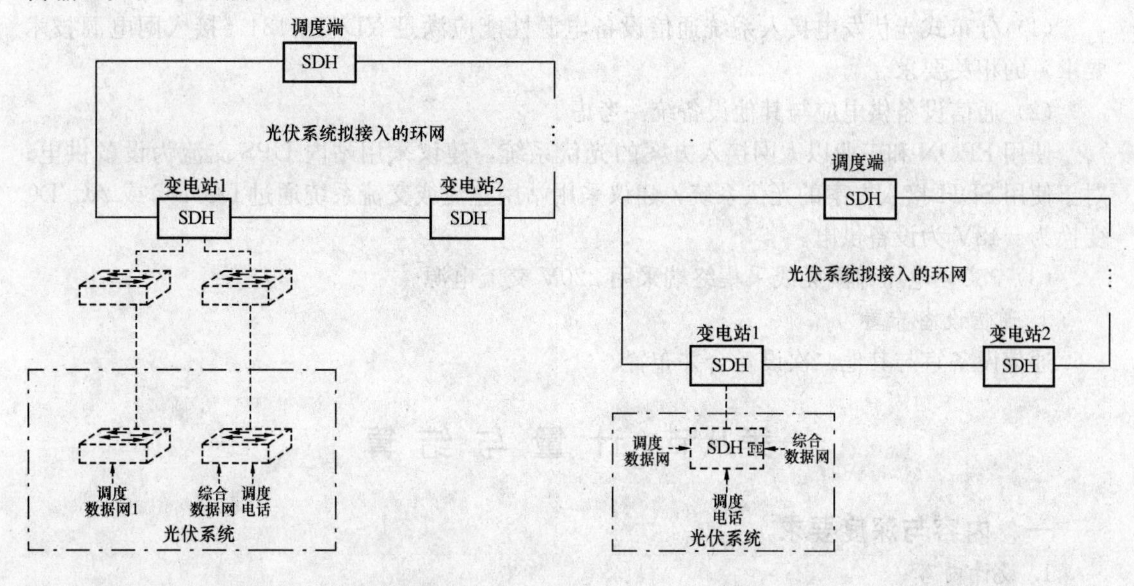

图 4-19　工业以太网接入系统通信方案
（注：虚线表示需新增的设备或连接）

图 4-20　SDH 接入系统通信方案
（注：虚线表示需新增的设备或连接）

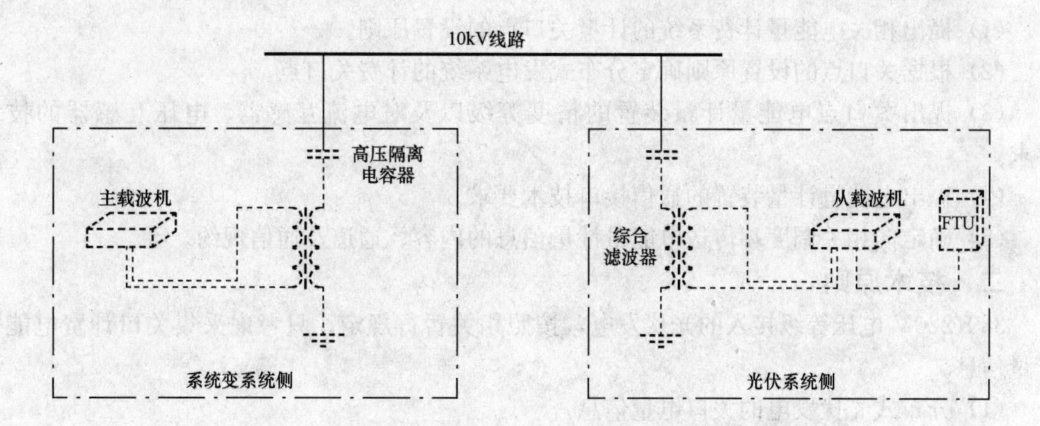

图 4-21　光伏系统采用中压电力线载波接入系统通信方案
（注：虚线表示需新增的设备或连接）

（3）无线方式。可采用无线专网或 GPRS、CDMA 无线公网通信方式。当有控制要求时，不得采用无线公网通信方式。

无线公网的通信方式应满足 Q/GDW 625《配电自动化建设与改造标准化设计技术规定》和 Q/GDW 380.2《电力用户用电信息采集系统管理规范 第二部分 通信信道建设管理规范》的相关规定，采取可靠的安全隔离和认证措施，支持用户优先级管理。

在部署电力无线专网通信系统的地区，一般在变电站或主站位置建设有无线网络的中心站，部署有高性能、高安全、带热备份的中心电台或基站。在电力无线专网覆盖区域，可在光伏系统设置无线终端设备，通过 RS485/232 串行接口或以太网接口连接终端设备，将光伏系统的通信、自动化等信息接入系统，形成光伏系统至系统的通信通道。

4. 通信设备供电

(1) 分布式光伏发电接入系统通信设备电源性能应满足 YD/T 1184《接入网电源技术要求》的相关要求。

(2) 通信设备供电应与其他设备统一考虑。

使用 EPON 和工业以太网接入方案的光伏系统，建议采用站内 UPS 交流为设备供电；对于使用 SDH 接入方案的光伏系统，建议采用站用直流或交流系统通过 DC/DC 或 AC/DC 变换为−48V 为设备供电。

(3) 380V 电压并网无线采集终端采用 220V 交流电源。

5. 通信设备布置

通信设备宜与其他二次设备合并布置。

第八节 计量与结算

一、内容与深度要求

1. 设计内容

包括计费关口点设置、电能表计配置、装置精度、传输信息及通道要求等。

2. 设计深度要求

(1) 提出相关电能量计费系统的计量关口点的设置原则。

(2) 根据关口点的设置原则确定分布式发电系统的计费关口点。

(3) 提出关口点电能量计量装置的精度等级以及对电流互感器、电压互感器的技术要求。

(4) 提出电能量计量装置的通信接口技术要求。

(5) 确定向相关调度端传送电能量计量信息的内容、通道及通信规约。

二、技术原则

380/220V 电压等级接入的光伏发电，按照相关暂行规定，只考虑采集关口计费电能表计量信息。

(1) 分布式光伏发电的关口电量信息。

(2) 并网点的微型或塑壳式断路器位置接点信息具备上送能力。

1. 电能计量

电能表按照计量用途分为两类：

(1) 关口计量电能表，用于用户与电网间的上、下网电量计量。

(2) 并网电能表，可用于发电量统计和电价补偿。

分布式光伏发电接入配电网前，应明确上网电量和下网电量关口计量点，原则上设置在产权分界点。需配置专用关口计量电能表，并将计费信息上传至运行管理部门。

分布式光伏发电并网点应设置并网电能表，用于光伏发电量统计和电价补偿。对于统购统销运营模式，可由专用关口计量电能表同时完成电价补偿计量和关口电费计量功能。

2. 电能计量装置

每个计量点均应装设电能计量装置，其设备配置和技术要求应符合 DL/T 448《电能计量装置技术管理规程》，以及相关标准、规程要求。

10kV及以下电压等级接入配电网，关口计量装置一般选用不低于Ⅱ类电能计量装置。

380/220V电压等级接入配电网，关口计量装置一般选用不低于Ⅲ类电能计量装置。

380/220V电压等级接入的分布式光伏发电系统的电能计量装置，应具备电流、电压、电量等信息采集和三相电流不平衡监测功能，采集数据上传至相关部门。

3. 电能表

(1) 通过10kV电压等级接入的分布式光伏发电系统，关口计量点应安装同型号、同规格、准确度相同的主、副电能表各一套。

电能量计量表可合一设置，上下网关口计量电能表同时也可用做并网电能表。安装位置与要求按在产权分界点设置关口计量电能表（最终按用户与业主计量协议为准），设置主、备计费表各一块。

电能表采用静止式多功能电能表，至少应具备双向有功和四象限无功计量功能、事件记录功能，配有标准通信接口，具备本地通信和通过电能信息采集终端远程通信的功能。

10kV关口计量电能表精度要求不低于0.5S级，并且要求有关电流互感器、电压互感器的精度需分别达到0.2S、0.2级。

(2) 380V/220V电压等级接入的分布式光伏发电系统电能表单套配置。

4. 电能量信息采集终端

(1) 10kV电压等级接入时，电能量关口点宜设置专用电能量信息采集终端，采集信息可支持接入多个的电能信息采集系统。

(2) 380V电压等级接入时，可采用无线集采方式。

(3) 多点、多电压等级接入的组合方案，各表计计量信息应统一采集后，传输至相关主管部门。

5. 互感器

10kV电压等级接入时，计量用互感器的二次计量绕组应专用，不得接入与电能计量无关的设备。

10kV电能计量装置应采用计量专用电压互感器（准确度0.2）、电流互感器（准确度0.2S）。

380/220V电能计量装置应采用计量专用电压互感器（准确度0.5）、专用电流互感器（准确度采用0.5S）。

6. 电能计量柜（箱）

电能计量装置应配置专用的整体式电能计量柜（箱），电流、电压互感器宜在一个柜内，在电流、电压互感器分柜的情况下，电能表应安装在电流互感器柜内。

7. 计量信息统计与传输

要求配置计量终端服务器1台，计费表采集信息通过计量终端服务器接入计费主站系统（电费计量信息）和光伏发电管理部门（政府部门或政府指定部门）电能信息采集系统（电价补偿计量信息）；电价补偿计量信息也可由计费主站系统统一收集后，转发光伏发电管理部门。

第五章 光伏方阵设计

第一节 光伏组件

一、晶硅电池种类

1. 按结构分类

硅光伏电池分为单晶硅光伏电池、多晶硅薄膜光伏电池和非晶硅薄膜光伏电池三种。

2. 单晶硅

单晶硅是一种比较活泼的非金属元素，是晶体材料的重要组成部分，处于新材料发展的前沿。其主要用途是用作半导体材料和利用太阳能光伏发电、供热等。

单晶硅光伏电池转换效率最高，技术也最为成熟。在实验室里最高的转换效率为24.7%，规模生产时的效率为16%。在大规模应用和工业生产中仍占据主导地位，但由于单晶硅成本价格高，大幅度降低其成本很困难，为了节省硅材料，发展了多晶硅薄膜和非晶硅薄膜作为单晶硅光伏电池的替代产品。

3. 多晶硅

多晶硅薄膜光伏电池是单质硅的一种形态。熔融的单质硅在过冷条件下凝固时，硅原子以金刚石晶格形态排列成许多晶核，如这些晶核长成晶面取向不同的晶粒，则这些晶粒结合起来，就结晶成多晶硅。

多晶硅与单晶硅的差异主要表现在物理性质方面。例如，在力学性质、光学性质和热学性质的各向异性方面，远不如单晶硅明显；在电学性质方面，多晶硅晶体的导电性也远不如单晶硅显著，甚至于几乎没有导电性。在化学活性方面，两者的差异极小。多晶硅和单晶硅可从外观上加以区别，但真正的鉴别须通过分析测定晶体的晶面方向、导电类型和电阻率等。

与单晶硅比较，成本低廉，而效率高于非晶硅薄膜电池，其实验室最高转换效率为18%，工业规模生产的转换效率为14%。

4. 非晶硅

非晶硅薄膜又称无定型硅。单质硅的一种形态。棕黑色或灰黑色的微晶体。硅不具有完整的金刚石晶胞，纯度不高。熔点、密度和硬度也明显低于晶体硅。化学性质比晶体硅活泼。电池成本低，重量轻，转换效率较高，便于大规模生产，有极大的潜力。但受制于其材料引发的光电效率衰退效应，稳定性不高，直接影响了它的实际应用。如果能进一步解决稳定性问题及提高转换率问题，那么，非晶硅光伏电池无疑是光伏电池的主要发展产品之一。

5. 电池比较

（1）晶硅电池。转换效率最高、成本高、负温度效应；目前在建筑屋顶、天窗或遮阳棚等阳光辐射较强，发电能力较高而通风降温问题比较好解决的部位应用单晶硅光伏电池较多。

（2）非晶硅薄膜电池。成本低，对散射光的吸收比较理想，无负温度效应，比较适合安装在太阳直接辐射少的地方。

（3）其他特殊的非晶硅薄膜电池。

1）有些非晶硅薄膜电池可直接在任何形状的衬底上制作，特别是柔性衬底的硅基薄膜电池，可直接做成建筑材料，可极大地节省安装空间，减少系统成本。

2）可以做成透射部分可见光的硅基薄膜光伏电池，这样的电池很适合作为太阳屋顶及房屋的窗玻璃。

3）在很薄的不锈钢和塑料衬底上制备的超轻量级的薄膜光伏电池，具有很高的电功率/重量比（300W/kg），应用在建筑上的支撑结构要求不高的地方。

各种光伏组件的分类与特性见表 5-1。

表 5-1 各种光伏组件的分类与特性

类型		外观特征	颜色	透光率（%）	背板材料	备注
晶体硅光伏组件	单晶硅光伏组件		黑色（均匀）	不透光 当为夹层玻璃光伏组件时可以透光	TPT/钢化玻璃	对光线要求高，受光影遮挡后发电效率大幅下降。 透光率可通过调整晶硅片之间的间距来进行调整
	多晶硅光伏组件		蓝色（晶体纹）	不透光 当为夹层玻璃光伏组件时可以透光	TPT/钢化玻璃	
非晶硅光伏组件			深棕色（均匀）	透光率 0～50	钢化玻璃	对光线要求低，受光影遮挡后发电效率下降少

晶体硅光伏组件电压一般为 12V 或 24V，但是建材型可具有特殊规格。

组件功率与其转换效率、尺寸相关，单位为峰瓦“Wp”。

二、技术参数

1. 输出电压

光伏电池的输出电压是指把光伏电池置于 $100mW/cm^2$ 的光源照射下，且光伏电池输出两端开路时所测得的输出电压值。

2. 开路电压 U_{oc}

开路电压 U_{oc}：正负极间为开路状态时的电压。开路电压与入射光辐照度的对数成正比，与环境温度成反比。与电池面积的大小无关。

3. 峰值电压 U_{pm}

峰值电压也叫最大工作电压或最佳工作电压。峰值电压是指光伏电池片输出最大功率时的工作电压。组件的峰值电压随电池片串联数量的增减而变化。

最大输出工作电压 U_{pm}：输出功率最大时的工作电压。

4. 短路电流 I_{sc}

短路电流是正负极间为短路状态时流过的电流。指将光伏电池在标准光源的照射下，在输出短路时流过光伏电池两端的电流。

测量短路电流的一般方法是，用内阻小于 1Ω 的电流表接到光伏电池的两端进行测量。

5. 峰值电流 I_{pm}

峰值电流也叫最大工作电流或最佳工作电流。峰值电流是指光伏组件输出最大功率时的工作电流（I_{pm}）。

6. 峰值功率 P_{max}

峰值功率也叫最大输出功率或最佳输出功率。峰值功率是指光伏组件在正常工作或测试条件下的最大输出功率，也就是峰值电流与峰值电压的乘积。

最大输出功率（P_{max}）＝最大输出工作电压（U_{pm}）×最大输出工作电流（I_{pm}）

光伏组件的峰值功率取决于太阳辐照度、太阳光谱分布和组件的工作温度，因此光伏组件的测量要在标准条件下进行，测量标准为欧洲委员会的 101 号标准，其条件是：辐照度 $1kW/m^2$，光谱 AM1.5，测试温度 25℃。

7. 转换效率

光电转换效率是指在光照下的光伏电池所产生的最大输出电功率与入射到该电池受光几何面积上全部光辐射功率的百分比。

$$\eta=\frac{P_{in}}{P_{m}}=\frac{P_{in}}{U_{pm}I_{pm}}$$

式中：P_{in} 为太阳能光入射功率，W；P_{m} 为最大输出功率，W。

光伏电池对光波中的短波的吸收系数较大，对长波的吸收系数则较小，也就是说太阳光不可能全部转换成电能。光伏电池是光电转换器件，能够通过光伏电池将光能转换成电能的太阳辐射波长范围大约在 0.2～1.25μm 之间。

8. 填充因子 FF

填充因子也叫曲线因子，是指光伏组件的最大功率与开路电压和短路电流乘积的比值。

$$FF=\frac{P_{m}}{U_{oc}I_{sc}}=\frac{U_{pm}I_{pm}}{U_{oc}I_{sc}}$$

填充因子是评价光伏组件所用电池片输出特性好坏的一个重要参数，值越高，表明所用光伏组件输出特性越趋于矩形，光伏组件的光电转换效率越高。光伏组件的填充因子系数一般在 0.5～0.8 之间，也可以用百分数表示。FF 取决于入射光强、材料的禁带宽度、理想系数、串联电阻和并联电阻等。

9. 额定工作温度 T_n

太阳电阻组件在辐照度为 800W/m^2、环境温度 20℃、风速为 1m/s 的环境条件下，太阳电池的工作温度。

三、选型

1. 应用等级

光伏组件可以有许多不同的应用方式，光伏组件的应用等级定义如下：

(1) A 级：公众不可接近的、危险电压、危险功率条件下应用。

A 级组件可用于公众可能接触的、大于直流 50V 或 240W 以上的系统。

(2) B 级：限制接近的、危险电压、危险功率条件下应用。

B 级组件可用于以围栏、特定区划或其他措施限制公众接近的系统。

(3) C 级：限定电压、限定功率条件下应用。

C 级组件只能用于公众有可能接触的、低于直流 50V 和 240W 的系统。

2. 耐火等级

作为屋顶材料或者安装在已有屋顶上面的光伏组件的耐火基本原则，组件可能暴露于大火的条件下，因此需要指出当火源来在所安装建筑物的外部时组件的耐火特性。

耐火等级范围从 C 级（最低耐火等级）到 B 级到 A 级（最高耐火等级）。最低耐火等级 C 级是建筑用组件所必需的。

3. 技术性能

光伏电池技术性能比较见表 5-2。

表 5-2 光伏电池技术性能比较

项目	单晶硅	多晶硅	非晶硅薄膜	比较结果
技术成熟性	经 50 多年的发展，技术已达成熟阶段	铸锭多晶硅技术，20 世纪 70 年代末研制成功	20 世纪 70 年代末研制成功，技术日趋成熟	多晶硅、非晶硅技术都比较成熟，产品性能稳定
光电转换效率	13%～18%	12%～16%	8%～12%	单晶硅最高、多晶硅其次、非晶硅薄膜最低
价格	高	低	最低	非晶硅薄膜价格低于多晶，多晶硅价格低于单晶硅
环境适应性	输出功率与光照强度成正比，在高温条件下效率发挥不充分		弱光响应好，充电效率高。高温性能好，受温度的影响比晶体硅光伏电池要小	晶体硅电池输出功率与光照强度成正比，比较适合光照强度高的沙漠地区
运行维护	组件故障率低，自身免维护		柔性组件表面较易积灰，且难于清理	晶体硅光伏组件运行维护最为简单
寿命	寿命期长，可保证 25 年		衰减较快，使用寿命只有10～15 年	晶体硅光伏组件使用寿命最长

续表

项目	单晶硅	多晶硅	非晶硅薄膜	比较结果
外观	黑色、蓝黑色	不规则深蓝色，可作表面弱光着色处理	深蓝色	多晶硅外观效果好，利于建筑立面色彩丰富
安装方式	倾斜或平铺于建筑屋顶或开阔场地，安装简单，布置紧凑，节约场地		重量轻，对屋顶强度要求低，可附着于屋顶表面。刚性组件安装方式同晶硅电池	在建筑物上使用非晶硅薄膜组件优势明显，在开阔场地上使用晶体硅。光伏组件安装方便，布置紧凑，可节约场地

4. 外观要求

在不低于 1 000lx 的照度下，对每一个组件仔细检查下列情况：

（1）开裂、弯曲、不规整或损伤的外表面。

（2）破碎的单体电池。

（3）有裂纹的单体电池。

（4）互联线或接头有毛病。

（5）电池互相接触或与边框相接触。

（6）密封材料失效。

在组件的边框和电池之间形成连续通道的气泡或脱层：

（1）在塑料材料表面有粘污物。

（2）引线端失效，带电部件外露。

（3）可能影响组件性能的其他任何情况。

5. 核心指标

（1）玻璃-EVA 剥离强度：20N/cm。

（2）电池电极及背场的剥离强度。

（3）TPT-电池的剥离强度：20N/cm。

（4）TPT 层间剥离强度：4N/cm。

（5）铝边框的强度。

（6）承压：5400Pa。

6. 其他要求

合格的光伏光伏组件应该达到一定的技术要求，相关部门也制定了光伏组件的国家标准和行业标准。下面是层压封装型硅光伏光伏组件的一些基本技术要求。

（1）光伏组件在规定工作环境下，使用寿命应大于 20 年。

（2）组件功率衰降在 20 年寿命期内不得低于原功率的 80%。

（3）组件的电池上表面颜色应均匀一致，无机械损伤，焊点及互连条表面无氧化斑。

（4）组件的每片电池与互连条应排列整齐，组件的框架应整洁无腐蚀斑点。

（5）组件的封装层中不允许气泡或脱层在某一片电池与组件边缘形成一个通路，气泡或脱层的几何尺寸和个数应符合相应的产品详细规范规定。

（6）组件的功率面积比大于 65W/m^2，功率质量比大于 4.5W/kg，填充因子 FF 大于0.65。

（7）组件在正常条件下的绝缘电阻不得低于200MΩ。

（8）组件EVA的交联度应大于65%，EVA与玻璃的剥离强度大于30N/cm，EVA与组件背板材料的剥离强度大于15N/cm。

（9）每块组件都要有包括如下内容的标签：

1）产品名称与型号。

2）主要性能参数：包括短路电流 I_{sc}，开路电压 U_{oc}，峰值工作电流 I_{max}，峰值工作电压 U_{max}，峰值功率 P_{max} 以及 I-U 曲线图、组件重量、测试条件、使用注意事项等。

3）制造厂名、生产日期及品牌商标等。

7. 适用程度

不同类型的光伏组件在建筑物上的适用程度见表5-3。

表5-3　不同类型的光伏组件在建筑物上的适用程度

太阳电池类型	适用性					
	斜屋顶	平屋顶	墙面	窗户	遮阳	围栏
标准组件，有金属框架，表面为玻璃，背面背板不透明	适用	低适用	低适用	不适用	低适用	不适用
标准组件，无金属框架，表面为玻璃，背面背板不透明	适用	适用	适用	不适用	适用	低适用
双层玻璃组件，有一定比例的透明度	低适用	低适用	适用	适用	适用	适用
两面受光，双层玻璃组件，有一定的透明光度	低适用	低适用	低适用	不适用	不适用	适用
表面玻璃，背面为透明TPT薄膜，有一定比例的透明度	不适用	不适用	低适用	适用	不适用	适用
不同形状的组件（定制）	适用	适用	适用	适用	适用	适用

四、光伏组件特性

1. 输出特性

光伏组件的输出特性具有明显的非线性特性，如图5-1所示。

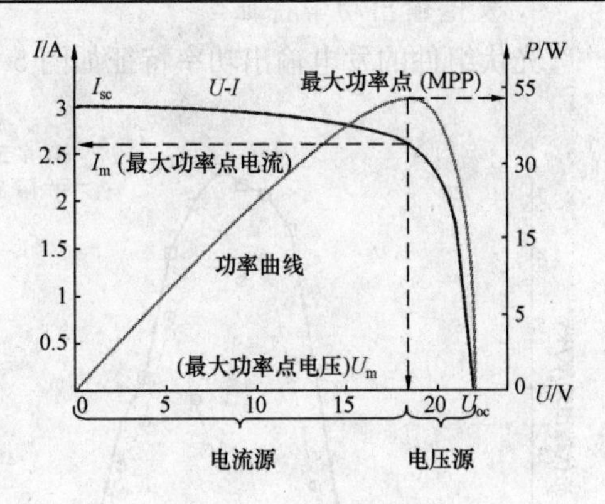

图5-1　功率输出特性

2. 光照强度特性

光伏组件的光照强度特性如图5-2所示。

当光照强度增加，最大功率点电流增大，最大功率点电压缓慢增大，最大输出功率也不断增大。

某品牌光伏组件在不同辐射度条件下发电效率参数见表5-4。

表5-4　不同辐射度条件下发电效率

辐照度/（W/m²）	200	400	600	800	1000
效率（%）	15.8	16.2	16.2	16.1	16.0

3. 温度特性

光伏组件的温度特性如图5-3所示。

光伏组件温度增加，最大功率点电压降低，最大功率点电流轻微升高，最大输出功率则相对减小。

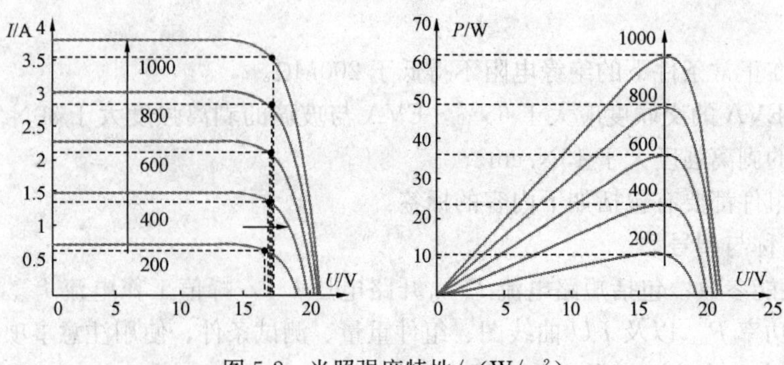

图 5-2　光照强度特性/（W/m²）

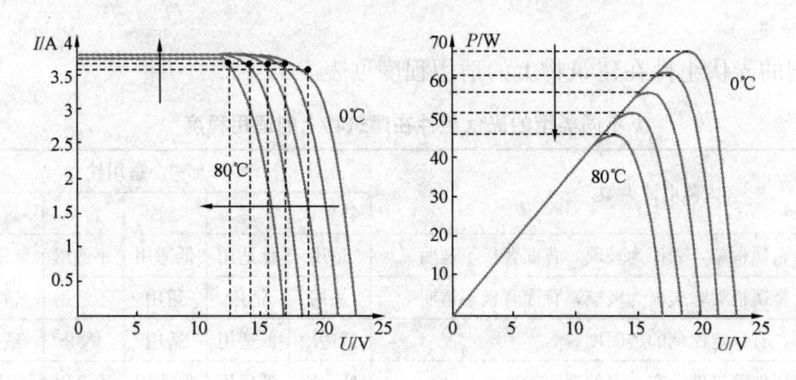

图 5-3　温度特性

4. 发电输出功率特征

光伏组件的发电输出功率特征如图 5-4 所示。

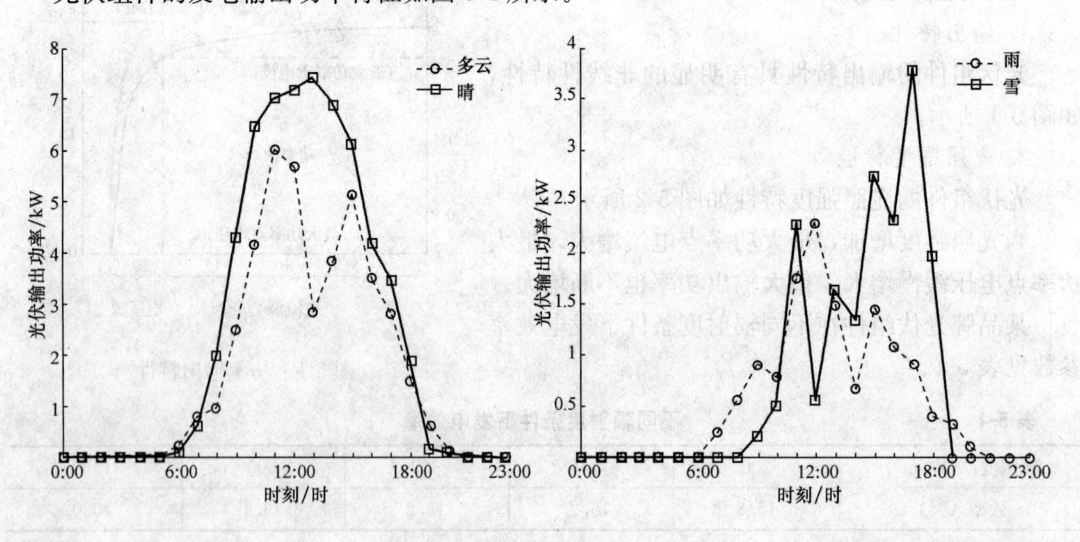

图 5-4　发电输出功率特征

5. 衰减

光伏组件随着使用年限的增加，其功率衰减的规律如图 5-5 所示。

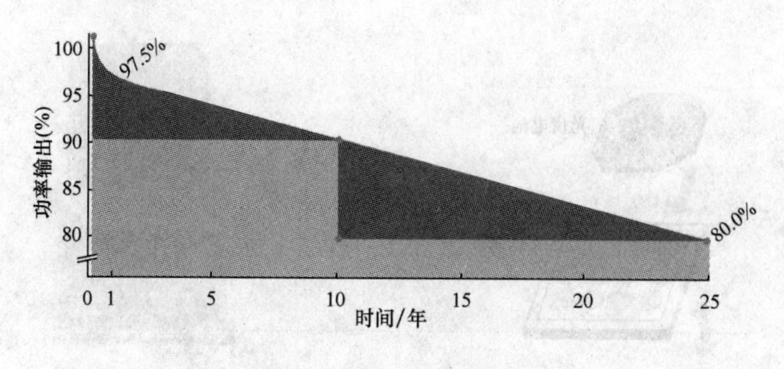

图 5-5 使用年限的衰减

第二节 光伏方阵的计算

一、光伏方阵的连接

1. 光伏电池-光伏组件-光伏方阵

(1) 光伏电池（PV cell）。光伏电池是具有光伏效应的最基本原件，将入射能量通过直接转化变为电能。常用短语“太阳能光伏电池”或“光伏电池”，通俗地称为“太阳电池”。

单独的光伏电池由于输出电压低、电流小、功率小而不能大规模使用，实际使用中多使用光伏组件。

(2) 光伏组件（PV module）。光伏组件是光伏电池经过合理串并联后形成具有较大功率输出的能量转换装置。它是具有完整环境防护措施的、内部相互连接的最小太阳电池组合体。

虽然光伏电池是非线性电路，但是多个同种电池处于同一个工作状态时，每个输出都是特定并且相同的，此时就可以看成是线性系统而符合叠加原理，因此光伏组件的基本性质与光伏电池没有大的差别。

(3) 光伏组串（PV string）。光伏组串是一个或多个光伏组件串联形成的电路。

(4) 光伏子方阵（PV sub-array）。光伏子方阵是由并联的光伏组串组成，是光伏方阵的电气子集。

(5) 光伏方阵（PV array）。光伏方阵是光伏组件、光伏组串或光伏子方阵内部电气连接的集合。

1) 光伏方阵包括与逆变器直流输入终端或其他功率调节器或直流负载连接的所有元件。

2) 光伏方阵不包括地基、跟踪设备、热控装置及其他类似元件。

3) 光伏方阵可能包括独立光伏组件，独立光伏组串，或多并联光伏组串，或多并联光伏子方阵及与它们相关的电气元件。一般情况，光伏方阵的范围直到光伏方阵断开装置的输出端。

大规模使用时，通常将多个同种组件通过合理的串并联连接在一起形成高电压、大电流、大功率的功率源，用在各种光伏电站、光伏屋顶等项目中。

对于 $n\times p$ 的阵列，可以先将 n 个单元串联，再将 p 个单元并联，也可以先将 p 个单元并联，将 n 个单元串联可以得到相同的结论，如图 5-6 所示。

2. 串联

光伏电池的串联连接如图 5-7 所示。

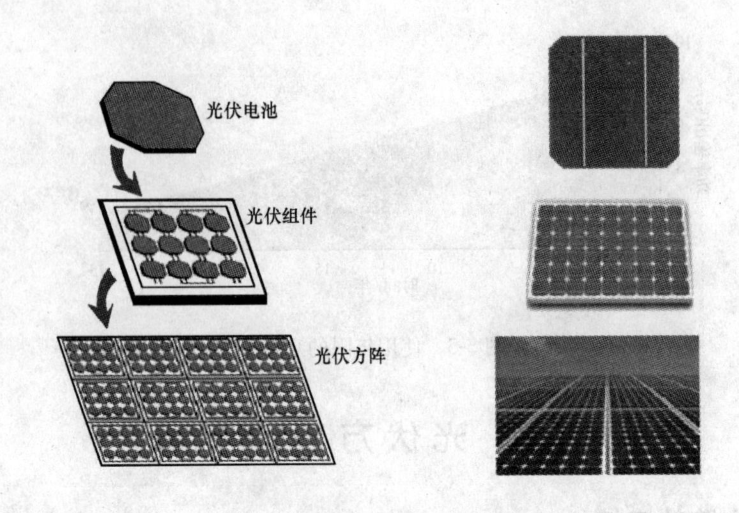

图 5-6 光伏电池-光伏组件-光伏方阵

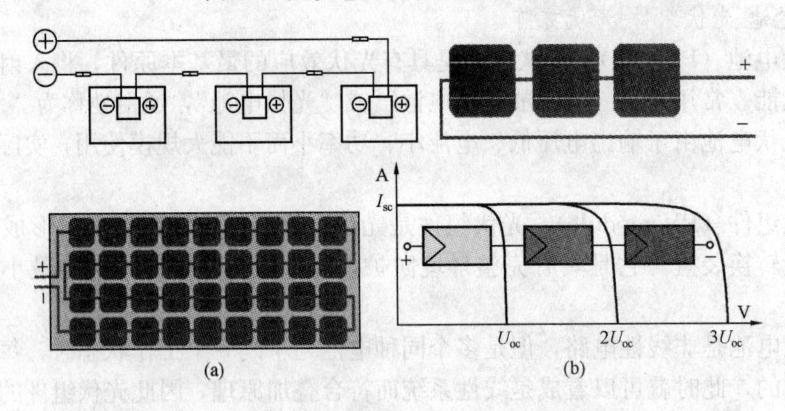

图 5-7 光伏电池串联模块及输出

(a) 串联示意图；(b) 输出特性

光伏电池的串联电路中，电流恒定。

总电压（V）＝极板数量 n×每块极板电压（V）

3. 并联

光伏电池的并联连接如图 5-8 所示。

光伏电池的串联电路中，电压恒定。

总电流（A）＝极板数量 n×每块极板电流（A）

4. 串并联

光伏电池的串并联连接如图 5-9 所示。

二、光伏组件的特性

1. 开路电压

光伏组件的技术参数在环境温度变化时会发生变化。

IEC 60364-7-712 Requirements for special installations or locations-Photovoltaic（PV） systems 标准指出 U_{ocmax} 是光伏组件、光伏组串、光伏方阵或光伏电站在开路状态下的最大开路电压，计算公式如下

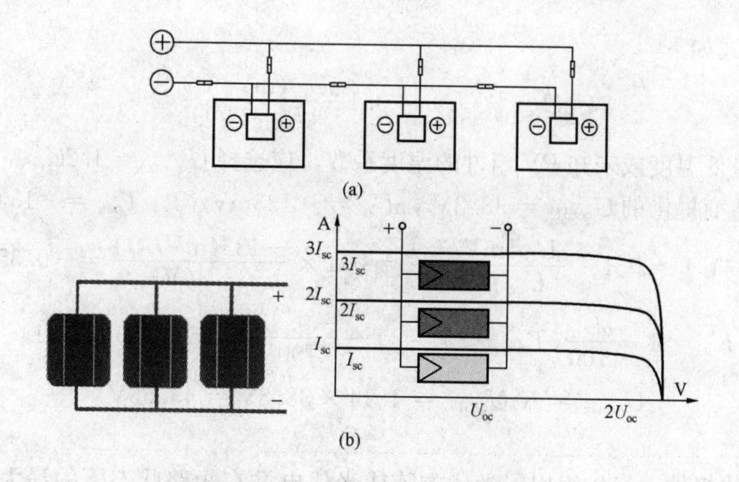

图 5-8　光伏电池并联模块及输出

(a) 并联示意图；(b) 输出特性

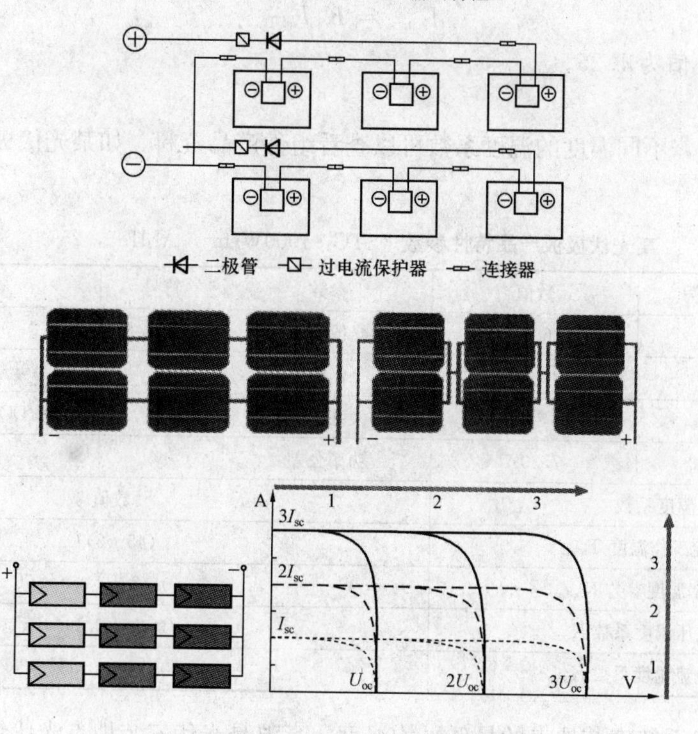

图 5-9　光伏电池串并联模块及输出

$$U_{ocmax}=K_uU_{ocSTC}$$

式中：K_u 为校正系数，当光伏组件安装位置的环境温度低于标准温度时，将引起光伏组件的开路电压的增加。

$$K_u=1+\frac{\alpha U_{oc}}{100}(T_{min}-25)$$

式中：α 为电压的温度变化系数，由光伏组件制造商提供；αU_{oc} 为光伏组组件开路电压的电压温度系数，%/℃；T_{min} 为当光伏组件安装位置的最低环境温度，℃。

αU_{oc} 是一个负数因子，组件制造商提供，mV/℃或%/℃，当 αU_{oc} 用mV/℃表示时，折

算为%/℃的公式如下

$$\alpha U_{oc}(\%/℃) = 0.1\frac{\alpha U_{oc}(mV/℃)}{U_{ocSTC}(V)}$$

如果未知最低温度或未知PV组件的温度系数，应选择$U_{ocmax} = 1.2U_{ocSTC}$。

例如，制造商提供的$U_{ocSTC} = 38.3V$，$\alpha U_{oc} = -133mV/℃$，$T_{min} = -15℃$。

$$\alpha U_{oc}(\%/℃) = 0.1\times\frac{\alpha U_{oc}(mV/℃)}{U_{ocSTC}(V)} = 0.1\times\frac{-133(mV/℃)}{38.3(V)} = -0.35\%/℃$$

$$K_u = 1+\frac{\alpha U_{oc}}{100}(T_{min}-25) = 1+\frac{-0.35}{100}(-15-25) = 1.14$$

$$U_{ocmax} = K_u U_{ocSTC} = 1.14\times 38.3V = 43.66V$$

2. 短路电流

I_{scmax}是光伏组件、光伏组串、光伏方阵或光伏电站在短路状态下的最大短路电流，计算公式如下

$$I_{scmax} = K_1 I_{scSTC}$$

式中，K_1的最小值为1.25。

3. 温度系数

一般情况下，不同温度的温度系数可以查看组件产品资料，如某光伏极板产品的温度系数见表5-5。

表5-5　某光伏极板产品特性参数（STC：1000W/m²，AM1.5，25℃）

参数	符号	数值	参数	符号	数值
开路电压	U_{oc}	36.8V	峰值功率	P_{PVp}	220W
工作电压	U_{np}	29.8V	工作温度	T_{np}	−40℃～85℃
短路电流	I_{sc}	8A	最大系统电压	U_{max}	1000VDC(IEC)/600VDC(UL)
工作电流	I_{np}	7.39A	功率公差	s	±3%
温度系数			数值		
额定工作温度 T_n			(45±2)℃		
最大功率温度参数 $K_{p.max}$			−(0.48±0.05)%/℃		
开路电压温度系数 K_{oc}			−(0.34±0.1)%/℃		
短路电流温度系数 K_{sc}			(0.055±0.01)%/℃		

低温是光伏系统安装地点的最低平均温度，高温是光伏安装地点光伏组件工作时候的组件温度。电流与电压、功率与电压曲线和温度系数曲线如图5-10所示。

三、组件串联计算

1. 组件串联的电压匹配

光伏组件的串联电压之和要小于光伏组件的耐受电压。

$$U_{max} > U_{oc\sum} = nU_{oc}$$

考虑温度的影响

$$U_{oc\sum} = nU_{ocSTC}[1+K_{oc}(T_{min}-25℃)]$$

式中：U_{ocSTC}为标准状态下极板的开路电压，V；K_{oc}为极板的开路电压温度系数，%/℃；T_{min}

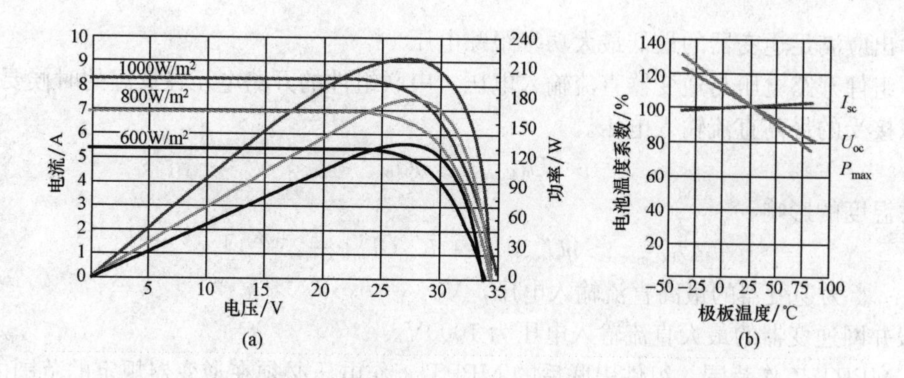

图 5-10　电流与电压、功率与电压曲线和温度系数曲线

(a) 220W 电流-电压和功率-电压曲线；(b) 温度系数

为极板安装处的最低温度，℃；n 为串联组件的数量；U_{max} 为光伏组件的最高耐受电压，V；$U_{oc\sum}$ 为光伏组件的串联电压，V。

例如，将表 5-5 中的组件设计为 26 块组件串联，在标准状态下串联组件的开路电压为

$$U_{oc\sum} = nU_{oc} = 26 \times 36.8\text{V} = 956.8\text{V} < U_{max} = 1000\text{V}$$

考虑到温度影响，考虑－0.34%/℃的开路电压温度系数，那么，在 0℃时串联组件开路电压为

$$\begin{aligned} U_{oc\sum 0℃} &= nU_{ocSTC}[1 + K_{oc}(T_{min} - 25℃)] \\ &= 26 \times 36.8 \times [1 + (-0.34\%)(0℃ - 25℃)]\text{V} \\ &= 1038.128\text{V} > U_{max} = 1000\text{V} \end{aligned}$$

大于光伏组件的耐受电压。系统会很危险！

2. 串联组件与逆变器的匹配

(1) 光伏方阵与逆变器电压匹配。光伏方阵与逆变器匹配主要是指电压匹配、电流匹配和功率匹配。

光伏方阵输出不是一个稳定的系统，其输出随光照条件、环境温度及其他一些随机因素影响。

电压匹配是指光伏方阵的输出应时刻满足光伏逆变器的工作条件，逆变器存在一个工作范围值——最小工作电压和最大工作电压。

同时逆变器还存在一个最大功率跟踪范围——最小跟踪电压和最大跟踪电压，超出最大功率跟踪范围但不超出工作范围，逆变器依然能够进行工作，但是不能保证实现最大功率跟踪。

(2) 环境温度对光伏方阵的影响。组件的串并联和逆变器的性能的匹配和优化，主要是考虑温度对组件的电性能的影响。

对于光伏组件而言，存在一个阵列的最高电压限制，此限制一般大于逆变器的最大工作电压，因此一般不考虑。

光伏方阵设计的最大串联组件数应保证在最大开路电压处阵列输出电压不超过光伏逆变器的最大允许输入电压。

由于光伏组件的负温度特性，温度最低时输出电压较高，因此冬季以较低的温度计算组件串联的最大值。相反，夏季由于高温，光伏组件输出电压下降，阵列总输出电压也下降，

但阵列输出应满足逆变器的最低最大功率跟踪电压。

(3) 组件开路电压与逆变器直流输入电压。串联组件的开路电压在低温的时候要小于逆变器可以接受的最高直流输入电压。

$$U_{DC.max} \geqslant nU_{oc}$$

考虑温度的影响

$$U_{DC.max} \geqslant nU_{ocSTC}[1+K_{oc}(T_{min}-25℃)]$$

式中，$U_{DC.max}$ 为逆变器的最高直流输入电压，V。

一般并网逆变器的最大直流输入电压为1000V。

(4) MPPT工作范围。组件串联后的MPPT工作电压必须在逆变器规定的范围内。

$$U_{DC.MPPT.min} \leqslant nU_{np} \leqslant U_{DC.MPPT.max}$$

式中：$U_{DC.MPPT.max}$ 为逆变器的MPPT的最大直流输入电压，V；$U_{DC.MPPT.min}$ 为逆变器的MPPT的最小直流输入电压，V；U_{np} 为太阳组件的工作电压，V。

考虑到温度影响，进行温度修正。

$$U_{DC.MPPT.min} \leqslant nU_{npSTC}[1+K_{oc}(T_{min}-25℃)] \leqslant U_{DC.MPPT.max}$$

例如，选择某款三相并网逆变器，技术参数见表5-6。

表5-6　　某三相逆变器直流输入端的技术参数

参数	符号	数值	参数	符号	数值
最大功率	$P_{DC.max}$	13 000W	关断电压	$U_{DC.off}$	150V
最大电压	$U_{DC.max}$	1000V	打开电压	$U_{DC.on}$	188V
MPPT电压范围	$U_{DC.MPPT}$	400～850V	最大电流	$I_{DC.max}$	22A
工作电压	U_{DC}	600V			

将表5-5中的组件设计为26块组件串联，在标准状态下串联组件的工作电压为

$$U_{DC.MPPT.min} = 400V$$
$$U_{np\sum} = nU_{np} = 26 \times 29.8V = 774.8V$$
$$U_{DC.MPPT.max} = 850V$$
$$U_{DC.MPPT.min} \leqslant U_{np\sum} \leqslant U_{DC.MPPT.max}$$

考虑到温度影响，考虑−0.34%/℃的开路电压温度系数，那么，在0℃时串联组件工作电压为

$$\begin{aligned}U_{np.max.0℃} &= nU_{npSTC}[1+K_{oc}(T_{min}-25℃)]\\ &= 26\times 29.8\times[1+(-0.34\%)(0℃-25℃)]V\\ &= 840.658V < U_{DC.MPPT.max} = 850V\end{aligned}$$

在55℃时串联组件工作电压为

$$\begin{aligned}U_{np.min.55℃} &= nU_{npSTC}[1+K_{oc}(T_{max}-25℃)]\\ &= 26\times 29.8\times[1+(-0.34\%)(55℃-25℃)]V\\ &= 695.77V > U_{DC.MPPT.min} = 400V\end{aligned}$$

逆变器可以实现最大跟踪。

(5) 电流匹配。对于电流，应保证阵列输出电流不大于逆变器的最大输入电流。

(6) 功率匹配。在符合电压范围和电流范围的前提下，调整光伏方阵的串联组件数，使

得阵列输出接近逆变器的额定功率，以求获得最高的逆变效率。

光伏逆变器的功率匹配

$$95\% < \frac{逆变器最大直流功率}{光伏阵列的额定功率} < 115\%$$

逆变器的最大直流功率不是建议的最大光伏方阵功率。

逆变器输入的直流功率取决逆变器工作在光伏方阵的电流-电压曲线上的一个工作点上。理想状态下，逆变器应工作在光伏方阵的最大功率峰值上。最大功率峰值在一整天内是不同的，主要是由于环境的作用，如太阳光的辐射和温度，但逆变器通过一个具有最大功率峰值跟踪的运算器来直接与光伏方阵相连，达到能量转移的最大化。

四、组件并联计算

1. 组件并联电流与逆变器匹配

系统在实际运行中，温度对光伏组件输出电流的影响相对不大，一般使用标准条件下的工作电流大于输出电流。

光伏方阵的最大电流不超过逆变器的允许最大直流电流。

设光伏方阵的并联数为 m，则有

$$mI_{np} < I_{DC.max}$$

式中：I_{np} 为光伏组件串联输出电流，A；$I_{DC.max}$ 为并网逆变器最大输入直流电流，A；m 为光伏组件并联数量。

2. 组件与安装容量的匹配

太阳光伏组件的串联电流与安装容量的匹配为

$$mI_{np} = \frac{P_{PV}}{nU_{np}}$$

式中，P_{PV} 为光伏极板的安装容量，W。

3. 最大串联组串

组件串的最大串联数为

$$N_{max} = \frac{U_{DC.max}}{U_{oc}[1 + K_{oc}(T - 25)]}$$

第三节　光伏方阵的设计

一、方阵设计

1. 功能结构

在所采用电路中，光伏方阵作为供电装置，为光伏发电系统的基本功能结构如图 5-11 所示。

2. 电路设计

所采用电路主要包括以下三种情况：

（1）光伏方阵直接与直流负载连接，如图 5-12 所示。

（2）光伏方阵通过转换设备与交流系统连接，至少包括基本隔离，如图 5-13 所示。

（3）光伏方阵通过转换设备与交流系统连接，但不包括基本隔离，如图 5-14 所示。

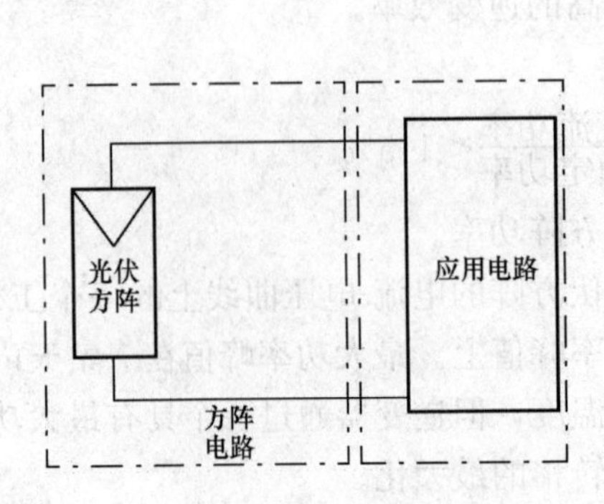

图 5-11　光伏发电系统基本功能结构

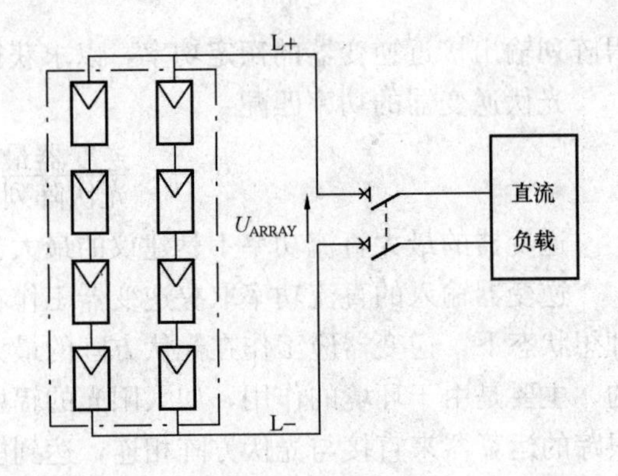

图 5-12　光伏方阵直接与直流负载连接

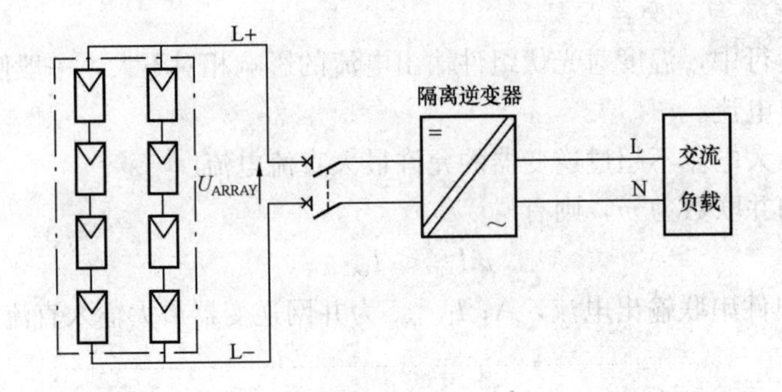

图 5-13　光伏方阵通过隔离逆变器与交流系统连接

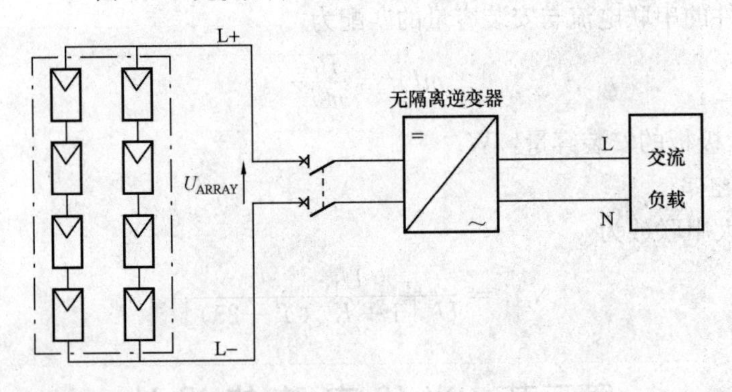

图 5-14　光伏方阵通过无隔离逆变器与交流系统连接

二、电气设计

光伏方阵的连接有串联、并联和串、并联混合几种方式。

1. 光伏组串

当每个单体的光伏组件性能一致时，多个光伏组件的串联连接，可在不改变输出电流的情况下，使方阵输出电压成比例的增加，如图 5-15 所示。

组件并联连接时，则可在不改变输出电压的情况下，使方阵的输出电流成比例地增加，如图 5-16 所示。

在一些系统中，可能不存在光伏方阵电缆，所有的光伏组串或光伏子方阵终端共同连接在一个汇流箱中，然后直接与功率转换设备连接。

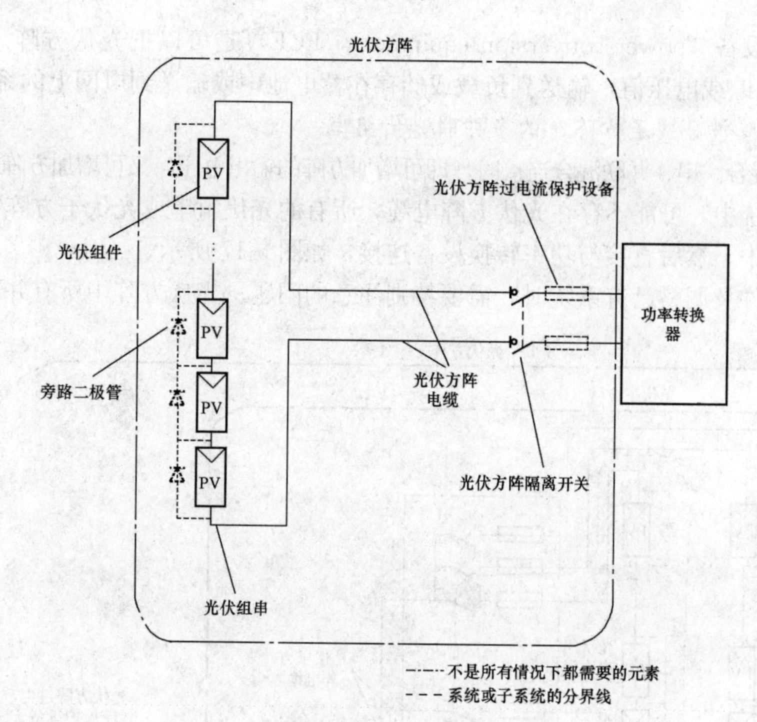

图 5-15　单个光伏组串

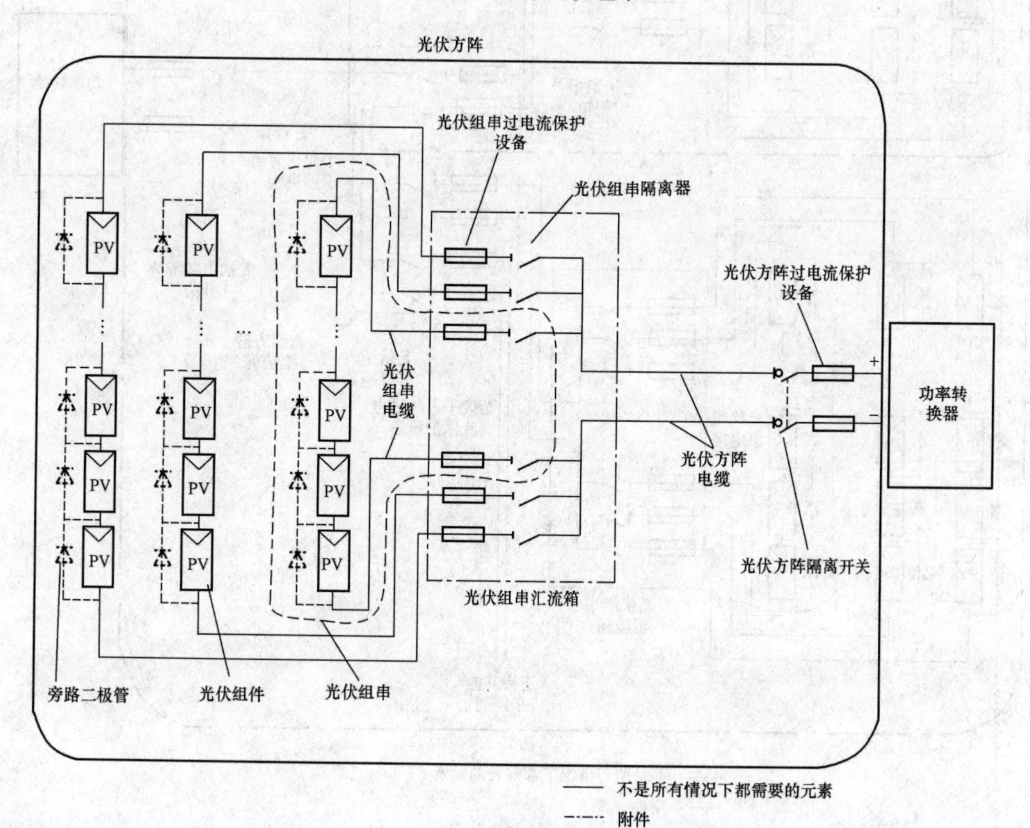

图 5-16　多并联光伏组串

功率转换设备（power conversion equipment，PCE）是可以把光伏方阵产生的电能转化成适当频率和/或电压值，输送到负载或储存在蓄电池中或输送到电网上的系统。

2. 光伏方阵被分成子方阵时的多并联光伏组串

串、并联混合。串、并联混合连接时，即可增加方阵的输出电压，又可增加方阵的输出电流。

在一些系统中，可能不存在光伏方阵电缆，所有的光伏组串或光伏子方阵终端共同连接在一个汇流箱中，然后直接与功率转换设备连接，如图 5-17 所示。

在替换组件及调整已有系统时，需要特别注意的问题。光伏方阵中所有并联的光伏组串

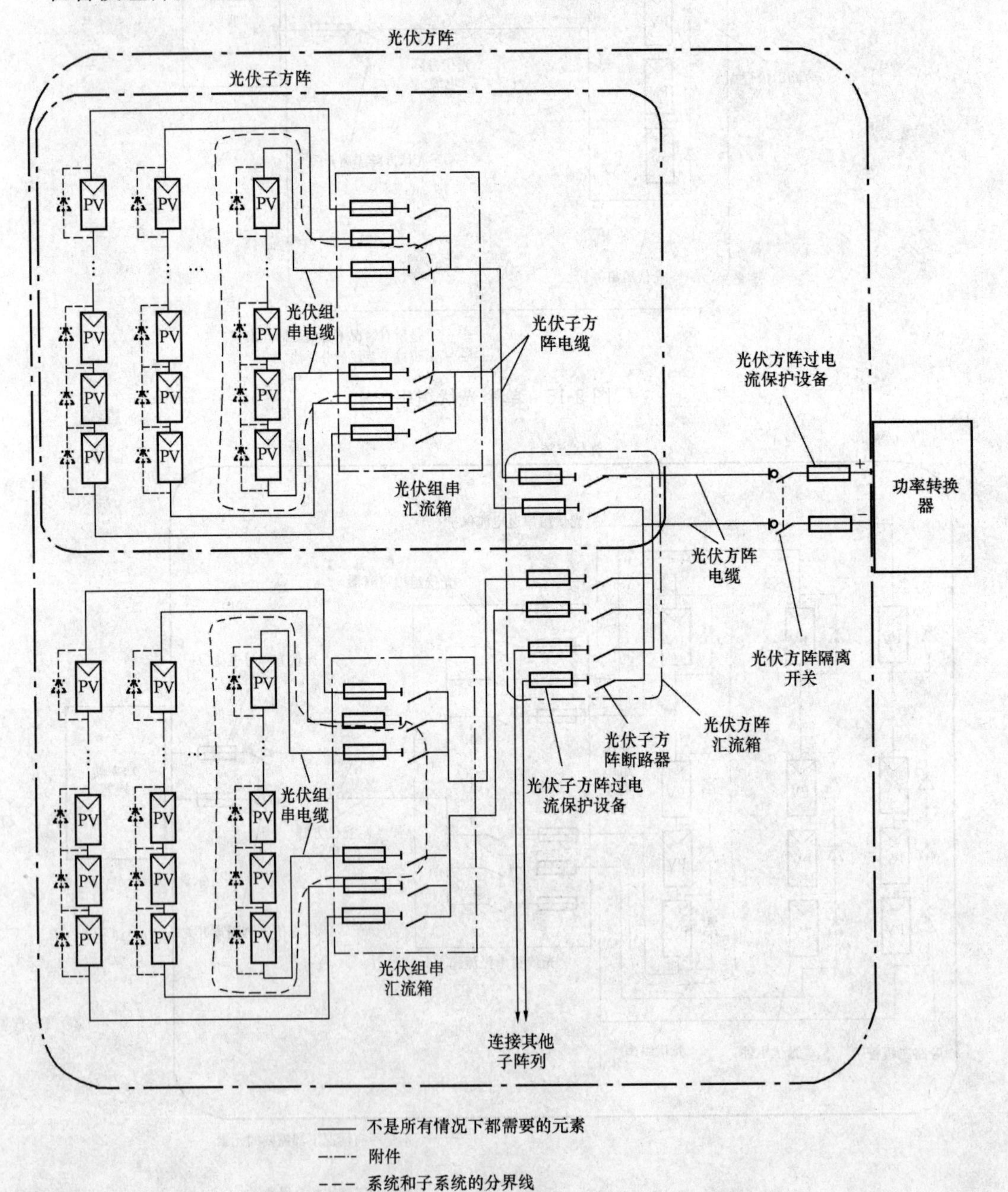

图 5-17　光伏方阵被分成子方阵时的多并联光伏组串

都应使用相同技术的组件，每个组串中光伏组件的数目应相同。此外，光伏方阵中所有并联的光伏组件应具有相近的电学性能，包括短路电流、开路电压、最大工作电流、最大工作电压及额定功率（所有参数均在 STC 条件下测量）。

3. 采用多 MPPT 直流输入 PCE 的光伏方阵

光伏方阵常与具有多直流输入的 PCEs 相连。

如果使用多直流输入，光伏方阵中各个部分的过电流保护及电缆线径应严格取决于 PCE 每条输入线路的反向电流限制值。例如，电流由 PCE 流入光伏方阵。

（1）具有多个独立最大功率点跟踪（MPPT）输入的 PCE。输入电路提供了多个独立的 MPPT 输入，与这些输入相连的光伏方阵的过电流保护应考虑任何一个反向电流，如图 5-18 所示。

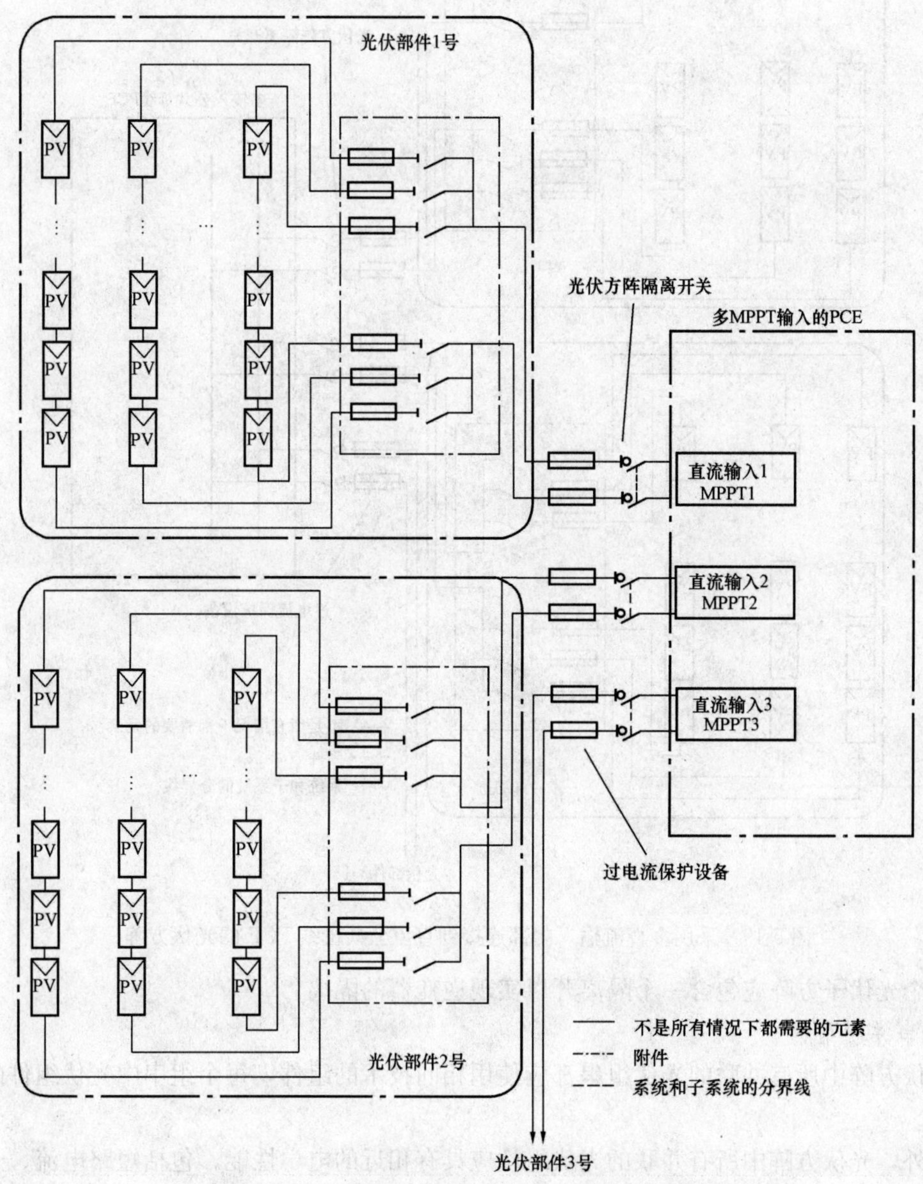

图 5-18 采用多 MPPT 直流输入 PCE 的光伏方阵

在图 5-18 中，任意一个与输入连接的光伏部分都应被视为独立光伏方阵。每个光伏方阵应有一个隔离开关以实现与逆变器的隔离。

（2）具有多输入并且在 PCE 内部连接在一起的 PCEs。PCE 的多输入电路在 PCE 内部并联到公共直流母线上，与每一路输入相连的光伏部件都被视为一个子方阵，所有的光伏部件总体构成一个完整的光伏方阵，如图 5-19 所示。

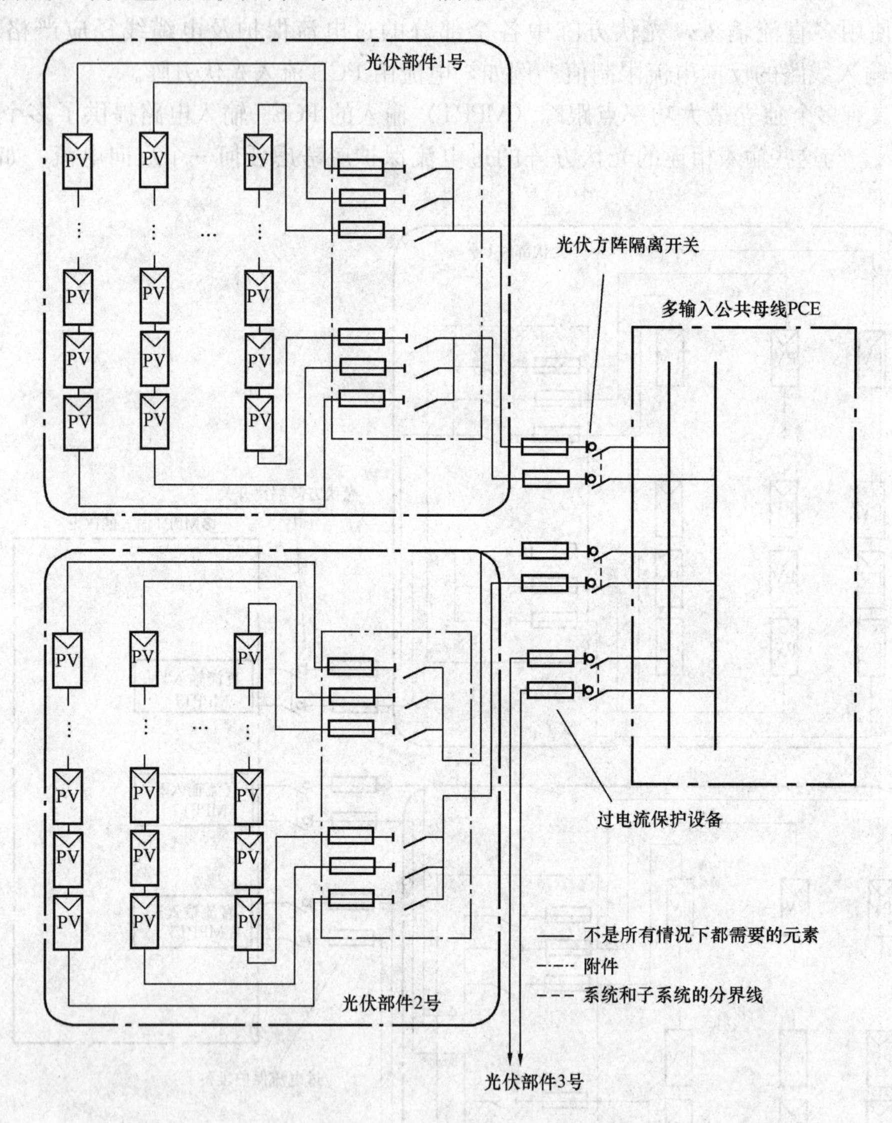

图 5-19　采用多直流输入内部连接到直流公共母线 PCE 的光伏方阵

每个光伏子方阵应包含一个隔离开以实现逆变器的隔离。

4. 串并联结构

光伏方阵中所有并联的光伏组串都应使用相同技术的组件，每个组串中光伏组件的数目应相同。

此外，光伏方阵中所有并联的光伏组件应具有相近的电学性能，包括短路电流、开路电压、最大工作电流、最大工作电压及额定功率（所有参数均在 STC 条件下测量）。

第四节　光伏方阵的布置

一、温度要求

1. 工作温度

光伏组件的等级是在标准测试条件（25℃）得到，不能使得系统中任意部件的工作温度超过其最大额定工作温度。

在常规工作条件下，电池片温度会明显上升，并高于环境温度。在1000W/m^{2}的太阳辐照和通风良好的情况下，工作在最大功率点的晶体硅组件的温度一般会相对于25℃的环境温度基础上有所上升。当辐照度超过1000W/m^2，通风较差情况下，温度会上升更多。

由于温度升高和通风不良导致的性能衰减，故应注意保持组件尽可能在工作温度允许范围内。

2. 设计要求

由于光伏组件的工作特性，以下给出光伏方阵的主要设计要求。

（1）对于一些光伏工艺，转换效率随着温度的升高而降低。因此，具有良好的通风设备是光伏方阵设计的一个目标，这可以保证光伏组件和相关部件的最优性能。

（2）与光伏方阵直接接触或相邻的所有部件和设备（导线、逆变器、连接器等）都应具有承受光伏方阵最大预期工作温度的能力。

（3）在寒冷条件下，晶体硅组件电压会升高。

一般情况下，工作温度每升高1℃，晶体硅组件的最大输出功率减少0.4%～0.5%。

二、角度设计

1. 方位角

太阳光伏方阵的方位角是方阵的垂直面与正南方向的夹角。向东偏设定为负角度，向西偏设定为正角度。

一般情况下，方阵朝向正南（即方阵垂直面与正南的夹角为0°）时，太阳电池发电量是最大的。在偏离正南（北半球）30°时，方阵的发电量将减少约10%～15%；在偏离正南（北半球）60°时，方阵的发电量将减少约20%～30%，如图5-20所示。

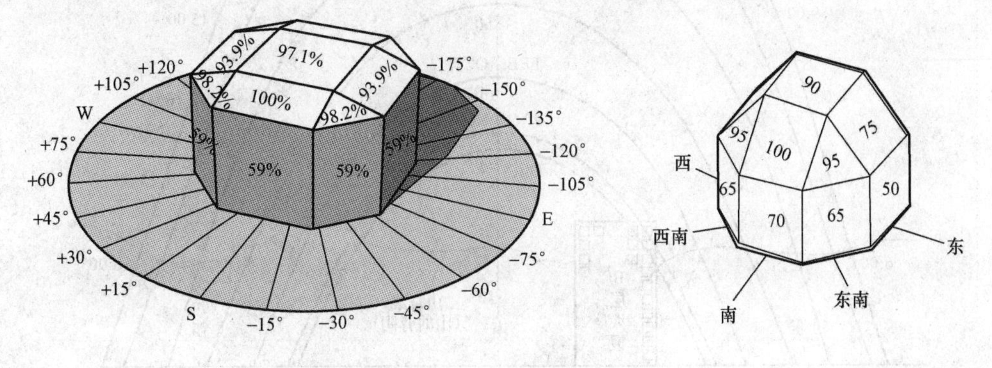

图5-20　方位角

在晴朗的夏天，太阳辐射能量的最大时刻是在中午稍后，因此方阵的方位稍微向西偏一些时，在午后时刻可获得最大发电功率。在不同的季节，太阳光伏方阵的方位稍微向东或西一些都有获得发电量最大的时候。

2. 高度角

太阳以平行光束射向地面，太阳光线与地平面的交角就是太阳高度角。

一日内中午最热，早晚比较凉，就是因为早晚太阳高度角低，中午太阳高度角高，太阳辐射随太阳高度角增高而加大的缘故。一年中冬季最冷，夏季最热。如图 5-21 所示。

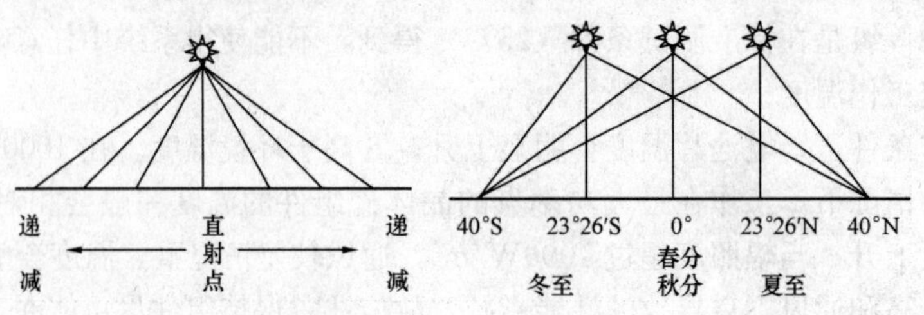

图 5-21 同一时刻，正午太阳高度角的变化规律

3. 高度角与方位角

太阳高度角指从太阳中心直射到当地的光线与当地水平面的夹角，其值在 0°～90°之间变化，日出、日落时为零，太阳在正天顶上为 90°。

太阳方位角即太阳所在的方位，指太阳光线在地平面上的投影与当地子午线的夹角，可近似地看作是竖立在地面上的直线在阳光下的阴影与正南方的夹角。方位角以正南方向为零，由南向东、向北为负，由南向西、向北为正，如太阳在正东方，方位角为－90°，在正东北方时，方位为－135°，在正西方时方位角为 90°，在正北方时为±180°。

高度角与方位角组合示意如图 5-22 所示。

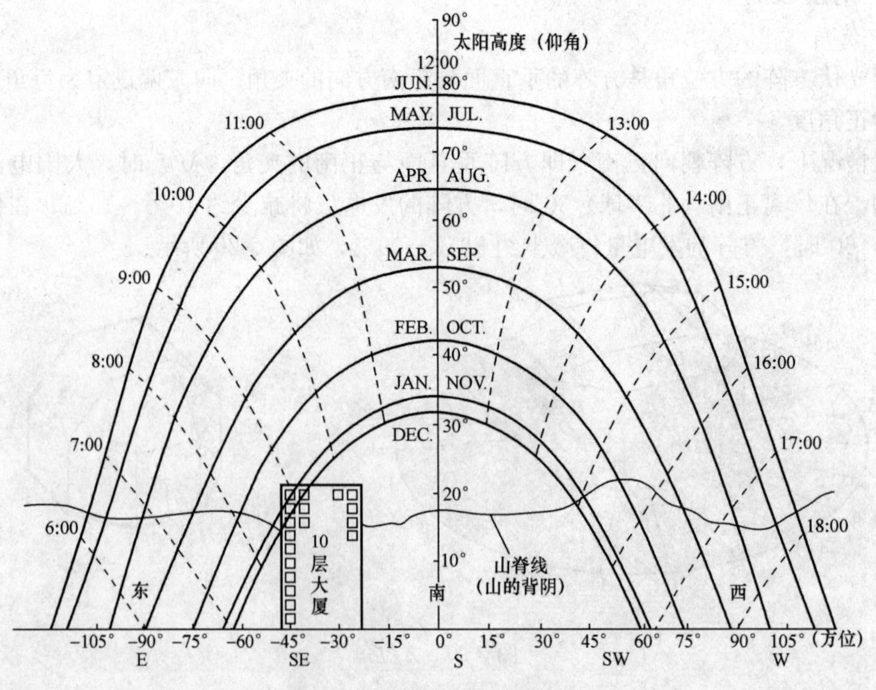

图 5-22 高度角与方位角组合

（注：曲线为每月 15 日的太阳轨迹）

4. 倾斜角

倾斜角是太阳光伏方阵平面与水平地面的夹角，并希望此夹角是方阵一年中发电量为最大时的最佳倾斜角度，如图 5-23 所示。

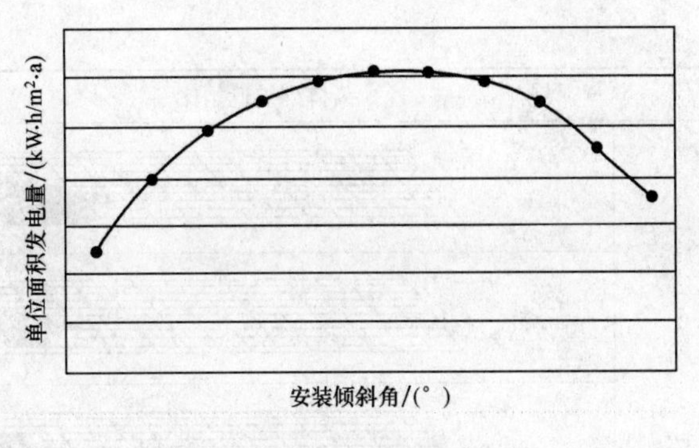

图 5-23　倾斜角

一年中的最佳倾斜角与当地的地理纬度有关，当纬度较高时，相应的倾斜角也大。但是，和方位角一样，在设计中也要考虑到屋顶的倾斜角及积雪滑落的倾斜角等的限制条件。

对于积雪滑落的倾斜角，即使在积雪期发电量少而年总发电量也存在增加的情况，因此，特别是在并网发电的系统中，并不一定优先考虑积雪的滑落，此外，还要进一步考虑其他因素。

对于正南（方位角为 0°），倾斜角从水平（倾斜角为 0°）开始逐渐向最佳的倾斜角过渡时，其日射量不断增加直到最大值，然后再增加倾斜角其日射量不断减少。特别是在倾斜角大于 50°～60°以后，日射量急剧下降，直至最后的垂直放置时，发电量下降到最小。对于方位角不为 0°的情况，斜面日射量的值普遍偏低，最大日射量的值是在与水平面接近的倾斜角度附近。

以上所述为方位角、倾斜角与发电量之间的关系，对于具体设计某一个方阵的方位角和倾斜角，还应综合地进一步同实际情况结合起来考虑。

三、阴影与遮挡

1. 影响

应该谨慎选择光伏方阵的地点。在树木和建筑物旁边会引起光伏方阵在一天中某些时段有阴影。最实用和重要的是尽量减少任何阴影，在光伏方阵上的一个很小的阴影都会影响方阵的性能。

阴影对光伏组件的影响不可低估，有时组件上一个局部阴影也会引起输出功率的明显减少。即使小部分的阴影遮挡将会造成很严重的、不成比例的能量损失，表 5-7 为美国国家半导体实验室得出的阴影遮挡导致的功率损失。

表 5-7　阴影遮挡的影响

阵列被遮挡比例（%）		组件功率损失（%）
1 片光伏电池	0	0
	25	25
	50	50
	75	66
	100	75
阵列	13	44
	11	47

续表

	阵列被遮挡比例（%）		组件功率损失（%）
阵列	…	9	54
	…	6.5	44
	…	3	25
	（立杆产生）	2.6	16.7
		12.9	39
		18	59
			82
		1.5	17
			13

一些研究结果表明，阴影对光伏系统电压、电流影响很大且不成比例，当阴影遮盖面积超过 1/2 后光伏电池输出功率降到原来的 1%。

组件遮挡的损失如图 5-24 所示。

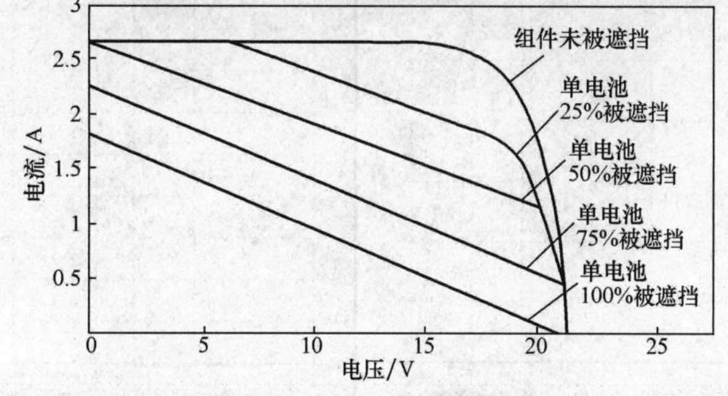

图 5-24　组件遮挡的损失

阴影影响电池发电的主要原因是遮挡了极板中的栅线。

2. 组件排布方式的影响

组件的排布方式不同，遮挡对光伏方阵的发电影响也会不同，固定安装的组件排布方式有两种，即纵向排布和横向排布两种方式，如图 5-25 所示。

当组件横向排布时，一开始阴影只遮挡 1 个电池串，当遮挡面积大到一定程度，这些被遮挡的电池会成为负载产生电压降，当电压降大于未遮挡电池的输出电压时，这时被遮挡电

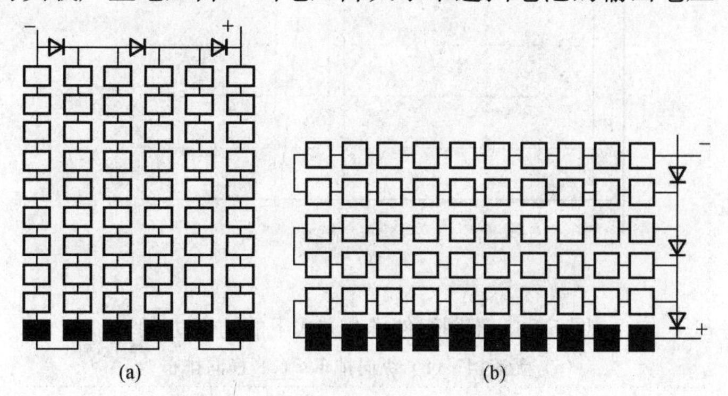

图 5-25　组件排布方式

(a) 纵向排布；(b) 横向排布

池串对应的旁路二极管会承受正电压而导通，这时未被遮挡电池串产生的功率全部被遮挡电池消耗，同时二极管正向导通，可以避免被遮挡电池消耗未被遮挡电池串产生的功率，另外2个电池串可以正常输出功率。

当组件纵向排布时，阴影会同时遮挡3个电池串，3个二极管若全部正向导通，则组件没有功率输出，3个二极管若没有全部正向导通，则组件产生的功率会全部被遮挡电池消耗，组件也没有功率输出。

图5-26（a）是标准测试STC条件下组件未被遮挡时的输出功率，图5-26（b）和图5-26（c)是标准测试条件下组件纵向遮挡和横向遮挡时组件的输出功率，遮挡方式如图5-26所示。

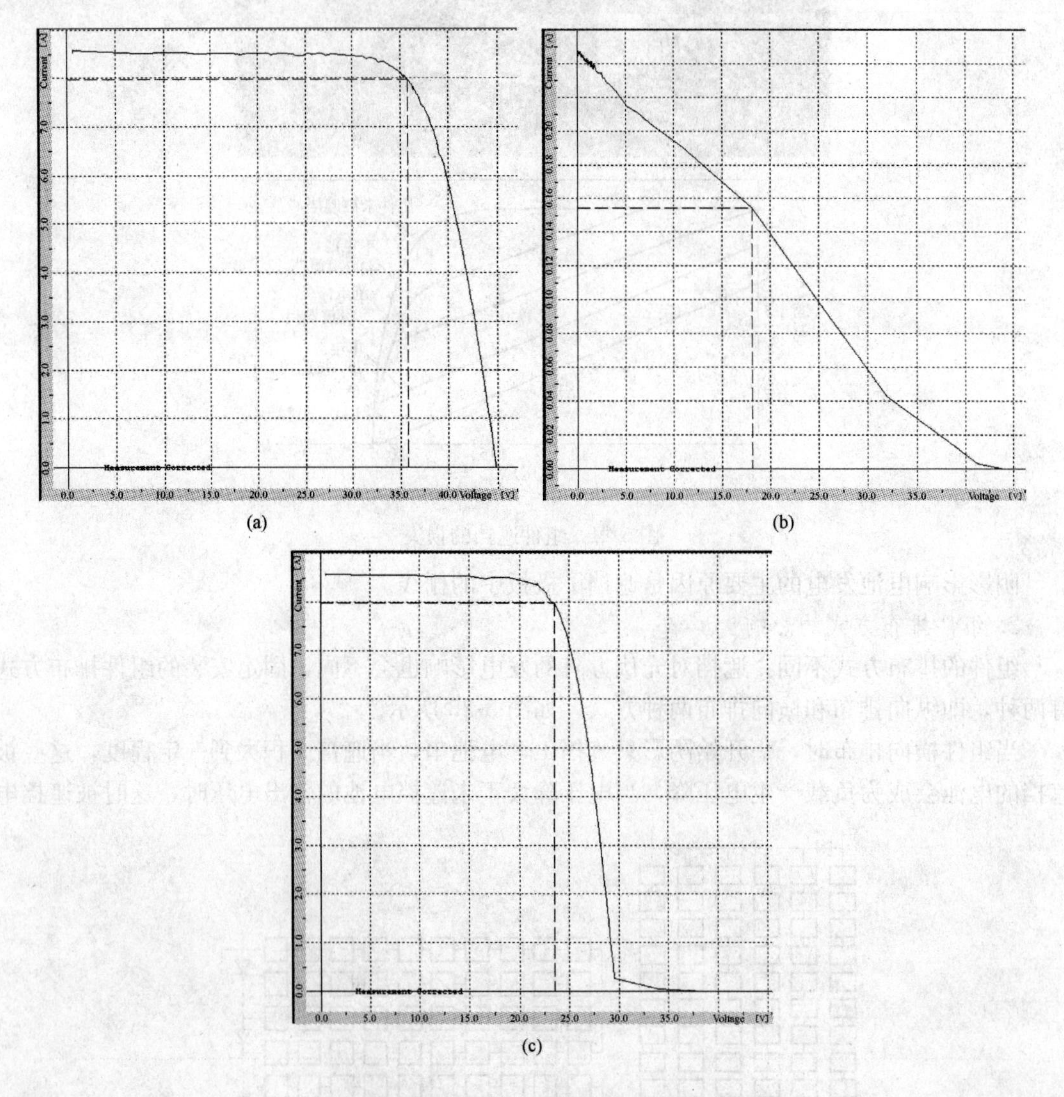

图5-26　不同组件排布方式下的输出功率

（a）无遮挡；（b）纵向排布；（c）横向排布

从图5-26中可以看到，组件横向遮挡电池片时，组件的输出功率约为正常输出功率的2/3，说明二极管导通，起到保护作用，组件纵向遮挡电池片时，组件几乎没有功率输出，由此可以在光伏电站中组件采用横向排布，可以减少阴影遮挡造成的发电量损失。

3. 对逆变器 MPPT 的影响

当光伏系统部分被遮挡时，未被遮挡的电池中的电流流经被遮挡部分的旁路二极管。当光伏方阵受到遮挡而出现上述情况时，会产生一条具有多个峰值的 *U-P* 电气曲线。图 5-27 显示了具有集中式最大功率点跟踪系统（MPPT）功能的标准并网配置，其中一个组列的两个电池板被遮挡。

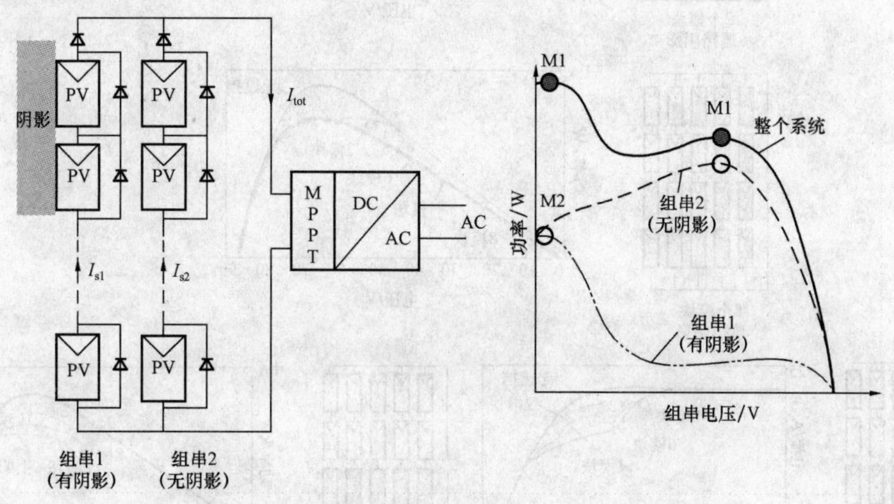

图 5-27　具有集中式最大功率点跟踪系统（MPPT）功能的遮挡影响

集中式 MPPT 无法设置直流电压，因此无法令两个组列的输出功率都达到最大。在高直流电压点（M1），MPPT 使未遮挡组列的输出功率达到最大。在低直流电压点（M2），MPPT 将使遮挡组列的输出功率达到最大：旁路二极管绕过遮挡电池板，此组列的未遮挡电池板将提供全量电流。阵列的多个 MPP 可能导致集中最大功率点跟踪（MPPT）配置的额外损失，因为最大功率点跟踪器可能得到错误信息停止在局部最大点处，并稳定在具有 *U-P* 特征的次优点。

在辐射、温度以及其他电池参数统一的情况下，除转换效率差异之外，分布式 MPPT 和集中式 MPPT 在性能方面没有差异。然而，在存在局部阴影的情况下，电池板不匹配将成为最大的问题，因为参数不统一，局部阴影将导致阵列的不同电池板具有多个 MPP。

采用集中式 MPPT 时，可能会导致更多的不均匀损失，其原因主要有两个：首先，集中式 MPPT 内部混乱，在进行功率配置时停留在局部最高点，并设置在电压的次优点；其次，在非正常的条件下，MPP 的电压点差别可能非常大，超出了集中式 MPPT 的工作范围和电压范围。如图 5-28 所示。

4. 阴影长度

如图 5-29 所示。根据日地相对运动的规律，固定式布置的光伏方阵，在冬至日上午 9：00至下午 3：00 之间，后排的太阳光伏方阵不应被遮挡的原则，计算公式为

$$d = H\frac{0.707\tan\varphi + 0.4338}{0.707 - 0.4338\tan\varphi}$$

式中：d 为阴影长度；φ 为当地纬度。

常用遮挡物高度及类型见表 5-8。

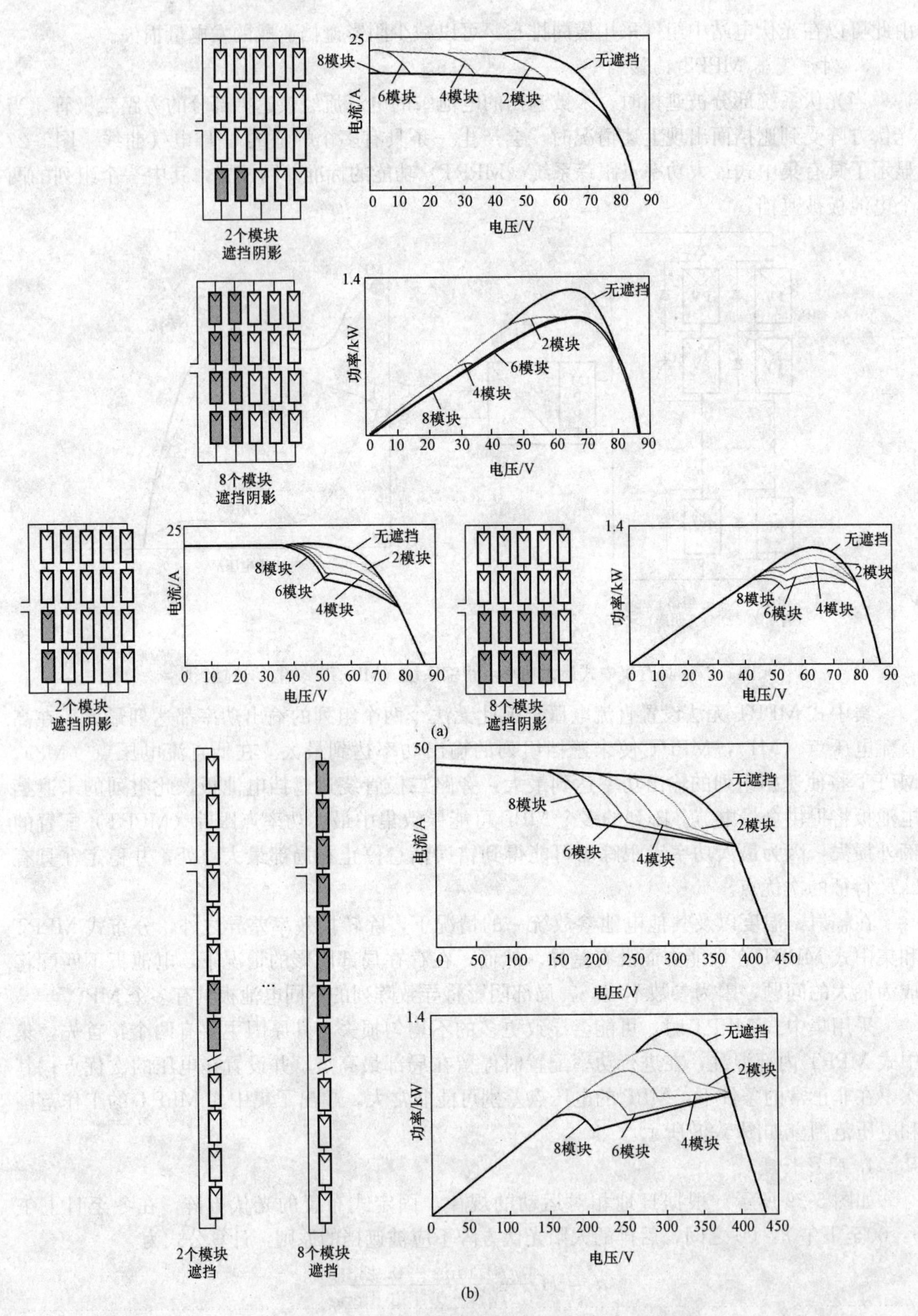

图 5-28 遮挡与逆变器的 MPP 关系

(a) 并联组串；(b) 串联组串

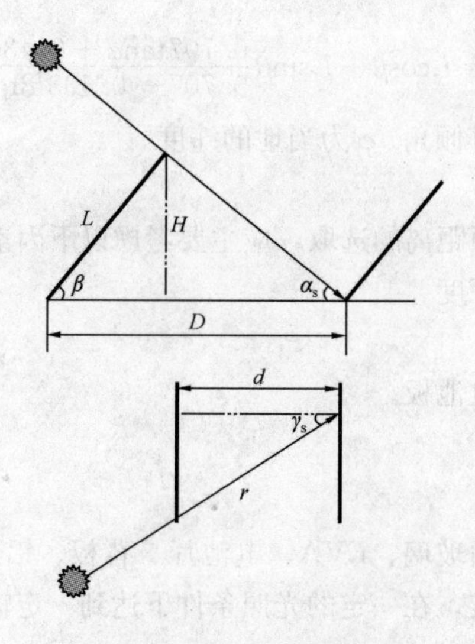

图 5-29　高度为 H 的阴影长度

表 5-8　　**常用遮挡物高度及类型表**

<table>
<tr><th>序　号</th><th>遮挡物高度值/mm</th><th>常见主要遮挡物类型</th></tr>
<tr><td>1</td><td>300</td><td rowspan="3">低矮女儿墙
山墙
排气孔
其他屋面附属物</td></tr>
<tr><td>2</td><td>496</td></tr>
<tr><td>3</td><td>500</td></tr>
<tr><td>4</td><td>600</td><td rowspan="3">女儿墙
烟道
其他屋面附属物</td></tr>
<tr><td>5</td><td>700</td></tr>
<tr><td>6</td><td>800</td></tr>
<tr><td>7</td><td>1000</td><td rowspan="3">女儿墙
烟道
造型
屋面设备
其他屋面附属物</td></tr>
<tr><td>8</td><td>1500</td></tr>
<tr><td>9</td><td>2000</td></tr>
<tr><td>10</td><td>3000</td><td>造型
屋面廊架
楼梯间、电梯间、机房</td></tr>
</table>

四、间距

1. 排最小间距

当纬度较高时，方阵之间的距离加大，相应地设置场所的面积也会增加。对于有防积雪措施的方阵来说，其倾斜角度大，因此使方阵的高度增大，为避免阴影的影响，相应地也会使方阵之间的距离加大。

通常在排布方阵阵列时，应分别选取每一个方阵的构造尺寸，将其高度调整到合适值，从而利用其高度差使方阵之间的距离调整到最小。具体的太阳光伏方阵设计，在合理确定方位角与倾斜角的同时，还应进行全面的考虑，才能使方阵达到最佳状态。

如图 5-29 所示，两排方阵之间的最小距离 D 为

$$D = L\cos\beta + L\sin\beta \frac{0.707\tan\varphi + 0.4338}{0.707 - 0.4338\tan\varphi}$$

式中：L 为方阵高度；β 为方阵倾角；φ 为当地的纬度。

2. 最低点距屋顶距离

光伏电池板最低点距屋顶距离的选取，应主要考虑以下因素：

(1) 高于当地最大积雪深度。

(2) 高于当地雨水水位。

(3) 防止泥沙溅上光伏电池板。

五、光伏组件衰减

1. 分类

多晶硅光伏发电组件是由玻璃、EVA、电池片、背板、铝边框、接线盒、硅胶等主材，按照一定的生产工艺进行封装，在一定的光照条件下达到一定输出功率和输出电压的光伏发电器件。

组件功率的衰减是指随着光照时间的延长，组件输出功率逐渐下降的现象。其衰减现象可大致分为三类。

(1) 由于破坏性因素导致的组件功率骤然衰减，破坏性因素主要指组件在焊接过程中焊接不良、封装工艺存在缺胶现象，或者由于组件在搬运、安装过程中操作不当，甚至组件在使用过程中受到冰雹的猛烈撞击而导致组件内部隐裂、电池片严重破碎等现象。

(2) 组件初始的光致衰减，即光伏发电组件的输出功率在刚开始使用的最初几天内发生较大幅度的下降，但随后趋于稳定。

(3) 组件的老化衰减，即在长期使用中出现极缓慢的功率下降现象。

2. 衰减测试

每年测试光伏组件 *I-U* 特性衰减程度，使用光伏组件 *I-U* 特性测试仪测试光伏组件及接入汇流箱的光伏组串的 *I-U* 特性。

光伏组件及组串的 *I-U* 特性应满足下列要求：

(1) 同一组串的光伏组件在相同条件下的电流输出应相差不大于6%。

(2) 同一组串的光伏组件在相同条件下的电压输出应相差不大于6%。

(3) 相同条件下接入同一个直流汇流箱的各光伏组串的运行电流应相差不大于6%。

(4) 相同条件下接入同一个直流汇流箱的各光伏组串的开路电压应相差不大于6%。

(5) 光伏组件性能应满足生命周期内衰减要求：

1) 晶体硅组件功率衰减2年内≤2%，10年内≤10%，20年内≤20%；

2) 薄膜组件2年内≤4%，10年内≤10%，20年内≤20%。

六、连接损失

1. 连接损失

组成方阵的所有光伏组件性能参数不可能完全一致，所有的连接电缆、插头插座接触电阻也不相同，于是会造成各串联光伏组件的工作电流受限于其中电流最小的组件。

各并联光伏组件的输出电压又会被其中电压最低的光伏组件钳制。

因此，方阵会产生连接损失，使方阵的总效率总是低于所有单个组件的效率之和。

2. 连接原则

连接损失的大小取决于光伏组件性能参数的离散性，除了在光伏组件的生产工艺过程中，尽量提高光伏组件性能参数的一致性外，还可以对光伏组件进行测试、筛选、组合，即把特性相近的光伏组件组合在一起。例如，串联的各组件工作电流要尽量相近，每串与每串的总工作电压也要考虑搭配得尽量相近，最大幅度地减少组合连接损失。

方阵连接要遵循下列几条原则：

（1）串联时需要工作电流相同的组件，并为每个组件并接旁路二极管。

（2）并联时需要工作电压相同的组件，并在每一条并联线路中串联防反充二极管。

（3）尽量考虑组件连接线路最短，并用较粗的导线。

（4）严格防止个别性能变坏的光伏组件混入光伏方阵。

七、电缆中的电压下降

在设计过程中，光伏方阵电缆的尺寸和从方阵到应用电路之间的电缆连接会在这些电缆未满负荷时影响电压降。这在低输出电压和高输出电流的系统中显得尤其重要。

在最大负载条件下，从方阵最远处组件到应用电路终端的电压降不应超过光伏方阵在其最大功率点时电压的3%。

八、污渍

由于灰尘、泥土、鸟粪、积雪等造成的光伏组件表面的污染会显著降低方阵的输出。在有可能出现重大污染的情况下，应该制定定期清洗组件的安排。如果有，应考虑组件厂家的清洗说明。

第五节　方阵的连接

一、要求

1. 布线

光伏方阵布线时应小心（防止发生电缆损坏），尽量减小线与线之间、线与地之间故障发生的可能性。

2. 安装

在安装时，应检查所有连接线的松紧度及极性，减少启动、工作和后期维护的故障风险和电弧产生的可能性。

3. 标准

（1）光伏方阵配线应满足相关标准中电缆及安装要求，且应满足地方强制标准和规范。

（2）没有国家标准和/或规范时，光伏方阵配线系统应符合 IEC 60364《建筑物电气装置》系列标准。

（3）特别注意保护配线系统以免受到外部影响。

二、布线环路

1. 光伏方阵布线

为减少雷电导致的过电压等级，光伏方阵布线应采用图 5-30 所示方式，这种情况下，导线回路面积最小。

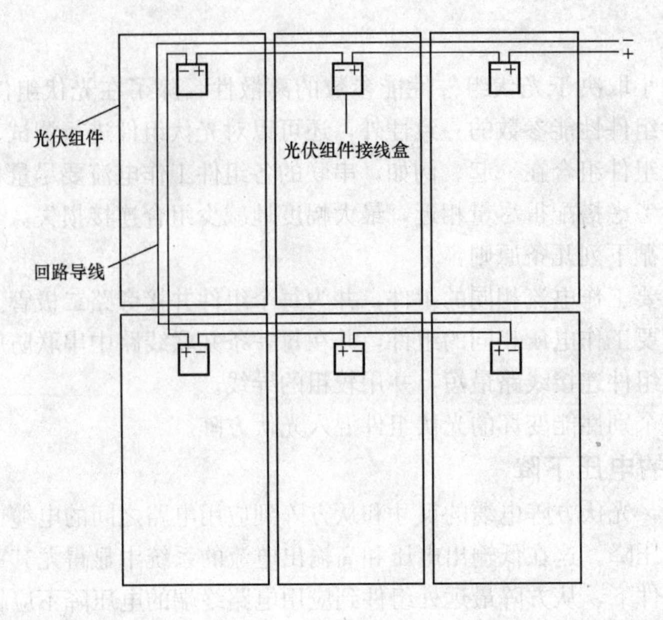

图 5-30　光伏方阵布线

2. 串内布线环路

当连接组串时，第一个注意事项是避免串内布线形成环路。

尽管光伏方阵遭雷击的情况比较少，但是闪电感应产生的电流比较常见，在存在环路的位置，这些电流破坏性最大。图 5-31 显示了如何改进包含大型环路的阵列。

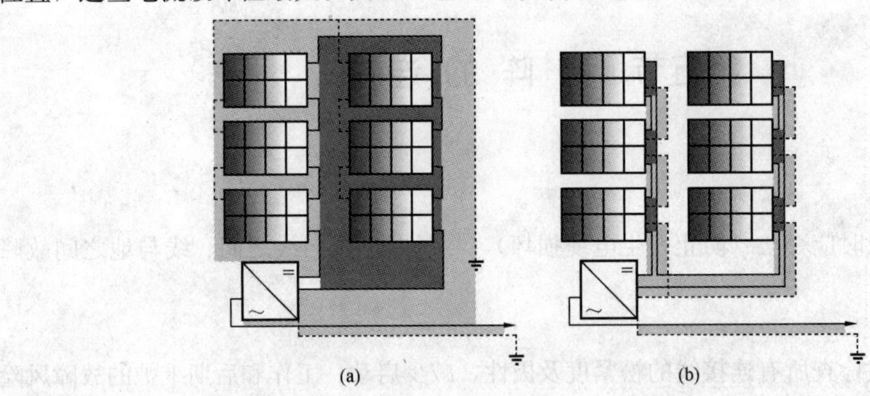

图 5-31　改进包含大型环路的阵列

(a) 大型环路的阵列；(b) 减少环路布线

3. 光伏组串布线

光伏组串的组件之间连接线没有导管或线槽保护时，所有方阵连接线要求应满足以下要求：

(1) 应保护电缆免受机械损坏。

(2) 电缆要固定且没有应力，从而防止导线从连接点脱落。

4. 汇流箱内部连接线安装

汇流箱布线系统的安装应满足以下要求：

(1) 导线没有通过导管进入汇流箱，应采用应力释放系统，以防止电缆在汇流箱内部断开（如使用密封连接器）。

（2）安装的所有输入电缆，应保持外壳的IP防护等级。

在一些安装地，普通汇流箱中有水气冷凝时，需要考虑安装排水装置。

在一般地点安装光伏组件时，当直流平均工作电压高于60V，安装在潮湿地点的电缆与器件直流平均工作电压高于35V的光伏方阵，任何通过组件接线盒和/或汇流箱的回路导线应该是双重绝缘电缆，在全部长度上，电缆及其绝缘均应保持双重绝缘状态，特别是通过任何连接点的接线盒和汇流箱的导线。

5. 布线标识

安装在建筑物上或内部的光伏方阵电缆应具有永久可辨识标识。光伏方阵（和子方阵）电缆应通过以下方式中的一种进行识别：

（1）光伏电缆所使用的特殊光伏电缆标识，应该是永久的、易读的、不能消失的。

（2）光伏电缆没有特殊标识，一般情况下，5m之内的电缆应该粘贴标有“SLOAR、DC”的不同颜色标签，两个标签直线距离不超过10m，这样可以保证两标签之间能看得清楚。

（3）光伏电缆安装在导管内部，应在导管外部5m之内贴上标签。

多光伏子方阵和/或光伏组串导线进入汇流箱的地方，应该分组或成对，这样同一线路的正、负极导线容易与其他组对区分开。

光伏系统中不需要IEC 60445：2010《人机界面、标志和标识的基本原则和安全原则——设备端子、导线线端和导线的标识》中提到的直流系统颜色标识。

光伏电缆通常为黑色，从而具有防紫外功能。

第六章　直流电气设备选型

第一节　光伏接线盒

一、应用

1. 接线盒

光伏组件接线盒是介于由光伏组件构成的光伏方阵和控制装置之间的连接器，是一门集电气设计、机械设计与材料科学相结合的跨领域的综合性设计。

光伏组件接线盒在太阳能组件的组成中非常重要，主要作用是将光伏电池产生的电力与外部线路连接。接线盒通过硅胶与组件的背板粘在一起，组件内的引出线通过接线盒内的内部线路连接在一起，内部线路与外部线缆连接在一起，使组件与外部线缆导通。

接线盒内有二极管，保证组件在被挡光时能正常工作。

2. 特性

(1) 外壳采用高级原料生产，具有极高的抗老化，耐紫外线能力。

(2) 适用于室外长时间恶劣环境条件下的使用，使用实效长达 30 年以上。

(3) 根据需要可以任意内置 2～6 个接线端子。

(4) 所有的连接方式采用快接插入式方式连接。

3. 结构

光伏接线盒主要由盒体、线缆及连接器三部分构成，包括底座、导电块、二极管、卡接口、焊接点、密封圈、盒盖、后罩及配件、连接器、电缆等，如图 6-1 所示。

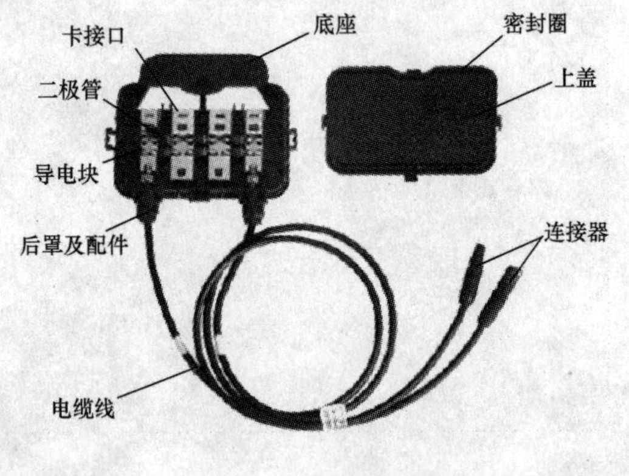

图 6-1　接线盒结构

盒体包括盒底（含铜接线柱或塑料接线柱）、盒盖、二极管；线缆分为 1.5mm²、2.5mm²、4mm²及 6mm²等常用的线缆；连接器分为 MC3 与 MC4 两种；二极管型号有 10A10、10SQ050、12SQ045、PV1545、PV1645、SR20200 等；二极管封装有 R-6 和 SR263 两种。

4. 技术指标

最大工作电流：16A。

最大耐压：1000V。

使用温度：－40℃～90℃。

最大工作湿度：5%～95%（无凝结）。

防水等级：IP65。

连接线规格：$4mm^2$。

5. 标准条件

光伏接线盒的功率是在标准条件（温度25℃，AM1.5，$1000W/m^2$）下测试出来的，一般用Wp表示，也可以用W表示。在这个标准下测试出来的功率称为标称功率。

6. 选用

光伏接线盒的选择主要看的信息应该是组件的电流大小，一个是工作的最大电流，另一个是短路电流。当然短路时组件能够输出的最大电流，按照短路电流核算接线盒的额定电流应该是比较安全的。

最科学的选择依据应该给出光伏电池的电流电压随光照强度的变化规律，在这个区域内的光照最强的时候是多大，然后对照光伏电池的电流随光照强度的变化曲线，查出可能的最大电流，然后选择接线盒的额定电流。

（1）光伏组件的功率。

（2）组件的其他规格。

（3）二极管的参数。

7. 应用

接线盒的安装如图6-2所示。

二、种类

光伏接线盒分晶体硅接线盒、非晶硅接线盒、幕墙接线盒、防爆接线盒等。

1. 传统型（晶硅组件系列）

传统型光伏接线盒如图6-3所示。

接线盒壳体的背部开口，壳体内部设有电器端子（滑块），将太阳能组件模板电能输出端的各输入端（配电孔）进行电连接，电缆线经壳体一侧的孔伸入到壳体内与电器端子另一侧的输出端孔进行电连接。

（1）优点。夹紧式连接，操作快捷、维修方便。

1）外壳有强大的抗老化、耐紫外线能力。

2）符合在室外恶劣的环境下适用。

3）接线盒专门为太阳能组件设计。

4）内部接线座为线路板与塑料两种材料。

5）电缆采用焊接式。

6）装配不同的二极管可以改变接线盒的功率。

（2）缺点。

1）由于电器端子的存在，接线盒的体积较大，散热性差。

2）壳体上的电缆线孔会导致产品的防水性能下降。

3）线接触连接，导电面积小，连接不够可靠。

4）温度问题。正常日照下的环境温度以及因二极管工作而产生的温度。

在户外环境中，光伏电池的背板温度，可能达到70～80℃，再加上二极管工作后，结温可能升至200℃，将会严重影响接线盒内部温度的上升，从而导致盒体材料以及内部结构的变形与损坏，严重的甚至导致组件损坏。

5）二极管问题。在太阳能光伏中旁路需要的是“理想二极管”，即正向没有导通压降，

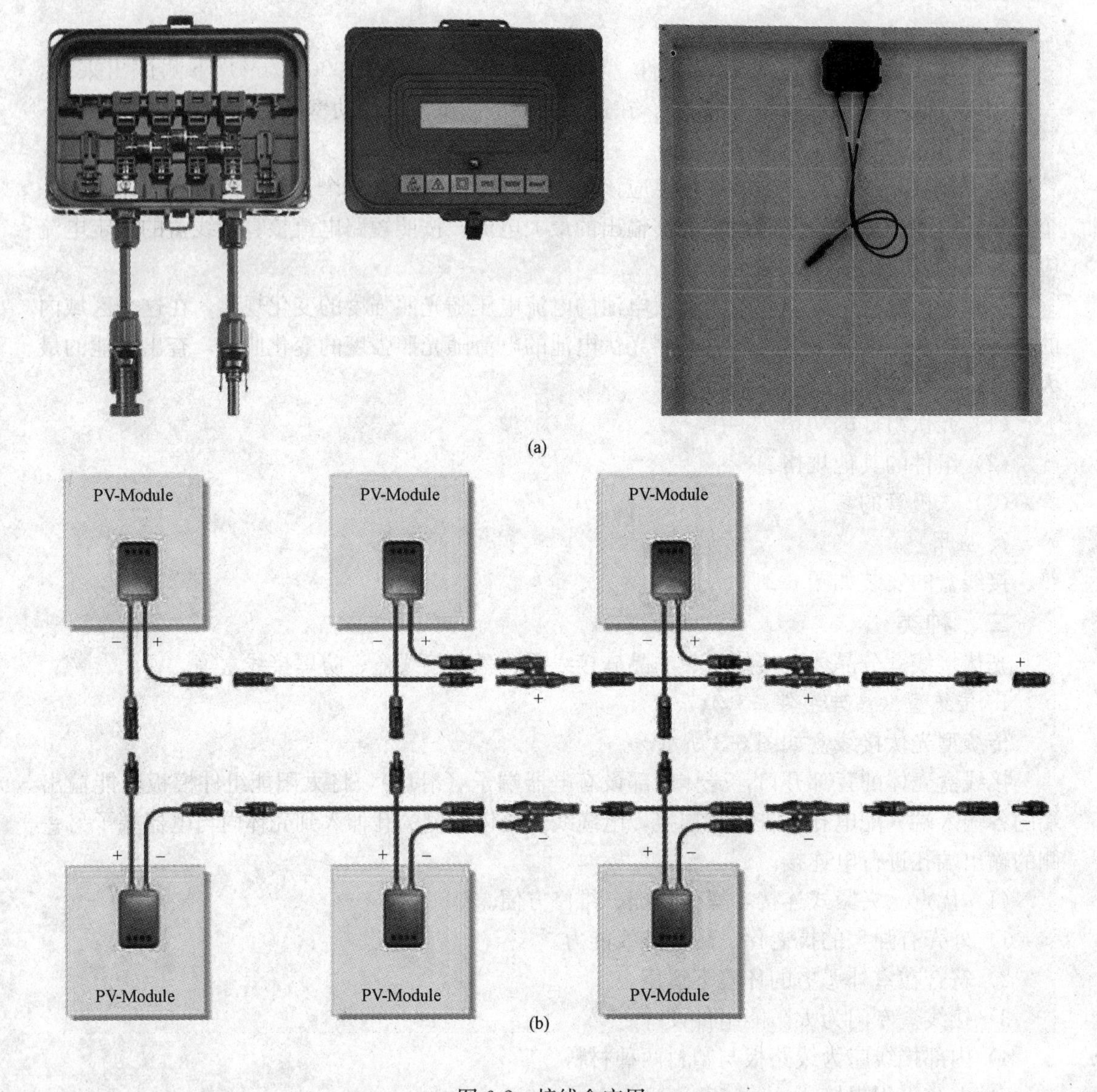

图 6-2　接线盒应用

反向没有漏电流。正向压降是由二极管本身决定的，硅管一般在 0.9V 左右，肖特基一般在 0.5V 左右。反向漏电是二极管的主要反向特性，一般硅管在 3～5μA，肖特基在 50～500μA。正向压降会导致接线盒的温度升高，从而影响寿命。反向漏电流，会直接影响光伏组件的输出功率。

图 6-3　传统型光伏接线盒

2. 封胶密封型光伏接线盒

封胶密封型光伏接线盒如图 6-4 所示。

(1) 优点。

1) 采用薄片状金属端子锡焊方式，体

图 6-4　封胶密封小巧型光伏接线盒

积小巧，且具有更好的散热性、稳定性。

2）灌胶密封，具有更好的防水、防尘性能。

3）连接方案灵活，根据不同需要可以采用封胶和不封胶两种方式。

4）具备卓越的耐高低温、防火、抗老化和耐紫外线性能，能满足室外恶劣环境条件下长期使用要求。

5）外形小，超薄设计，结构简洁实用，同时适用于 90W 的晶硅光伏组件或者薄膜光伏组件。

6）汇流条和线缆的连接分别采用焊接和压接方式，电气性能安全可靠。

（2）缺点。一旦封胶后出现问题，维修不方便。

3. 玻璃幕墙专用型光伏接线盒

玻璃幕墙专用型光伏接线盒如图 6-5 所示。

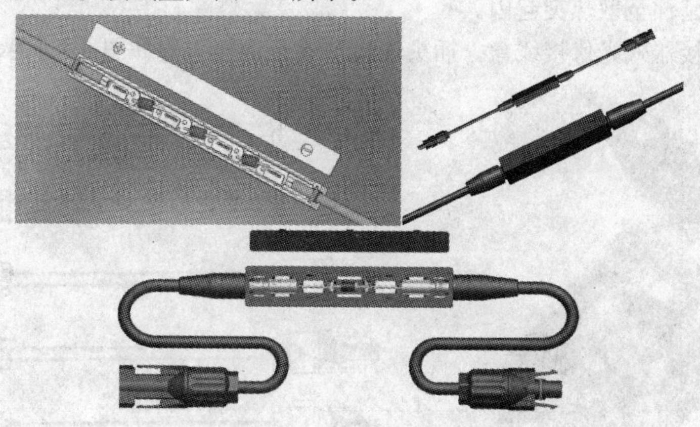

图 6-5　玻璃幕墙专用型光伏接线盒

（1）优点。

1）用于小功率光伏电池板，盒体制作得更加小巧玲珑，不会影响室内的采光和美观。

2）封胶密封的设计，具有良好的导热性、稳定性和防水防尘性能。

3）汇流条和线缆的连接分别采用焊接和压接方式，电气性能安全可靠。

（2）缺点。采用锡焊连接的方式，电缆导线经两侧出线孔伸入到盒体内，在狭长的盒体内焊接到金属端子上极为不方便。

4. 薄膜组件接线盒

薄膜组件接线盒如图 6-6 所示。

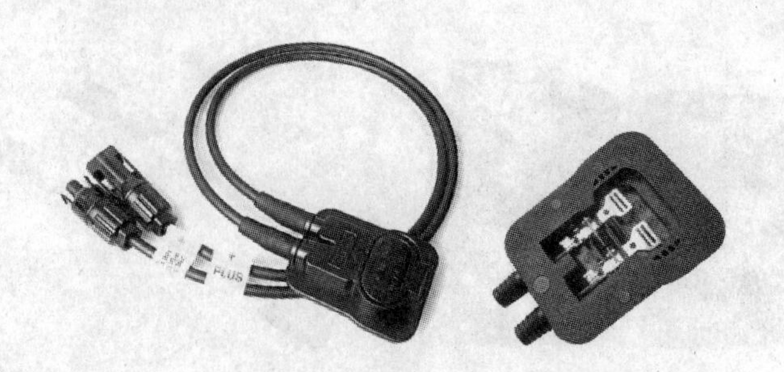

图 6-6　薄膜组件接线盒

5. 其他

（1）透明薄型光伏接线盒。透明薄型光伏接线盒如图 6-7 所示。

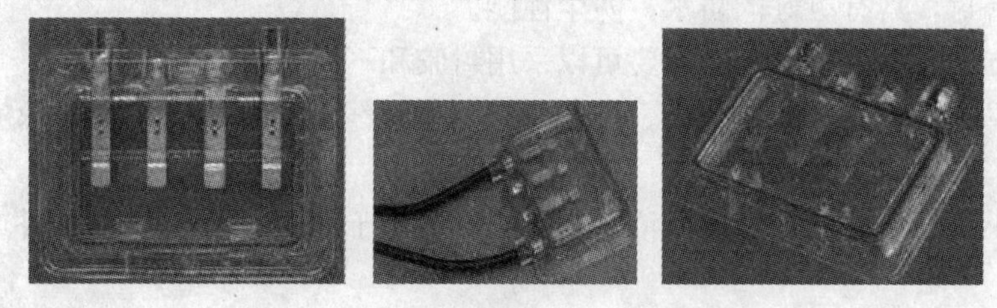

图 6-7　透明薄型光伏接线盒

壳体为透明材料制成，粘于玻璃墙表面时，不影响采光，亦较为美观。采用呈薄片状的金属端子，端子的输出端注塑于透明壳体内，对应于每一个端子的输出端外侧设有散热突起，端子输出端延伸至散热突起内。

（2）插头连接器式光伏接线盒。插头连接器式光伏接线盒如图 6-8 所示。

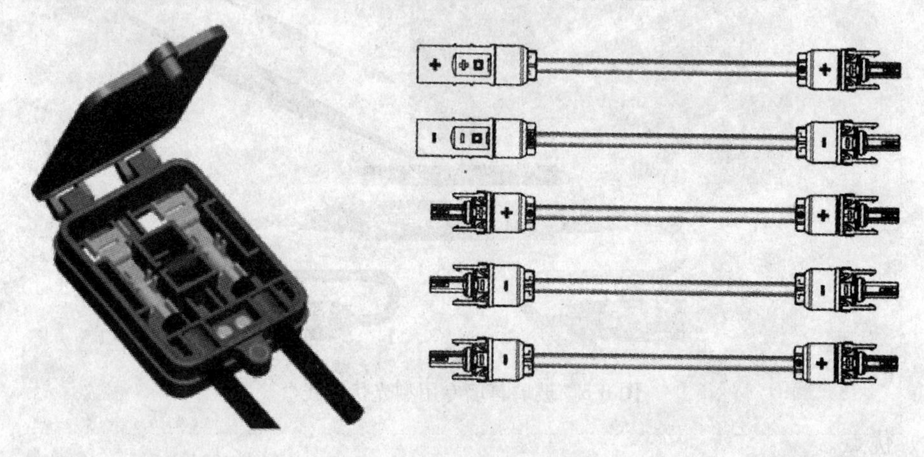

图 6-8　插头连接器式光伏接线盒

公母插头与接线盒做成一体。避免线缆划伤光伏组件及给涂胶带来不便，使安装更加简单方便。

（3）采用内鼓形簧片接插的线缆连接方式。采用内鼓形簧片接插的线缆连接方式的接线盒如图 6-9 所示。

线缆的连接采用内鼓形簧片接插连接器，公母插头与接线盒子及线缆配合使用，接插连接简单方便，配合螺钉紧顶方式，连接更加可靠。

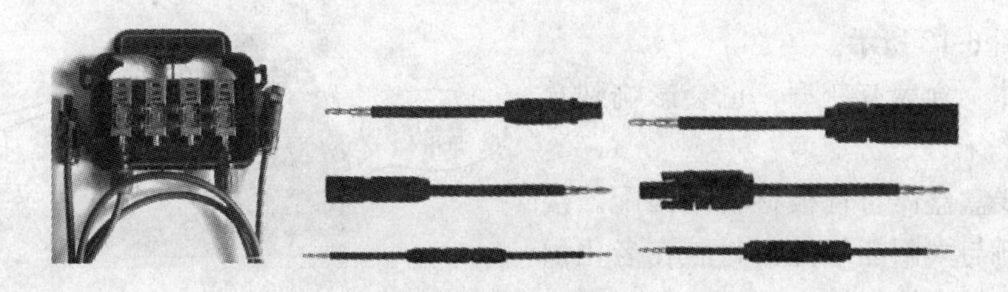

图 6-9 采用内鼓形簧片接插的线缆连接方式的接线盒

（4）压接一体式光伏接线盒。压接一体式光伏接线盒如图 6-10 所示。

盒体与盒盖压接为一体，密封性能好。单独的输入端设计，通过灌胶进行密封。与光伏组件的粘贴采用密封条。

三、常见故障

1. 户外应用

户外组件因接线盒问题引起的故障如图 6-11 所示。

图 6-10 压接一体式光伏接线盒

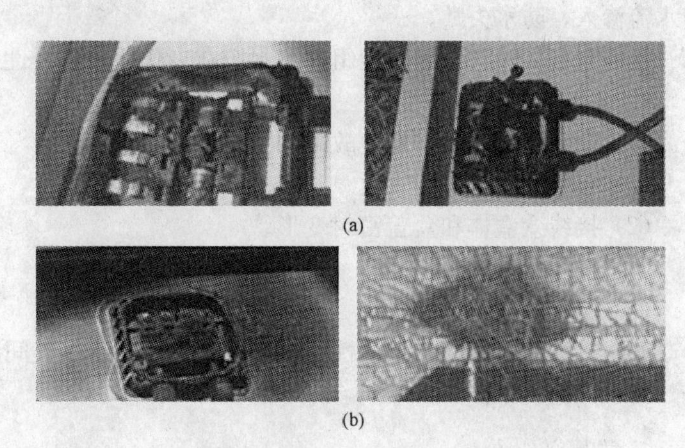

图 6-11 户外组件因接线盒问题引起的故障原因

（a）接线盒引线端子烧毁；（b）接线盒烧毁——引起组件背板烧焦——组件碎裂

户外组件因接线盒问题引起的故障原因如下：

（1）接线盒引线端子烧毁。

（2）接线盒烧毁。

（3）引起组件背板烧焦。

（4）组件碎裂。

2. 防水

防水性能是接线盒性能的重要指标。防水性能取决于接线盒的密封保护程度，而接线盒的密封保护直接影响到成品组件的防触电保护和漏电防护的等级。

接线盒防水失败的主要现象大致分为以下几种：

（1）接线盒密封盒体内有积水。锁扣设计成两扣模式可能是导致试验失败的主要原因。两扣模式使得盒盖受力集中在两点，加上盒盖面积较大，导致其余各点受力很不均匀。特别是在高温时，其余各点受密封圈热胀、材料受热变软的影响，导致接线盒龇口，影响盒体的密封性，如图 6-12 所示。

如果盒体、盒盖有变型，也会影响到盒体的密封性。

图 6-12 接线盒密封盒体内有积水

（2）接线盒盒体与背板材料不匹配。接线盒盒体塑料与太阳能组件密封胶在老化预处理测试后，粘合性失效。

（3）接线盒的密封螺母开裂失效。密封螺母材质选择不当。接线盒在老化后，密封螺母发生断裂，也是造成接线盒防冲水失败的原因。

（4）接线盒老化盒体变形。

（5）接线盒密封圈老化。

由于密封圈材料的选择不适合，在接线盒老化后，其延伸率和收缩率降低，密封圈材质硬度升高，降低了盒体与盒盖的密封性能，导致密封圈不能完全密封盒体和盒盖的槽口，致使水流渗入，防水失败。

接线盒盒体塑料与太阳能组件密封胶在老化后，黏合性失效。

3. 湿热环境

接线盒在湿热条件下发生故障的主要原因如下：

（1）接线盒盒体碎裂失效。

（2）接线盒盒体和盒盖密封变形。

（3）接线盒与背板脱落。

（4）电气连接不可靠。

（5）接线盒电缆的抗拉扭性能减小，爬电距离、电气间隙减小。

（6）其他现象。

4. 盒体灼热

接线盒盒体应该经过 750℃灼热丝测试。当接线盒材质无法承受灼热丝元件在短时间内所造成的热应力。

5. 其他

（1）工频耐压。由于爬电距离/电气间隙不足，由于材料方面的原因绝缘性能受到损害。

（2）接线盒带电部件抗腐蚀强度不足，其原因为金属件铜质选型和表面处理不当。

第二节 光伏汇流设备

一、汇流设备

汇流箱发展历经三代。

第一代汇流箱只有汇流、防雷的功能。

第二代汇流箱从之前只有汇流、防雷到现在的可以监控每一路的电流电压。还可以检测到汇流箱的温度和湿度。

第三代汇流箱除了具备前面两代产品的优点外，还可以汇流箱失效报警、数据采集、无线数据传输。

光伏汇流设备包括光伏组串汇流箱和光伏方阵汇流柜。

1. 光伏组串汇流箱（简称光伏汇流箱）

将光伏组串连接，实现光伏组串间并联的箱体，并将必要的保护器件安装在此箱体内。光伏组件汇流箱在光伏电气系统中作用如图 6-13 所示。

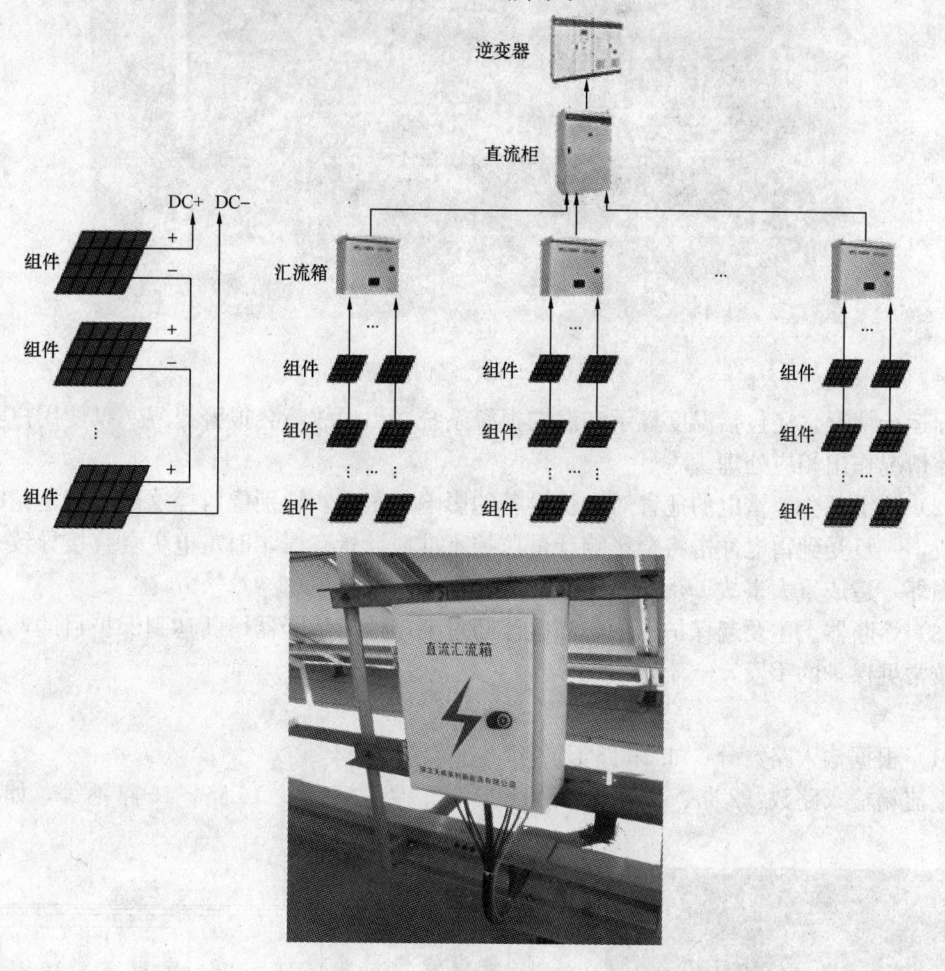

图 6-13　光伏组件汇流箱

光伏方阵汇流箱是保证光伏组件有序连接和汇流功能的接线装置。该装置能够保障光伏系统在维护、检查时易于分离电路，当光伏系统发生故障时减小停电的范围。

2. 光伏方阵汇流柜（简称光伏汇流柜）

将光伏子方阵连接，实现光伏子方阵间并联的箱体，并将必要的保护器件安装在此箱体内。一般大型方阵由多个光伏子方阵构成，而小型方阵由光伏组串构成不包含子方阵。

3. 内部结构

主要由监控系统、直流断路器、电涌保护器、防反二极管、熔断器等元件组成，如图 6-14 所示。

理论上来说汇流箱就是将若干个光伏组串列接入箱内，通过光伏熔断器和光伏断路器以及防雷保护后输出至光伏直流柜，当然这其中还要涉及监控、防雷等一些功能的实现。

（1）监控系统部分。主要起到监控每路电流、总电压、温度、开关状态，实时反馈线路

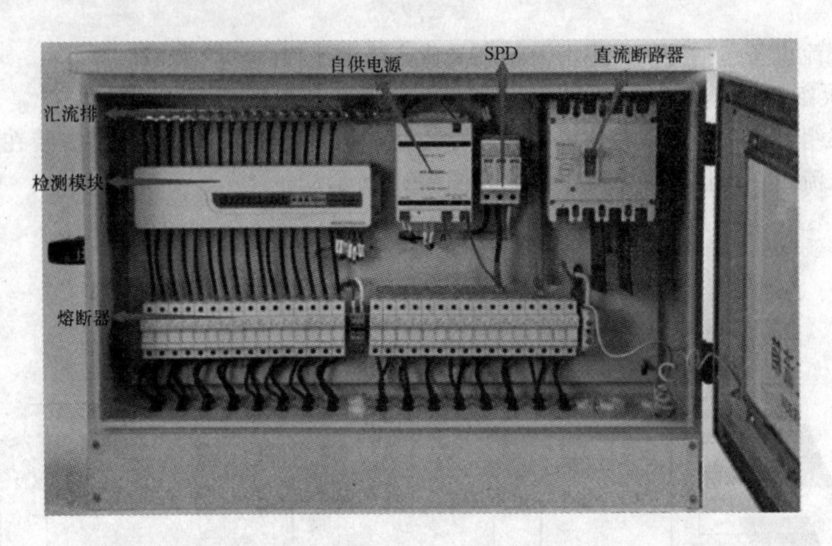

图 6-14　汇流箱内部结构

的实际运行情况，还包括温度显示和温控报警系统，出现故障会报警提醒，以便用户实时根据监控情况作出相应处理。

（2）防雷部分。雷电的危害对光伏设备的影响也很大，特别像监控这部分都是精密零部件组成，一旦受到雷电冲击将会影响计量监控不准或计量有误，而雷电更会直接导致一些元件的损坏，造成重大事故。

（3）熔断器。主要起保护作用，当电流超过要求值时熔断器熔断达到保护目的，这是一个比较常见保护的手段。

4. 分类

（1）根据输入路数分：如 16 路汇流箱。

汇流箱输入路数：2 路、4 路、6 路、8 路、10 路、12 路、14 路、16 路不等，如图6-15所示。

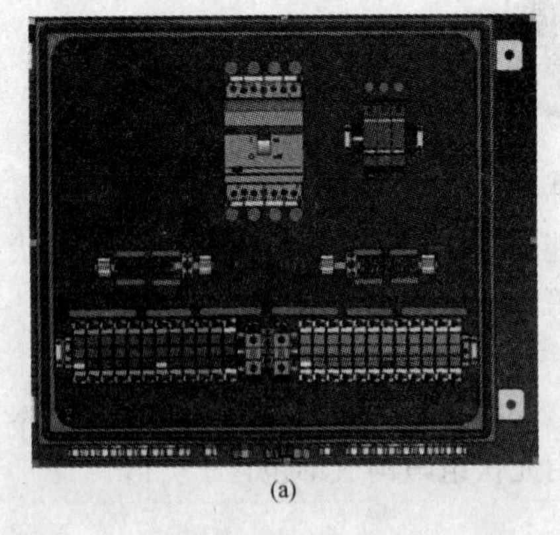

(a)

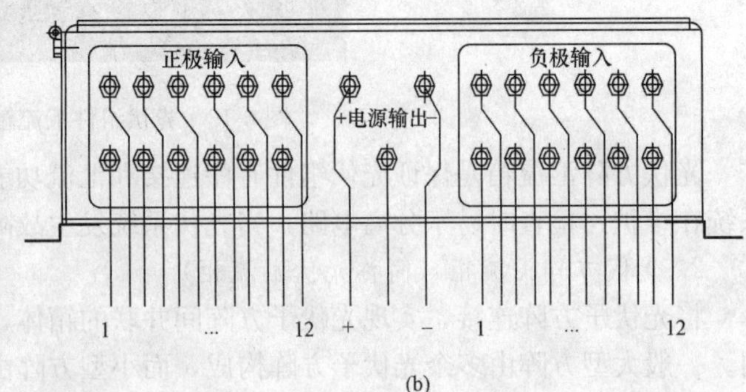

(b)

图 6-15　接线图

(a) 12 路输入示意图；(b) 12 路输入端子示意图

（2）根据功能分类。

1）智能型。智能光伏汇流箱有专门的智能光伏汇流采集装置，用于监测光伏光伏方阵中电池板运行状态、光伏电池电流测量、电涌保护器、直流断路器状态采集、继电器接点输出，带有风速、温度、辐照仪等传感器接口，装置带有 RS485 接口可以把测量和采集到的数据和设备状态上传。外形如图 6-16 所示。

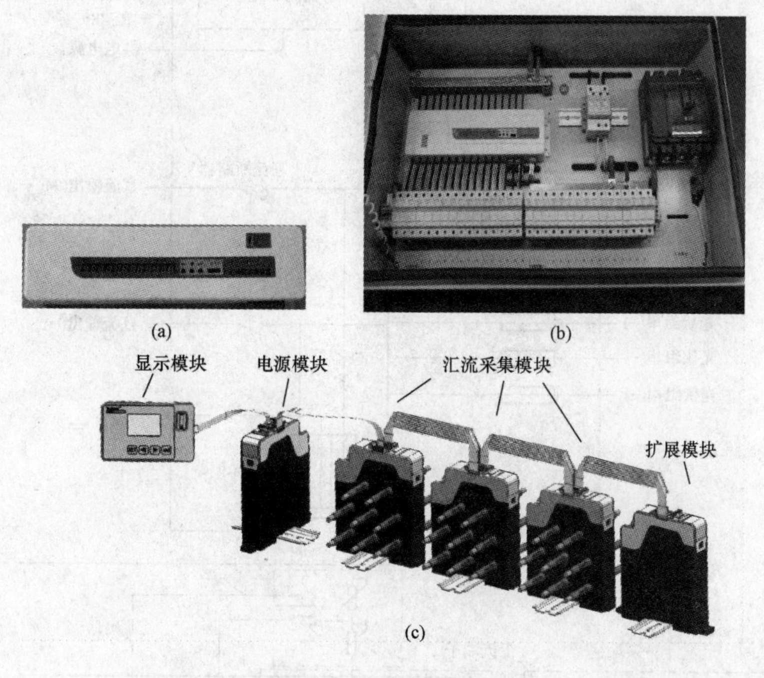

图 6-16　智能光伏汇流箱

(a) 智能光伏汇流采集装置；(b) 智能光伏汇流箱实物；(c) 穿孔式光伏汇流采集装置

智能型光伏汇流箱采用霍尔传感器作为电流采样元件，其安装位置如图 6-17 所示。

带监测功能汇流箱原理接线图如图 6-18 所示。

2）非智能型。非智能型光伏汇流箱原理接线图如图 6-19 所示。

(3) 根据有无防逆流功能分。

1）防逆流型。增加了旁路二极管防止逆流发生，如图 6-20 所示。

旁路二极管与一个或多个光伏电池相连，且电流流向相同的二极管，用于防止在光伏电池出现遮挡或损坏的情况，组件中的其他光伏电池的反向电压产生的电流流入该光伏电池而出现热斑效应或烧坏光伏电池。

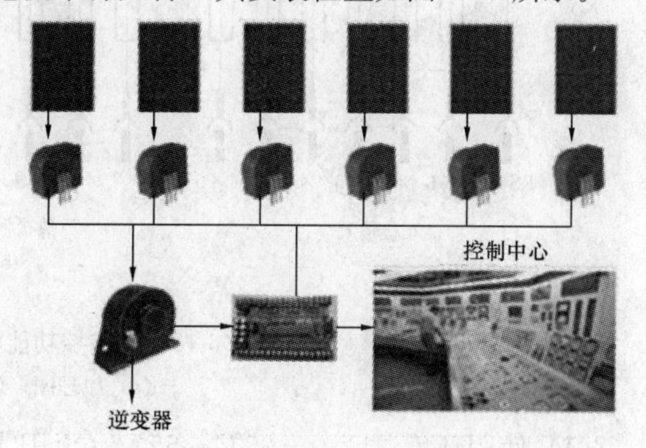

图 6-17　霍尔传感器采样电流

2）无防逆流型。无防逆流型光伏汇流箱中没有防反二极管。

(4) 根据有无电涌保护器分。

1）防雷型。防雷型光伏汇流箱中含有电涌保护器。

2）无防雷型。防雷型光伏汇流箱中无电涌保护器。

5. 使用条件

正常使用条件包括：

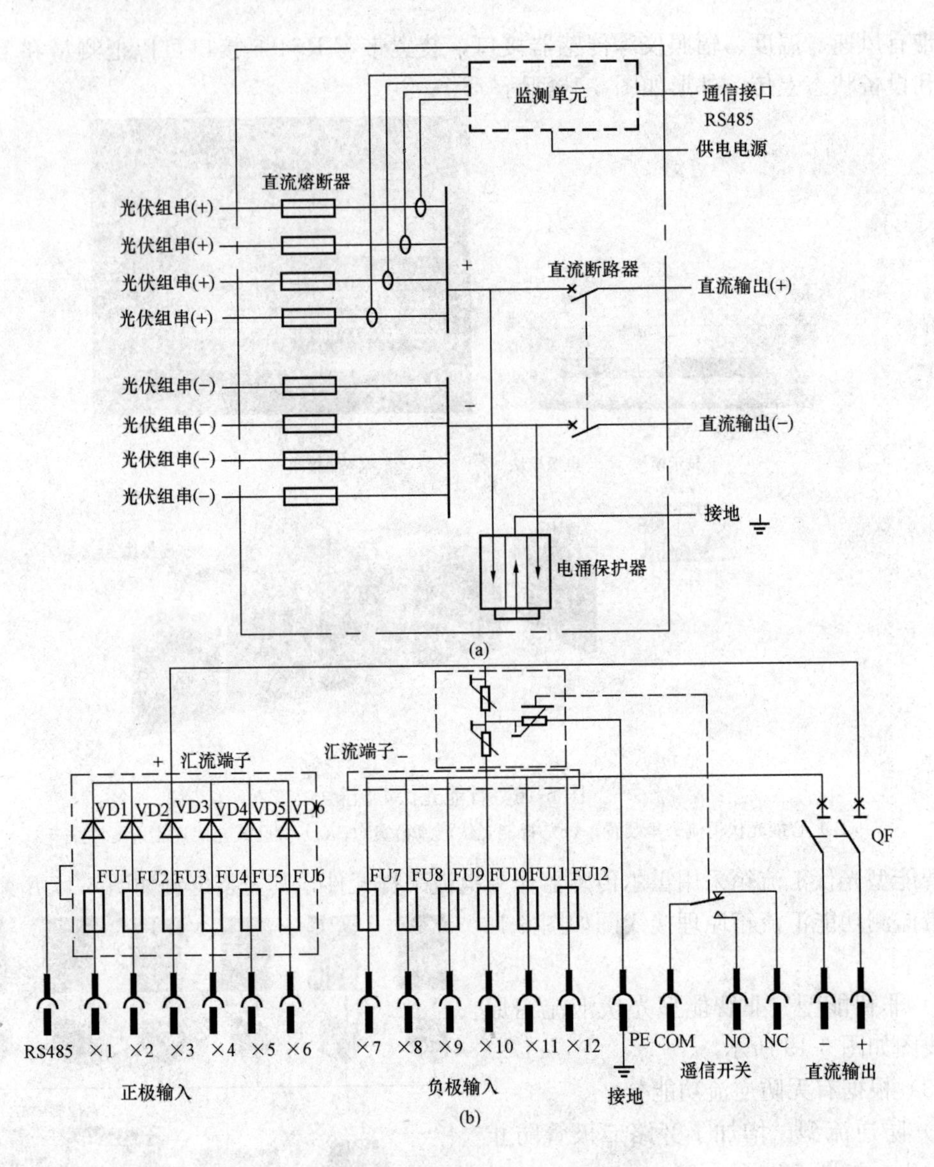

图 6-18　带监控功能汇流箱原理接线图

(a) 原理图；(b) 接线图

(1) 使用环境温度：−25℃～55℃（无阳光直射）；相对湿度≤95%，无凝露。

(2) 符合 GB 7251.1《低压成套开关设备和控制设备第 1 部分：型式试验和部分型式试验成套设备》中关于污染等级≤3 的规定。

(3) 海拔高度≤2000m。

(4) 无剧烈震动冲击，垂直倾斜度≤5°。

(5) 空气中应不含有腐蚀性及爆炸性微粒和气体。

(6) −40℃～70℃的环境温度下存储运输。

对于在更高海拔处使用的设备，需要考虑介电强度的降低、器件的相关性能以及空气冷却效果的减弱。由制造商与使用单位协商按相关技术要求执行。

如果汇流箱在特殊条件下使用，应在订货时提出，并与制造厂商或供货商取得协议。

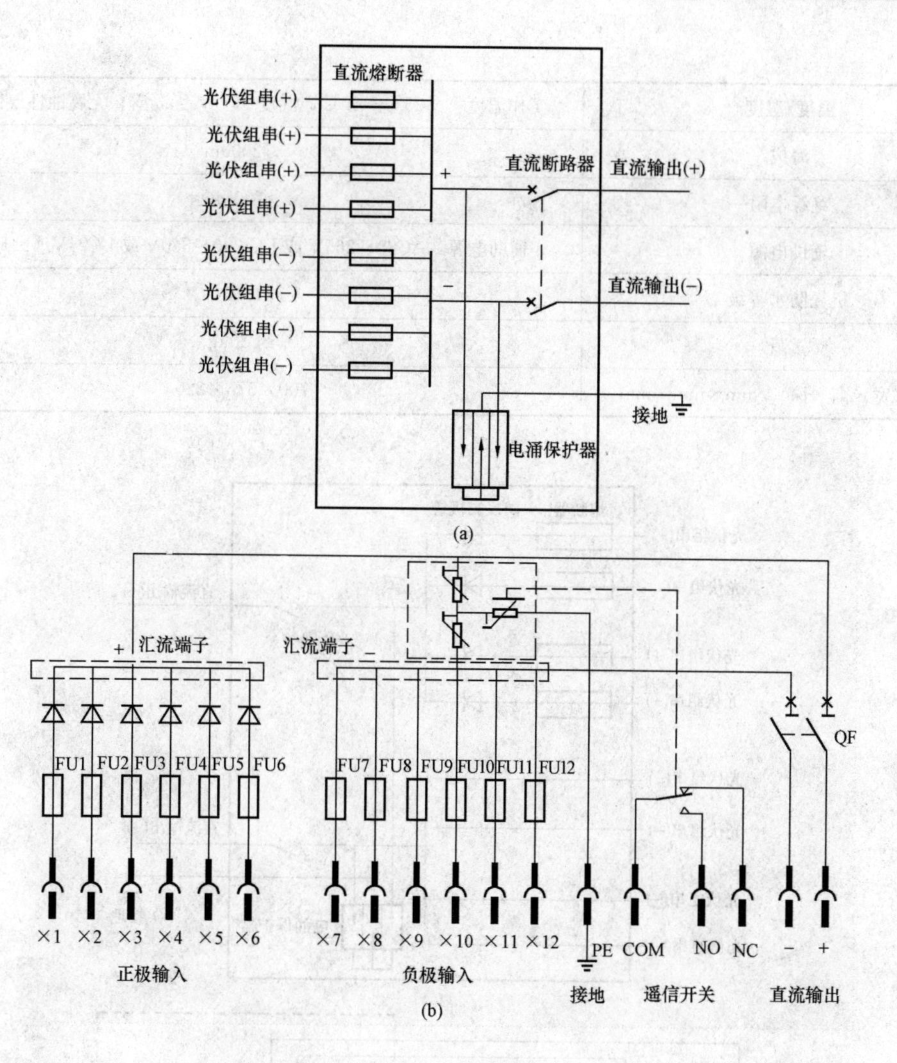

图 6-19 非智能型光伏汇流箱原理接线图

（a）原理图；（b）接线图

6. 技术参数

表 6-1 是某厂家的汇流箱技术参数。

表 6-1 某厂家的汇流箱技术参数

产品型号		×××-4	×××-8	×××-12	×××-16
输入路数		4 路	8 路	12 路	16 路
输入范围		DC±18A			
反应时间/s		1			
测量精度		光伏电池测量 0.5 级、外部模拟量 0.2 级			
RS485 通信		RS485/ModbusRTU 协议，4800/9600/19200/38400bit/s			
附加功能	继电器输出	2 组转换 8A/AC250V（8A/DC30V）			
	开关量输入	3 组外部状态输入（光耦或无源接点方式）			
	模拟量输入	PT100、DC0（4）～20mA、DC0～10V			

续表

温度/湿度	工作温度：−25℃～60℃，湿度95%，无凝露、无腐蚀性气体场所
海拔	≤2000m
绝缘电阻	≥100MΩ
辅助电源	辅助电源：AC85～265V或DC 300～880V或DC24V（±10%）
机壳防水等级	IP65
重量	约30kg
体积（宽×高×深）/mm×mm×mm	700×575×220

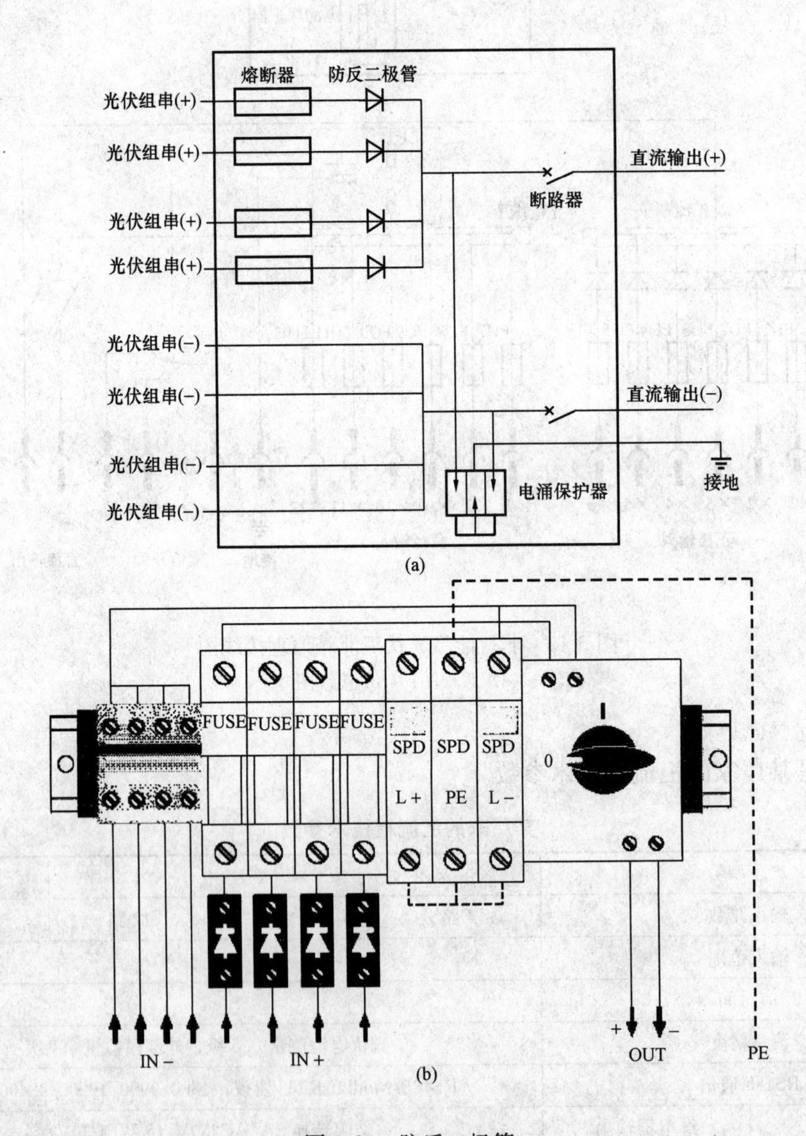

图6-20　防反二极管

（a）原理图；（b）接线图

二、结构与材料

1. 结构

（1）光伏汇流设备结构和机柜本身的制造质量、主电路连接、二次接线及电器元件安装等应符合下列要求：

1）油漆或电镀应牢固、平整、无剥落、锈蚀及裂痕。

2）机架组装有关零部件均应符合各自的技术要求，零部件的选型及数量符合设计要求。

3）汇流设备元器件布局合理，电气间隙与爬电距离应符合规定要求，汇流排（裸的或绝缘的）的布置应使其不会发生内部短路。

4）机架面板应平整，文字和符号要求清楚、整齐、规范、正确。

5）标牌、标志、标记应完整清晰。

6）各种开关应便于操作，灵活可靠。

（2）汇流设备的壳体。汇流设备的外壳厚度至少为2mm，覆板厚度至少为1.5mm。

（3）外壳防护等级。应符合GB 4208《外壳防护等级（IP代码）》的规定，户内型不低于IP21，户外型不低于IP65。

使用钥匙或工具，也就是说只有靠器械的帮助才能打开门、盖板或解除联锁。

制造商应提供安装方式及安装角度的说明。

用于高湿度和温度变化范围较大场所的封闭式设备，应采取适当的措施（通风和/或内部加热、排水孔等）以防止成套设备内产生有害的凝露。但同时应保持规定的防护等级。

（4）耐紫外线辐射。对于户外使用的由绝缘材料制成的壳体和壳体部件，应进行耐紫外线辐射验证。

（5）可燃性等级。由绝缘材料制成的壳体和壳体部件，应依据GB/T 5169《电工电子产品着火危险试验第10部分：灼热丝/热丝基本试验方法灼热丝装置和通用试验方法》中可燃性等级的规定对壳体进行试验和评价。

2. 材料

（1）防腐蚀。为了确保防腐蚀，成套设备应采用合适的材料或在裸露的表面涂上防护层，同时还要考虑正常使用及维修条件。

（2）绝缘材料的耐热和耐火性能。绝缘材料的部件由于电气的影响而暴露在热应力下且由于部件的老化而使成套设备的安全性受到损害，因而绝缘材料的部件不应受到正常（使用）发热，非正常发热或起火的有害影响。

由于内部电气的影响，绝缘材料耐受非正常发热和起火的性能。

（3）电气间隙和爬电距离

电气间隙和爬电距离应不小于表6-2的规定值。

表6-2　电气间隙和爬电距离

额定直流电压U_N/V	最小电气间隙/mm	最小爬电距离/mm
$U_N \leqslant 250$	6	10
$250 < U_N \leqslant 690$	8	16
$690 < U_N \leqslant 1000$	14	25

如果通过使用附加外壳、端子罩、绝缘隔板或等效措施来实现端子间的爬电距离，则这些部件应使用工具才能移除。

三、电路的连接

1. 电缆要求

直流汇流设备内部使用的电缆应满足以下要求：

（1）符合直流要求。

（2）电压等级满足方阵最大电压要求。

（3）符合使用温度要求，应符合高于环境温度40℃的使用要求，如90℃，125℃。

（4）如使用在暴露环境下，应使用防紫外电缆或者采取其他防护手段避免紫外线直射。

（5）防水。

（6）暴露在盐雾环境下，应使用镀锡铜、多股导线以减少腐蚀。

（7）选用加强绝缘或双重绝缘电缆，也可以通过加强电缆保护来满足要求，如图6-21所示。

（8）电缆阻燃性满足GB/T 18380.12《电缆和光缆在火焰条件下的燃烧试验第12部分：单根绝缘电线电缆火焰垂直蔓延试验1kW预混合型火焰试验方法》的要求。

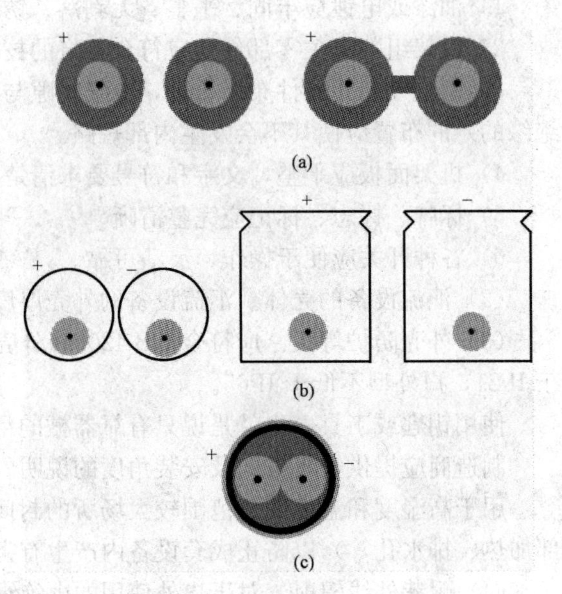

图6-21　加强或双重绝缘电缆示例

（a）单个或多个端子，每个端子都应有绝缘层及护套层；

（b）单芯电缆-安装在合适的套管或线槽中；

（c）金属铠装电缆（一般仅适用于作为主DC电缆）

2. 电缆线径

电缆截面积应取过电流保护装置（如有）额定电流、线路最小额定电流、电压跌落及预期故障电流四项要求中最大线径要求。

3. 铜母排

直流汇流设备中应采用铜母排，母排表面应进行钝化或防腐处理（如表面镀锡或银）。

（1）端子。端子应能与外接导线进行连接（如采用螺钉、连接件等），并保证维持适合于电器元件和电路的电流额定值和短路强度所需要的接触压力。

端子应符合如下要求：

1）符合直流使用要求。

2）符合最大电压要求。

3）端子应能适用于随额定电流而选定的铜导线从最小至最大的截面积。

4）符合二类保护等级要求。

5）若无其他规定，对端子的标识应依据标准GB/T 4026《人机界面标志标识的基本和安全规则设备端子和导体终端的标识》，其标志应清楚和永久地识别。

（2）电缆的安装。

1）连接两个端子之间的导线不应有中间接头，如绞接或焊接。

2）只带有基本绝缘的导线应防止与不同电位的裸带电部件接触。

3）应防止导线与带有尖角的边缘接触。

4）在覆板或门上连接电器元件和测量仪器导线的安装，应使这些覆板和门的移动不会对导线产生机械损伤。

5）在成套设备中对电器元件进行焊接连接时，只有在电器元件和指定类型的导线适合此类型的连接，才是允许的。

6）通常一个端子上只能连接一根导线，只有在端子是为此用途而设计的情况下才允许将两根或多根导线连接到一个端子上。

7）进出汇流装置的电缆，在安装时应保持箱体 IP 等级不变，且需安装防拉拽装置。(如使用密封连接头)。

(3）连接方法。可使用焊接、压接式、压入式、钎焊或类似的连接方法。如果使用该方法，不能只通过焊接、压接式连接方法装配或固定电缆，除非能在结构上保证要求的电气间隙和爬电距离不会因为电缆在焊点处脱落，或从压接或压入位置拖出而减少。

四、元器件

1. 电涌保护器（SPD）

由于光伏系统 *I-U* 特性的特殊性，只有明确为光伏系统直流侧使用设计的电涌保护器可以被采用。

具体设备选型将在后面的章节详细论述。

2. 直流断路器与直流隔离开关

具体设备选型将在后面的章节详细论述。

3. 熔断器

具体设备选型将在后面的章节详细论述。

4. 防反二极管

具体设备选型将在后面的章节详细论述。

5. 开关位置的指示和操作方向

应清晰的标识组件和器件的操作位置，如果操作方向不符合 IEC 60447《人机界面、标志和标识的基本原则和安全原则操作原则》，则应清晰的标识操作方向。

6. 指示灯和按钮

除非有相关产品标准的特殊规定，否则指示灯和按钮的颜色应符合 IEC 60073《人-机器界面，标记和鉴定的基本和安全原理-指示器和传动装置编码原理》。

五、监控模块

1. 监控及通信

智能型光伏汇流设备应选配本地通信接口，实现远程通信，并至少监控以下内容：

(1）每条输入支路的工作电流。

(2）汇流设备内所有电涌保护器的工作状态。

2. 测量精度

光伏汇流设备在其工作温度范围内，满足直流侧电参数的测量精度小于或等于 1.5%。

六、接地要求

1. 接地端子

(1）绝缘隔开的情况，光伏汇流设备中可接触的导电部件都要接到接地端子上。

(2）接地电路中的任何一点到接地端子之间的电阻应不超过 0.02Ω。

2. 保护接地

保护接地导体的电气连接应采用下列连接方法：

(1) 通过金属直接接触连接。

(2) 通过其他安装固定的可接触导电部件连接。

(3) 通过专门的保护接地导体连接。

(4) 通过汇流箱中的其他金属零部件连接。

3. 接地导体

(1) 保护接地电路中不应包含开关器件、过电流保护器件和电流检测器件。

(2) 接地标志用黄绿色表示，在接地端子处用⏚表示，在外接电缆的端子处标示 PE。

(3) 接地保护电路的阻抗应足够低，使得在汇流箱正常工作状态下，可接触导电部件与接地导体的接地点之间的电压不超过 12VDC。

(4) 若接地导体和相导体所用材料一致，在提供机械防护的情况下，接地导体的截面积应不小于 2.5mm²；无机械防护时，应不小于 4mm²。

第三节 光伏直流配电柜

一、直流配电柜

1. 作用

在大型光伏发电系统中都配置有光伏直流柜，主要用于对前端汇流箱支路汇流，根据对应逆变器的容量，将一定数量的汇流箱输出进行并联，输出到对应逆变器的直流输入端，完成了多路直流输入的二次汇流功能。

直流配电单元提供直流输入输出接口，主要是将光伏组件输入的直流电源汇流后接入逆变器或直接供给其他直流负载（如蓄电池、充电电源等），如图 6-22 所示。

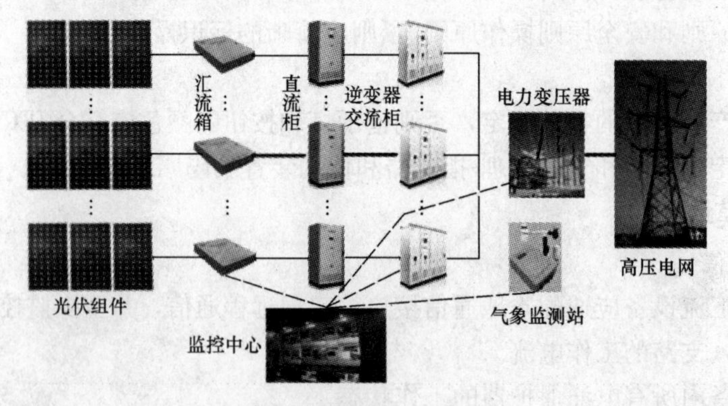

图 6-22 直流配电柜的作用

2. 结构

光伏直流柜每条输入支路可配置高品质、低压降防反二极管，采用专业风道设计，确保良好的散热性能；柜内一次导线全部采用铜排连接；同时可配置直流监测仪用于监测直流输入回路电流、输出母线电压，采集进线开关状态、光伏电涌保护器状态，通过 RS485 通信接口（Modbus 通信协议）与后台监控系统实现信息交换，方便用户管理。一次示意图如图 6-23 所示，直流配电柜的内部结构如图 6-24 所示。

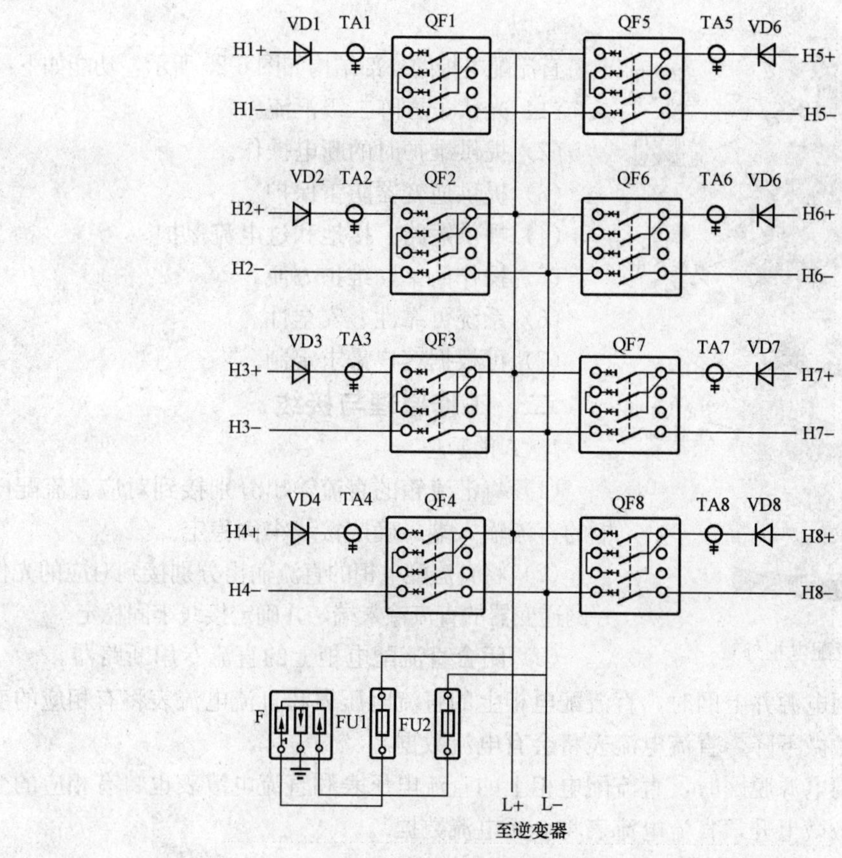

图 6-23　直流配电柜一次示意图

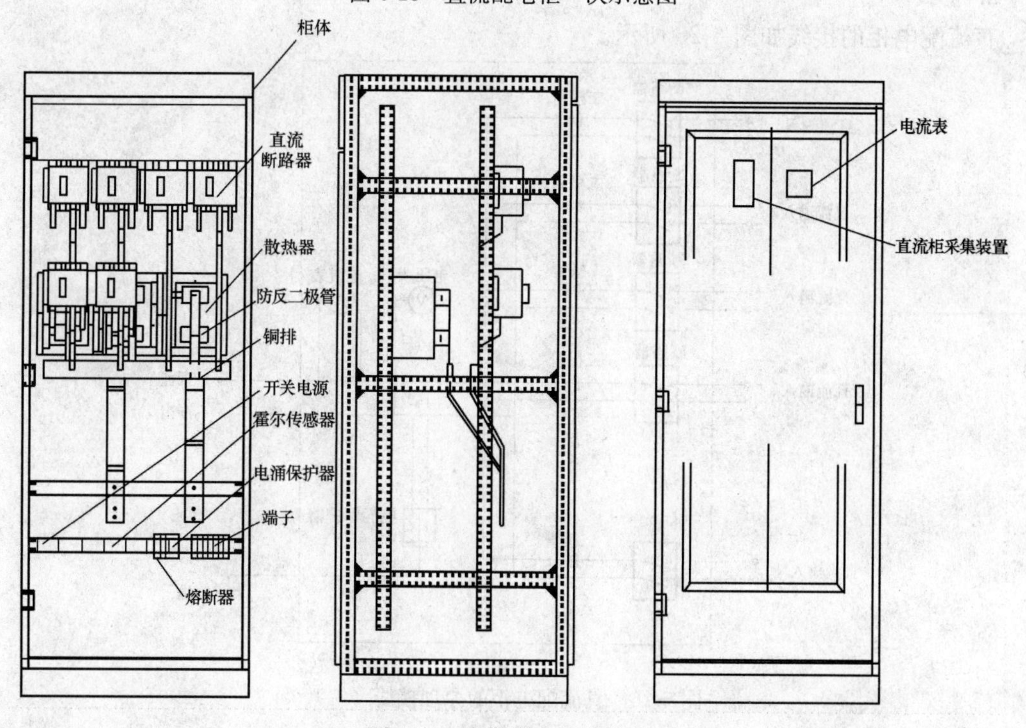

图 6-24　直流配电柜的外形

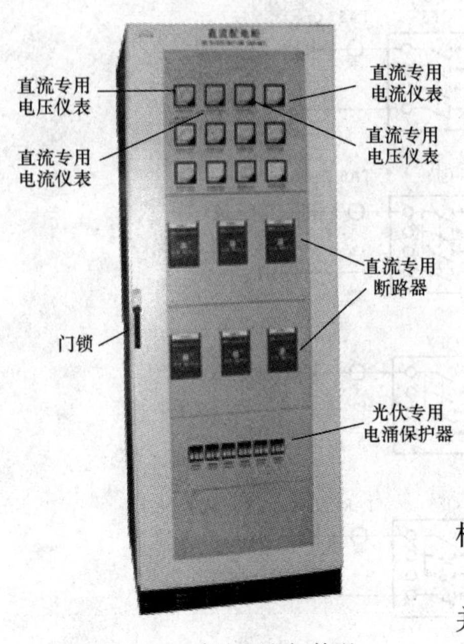

图 6-25 直流配电柜外观

3. 功能

直流配电柜的外部结构如图 6-25 所示，功能如下：

(1) 光伏子方阵二级汇流。

(2) 提供维护时的断电操作。

(3) 提供逆变器防雷保护。

(4) 提供短路、接地和过电流保护。

(5) 操作简单，维护方便。

(6) 系统可靠性、安全性。

(7) 可根据客户需求定制。

二、工作原理与接线

1. 工作原理

(1) 将汇流箱的直流输出分别接到对应直流配电柜的直流输入端，确定接线牢固稳定。

(2) 将直流配电柜的直流输出分别接到对应的光伏并网逆变器的直流输入端，并确定接线牢固稳定。

(3) 闭合直流配电柜上的直流专用断路器。

(4) 当光伏并网电源并上网时，直流配电柜上的直流电压表和直流电流表将有相应的变化（直流电压将会微微下降，直流电流表将会有电流数据）。

(5) 当光伏并网电源脱网时，直流配电柜上的直流电压表和直流电流表也将有相应的变化（直流电压将会微微上升，直流电流表将会无电流数据）。

2. 接线

直流配电柜的接线如图 6-26 所示。

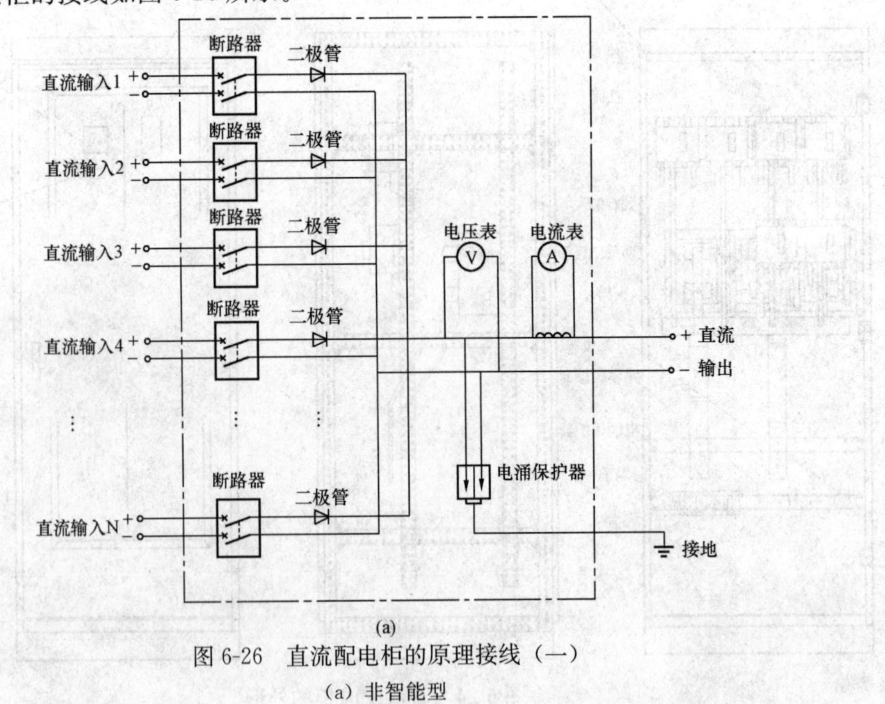

图 6-26 直流配电柜的原理接线（一）

(a) 非智能型

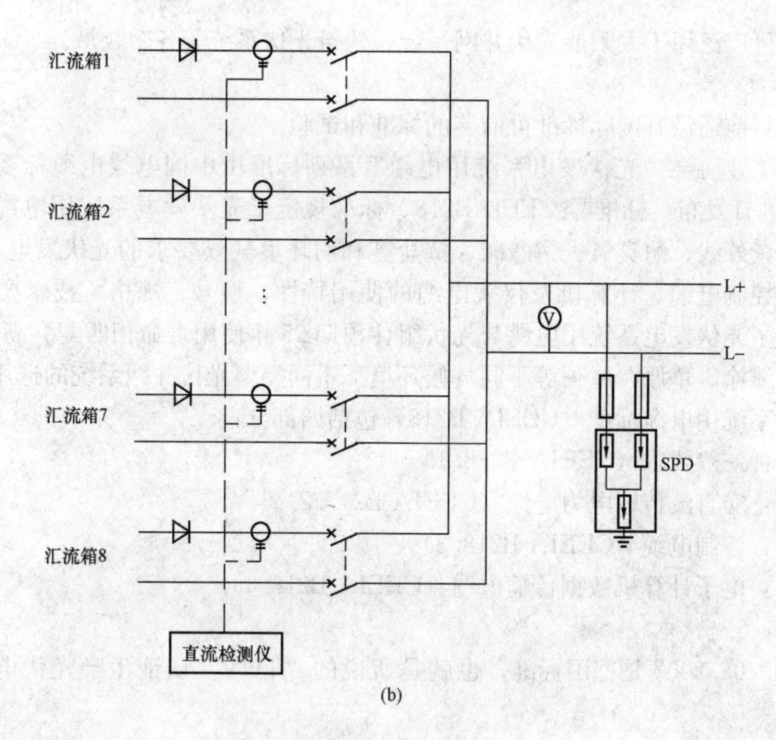

(b)

图 6-26　直流配电柜的原理接线（二）
（b）智能型

三、技术参数

（1）规格：给出功率范围，如 100～1000kW。

（2）直流输入电压：直流电压范围，如＜1000VDC。

（3）直流输出电压：直流电压范围，如＜1000VDC。

（4）直流输入电流：回路数、每个回路的电流，如≤160A/路，6 回路。

（5）直流输出电流：回路数、每个回路的电流，如≤160A/路，2 回路。

（6）额定绝缘电压：如 1000VDC。

（7）最大海拔高度：根据使用要求确定，如 2000m。

（8）周围空气温度：根据具体环境要求设定，如上限＋45℃，下限－25℃。

（9）相对湿度：一般不大于 95％。

第四节　光　伏　电　缆

一、标准

1. 光伏专用电缆

太阳能光伏发电系统直流专用电缆，是应对光伏系统所处的特殊环境条件，为电子流的能量传送提高其供电质量，提供优质的链路而设计的专用电缆。

光伏电缆是利用先进的辐照交联工艺，采用低烟无卤阻燃材料生产，具有高耐温、抗臭氧、抗紫外线、耐水蒸汽、抗微生物、短时过载能力强、寿命长、耐磨、耐油、防腐、高抗拉性等优点，可广泛用于太阳能光伏并网系统、建筑光伏系统等各个领域。

2. 产品标准

光伏电缆目前还没有国际标准可借鉴的标准和试验。

中国电器工业协会“光伏发电系统用电缆”系列标准由中国电线电缆标委会归口，于2012年4月18日发布，标准号CEEIAB218。标准规定了光伏发电系统用电缆的分类。规定了适用于防紫外线、耐臭氧、耐酸碱、抗盐雾和耐环境气候要求的光伏发电系统用交/直流电力电缆、控制电缆、计算机及仪表电缆的使用特性、型号、规格、技术要求和检验要求。标准规定了光伏发电系统用电缆与光伏组件预期25年使用寿命相匹配。满足位于高寒、沙漠、濒海、滩涂、草原、屋顶等不同气候环境下不同类型光伏并网系统的选用。

光伏发电系统用电缆标准（CEEIA B218）包括四部分：

第1部分：一般要求（CEEIA B218.1）。

第2部分：交直流传输电力电缆（CEEIA B218.2）。

第3部分：控制电缆（CEEIA B218.3）。

第4部分：电子计算机数据传输电缆（CEEIA B218.4）。

3. TUV标准光伏电缆

2PfG 1169/08.2007是德国标准，也就是所说的“TUV”认证生产光伏电缆，主要用于接线盒配线。

（1）型号：2PfG 1169（PV1-F）。

（2）导体：镀锡铜导体，5类或6类。

（3）绝缘护套：用低烟无卤辐照交联聚烯烃电缆料。

（4）主要规格：1芯2.5mm²、4.0mm²、6.0mm²，另外还有一些较大的线缆：10mm²、16mm²。

（5）额定电压：ACU0/U 0.6/1kV，DC1.8kV。

（6）用途：用于光电设备系统的连接。

（7）使用特性：

1）使用温度：环境温度－40℃～90℃；导体的长期允许工作温度120℃；短路温度200℃（5s）。

2）使用寿命：25年。

3）电缆的弯曲半径不小于电缆外径的5倍。

4）电缆具有低烟无卤阻燃、无毒特性。

5）电缆具有优良的耐候、耐紫外线、耐臭氧性，以及耐水和耐湿热性能。

6）电缆具有优异的耐穿透性。

4. UL标准光伏电缆

（1）产品型号：PVWIRE。

（2）主要规格：1芯18-6AWG，14AWG/2.5mm²，12AWG/4mm²，10AWG/6mm²，8AWG/10mm²，6AWG/16mm²。

（3）额定电压：AC 600V。

（4）执行标准：UL 4703-2007。

（5）用途：用于光电设备系统的连接。

（6）使用特性：

1）使用温度：环境温度－40℃～50℃；导体在干燥和潮湿环境下的长期工作温度 90℃。

2）电缆的弯曲半径不小于电缆外径的 5 倍。

3）电缆通过 FT-1 和 VW-1 垂直燃烧试验。

4）电缆具有优良的耐候、耐紫外线、耐臭氧性及耐湿热性能。

二、型号与参数

1. 型号

CEEIA B218.1《光伏发电系统用电缆　第 1 部分：一般规定》中定义的光伏电缆型号如下。

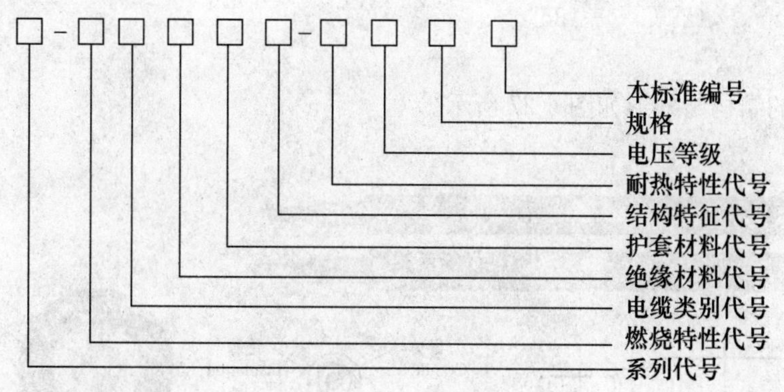

系列代号：GF。

电缆类别代号：电力电缆——省略；

控制电缆——K；

计算机数据传输电缆——D。

材料特征代号：铜导体——省略；

辐照交联无卤低烟阻燃聚烯烃绝缘——E；

辐照交联无卤低烟阻燃聚烯烃护套——E。

结构特征代号：双芯可分离型——S；

软电缆——R；

双钢带铠装——2；

圆钢丝铠装——3；

（双）非磁性金属带铠装——6；

非磁性金属丝铠装——7；

辐照交联无卤低烟阻燃聚烯烃护套——3；

铜丝（含镀金属铜丝）编制屏蔽——P；

铜丝（含镀金属铜丝）编绕屏蔽——P1；

铜带（含铜塑复合带）屏蔽——P2；

铝带（含铜塑复合带）屏蔽——P3。

燃烧特性代号：无卤——W；

低烟——D；

阻燃——Z[a]；
阻燃 A 类——ZA；
阻燃 B 类——ZB；
阻燃 C 类——ZC；
阻燃 D 类——ZD[b]；
耐火——N。

注：1. [a]：Z 表示单根阻燃。仅用于基材不含卤素的产品。基材含卤素的，Z 省略。
2. [b]：ZD 为成束燃烧 D 类，适用于外径不大于 12mm，即较细的产品。

耐热特性代号：90℃——省略；
105℃——105；
125℃——125。

2. 结构

光伏电缆的结构与外形如图 6-27 所示。

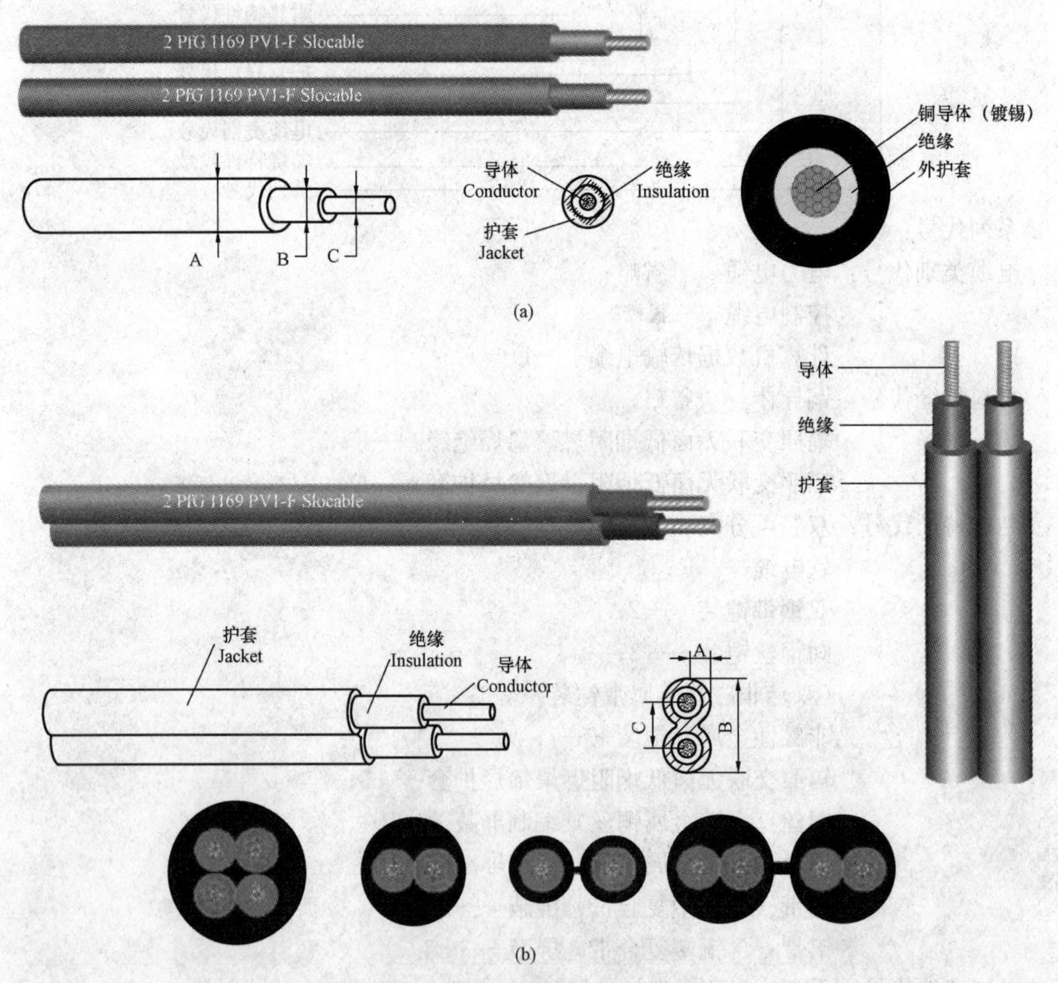

图 6-27　光伏电缆的结构与外形
（a）单芯电缆；（b）双芯电缆

3. 性能

(1) 电性能。

1) 直流电阻：成品电缆 20℃时导电线芯直流电阻不大于 5.09Ω/km。

2) 浸水电压试验：成品电缆（20m）在（20±5)℃水中浸入时间 1h 后经 5min 电压试验（交流 6.5kV 或直流 15kV）不击穿。

3) 长期耐直流电压：样品长 5m，放入（85±2)℃的含 3%氯化钠（NaCl）的蒸馏水中（240±2）h，两端露出水面 30cm。线芯与水间加直流 0.9kV 电压（导电线芯接正极，水接负极）。取出试样后进行浸水电压试验，试验电压为交流 1kV，要求不击穿。

4) 绝缘电阻：成品电缆 20℃时绝缘电阻不小于 1014Ω·cm，成品电缆 90℃时绝缘电阻不小于 1011Ω·cm。

5) 护套表面电阻：成品电缆护套表面电阻应不小于 109Ω。

(2) 其他性能。

1) 高温压力试验（GB/T 2951.31—2008《电缆和光缆绝缘和护套材料通用试验方法　第 31 部分：聚氯乙烯混合料专用试验方法—高温压力试验-抗开裂试验》)：温度（140±3)℃，时间 240min，$k=0.6$，压痕深度不超过绝缘与护套总厚度的 50%。并进行 AC6.5kV、5min 电压试验，要求不击穿。

2) 湿热试验：样品在温度 90℃、相对湿度 85%的环境下放置 1000h，冷却至室温后与试验前相比，抗拉强度变化率≤−30%，断裂伸长率的变化率≤−30%。

3) 耐酸碱溶液试验（GB/T 2951.21—2008《电缆和光缆绝缘和护套材料通用试验方法　第 21 部分：弹性体混合料专用试验方法——耐臭氧试验-热延伸试验-浸矿物油试验》)：两组样品分别浸于浓度为 45g/L 的草酸溶液和浓度为 40g/L 的氢氧化钠溶液中，温度为 23℃，时间 168h，与浸溶液前相比，抗拉强度变化率≤±30%，断裂伸长率≥100%。

4) 相容性试验：电缆整体经 7×24h，(135±2)℃老化后，绝缘老化前后抗拉强度变化率≤±30%，断裂伸长率变化率≤±30%；护套老化前后抗拉强度变化率≤−30%，断裂伸长率变化率≤±30%。

5) 低温冲击试验（GB/T 2951.14—2008《电缆和光缆绝缘和护套材料通用试验方法　第 14 部分：通用试验方法—低温试验》中的 8.5)：冷却温度−40℃，时间 16h，落锤质量 1000g，撞击块质量 200g，下落高度 100mm，表面不应有目力可见裂纹。

6) 低温弯曲试验（GB/T 2951.14—2008《电缆和光缆绝缘和护套材料通用试验方法　第 14 部分：通用试验方法—低温试验》中的 8.2)：冷却温度（−40±2)℃，时间 16h，试棒直径为电缆外径的 4～5 倍，绕 3～4 圈，试验后护套表面不应有目力可见裂纹。

7) 耐臭氧试验：试样长度 20cm，干燥器皿内放置 16h。弯曲试验所用试棒直径为电缆外径的（2±0.1）倍，试验箱：温度（40±2)℃，相对湿度（55±5)%，臭氧浓度（200±50）$\times 10^{-6}$%，空气流量：0.2～0.5 倍试验箱容积/min。样品放置试验箱 72h，试验后护套表面不应有目力可见裂纹。

8) 耐气候性/紫外线试验：每个周期：洒水 18min，氙灯干燥 102min，温度（65±3)℃，相对湿度 65%，波长 300～400nm 条件下的最小功率：（60±2）W/m^2。持续 720h 后进行室温下弯曲试验。试棒直径为电缆外径的 4～5 倍，试验后护套表面不应有目力可见裂纹。

9）动态穿透试验：室温条件下，切割速度1N/s，切割试验数：4次，每次继续试验样品须向前挪动25mm，并顺时针旋转90°后进行。记录弹簧钢针与铜线接触瞬间的穿透力F，所得均值≥150×D_n 1/2N（4mm²截面D_n=2.5mm）

10）耐凹痕：取3段样品，每段样品上相隔25mm，并旋转90°处共制作4个凹痕，凹痕深度0.05mm且与铜导线相互垂直。3段样品分别置于－15℃、室温、＋85℃试验箱内3h，然后在各自相应的试验箱内卷绕于芯轴上，芯轴直径为（3±0.3）倍电缆最小外径。每个样品至少一个刻痕位于外侧。进行AC 0.3kV浸水电压试验不击穿。

11）护套热收缩试验（GB/T 2951.13—2008《电缆和光缆绝缘和护套材料通用试验方法　第13部分：通用试验方法　密度测定方法　吸水试验—收缩试验》中的11）：样品切取长度L_1=300mm，在120℃烘箱内放置1h后取出至室温冷却，重复5次这样的冷热循环，最后冷却至室温，要求样品热收缩率≤2%。

12）垂直燃烧试验：成品电缆在（60±2）℃放置4h后，进行GB/T 18380.12—2008《电缆和光缆在火焰条件下的燃烧试验　第12部分：单根绝缘电线电缆火焰垂直蔓延试验 1kW预混合型火焰试验方法》规定的垂直燃烧试验。

13）卤素含量试验：

① pH及电导率。

样品置放：16h，温度（21～25）℃，湿度（45～55）%。试样二个，各（1000±5）mg，碎至0.1mg以下的微粒。空气流量（0.015 7×D_2）1×h－1±10%，燃烧舟与烧炉加热有效区边缘之间距≥300mm，燃烧舟处的温度≥935℃，离燃烧舟300m处（顺空气流动方向）温度≥900℃。

试验样品所产生气体通过含有450ml（pH=6.5±1.0；电导率≤0.5μS/mm）蒸馏水的气体洗瓶收集，试验周期：30min。要求：pH≥4.3；电导率≤10μS/mm。

② Cl及Br含量。

样品置放：16h，温度（21～25）℃，湿度（45～55）%。试样二个，各（500～1000）mg，碎至0.1mg。

空气流量（0.015 7×D_2）1×h－1±10%，样品被均匀加热40min至（800±10）℃，并保持20min。

试验样品所产生气体通过含有220ml/个0.1M氢氧化钠溶液的气体洗瓶吸取；将两个气体洗瓶的液体注入量瓶，同时应用蒸馏水清洗气体洗瓶及其附件并注入量瓶加至1000ml，冷却至室温后，用吸管将200ml被测溶液滴入量瓶中，加入浓硝酸4ml，20ml 0.1M硝酸银，3ml硝基苯，然后搅拌至白色絮状物沉积；加入40%硫酸铵水溶液及几滴硝酸溶液予以完全混合，用磁性搅拌器搅拌，加入硫氢酸铵滴定溶液。

要求：两个样品测试值的均值：HCl≤0.5%；HBr≤0.5%。

每个样品测试值≤两个样品测试值的均值±10%。

③ F含量。25～30mg样品材料放入1L氧气容器中，滴2～3滴烷醇，加入5ml 0.5M氢氧化钠溶液。使样块燃尽，将残留物通过轻微的冲洗倒入50ml的量杯中。

将5ml缓冲液混合于样品溶液及冲洗液中，并达到标线。绘制校准曲线，测得样品溶液的氟浓度，通过计算获得样品中的氟百分比含量。

要求：≤0.1%。

14）绝缘、护套材料机械性能：老化前绝缘抗拉强度≥6.5N/mm²，断裂伸长率≥125%，护套抗拉强度≥8.0N/mm²，断裂伸长率≥125%。

经（150±2)℃、7×24h 老化后，绝缘及护套老化前后抗拉强度变化率≤−30%，绝缘及护套老化前后断裂伸长率变化率≤−30%。

15）热延伸试验：20N/cm² 负重下，样品经（200±3)℃、15min 的热延伸试验后，绝缘及护套伸长率的中间值应不大于 100%，试件从烘箱内取出冷却后标记线间距离的增加量的中间值对试件放入烘箱前该距离的百分比应不大于 25%。

16）热寿命：根据 EN 60216-1《Electrical insulating materials-Properties of thermal endurance-Part 1：Ageing procedures and evaluation of test results（IEC 60216-1)》、EN 60216-2《Electrical insulating materials-Thermal endurance properties-Part2：Determination of thermal endurance properties of electrical insulating materials-Choice of test criteria（IEC 60216-2)》阿列纽斯曲线进行，温度指数为 120℃。时间 5000h。绝缘及护套断裂伸长率保留率：≥50%。之后进行室温下弯曲试验。试棒直径为电缆外径的 2 倍，试验后护套表面不应有目力可见裂纹。要求寿命：25 年。

4. 电缆载流量

表 6-3 是用于光伏组件与汇流箱之间的 PV1 光伏电缆的载流量。

表 6-3　PV1 光伏电缆的载流量（环境温度：60℃，导体最高工作温度：120℃）

序号	标称截面/mm²	安装种类		
		单芯电缆空气中自由敷设/A	单芯电缆敷设在设备表面/A	在设备表面相邻敷设/A
1	1.5	30	29	24
2	2.5	41	39	33
3	4	55	52	44
4	6	70	67	57
5	10	98	93	79
6	16	132	125	107
7	25	176	167	142
8	35	218	207	176

依据 IEC 60364-5-52《Electrical installations of buildings-Selection and erection of electrical equipment（建筑物的电气安装　电气设备选择及校验)》表 6-4 是 PV 光伏电缆偏离环境温度时载流量的换算因子。

表 6-4　PV1 光伏电缆偏离环境温度时载流量的换算因子（IEC 60364-5-52）

环境温度/℃	换算因子
≤60	1.00
70	0.91
80	0.82
90	0.71
100	0.58
110	0.41

表 6-5 是用于汇流箱与逆变器之间的 GFDC-YJVB22、GFDC-YJVB 光伏直流传输电缆的载流量。

表 6-5 GFDC-YJVB22、GFDC-YJVBG 光伏电缆的载流量（导体最高工作温度：120℃）

电缆类型		GFDC-YJVB22					GFDC-YJVB										
敷设方式		空气中敷设					空气中敷设					空气管道敷设					土壤管道敷设
环境温度		40	45	50	55	60	40	45	50	55	60	40	45	50	55	60	25
标称面积/mm²	2×35	135	128	122	115	108	160	152	144	136	128	115	109	104	98	92	130
	2×50	165	157	149	140	132	195	185	176	166	156	140	133	126	119	112	160
	2×70	210	200	189	179	168	245	233	221	208	196	175	166	158	149	140	200
	2×95	260	247	234	221	208	305	290	275	259	244	220	209	198	187	176	245
	2×120	305	290	275	259	244	355	337	320	302	284	255	242	230	217	204	280
	2×150	345	328	311	293	276	405	385	365	344	324	295	280	266	251	236	320

5. 电缆通过的短路电流

线路最小额定电流见表 6-6。

表 6-6 线路最小额定电流

参考电流	保护	选择线径及其他电缆参数的最小电流①②
光伏组串	无过电流保护	最近的过电流保护装置额定电流 $I_n + 1.25 I_{sc\_MOD}(S_{p0} - 1)$ 式中：S_{p0} 为最近的过电流保护装置下的光伏组串并联数量；I_{sc_MOD} 为在标准测试条件下（STC）光伏组件或光伏组串的短路电流，A，由制造商提供，光伏组串是多个光伏组件串联而成，所以光伏组串的短路电流等于 I_{sc_MOD}；I_n 为光伏组串过电流保护装置额定电流，A。 最近的过电流保护装置可能是子方阵过电流保护或者方阵过电流保护装置。 如没有过电流保护装置 S_{p0} 为方阵中所有并联光伏组串的数量，此时公式中 I_n 为 0
	有过电流保护	光伏组串过电流保护装置额定电流 I_n
光伏子方阵	无过电流保护	下列电流中的较大者： (1) 光伏方阵过电流保护装置额定电流 I_n＋1.25×其他子方阵短路电流之和； (2) $1.25 I_{scS\text{-}ARRAY}$（子方阵自身） 式中：$I_{scS\text{-}ARRAY}$ 为光伏子方阵短路电流 A，在标准测试条件下（STC）光伏子方阵的短路电流，$I_{scS\text{-}ARRAY} = I_{sc\text{-}MOD} S_{SA}$；$S_{SA}$ 为并联至光伏子方阵的光伏组串的数量。 (3) 光伏方阵无过电流保护，则公式中 I_n 为 0
	有过电流保护	光伏子方阵过电流保护装置额定电流 I_n
光伏方阵	无过电流保护	$1.25 I_{scARRAY}$ 式中：$I_{scARRAY}$ 为在标准测试条件下（STC）光伏方阵的短路电流，A，$I_{scARRAY} = I_{sc\text{-}MOD} S_A$；$S_A$ 为并联至光伏方阵的光伏组串的数量
	有过电流保护	光伏子方阵过电流保护装置额定电流 I_n

① 与光伏组件连接的电缆的工作温度会明显高于环境温度，与光伏组件连接或接触的电缆的最小工作温度应为环境温度＋40℃。

② 应根据电缆厂家提供的参数考虑安装环境及安装方法（如封装、夹具安装、埋地等）等因素。

光伏线路的载流量根据表 6-6 计算，电缆本身的载流能力根据 IEC 60287《电缆额定电流的计算》系列要求计算或依据制造商规定执行。电缆安装地点、安装方式等影响因素依据 GB 16895《建筑物电气装置》系列要求确定。

根据光伏组件种类不同，光伏组件的 I_{sc_MOD} 可能在运行的前一周或一个月内高于额定值，也可能随着运行时间的增加而增加。选择线径时需根据光伏组件种类不同将 I_{sc_MOD} 变化考虑在内。

当逆变器或其他变流装备在故障状态下可能产生反馈电流时，设计电缆时应将反馈电流的电流值与表 6-6 中的电缆额定电流值相加。

三、选型

系统中电缆的选取主要考虑如下因素：电缆的绝缘性能、电缆的耐热阻燃性能、电缆的防潮、防光、电缆的敷设方式。

1. 不可用交流电缆替代直流光伏电缆

直流电缆的被击穿总是发生在绝缘最薄弱处或缺陷处，其缺陷除了外观上的缺陷外，还包括绝缘材料的物理性空间缺陷；光伏并网系统的特性总是日出而作日落而息，电缆的电容性，使得“缺陷”被不断放大，直到被击穿。

表 6-7 是莱茵标准（TUV，对应法规：IEC 61215 等）组件直流电缆的电性能试验值和内容：电气性能。

表 6-7　莱茵标准组件直流电缆的电性能试验值和内容：电气性能

试验内容（成品电缆型式试验）		试验方法	结果
耐电压试验	交流耐压	EN 50395 或 GB/T 3048	6.5kV/5min，不击穿
	直流耐压		15kV/5min，不击穿
成品耐火花电压试验			10kV 不击穿
绝缘电阻试验		EN50395 或 GB/T 5013.2	20℃时绝缘电阻≥1014Ω·cm 90℃时绝缘电阻≥1011Ω·cm

表 6-7 中的电缆的耐压标准相当于交流电缆的 18/30kV 级别，绝缘电阻的要求值是对电缆缘材料电阻率的高标准要求，而 0.6/1kV 的交流电缆是没有上述要求的。

2. 按照连接部位选型

光伏系统中不同的部件之间的连接，因为环境和要求的不同，选择的电缆也不相同。以下分别列出不同连接部分的技术要求。

（1）太阳能光伏组件与组件之间的连接电缆，一般使用组件接线盒附带的连接电缆直接连接，长度不够时还可以使用专用延长电缆。

必须进行 UL 测试，耐热 90℃、防酸、防化学物质、防潮、防曝晒。

依据组件功率大小的不同，该类连接电缆有截面积为 $2.5mm^2$、$4.0mm^2$、$6.0mm^2$ 等三种规格。

这类连接电缆使用双层绝缘外皮，具有优越的防紫外线、水、臭氧、酸、盐的侵蚀能力，优越的全天候能力和耐磨损能力。

（2）蓄电池与逆变器之间的连接电缆，要求使用通过 UL 测试的多股软线，尽量就近连接。

选择短而粗的电缆可使系统减小损耗，提高效率，增强可靠性。

（3）方阵内部与方阵之间的连接。露天要求防潮、防曝晒；穿管安装，导管必须耐热90℃。

（4）光伏方阵与控制器或直流接线箱之间的连接电缆，也要求使用通过UL测试的多股软线，截面积规格根据方阵输出最大电流而定。

（5）室内接线（环境干燥）可以使用较短的直流连线。

3. 按电缆截面选择

（1）各部位直流电缆截面积依据下列原则确定：

1）太阳能光伏组件与组件之间的连接电缆、蓄电池与蓄电池之间的连接电缆、交流负载的连接电缆，一般选取的电缆额定电流为各电缆中最大连续工作电流的1.25倍。

2）太阳能光伏方阵与方阵之间的连接电缆，选取的电缆额定电流为计算所得电缆中最大连续电流的1.56倍。

3）逆变器的连接，选取的电缆额定电流为计算所得电缆中最大连续电流的1.25倍。

4）蓄电池（组）与逆变器之间的连接电缆，一般选取的电缆额定电流为各电缆中最大连续工作电流的1.56倍。

5）交流负载的连接，选取的电缆额定电流为计算所得电缆中最大连续电流的1.25倍。

（2）需要考虑的其他因素：

1）电缆的选取都需要考虑温度对电缆性能的影响。

2）电缆工作温度不宜超过20℃，线路的电压降不宜超过2%。电缆的截面积一般可用以下方法计算

$$A=\rho\frac{2LI_{\max}}{\Delta U}$$

式中：A 为导线截面积，m^2；ρ 为电阻率，铜的电阻率 $\rho=0.0184\ \Omega\cdot mm^2/m$（20℃）；$L$ 为电缆的长度，m；$I_{\max}$ 为通过电缆的最大电流，A；ΔU 为电缆的电压降，V，$\Delta U=\Delta U\%\times U_n$；$U_n$ 为额定工作电压，V；$\Delta U\%$ 为允许电压损失。

例如，某光伏组件，额定电压为12V，正负极之间24V；额定电流为10A，最大电流为12.5A（1.25倍）；电缆长度为10m，回路长度为20m；线路允许电压损失2%，回路电压损失为4%。

$$A=\rho\frac{2LI_{\max}}{\Delta U}=0.0184\times\frac{(2\times10)\times(10\times1.25)}{(0.02\times2)\times(12\times2)}mm^2=4.79mm^2$$

导线的计算截面积为$4.79mm^2$。如果电缆长度超过10m，则要选用截面更大的电缆。

4. 光伏电缆绝缘选用

（1）光伏并网系统电缆采用乙丙橡胶绝缘。乙丙橡胶虽然没有交联聚乙烯那样高的电性能，但是其绝缘机理上能克服直流电缆的一些缺陷，且有较好机械性能防老化性能，但价格较高。

（2）对于分布式电站的直流电缆，可采用改性的辐照交联聚乙烯，除了有较高的机械性能、电性能外，材料耐温性能突出，最高可达120℃。

辐射加工是用电子加速器辐照电缆，该技术集合电子技术、高能核物理技术、真空技术、计算机技术、辐射化学技术和电线电缆制造技术于一体。由电子加速器生产的高能电子

束，作用在聚合物内部，使聚合物的分子结构发生变化，由原来的线性大分子变成不溶的三维网状结构，改变了聚乙烯高分子的空间缺陷，从而使材料具有特殊的耐热性、耐化学性、耐辐射性、高阻燃性、高强度性。主要特点有：

1）产品耐热性好：辐照交联可显著提高电缆的耐热性。如聚乙烯材料经辐照交联后长期允许工作温度可从60～70℃提高到90～150℃，短路温度由160℃提高到250℃。

2）提高了电缆的载流量：辐照交联电线电缆比普通电线电缆的单位导体截面载流量提高20%左右。

3）具有优良的绝缘性能和电气性能。

4）机械强度高，耐老化性和化学稳定性、耐环境应力开裂性能好。

5）安全性高，使用寿命延长，可达到40年。但是价格比较贵，设备投资大。

（3）地面电站电缆沟敷设的直流电缆，可采用纯净度高的聚乙烯交联料，电缆的绝缘厚度加厚0.2～0.3cm。

由于地面敷设的电缆散热性能比较好，增大截面并不过多影响电缆的载流量的变化，而增大绝缘的厚度使电缆的耐受强度提高，延长使用寿命。优质的聚乙烯交联料应该是在洁净度非常高的生产环境下制造，生产过程中防尘、防静电及其他污杂。

（4）对于分布式电站的电缆护套要求耐温90℃以上，地面或光伏农业电缆护套内加防水层。优质电缆护套对电缆绝缘的保护非常重要。

5. 直流干线电缆经济选型

（1）EHLF、EHLVF22（DC0.9/1.5kV）电缆采用乙丙橡皮绝缘混合弹性体护套直流干线电缆。此型电缆型号比较适合热带地区。电缆价格较贵，相当于等同载荷铜电缆的90%以上。乙丙橡皮的性能非常优越，目前铁路机车牵引用直流电缆的最佳绝缘材料方案。乙丙橡皮绝缘电缆还可以用于核电站核岛外围的K3类电缆使用，产品使用寿命大于30年。电缆的弯曲半径很小，材料的耐候性性能优越。

（2）YJHLF82、FS-YJHLF22（DC0.9/1.5kV）电缆绝缘加厚处理，采用优质交联聚乙烯料，护套为防寒耐温弹性体。铠装层为铝镁合金的连锁铠装型电缆适用于西部荒漠、山坡地等；FS代表防水型，适合光伏农业大棚、沿海滩涂及其他电缆容易浸水的等电站选用。连锁铠装具有优良的抗拉抗压强度，且施工简单，特别适合不利挖掘电缆沟或简单地埋处理的场合，铠装层的非磁性材料，电缆不会产生涡流，散热好，因此载流量相比钢带铠装有提升。连锁铠装电缆，实际上是电缆外层加装一层金属波纹管铠装，铠装外层挤注PVC护套，这样可以露天敷设，产品性价比非常高，等同载荷此型电缆的采购价格相当于铜电缆的75%～80%，其施工成本节省非常可观。FS型价格相当于铜电缆的65%左右。

（3）FZ-YJHLF、FZYJHLF22（DC0.9/1.5kV）电缆绝缘经电子辐照而成，因此具有非常优良的性能，特别适合分布式电站的直流干线使用，价格上相当于等同载荷电缆的70%左右。

光伏电缆是一种电子束交叉链接电缆，额定温度为120℃，可使用20 000h。这一额定值相当于在90℃的持续温度条件下可使用18年；而当温度低于90℃时，其使用寿命更长。通常，要求太阳能设备的使用寿命应达到20～30年。

实际上，在安装和维护期间，电缆可在屋顶结构的锐边上布线，同时电缆须承受压力、弯折、张力、交叉拉伸载荷及强力冲击。如果电缆护套强度不够，则电缆绝缘层将会受到严重损坏，从而影响整个电缆的使用寿命，或者导致短路、火灾和人员伤害危险等问题的出现。

第五节　光伏连接器

一、光伏直流连接器

1. 连接器

光伏连接器作为太阳能光伏组件的构成部分，其应该能够在恶劣、反差变化大的环境气候条件下使用。虽然世界上不同地区的环境气候各不相同，且同一地区的环境气候反差变化也很大，但是环境气候对于材料及其制品的影响，归纳起来有四大因素。

(1) 太阳辐射，特别是紫外线对于塑料、橡胶等高分子材料的影响。

(2) 温度，其中高低温交变对材料和产品更是严酷的考验。

(3) 湿度，如雨、雪、凝露等以及其他污染物如酸雨、臭氧等对材料的影响。

(4) 电气安全防护性能，使用寿命须在 25 年以上。

2. 性能要求

光伏连接器的性能要求如下：

(1) 结构安全、牢靠，使用方便。

(2) 耐环境气候指标高。

(3) 高密封性要求。

(4) 高电气安全性能。

(5) 高可靠性。具体参数见表 6-8。

表 6-8　主要性能要求

序号	性能项目		性能参数或要求
1	最大耐压		1000V DC
2	最大工作电流		15A-20A
3	使用温度		−40℃～85℃
4	环境湿度		相对湿度 10%～97%
5	安全等级		Calss Ⅱ
6	防尘等级		完全防止灰尘进入
7	防水等级		可防止各个方向喷射而来的水进入
8	外壳材料性能	耐热性	(125±5)℃、能承受长期高低温交变
		阻燃性	能通过 960℃
		灼热丝试验	抗漏电起痕 PTI 值>175V
		绝缘耐压	4250V/1min
		强抗紫外线试验方法	标准黑板温度（100±3）℃，每间隔 25min 喷水 5min，持续时间 500h 后，材料各个部分不应出现裂痕或龟裂现象
9	机械冲击性能		置于−40℃的环境中 5h 后立即冲击试验，0.25kg 跌落高度 0.5m，冲击 4 次

续表

序号	性能项目	性能参数或要求	
10	连接要求	连接电阻	<5mΩ
		电气连接与机械连接	不能共用，电气连接的接触压力不能由绝缘体来传递，缆线须有附加的机械固定方式
		带极性连接器的结构	应不具有极性的互换性
		连接器拔插次数	>100
		抗拉要求	导体与接线端子非永久固定连接的，导体的抗拉达到 30N（持续 1min，导体不能被拉出）；永久固定连接的，导体的抗拉达到 60N（持续 1min，导体不能被拉出）；电缆的抗拉为施加 100N 的拉力，25 次，每次持续 1s，变位不超过 2mm。随后进行扭曲试验，施加扭距值 0.35N·m，不能有明显的移动
11	主体连接	连接方式合理、牢靠，有反锁保护装置不能够随意打开盒体	

3. 作用

光伏连接器是太阳能光伏发电系统中使用最多的一种专用连接器，是太阳能光伏电池板并联串联组成方阵组时的专用接头。具有连接迅速可靠、防水防尘、使用方便等特点，外壳有强烈的抗老化、耐紫外线能力。

线缆的连接采用压紧与紧箍方式连接，公母头的固定带有稳定的自锁机构、开合自如，是太阳能发电光系统不可缺少的重要部件。光伏连接器在系统的作用如图 6-28 所示。

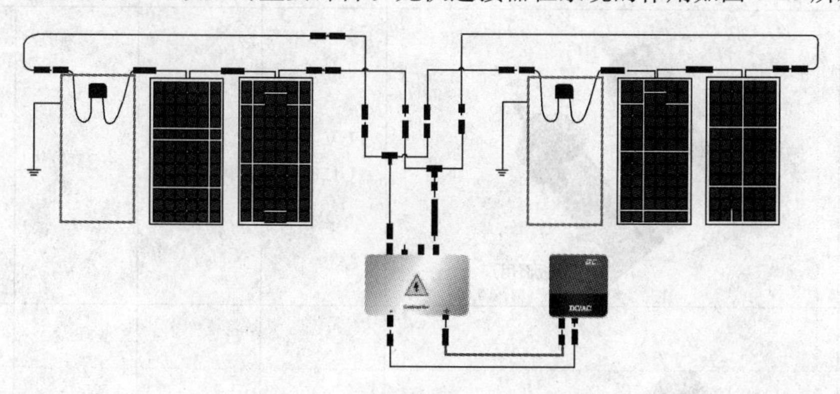

图 6-28 光伏连接器在系统的作用

4. 结构

光伏连接器的结构如图 6-29 所示。

5. 存在的问题

连接器引发相关联的问题有接触电阻变大、连接器发热、寿命缩短、接头起火、连接器烧断、组串的组件断电、接线盒失效、组件漏电等，可造成系统无法正常操纵、产品召回、电路板损坏、返工和维修，继而会造成主部件损失，影响电站发电效率，最严重的是起火燃烧。

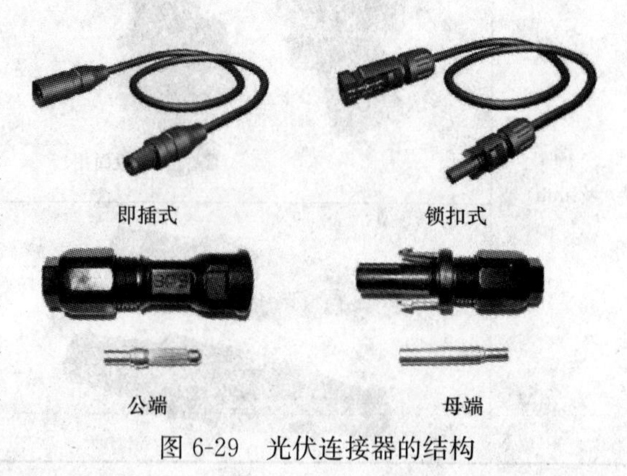

图 6-29 光伏连接器的结构

二、光伏直流连接器的应用

1. 光伏方阵直流连接器

直流连接器的种类见表 6-9。

表 6-9 直流连接器

类别	外形	额定电压 DC/V	电流 /A	光缆截面积/mm²	
				欧标 TUV	美标 AWG
MC4（端子 ϕ4mm）	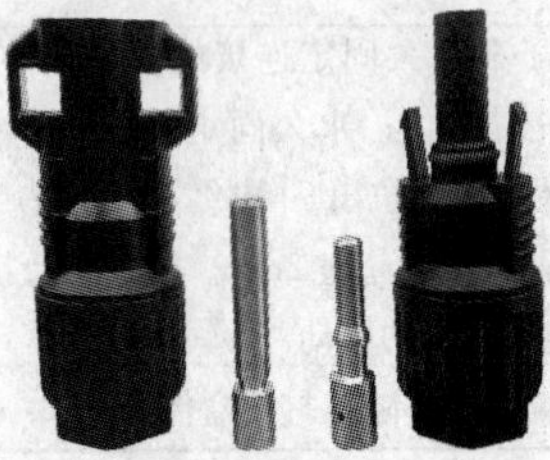	TUV 1000 UL 600	40～60	2.5～10.0	14～8
	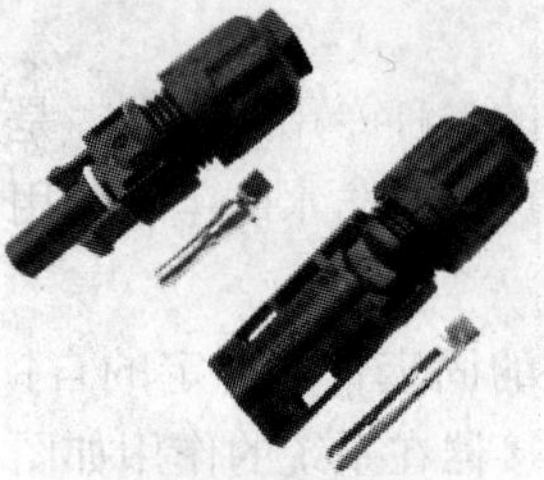	TUV 1000 UL 600	20～30	2.5～6.0	14～10
	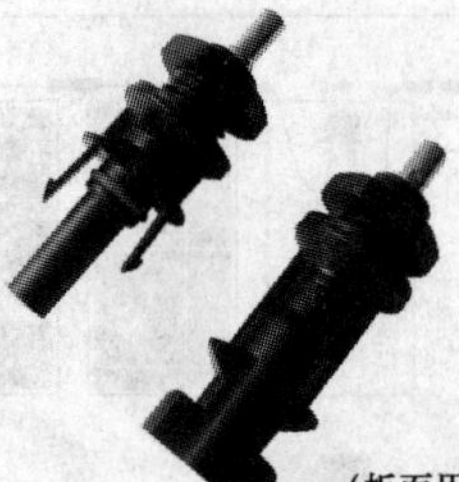 （板面用）	TUV 1000 UL 600	20～30	2.5～6.0	14～10
MC3（端子 ϕ3mm）	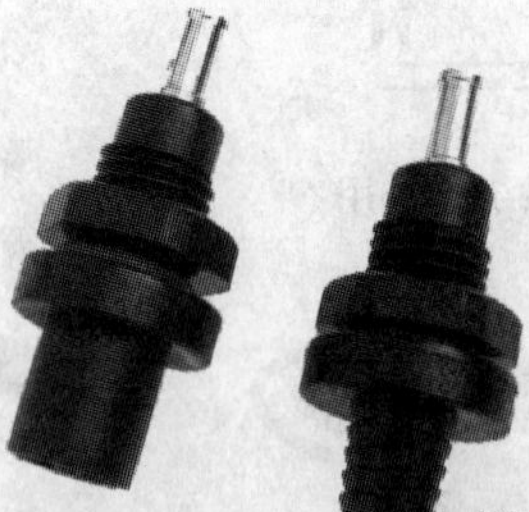 （板面用）	TUV 1000 UL 600	20～30	2.5～6.0	14～10
	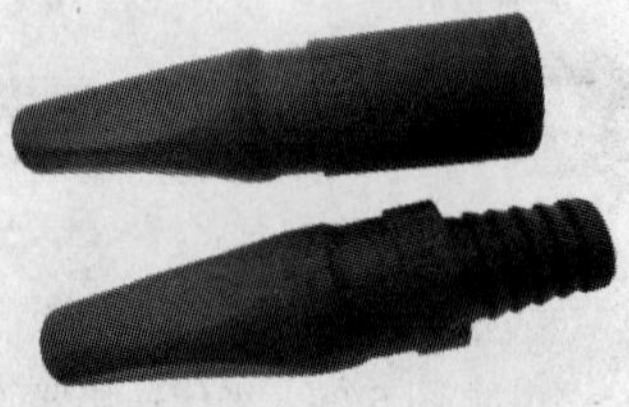	TUV 1000 UL 600	20～30	2.5～6.0	14～10

续表

类别	外　形	额定电压 DC/V	电流 /A	光缆截面积/mm²	
				欧标 TUV	美标 AWG
		TUV 1000 UL 600	20～30	2.5～6.0	14～10
MC4 转接头 （端子 ϕ4mm）		TUV 1000 UL 600	20～30	2.5～6.0	14～10
		TUV 1000 UL 600	20～30	2.5～6.0	14～10
MC3 转接头 （端子 ϕ3mm）		TUV 1000 UL 600	20～30	2.5～6.0	14～10

2. 光伏电缆与连接器的连接

光伏电缆与连接器之间的连接如图 6-30 所示。

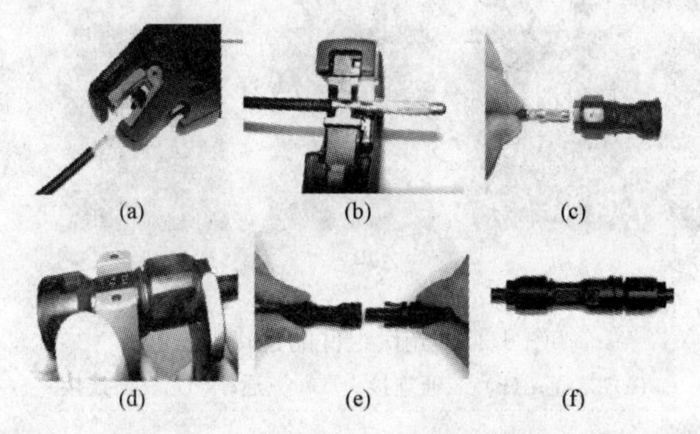

图 6-30　光伏电缆与连接器之间的连接

(a) 电缆剥皮；(b) 压接端子；(c) 连接护套；(d) 锁紧螺母；(e) 公母对接；(f) 连接外观

3. 光伏方阵的连接

光伏组件的连接如图 6-31 和图 6-32 所示。

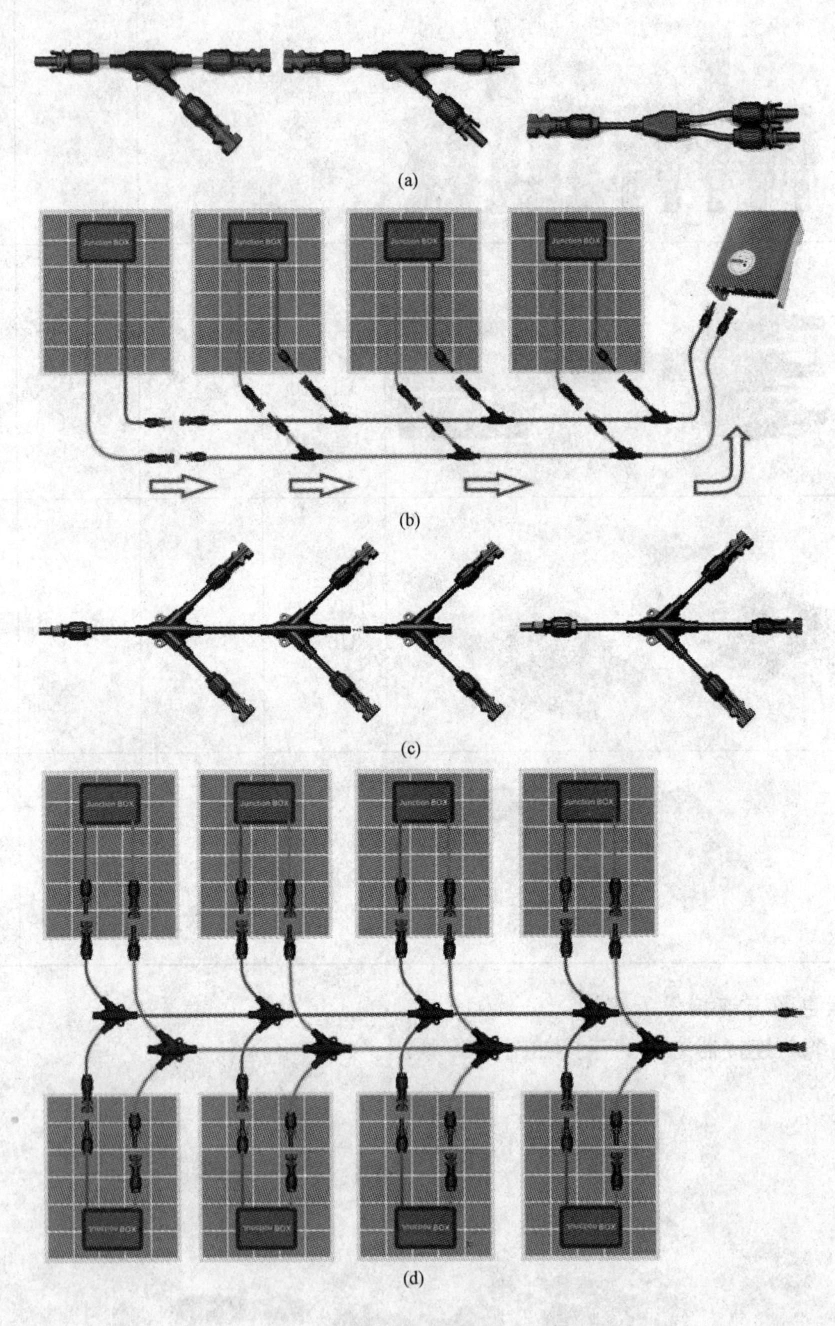

图 6-31　光伏组件的连接（一）

（a）二通；（b）二通连接；（c）三通；（d）三通连接

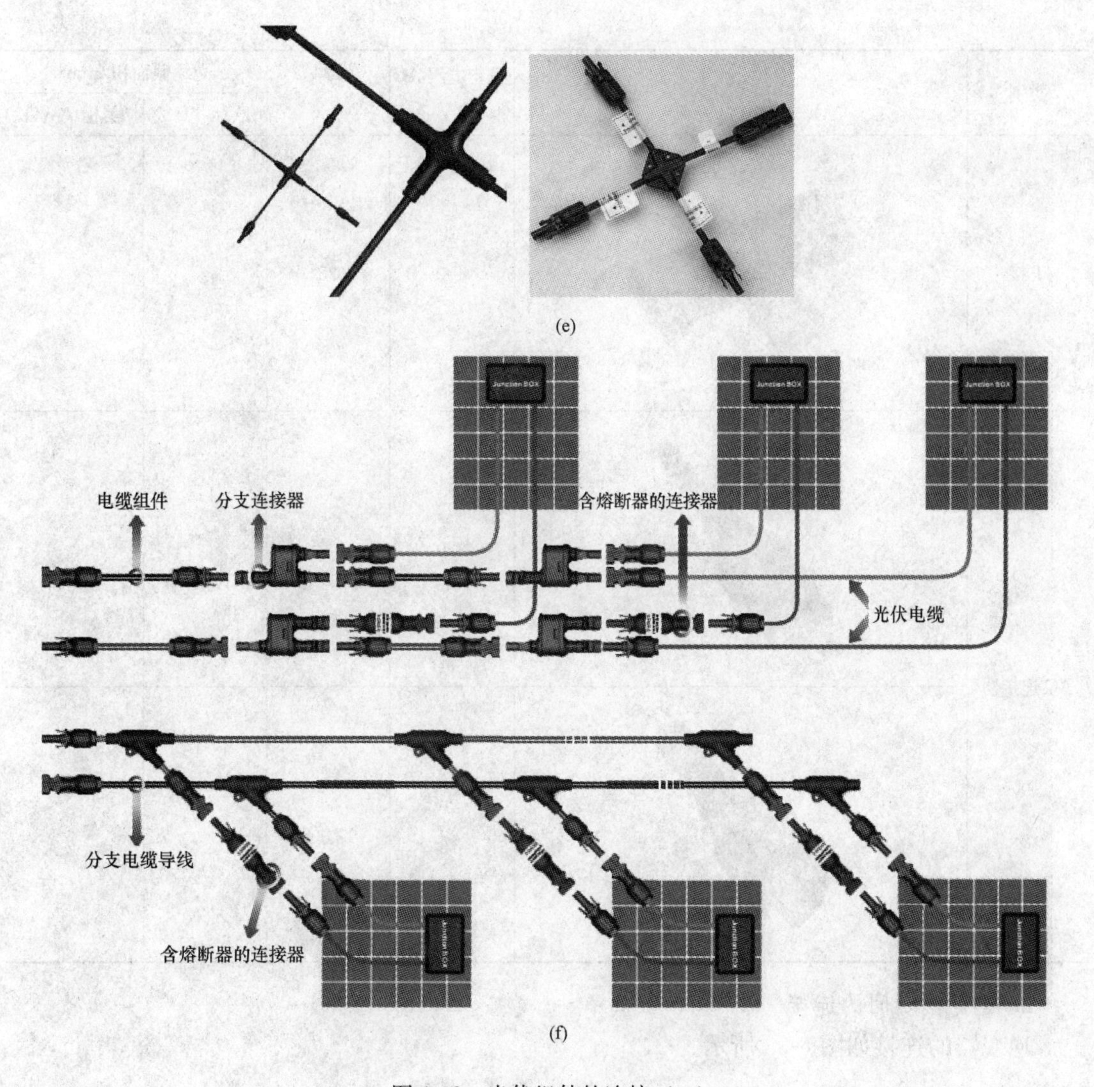

图 6-32　光伏组件的连接（二）

（e）四通；（f）组合连接应用

三、逆变器交流连接器

1. 种类

交流连接器的种类见表 6-10。

表 6-10　　交流连接器种类

类别	外　形	额定电压 AC/V	电流/A	光缆截面积/mm²	
				欧标 TUV	美标 AWG
逆变器端子		400	40～60	2.5～10.0	14～8

续表

类别	外　形	额定电压 AC /V	电流 /A	光缆截面积/mm²	
				欧标 TUV	美标 AWG
T接		400	25		
AC连接器		250	5		
		400	25		

2. 逆变器之间的连接

逆变器的连接如图 6-33 所示。

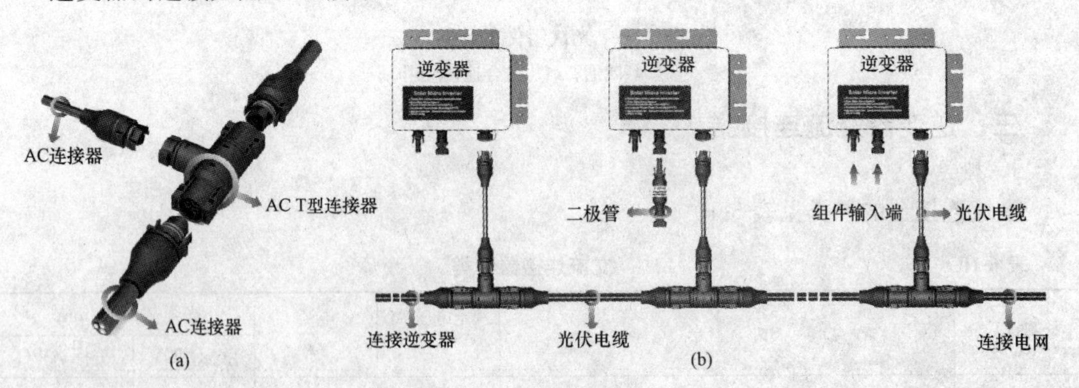

图 6-33　逆变器的连接

(a) 连接组合；(b) 与逆变器的连接

3. 交流连接器接线

交流连接器接线操作步骤见表 6-11。

表 6-11　　交流连接器接线操作步骤

序号	示意图	说明
1		将连接器外壳与接线体分离
2		松开外壳底部紧固螺母
3		剥去 L、N、地线三根线缆的绝缘层，剥去长度约 7mm，将线缆穿过螺母和中间套筒
4		将 L、N 线缆插入连接器的 L、N 插孔内，地线插入接地标记的插孔内，并拧紧螺钉，各个线缆对应的颜色
5	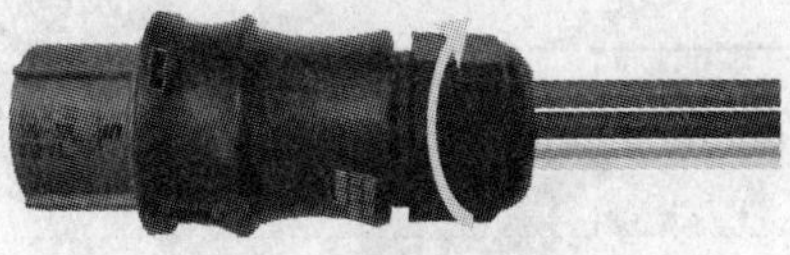	连接中间套筒和前端接线插槽，按照步骤一相反的方向拧紧螺母
6		效果

在光伏发电系统中，逆变器可以通过熔断器与断路器并联到低压电网上。

例如，将 6 台逆变器接入一个三相电网系统中，即每二台逆变器分别接入三相电网的每一相上，如图 6-34 所示。

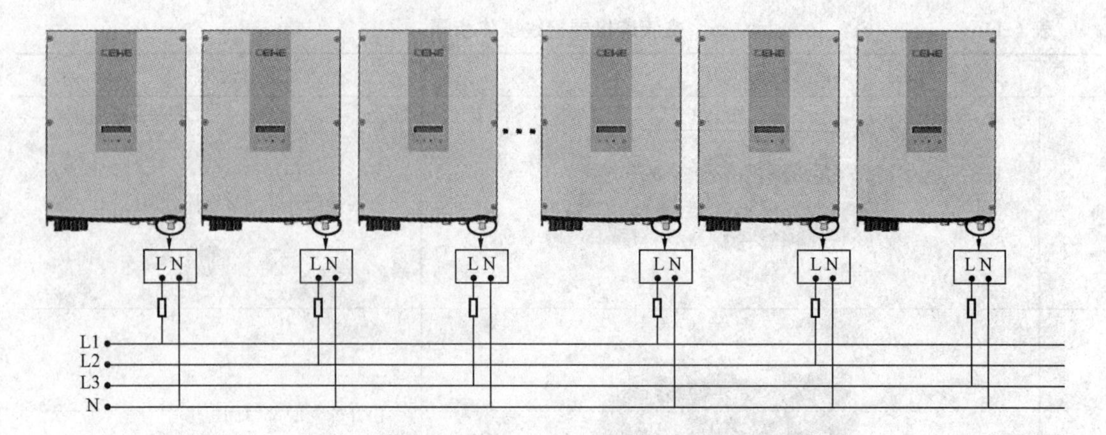

图 6-34 逆变器接入三相电网图

四、连接器在光伏并网系统中的应用

连接器在光伏并网系统中的应用如图 6-35 所示。

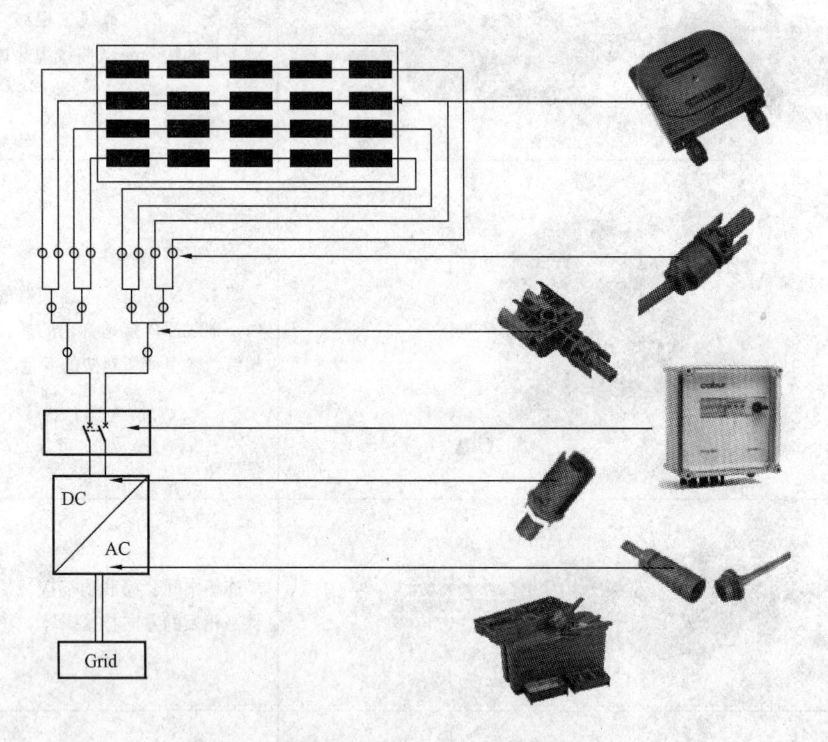

图 6-35 连接器在光伏并网系统中的应用

第六节 逆 变 器

一、逆变器

1. 功能

逆变器是将光伏组件发出的直流电变换成交流电的设备。

并网逆变器是电力、电子、自动控制、计算机及半导体等多种技术相互渗透与有机结合的综合体现，它是光伏并网发电系统中不可缺少的关键部分。

并网逆变器的主要功能是：

(1) 最大功率跟踪。

(2) DC-AC 转换。

(3) 频率、相位追踪。

(4) 相关保护。

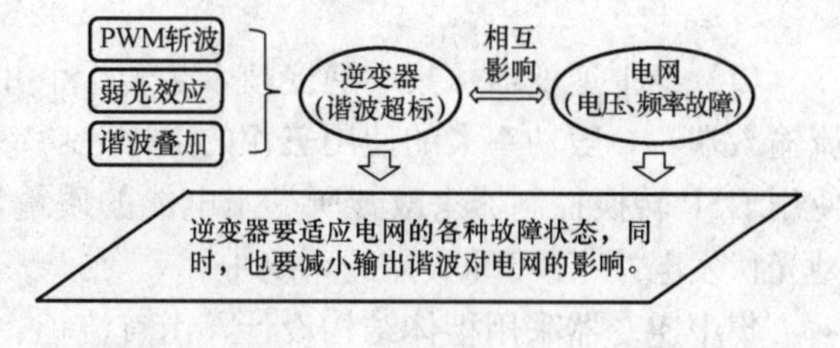

图 6-36　电网环境适应性

光伏并网逆变器需要在电网中具有一定电网环境适应性。如图 6-36 所示。

2. 分类

(1) 光伏并网逆变器分类。

1) 按并网类型可分为单相逆变器、三相逆变器。

2) 按防护等级可分为户内型、户外型。

3) 输出功率型谱：逆变器输出功率额定值优先在下列数值中选取（单位 kW）。

① 单相逆变器单元：1、1.5、2、2.5、3、4、5、6、8。

② 三相逆变器单元：10、20、30、50、100、250、500、1000。

当用户要求并与制造厂协商后可以生产上述数值以外的产品。

4) 按并网方式分为可逆流型、不可逆流型。

5) 按电磁发射的限值分为：

① A级逆变器：指非家用和不直接连接到住宅低压供电网的所有设施中使用的逆变器。对于这类设备不应限制其销售，但应在其有关使用说明中包含下列内容："警告：这是一种A级逆变器产品，在家庭环境中，该产品可能产生无线电干扰，此时，用户可能需要另加措施。"

② B级逆变器：适用于包括家庭在内的所有场合，以及直接与住宅低压供电网连接的设施。

6) 按电气隔离方式分为隔离型、非隔离型。

7) 按照可接入电网电压等级分为低压型、中高压型。

低压型接入电网电压等级为 0.4kV，中高压型接入电网电压等级 0.4kV 以上。

(2) 逆变器的其他分类方法。逆变器的其他分类方法如图 6-37 所示。

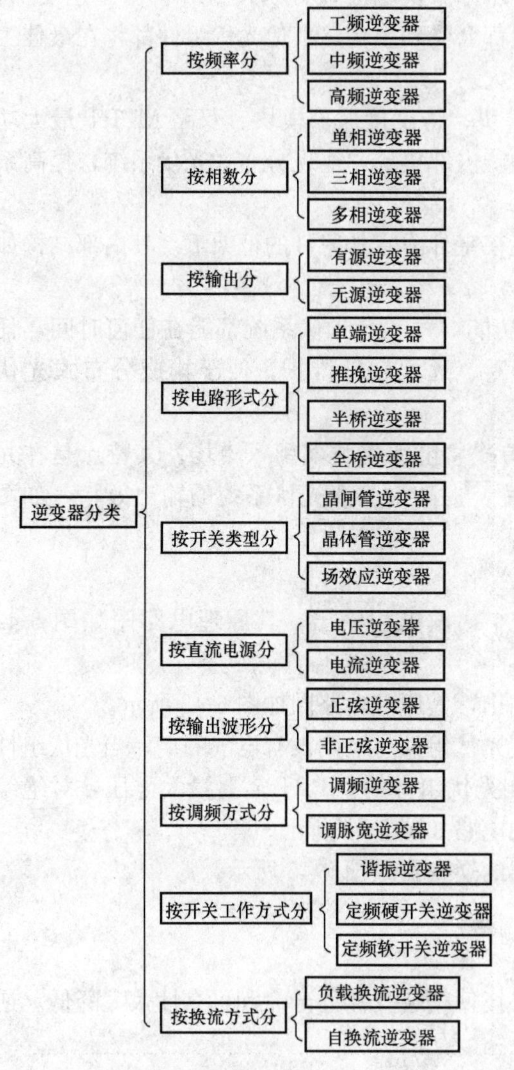

图 6-37　逆变器的其他分类方法

3. 结构

（1）集中逆变器。集中逆变技术是若干个并行的光伏组串被连到同一台集中逆变器的直流输入端，一般功率大的使用三相的IGBT功率模块，功率较小的使用场效应晶体管，同时使用DSP转换控制器来改善所产出电能的质量，使它非常接近于正弦波电流，一般用于大型光伏发电站（＞10kW）的系统中。

集中逆变器采用柜体结构设计，由直流柜、逆变器柜、控制柜和交流柜组成，布置在专用的逆变器房或室内，如图6-38所示。

（2）组串逆变器。组串逆变器是基于模块化概念基础上的，每个光伏组串（1～5kW）通过一个逆变器，在直流端具有最大功率峰值跟踪，在交流端并联并网，成为现在国际市场上最流行的逆变器。

组串逆变器采用箱体结构设计，可以灵活地安装在室内和室外的墙壁、支架上，其外形结构如图6-39所示。

（3）微型逆变器。微型逆变器的PV系统中，每一块电池板分别接入一台微型逆变器，当电池板中有一块不能良好工作，则只有这一块都会受到影响。其他光伏组件都将在最佳工作状态运行，使得系统总体效率更高，发电量更大。

逆变器内部集成防雷模块、绝缘阻抗侦测模块、防反接保护模块、双路MPPT最大功率、通信模块，漏电流侦测模块等，通过大量功能内部集成，实现分布式光伏系统，提高系统的稳定性和可安装性。

微型逆变器体积小，功率小，可以直接安装在室外或室外组件的框架上。其内部结构如图6-40所示。

逆变器如果采用无线通信（自带的WiFi）功能，每一套光伏系统都能在任何时间，任何地点通过中央服务器进行远程监控、远程诊断、远程软件维护，便于构成分布式光伏系统。

（4）电源优化器。2008年美国国家半导体首次将电源优化器引入市场。其特点是在光伏模块上利用核心模拟电路技术及电源管理芯片，提高太阳能光伏系统的输出效率，如图6-41所示。

4. 电路原理

（1）小功率。小功率逆变器一般功率比较小，做单相输出，其原理电路图如图6-42所示。

（2）大中功率。大中功率逆变器一般三相输出，其原理电路图如图6-43所示。

（3）无隔离逆变器。无隔离逆变无变压器，光伏组件与电网没有电气隔离，当光伏组件的正负极之间有电压，对人身安全不利。直流侧光伏组件的MPPT需要最大电压，对绝缘要求较高，容易出现漏电现象。无隔离逆变器的电路如图6-44所示。

（4）含隔离变压器的逆变器。含隔离变压器的逆变器如图6-45所示。

二、技术性能

1. 使用条件

（1）复杂环境对逆变器影响。复杂的应用环境使得逆变器的寿命和可靠性大大降低。逆变器主要器件的寿命比较如图6-46所示。

1）高热：散热差，逆变器寿命降低。

直流柜　　逆变器柜　　控制柜　交流柜　直流柜　　逆变器柜　　控制柜　交流柜

(a)

(b)

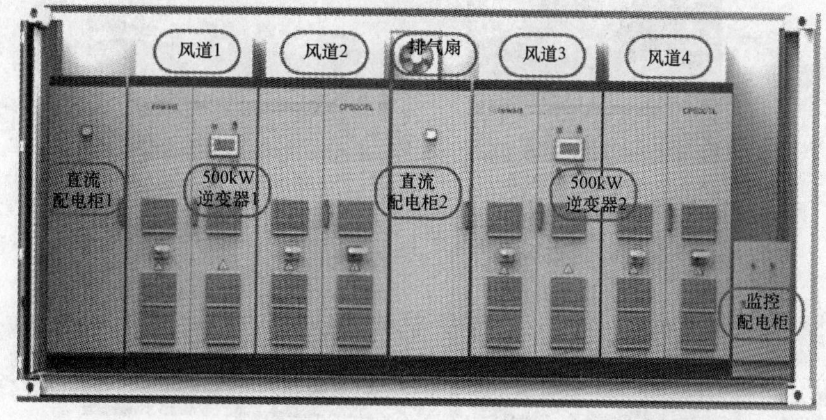

(c)

图 6-38　集中逆变器

(a) 外形；(b) 内部结构；(c) 布置

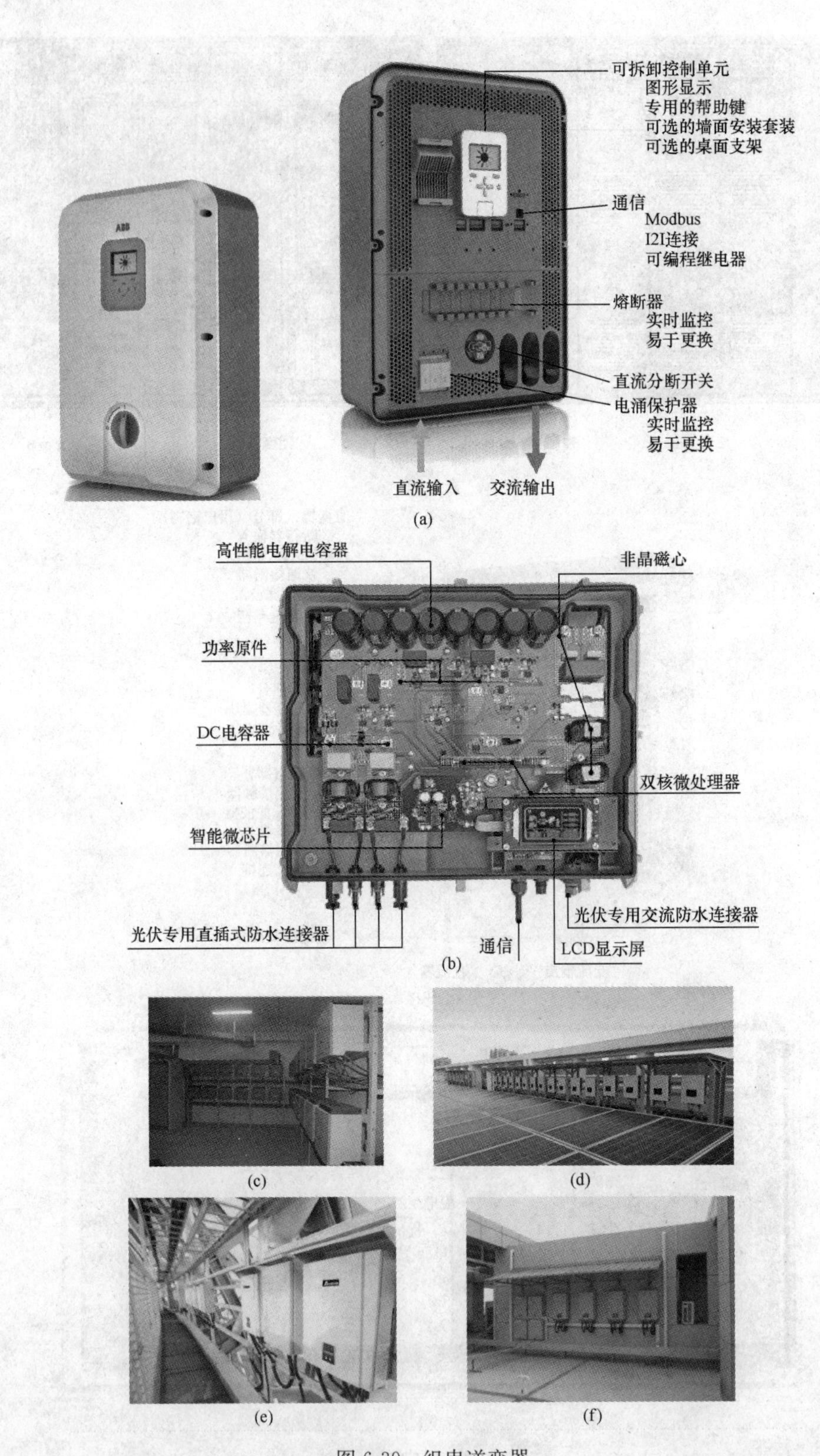

图 6-39　组串逆变器

(a) 外形；(b) 内部结构；(c) 室内墙壁；(d) 室外棚架；(e) 室外支架；(f) 室外墙壁

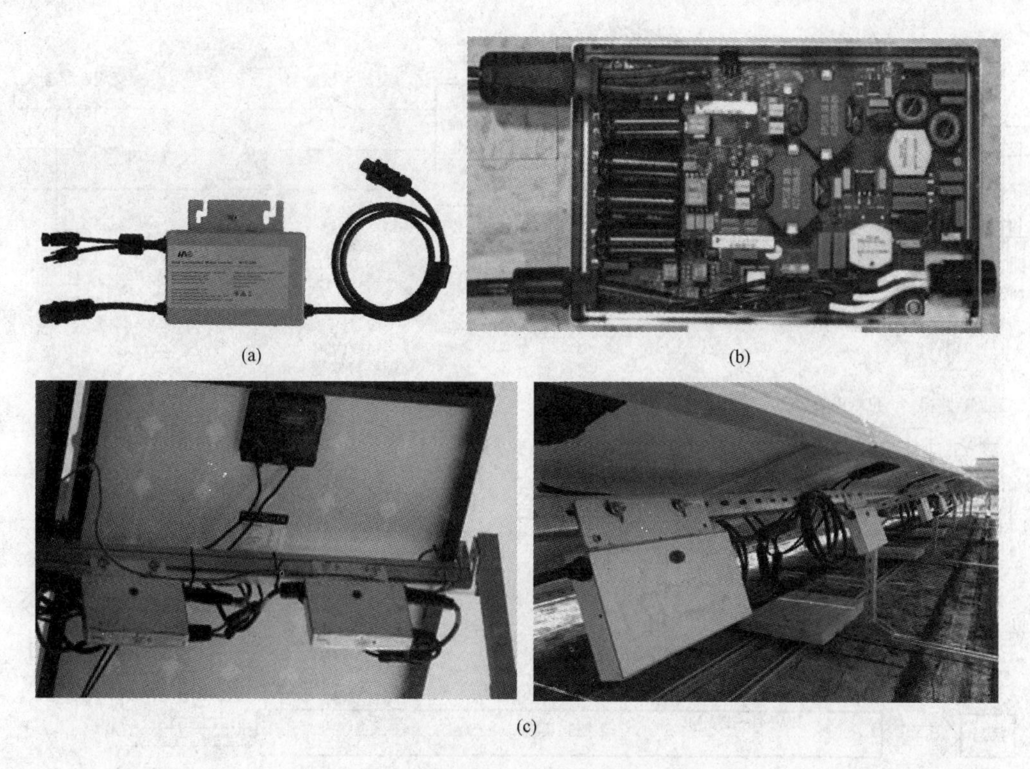

(a)　(b)　(c)

图 6-40　微型逆变器

（a）外形；（b）内部结构；（c）室外支架安装

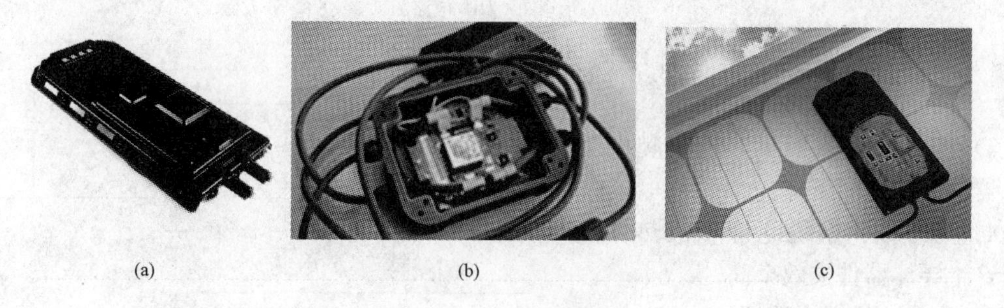

(a)　(b)　(c)

图 6-41　电源优化器

（a）外形；（b）内部；（c）安装

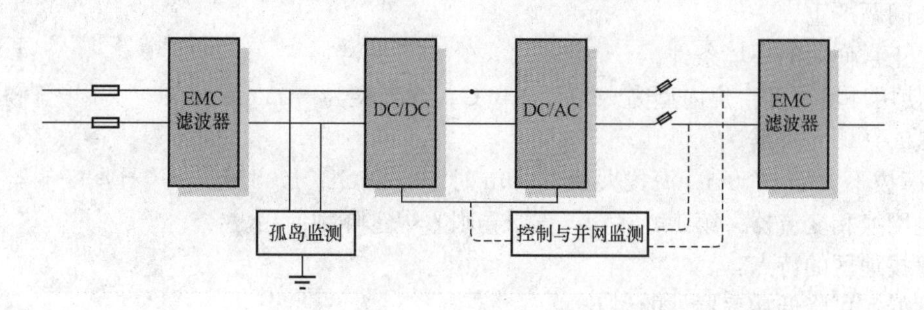

图 6-42　小功率逆变器原理

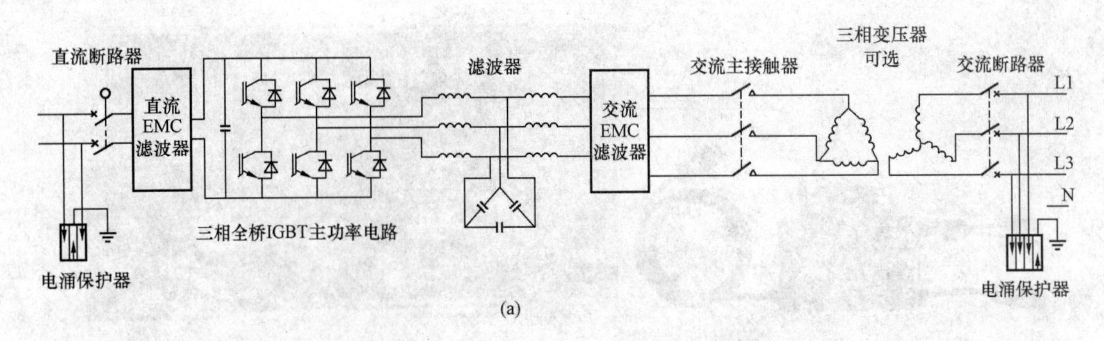

(a)

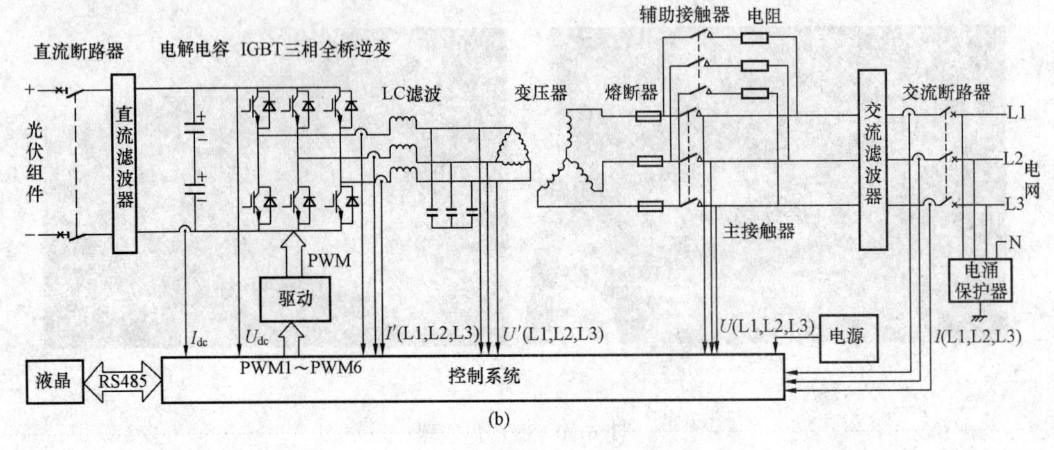

(b)

图 6-43 大中功率逆变器原理

(a) 示意图；(b) 电路图

2) 高寒：橡胶、塑料器件变脆、劣化，寿命缩短，可靠性变差。

3) 沙尘：污染柜机，缩小爬电距离，器件绝缘性能下降。

4) 高海拔：系统绝缘和散热性能下降，半导体器件失效率高。

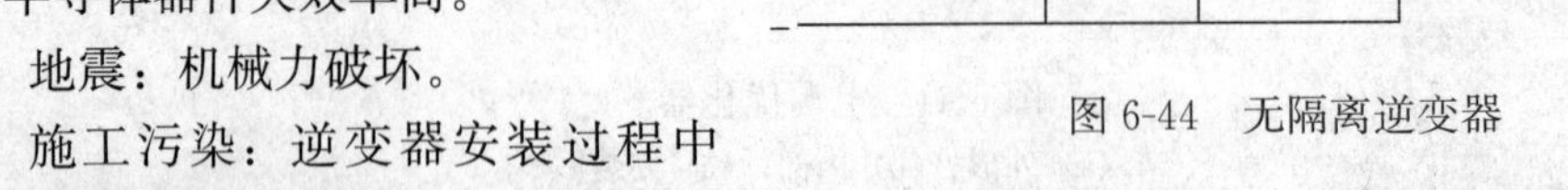

图 6-44 无隔离逆变器

5) 地震：机械力破坏。

6) 施工污染：逆变器安装过程中灰尘污染问题严重。

(2) 正常使用的环境条件。

1) 使用环境温度：户内型为－20℃～40℃；户外型为－25℃～60℃（无阳光直射）；相对湿度≤90％，无凝露。

2) 海拔不大于 1000m；海拔大于 1000m 时，应按 GB/T 3859.2《半导体变流器 通用要求和电网换相变流器 第 1-2 部分：应用导则》规定降额使用。

高海拔地区的特点：

温度低：可降低功率器件的温升。

气压低：电气间隙的击穿电压降低。

空气稀薄：风流量减少，散热条件差。

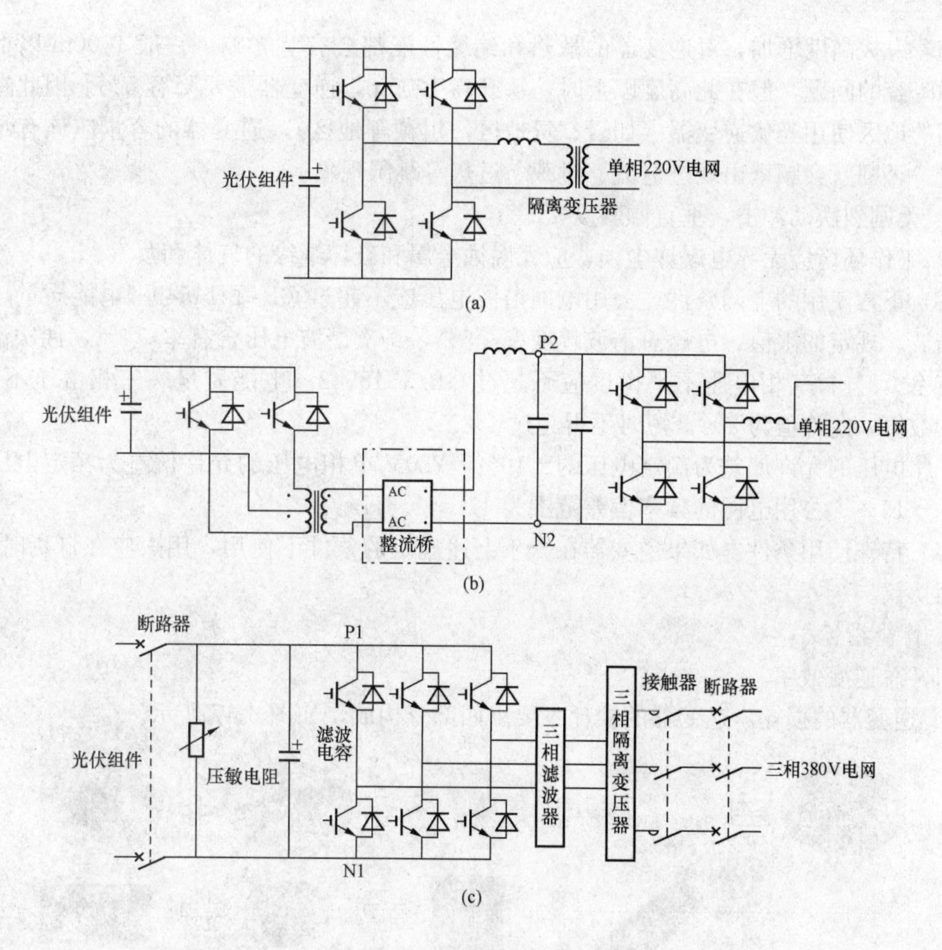

图 6-45　工频隔离逆变器电路

(a) 工频隔离单相；(b) 高频隔离单相；(c) 工频隔离三相逆变器

宇宙射线粒子增加：破坏功率器件的空间电荷区电场。

一般光伏逆变器都标明为安装在海拔1000m以下，这与空气的密度有关，一般可以近似地认为海拔1000m以下空气的密度是不变的。但随着海拔高度的升高，空气也越来越稀薄，即空气密度减小，因此逆变器无论是自然冷却、还是强迫风冷的能力都有所下降。

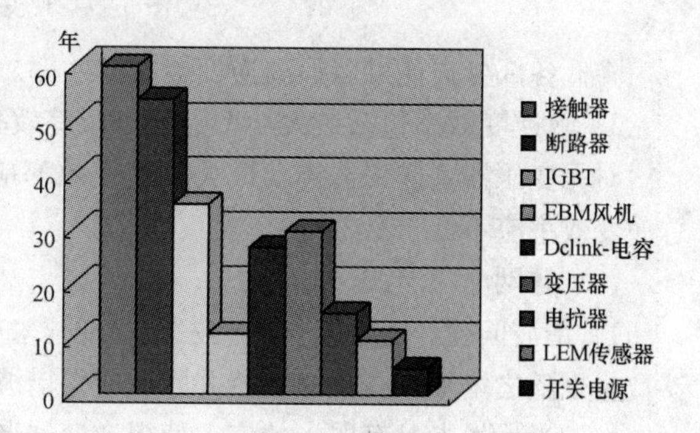

图 6-46　逆变器主要器件的寿命

根据实验海拔1000m的高度，空气密度大约为海平面的85%，2000m的高度，空气密度大约为海平面的70%。在海拔高于1000m，但不超过3500m的高海拔地区，海拔高度每增加1000m，电气设备外绝缘的电气强度一般较标准状态下的数值约低10%。空气密度减小会造成击穿放电现象和爬电现象，尤其在雷电比较活跃地区，特别是光伏逆变器，其主回路大多是裸露的铜排，在棱角、尖锐处经常出现拉弧现象——聚集过多电荷。

随着海拔高度增加，对逆变器的散热和绝缘性能都会有些影响。一般1000m以下可以不考虑降容的问题，但在此高度以上时，每升高1000m，逆变器需要降容5%。因此在海拔比较高的地区使用光伏逆变器（如云、贵地区，川藏等地区），逆变器的容量应该有足够的富余量，否则就会频繁出现过电流、过载、过热等跳闸现象。

3）无剧烈震动冲击，垂直倾斜度≤5°。

4）工作环境应无导电爆炸尘埃，应无腐蚀金属和破坏绝缘的气体和蒸汽。

（3）正常使用的电网条件。公用电网谐波电压应不超过GB/T 14549《电能质量　公用电网谐波》规定的限值，电压总谐波畸变率≤5%，奇次谐波电压含有率≤4%，偶次谐波电压含有率≤2%；三相电压不平衡度应不超过GB/T 15543《电能质量　三相电压不平衡》规定的数值，允许值为2%，短时不得超过4%。

三相电压的允许偏差为额定电压的±10%，220V单相电压的允许偏差为额定电压的+10%、−15%。公用电网的频率偏差范围为47～51.5Hz。

（4）特殊使用条件。如果逆变器在异于上述规定的条件下使用，用户应在订货时提出，并取得协议。

2. 性能指标

（1）总逆变效率。

1）逆变器的损耗。逆变器的损耗主要由四部分构成，如图6-47所示。

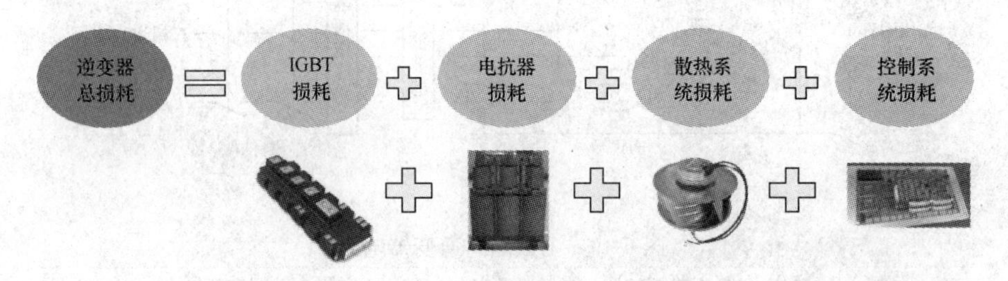

图6-47　逆变器的损耗

降低各部分损耗可以提高逆变器整体效率。

2）总逆变效率包括最大功率点静态跟踪效率和转换效率。

对无变压器型逆变器要求最大总逆变效率应不低于96%，含变压器型逆变器要求最大总逆变效率应不低于94%。

（2）并网电流谐波。

1）谐波问题。随着光伏并网发电容量越来越大，接入电网的电压等级越来越高，逆变器数量也随之增加。多台逆变器并联后使得谐波增加。谐波的叠加如图6-48所示。

由于光伏发电具有弱光效应，使得逆变器谐波超标。

弱光条件下，逆变器低负载率通常在10%以下，逆变器并网电流THD通常大于5%，对于大容量的光伏系统而言将成为一个巨大的谐波源。逆变器弱光条件下谐波输出情况如图6-49所示。

2）逆变器在运行时不应造成电网电压波形过度畸变和注入电网过度的谐波电流，以确保对连接到电网的其他设备不造成不利影响。

逆变器额定功率运行时，注入电流谐波总畸变率限值为5%，奇次谐波电流含有率限值

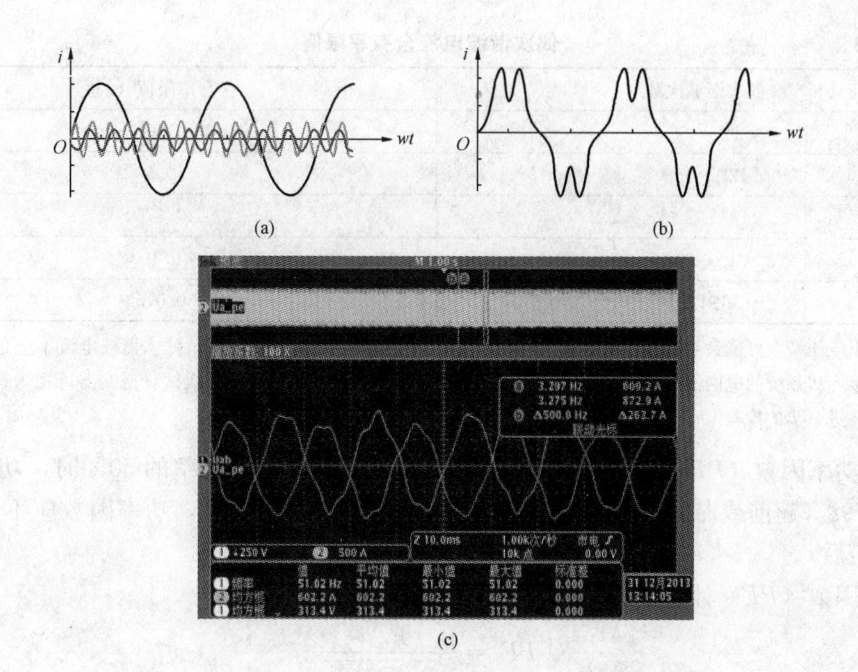

图 6-48 谐波的叠加

（a）分解的谐波；（b）谐波合成；（c）实测含有谐波的波形

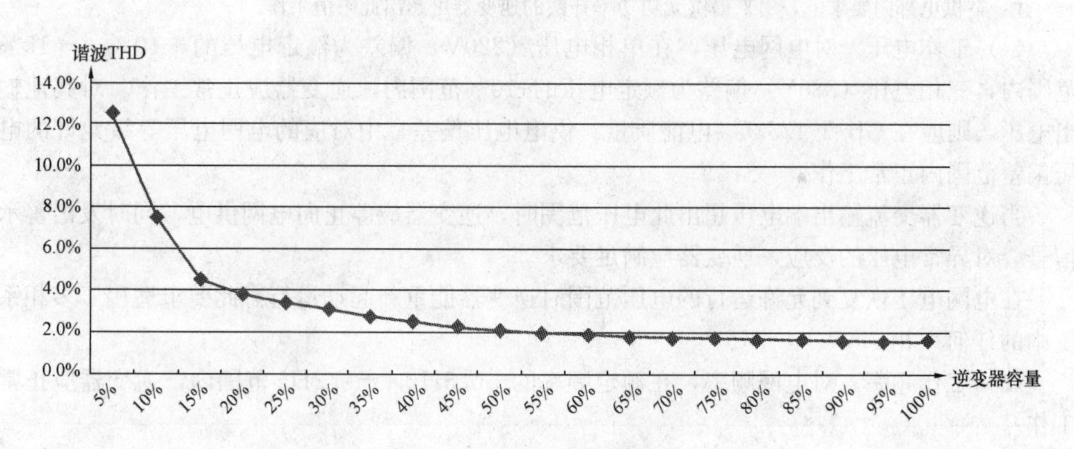

图 6-49 逆变器弱光条件下谐波

见表 6-12，偶次谐波电流含有率限值见表 6-13。其他负载情况下运行时，逆变器注入电网的电流值不得超过额定功率运行时可接受的谐波电流值。

表 6-12 **奇次谐波电流含有率限值**

奇次谐波次数	含有率限值（%）
3rd～9th	4.0
11th～15th	2.0
17th～21st	1.5
23rd～33rd	0.6
35th以上	0.3

表 6-13 偶次谐波电流含有率限值

偶次谐波次数	含有率限值（%）
2nd～10th	1.0
12th～16th	0.5
18th～22nd	0.375
24th～34th	0.15
36^{th}以上	0.075

注：由于电压畸变可能会导致更严重的电流畸变，使得谐波测试存在一定的问题。注入谐波电流不应包括任何由未连接光伏系统的电网上的谐波电压畸变引起的谐波电流。满足上述要求的型式试验逆变器可视为符合条件，不需要进一步的检验。

(3) 功率因数（PF）。当逆变器输出有功功率大于其额定功率的 50%时，功率因数应不小于 0.98（超前或滞后），输出有功功率在 20%～50%之间时，功率因数应不小于 0.95（超前或滞后）。

功率因数（PF）计算公式为

$$PF=\frac{P_{out}}{\sqrt{P_{out}^2+Q_{out}^2}}$$

式中：P_{out} 为逆变器输出总有功功率，kW；Q_{out} 为逆变器输出总无功功率，kvar。

注：在供电部门要求下，用来提供无功功率补偿的逆变器可超出此限值工作。

(4) 工作电压。对电网电压，在单相电压（220V）偏差为额定电压的+10%、−15%范围内，三相电压（380V）偏差为额定电压的±10%范围内，逆变器应正常工作。对其他输出电压，则应在 GB/T 12325《电能质量　供电电压偏差》中对应的电网电压等级允许的电压偏差范围内正常工作。

当逆变器交流输出端电压超出此电压范围时，逆变器应停止向电网供电，同时发出警示信号。对异常电压的反应，逆变器应满足要求。

在电网电压恢复到允许运行的电压范围时逆变器能重新起动运行。此要求适用于多相系统中的任何一相。

(5) 工作频率。对电网频率，在额定频率的+0.5Hz，−0.2Hz 范围内，逆变器应正常工作。

对电网频率的变化，逆变器应具备并网方案中所要求的能力。

在电网频率恢复到允许运行的电网频率时逆变器能重新起动运行。

(6) 直流分量。逆变器额定功率并网运行时，向电网馈送的直流电流分量应不超过其输出电流额定值的 0.5%或 5mA，取二者中较大值。

(7) 电压不平衡度。逆变器并网运行三相输出时，引起接入电网的公共连接点的三相电压不平衡度不超过 GB/T 15543《电能质量　三相电压不平衡》规定的限值。

(8) 噪声。当输入电压为额定值时，逆变器满载运行时，在距离设备水平位置 1m 处用声级计测量噪声。户内型 A 级的噪声应不大于 70dB，B 级的噪声应不大于 65dB，户外型的噪声限制由用户和制造厂协商确定。

3. 电网故障保护功能

(1) 防孤岛效应保护。逆变器应具有防孤岛效应保护功能，若逆变器并入的电网供电中断，逆变器应在 2s 内停止向电网供电，同时发出警示信号。

（2）暂态电压保护。为了避免与逆变器接入同一电路的设备的损坏，逆变器与电网断开时，逆变器交流输出端的电压及其持续时间应不超过表 6-14 的规定。

表 6-14　　暂态电压限值和持续时间

暂态电压限值/V		持续时间/s
相电压	线电压	
910	1580	0.000 2
710	1240	0.000 6
580	1010	0.002
470	810	0.006
420	720	0.02
390	670	0.06
390	670	0.2
390	670	0.6

对专门适用于大型光伏电站的中高压型逆变器，当此功能与低电压耐受能力冲突时，以低电压耐受能力优先。

（3）低电压耐受能力。对专门适用于大型光伏电站的中高压型逆变器应具备一定的耐受异常电压的能力，避免在电网电压异常时脱离，引起电网电源的不稳定。当并网点电压在图 6-50 中电压轮廓线及以上的区域内时，该类逆变器必须保证不间断并网运行；并网点电压在图 6-50 中电压轮廓线以下时，允许停止向电网线路送电。

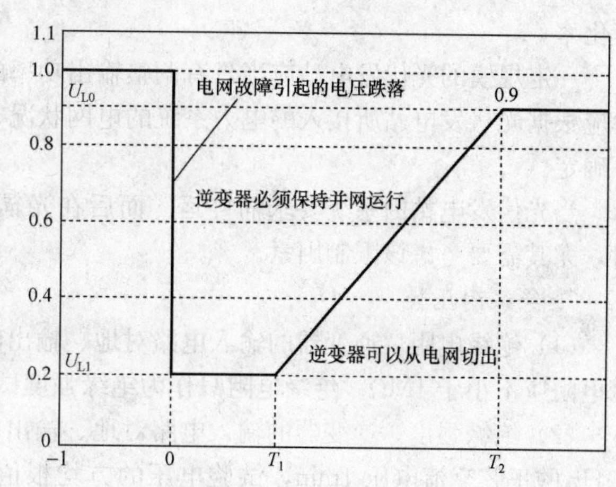

图 6-50　中高压型逆变器的低电压耐受能力要求

图中，U_{L0} 为正常运行的最低电压限值；U_{L1} 为需要耐受的电压下限；T_1 为电压跌落到 U_{L1} 时需要保持并网的时间；T_2 为电压跌落到 U_{L0} 时需要保持并网的时间；U_{L1}、T_1、T_2 数值的确定需考虑保护和重合闸动作时间等实际情况，实际的限值应按照接入电网主管部门的相应技术规范要求设定

（4）交流侧短路保护。当额定工作检测到输出侧发生短路时，逆变器应能自动保护。

（5）防反放电保护。当逆变器直流侧电压低于允许工作范围或逆变器处于关机状态时，逆变器直流侧应无反向电流流过。

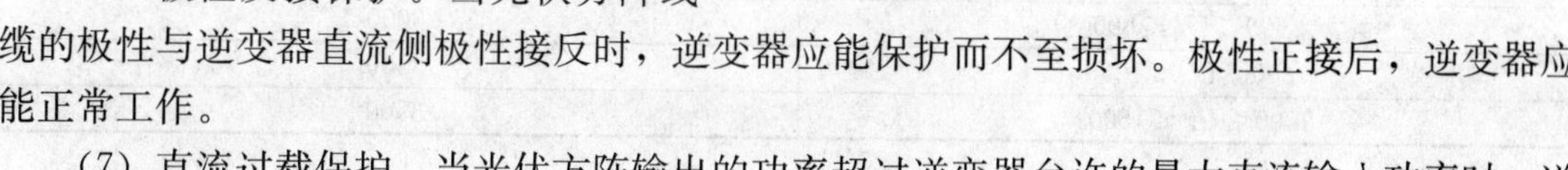

（6）极性反接保护。当光伏方阵线缆的极性与逆变器直流侧极性接反时，逆变器应能保护而不至损坏。极性正接后，逆变器应能正常工作。

（7）直流过载保护。当光伏方阵输出的功率超过逆变器允许的最大直流输入功率时，逆变器应自动限流工作在允许的最大交流输出功率处，在持续工作 7h 或温度超过允许值情况下，逆变器应停止向电网供电。恢复正常后，逆变器应能正常工作。

具有最大功率点跟踪控制功能的光伏并网逆变器，其过载保护通常采用将工作点偏离光伏方阵的最大功率点的方法。

（8）直流过电压保护。当直流侧输入电压高于逆变器允许的直流方阵接入电压最大值时，逆变器不得启动或在0.1s内停机（正在运行的逆变器），同时发出警示信号。直流侧电压恢复到允许范围后，逆变器应能正常工作。

4. 通信

逆变器应设置本地通信接口。

5. 自动开/关机

逆变器应能根据日出和日落的日照条件，实现自动开机和关机。

6. 软启动

逆变器启动运行时，输出功率应缓慢增加即输出功率变化率应不超过1000W/s，且输出电流无冲击现象。

功率不小于100kW的并网逆变器的启动应符合GB/T 19964《光伏发电站接入电力系统技术规定》的规定。

（1）启动光伏子系统时需要考虑光伏子系统的当前状态、来自电力系统调度中心的指令和本地测量的信号。

（2）光伏子系统启动时应确保光伏发电站输出的有功功率变化不超过所设定的最大功率变化率。

一定规模的光伏发电站应当具有调整输出功率的最大功率变化率的能力。最大功率变化率应根据光伏发电站所接入的电力系统的电网状况、光伏发电站运行特性及其技术性能指标等确定。

当光伏发电站因系统要求而停运。而后在光辐照度保持较高水平状态下重新启动并网时，尤其需要考虑该限制因素。

7. 绝缘耐压性

（1）绝缘电阻。逆变器的输入电路对地、输出电路对地以及输入电路与输出电路间的绝缘电阻应不小于1MΩ。绝缘电阻只作为绝缘强度试验参考。

（2）绝缘强度。逆变器的输入电路对地、输出电路对地以及输入电路对输出电路应承受50Hz的正弦交流电压1min，试验电压的方均根值见表6-15，不击穿，不飞弧，漏电流小于20mA。

表6-15　　绝缘强度试验电压

额定电压 U_n /V	试验电压/V
$U_n \leqslant 60$	1000
$60 < U_n \leqslant 300$	2000
$300 < U_n \leqslant 690$	2500
$690 < U_n \leqslant 800$	3000
$800 < U_n \leqslant 1000$	3500
$1000 < U_n \leqslant 1500$*	3500

*仅指直流。

注：1. 整机绝缘强度按上述指标仅能试验一次。用户验收产品时如需要进行绝缘强度试验，应将上列试验电压降低25%进行。

2. 不带隔离变压器的逆变器不需要进行输入电路对输出电路的绝缘强度测试。

试验电压应从零开始，以每级为规定值的5%的有级调整方式上升至规定值后，持续 1min。

8. 外壳防护等级

应符合 GB 4208《外壳防护等级（IP 代码）》规定。户内型应不低于 IP21；户外型应不低于 IP65。

9. 最大功率跟踪（MPPT）控制功能

（1）最大功率最佳工作点。光伏组件的输出是随太阳辐射强度和光伏组件自身温度（芯片温度）而变化的。由于光伏组件具有电压随电流增大而下降的特性，存在能获取最大功率的最佳工作点。

（2）最大功率跟踪控制。太阳辐射强度是变化的，最佳工作点也是在变化的。相对于太阳辐射强度的变化，始终让光伏组件的工作点处于最大功率点，系统始终从光伏组件获取最大功率输出，即为最大功率跟踪控制。

在不同的光照强度下，硅太阳能光伏方阵具有如图 6-51 所示的伏安特性曲线，说明光伏组件既非恒压源，也非恒流源，而是一种非线性直流电源。太阳能光伏方阵的伏安特性曲线与负载特性曲线 L 的焦点 A、B、C、D、E 即为光伏系统的工作点，如能使工作点移至光伏阵列伏安曲线的最大功率点 A'、B'、C'、D'、E' 上，就可最大限度提高光伏阵列的能量利用率。

（3）光伏组件的特性曲线。当负载特性与光伏方阵特性的交点在阵列最大功率点相应电压 U_m 左侧时，MPPT 的作用是使交点处的电压升高；而当交点在阵列最大功率点相应电压 U_m 右侧时，MPPT 的作用是使交点处的电压下降，如图 6-52 所示。

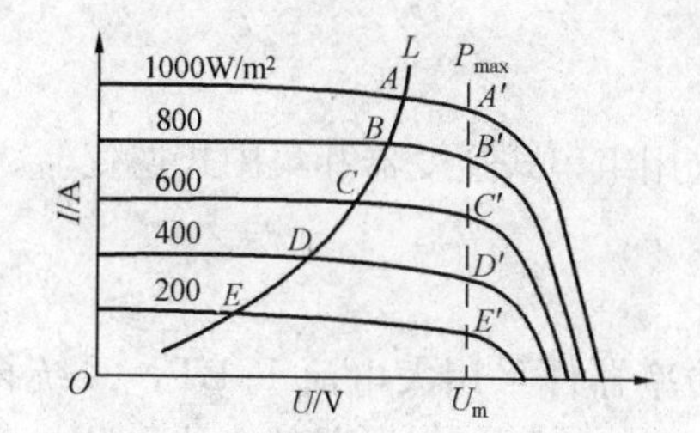

图 6-51　太阳能光伏方阵的伏安特性及工作点

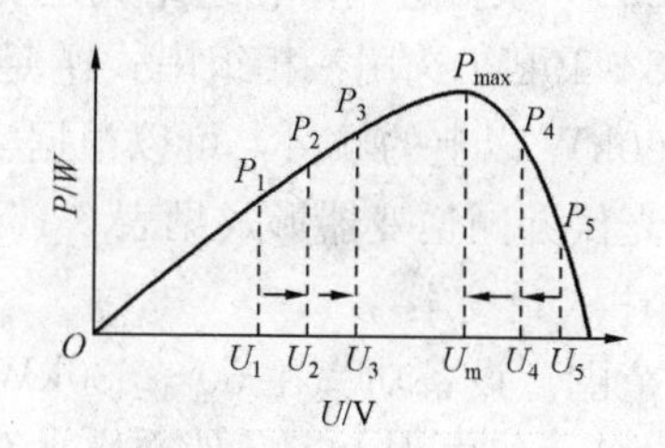

图 6-52　最大功率点控制过程

光伏组件的特性曲线可以分成 3 个工作区，分别是电流源区、电压源区和最大功率点。MPPT 控制首先要根据采集光伏组件的工作电压和功率，判断其运行在那个工作区，然后根据不同的工作区采取不同的控制修改指令的方法。

当检测工作点在电流源区时就增加设定的 U_{max} 值，当检测工作点在电压源区时就减小设定的 U_{max} 值，然后根据所得的 U_{max} 值生成 PWM 控制脉冲。

$$\frac{\Delta P}{\Delta U}\begin{cases} >0 & \text{电流源特性} \\ =0 & \text{最大功率点} \\ <0 & \text{电压源特性} \end{cases}$$

太阳能光伏方阵的伏安特性及 MPPT 如图 6-53 所示。

10. 孤岛监测功能

一个性能完善的光伏并网发电系统，需要各种保护措施保证用户的人身安全，同时防止设备因意外而造成的损坏。由于光伏发电系统和电网并联工作，因此光伏发电系统需要及时监测出电网故障并切断其与电网的连接。如果不能及时发现电网故障，就会出现光伏发电系统仍向局部电网供电的情形，从而使本地负载仍处于供电状态，造成设备损坏和人员伤亡，这种现象被称为孤岛效应。

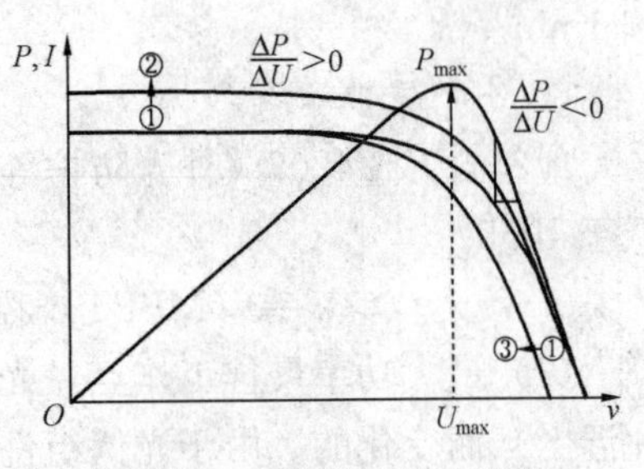

图 6-53　太阳能光伏方阵的伏安特性及 MPPT

孤岛效应检测方法有被动检测方法和主动式检测方法。

三、应用

1. 并网要求

国家电网对分布式光伏电站要求如下：

(1) 单个并网点小于 6MW，年自发自用电量大于 50%。

(2) 8kW 以下可接入 220V。

(3) 8～400kW 可接入 380V。

(4) 400kW～6MW 可接入 10kV。

2. 逆变器型式

根据逆变器的特点，光伏电站逆变器选型方法如下：

(1) 220V 项目选用单相组串式逆变器。

(2) 8～40kW 选用三相组串式逆变器。

(3) 50kW 以上的项目，可以根据实际情况选用组串式逆变器和集中式逆变器。

各种光伏并网逆变器形式见表 6-16。

3. 集中式逆变器

(1) 范围。设备功率在 50～630kW 之间，功率器件采用大电流 IGBT，系统拓扑结构采用 DC-AC 一级电力电子器件变换，有全桥逆变、工频隔离变压器的方式，防护等级一般为 IP20。体积较大，室内立式安装。

(2) 应用。集中式逆变器一般用于日照均匀的大型厂房、荒漠电站、地面电站等大型发电系统中，系统总功率大，一般是兆瓦级以上。

(3) 优势。

1) 逆变器数量少，便于管理。

2) 逆变器元器件数量少，可靠性高。

3) 谐波含量少，直流分量少电能质量高。

4) 逆变器集成度高，功率密度大，成本低。

5) 逆变器各种保护功能齐全，电站安全性高。

6) 有功率因素调节功能和低电压穿越功能，电网调节性好。

(4) 缺点。

1) 直流汇流箱故障率较高，影响整个系统。

2) 集中式逆变器 MPPT 电压范围窄，一般为 450～820V，组件配置不灵活。在阴雨天，

表 6-16 光伏逆变器形式

逆变器类型	集中式	组串式	多 MPPT 式	微型逆变器
输出功率	一般 10～500kW	一般 1～30kW	一般小于 20kW	一般小于 1kW
适用电压	三相 380V	单相 220V 或三相 380V	单相 220V 或三相 380V	单相 220V
适用范围	要求建筑表面的安装场地形状规则，日照均匀，无遮挡物，各光伏组串组件规格一致	适用于各种建筑光伏系统，各光伏组串安装朝向不同、规格不同	适用于各种建筑光伏系统，各光伏组串安装朝向不同，规格不同	适用于各种建筑光伏系统，每块光伏组件连接一个逆变器
方案图示	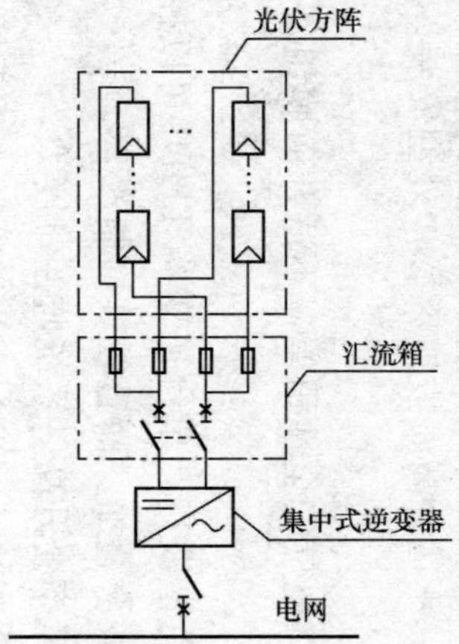 光伏方阵 汇流箱 集中式逆变器 电网	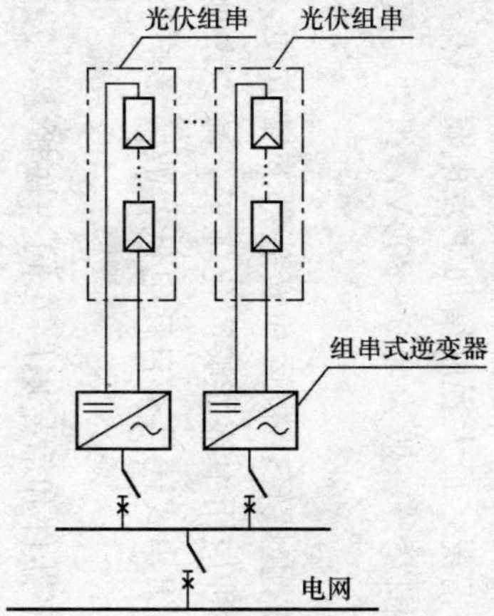 光伏组串 光伏组串 组串式逆变器 电网	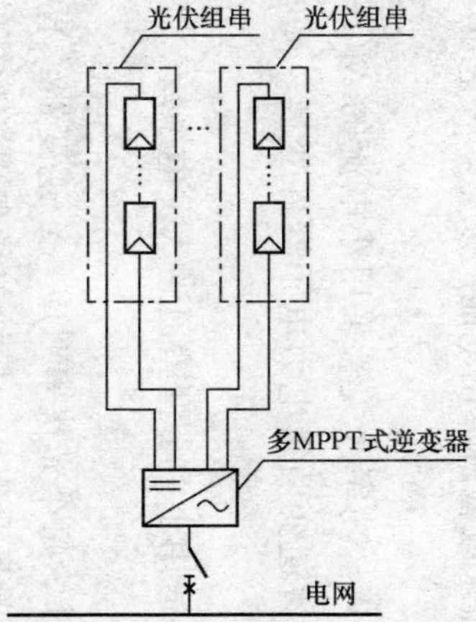 光伏组串 光伏组串 多MPPT式逆变器 电网	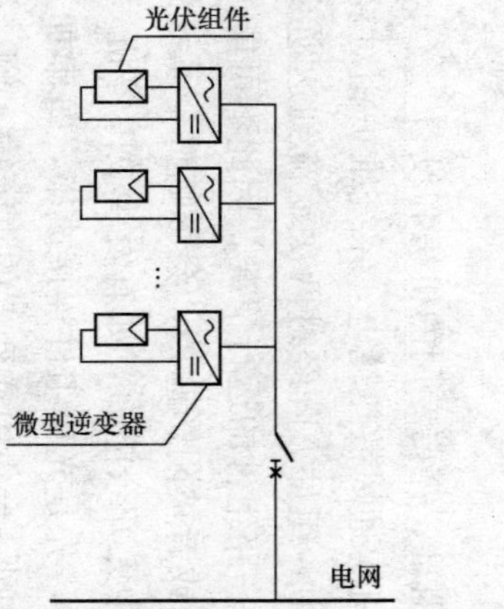 光伏组件 微型逆变器 电网
系统特点	1. 各光伏组串的不区配或遮影会影响到系统效率，难以同时实现各组串的 MPPT 功能。 2. 系统无冗余能力。 3. 直流侧需较多直流电缆。 4. 集中并网，便于管理	1. 每路光伏组串的逆变器都可实现各自 MPPT 功能，整体效率不受组串间差异影响。 2. 系统具有一定的冗余运行能力。 3. 可分散就近并网，减少直流电缆使用。 4. 为便于管理，对通信系统要求较高	1. 兼具集中式和组串式特点。 2. 不同额定值、不同安装条件的组串连接在同一个逆变器的不同 MPPT 转入回路上，每一组串都可以同时实现各自 MPPT 功能。 3. 相对组串式，可减少逆变器应用数量	1. 针对每块组件实现 MPPT 功能。 2. 环境适应性能，对组件一致性要求低。 3. 直流侧布线简单，无需汇流设备。 4. 系统冗余运行能力强，扩展方便。 5. 接入点多，对电能质量有一定影响

注：光伏逆变器根据其产品技术特点、原理构成、应用范围等有不同的分类方式。本表以逆变器适于光伏组件接入的不同方式进行分类。

雾气多的部区，发电时间短。

3）逆变器机房安装部署困难、需要专用的机房和设备。

4）逆变器自身耗电以及机房通风散热耗电，系统维护相对复杂。

5）集中式并网逆变系统中，组件方阵经过两次汇流到达逆变器，逆变器最大功率跟踪功能（MPPT）不能监控到每一路组件的运行情况，因此不可能使每一路组件都处于最佳工作点，当有一块组件发生故障或者被阴影遮挡，会影响整个系统的发电效率。

6）集中式并网逆变系统中无冗余能力，如有发生故障停机，整个系统将停止发电。

主要用在大型光伏系统中，先是光伏组件连接成串，每串加上二极管，再将这些组串并行连接，然后正负直接连接到同一台集中逆变器的直流输入侧。

集中式并网逆变器功率大的使用三相的IGBT功率模块，功率较小的使用场效应晶体管，同时使用DSP转换控制器来改善所产出电能的质量，使它非常接近于正弦波电流。

4. 组串逆变

（1）功率。功率小于30kW，功率开关管采用小电流的MOSFET，拓扑结构采用DC-DC-BOOST升压和DC-AC全桥逆变两级电力电子器件变换，防护等级一般为IP65。体积较小，可室外臂挂式安装。

（2）应用。组串式逆变器适用于中小型屋顶光伏发电系统、小型地面电站。

（3）优势。

1）逆变器采用模块化设计，每个光伏串对应一个逆变器，直流端具有最大功率跟踪功能，交流端并联并网，其优点是不受组串间模块差异和阴影遮挡的影响，同时减少光伏组件最佳工作点与逆变器不匹配的情况，最大程度增加了发电量。

2）逆变器MPPT电压范围宽，一般为250～800V，组件配置更为灵活。在阴雨天，雾气多的部区，发电时间长。

3）并网逆变器的体积小、重量轻，搬运和安装都非常方便，不需要专业工具和设备，也不需要专门的配电室，在各种应用中都能够简化施工、减少占地，直流线路连接也不需要直流汇流箱和直流配电柜等。组串式还具有自耗电低、故障影响小、更换维护方便等优势。

（4）缺点。

1）电子元器件较多，功率器件和信号电路在同一块板上，设计和制造的难度大，可靠性稍差。

2）功率器件电气间隙小，不适合高海拔地区。户外型安装，风吹、日晒很容易导致外壳和散热片老化。

3）不带隔离变压器设计，电气安全性稍差，不适合薄膜组件负极接地系统，直流分量大，对电网影响大。

4）多个逆变器并联时，总谐波高，单台逆变器THDI可以控制到2%以上，但如果超过40台逆变器并联时，总谐波会叠加。而且较难抑制。

5）逆变器数量多，总故障率会升高，系统监控难度大。

6）没有直流断路器和交流断路器，没有直流熔断器，当系统发生故障时，不容易断开。

7）单台逆变器可以实现零电压穿越功能，但多机并联时，零电压穿越功能、无功调节、有功调节等功能实现较难。

（5）普通组串逆变。组串逆变器已成为现在国际市场上最流行的逆变器，光伏组件连接成串，每个组串（1～5kW）都连接到一台指定的逆变器上，每个组串并网逆变器都有独立的最大功率跟踪单元（MPPT）。

许多大型光伏电厂使用组串逆变器。优点是不受组串间模块差异和遮影的影响，同时减少了光伏组件最佳工作点与逆变器不匹配的情况，从而增加了发电量。技术上的优势不仅降低了系统成本，也增加了系统的可靠性。同时，在组串间引入“主—从”的概念，使得在系统在单串电能不能使单个逆变器工作的情况下，将几组光伏组串联系在一起，让其中一个或几个工作，从而产出更多的电能。

几个逆变器相互组成一个“团队”来代替“主—从”的概念，使得系统的可靠性又进了一步。目前，无变压器式组串逆变器已占了主导地位。

(6) 多组串逆变。多组串逆变技术在保留了组串逆变技术的优点上，通过一个共同的逆变桥将多个组串通过直流升压器连接起来，并实现最大功率跟踪，是有效且成本低的解决方案。

多组串技术可以有效连接安装不同朝向（南方、东方、西方）的组件，也可以根据不同的发电时间实现最优化的转换效率。多组串逆变适用于安装在3～10kW的中等规模电站系统中。

5. 微型逆变器

(1) 组成。微型逆变器光伏并网发电系统的主要由五个部分组成：光伏电池板组件、光伏组件安装支架、微型光伏并网逆变器、交流并网线缆及其配件、交流配电箱。

光伏组件接入到微型逆变器后转换为交流输出，微型逆变器并接到带有多个T型节点的交流总线上，交流总线接入到交流防雷配电柜，然后接入AC220V/50Hz单相交流低压电网。

交流防雷配电箱中安装的部件包括：接地电涌保护器、总线和支路空气开关、电量计量表、系统监控单元（SMU）。

系统监控单元通过电力线载波通信方式和系统中的所有微型逆变器进行实时通信，以监控逆变器的运行状态和工作参数，并通过以太网将数据发送到云端服务器中进行。用户可以通过网页访问到云端服务器以了解到系统的运行状态。

(2) 模块化。微型逆变器技术提出将逆变器直接与单个光伏组件集成，为每个光伏组件单独配备一个具备交直流转换功能和最大功率点跟踪功能的逆变器模块，将光伏组件发出的电能直接转换成交流电能供交流负载使用或传输到电网。

微型逆变器直接与光伏组件相连，将光伏组件发出的电能直接传输到电网或供本地负载使用，多个微型逆变器直接并联接入电网，各个微型逆变器和光伏组件之间相互没有任何影响，单个模块失效也不会对整个系统产生影响。

将微型逆变器技术与电力线载波通信技术相结合，通过电网交流母线就可以采集各个微型逆变器和光伏组件的输出功率和状态信息，很方便地实现整个系统的监控，同时不需要额外的通信线路，对系统连线没有任何负担，极大地简化了系统结构。

(3) 优势。与传统的集中式逆变器或组串式逆变器比较，微型逆变器并网系统具有以下一些明显的优点：

1) 微逆逆变器系统会对每一块光伏组件进行独立的MPPT（最大功率点跟踪），从而可以避免因为阴影、光照不均匀、组件之间的参数不匹配等因素带来的能量损失。通常可增加 5%～25%的系统发电量。

2）系统没有高压直流电，避免潜在的电弧引起的火灾风险，以及高压对人体的伤害。

3）系统中不需要高压直流断路器等昂贵的高压直流设备，减少成本。

4）模块化结构，每两个光伏组件和一个逆变器为一个最小模组，用户可以根据实际需要增加安装容量，系统设计方便灵活。

5）易于扩展，日后就可以简单灵活地增加任意数量的光伏组件。

6）没有单点故障。和集中式逆变器不同，如果有一块光伏组件或组件后的微逆不正常，整个太阳能系统的其余部分不会受到任何影响，仍可以正常运行，冗余性更高。

7）可以对每块光伏组件的电压电流功率实施监控，便于维护和故障定位。

6. 电源优化器

（1）应用。采用电源优化器技术和分布式 MPPT 的太阳能光伏方阵中，每个电池板连接了一个电源优化器装置，如图 6-54 所示。

（2）优势。电源优化器利用分布式电路尽量提高每一模块的发电量，而且还可调整每一排光电版的电压和电流，直至全部取得平衡，以免系统出现失配。

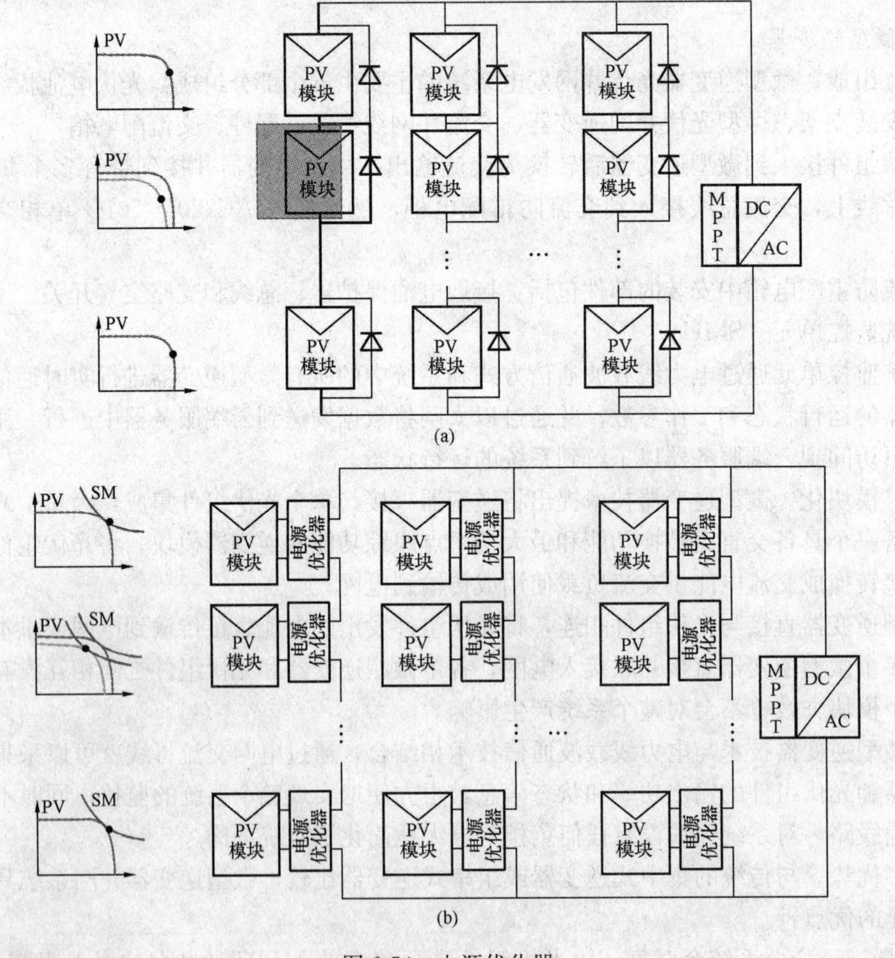

图 6-54　电源优化器

（a）遮挡；（b）电源优化器安装

电源优化器进行双重跟踪：跟踪最佳的局部 MPP 和将输入电压/电流转换为不同的输出电压/电流，以最大限度地提高系统中的能源传输。

电源优化器以间接的方式互相通信，具有认知和自我组织能力，能检测自身的电流、电压环境并自我调整，直到整行达到最佳值，同时在电池板级别达到局部优化点。

电源优化器架构与现有的多级逆变器兼容，总线电压可以保持更高更恒定，使它们更高效地运行。

（3）不足。电源优化器设计方法的不同造成提高效果不同。

1）当调整某一受损串内模块的 MPPT 时，部分模块的电压需要下调，另一部分需要调升，这个升/降压架构的优点是可以提高能量收集量，并提供最有效的设计方法。

2）只提供降压功能，虽然从电源转换效率的角度看，这个设计可以发挥较高的效率，但能量收集量未必能相应提高。

3）只提供升压功能，其优点是可将模块的电压提高至与直流线路电压相等的水平，但缺点是电流较高以及输入电压范围较小，因此，较难在有阴影的情况下充分发挥系统的性能。

7. 不同逆变器应用的比较

不同逆变器的接线示意如图 6-55 所示。

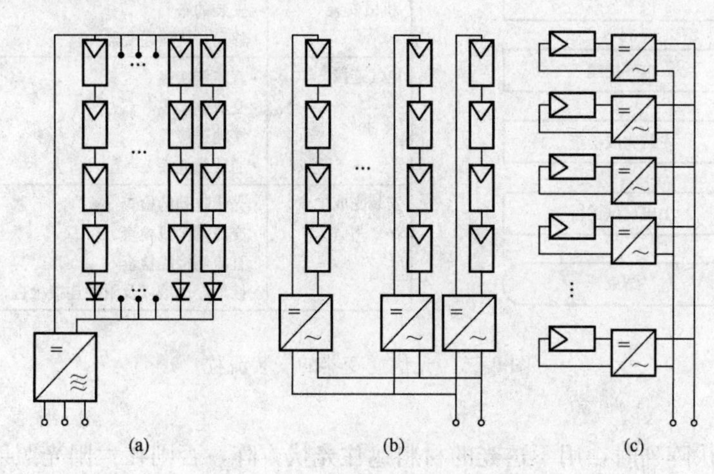

图 6-55　不同逆变器的接线
（a）集中；（b）组串；（c）微型（组件）

不同逆变器应用的比较见表 6-17。

表 6-17　　不同逆变器应用的比较

逆变器类型	集中式	组串式	微型（组件）
容量	10kW～1MW	600W～10kW	1kW 以下
接入形式	光伏方阵	光伏组串	光伏组件
MPPT 功能	方阵的最大功率点	组串的最大功率点	组件的最大功率点
遮挡影响	大	中	小
直流电缆	用量大	用量较少	基本不使用

续表

投资成本	低	中	高
使用条件	日照均匀的地面光伏电站 大型 BAPV	各类地面光伏电站 BAPV/BIPV	1kW 以下的光伏系统
安装	困难	简便	简便
更换	困难	方便	方便

四、安装

1. 安装流程

光伏逆变器的安装流程如图 6-56 所示。

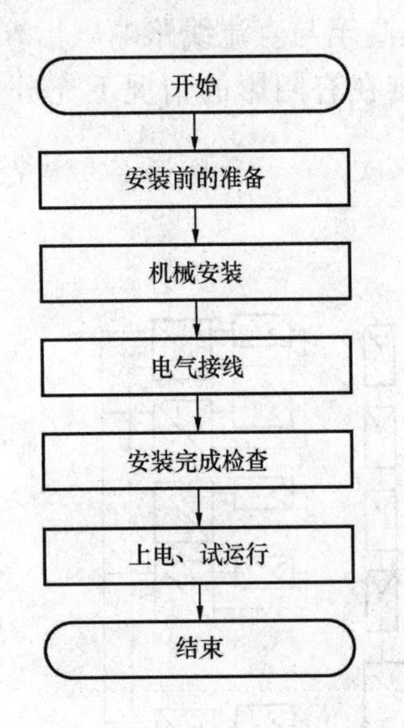

安装步骤	安装说明
安装前准备	安装前需要完成的准备工作: ·产品配件是否齐全 ·安装工具以及零件是否齐全 ·安装环境是否符合要求
机械安装	·安装的布局 ·移动、运输逆变器
电气连接	·直流侧接线 ·交流侧接线 ·接地连接 ·通信线连接
安装完成检查	·光伏阵列的检查 ·交流侧接线检查 ·直流侧接线检查 ·接地、通信以及附件连接检查

图 6-56　光伏逆变器的安装流程

2. 准备

白天安装光伏阵列时，用不透光的材料遮住光伏方阵，否则在太阳光照射下，光伏方阵将产生高电压。

在进行电气连接前，务必确保直流侧断路器和交流侧断路器处于断开状态。在检查或维修前，务必用万用表测量本设备直流侧与交流侧电压，确保在直流侧和交流侧无电压情况下进行操作。

具有防护等级 IP65 的逆变器可安装至室外。

逆变器避免安装在阳光直射处，否则，可能导致逆变器内部温度偏高而降额运行，甚至温度过高引发逆变器温度故障。

选择的安装场地应足够坚固，能长时间支撑逆变器的重量。

逆变器安装场地需清洁，环境温度保持在－25℃～60℃。

逆变器安装在便于观察数据及维护的地方。

逆变器采用自然冷却方式，选择安装场地应保证逆变器与固定对象及邻近逆变器最小安装间距，以保证通风散热。

3. 安装

在选定的安装位置按照附件安装钣金的尺寸及形状钻孔。钻孔时，至少使用两个水平孔，两个竖直孔，如图 6-57 所示。

将安装支架与孔对准旋入螺栓，如图 6-58 所示。

图 6-57 钻孔

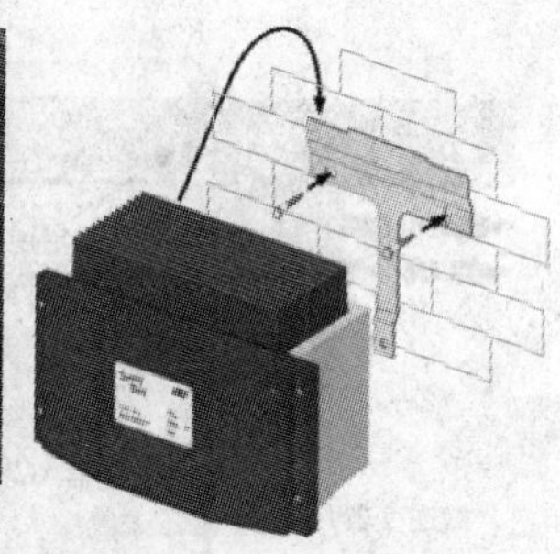

图 6-58 膨胀螺栓的安装

锁紧螺栓，至螺栓紧贴墙壁，如图 6-59 所示。

将逆变器从上往下悬挂在安装钣金上，如图 6-60 所示。

图 6-59 膨胀螺栓的安装

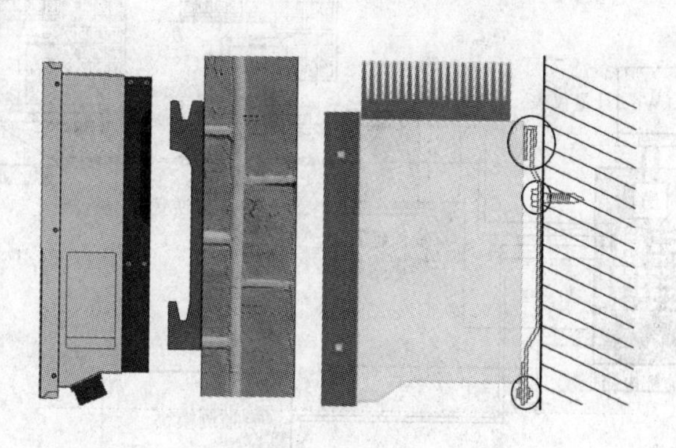

图 6-60 逆变器的安装

逆变器需垂直或是向后倾斜安装，最大倾斜角度为 10°，禁止向前倾斜，禁止水平安装，逆变器的安装高度需便于操作与读取液晶信息。

4. 直流侧接线

微型逆变器的接线如图 6-61 所示。

5. 交流侧接线

线缆连接时，必须为每个逆变器安装一个独立的交流断路器，确保逆变器过载时可以安全的与电网脱开。每路负载均需要单独保护。

在光伏发电系统中，逆变器可以通过熔断器与断路器并联到低压电网上。

(a)

(b)

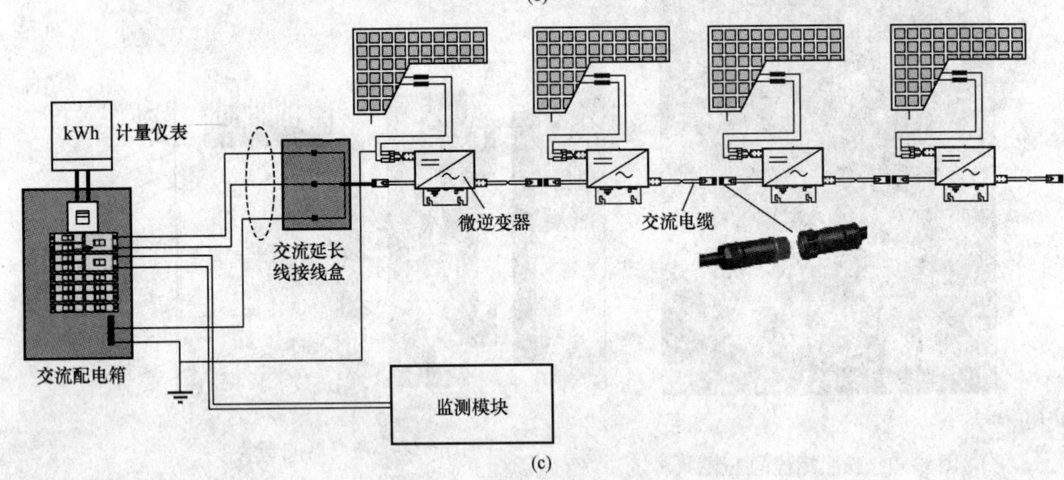

(c)

图 6-61　微型逆变器的应用

(a) 光伏组件的连接；(b) 光伏组件的接线；(c) 系统接线

6. 运行

在确保逆变器到电网正确连接、光伏阵列极性正确、交直流侧连接端子牢固的前提下，首先闭合交流侧断路器，后闭合直流侧断路器。

7. 工作模式

逆变器工作模式如图 6-62 所示。

五、选型

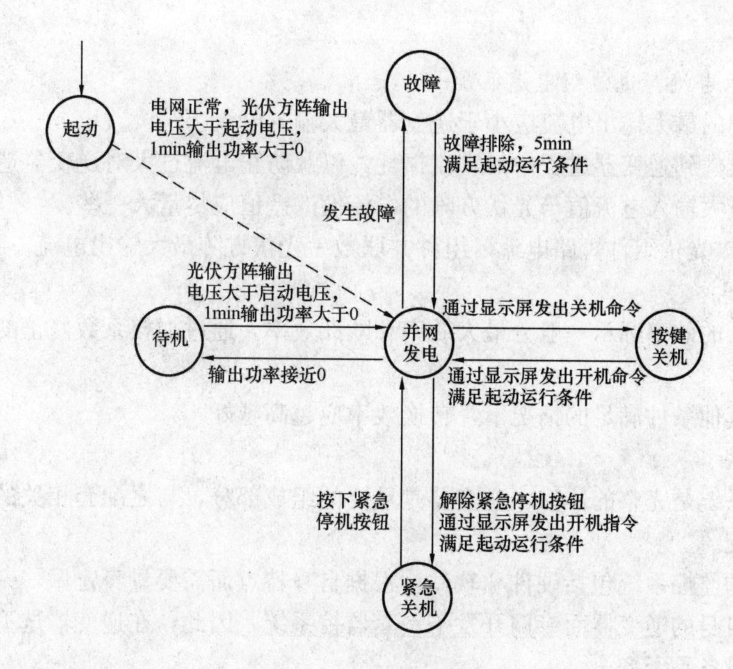

图 6-62 逆变器工作模式

1. 类型选择

并网逆变器主要分高频变压器型、低频变压器型和无变压器型三大类。根据所设计电站以及业主的具体要求，主要从安全性和效率两个层面来考虑变压器类型。表 6-18 是不同类型逆变器之间的对照表。

表 6-18　　逆变器特点对照表

类型	安全性	转换效率	成本价格	重量、尺寸
高频变压器型	中	低	中	中
低频变压器型	高	中	高	大
无变压器型	低	高	低	小

2. 容量匹配设计

并网系统设计中要求光伏方阵与所接逆变器的功率容量相匹配，一般的设计思路是

组件标称功率×组件串联数×组件并联数＝光伏方阵功率

在容量设计中，并网逆变器的最大输入功率应近似等于光伏方阵功率，以实现逆变器资源的最大化利用。

3. MPP 电压范围与光伏组件电压匹配

根据光伏组件的输出特性，光伏组件存在功率最大输出点，并网逆变器具有在特点输入电压范围内自动追踪最大功率点的功能，因此，光伏方阵的输出电压应处于逆变器 MPP 电压范围以内。

光伏组件电压×组件串联数＝光伏方阵电压

光伏方阵的标称电压近似等于并网逆变器 MPP 电压的中间值，这样可以达到 MPPT 的

最佳效果。

4. 最大输入电流与电池组电流匹配

电池组阵列的最大输出电流应小于逆变器最大输入电流。

为了减少组件到逆变器过程中的直流损耗，以及防止电流过大对逆变器造成过热或电气损坏，逆变器最大输入电流值与光伏方阵的电流值的差值应尽量大一些。

光伏组件短路电流×组件并联数＝光伏方阵最大输出电流

5. 转换效率

并网逆变器的效率标示一般分最大效率和欧洲效率，通过加权系数修正的欧洲效率更为科学。

逆变器在其他条件满足的情况下，转换效率应越高越好。

6. 配套设备

并网发电系统是完整的体系，逆变器是重要的组成部分，与之配套相关的设备主要是配电柜和监控系统。

并网电站的监控系统包括硬件和软件，根据自身特点而需要量身定做，一般大型的逆变器厂家都针对自身的逆变器而专门开发了一套监控系统，因此，在逆变器选型过程中，应考虑相关的配套设备是否齐全。

光伏并网逆变器执行开机操作时，需要检测设备的直流侧、交流侧是否具备并网条件。一般逆变器的自检单元构成如图 6-63 所示。

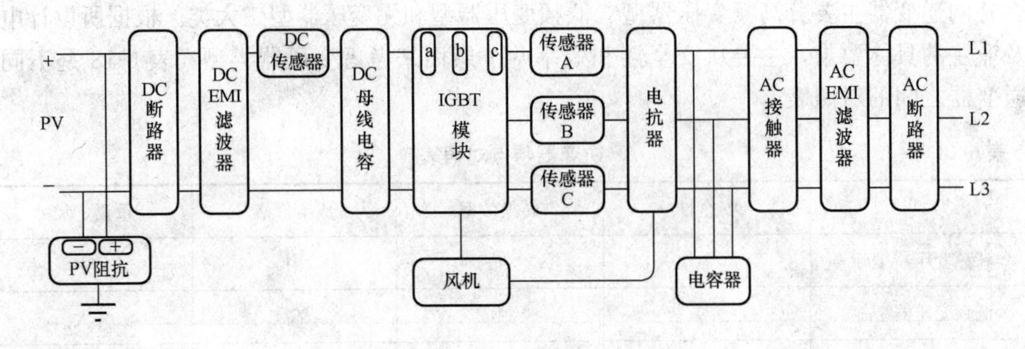

图 6-63　逆变器的自检单元构成

7. 负载特性

逆变器的选用，首先要考虑具有足够的额定容量，以满足最大负荷下设备对电功率的要求。当用电设备为纯阻性负载或功率因数大于 0.9 时，选取逆变器的额定容量为用电设备容量的 1.1～1.15 倍即可。

逆变器应具有抗容性和感性负载冲击的能力。对一般电感性负载，在启动时瞬时功率可能是其额定功率的 5～6 倍，此时，逆变器将承受很大的瞬时电涌。针对此类系统，逆变器的额定容量应留有充分的余量，以保证负载能可靠起动，高性能的逆变器可做到连续多次满负荷起动而不损坏功率器件。小型逆变器为了自身安全，有时需采用软起动或限流起动的方式。

逆变器还要有一定的过载能力。

（1）当输入电压与输出功率为额定值，环境温度为 25℃时，逆变器连续可靠工作时间应不低于 4h。

（2）当输入电压为额定值，输出功率为额定值的 125％时，逆变器安全工作时间应不低于 1min。

（3）当输入电压为额定值，输出功率为额定值的 150％时，逆变器安全工作时间应不低于 10s。

第七章　交流电气设备选型

第一节　交 流 配 电 柜

一、类型

1. 作用

交流配电柜是在太阳能光伏发电系统中，连接在逆变器与交流负载之间的接受和分配电能的电力设备。

光伏发电系统的管理及设备的安全，一般是通过交流配电柜来实现的。如图 7-1 所示。

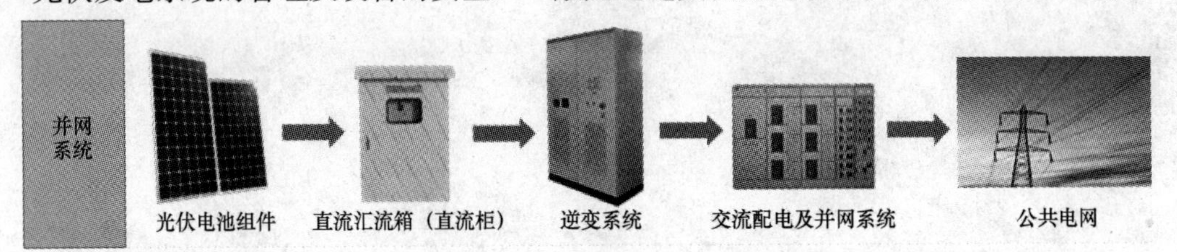

图 7-1　交流配电柜的作用

交流配电柜是用于实现逆变器输出电量的输出、监测、显示以及设备保护等功能的交流配电单元。

通过交流配电柜为逆变器提供输出接口，配置输出交流断路器直接并网（或供交流负载使用），在光伏发电系统出现故障需要维修时，不会影响到光伏发电系统和电网（或负载）的安全，同时也保证了维修人员的人身安全。

2. 组成

交流配电柜主要将多个逆变器的逆变输出汇流接线成一路或几路输出，然后并网接到 380V 低压电网。该柜含输入断路器、并网断路器、电涌保护器、计量电能表、交流电力仪表，对于光伏并网发电系统还需配置电能质量分析仪。示意图如图 7-2 所示。

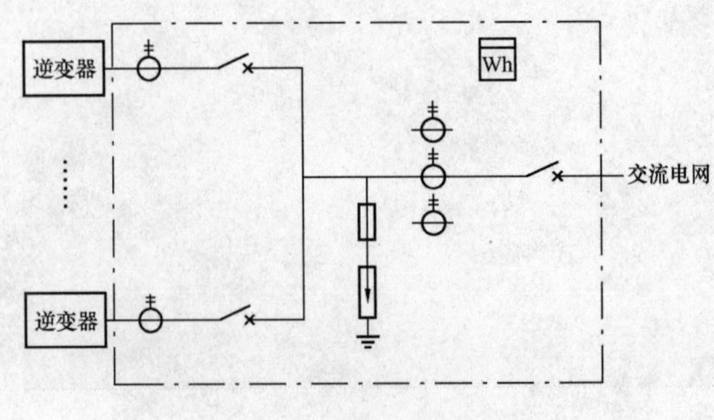

图 7-2　交流开关柜示意

3. 类型

（1）交流配电柜按照负荷功率大小分为大型配电柜和小型配电柜。中小型太阳能光伏发电系统一般采用低压供电和输送方式，选用低压配电柜就可以满足输送和电力分配的需要。大型光伏发电系统大都采用高压配供电装置和设施输送电力，并入电网，因此，要选用符合大型发电系统需要的高低压配电柜和升、降压变压器等配电设施。

（2）按照使用场所的不同，分为户内型配电柜和户外型配电柜。

（3）按照电压等级不同，分为低压配电柜和高压配电柜。

（4）金属封闭铠装式开关柜（用字母 K 来表示）主要组成部件（例如断路器、互感器、母线等）分别装在接地的用金属隔板隔开的隔室中的金属封闭开关设备。

金属封闭间隔式开关柜（用字母 J 来表示）与铠装式金属封闭开关设备相似，其主要电器元件也分别装于单独的隔室内，但具有一个或多个符合一定防护等级的非金属隔板。

金属封闭箱式开关柜（用字母 X 来表示）开关柜外壳为金属封闭式的开关设备。

敞开式开关柜，无保护等级要求，外壳有部分是敞开的开关设备。

二、性能要求

1. 检测

太阳能光伏发电系统的交流配电柜与普通交流配电柜大同小异，也要配置总电源开关，并根据交流负载设置分路开关，面板上要配置电压表、电流表，用于检测逆变器输出的单相或三相交流电的工作电压和工作电流等电路结构。如图 7-3 所示。

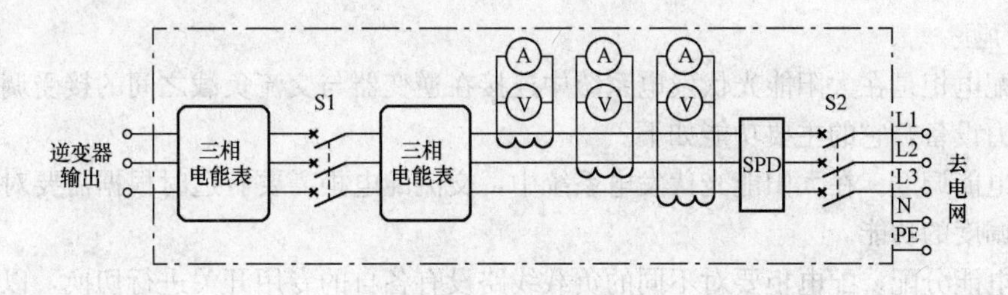

图 7-3 交流配电柜

2. 电涌保护器装置

太阳能光伏发电系统的交流配电柜中一般都接有电涌保护器装置，用来保护交流负载或交流电网免遭雷电破坏。电涌保护器一般接在总开关之后，如图 7-4 所示。

3. 发电和用电电能表

在可逆流的太阳能并网光伏发电系统中，除了正常用电计量的电能表之外，为了准确地计量发电系统馈入电网的电量（卖出的电量）和电网向系统内补充的电量（买入的电量），就需要在交流配电柜内另外安装两块电能表进行用电量和发电量的计量，如图 7-5 所示。

4. 防逆流检测保护装置

对于有些用户侧并网的光伏发电系统，原则上不允许逆流向电网送电，因此，在交流配电柜中还要接入一个叫“防逆流检测保护装置”的设备。其作用是当检测到光伏发电系统有多余的电能送向电网时，立即切断给电网的供电，当光伏发电系统发电量不够负载使用时，电网的电能可以向负载补充供电。

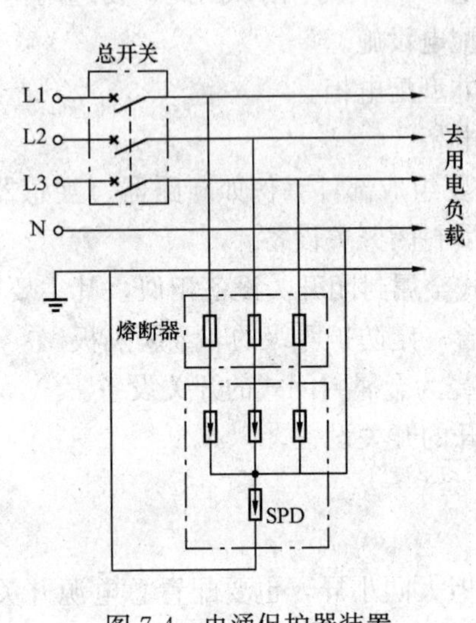

图 7-4 电涌保护器装置

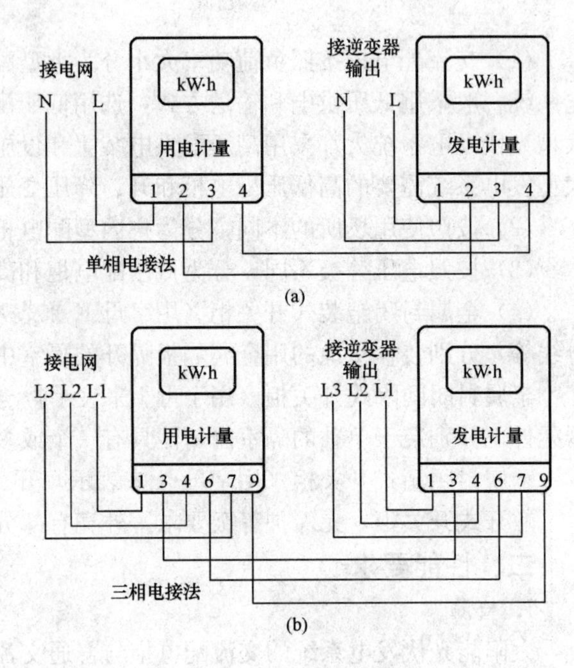

图 7-5 电能表接线

(a) 单相；(b) 三相

5. 功能

交流配电柜是在太阳能光伏发电系统中连接在逆变器与交流负载之间的接受调度和分配电能的电力设备，它的主要功能如下。

(1) 电能调度。在太阳能光伏发电系统中，交流配电柜需要有适时根据需要对各种电力资源进行调度的功能。

(2) 电能分配。配电柜要对不同的负载线路设有各自的专用开关进行切换，以控制不同负载和用户的用电量和用电时间。

(3) 保证供电安全。配电柜内设有防止线路短路和过载、防止线路漏电和过电压的保护开关和器件，如断路器、熔断器、漏电保护器和过电压继电器等，线路一旦发生故障，能立即切断供电，保证供电线路及人身安全。

(4) 显示参数和监测故障。配电柜要具有三相或单相交流电压、电流、功率和频率及电能消耗等参数的显示功能，以及故障指示信号灯、声光报警器等装置。

三、应用要求

无论是选购或者设计生产光伏发电系统用交流配电柜，都要符合下列各项要求。

(1) 造型和制造都要符合国标要求，配电和控制回路都要采用成熟可靠的电子线路和电力电子器件。

(2) 操作方便，运行可靠，双路输入时切换动作准确。

(3) 发生故障时能够准确、迅速切断事故电流，防止故障扩大。

(4) 在满足需要、保证安全性能的前提下，尽量做到体积小，重量轻、工艺好、制造成本低。

（5）当在高海拔地区或较恶劣的环境条件下使用时，要注意加强机箱的散热，并在设计时对低压电器元件的选用留有一定余量，以确保系统的可靠性。

（6）交流配电柜的结构应为单面或双面门开启结构，以方便维护、检修及更换电器元件。

（7）配电柜要有良好的保护接地系统。主接地点一般焊接在机柜下方的箱体骨架上，前后柜门和仪表盘等都应有接地点与柜体相连，以构成完整的接地保护，保证操作及维护检修人员的安全。

（8）交流配电柜还要具有负载过载或短路的保护功能。当电路有短路或过载等故障发生时，相应的断路器应能自动跳闸或熔断，断开输出。

第二节　交　流　电　缆

一、技术参数

1. 结构

电力电缆的基本结构由线芯（导体）、绝缘层、屏蔽层和保护层四部分组成，如图7-6所示。

（1）线芯。线芯是电力电缆的导电部分，用来输送电能，是电力电缆的主要部分。

（2）绝缘层。绝缘层是将线芯与大地以及不同相的线芯间在电气上彼此隔离，保证电能输送，是电力电缆结构中不可缺少的组成部分。

（3）屏蔽层。10kV及以上的电力电缆一般都有导体屏蔽层和绝缘屏蔽层。

（4）保护层。保护层的作用是保护电力电缆免受外界杂质和水分的侵入，以及防止外力直接损坏电力电缆。

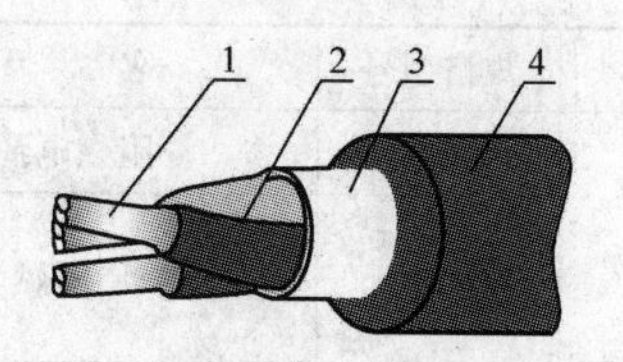

图7-6　电力电缆的基本结构
1—导体；2—绝缘；3—屏蔽层；4—外护层

2. 应用

（1）并网逆变器——交流防雷配电柜。

（2）交流防雷配电柜——升压变压器。

（3）升压变压器——电网接入点。

3. 要求

（1）电缆的截面选择要求电压损失小于2%。

（2）根据电压等级选择相对应的耐压等级。

（3）建筑光伏发电系统中电缆一般采用桥架敷设，对于大型光伏电站采用直埋或电缆沟敷设。

4. 常用电缆

常用电缆的型号与应用场所见表7-1。

5. 特种电缆

特种电缆的型号与应用场所见表7-2。

表 7-1　　常用电缆型号与应用场所

分类	规格型号	名　称	使用范围
电力电缆	VV VLV	聚氯乙烯绝缘聚氯乙烯护套	敷设在室内、隧道及管道中，电缆不能承受机械外力作用
	VY VLY	聚乙烯护套电力电缆	
	VV22 VLV22 VV23 VLV23	聚氯乙烯绝缘聚氯乙烯聚乙烯护套钢带铠装电力电缆	敷设在室内、隧道内直埋土壤，电缆能承受机械外力作用
	VV32 VLV32 VV33 VLV33 VV42 VLV42 VV43 VLV43	聚氯乙烯绝缘聚氯乙烯聚乙烯护套钢丝铠装电力电缆	敷设在高落差地区，电缆能承受机械外力作用及相当的拉力
	YJV YJLV	交联聚乙烯绝缘聚氯乙烯聚乙烯护套电力电缆	敷设在室内、隧道及管道中，电缆不能承受机械外力作用
	YJV22 YJLV22 YJV23 YJLV23	交联聚乙烯绝缘聚氯乙烯聚乙烯护套钢带铠装电力电缆	敷设在室内、隧道内直埋土壤，电缆能承受机械外力作用
	YJV32 YJLV32 YJV33 YJLV33 YJV42 YJLV42 YJV43 YJLV43	交联聚乙烯绝缘聚氯乙烯聚乙烯护套钢丝铠装电力电缆	敷设在高落差地区，电缆能承受机械外力作用及相当的拉力

表 7-2　　特种电缆型号与应用场所

分类	规格型号	名　称	使用范围
阻燃型	ZR-X	阻燃电缆	敷设在对阻燃有要求的场所
	GZR-X GZR	隔氧层阻燃电缆	敷设在阻燃要求特别高的场所
	WDZR-X	低烟无卤阻燃电缆	敷设在对低烟无卤和阻燃有要求的场所
	GWDZR GWDZR-X	隔氧层低烟无卤阻燃电缆	电缆敷设在要求低烟无卤阻燃性能特别高的场所
耐火型	NH-X	耐火电缆	敷设在对耐火有要求的室内、隧道及管道中
	GNH-X	隔氧层耐火电缆	除耐火外要求高阻燃的场所
	WDNH-X	低烟无卤耐火电缆	敷设在有低烟无卤耐火要求的室内、隧道及管道中
	GWDNH GWDNH-X	隔氧层低烟无卤耐火电缆	电缆除低烟无卤耐火特性要求外，对阻燃性能有更高要求的场所
防水	FS-X	防水电缆	敷设在地下水位常年较高，对防水有较高要求的地区
耐寒	H-X	耐寒电缆	敷设在环境温度常年较低，对抗低温有较高要求的地区
环保	FYS-X	环保型防白蚁、防鼠电缆	用于白蚁和鼠害严重地区以及有阻燃要求地区的电力电缆、控制电缆

6. 选用

(1) 绝缘。

1) 移动式电气设备等需经常移动或有较高柔软性要求的回路，应使用橡皮绝缘电缆。

2) 放射线作用场所，应按绝缘类型要求选用交联聚乙烯、乙丙橡皮绝缘电缆。

3) 60℃以上高温场所，应按经受高温及其持续时间和绝缘类型要求，选用耐热聚氯乙烯、普通交联聚乙烯、辐射式交联聚氯乙烯或乙丙橡皮绝缘等适合的耐热型电缆：60～

100℃以上高温环境，宜采用矿物绝缘电缆。高温场所不宜用聚氯乙烯绝缘电缆。

4）−20～60℃低温环境，应按低温条件和绝缘类型要求，选用油浸纸绝缘类或交联聚乙烯、聚乙烯绝缘、耐寒橡皮绝缘电缆。低温环境下不宜用聚氯乙烯绝缘电缆。

5）有低毒难燃性防火要求场所，可采用交联聚乙烯、聚乙烯或乙丙橡皮等绝缘不含卤素的电缆。防火有低毒性要求时，不宜用聚氯乙烯电缆。

（2）外护层。

1）交流单相回路的电力电缆，不得有未经非磁性处理的金属带、钢丝铠装。

2）直埋敷设电缆的外护层选择，应符合下列规定：①电缆承受较大压力或有机械操作危险时，应有加强层或钢带铠装。②在流砂层、回填土地带等可能出现位移的土壤中，电缆应有钢丝铠装。③白蚁严重危害且塑料电缆未有尼龙外套时，可采用金属套或钢带铠装。

3）空气中固定敷设电缆时的外护层选择，应符合下列规定：①油浸纸绝缘铅套电缆直接在臂式支架上敷设时，应具有钢带铠装。②小截面积塑料绝缘电缆直接在臂式支架上敷设时，应具有钢带铠装。③在地下客运、商业设施等安全性要求高而鼠害严重场所，塑料绝缘电缆可具有金属套或钢带铠装。④电缆位于高落差的受力条件需要时，可含有钢丝铠装。⑤敷设在梯架或托盘等支承密接的电缆，可不含铠装。⑥高温60℃以上场所采用聚乙烯等耐热外套的电缆外，宜用聚氯乙烯外套。⑦严禁在封闭式通道内使用纤维外被的明敷电缆。

二、选型

1. 按载流量选择电缆

导线正常发热温度不得超过导线额定负荷时的最高允许温度。按发热条件选择三相系统中的相线截面时，应使其允许载流量 I_{al} 不小于通过相线的计算电流 I_{30}，即

$$I = K_{\theta} K_{F} I_{al} > I_{30}$$

式中：I_{30} 为线路的计算电流。对降压变压器高压侧的导线，I_{30} 取变压器额定一次电流 $I_{1N.T}$，对电容器的引入线，考虑电容器充电时有较大的涌流，I_{30} 应取电容器额定电流 $I_{N.C}$ 的1.35倍；I_{al} 为电缆的允许载流量。即在规定的环境温度条件下，导线长期连续运行所达到的稳定温升温度不超过允许值的最大电流。

同一导线截面，在不同的敷设条件下其允许载流量是不同的，甚至相差很大。如果电缆敷设地点的环境温度与导线允许载流量所采用的环境温度不同时，则导线的允许载流量应乘以温度校正系数 K_{θ}。

$$K_{\theta} = \sqrt{\frac{\theta_{al} - \theta'_{0}}{\theta_{al} - \theta_{0}}}$$

式中：θ_{al} 为导线额定负荷时的最高允许温度，℃；θ_{0} 为导线的允许载流量所采用的环境温度，℃；θ'_{0} 为导线敷设地点实际的环境温度，℃。

环境温度是按发热条件选择导线和电缆的特定温度。环境温度的取值一般为：在室外，取当地最热月平均最高气温；在室内，则取当地最热月平均最高气温加5℃；对土壤中直埋的电缆，则取当地最热月地下0.8～1m的土壤平均温度，也可近似地取为当地最热月平均气温。

导线或电缆在空气或土壤中敷设多根并列敷设或穿管敷设时，对允许载流量应进行相应的校正，其修正系数 K_{F} 见表7-3。

表 7-3　　　　电缆多根埋设并列埋设时的电流修正系数

电缆外皮间距/mm \ 电缆根数	1	2	3	4	5	6	7	8
100	1	0.90	0.85	0.80	0.78	0.75	0.73	0.72
200	1	0.92	0.87	0.84	0.82	0.81	0.80	0.79
300	1	0.93	0.90	0.87	0.86	0.86	0.85	0.84

2. 按允许电压损失选择截面

(1) 电压损失。由于线路阻抗的存在，当电流通过线路时就会产生电压损失（又称电压损耗）。所谓电压损失，是指线路首末端线电压的代数差，如图 7-7 所示。

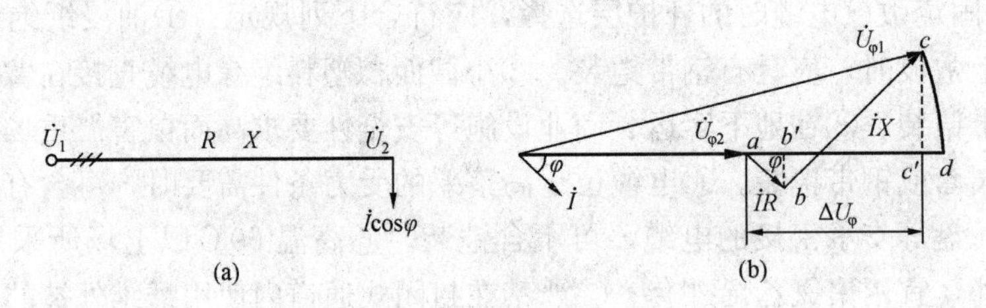

图 7-7　放射式接线

(a) 示意图；(b) 相量图

计算电压降为

$$\Delta U = U_1 - U_2$$

如以百分值表示，则

$$\Delta U\% = \frac{U_1 - U_2}{U_N} \times 100\%$$

为保证供电质量，高低压输配电线路电压损失一般不超过线路额定电压的 5%（即 $\Delta U\% \leqslant 5\%$）；对视觉要求较高的照明线路，$\Delta U\% \leqslant 2\%$。如果线路的电压损耗值超过了允许值，应适当加大导线的截面，减小配电线路的电压降，以满足用电设备的要求。

如图 7-7（a）所示，设三相功率为 P，线电流为 I，功率因数为 $\cos\varphi$，线路电阻为 R，电抗为 X，线路首端的相电压为 $U_{\varphi 1}$，末端的相电压为 $U_{\varphi 2}$。以末端电压为参考轴作出的相量图如图 7-7（b）所示，则线路的线电流为 $I = \dfrac{P}{\sqrt{3}U_N\cos\varphi}$。

由图 7-7b 可知，线路的相电压损失为

$$\Delta U_\varphi \approx ac' = ab' + b'c' = IR\cos\varphi + IX\sin\varphi = I(R\cos\varphi + X\sin\varphi)$$

换算成线电压损失为

$$\Delta U = \sqrt{3}\Delta U_\varphi = \sqrt{3}I(R\cos\varphi + X\sin\varphi) = \frac{PR + QX}{U_N}$$

若以百分值表示，则为

$$\Delta U\% = \frac{\Delta U}{1000U_N} \times 100\% = \frac{PR + QX}{10U_N^2}$$

如果一条线路带有多个集中负荷，如图 7-8 所示。已知每段线路的负荷及阻抗，则可根据式分别求出各段线路的电压损失，线路总的电压损失即为各段线路电压损失之和。

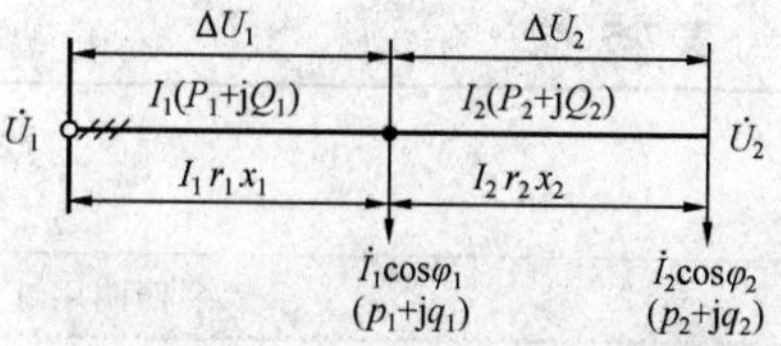

$$\Delta U\% = \frac{1}{10U_N^2}\sum_{i=1}^{n}(p_iR_i + q_iX_i)$$

图 7-8　一条线路带有多个集中负荷

式中：p_i 、q_i 为各个集中负荷点的有功功率和无功功率；R_i 、X_i 为从供电电源到各个集中负荷点的线路电阻、电感。

（2）选择电缆截面积。电压损失可以分解为两部分，即有功分量电压损失和无功分量电压损失两部分

$$\Delta U\% = \frac{1}{10U_N^2}\sum_{i=1}^{n}(p_iR_i + q_iX_i) = \Delta U_p\% + \Delta U_q\%$$

电压损失选择导线的截面时，不但要考虑有功负荷及电阻引起的电压损失 $\Delta U_p\%$ ，还应考虑无功负荷或电抗引起的电压损失 $\Delta U_q\%$ 。具体步骤如下：

1）确定导线单位电抗值。一般 6～10kV 的高压架空线路 x_0 ＝0.35～0.4Ω/km；6～10kV 的电缆线路 x_0 ＝0.07～0.08Ω/km。

2）计算无功电压损失。根据下式计算无功负荷或电抗引起的电压损失，即

$$\Delta U_q\% = \frac{1}{10U_N^2}\sum_{i=1}^{n}q_iX_i$$

3）计算有功电压损失。

$$\Delta U_p\% = \Delta U\% - \Delta U_q\%$$

4）计算导线截面。

$$S = \frac{100}{\gamma U_N^2 \Delta U_p\%}\sum_{i=1}^{n}p_iL_i$$

计算出导线的截面 S ，据此选出标准截面。根据所选截面校验电压损失、发热条件和机械强度。如不能满足要求，可适当加大所选截面，直到满足以上条件为止。

3. 按机械强度选择电缆截面积

用铝或铝合金制造的铝绞线、钢芯铝绞线敷设架空线路时，或绝缘铝线敷设在角钢支架上时，因铝材质轻软，机械应力强度低，容易断线，为此，规定了架空裸铝导线的最小截面见表 7-4，绝缘导线的线芯最小截面见表 7-5。

表 7-4　　架空裸导线的最小截面

导线种类	最小允许截面/mm²		备　注
	10kV 高压	低压	
铝及铝合金线	35	16	与铁路交叉跨越时应为 35mm²
钢芯铝线	25	16	

表 7-5 绝缘导线线芯的最小截面

敷设方式			线芯最小截面/mm^2	
			铜芯	铝芯
照明用灯头引下线			1.0	2.5
敷设在绝缘支持件上的绝缘导线，其支持点的间距	室内	$L<2m$	1.0	2.5
敷设在绝缘支持件上的绝缘导线，其支持点的间距	室外	$L<2m$	1.5	2.5
		$2m<L<6m$	2.5	4
		$6m<L<15m$	4	6
		$15m<L<25m$	6	10
穿管敷设，槽板，护套线扎头明敷；线槽			1.0	2.5
PE 线和 PEN 线	有机械保护时		1.5	2.5
	无机械保护时		2.5	4

4. 中性导体和保护导体截面积的选择

(1) 中性导体（N 线）截面的选择。三相四线制系统（TN 或 TT 系统）中的中性导体，正常情况下中性导体通过的电流仅为三相不平衡电流、零序电流及三次谐波电流，通常都很小，因此，中性导体的截面可按以下条件选择：

1) 一般三相四线制线路的中性导体截面 S_N，应不小于相线截面 S_ϕ 的 50%，即

$$S_N \geqslant \frac{1}{2}S_\phi$$

2) 由三相四线制线路引出的两相三线线路和单相线路，由于其中性导体电流与相线电流相等，因此，它们的中性导体截面 S_N 应与相线截面 S_ϕ 相等，即

$$S_N = S_\phi$$

3) 对于三次谐波电流相当突出的三相四线制线路，由于各相的三次谐波电流都要通过中性导体，使得中性导体电流可能接近甚至超过相电流，因此，这种情况下，中性导体截面 S_N 宜等于或大于相线截面 S_ϕ，即

$$S_N \geqslant S_\phi$$

(2) 保护导体（PE 线）截面的选择。正常情况下，保护导体不通过负荷电流，但当三相系统发生单相接地时，短路故障电流要通过保护导体，因此，保护导体要考虑单相短路电流通过时的短路热稳定度。保护导体（PE 线）截面 S_{PE}，按 GB 50054《低压配电设计规范》规定。

1) 当 $S_\phi \leqslant 16mm^2$ 时，$S_{PE} \geqslant S_\phi$。

2) 当 $16mm^2 < S_\phi \leqslant 35mm^2$ 时，$S_{PE} \geqslant 16mm^2$。

3) 当 $S_\phi > 35mm^2$ 时，$S_{PE} \geqslant 0.5 S_\phi$。

(3) 保护中性导体（PEN 线）截面的选择。保护中性导体兼有保护导体和中性导体的双重功能，因此，其截面选择应同时满足上述保护导体和中性导体的要求，取其中的最大值。

三、敷设

1. 电缆管

(1) 金属电缆管不应有穿孔、裂缝、显著凹凸不平及严重锈蚀等情况，管子内壁应光滑

没毛刺。电缆管在弯制后不应有裂缝或显著的凹瘪现象，弯曲程度不大于管子外径10%，管口应做成喇叭或磨光。

(2) 电缆管内径不应小于电缆外径的1.5倍，弯曲半径应符合穿入电缆弯曲半径的规定。每根电缆管不应超过三个弯头。直角不应多于两个。

(3) 电缆管的连接应符合下列要求：

1) 金属管宜采用大一级的短管套接，短管两端焊牢密封，用丝扣连接时，连接处密封良好。

2) 金属管在套接或插接时，其插入深度应不小于内径的1.1～1.8倍，在插接面上应涂以胶合剂粘牢、密封。采用套接时，套管两端应封焊，以保证牢固、密封。

3) 薄壁钢管严禁熔焊连接。

(4) 薄壁钢管作电缆管时，应在表面涂以防腐漆（埋入混凝土内的管子可不涂漆）；采用镀锌管时，镀锌层剥落处也应涂以防腐漆。

(5) 引至设备的电缆管管口位置，应便于设备连接且不妨碍设备拆卸和进出。并列敷设的电缆管管口应排列整齐。

(6) 利用电缆的保护管作接地线时，应先焊好接地线，再敷设电缆。有丝扣的管接头处，应焊接跳线。

(7) 管子进入盒（箱）时要顺直，在盒（箱）内露出的长度等于或小于5mm用锁紧螺母固定的管子，管子露出锁紧螺母的螺纹为2～4扣。

2. 电缆桥架

(1) 电缆桥架及附件应妥善存放和保管，不应造成变形及损伤，并应有产品合格证。

(2) 电缆桥架应安装牢固，横平竖直，其垂直偏差应不大于其长度的2/1000，水平误差应不大于宽度的2/1000。

(3) 电缆桥架在现场制作的非标件和焊接处，必须涂防腐底漆，面漆应均匀完整，色差一致。

3. 敷设方法

工序：材料—运输、保管—电缆管敷设及电缆桥架安装—电缆安装前的绝缘电阻测试—电缆敷设。

(1) 电缆敷设前应检查桥架的齐全和油漆的完整，电缆型号、电压、规格应符合设计，并有产品合格证。

(2) 电缆敷设时，在其终端与电缆桥架或电缆沟内应留有备用长度。

(3) 电缆在桥架上垂直敷设时，电力电缆首末端及转弯、接头两端应作固定。

(4) 塑料绝缘电缆的弯曲半径不小于电缆外径的10倍。

(5) 电缆敷设时，电缆应从盘的上端引出，应避免电缆在支架上及地面摩擦拖拉，电缆表面不得有机械损伤。

(6) 电缆敷设时不宜交叉，电缆应排列整齐，电缆终端头、电缆连接处、电缆井的两端应装设标志牌、标志牌应注明线路编号（当设计无编号时，则应标明型号、规格及起讫地点），牌子字迹应清晰，不易脱落。标志牌规格宜统一，应能防腐，挂装牢固。

(7) 电缆进入电缆沟、建筑物、盘（柜）以及穿入管子时，出入口应封闭，管口应密封。

(8) 电缆终端头与电缆接头制作前应作好检查，保证相位正确，采用绝缘材料应符合要求。

4. 配线工程

工序：配管——管内穿线。

(1) 暗配管线，暗敷于装修可燃材料顶棚内、明敷于潮湿场所或埋地敷设的线路应采用金属管布线，明敷或暗敷于干燥场所的线路可采用 PVC 电线管。穿金属管的交流线路，不同回路、不应同管敷设，同一回路不应分管敷设。金属管明敷时的固定点间距，以及和其他管道同侧敷设和交叉时的净距，均应符合施工规范及设计要求。

管线线路较长时，宜适当加装接线盒，直线部分不超过 30m，一个弯不超过 20m，二个弯不超过 15m，三个弯不超过 8m。

金属管敷设完后，应对根数、管径、起始点进行检查，对遗漏者及不符合图纸和现行施工规范要求的应进行修补。

(2) 管内穿线宜在建筑物的抹灰及地面工程结束后进行。在穿线之前，应将管中的积水及杂物清除干净。导线在管内不得有接头和扭结，其接头应在接线盒内连接。

(3) 导线穿入钢管后，在导线出管口处，应装护口保护导线，在不进入盒（箱）内的垂直管口，穿入导线后，应将管口作密封处。

第三节 SVG 无功补偿装置

一、无功功率补偿技术

无功功率补偿技术随着电力系统的出现而出现，并随着电力工业的发展和电力负荷的多样性而不断进步。电力系统发展到现在已出现三代无功补偿技术。

(1) 同步发电机补偿、同步调相机补偿、并联电容器补偿、并联电抗器补偿，属于第一代补偿技术。

(2) 基于自然关断晶闸管技术的 SVC [相控电抗器（TCR）、磁控电抗器（MCR）] 属于第二代无功补偿技术。

(3) 基于 IGBT、IGCT 等大功率可控器件的补偿装置 SVG（Static VARGenarator）属于第三代无功补偿技术，不再采用大容量的电容器、电抗器，而是通过大功率电力电子器件的高频开关（IGBT）实现无功补偿的变换。

二、SVG 原理

SVG 用于配电网（又称为 DSTATCOM），可针对波动负载进行快速有效的动态无功补偿，对电压波动与闪变、负荷不平衡、功率因数及谐波进行补偿，在有效改善电能质量同时，可取得明显的节能降耗效益。

1. 原理

SVG 是一种可控制的无功功率发生装置。它通过电压型逆变器来控制输出电压和电流的波形，从而发出或吸收需要补偿的无功功率。由于电压型逆变器能够产生任意所需要的电压波形，并控制自身发出的电流波形，所以，SVG 能够减小电压谐波对自身的影响。图 7-9 是一个单相 SVG 工作原理图，图中一个电压型逆变器通过一个电抗器接入系统母线。

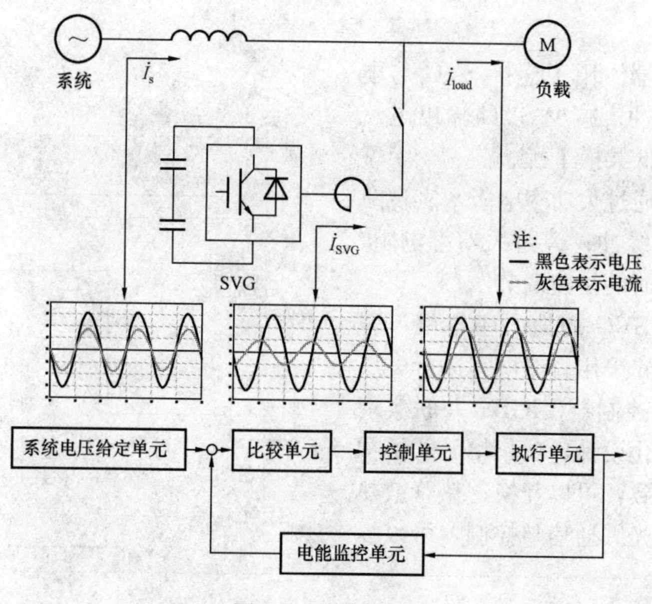

图 7-9　SVG 原理

2. 运行模式

表 7-6 是 SVG 的工作模式，U_S 是电网电压，U_1 是 SVG 输出电压，I_C 是 SVG 输出电流。SVG 通过控制电压型逆变器的输出电压 U_1，使无功功率在负载和逆变器之间交换，无功功率可以是容性的，也可以是感性的，从而提高系统的功率因素。

表 7-6　　**SVG 的运行模式**

运行模式	波形和相量图	说　明
空载运行模式 $U_1=U_S$	U_1 没有电流 U_S；U_S U_1	$U_1=U_S$，$I_L=0$，SVG 不吸发无功
容性运行模式 $U_1>U_S$	U_1 U_S I_L 超前的电流；I_L U_S $j\times I_L$ U_1	$U_1>U_S$，I_L 为超前的电流，其幅值可以通过调节 U_1 来连续控制，从而连续调节 SVG 发出的无功
感性运行模式 $U_1<U_S$	U_S 滞后的电流 I_L U_1；U_S U_1 $j\times I_L$ I_L	$U_1<U_S$，I_L 为滞后的电流。此时 SVG 吸收的无功可以连续控制

三、SVG 装置

1. 组成

成套装置由连接电抗器、充电柜、功率柜、控制柜、断路器等装置组成，其构成示意如图 7-10 所示。

2. 主要设备

（1）连接电抗器。用于连接 SVG 与电网，实现能量的缓冲；减少 SVG 输出电流中的开关纹波，降低共模干扰。

（2）充电柜。通过大功率电阻，实现装置投入过程能量的缓冲；旁路大功率电阻，实现装置正常运行时的快速调节。

（3）功率柜。SVG 的核心主电路，采用电压源型逆变器，采用直流电容进行电压支撑，DSP 为核心控制器，IGBT 并联实现大功率变换；模块化设计，功率单元的结构和电气性能完全一致，可以互换；热管散热技术、风道散热、光纤通信与控制，可以提高 IGBT 的可靠性。

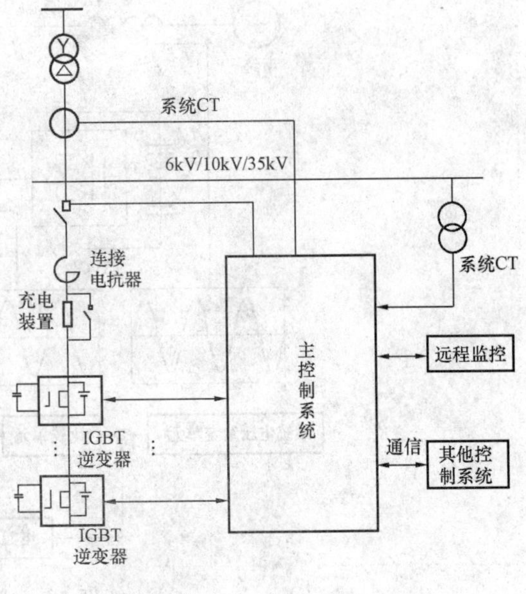

图 7-10　SVG 组成

（4）控制柜。用于对 SVG 及其辅助设备的实时控制；实时计算电网所需的无功功率，实现动态跟踪与补偿；提供友好的图形监控和操作界面，实现 SVG 与上位机及控制中心的通信。

SVG 静止型动态无功补偿装置如图 7-11 所示。

3. 功能特点

（1）能够提供从感性到容性的连续、平滑、快速的无功功率补偿。

（2）基于 IGBT 逆变器，为可控电流源型补偿装置，不但不会发生谐波放大及谐振，同时还具备谐波补偿功能，输出电压谐波含量低。

（3）响应速度快，SVG 响应时间一般不大于 2ms，闪变抑制效果好。

（4）SVG 为电流源，输出无功电流不受母线电压影响，对系统参数不敏感，安全性与稳定性好。

（5）采用 H 桥串联的链式结构，直接接入 6kV、10kV、35kV 系统，成本降低。而且具备 N+1 冗余结构，当一个链节单元损坏后仍可继续满负荷运行，装置自身运行可靠性高。

（6）模块化，冗余化设计，可靠性高，维护方便，SVG 单元可以互换，模块化的 SVG 可单独检修，相互间无影响。

（7）先进热管散热技术，提高功率模块可靠性，光纤驱动技术提高系统抗干扰能力。

（8）占地面积小，SVG 不需要大容量电容器、电抗器等，体积相对小很多，采用开关损耗低的 IGBT 器件，总体有功损耗低，节电效果显著。

（9）专用软件无功功率补偿，不过载，不存在过补和欠补问题。

4. SVG 与 SVC 性能比较

动态无功补偿及谐波治理装置 SVG（又称为 STATCOM）是基于大功率逆变器的动态无功补偿装置，它以大功率三相电压型逆变器为核心，其输出电压通过连接电抗接入系统，与系统侧电压保持同频、同相，通过调节其输出电压幅值与系统电压幅值的关系来确定输出

图 7-11　SVG 静止型动态无功补偿装置

（a）控制屏；（b）功率单元；（c）电抗器；（d）外形

功率的性质，当其幅值大于系统侧电压幅值时输出容性无功，小于时输出感性无功。

SVG 用于输电网，可提高电力系统稳定性、增加系统阻尼、抑制系统振荡，从而大幅度提高电压传输能力。随着我国跨区电网建设的迅速发展，电力系统的无功及动态电压稳定问题日益凸显，装设高压大容量 SVG 是有效手段。

SVG 与 SVC 性能比较见表 7-7。

表 7-7　　SVG 与 SVC 性能比较

参数	静止同步补偿器（SVG）	静止无功补偿器（SVC）	描　述
动态响应速度	小于 1ms	20～40ms	SVG 从容性无功的运行模式到感性无功的运行模式的转换可以在 1ms 内完成，这种极为迅速的响应速度完全可以胜任对任何冲击性负荷的补偿，而 SVC 无法比拟的
电压闪变抑制能力	5：1	3：1	SVC 受到响应速度的限制，即使增大装置的容量，其抑制电压闪变的能力也不会增加；而 SVG 不受响应速度的限制，增大装置容量可以继续提高抑制电压闪变的能力

续表

参数	静止同步补偿器（SVG）	静止无功补偿器（SVC）	描述
谐波含量	小	本身就是谐波源	SVG采用了PWM技术和级联多电平技术，因此自身产生的谐波含量很低。SVC本身是一个很大的谐波源，其产生的谐波对系统的影响大小，取决于与其匹配安装的滤波器的性能
装置功耗	比SVC至少低2%	电抗器功耗大	在SVC装置中，电抗器的功耗大约占装置总功耗的一半。由于SVG无需大容量的电抗器作为储能元件，因此装置的功耗大大降低。SVG的功耗比同容量的SVC至少低2个百分点
占地面积	是SVC的1/2以下	大	SVC装置采用电容器、电抗器作为无功补偿器件，因此需要较大容量的电容器和电抗器，占地面积比较大；SVG装置中电抗器的作用是滤除电流中可能存在的较高次谐波，另外起到将变换器和电网这2个交流电压源连接起来的作用，因此所需的电感值并不大，远小于补偿容量相同的TCR等SVC装置所需的电感量。SVG的占地面积是SVC占地面积的1/3～1/2左右
装置噪声	低	电抗器电磁噪声很大	SVC装置中TCR部分通过电抗器实现无功补偿，电磁噪声很大，产生噪声污染。而SVG通过逆变器实现无功补偿，运行过程中电磁噪声显著降低

第四节　变　压　器

一、类型

建筑物使用的变压器应选用干式、气体绝缘或非可燃油液体绝缘的变压器。

1. 干式变压器

干式变压器分普通及非包封绕组干式变压器和环氧树脂浇铸干式变压器，如图7-12所示。

普通及非包封绕组干式变压器价格较高，耐潮性及耐湿性较弱，损耗及噪声较大；环氧树脂浇铸干式变压器价格较低，耐潮性及耐湿性较好，损耗及噪声较小。

目前，在中、小型的变、配电工程中，选用环氧树脂浇铸干式变压器较多，主要原因就是造价比较有移动的优势及损耗较小，在工程设计中，应根据环境条件、使用情况及投资情况综合考虑干式变压器的选型。

干式变压器在布置上有较大的优势，它可以布置在低压配电间内，与低压配电屏并列安装，既减少建筑面积，节省投资，又便于监控管理。另外，干式变压器没有冷却油，不存在漏油的问题，变压器基础可以不设有坑及排油设施。选择干式变压器对土建的防火要求也比油浸变压器有一定的优势。

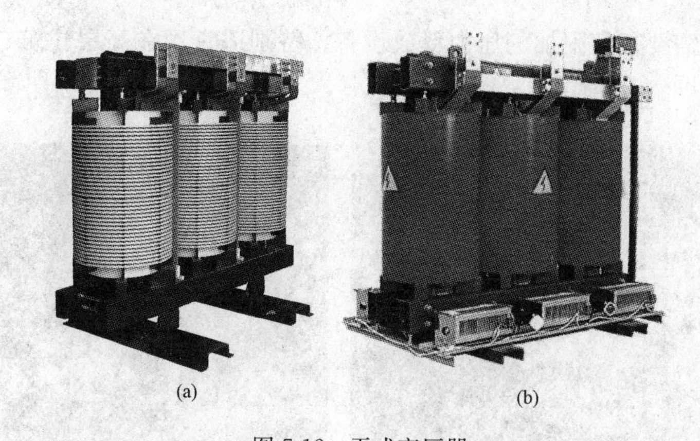

(a)　　(b)

图 7-12　干式变压器

(a) SGB10 系列非包封绕组干式变压器；(b) SCB10 系列环氧树脂浇铸干式变压器

选择干式变压器有两种防护方式，带防护罩和不带防护罩。带防护罩时，可采用封闭式外结构，防护等级标准较高，在使用安全方面，可以满足现场使用条件。不带防护罩时，干式变压器布置在单独的变压器间内，除专业人员外不允许进入变压器间，检修时，应停电后经确认再进入变压器间。

与油浸式电力变压器相比，干式电力变压器在运行中，温度是主要指标，在选择干式变压器时要注意运行温度要求、防护等级、冷却方式等问题。一般较大容量的干式变压器设有机械风冷装置，在干式变压器内部设置冷却风机，对铁心热量进行机械散热，冷却风机根据器身温度自动控制起动、停止，温度达到报警温度时（一般为 155℃）可发出报警信号通知运行人员，温度超过上限有两种原因，一个是干式变压器内部铁心故障，一个是过负荷运行，运行人员可根据情况进行必要的电气操作及采取减载措施，在可能的范围内调整负荷容量，保证干式变压器在一定的允许温度下运行。

在工程选型时，可根据环境特种、功能特性及防护要求选择干式变压器，向设备制造厂家提出干式变压器的防护外罩形式的要求。一般，室内安装的干式变压器防护外罩选用 IP20 防护等级，可防止直径大于 12mm 的固体异物及鼠、蛇、猫等小动物进入，而造成电力系统的故障。室外安装的干式变压器防护外罩选用 IP23 防护等级，并应考虑防雨、防潮措施。选用 IP23 防护等级外罩时，对于变压器散热有较大的影响，故在选用时，应注意减低变压器运行容量。

另外，干式变压器可由单一电力变压器功能向带有计算机接口、零序电流互感器功能计量、低压输出封闭母线出线等多功能组合式干式变压器发展，使一台干式变压器形成多功能、多用途的变配电综合电力设施。

采用干式变压器时，应配装绕组热保护装置，其主要功能应包括：温度传感器断线报警、启停风机、超温报警/跳闸、三相绕组温度巡回检测最大值显示等。

2. 气体绝缘变压器

SF_6 气体绝缘变压器在我国应用越来越多，主要是由于它有许多优点。

SF_6 气体属惰性气体，不易燃，因此，变压器有很好的不易燃性。这种不易燃性大大简化了灭火设施的配置；此外，还减少了以往油浸变压器之间的隔断墙的使用，增加了变电所的地面使用率。如果内部发生电弧现象时，内部升高的压力会被 SF_6 气体的变化而抵消。

气体绝缘变压器不需要任何附加的压力释放设备。特别适宜用在高层建筑、地下商业中心、人口稠密地区，如图 7-13 所示。

图 7-13　气体绝缘变压器

在同样的环境中，SF_6 气体比油浸变压器的绝缘油消耗要慢得多。SF_6 不会像绝缘油那样造成污染问题，如油泄漏，也无需使用有载调压开关的带电滤油器。

可将 SF_6 气体由气罐直接注入变压罐中。装料时清洁、迅速，基本不用任何工具。且由于气体比变压器油轻很多，SF_6 变压器的总重量要低于油浸变压器。

与油浸变压器不同，气体绝缘变压器无需使用油枕和压力释放设备。这降低了变压器的高度。地下变电所的棚顶高度也可相应降低，大大缩减了变电所的建设成本。

由于 SF_6 气体的密度仅为绝缘油密度的 1/60，而且黏性也较低，因此，在冷却管中的压力降就小得多。这使冷却器可以水平安装，也可以脱离变压器垂直安装。

由于 SF_6 气体的密度比绝缘油小，声音通过气体传送得比较慢，中心发出的噪声很少能够传播到罐体。因此，气体绝缘变压器比油浸变压器的噪声要小。然而，强制气冷型的变压器中由于鼓风机会产生很大的噪声，就会使整个系统的噪声增大。对于减噪要求高的进气类型的变电器，可以使用低转数的、低噪声气体鼓风机。

SF_6 变压器的总损耗通常只是变压器容量的 1%～1.5%。

气体绝缘变压器的缺点。

受环境温度影响较大 因变压器中的 SF_6 气体的状态与压力、环境温度有很大关系，所以选用时应综合考虑。

由于 SF_6 是一种温室效应气体，因此，在将它用于高性能的气体处理设备中时应小心处理，最大程度地减小 SF_6 气体向空气中的释放量。另外，经过电弧可以将 SF_6 气体分解成有害气体，泄漏后对维护人员造成伤害。

目前应用的气体绝缘变压器的价格约为普通油浸变压器的 5～10 倍。由于气体变压器安装在室内，必须装设散热通风装置，相应的造价及使用电量较高。

按照对运行巡视人员及环境的保护要求，必须在变压器室及低于变压器室的设备场所均需要安装 SF_6 气体泄漏报警仪；另外需要配备专用防护服装等设施。

3. 非可燃油液体绝缘变压器

采用非燃性油变压器，可设置在独立房间内或靠近低压侧配电装置，但应有防止人身接触的措施。

非燃油变压器应具有不低于 IP2X 防护外壳等级。变压器高压侧（含引上电缆）间隔两侧宜安装可拆卸式护栏。

二、变压器损耗计算

包括有功功率损耗和无功功率损耗两部分。

1. 有功功率损耗

变压器的有功功率损耗又由铁损和铜损两部分组成。

（1）铁损 ΔP_{Fe} 。铁损是变压器主磁通在铁心中产生的有功损耗。铁损又称为空载损耗，ΔP_0 近似认为是变压器铁损 ΔP_{Fe}。

（2）铜损 ΔP_{Cu}。铜损是变压器负荷电流在一、二次绕组的电阻中产生的有功损耗，其值与负荷电流（或功率）的平方成正比。变压器的短路损耗可认为就是额定电流下的铜损 ΔP_{Cu}。

（3）变压器的有功功率损耗 ΔP_T 为

$$\Delta P_T = \Delta P_{Fe} + \Delta P_{Cu} = \Delta P_{Fe} + \Delta P_{Cu.N}\left(\frac{S_c}{S_N}\right)^2 \approx \Delta P_0 + \Delta P_k\left(\frac{S_c}{S_N}\right)^2$$

或
$$\Delta P_T \approx \Delta P_0 + \Delta P_k\beta^2$$

式中：ΔP_T 为变压器的有功损耗，kW；ΔP_{Fe}为变压器空载损耗，铁损，kW；ΔP_{Cu}为变压器短路损耗，铜损，kW；S_N 为变压器的额定容量，kVA；S_c 为变压器的计算负荷，kVA；β为变压器的负荷率，$\beta=\frac{S_c}{S_N}$。

2. 无功功率损耗

变压器的无功功率损耗也由 ΔQ_0 和 ΔQ_N 两部分组成：

（1）ΔQ_0 是变压器空载时，由产生主磁通的励磁电流所造成的。

$$\Delta Q_0 \approx \frac{I_0\%}{100}S_N$$

式中：ΔQ_0 为变压器空载时无功损耗，kvar；S_N 为变压器的额定容量，kVA；$I_0\%$为变压器空载电流占额定电流的百分值。

（2）ΔQ_N 是变压器负荷电流在一、二次绕组电抗上所产生的无功功率损耗，其值也与电流的平方成正比。

$$\Delta Q_N \approx \frac{U_k\%}{100}S_N$$

式中：ΔQ_N 为变压器带负载时的无功损耗，kvar；S_N 为变压器的额定容量，kVA；$U_k\%$为变压器的短路电压百分值。

（3）变压器的无功功率损耗 ΔQ_T 为

$$\Delta Q_T = \Delta Q_0 + \Delta Q = \Delta Q_0 + \Delta Q_N\left(\frac{S_c}{S_N}\right)^2 \approx S_N\left[\frac{I_0\%}{100} + \frac{U_k\%}{100}\left(\frac{S_c}{S_N}\right)^2\right]$$

或
$$\Delta Q_T \approx S_N\left(\frac{I_0\%}{100} + \frac{U_k\%}{100}\beta^2\right)$$

以上各式中，S_N、ΔP_0、ΔP_k、$I_0\%$和 $U_k\%$均可由变压器产品目录中查得。

三、变压器总容量

1. 总容量

变压器总容量

$$S=\frac{S_j}{\beta}$$

式中：S 为变压器总容量，kVA；S_j 为视在功率，kVA；β 为变压器的负荷率。

2. 负荷率

变压器的最佳负荷率，可用损耗的功率比表示，即

$$\beta=\sqrt{\frac{P_0}{P_k}}$$

式中：P_0 为变压器的空载损耗，铁损，kW；P_k 为变压器额定电流时的短路损耗，铜损，kW。

由上式可知，β 与变压器类型有关。当变压器效率最高时，不同类型变压器的负荷率在41%～63%之间。

3. 组别

变压器的结线宜采用 Dyn11，变压器的负载率宜不大于 85%。

四、非晶合金变压器

1. 空载损耗

非晶合金铁心采用的铁基非晶合金材料不存在晶体结构，磁化功率小、电阻率高，所以涡流损耗小，变压器的空载损耗、空载电流非常低。非晶合金铁心变压器的空载损耗只有S11 型配电变压器空载损耗的 35%左右，特别适合用于用电负荷波动较大的区域。

2. 联结组别

对于三相变压器来说，由于采用四框五柱式结构，每个相绕组套在磁路独立的两框上，每个框内的磁通除基波磁通外，还有三次谐波磁通存在，三次谐波磁通占基波正弦波磁通的百分数则与运行时额定磁通密度选用值有关。一个绕组内两个卷铁心框内三次谐波磁通正好在相位上相反，数值上相等。因此，整个每一组绕组内的三次谐波磁通相量和为零。

变压器三相绕组如采用 D 联结，有三次谐波电流的回路，在感应出的二次侧电压波形上就不会有三次谐波电压分量。当然，每个框内的空载损耗还是会受到各自框内三次谐波磁通的影响。而且高压采用 D 联结有利于单相接地短路故障的切除，并且能充分利用变压器的设备能力，因此，其联结组多采用 Dyn11 联结方式。

3. 抗短路能力

高低压绕组采用特殊的方式缠绕，装配时将绕组支撑在单独的绕组支撑系统上并用层压木压紧、固定，这样可使铁心不受或受到极小的压力，减少了变压器在突发短路时线圈在径向的变形。因此，当线圈偶然发生短路时，能适应较大的机械应力破坏，从而大大提高和保证了非晶合金铁心变压器的抗短路能力。

4. 噪声

铁心材料的磁滞伸缩现象是变压器产生噪声的主要原因，而且与铁心的尺寸和磁通密度有密切关系。在同一磁通密度下的磁致伸缩，比传统晶粒取向冷轧硅钢片要大。但是，冷轧硅钢片的饱和磁通密度较高，约为 2.03T 左右，而非晶合金的饱和磁通密度较低约为 1.5T

左右。因为非晶铁心变压器的额定工作磁通密度要比冷轧硅钢片铁心变压器的额定工作磁通密度要低得多，实际的磁致伸缩是接近的。

从同规格变压器不同导磁材质的实际声级水平来看，非晶合金铁心变压器与冷轧硅钢片铁心变压器具有相同的声级水平，也就是说，就声级水平而言，非晶合金铁心变压器与冷轧硅钢片铁心变压器具有相同的声级水平。

同规格非晶合金铁心变压器与传统铁心变压器相比，非晶合金铁心的质量和有效截面积都要大40%左右，这在一定程度上会使变压器的噪声增大，只要在设计时采取合适、必要的技术和工艺措施，就可以很好地保证变压器的噪声水平。

五、分裂变压器

1. 原理

分裂变压器和普通变压器的区别在于，在低压绕组中有一个或几个绕组分裂成额定容量相等的几个支路，几个支路之间没有电气联系，仅有较弱的磁联系，而且各分支之间有较大的阻抗。

按其结构，分裂变压器与普通变压器的区别仅是各铁心柱上的低压线圈本身，分裂变压器的低压线圈没有串联或并联，而将始端和终端各自引出，其原理如图7-14所示。

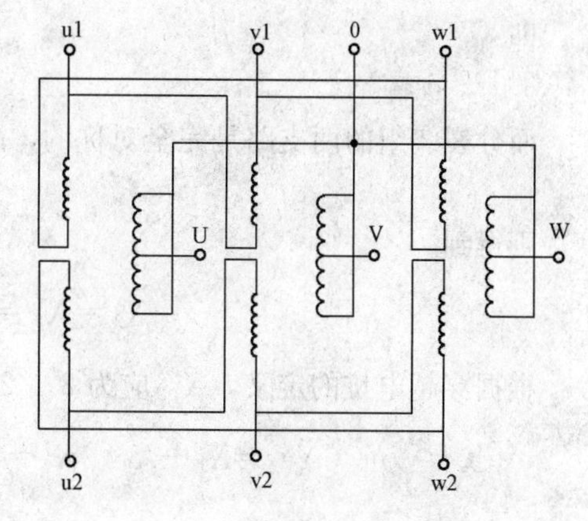

图7-14　分裂变压器

图7-14为Yd11d11联结方式，即高压线圈接成星形，两个分裂的低压线圈接成三角形，此外还有其他联结方式。

应用较多的是双绕组双分裂变压器，由一个高压绕组和两个分裂的低压绕组，分裂绕组的额定电压和额定容量都相同。

2. 运行方式

分裂变压器有三种运行方式。

(1) 分裂运行。两个低压分裂绕组运行，低压绕组间有穿越功率，高压绕组不运行，高低压绕组间无穿越功率。在这种运行方式下，两个低压绕组间的阻抗称为分裂阻抗。

(2) 并联运行。两个低压绕组并联，高低压绕组运行，高低压绕组间有穿越功率，在这种运行方式下，高低压绕组间的阻抗称为穿越阻抗。

(3) 单独运行。当任一低压绕组开路，另一低压绕组和高压绕组运行，在此运行方式下，高低压绕组之间的阻抗称为半穿越阻抗。

3. 等效电路

(1) 电路。三相绕组双分裂变压器，因为每相可看成三个绕组，其等致电路可用一般的星形等效电路来表示，如图7-15所示。

(2) 电抗。当分裂绕组的几个分支并联组成统一的低压绕组对高压绕组运行时，叫做穿越运行，这时变压器的短路电抗称为“穿越电抗”，用“$X_{1\text{-}2}$”表示。

当分裂绕组的一个分支对高压绕组运行时，叫做半穿越运行，此时变压器的短路电抗称为“半穿越电抗”，用“$X_{1\text{-}2'}$”表示。

当分裂绕组的一个分支对另一个分支运行时，称为分裂运行，此时变压器的短路电抗叫

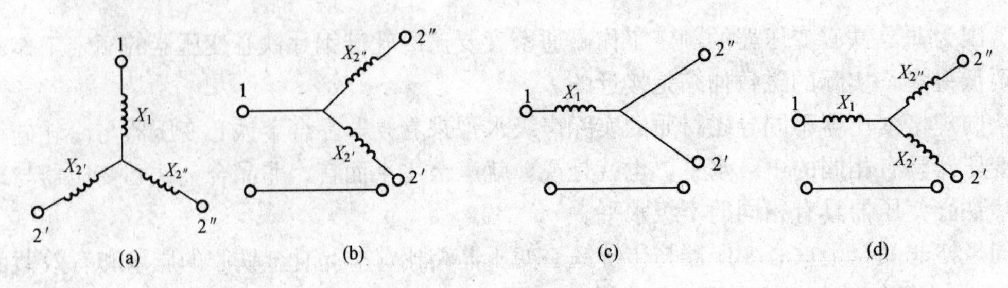

图 7-15　星形等效电路

（a）等效电路；（b）$K_f=4$ 等效电路；（c）$K_f=0$ 等效电路；（d）$0<K_f<4$ 等效电路

做“分裂电抗”，用“$X_{2'-2''}$”表示。

（3）分裂系数。分裂电抗与穿越电抗之比叫做“分裂系数”，用 K_f 表示。

$$K_f=\frac{X_{2'-2''}}{X_{1-2}}$$

图 7-15（a）中各支路电抗分别以 X_1、$X_{2'}$、$X_{2''}$ 表示。端子 2′、2″间的电抗应为分裂电抗。即

$$X_{2'-2''}=X_{2'}+X_{2''}$$

而分裂绕组的两支路是完全对称的，故

$$X_{2'}=X_{2''}$$

则得到

$$X_{2'}=X_{2''}=\frac{1}{2}X_{2'-2''}=\frac{1}{2}K_fX_{1-2}$$

根据穿越电抗的定义，X_{1-2} 应为 2′、2″并联后与 1 点间的电抗，即

$$X_{1-2}=X_1+X_{2'}//X_{2''}=X_1+\frac{1}{\dfrac{1}{X_{2'}}+\dfrac{1}{X_{2''}}}=X_1+\frac{X_{2'}X_{2''}}{X_{2'}+X_{2''}}$$

$$X_1=X_{1-2}-X_{2'}//X_{2''}=X_{1-2}-\frac{1}{\dfrac{1}{X_{2'}}+\dfrac{1}{X_{2''}}}=X_{1-2}-\frac{X_{2'}X_{2''}}{X_{2'}+X_{2''}}$$

$$=X_{1-2}-\frac{X_{2'}}{2}=X_{1-2}-\frac{K_f}{4}X_{1-2}=\left(1-\frac{K_f}{4}\right)X_{1-2}$$

由此可见，根据分裂系数和穿越电抗就可以简单地求出等效电路中各个参数。

在一般情况下，分裂系数 K_f 的数值在 0～4 之间，由分裂成两部分的低压绕组的相互位置来决定。分裂系数的具体数值根据变压器正常运行状况及事故状态对电压的要求来选取。

当 $K_f=4$ 时，绕组 2′、2″间磁的联系最弱，则

$$X_{2'}=X_{2''}=2X_{1-2}$$

$$X_1=0$$

此时，等效电路简化为如图 7-15（b）所示，如两台独立的双绕组变压器一般，绕组 2′的负荷变化，只会引起绕组 2′本身的端电压变化，而对绕组 2″的端电压没有任何影响，反之亦然。

当 $K_f=0$ 时，绕组 2′、2″间磁的联系最强，则

$$X_{2'}=X_{2''}=0$$

$$X_1 = X_{1\text{-}2}$$

等效为一台普通双绕组变压器，绕组 1 的端电压就是绕组的端电压，此时的等效电路如图 7-15（c）所示。

当 $0 < K_f < 4$ 时，绕组 2′、2″之间有一定的磁联系，等效电路如图 7-15（d）所示，则为正常的分裂变压器。

$$X_{2'} = X_{2''} = 0$$
$$X_1 = X_{1\text{-}2}$$

等效为一台普通双绕组变压器，绕组 1 的端电压就是绕组的端电压。

4. 优缺点

（1）优点：

1）能有效地限制低压侧短路电流，因而可选用轻型开关设备，节省投资。正常运行时，分裂变压器的穿越阻抗和普通变压器的阻抗值相同，当低压侧一端短路时，由于分裂阻抗较大，短路电流较小。

2）在应用分裂变压器对两段母线供电时，当一段母线发生短路时，除能有效地限制短路电流外，还能使另一段母线上电压保持一定水平，不致影响用户的运行。

（2）缺点：

1）分裂变压器在制造上复杂，例如，当低压绕组产生接地故障时，很大的电流流向一侧绕组，在分裂变压器铁心中失去磁的平衡，在轴向上产生巨大的短路机械应力，必须采取坚实的支撑机构，因此，在造价上分裂变压器约比同容量普通变压器贵 20%。

2）分裂变压器中对两段低压母线供电时，如两段负荷不相等，两段母线上的电压也不相等，损耗也增大，所以分裂变压器适用于两段负荷均衡，又需限制短路电流的情况。

5. 低压轴向双分裂干式升压变压器

所谓光伏升压变压器是低压侧分裂成两个相同容量，联接组别和电压等级的绕组，分别接两个光伏电池，如图 7-16 所示。

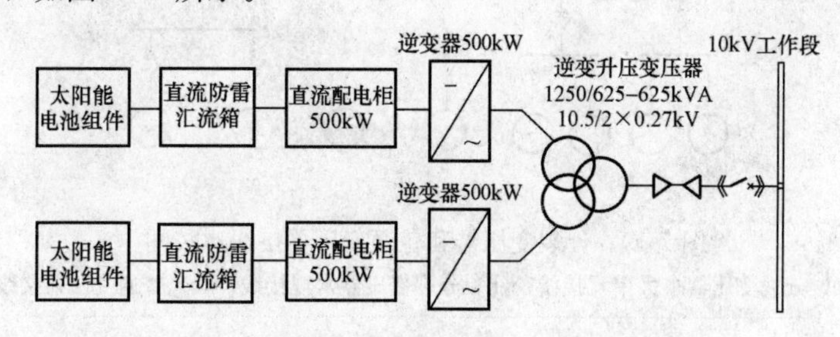

图 7-16　太阳能光伏并网发电系统结构示意

光伏发电系统一般选用低压轴向双分裂干式升压变压器，结构示意如图 7-17 所示。由内到外，变压器包括铁心、并列式的一组高压（10kV）线圈和两组低压（0.27kV）线圈。高压线圈同心排列在低压线圈外部，考虑到不同电压等级的绝缘水平，变压器的高压线圈排列在低压线圈外部并采用并联结构型式，从绕组端部（X）和中部引线（A）。

低压线圈上下对称布置，垂直并列。低压引线一组从变压器上侧引出（x1，a1），一组从变压器下侧引出（x2，a2）。

高压线圈接成三角形（D 联结），两组低压线圈各自连接成星形（y 联结）并引出中性点供系统接地，最后变压器的联结方式为 Dyn11yn11，具体如图 7-18 所示。

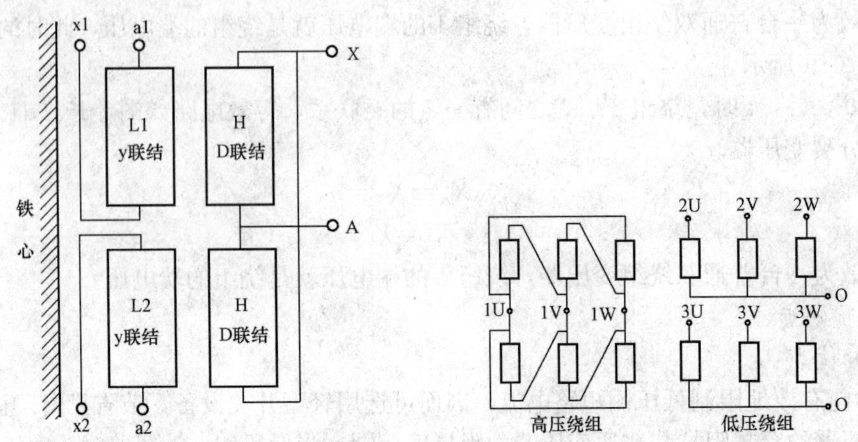

图 7-17　低压轴向双分裂干式升压变压器结构示意　　　　图 7-18　变压器联结

该连接方式能有效抑制并网系统在逆变过程中因直流分量引起的谐波污染，并阻止谐波流入公网系统中。

在运行过程中，两低压线圈额定容量相等（变压器额定容量 S_N 的一半），输入额定电压相同（270V），联结方式（yn 联结）相同，其他内外在性能参数均对应一致；独特的高压绕组并联结构和低压轴向分裂结构使线圈磁路耦合作用较弱，高低压线圈沿轴向磁势分布均衡。

在实际工程应用中易构成扩大单元接线，能适应灵活的网络拓扑结构。如图 7-19 所示。

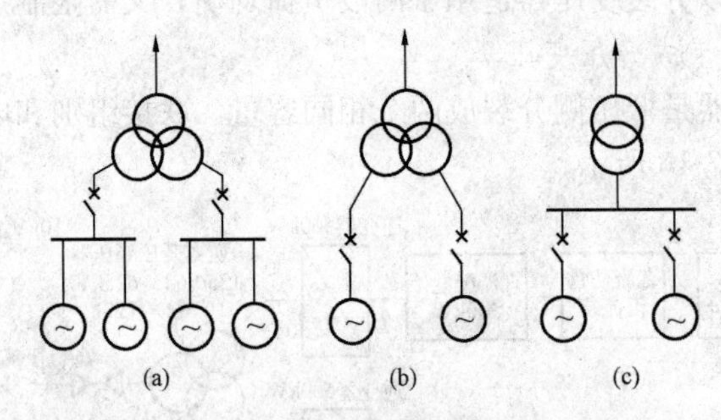

图 7-19　分裂变压器和普通变压器接线比较图

（a）分裂变压器扩大单元接线；（b）分裂变压器常规接线；（c）普通变压器接线

低压轴向双分裂变压器和普通双绕组变压器不同之点在于，在分裂变压器的低压绕组中，有两个绕组分裂成额定容量相等的两个支路，这两个支路没有电气上的联系，而仅有较弱的磁的联系。当光伏逆变系统采用多支路汇流方式时，采用低压轴向双分裂绕组接线比较方便。如果机组容量比较大，需要接入更多支路时，可将两个低压分裂绕组接至两个不同的分段上，能适应灵活的网络拓扑结构。

在利用多段母线对分裂变压器进行汇入过程中，当一条支路发生短路时，除了能有效地限制短路电流外，还能使另一段母线电压保持一定的水平，不致影响电力系统的安全平稳运行。

当太阳能发电机组容量较大且存在多支路时，采用低压轴向双分裂绕组干式变压器，可以很好的限制系统短路电流。分裂绕组变压器有一个高压绕组和两个低压分裂绕组，两个分裂绕组的额定电压和额定容量相同，匝数相等。由于两个分裂绕组有漏抗，所以两汇入支路之间有电抗，一条汇入支路短路时，另一条汇入支路送过来的短路电流就相应受到限制。

能有效地限制低压汇入侧的短路电流，这样汇入侧配电柜可选用轻型开关设备并可减小电缆截面。节省投资。

最后，考虑到当低压绕组发生接地故障时，将会有很大的电流流向该侧绕组，此时轴向双分裂变压器铁心中会失去磁的平衡，最后将导致在轴向上将产生巨大的短路机械应力，这样就必须保证变压器有坚实的支撑机构。

第八章　光伏直流系统保护

第一节　光伏组件故障与旁路二极管保护

一、组件故障

1. 热斑效应

在一定条件下，一串联支路中被遮挡的光伏组件，将被当作负载消耗其他有光照的光伏组件所产生的能量。被遮挡的光伏组件此时会发热，这就是热斑效应。如图 8-1 所示。

2. 危害

（1）有光照的光伏组件所产生的部分能量或所有能量，都可能被遮挡的电池所消耗。

（2）热斑效应会使焊点融化，破坏封装材料（如无旁路二极管保护），甚至会使整个方阵失效。

（3）热斑会导致组件功率衰减失效或者直接导致组件烧毁报废。

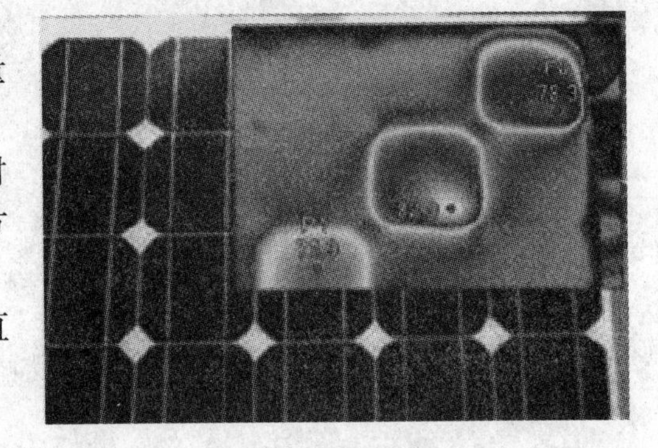

图 8-1　热斑效应

3. 成因

造成热斑效应的根源是有个别坏电池的混入、电极焊片虚焊、电池由裂纹演变为破碎、个别电池特性变坏、电池局部受到阴影遮挡等。

由于局部阴影的存在，光伏组件中某些电池单片的电流、电压发生了变化。其结果使光伏组件局部电流与电压之积增大，从而在这些电池组件上产生了局部温升。

形成热斑的因素如图 8-2 所示。

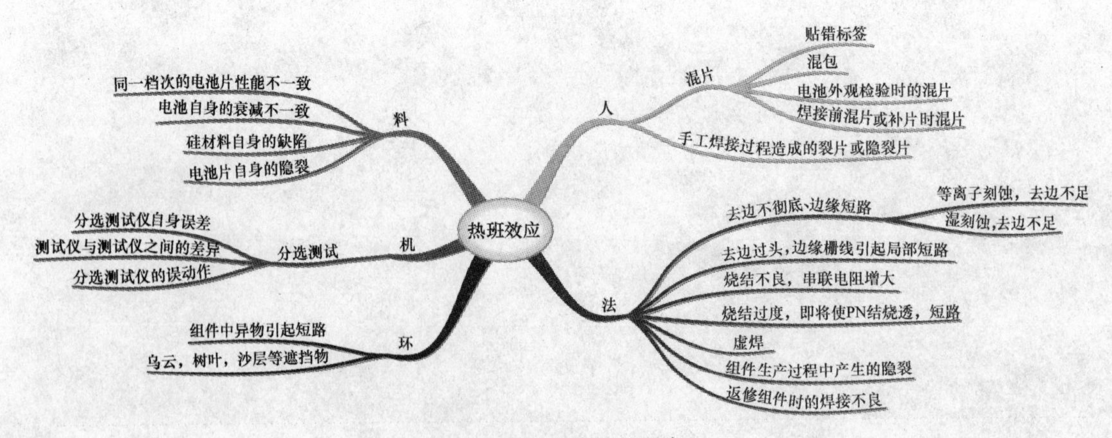

图 8-2　形成热斑的因素

二、旁路二极管

1. 二极管的外形

二极管的外形与安装如图 8-3 所示。

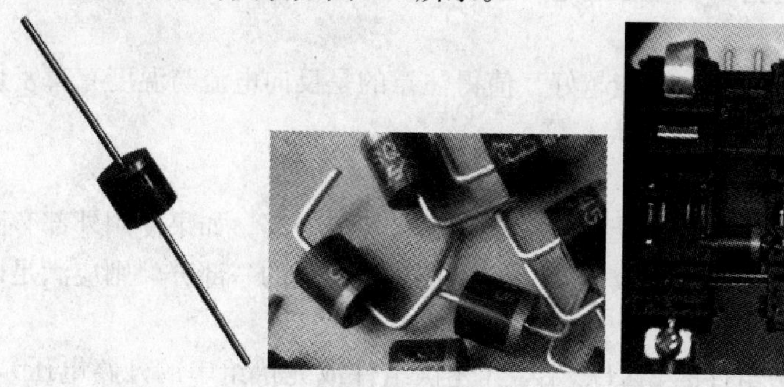

图 8-3　二极管

2. 旁路作用

当电池片出现热斑效应不能发电时，二极管起旁路作用，让其他电池片所产生的电流从二极管流出，使太阳能发电系统继续发电，不会因为某一片电池片出现问题而产生发电电路不通的情况。

旁路二极管的保护作用示意如图 8-4 所示。

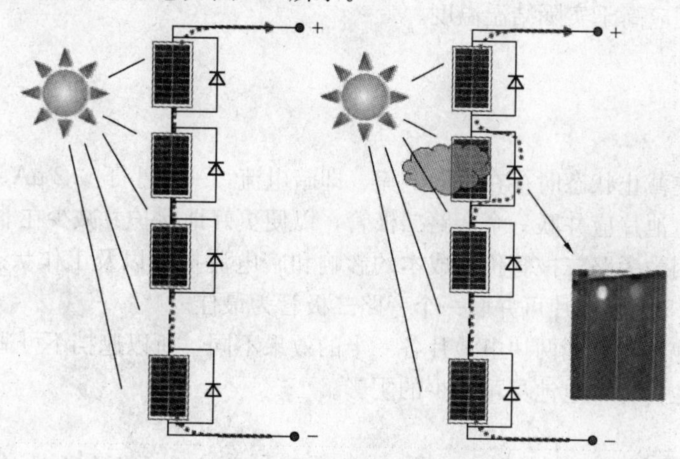

图 8-4　二极管的保护作用

当电池片正常工作时，旁路二极管反向截止，对电路不产生任何作用；若与旁路二极管并联的电池片组存在一个非正常工作的电池片时，整个线路电流将由最小电流电池片决定，而电流大小由电池片遮挡面积决定，若反偏压高于电池片最小电压时，旁路二极管导通，此时，非正常工作电池片被短路。

3. 技术参数

（1）额定正向工作电流。额定正向工作电流是指二极管长期连续工作时允许通过的最大正向电流值。

电流通过管子时会使管芯发热，温度上升，温度超过允许限度时，就会使管芯过热而损坏。所以，二极管使用中不要超过二极管额定正向工作电流值。

（2）最高反向工作电压值。加在二极管两端的反向电压高到一定值时，会将管子击穿，失去单向导电能力。为了保证使用安全，规定了最高反向工作电压值。

（3）反向电流。反向电流是指二极管在规定的温度和最高反向电压作用下，流过二极管的反向电流。

反向电流越小，管子的单方向导电性能越好。值得注意的是反向电流与温度有着密切的关系，大约温度每升高10℃，反向电流增大一倍。

4. 要求

旁路二极管一般用于防止光伏组件遭受反向电流及热斑加热损害。如果使用外部旁路二极管，并且它们没有被封装在光伏组件内或也不是厂家安装接线盒的一部分，则应满足以下要求：

（1）电压等级至少为被保护组件的 $2\times U_{oc\_MOD}$（光伏组件或光伏组串的开路电压），耐压容量为最大反向工作电压的两倍。

（2）电流等级至少为 $1.4\times I_{sc\_MOD}$（光伏组件或光伏组串的短路电流），电流容量为最大反向工作电流的两倍。

（3）根据组件制造商要求进行安装。

（4）安装时，不能暴露任何带电部分。

（5）具有防止环境造成的性能衰退的保护措施。

（6）结温温度应高于实际结温温度。

（7）热阻小。

（8）电压降小。

5. 反向电流

旁路二极管在截止状态时存在反向电流，即暗电流，一般小于0.2 μA。

原则上每个电池片应并联一个旁路二极管，以便更好地保护并减少在非正常状态下无效电池片数目，但因为旁路二极管价格成本的影响和暗电流损耗以及工作状态下压降的存在，对于硅电池，每15个电池片可并联一个旁路二极管为最佳。

遮挡一个电池片与遮挡两块电池片各一半的效果不同，所以遮挡不可避免时，尽量使遮挡尽可能多的电池，每个电池尽可能少的阴影。

6. 设置

旁路二极管一般都直接安装在接线盒内，根据组件功率大小和电池片串的多少，安装1～3个二极管。

旁路二极管也不是任何场合都需要的，当组件单独使用或并联使用时，可以不接二极管的。对于组件串联数量不多且工作环境较好的场合，也可以考虑不用旁路二极管。

第二节 直流侧过电流保护

一、直流侧电流

1. 直流电流特性

直流电不会自动经过零点，比交流电更加难以分断。当用一个隔离开关去分断直流负载的时候，电流不会马上停止，而是会在开关触头间的间隙中通过电弧来继续导通。只有当电弧的电压高到一定的程度，电流才会停止。

在直流分断的过程中，有四个参数至关重要，即电弧温度、电弧电阻、负载感抗（时间常数）和开关两端的电压。虽然，光伏系统直流侧的时间常数一般不高，但直流侧的电压却远远高于交流端。为了分断电流，隔离开关在分断过程中必须迅速地建立起足够的触头间隙，以最大程度地拉伸电弧，通过拉升电弧，就可以大大提高电弧电阻，并冷却电弧。

2. 逆变器的负载特性

很多因素会影响到隔离开关处的负载特性，其中最重要的就是逆变器。在直流分断的过程中，逆变器的内部结构能起到帮助分断的作用。

在带载断开隔离开关的时候，如果逆变器还在调制，逆变器侧的电压就会升高，帮助熄灭电流；如果逆变器不再调制，则电流会在逆变器内部形成闭环，也会帮助熄灭电流。因此，无论逆变器输出侧接的是何种负载，从直流侧的隔离开关的角度出发，实际的时间常数都会比较低。

3. 光照和温度的影响

光照的强弱和温度的高低对光伏系统的电气特性都有影响。

（1）光照的强弱会影响到电流的输出。当光照减弱的时候，光伏短路电流 I_{sc} 成比例地减小，但同时开路电压 U_{oc} 的变化却很小。因此，光照变化过程中，整个转换效率基本不变。

（2）环境温度对电压输出与光照影响相反。温度的升高会降低电压输出，在实际应用中，往往需要考虑的是高温条件对元器件的影响。例如，IEC 60947《低压开关设备和控制设备》规定的正常温度环境是35℃，但对于暴露在太阳光直射的光伏系统来说，经常会遇到50～60℃的环境温度，此时就必须对隔离开关进行降容处理。

二、过电流保护

光伏方阵中的过电流来自于方阵连接线中的接地故障或组件内部、接线盒、汇流箱或组件引线短路而引起的故障电流。

光伏组件是电流限制源，但由于它们可以并联且经常与外部源（如蓄电池）相连，因此容易遭受过电流。

1. 光伏组件和/或连接线的过电流保护

光伏组件和/或连接线的过电流保护装置选择要求是当过电流是正常器件的应用额定电流的135%时，过电流保护装置在2h之内仍能持续、可靠工作。

2. 光伏组串过电流保护

当 $(S_A-1)I_{sc\_MOD}>I_{MOD\_MAX\_OCPR}$ 时，必须为光伏组串提供过电流保护。式中：S_A 为并联到光伏方阵的光伏组串总数目；I_{sc_MOD} 为光伏组件或光伏组串的短路电流，A；$I_{MOD\_MAX\_OCPR}$ 为光伏组件或光伏组串的最大输出电流，A。

当使用直流断路器作为过电流保护装置时，其断开方式应保证隔离输入电源与负载。

当采用熔断器作为过电流保护装置时，熔体必须满足IEC 60269-6《低压熔断器　第6部分：太阳能光伏系统保护用熔体的补充要求》的要求（gPV型）。

（1）对不装组串过电流保护装置的汇流箱，光伏组件反向电流额定值 I_r 应大于可能发生的反向电流，直流电缆的过电流能力应能承受来自并联组串的最大故障电流，或满足

GB/T 16895.32《建筑物电气装置　第 7-712 部分：特殊装置或场所的要求 太阳能光伏（PV）电源供电系统》规定，即不小于 1.25 倍的 I_{sc_MOD}（STC）。

（2）对装有组串过电流保护装置（如熔断器）的汇流箱，组串过电流保护装置应满 GB/T 16895.32 规定，即不小于 1.25 倍的 I_{sc_MOD}（STC）。

光伏组件反向电流额定值 I_r 一般由光伏组件的制造商提供，应至少为光伏组件过电流保护额定值的 1.35 倍。光伏组件过电流保护额定值应与光伏组件供应商提供的数据相一致，IEC 61730－1《光伏组件安全鉴定：结构要求》规定组件供应商应当提供这一参数。

（3）光伏组串过电流保护装置的标称额定电流（I_n）应满足如下要求：

1）当每一个光伏组串都装有过电流保护器件时，过电流保护器件的标称额定电流 I_n 应满足

$$1.5I_{sc\_MOD} < I_n < 2.4I_{sc\_MOD} \text{ 且 } I_n < 2.4I_{MOD\_MAX\_COPR}$$

2）当 $I_{MOD\_MAX\_OCPR} > 4I_{sc\_MOD}$ 时，允许多个光伏组串共用一个过电流保护器件，其标称额定电 I_n 应满足

$$1.5S_G I_{sc\_MOD} < I_n$$

$$I_n < I_{MOD\_MAX\_OCPR} - (S_G - 1)I_{sc\_MOD}$$

式中，S_G 为在一个过电流保护器保护下的一组光伏组串的总数目。

当使用断路器作为过电流保护器件时，其断开方式应满足断路器的要求。

某些光伏组件在其工作前几周或前几个月，I_{sc_MOD} 会大于标称值。在确定过电流保护器件额定值及电缆规格时，需考虑这点。

（4）光伏组串过电流保护装置。光伏组串过电流保护装置如图 8-5 所示。

在图 8-5 中，如果 $I_{MOD\_MAX\_OCPR} > 4I_{sc\_MOD}$，光伏组串通常能在一个过电流保护装置下连接成组。当光伏组件的过电流保护等级高于它的正常工作电流时，可以采用这种设计。个别情况可能需要其他开关，为了简化图中并没有给出断路器和/或过电流保护装置。

3. 光伏子方阵过电流保护

当超过两个光伏子方阵连接到同一电能转换装置，必须为光伏子方阵提供过电流保护。

光伏子方阵过电流保护装置的标称额定电流（I_n）应满足如下要求

$$1.25I_{sc\,S\text{-}ARRAY} < I_n < 2.4I_{sc\,S\text{-}ARRAY}$$

式中，$I_{sc\,S\text{-}ARRAY}$ 为光伏子方阵的短路电流，A。

此处用 1.25 代替 1.4 倍，是为了增加设计的灵活性。但必须注意在高辐射地区，若选用较低倍数会引起过电流保护装置的频繁动作。

4. 光伏方阵过电流保护

仅在以下情况需要光伏方阵过电流保护：系统与蓄电池连接，或在故障情况下，其他源的电流流光伏方阵。

光伏方阵过电流保护装置电流值

$$1.25I_{sc\,S\text{-}ARRAY} < I_n < 2.4I_{sc\,ARRAY}$$

式中，$I_{sc\,ARRAY}$ 为光伏方阵的短路电流，A。

5. 与蓄电池相连的光伏系统过电流保护

与蓄电池相连的所有光伏系统都应该提供过电流保护。

光伏方阵过电流保护装置通常安装在蓄电池（蓄电池组）和充放电控制器之间，尽可能

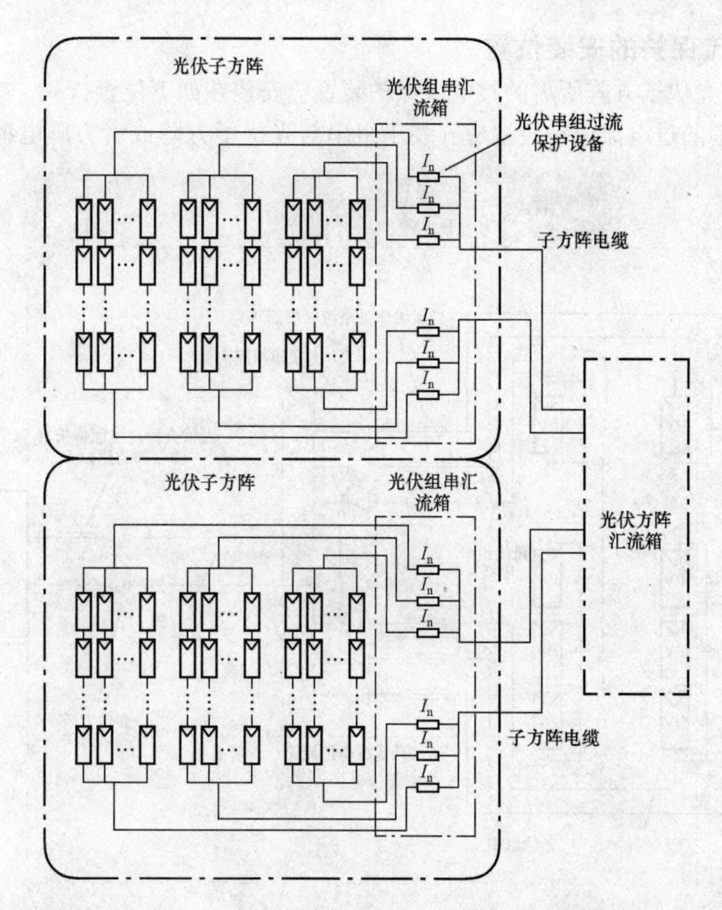

图 8-5　每组有一个过电流保护装置的光伏组串组成的光伏方阵示意

接近蓄电（蓄电池组）。如果这些设备值合适，能够保护充放电控制器和光伏方阵电缆。这种情况下，光伏方阵和任何充放电控制器之间不需要光伏电缆的过电流保护。

在系统内部接近蓄电池端可以建立主要光伏方阵电缆保护。如果不是这种情况，应该为主要方阵电缆提供过电流保护，从而防止电缆遭受来自蓄电池系统的故障电流。

所有过电流保护都应该有中断来自蓄电池的可预期最大故障电流的能力。

三、直接功能接地的光伏方阵过电流保护

通过一个导管直接与功能接地相连的光伏方阵（例如：没有通过电阻）应该具有功能接地故障中断装置，该装置在光伏方阵中发生接地故障时中断接地故障电流。这个可以通过中断方阵的功能接地实现。表 8-1 给出功能接地故障中断器的常规过电流等级。

功能接地故障中断器不能断开外露金属部分和地之间的连接。

当功能接地故障中断器工作时，要发出接地故障警报。

表 8-1　　功能接地故障中断器的常规过电流等级

光伏方阵总功率值/kWp	电流值/A	光伏方阵总功率值/kWp	电流值/A
0～25	≤1	100～250	≤4
25～50	≤2	>250	≤5
50～100	≤3		

四、过电流保护的安装位置

光伏组串、光伏子方阵所需的过电流保护装置应安装在如下位置：

1）光伏组串的过电流保护装置应安装于组串与光伏子方阵或者方阵电缆连接处，如图 8-6 所示。

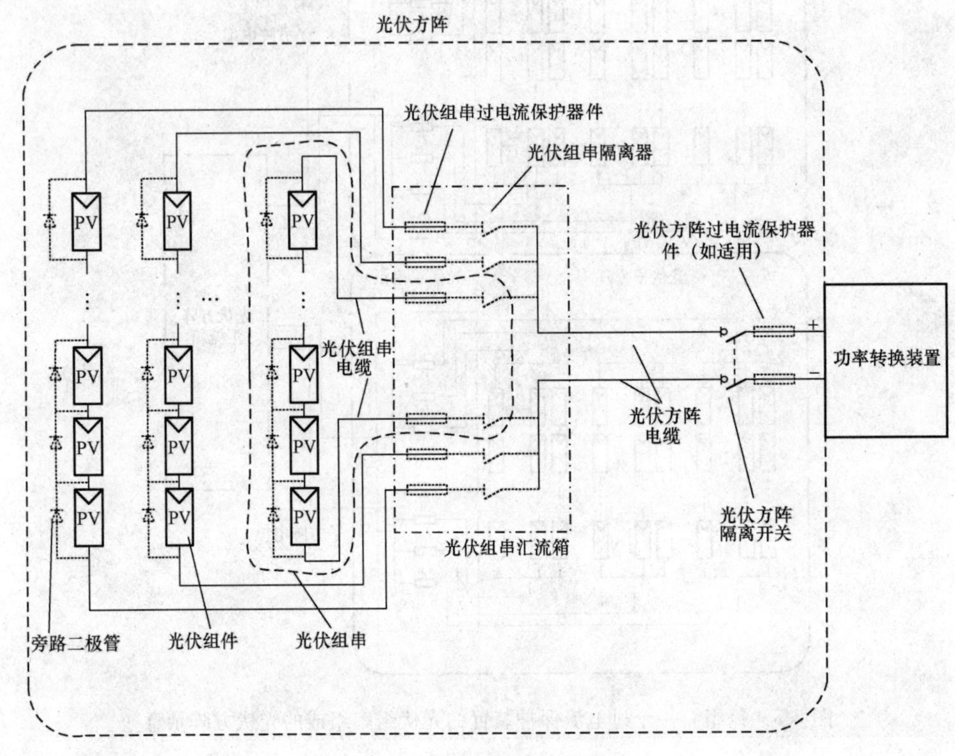

图 8-6　多串并联电气图

（注：——表示的元器件为非必须器件；-·-·-为包围线；---为系统或子系统的界限）

2）光伏子方阵的过电流保护装置应安装于光伏子方阵与方阵电缆连接处，如图 8-7 所示。

3）安装于电缆末端的过电流保护装置（远离光伏组串、光伏子方阵），其主要作用是保护系统和配线免受光伏方阵或其他电源（如蓄电池）的故障电流的影响。

在功能接地的系统中，组串和子方阵电缆的过电流保护装置应安装在非接地极上（即所有电路均不能直接接至功能接地极）。

五、反向电流保护

1. 光伏电池反向电流

（1）暗电流：指的是电池的暗特性，光伏电池在无光照时，由外电压作用下 P-N 结内流过的单向电流。

（2）反向饱和电流：外加反向电压，会有微小的电流流过 PN 结，当外加反向电压增大时，这个微小电流不变化（或者变化及其微小），也就是说不论外加反向电压多大，这个微小电流都是不变的电流。

（3）漏电流：理想二极管模型中，在反向电压下作用下二极管呈断路状态，但实际上还

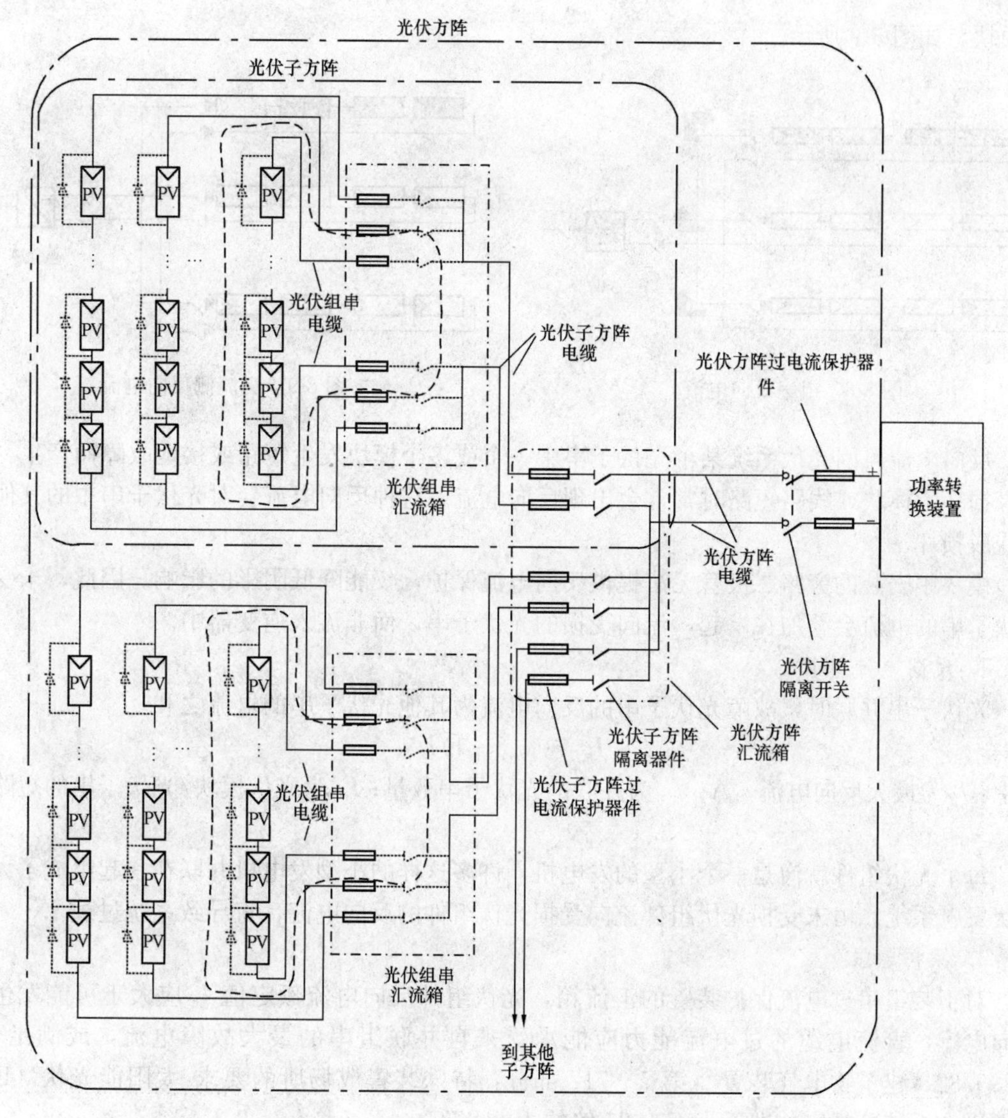

图 8-7　光伏子阵、多串并联情况下的光伏系统电气

（注：——表示的元器件为非必要器件；-·-·-为包围线；---为系统或子系统的界限）

是会有少量的电流漏过去，这个电流就是漏电流。光伏电池也是同样的道理，漏电流的大小代表了电池性能的高低。

2. 光伏组串的反向电流

在一个没有故障的光伏系统中，各光伏子串通过的电流是相等的，不存在过多的电流。当系统中并联超过三串光伏子串，一般会出现临界反向电流。在一个光伏子串中，如果一个或多个光伏模块损坏，整串的电流将减小。此时，正常光伏子串向故障光伏子串馈入较高反向电流，反向电流产生的热量，将可能损坏各个光伏子串中的光伏模块以及线路。如图 8-8 所示。

3. 交流侧反向电流

如果逆变器出现故障，交流侧（AC）反馈电流将可能馈入到直流侧（DC），并损害光伏模块，如图 8-9 所示。

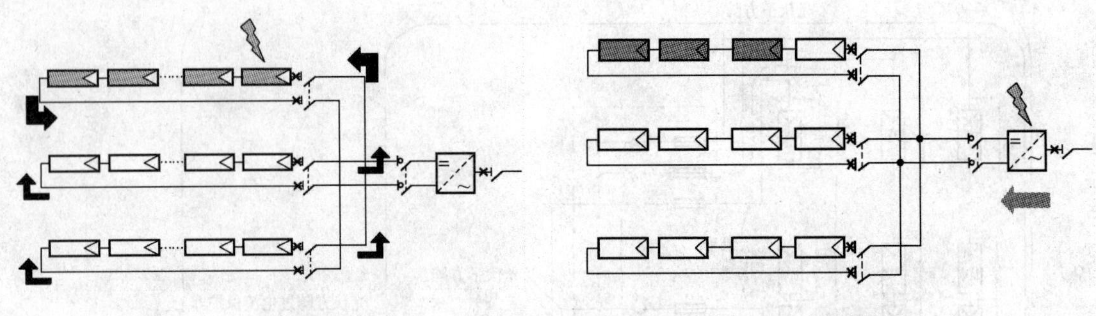

图 8-8 组串反向电流　　　图 8-9 交流侧反向电流

反向电流可因光伏系统某个光伏子串中一个或多个模块发生短路或接地故障而产生。在绝缘损坏的模块或线路短路时常常会出现反向电流。这种反向电流会对光伏子串中的其他模块造成损坏。

模块中安装的旁路二极管无法提供反向电流保护，仅能降低阴影的影响。因此，未受损光伏子串的电流会叠加在一起，流向受损的光伏子串，而非流入逆变器中。

4. 反向电流计算

光伏子串并联时，故障光伏子串的反向电流为其他光伏子串的电流之和。

$$I_r = (n_{sp} - 1) I_{sc}$$

式中：I_r 为最大反向电流，A；n_{sp} 为并联的光伏子串数量；I_{sc} 为光伏模块/光伏子串的短路电流，A。

每个光伏组件就像是一个小型的发电机，许多这样的小型发电机并联在一起组成了大型光伏发电系统。由未受损光伏组件流向受损光伏组件的反向电流，将导致系统过载。

5. 保护要求

对不装组串过电流保护装置的汇流箱，光伏组件反向电流额定值 I_r 应大于可能发生的反向电流，直流电缆的过电流能力应能承受来自并联组串的最大故障电流，或满足 GB 16895.32《建筑物电气装置　第 7－712 部分：特殊装置或场所的要求 太阳能光伏（PV）电源供电系统》规定，即不小于 1.25 倍的 I_{sc}（STC）。

六、直流故障电弧

1. 直流电弧

电弧是一种气体放电现象，指电流通过某些绝缘介质（例如空气）所产生的瞬间火花，物理上可以依据“Paschen 定律”来估算。

故障电弧是指放电现象发生在不希望发生的地方，高热造成未预期的火灾事件。

光伏电池系统是一种直流电的发电装置，其造成的故障电弧称为“直流故障电弧”，此与一般交流故障电弧最大不同处在于其没有相位改变所造成的闲歇性周期现象。换句话说，一旦发生了直流故障电弧，高热现象将会维持直至电源来源消失。

由于故障电弧产生的高热可达摄氏 1000 ℃以上，会造成周围的绝缘物质分解或碳化而失去绝缘的功效，同时也容易导致邻近的物质达到燃点而被点燃起火，甚至有时故障电弧会造成金属导体熔化而喷发出高热的金属颗粒，而其一旦接触到可燃物质，也会造成严重的火灾意外。

2. 种类

(1) 串联故障电弧。当一条有负载的电流导体在未预期的情况下扯断或断裂，在其断裂处即会产生所谓的串联故障电弧。

串联故障电弧易发于光伏电池与电池之间、电池与导架之间、快速接头之间、接线与接线盒之间，或是断裂的连接电缆，如图 8-10 所示。

光伏电池系统因为有成千上万个接点，因此一般常见的起火源为串联故障电弧。

(2) 并联故障电弧。当一个未预期的路径刚好通过两个极性相反的导体之间，则在此路径所发生的意外即为并联故障电弧，如图 8-11 所示。

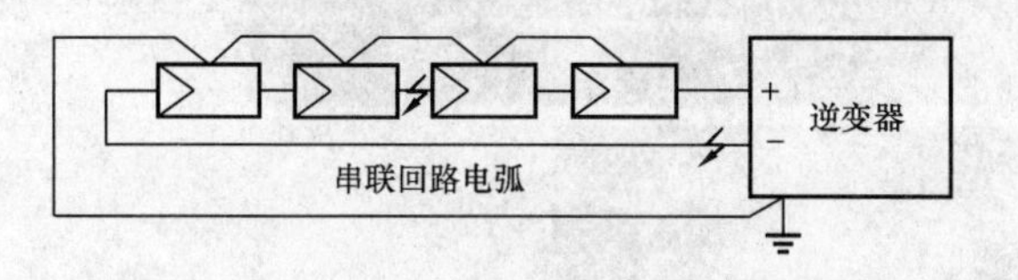

图 8-10 串联故障电弧

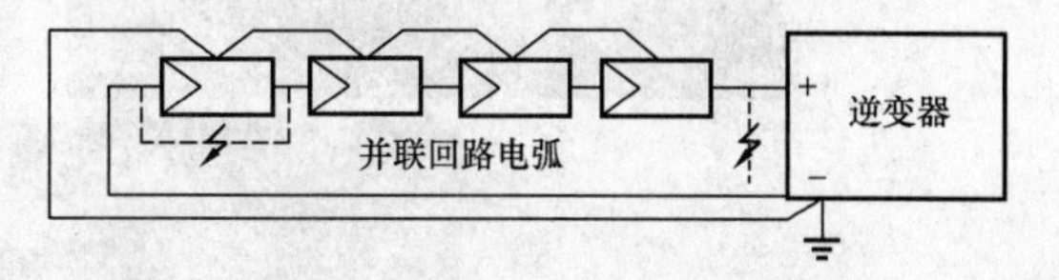

图 8-11 并联故障电弧

(3) 正、负极对地电弧。此类故障电弧的成因常是齲齿动物咬破电线、电线的老化、外力造成电线破损等，而使得电线失去既有的绝缘功效，并让正、负两极的金属互相接触产生了故障电弧状况。如图 8-12 所示。

(4) 电弧故障发生的位置。电弧故障发生的位置如图 8-13 所示。

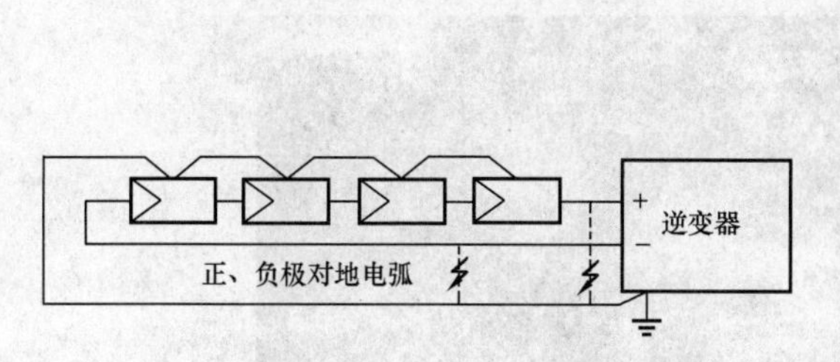

图 8-12 正、负极对地电弧

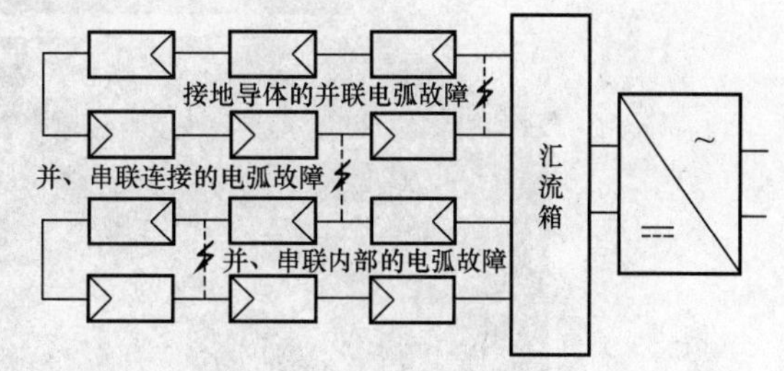

图 8-13 电弧故障发生的位置

3. 后果

虽然并联故障电弧的发生概率远小于串联故障电弧，但是带来的危险性却是远远超过后者，因为当并联故障电弧发生之际，光伏电池系统的电压与电流仍会持续保持供应与维持此故障现象所需的能量。另外，接地故障也是一种并联故障电弧的典型形态。

光伏故障电弧造成的后果如图 8-14 所示。

4. 防范措施

(1) 满足光伏方阵对地绝缘电阻的最低要求。光伏方阵对地绝缘电阻的最低要求见表 8-2 所示。

要求逆变器具有实时监测光伏方阵对地绝缘电阻的要求，一旦发现绝缘电阻低于要求值，需要采取以下措施。

1) 对于悬浮方阵（正负极均不接地）必须发出警告信号，直到故障排除。

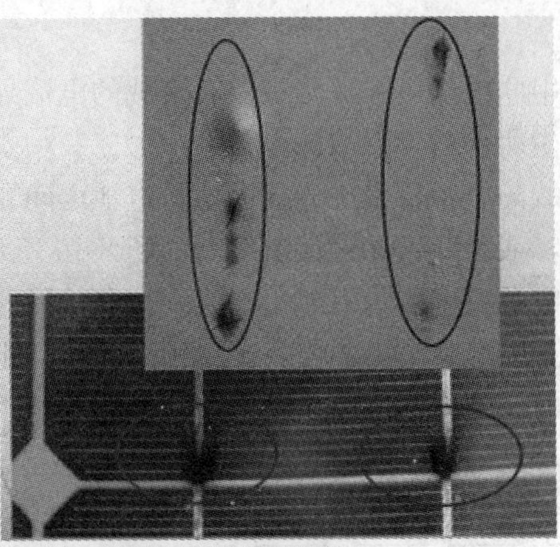

图 8-14 光伏故障电弧

表 8-2 **光伏方阵对地绝缘电阻的最低要求**

光伏方阵的功率/kWp	绝缘电阻的最低要求/kΩ	光伏方阵的功率/kWp	绝缘电阻的最低要求/kΩ
$P \leqslant 20$	30	$100 < P \leqslant 200$	7
$20 < P \leqslant 30$	20	$200 < P \leqslant 400$	4
$30 < P \leqslant 50$	15	$400 < P \leqslant 500$	2
$50 < P \leqslant 100$	10	$500 < P$	1

注：GB/T 29196—2012《独立光伏系统技术规范》中规定，光伏系统直流接线端子与接地端的绝缘电阻应不小于10kΩ（DC 500V）。

2）对于一端接地的光伏方阵，则不但要求立即发出警告信号，还需要断开逆变器的输出。

(2) 采用双重绝缘电缆。采用双重绝缘电缆防止并联电弧。

(3) 电缆敷设要求。

1）户外电缆要求安装在金属套管或电缆槽中，套管或电缆槽要求接地。

2）户内电缆可以安装在非金属套管或电缆槽中。

(4) 汇流箱内要满足最小电气间隙和爬电距离。

1）电气距离与海拔和连接器的形状有关。

2）爬电距离与绝缘体材料和污染程度有关。

(5) 加装直流故障电弧电路保护器。直流故障电弧电路保护器［Arc-Fault Circuit Protection（DC)］，采用直流电源及/或输出电路在或贯穿建筑物的光伏系统。

第三节　直流侧过电流保护设备

一、防反（充）二极管

防反（充）二极管又称为阻塞二极管。

1. 作用

(1) 防止光伏组件或方阵在不发电时，蓄电池的电流反过来向组件或方阵倒送，不仅消耗能量，而且会使组件或方阵发热甚至损坏。

(2) 在电池方阵中，防止方阵各支路之间的电流倒送。

串联各支路的输出电压不可能绝对相等，各支路电压总有高低之差，或者某一支路因为故障、阴影遮挡等使该支路的输出电压降低，高电压支路的电流就会流向低电压支路，甚至会使方阵总体输出电压降低。在各支路中串联接入防反充二极管就避免了这一现象的发生。

(3) 在独立光伏发电系统中，有些光伏控制器的电路上已经接入了防反充二极管，即控制器带有防反充功能时，组件输出就不需要再接二极管了。

2. 与旁路二极管的区别

防反二极管的保护作用如图 8-15 所示。

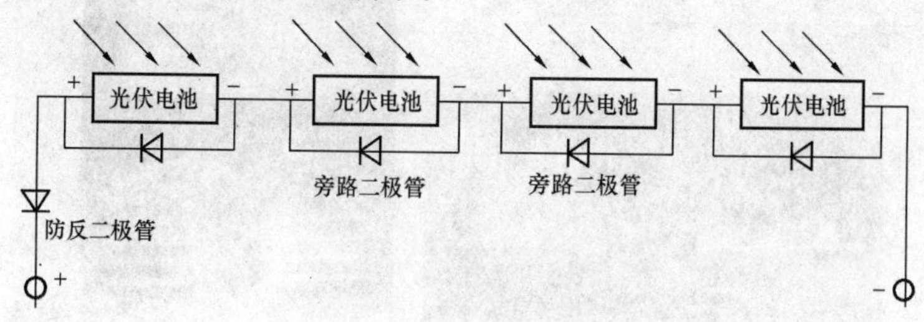

图 8-15　防反二极管保护

(1) 旁路二极管。旁路二极管是为了防止光伏电池在强光下由于遮挡造成其中一些因为得不到光照而成为负载产生严重发热受损，因此，在光伏组件输出端的两极并联旁路二极管，起旁路作用，让其他电池片所产生的电流从二极管流出，使太阳能发电系统继续发电，不会因为某一片电池片出现问题而产生发电电路不通的情况。

接线盒里的都是旁路二极管。

（2）防反二极管。防止电路反向馈电，避免组件受到反向电压电流损害和电能损坏，一般接在电池板汇流输出端。

汇流箱、或直流柜内安装的是防反二极管。

3. 结构

防反二极管的外形结构如图 8-16 所示。

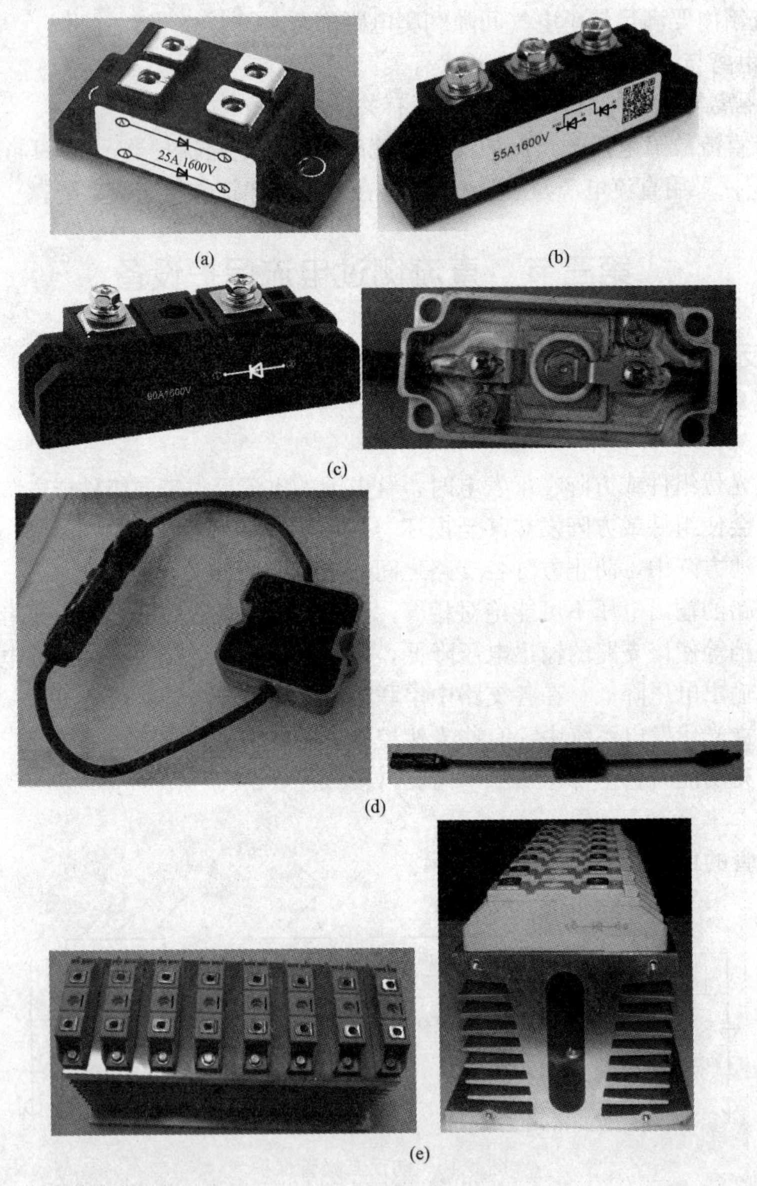

图 8-16 防反二极管

(a) 两路独立；(b) 两路汇一路；(c) 单路；(d) 防水型；(e) 散热器上安装

4. 方阵中的过电流/故障电流保护

在光伏方阵中，加装防反二极管是阻止产生反向电流的一个有效措施。光伏方阵中的过电流/故障电流很多是从正常工作的方阵区域流向具有故障的方阵导致的。故障电流是反方向的。如果方阵中加装了参数合适并且功能正常的防反二极管，反向电流是能够阻止的，且故障电流不是被消除掉，就是被显著的减小，如图 8-17 所示。

有些国家防反二极管可以用来取代过电流保护装置。这是一个有效地避免产生过电流/故障电流的方法，但是防反二极管必须能够保证经受时间的考验。

(1) 光伏组串短路电流。如果方阵中没有防反二极管，当出现如图 8-17 (a) 中的情况时，故障电流会绕过故障组件导通，并且有些组件会流过更大的反向电流，此电流来源于其他组串。如果组串中装有过电流保护装置，那么当此故障电流大于其断路电流时，故障电流可以被切断。但是当辐照度比较低的情况时，过电流装置不应动作。

如果方阵（每个组串都装有防反二极管）遇到同样的情况，如图 8-17 (b) 所示，故障组件周围的电流无法被防反二极管切断，但是故障电流将会被极大地减少，这归功于防反二极管阻断了其他组串对故障电流的贡献。防反二极管对此类故障的功能对所有系统都有效，不管方阵是否接地或者逆变器是否隔离。

(2) 功能性接地方阵中的方阵接地故障。图 8-18 显示了故障电流的路径，这是一个负极功能性接地的系统，其中一个组串出现了接地故障。

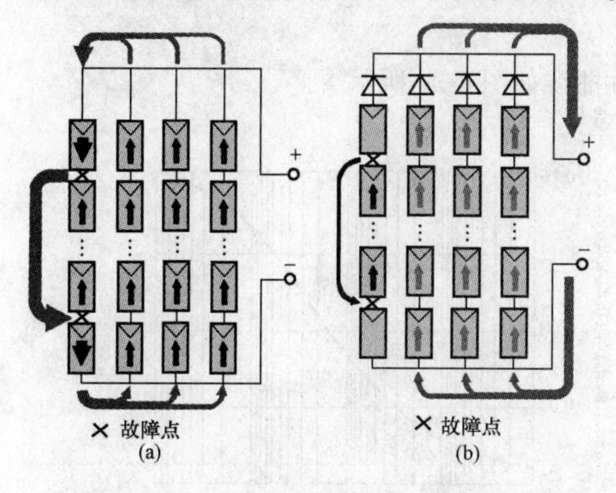

图 8-17 光伏组串短路时防反二极管的作用

(a) 不装防反二极管；(b) 每串均加装防反二极管

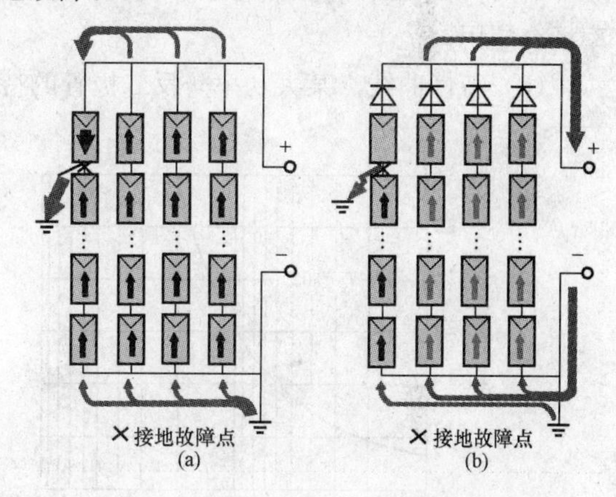

图 8-18 负极接地系统中接地故障情况下防反二极管的功能

(a) 不装防反二极管；(b) 装防反二极管

最坏的情况是接地故障发生在最靠近组串顶部的地方（即距接地点最远端）。在这种情况下防反二极管需安装在组串正极侧。

图 8-19 显示了故障电流的路径，这是一个正极功能性接地的系统，其中一个组串出现了接地故障。最坏的情况是接地故障发生在最靠近组串底部的地方（即距接地点最远端）。在这种情况下防反二极管需安装在组串的负极侧。

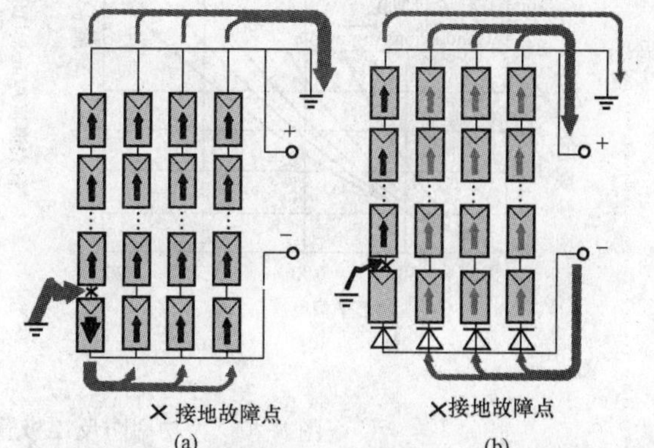

图 8-19 正极接地系统中接地故障情况下防反二极管的功能

(a) 不装防反二极管；(b) 装防反二极管

在图 8-18 和图 8-19 情况下，可以看到安装防反二极管在减小方阵中并联组串的故障电流的明显优势。接地连接时没有阻抗直接接地的情况，通过较小的接地电阻实现功能性接地，可能出现的故障电流会因此电阻而显著降低。

5．技术参数

（1）要求。

1）高方向电压，通常需要超过1500V。光伏阵列最高的时候会达到甚至超过1000V。

2）低功耗，即导通阻抗（通态阻抗越小越好，通常需要小于0.8～0.9V）。光伏系统需要让整个系统保持较高的效率。

3）良好的散热能力（要求有低的热阻和良好的散热性能）。光伏汇流箱的工作环境通常很恶劣，需要防反二极管需要具有较宽的工作温度范围。

4）通常需要考虑戈壁和高原等气候条件。

（2）损耗。防反充二极管存在有正向导通压降，串联在电路中会有一定的功率消耗。

1）一般使用的硅整流二极管管压降为0.7V左右，大功率管可达1～2V。

2）肖特基二极管虽然管压降较低，为0.2～0.3V，但其耐压和功率都较小，适合小功率场合应用。

（3）特性曲线。某大功率防反二极管的特性曲线如图8-20所示。

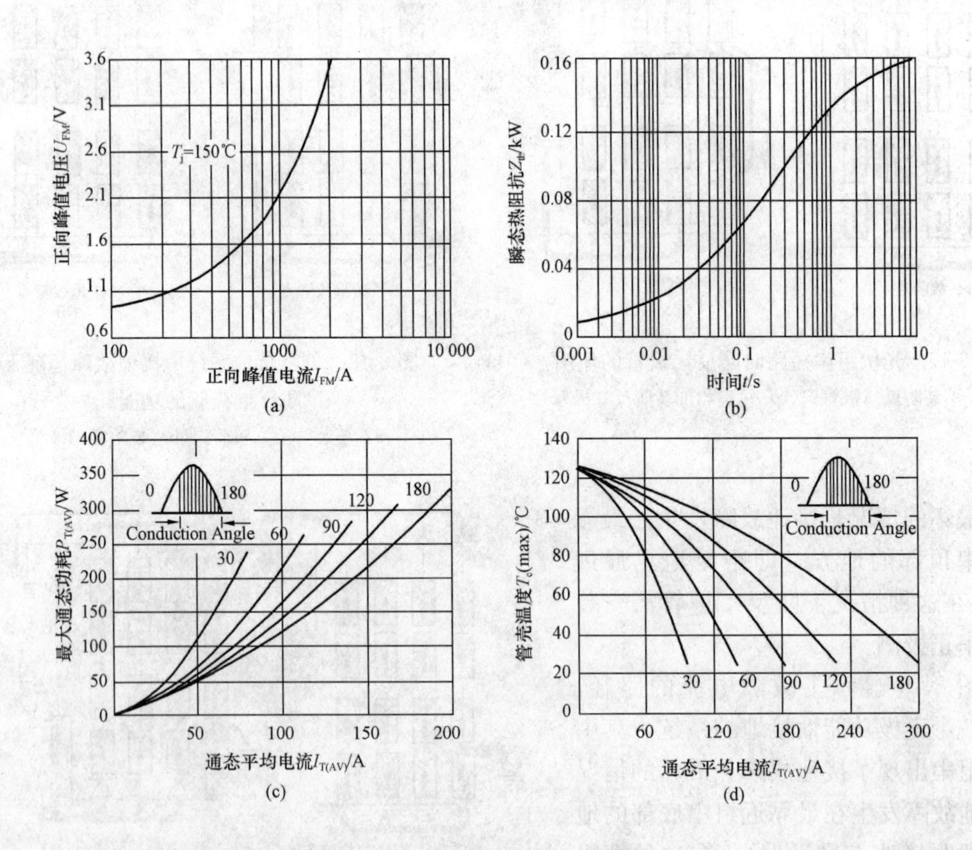

图8-20　大功率防反二极管的特性曲线（一）

（a）正向伏安特性曲线；（b）瞬态热阻抗曲线；（c）最大正向功耗与平均电流的关系曲线；（d）管壳温度与正向平均电流的关系曲线

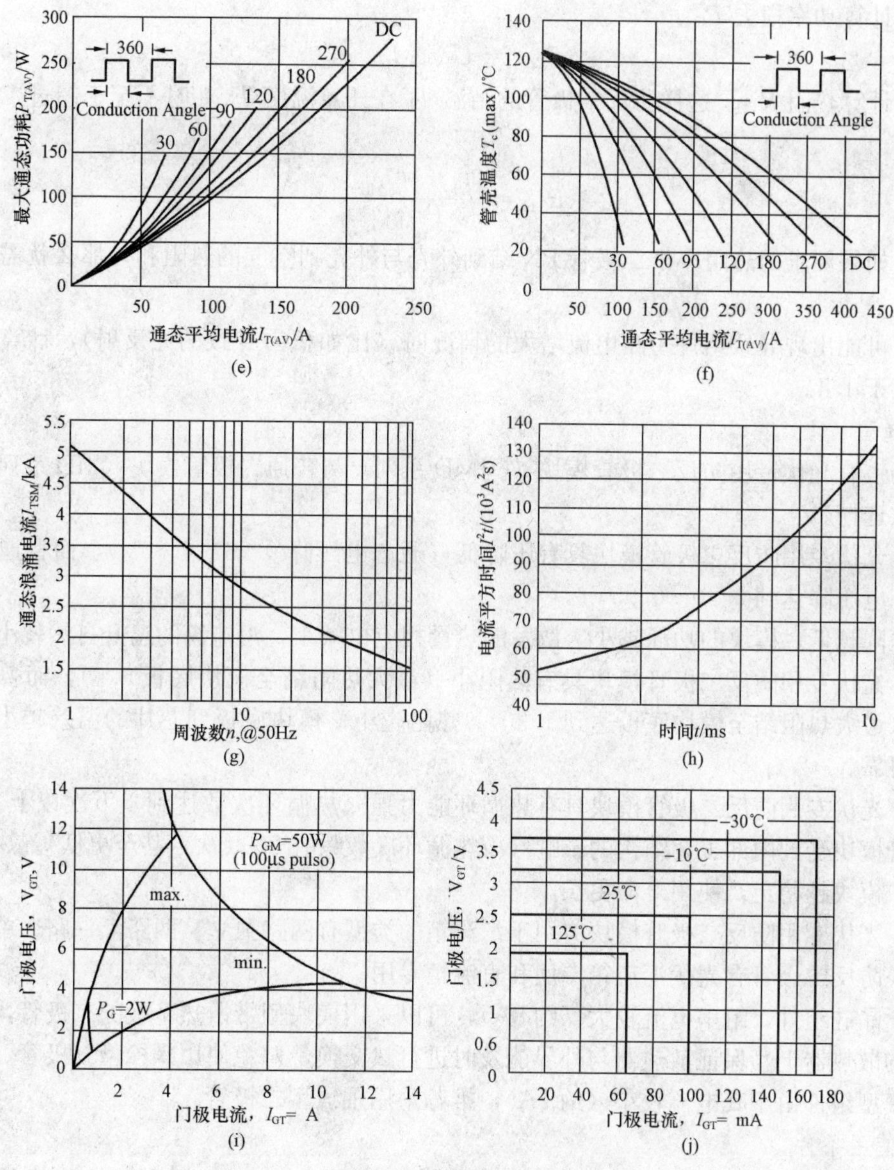

图 8-20　大功率防反二极管的特性曲线（二）

(e) 最大正向功耗与平均电流的关系曲线；(f) 管壳温度与正向平均电流的关系曲线；(g) 正向浪涌电流与周波数的关系曲线；(h) I^2t 特性曲线；(i) 门极功率曲线；(j) 门极触发特性曲线

6. 散热设计

防反二极管在正向电流的情况下会导致超过 1V 的电压降，因此，需要考虑二极管的散热设计可靠性。有可能需要散热器来保证防反二极管的温度处于安全限制以内。下边的程序是一个考虑热扩散的设计方法。

(1) 通过标准条件下的方阵组件电流 I_{scMOD} 计算通过最大电流 I_{max}。

$$I_{max} = 1.4 I_{scMOD}$$（根据运行条件，可选取更高的乘积因子）

(2) 通过二极管的工作特点，根据最大电流 I_{max} 得到防反二极管的正常正向导通电压 U_{D_OP}。

（3）计算功率损失 P_{CAL}

$$P_{CAL} = U_{D\_OP} I_{max}$$

（4）计算热阻 R_{TH}，这样防反二极管的结温 T_J 在任意温度 T_{AMB} 时不至于超过二极管的限制值。

$$R_{TH} = \frac{T_J - T_{AMB}}{P_{CAL}}$$

（5）如果要求的热阻小于二极管 PN 结到外壳与外壳到空气的热阻和，那么就需要加装散热器。

当有可能出现导致组件短路电流增大的情况时（比如积雪导致的光反射），计算 I_{max} 时系数要大于 1.4。

7. 选型

市场上有光伏专用防反二极管模块（GJMD 系列）与普通二极管模块（MD 系列）两种类型可供选择。

（1）光伏专用防反二极管模块具有压降低（通态电压降 0.76～0.80V），而普通二极管模块通态电压降达到 0.90～0.95V。

电压降越低，模块的功耗越小，散发的热量相应也减小，汇流箱的温升自然就小。

（2）光伏专用防反二极管模块具有热阻小（最大热阻结至模块底板 0.5），而普通二极管模块（最大热阻结至模块底板达到 1.30）。热阻越小，模块底板到芯片的温差越小，模块工作更可靠。

（3）光伏专用防反二极管模块具有热循环能力强（热循环次数达到 1 万次以上），而普通二极管模块受到内部工艺结构的影响（冷热循环次数只有 2000 次，甚至更低）。热循环次数越多，模块越稳定，使用寿命更长。

（4）光伏专用防反二极管模块应用于汇流箱的类型有两路独立、两路汇一路、单路。

（5）防反二极管有光伏汇流箱专用和直流柜专用。

对于晶硅组件，组串电流较大（约 8A），可以采用模块型带散热基板的二极管，并安装于专用的散热器上，保证散热器与外界能及时进行热交换，避免使用螺栓型二极管。

薄膜型组件由于其电流较小（约 1A），推荐采用轴线型二极管。

8. 使用条件

（1）使用环境应无剧烈振动和冲击，环境介质中应无腐蚀金属和破坏绝缘的杂质和气氛。

（2）模块管芯工作结温。由于二极管为非线性半导体器件，工作稳定性受到工作温度影响较大，其结温只能在 150℃以下，正午时分汇流箱内部温度可能达到 80℃，会严重降低器件的工作电流。

（3）模块在使用前一定要加装散热器。

散热可采用自然冷却、强迫风冷或水冷。当应用于实际负载电流大于 40A 的设备时，一般都需要选择强迫风冷设计。设计强迫风冷时，风速应大于 6m/s。

一般情况下，要求防反二极管安装的散热器最高有效温升小于 50℃。即当散热器工作的环境温度在 25℃时，散热器的温度应小于 75℃；如果环境温度达到 45℃时，散热器的温度应小于 95℃。

（4）必须保证控制柜内空气与柜体外空气循环流动。当防反二极管模块安装于控制柜内时，必须在控制柜顶部安装 2～3 台往柜体外抽风的轴流风机（热风是往上升的，有利于散热），同时控制柜靠近底部四周需要多设置百叶窗。

9. 技术参数

标称电流是最大正向的导通平均电流。在选择防反二极管模块时，务必放置一定的安全系数。

（1）标称电流 I_{max}。

1）标称电流 I_{max} 至少是 1.4 倍被保护电路在标准测试条件下的短路电流（STC），如：①≥1.4× I_{scMOD}（光伏组串）；②≥1.4×$I_{sc\ S\text{-}ARRAY}$（光伏子方阵）；③≥1.4× $I_{sc\ ARRAY}$（光伏方阵）。

2）根据制造商要求进行安装，联结导体不采用裸露导体。

3）具有保护措施，防止环境造成的性能衰退。

如可能存在雪或其他环境反射而造成光伏组件大短路电流时，I_{max} 修正因子应大于 1.4。例如，在有雪的情况下，短路电流受环境温度、光伏组件倾角和方向角、雪反射以及地理因素等影响。I_{max} 由气候环境等确定。

（2）一般选择 1.3 倍于直流断路器的额定电流，而断路器的电流一般为光伏电流的 1.3 倍，所以防反二极管模块的电流应为实际电流的 1.69 倍以上。

例如，实际汇流电流在 120A 左右的选择 250A，实际汇流电流在 160A 左右的选择 300A。

（3）根据光伏专用防反二极管模块中的 I_{PV} 为标准确定。

$$光伏每路实际电流 \leqslant I_{PV}$$

即可以保证足够的可靠运行。

（4）标称电压。标称电压为最大防反电压。

关于最大防反电压的选型，汇流箱标准规定放置 2 倍，所以对开路电压在 700～800V DC 的光伏电池组汇流防反可以选择 1600V DC 或 1800V DC。

二、直流熔断器

1. 作用

光伏方阵中发生在光伏组件、光伏汇流箱或光伏电缆部分的短路，光伏方阵接线的接地故障都可能产生过电流。

GB/T 13539.6《低压熔断器　第 6 部分　太阳光伏能量系统保护用熔体的补充要求》中提出，光伏逆变器故障产生的反向电流，在光伏熔断器的额定分断能力范围内的，光伏熔断器也能提供保护，避免对方阵电缆和光伏组件的损害。

2. 结构

光伏用直流熔断器的外形如图 8-21 所示。

3. 要求

（1）对熔断器要求。光伏方阵中熔断器应满足以下要求：

1）直流使用等级。

2）电压等级等于或高于规定的光伏方阵最大电压。

3）可用于切断故障电流，故障电流来自于光伏方阵和其他连接功率源。例如：蓄电池、

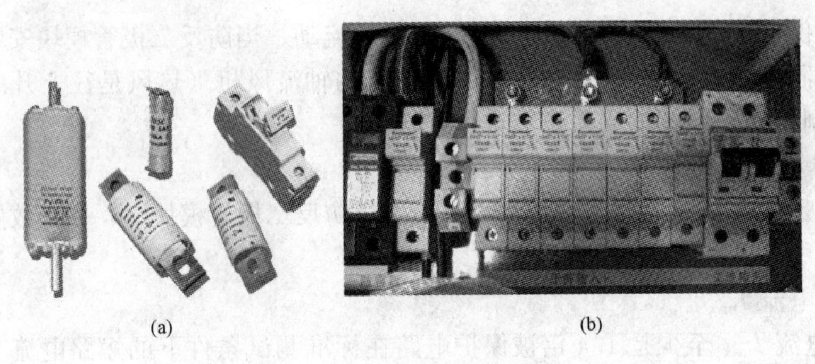

(a) (b)

图 8-21 直流熔断器外形

发电机及电网。

4）根据 IEC 60269－6《低压熔断器 第 6 部分：太阳光伏能量系统保护用熔体的补充要求》，适用于光伏方阵的过电流和短路电流保护。

（2）对熔体的要求如下：

1）直流专用。

2）额定电压大于或等于光伏汇流设备的额定工作电压。

3）额定电流满足过电流保护的要求。

4）短路及过载电流保护类型满足 IEC 60269－6《低压熔断器 第 6 部分：太阳光伏能量系统保护用熔体的补充要求》中对太阳能光伏系统保护用熔体的要求（即 gPV 型）。

5）额定分断能力（直流）：≥10kA。

（3）对熔断器支持件的要求。熔断器支持件应满足以下要求：

1）满足 GB 13539.1《低压熔断器 第 1 部分：基本要求》相关要求。

2）额定电压大于或等于相匹配的熔体的额定电压。

3）额定电流大于或等于相匹配的熔体的额定电流。

4）峰值耐受电流大于相匹配的熔体的额定分断能力，且≥10kA。

5）提供适合安装地的保护等级且不低于 IP2X。

（4）对熔断器标注的要求。若使用熔断器座，熔断器厂家或汇流设备厂家应在显著位置处标注“禁止带负载开合、连接、断开”，标注应靠近熔断器或熔断器座。带负载操作会产生电弧，损坏熔断器（若熔断器前端电路未断开，而只断开其后端电路，由于光伏组串间电压存在差异，此时更换熔体仍存在产生电弧的风险。在夜间光伏组件不工作时更换熔体）。

若使用熔体夹，则汇流设备厂家应在熔体夹安装底板显著位置处标注“禁止白天更换熔体”及当心触电的警告标示。

4.“gPV”型熔体的约定时间和约定电流

“gPV”型熔体的约定时间和约定电流见表 8-3。

太阳能光伏发电系统光伏组件的发电量设计一般不会超出 11A，通常应用于光伏发电系统汇流箱的熔断器额定电流规格不会超出 20A，应用最多的是在 8～15A 之间，所以都属于其约定熔断电流和约定不熔断电流参数要调整的系列范围。

PV 系列的直流熔断器（规格 ϕ10mm×38mm）熔断时间—电流特性曲线如图 8-22 所示。

表 8-3　　　　　　　　**"gPV"型熔体的约定时间和约定电流**

额定电流/A	约定时间/h	约定电流	
		预定不熔断电流 I_{nf}	预定熔断电流 I_f
$I_n \leqslant 63$	1	1.13 I_n	1.45 I_n
$63 < I_n \leqslant 160$	2		
$160 < I_n \leqslant 400$	3		
$I_n > 400$	4		

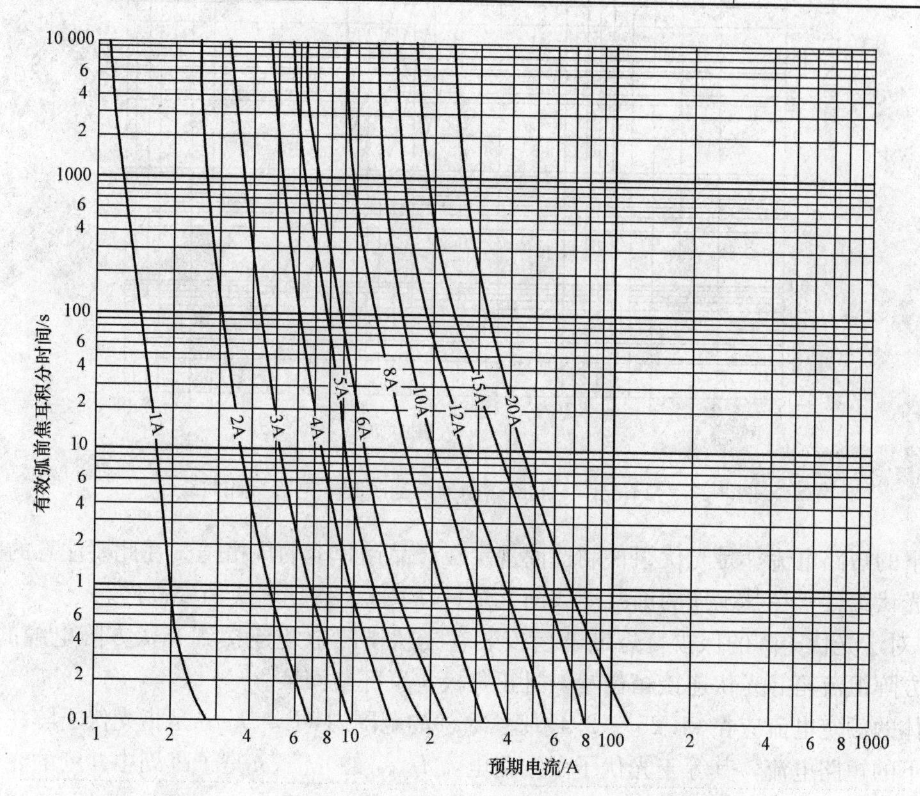

图 8-22　ϕ10mm×38mm 熔断器熔断时间—电流特性曲线

PV 系列的直流熔断器（规格 ϕ14mm×51mm）熔断时间—电流特性曲线如图 8-23 所示。

5. 选择

（1）过电流保护熔体和熔断器支持件的选择。由于温度越低，光伏组件的开路电压越大，考虑到该特点，光伏方阵、光伏子方阵、光伏子串和光伏组件的最大电压，应根据安装地点预期的最低气温按光伏组件制造商的说明来修正，对于光伏组件制造商没有提供修正方法的，应依照标准要求修正确定光伏方阵的最大电压。

（2）过电流保护熔体额定电流的选择和安装位置要求。

1）对于光伏子串的保护，熔断器应安装在光伏子串电缆连接到光伏子阵电缆的位置，如子阵列汇流箱等光伏连接箱位置，且正负极位置都要安装。

熔体的额定电流应在 $(1.4 \sim 2.4)I_{scMOD}$ 之间，I_{scMOD} 是指光伏组件或光伏子串在标准测

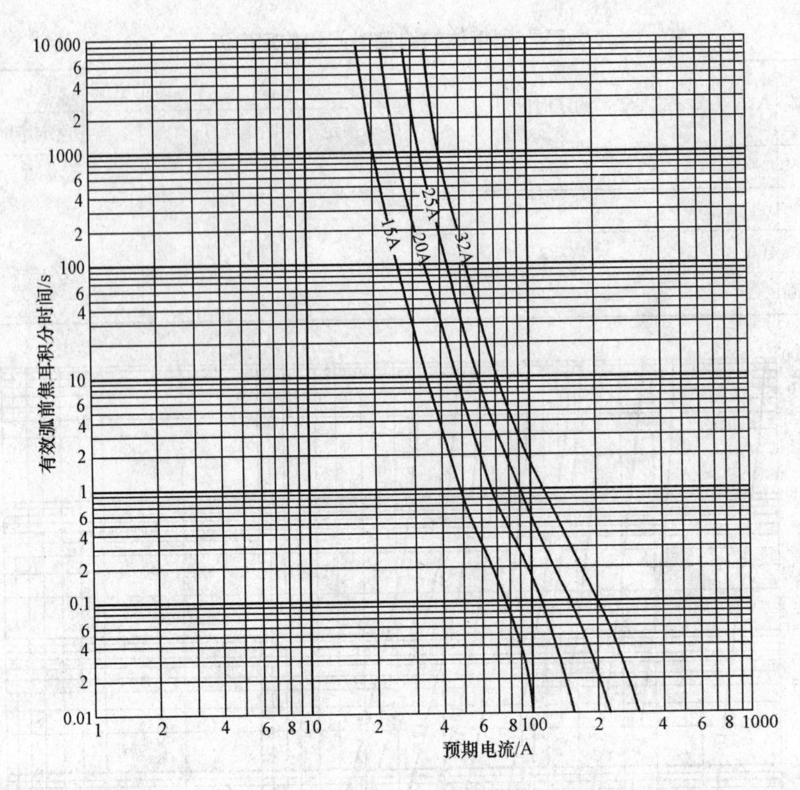

图 8-23 ϕ14mm×51mm 熔断器熔断时间—电流特性曲线

试条件下的短路电流，是光伏组件制造商规定在产品铭牌上的规格值。在此要注意的是，对于一些光伏组件，在其工作的前几周或前几个月，其 I_{scMOD} 比名义值要高些。

2）对于光伏子阵的保护，熔断器应安装在光伏子阵电缆连接到光伏方阵电缆的位置，如光伏方阵汇流箱等光伏连接箱位置，且正负极位置都要安装。

熔体的额定电流应在 $(1.25\sim2.4)I_{scS\_ARRAY}$ 的范围内，I_{scS_ARRAY} 是指光伏子阵在标准测试条件下的短路电流，其等于光伏子串短路电流 I_{scMOD} 的 n 倍，n 是子阵列中并列的光伏子串数。

3）对于整个光伏方阵的保护，熔断器应安装在光伏方阵电缆和系统电路电缆连接位置，用于保护系统和电缆，防止其他地点光伏方阵或其他连接的电源，如光伏组件等故障电流的流入，如果熔体的额定值很靠近下限选定，则对光伏方阵电缆提供了保护。

4）对含有蓄电池的光伏系统，光伏方阵和充电控制器之间的光伏方阵电缆不需要再为之设置保护，正负极位置都要安装。

该位置熔体的额定电流应在 $(1.25\sim2.4)I_{scS\_ARRAY}$ 之间，I_{scS_ARRAY} 是指光伏方阵在标准测试条件下的短路电流，等于光伏子串短路电流 I_{scMOD} 的 n 倍，n 是阵列中并列的光伏子串总数。

对于额定电流很大的，可能没有对应的熔断器规格，则通常采用过电流保护继电器等其他过电流保护器件。

6. 熔断器与电缆配合

关于在光伏系统直流侧的保护，在美国国家标准 NASI/NFPA 70《National Electrical

Code》之 Article 690-Solar Photovoltaic Systems 中的 690.9 条款（Over-current Protection）中已明确：光伏子方阵电路、光伏输出电路、逆变器输出电路和储能电池电路的导体和设备应当予以保护。

IEC 委员国已投票通过太阳能光伏系统保护用的熔体标准 IEC 60269－6：2010。北美标准 NASI/NFPA 70 已明确规定，直流侧的保护电器均要求直流规格，如图 8-24 所示。

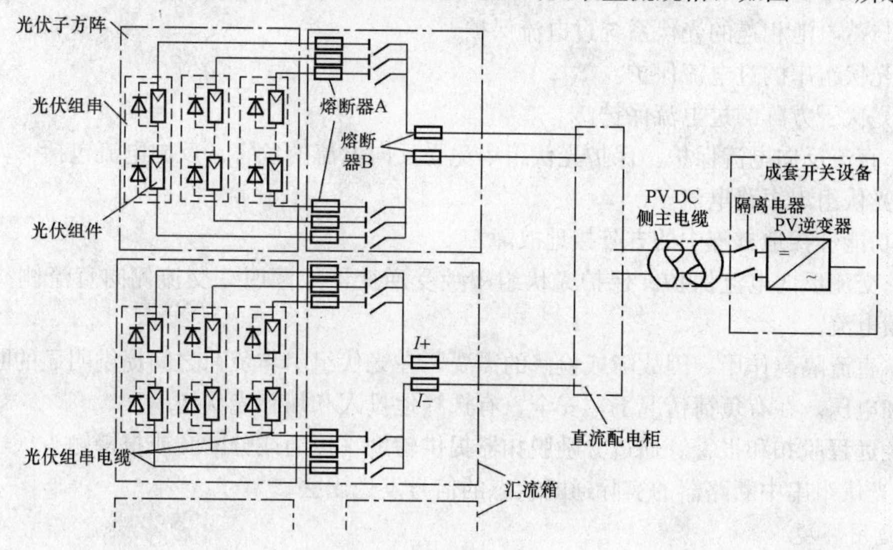

图 8-24　保护光伏组串熔断器

对于保护光伏组串的熔断器，即图 8-24 中的熔断器 A，要求额定电流 $I_n \geqslant 1.56I_{sc}$（I_{sc} 为 PV 串的短路电流），额定电压不小于光伏组串当地最低温度时的开路电压 U_{oc}，并提供了修正系数供计算实际使用温度下 U_{oc}。

而保护 PV 阵列的熔断器 B、其要求 1.25 限制电流 $I \leqslant I_n < 1.56I_{sc}$，该位置导线规格要不小于 $1.56I_{sc}$，IEC 体系的光伏熔断器约定熔断电流为 $1.45I_n$。所以取电流 $1.45I_{sc}$ 计算值以下的系列化规格中最大的额定电流是合适的。

7. 存在的问题

（1）电弧灼伤人体。如在汇流箱里，正常拔插熔断器时，应先将总汇流电器切除，再拔插熔断器。而现场先拔插熔断器的现象经常发生，导致高压的直流电弧直接喷向操作人员而灼伤，酿成人身安全事故。

（2）误动作。因熔断器本身设计上的缺陷，熔体的老化现象。

1）无冶金效应的熔体老化现象。由于熔体反复负载使熔体受到加热和冷却的循环；

2）产生热膨胀和冷却收缩，使熔体受到机械应力，引起熔体金属材料晶格粗化、扭曲；

3）导致电阻率增加而使特性变坏；

4）有冶金效应的熔体老化现象。有冶金效应的熔体，不仅受到上述的老化影响；由于熔体通过电流时温度的增加，还会使熔体材料的分子溶解到溶剂中去；产生合金现象，改变了熔点，而使特性变坏。

（3）由于熔断器受环境温度和湿度的影响较大，熔断时间离散性大。

（4）无状态指示。熔断器是否正常工作无状态指示，造成维修麻烦和造成安全事故。

三、直流断路器

1. 作用

直流断路器在光伏并网系统中的作用。

（1）过电流保护。承担光伏并网系统中直流部分过电流保护，过电流包括：

1）光伏组件和/或连接线的过电流保护。

2）与蓄电池相连的光伏系统过电流保护。

3）光伏组串的过电流保护。

4）光伏子方阵的过电流保护。

（2）直流反向电流保护。保护光伏组串免受反向电流的危害。反向电流包括：

1）光伏组串短路电流。

2）功能性接地方阵中的方阵接地故障。

（3）交流反向电流保护。保护光伏组串免受逆变器故障时，交流侧向直流侧（光伏组串）反馈电流。

（4）直流隔离作用。因故障或检修的需要，在光伏组串与负荷之间提供明显的断点，阻断电流和电压。在有负荷情况下，安全、有选择地投入和切除光伏组串。

（5）远程脱扣和报警。通过分励脱扣器提供辅助（接通或分断）或报警触头（过载或短路），将光伏组串中断路器的实际通断状态的信号发送出去。

2. 适用环境

（1）海拔高度2000m及以下，高于2000m需降容使用。其他特殊要求请与制造商联系。

（2）能耐受潮湿空气的影响（三防型）。

（3）能耐受盐雾油雾的影响（三防型）。

（4）能耐受霉菌的影响（三防型）。

（5）在无爆炸危险的介质中，且介质无足以腐蚀金属和破坏绝缘的气体与导电尘埃的地方。

3. 要求

（1）断路器的基准环境温度。根据UL 489B—2013《Outline of Investigation for Molded-Case Circuit Breakers，Molded-Case Switches，and Circuit-Breaker Enclosures for Use with Photovoltaic（PV）Systems-Issue 3》要求断路器的基准环境温度50℃，运行温度−25～50℃，储存温度：−40～70℃。

如果用基准温度为30℃工业级/民用级直流断路器作为光伏用直流断路器将会不符合UL489B标准、不符合现场实际最高工作温度、过电流脱扣器受热误动。如光伏现场温度达到50℃时，此时断路器过载脱扣器受高温热的影响而弯曲，基本上将处于跳闸或跳闸临界状态，再受短时的遮挡过电流影响，或在IP65密闭的箱体内受到散热条件限制，断路器将会误动作。如果将额定电流值提升至很高值，这又带来B型磁脱扣器（电磁脱扣值为$6I_n$）的瞬时动作电流也随之增大，如遇到接地故障或短路、遮挡等，出现的反向电流将有可能使断路器不能起到保护的作用，导致模块和电缆的损坏。

（2）性能的要求。按照多极光伏断路器制造商的说明书进行接线（应规定多极串联时导线的截面积和长度）。额定电压在600～1000V的光伏断路器，应按照断路器100%额定值进行试验。

多极光伏断路器或开关的每个极应单独进行试验。

(3) 耐受冲击电压及冲击电流。使用环境的冲击电压达到 500～1000V DC，主回路的开关一般会采用 U_i =1000V DC；

汇流箱一般要求有自动复位，可用带复位功能的微断。

4. 种类

光伏直流断路器分为微型断路器、塑壳断路器和框架断路器。直流电流的大小决定采用不同类型的断路器。断路器的安装位置如图 8-25 所示。

(1) 微型直流断路器。应用于光伏组串保护，对于故障光伏子串产生的反向电流以及故障逆变器反馈回的交流再生负载，微型直流断路器可为 PV 模块和线路提供可靠保护。

微型断路器的技术参数见表 8-4。

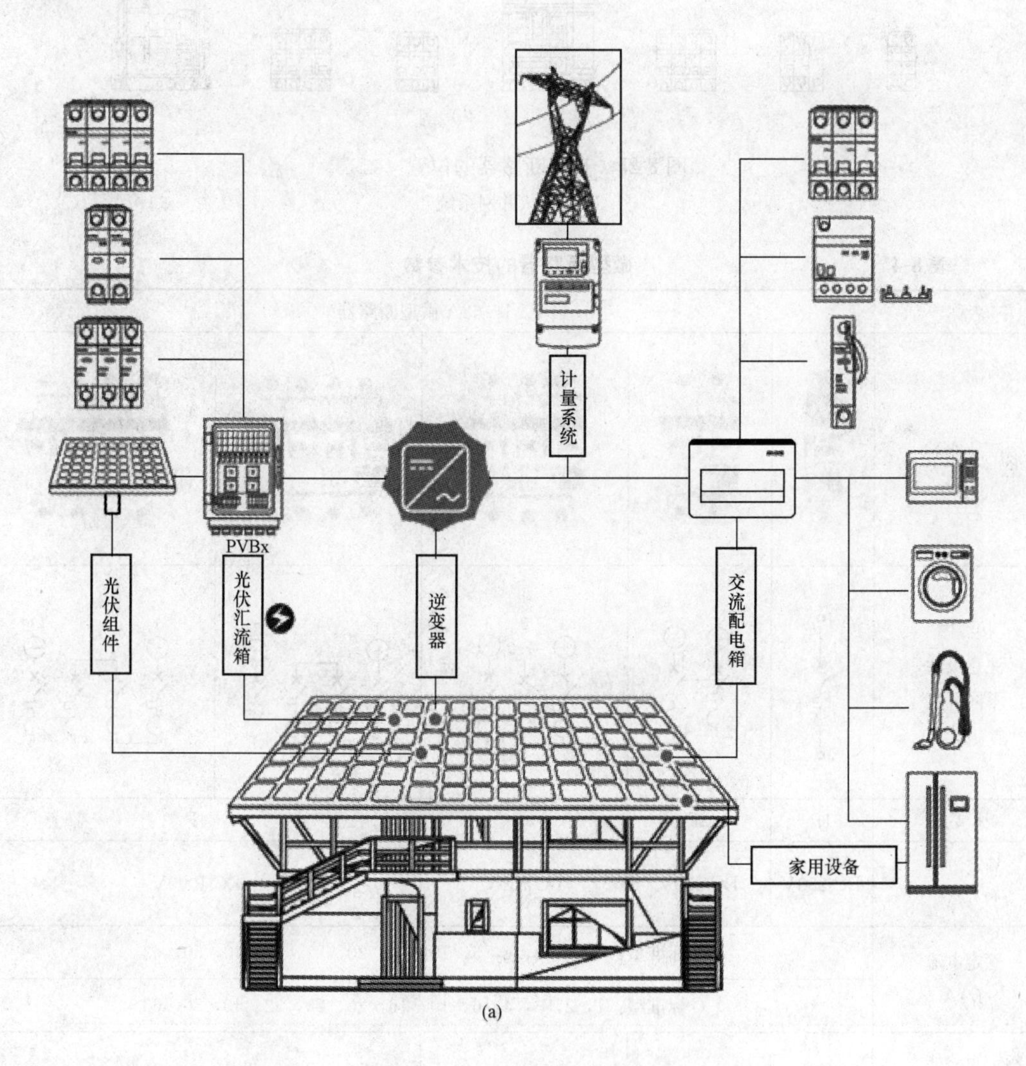

图 8-25　直流断路器的位置（一）

(a) 建筑光伏系统

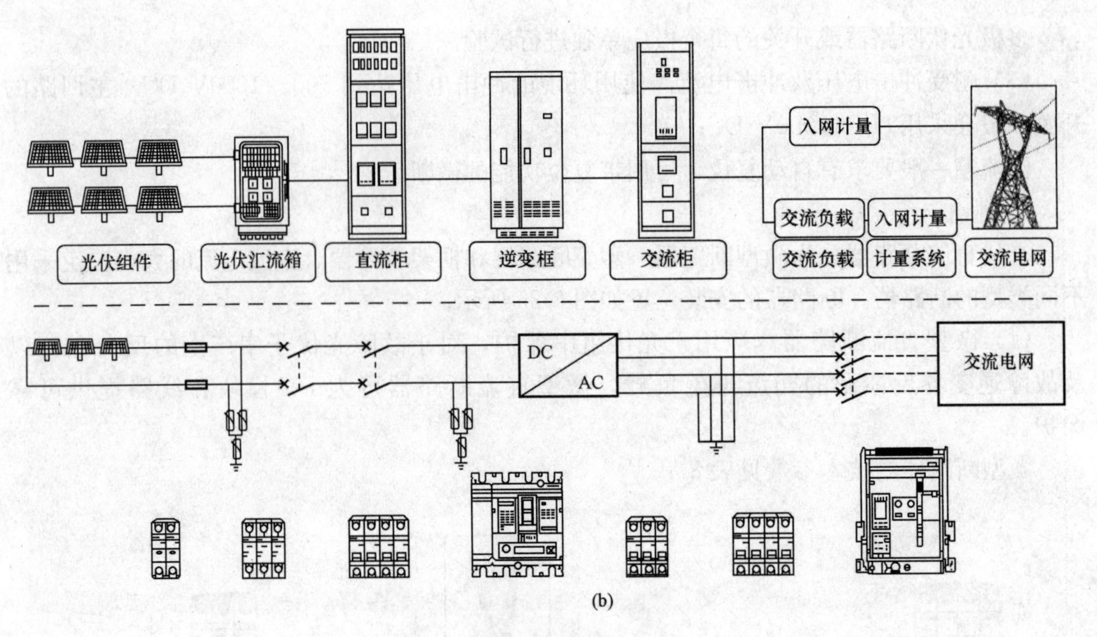

图 8-25 直流断路器的位置（二）
（b）光伏并网系统

表 8-4　微型断路器的技术参数

名称	1～63A 微型断路器				
产品外形					
接线图（注意极性，不同厂家会有差异）	+ 1 2	+ − 1 3 2 4	1 2 3 + − 4	1 3 + − 2 4	1 3 + − 2 4
极数	1P	2P	3P	4P	
额定电压 U_n/V	DC 250V	DC 500V	DC 750V	DC 1000V	
额定电流 I_n/A	B标准型：1，2，3，4，6，10，16，20，25，32，40，50，63				
	C标准型：1，2，3，4，6，10，16，20，25，32，40，50，63				
额定短路能力 I_{cn}/kA（T=4ms）	10（DC 250V）	10（DC 500V）	10（DC 750V）	10（DC 1000V）	

续表

名称	1～63A 微型断路器
瞬时脱扣器	B标、C标
额定冲击耐受电压 U_{imp}/kV	4
额定绝缘电压 U_i/V	1000
寿命/次	带载 10 000 次，不带载 20 000 次
使用环境	环境温度：－25℃～40℃
可带附件	辅助开关、报警开关
最大接线能力	25mm²

脱扣器及限流特性曲线如图 8-26 所示。

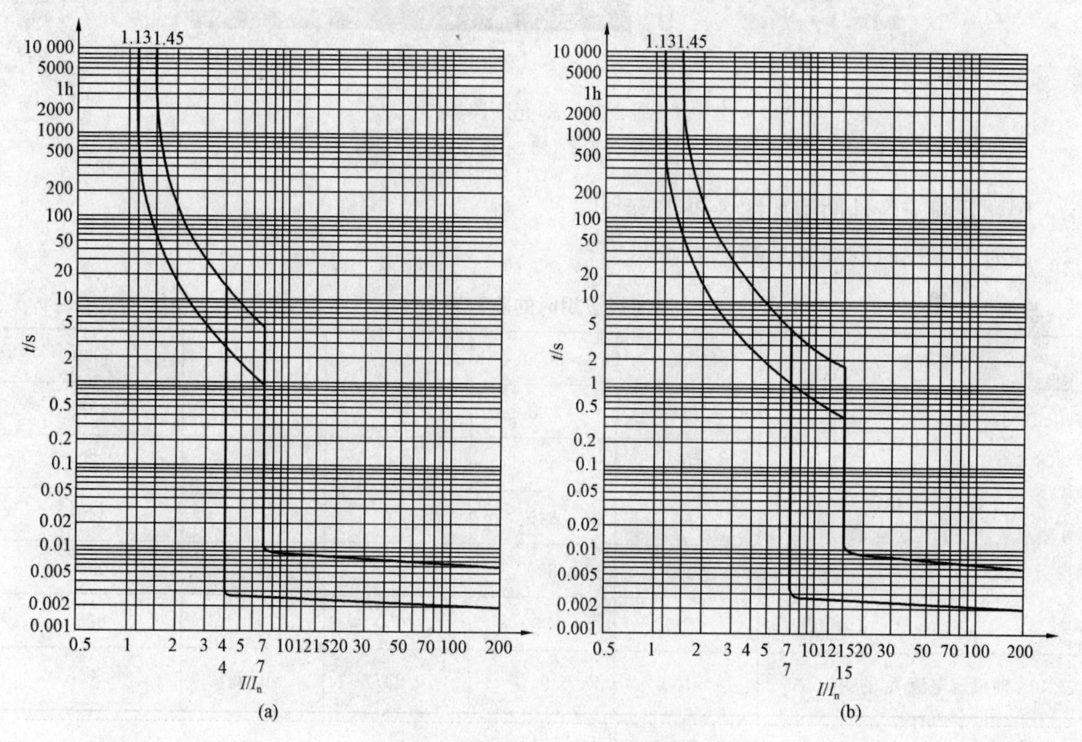

图 8-26　脱扣及限流特性曲线

(a) 6～63A PV B 型脱扣器（4～7）I_n；(b) 1～63A PV C 型脱扣器（7～15）I_n

根据 IEC 规定，光伏组串用直流微型断路器的额定电流值应符合

$$1.25I_{sc} \leqslant I_n \leqslant 2I_{sc}$$

式中，I_{sc} 为光伏模块/光伏串的短路电流，A。

根据试验得知，直流微型断路器用短导体连接将会产生 25%以上的降容系数。

直流塑壳断路器用短导体连接将会产生30%以上的降容系数。

(2) 塑壳型。用于光伏汇流箱到直流配电柜或汇流箱到逆变器之间的过电流保护。外形如图8-27所示。

(a)

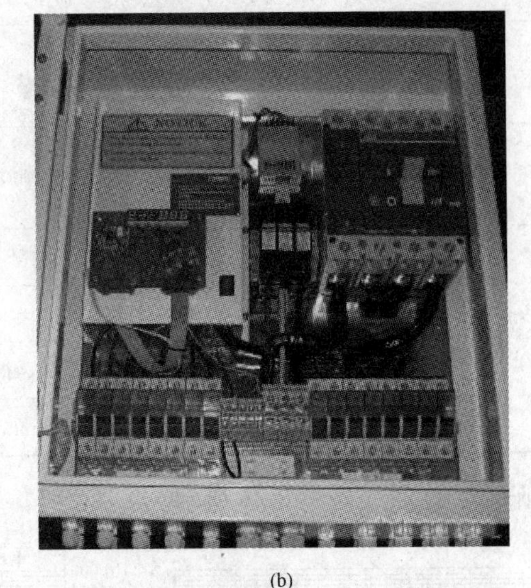

(b)

图8-27　塑壳断路器

(a) 外形；(b) 汇流箱内

脱扣及限流特性曲线如图8-28所示。

高海拔应用时的降容系数见表8-5。

表8-5　**高海拔应用时的降容系数**

海拔高度/m	2000	3000	4000	5000	6000
额定工作电压 U_e/V	250	200	175	150	138
	500	400	350	300	276
	800	640	560	480	440
	1000	800	700	600	550
	1500	1200	1050	900	825
40℃时额定电流 I_n 的变化/A	I_n	$0.96I_n$	$0.93I_n$	$0.9I_n$	$0.87I_n$

(3) 万能型。万能式直流断路器适用于额定电压DC1500V，额定电流630～2000A的直流系统中，用来分配电能和保护线路及电源设备免受过载、欠电压、短路等的危害。

断路器具有选择性保护性能，实现断路器级间的分级配合保护和后备保护，以减少电网的事故范围。

框架型直流断路器的结构如图8-29所示。

5. 极间连接

不同系统类型不同电压等级的直流极间串联应用见表8-6。

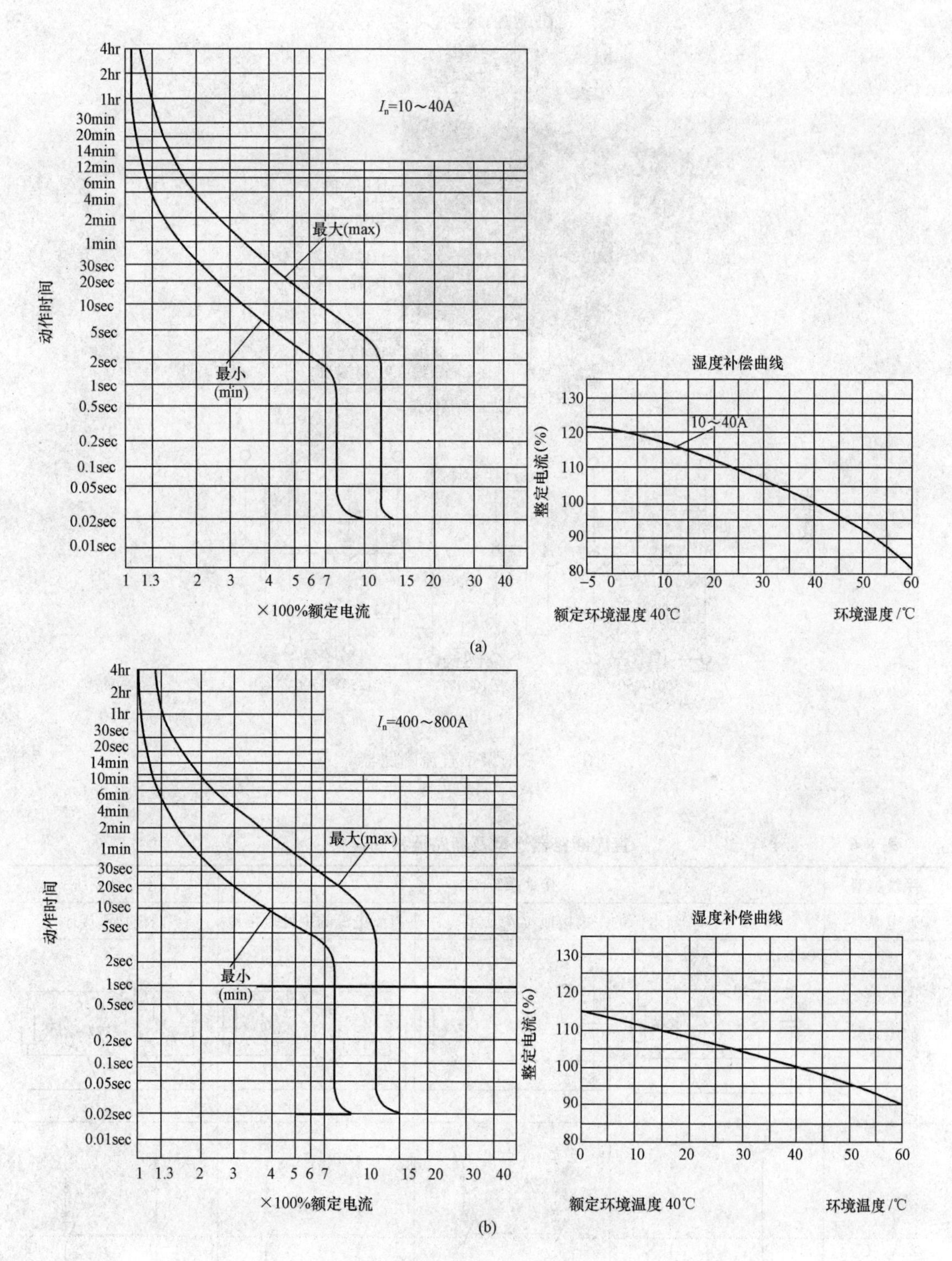

图 8-28　塑壳型脱扣及限流特性曲线

(a) 10～40A 塑壳型脱扣及限流特性曲线；(b) 800A 塑壳型脱扣及限流特性曲线

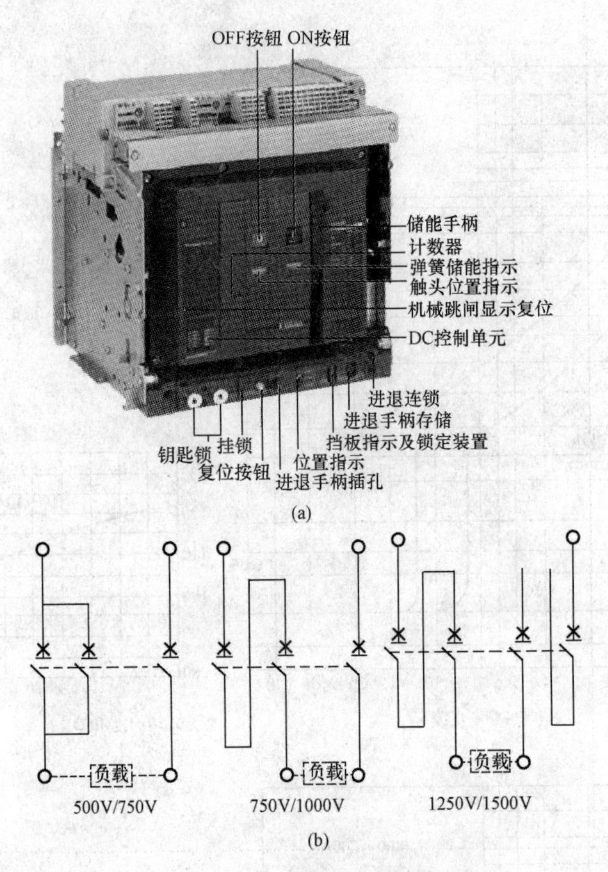

图 8-29　框架型直流断路器

（a）外形；（b）连接方式

表 8-6　　直流断路器选型及断路器极间连接

系统类型	接地系统			不接地系统
电源	直流电源的一极接地		直流电源的中性点接地	两极均不接地
故障类型	i, +, −, U, B, A, 负载	i, +, −, U, B, A, 负载	i, +, −, U/2, U/2, B, A, C, 负载	i, +, −, U, E, B, A, D, C, 负载
24V≤U_n ≤250V	−, +, 负载	−, +, 负载	−, +, 负载	−, +, 负载
	1P	2P	2P	2P

续表

系统类型	接地系统			不接地系统
$250V \leqslant U_n \leqslant 500V$	负载	负载	负载	负载
	2P	3P	2P	4P
$500V \leqslant U_n \leqslant 750V$	负载	负载	负载	
	3P	4P	4P	

注：在极间串联使用，可使承受的电压增加相应的倍数；在极间并联使用，可使承受的电流增加相应的倍数。

6. 极性

（1）极性断路器。极性断路器在其内部有一个磁力作用的灭弧装置。强调接线方式以及电流流向，如图 8-30 所示。

由于光伏方阵电流流向是固定的（从组件系统流向逆变器），而标正极“＋”开关电流流向恒定为从“＋”向另一端流，而“－”则是从另一端流向这端。

组件系统的正极恒接“＋”，负极恒接“－”，然后另外一端顺接即可。如果组件端接的是没有标注的一端，为了依然要保证电流流向的唯一性，此时组件正极端需要接“－”的另一端，这样电流就依然会流向“－”端，同理，组件的负极需要接“＋”的另一端。

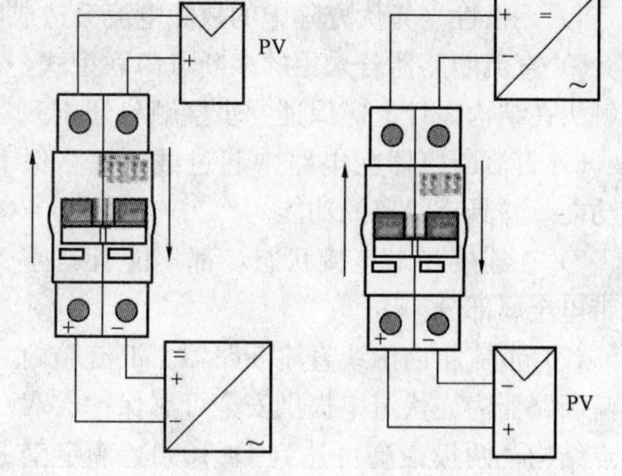

图 8-30　极性断路器的连接

（2）非极性断路器。非极性的断路器是不分“＋”、“－”号的，只要保证正进正出，负进负出即可，如图 8-31 所示。

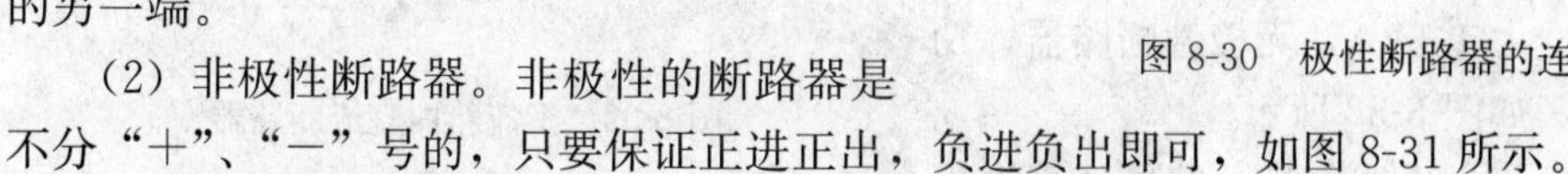

双开关断路器就是两个单开关并在一起的，并不是内部交叉相连。保证“＋”接组件端正极，“－”接组件端负极，然后正进正出，负进负出即可。

（3）与逆变器的连接。“正”是指组件和逆变器的正极，和“＋”无关。组件到逆变器这端的系统连接，显而易见组件的正极必须连接逆变器的正极，而隔离器只是额外加入的一

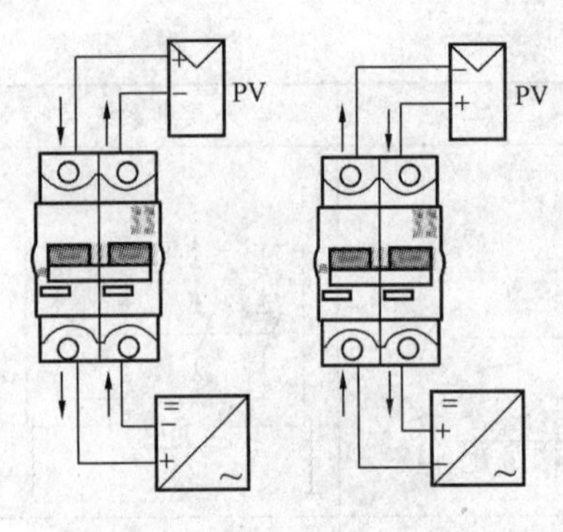

图 8-31　非极性断路器的连接

个断路装置，并不允许改变线路走向和顺序。

如果直接反极性接入了逆变器，逆变器因为自身保护不能直接启动。

7. 反向电流

选用直流断路器时，不能用有极性（顺向）保护的直流断路器替代无极性（可逆）保护的直流断路器。

有极性的直流断路器有永磁磁吹结构，只能对顺向电流进行保护，光伏组串产生逆电流时则保护不了。

由于光伏组串正常工作状态下不会产生过载电流，只有当某组光伏组件被遮挡或者故障导致其他光伏组件将其作为负载时才会出现故障电流。这时的故障电流为

$$I_r = (n_{sp} - 1)I_{sc}$$

式中：I_r 为最大反向电流，A；n_{sp} 为并联的光伏子串数量；I_{sc} 为光伏模块/光伏子串的短路电流，A。

此时如果用直流有极性断路器就会无法正常断开此故障电流，无法实现反向电流保护。

8. 选择

（1）直流断路器要求。用作过电流保护的断路器，应满足如下要求：

1）额定电压大于或等于光伏汇流设备的额定电压（铭牌上需标明直流额定电压）。

2）额定电流满足过电流保护的要求。

电流等级等于或高于相关的过电流保护装置，如果没有过电流保护装置，那么电流等级等于或高于它们所安装电路的最小电流输送能力。

3）极限分断能力（直流）：≥10kA。

4）无极性（光伏方阵中的故障电流会造成电流反方向，此时断路器应能正常动作）。

5）直流断路器若采用的多断点串联型式，各触头在结构设计上应保证同步接触与分断。

6）直流断路器在电路中起过载、短路保护功能，并具有隔离的功能。

7）在连接和未连接状态，都不能有暴露的带电金属部分。

（2）汇流箱内出线直流断路器。汇流箱内直流断路器为光伏组串提供安全可靠保护、双断点结构、两极最高可达到 DC1000V 额定工作电压、分断能力 1.5kA，无极性断路器，功耗比熔断器小。如图 8-32 所示。

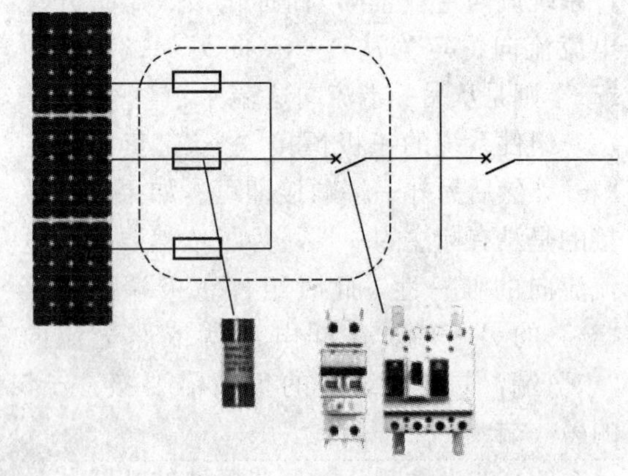

图 8-32　汇流箱内直流断路器

（3）光伏直流柜出线直流断路器。直流柜内断路器参数选型推荐与汇流箱一致，但不能选择隔离开关。如图 8-33 所示。

直流柜选型需要考虑其他因素：

1）回路断开报警功能：对于非智能型汇流箱方案，直流柜断路器最好加装辅助触点，断路器分闸后能及时传递分闸信号，后台能够发现并及时处理。

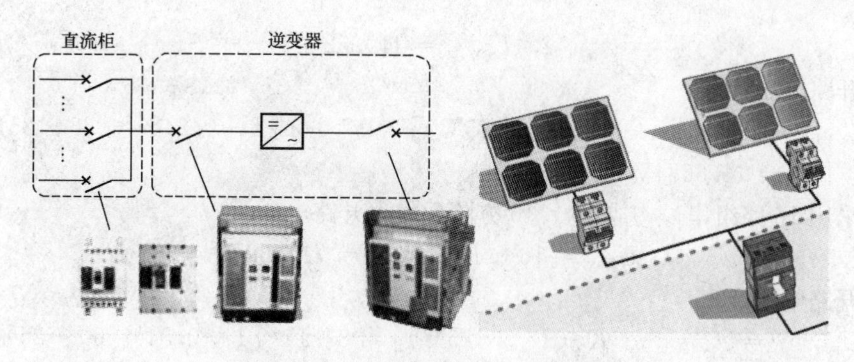

图 8-33　光伏直流柜内直流断路器

2）回路紧急断开功能：增加分励附件为逆变器扩展功能做准备。

直流柜加装防反二极管以后，由于防反二极管目前有 1V 左右的压降，单只峰值功耗在 140W 左右。如果每台直流柜有 8 只防反二极管，相当于在柜内加装了 1200W 的加热元件，在此情况下如果散热不好或者失效，柜内温度实测可达 70℃以上，造成断路器频繁过载跳闸等事故，所以直流柜内散热问题一定需要重视。

例如，16 块 245W 多晶硅电池板并接为一个组串回路，当汇流箱内最高环境温度为 60℃，最低环境温度－35℃，光伏电池在 STC 条件下的 $I_{sc}=8.74A$，直流断路器在 60℃时降容系数 85%。光伏组件的参数见表 8-7。

表 8-7　某光伏电池板特性参数（STC：1000W/m²，AM1.5，25℃）

参数	符号	数值	参数	符号	数值
开路电压/V	U_{oc}	37.1	峰值功率	P_{PVp}	245W_p
工作电压/V	U_{np}	30.0	工作温度/℃	T_{np}	－40～85
短路电流/A	I_{sc}	8.74	最大系统电压	U_{max}	1000V DC(IEC)/600V DC(UL)
工作电流/A	I_{np}	8.17	功率公差	s	±3%
温度系数			数值		
额定工作温度 T_n/℃			45±2		
最大功率温度参数 $K_{p.max}$			－（0.43±0.05）%/℃		
开路电压温度系数 K_{oc}			－（0.34±0.1）%/℃		
短路电流温度系数 K_{sc}			0.065±0.01%/℃		

最大电流应当以并联模块额定短路电流的总和乘以 125%

$$I'_{scMOD}=K_1 I_{scMOD}=1.25\times 8.74A=10.925A$$

16 块并联最大电流计算

$$I'_{scMOD\Sigma}=nI'_{scMOD}=16\times 10.925A=174.8A$$

选取 315A 的直流断路器，考虑降容系数

$$I'_n=KI_n=0.85\times 315A=267.75A$$

光伏组串的过电流保护要求 $1.5I'_{scMOD}<I'_n<2.4I'_{scMOD}$

$$1.5I'_{scMOD}=262.2A$$

$$I'_n=267.75A$$

$$2.4I'_{scMOD} = 419.52A$$

最高开路电压计算

$$U_{max.-35℃} = U_{ocSTC}[1+K_{oc}(T_{min}-25℃)] = 37.1\times[1-0.34\%(-35-25)]V = 44.6684V$$

如果采用 16 路组串，构成 16×16 方阵后最大开路电压

$$U_{max} = 16\times44.6684V = 714.69V$$

最低开路电压计算

$$U_{min.60℃} = U_{ocSTC}[1+K_{oc}(T_{max}-25℃)] = 37.1\times[1-0.34\%(60-25)]V = 32.6851V$$

如果采用 16 路组串，构成 16×16 方阵后最小开路电压

$$U_{min} = 16\times32.6851V = 522.9616V$$

则选用 DC 750V，315A 或 DC 1000V，315A 直流断路器。

四、直流隔离开关

1. 作用

可应用于太阳能系统的各级汇流箱、逆变器以及电池系统，为系统提供分断和隔离。

光伏系统的正常工作电流是在最大功率对应的 I_m，而系统短路电流 I_{sc} 比 I_m 大 5%～10%。短路电流相比正常工作电流很小，故将隔离开关单独作为逆变器直流侧的开关或者汇流箱的主开关。

2. 结构

光伏隔离开关的外形如图 8-34 所示。

图 8-34　光伏隔离开关的外形

3. 要求

隔离开关应根据 GB 14048.1《低压开关设备和控制设备　第 1 部分：总则》和 GB 14048.3《低压开关设备和控制设备　第 3 部分：开关、隔离器、隔离开关以及熔断器组合电器》，使用类别至少为 DC-21（通断电阻性负载，包括适当的过负载），且满足光伏系统使用要求。确定，要具有独立手动操作结构。

用于保护和/或切断作用的断路器和其他负荷隔离开关，需要满足以下要求：

(1) 没有极性敏感（光伏方阵中的故障电流可能会与常规工作电流方向相反）。

(2) 额定电压大于等于光伏汇流设备的额定电压（铭牌上需标明直流额定电压）。

(3) 额定电流大于等于与之配套使用的过电流保护装置的额定电流，若无过电流保护装

置，则额定电流应大于等于表 6-6 要求的线路的最小额定电流。

(4) 在满载和预期故障电流情况下可自行中断。故障电流一般来自于光伏方阵和其他连接功率源，例如：蓄电池、发电机以及电网。

(5) 若采用的多断点串联型式，各触头在结构设计上应保证同步接触与分断。

(6) 应具有独立的手动带负荷操作能力，并具有隔离的功能。

(7) 如果能够确定相应安全等级，在负载下可以使用插头连接进行切断功能。

只有有特殊构造的插头和插座能安全中断负载。开路电压高于 30V 的所有系统都能产生直流电弧。不具备特殊构造的插头和插座用于中断负载时，如果未与负载相连，则存在安全风险并且会导致连接点损坏，这个与电气连接点质量有关，能够导致连接点过热。

4. 选择

在直流系统中选择开关电器主要考虑以下几个方面：

(1) 绝缘电压。绝缘电压 U_i 体现了隔离开关的绝缘能力，是其能够隔离的最大电压。绝缘电压 U_i 是额定工作电压 U_e 的最大值。

隔离开关的绝缘电压必须按照整个光伏系统的开路电压 U_{oc} 来选取。为了在分断后保证可靠地隔离，绝缘电压 U_i 必须大于 U_{oc}。

(2) 额定工作电压。额定工作电压 U_e 应该足够覆盖分断处的电压等级。故一般情况下，U_e 也应大于 U_{oc}。

(3) 额定工作电流。额定工作电流 I_e 是指在一定的使用类别下（负载特性、分断次数等），隔离开关所能正常工作的电流。

额定工作电流 I_e 应该大于或者等于所有并联的光伏电池组列的短路电流 I_{sc} 的总和。

(4) 使用类别。使用类别根据 IEC 60947-3 和 GB 14048.3《低压开关设备和控制设备　第 3 部分：开关、隔离器、隔离开关和熔断器组合电器》，光伏系统的典型使用类别是 DC-21B，即逆变器往往被看成是纯阻性（没有感抗）负载。

(5) 温升。隔离开关在正常温度 35℃，隔离开关承受的最高温度是 70℃，其温升为

$$\Delta T_{35℃} = T - 35℃$$

额定电流都是正常 35℃温度下设计的，但光伏系统实际环境温度会达到 50～60℃，此时，最大温升 T 就会减小温度越高，允许的最大温升就越小，这样，就需要降容使用由于温升的温度值与电流的平方成正比，降容系数可以通过下面的公式计算

$$降容系数 = \sqrt{\frac{T_{常温} + \Delta T_{常温} - T_{实际温度}}{\Delta T_{常温}}}$$

(6) 接地系统方式。安装点最大短路电流接地系统方式，见表 8-8。

5. 直流断路器及直流隔离开关的安装

(1) 开关器件在布线时，电缆的截面积应不低于依据制造商或 GB 14048.1《低压开关设备和控制设备　第 1 部分：总则》中的要求（电缆截面积选型偏小，会造成线路过载发热，热传导效应会导致断路器过载跳闸）。

(2) 开关器件安装时，出弧口前端应按制造商要求至少留有飞弧距离的空间，且此空间内不允许安装其他元件。

(3) 应按制造商的要求加装相间隔板。

表 8-8　　安装点最大短路电流接地系统方式

系统类型		接地系统		不接地系统
		负极接地	中心点接地	
故障类型		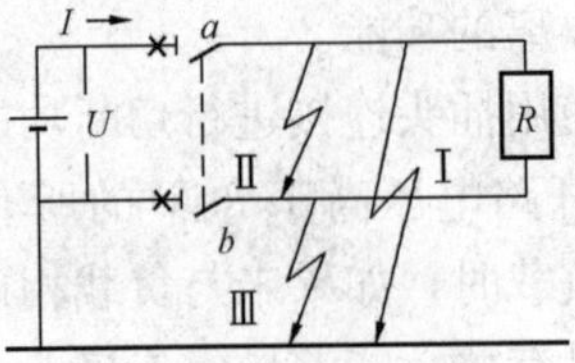	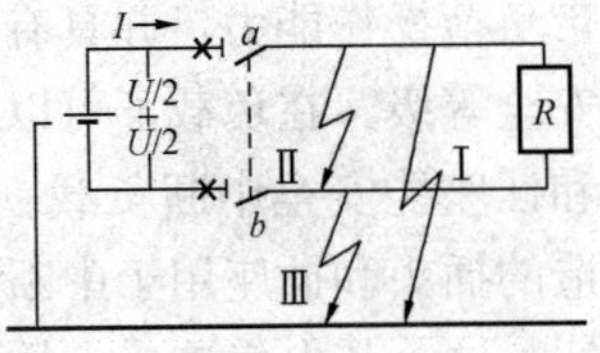	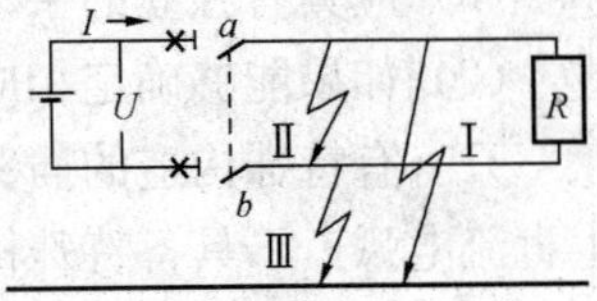
故障影响	故障Ⅰ	产生最大短路电流接电源正极的触头分断	$U/2$ 电压产生接近最大短路电流接电源正极的触头分断	无影响
	故障Ⅱ	产生最大短路电流但串联的触头都参与分断		
	故障Ⅲ	无影响	与故障Ⅰ相同，但只对接电源负极的触头	无影响
最严重情况		故障Ⅰ	故障Ⅰ和故障Ⅲ	故障Ⅱ
分断极情况		可在正极串联，共同执行分断	对每极，在 $U/2$ 时执行分断最大短路电流	对每极，在 $U/2$ 时执行分断最大短路电流

五、直流电弧断路器

1. 作用

美国国家电气规程（NEC）将直流电弧断路器（Arc-Fault Circuit-Interrupter）定义为一种当检测到电弧，通过识别电弧特性，切断电路，提供电弧故障保护的装置。

串联故障电弧的电流值小于回路额定电流，并联故障电弧的电流值可能大于额定电流。

2. 组成

直流电弧断路器包括操作机构、触头系统、脱扣机构、测试按钮、接线端子、壳架等一般结构，其特征结构还包括电弧检测电路、电弧故障电子识别电路（含微处理器），其基于PCB硬件及预设的保护算法，实现智能化的电弧检测、故障电弧识别。

3. 应用

直流电弧断路器应遵循以下要求：

（1）当故障电弧成因是光伏产品的直流电源与输出电路的导体、连接器、模块或其他系统持续失效时，该保护系统必须能够侦测并切断。

（2）保护系统必须切断或断开以下其一：

1）当侦测到故障时，断开连接到故障电路的逆变器器或充电控制器。

2）在电弧电路内的系统组件。

（3）系统要求被切断或断开的设备须由手动重新启动。

（4）系统须设置一个可被手动切断的信号警示装置。

第四节　逆 功 率 保 护

一、逆功率保护

1. 设置

针对低压配电网侧的光伏并网发电系统，一般认为光伏发电功率不大于并网侧上级配电变压器容量。

如果光伏并网系统为不可逆流发电系统，即光伏并网系统所发的电由本地负荷消耗，多余的电不允许通过低压配电变压器向上级电网逆向送电。则系统要求配置防逆流控制器，通过实时监测配电变压器低压出口侧的电压、电流信号来调节系统的发电功率，从而达到光伏并网系统的防逆流功能。

一般分布式并网型光伏发电系统，按要求必须配置防逆流设施。

2. 要求

在国家标准 GB/T 19939《光伏系统并网技术要求》的逆向功率保护中规定：系统在不可逆流的并网方式下工作，当检测到供电变压器次级处的逆流为逆变器额定输出的 5%时，逆向功率保护应在 0.5～2s 内将光伏系统与电网断开。

3. 安装点

光伏发电系统中的防逆流关键是并网点如何选择。如果并在低压侧 400V，如果光伏电站白天发的电远远小于负荷，则不必安装防逆流装置。只有当大于负荷是才会逆流，一般两种情况：

（1）流向同级的其他负荷；

（2）流向上一级变压器，这是会对变压器造成冲击，造成事故（如停电事故等）。

二、保护装置

1. 外形

防逆流控制器如图 8-35 所示。

对供电变压器的二次侧处进行实时监测；对光伏发电进行必要的控制。

2. 保护原理

光伏并网系统主要分为光伏发电系统和供电变压器两大部分，用户负载由这两个系统共同供电。通过检测供电变压器二次侧功率、逆变器运行状态等，运用一定的逻辑进行逆向功率保护。保护原理如图 8-36 所示。

图 8-35　防逆流控制器

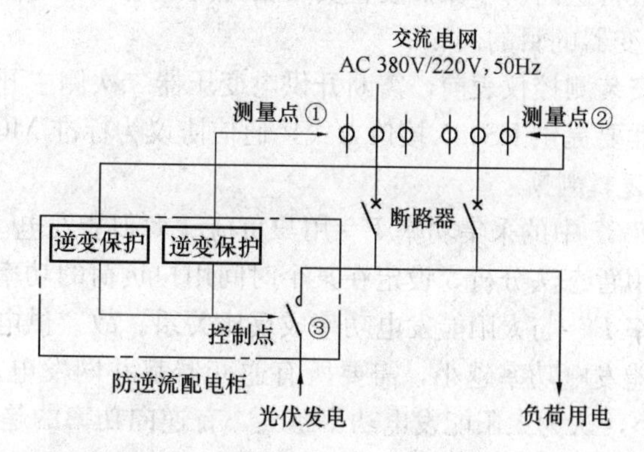

图 8-36　逆功率保护

（1）检测交流电网（AC380V，50Hz）供电回路三相电压、电流（测量点①），判断功率流向和功率大小。如果电网供电回路出现逆功率现象，防逆流装置立即把光伏并网系统中接入点断开（控制点③）。

（2）当防逆流装置检测到逆功率，切断光伏供电回路后，若测量点①逆功率消失，并且检测到负荷功率（测量点①的正向功率）大于某一合理门槛值（可设定二次值，W）时，防逆流装置把光伏并网系统中接入点合上（控制点③）。

（3）如装置首次通电，重新对负载送电过程中，防逆流开关（控制点③）处于断开状态，防逆流装置如果检测到测量点①的电压为正常供电电压，防逆流装置把光伏并网系统中接入点合上（控制点③），光伏并网系统处于待机并网状态。

（4）若测量点①出现电压过高、或者电压过低、电流过高（通过设置参数整定），则逆功率监控装置在液晶显示上发报警信息，可通过通信把报警信息上传。

测量点②同样安装防逆流装置，监控过程相同，只是测量点为不同。

三、防逆流控制器

1. 组成

系统主要由逆向功率保护装置、测控仪表两部分组成，如图 8-37 所示。

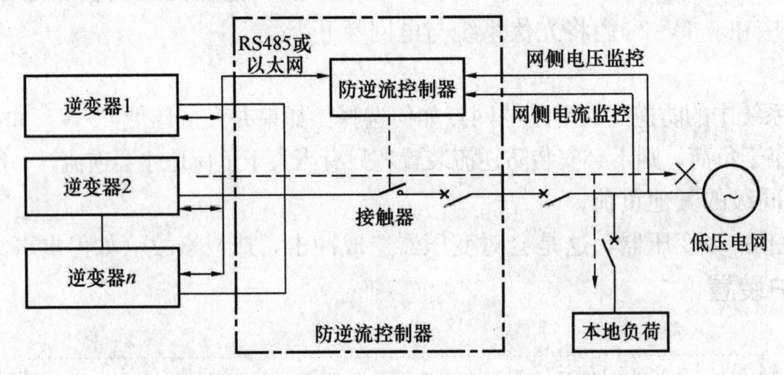

图 8-37　逆向功率保护结构图

逆向功率保护装置主要起逆向功率保护作用，通过 RS485 总线方式，与测控仪表通信，读取供电变压器二次侧功率，以判断整个系统功率是否逆向，此判断过程时间不会超过 0.2s。

一般将逆向功率保护装置安装在交流配电柜，通过启/停交流柜中并网点的接触器达到启/停逆变器的目的。

在安装测控仪表前，需断开供电变压器二次侧主开关；通过通信调节逆变器功率时，所用逆变器要提供 RS485 接口方式，通信协议为标准 MODBUS RTU 协议。

2. 逻辑判断

图 8-37 中的采集功率 P=用户负荷－太阳能发电。

利用暂态法分析，设定在某个时间用户负荷的功率恒定不变，因此“供电变压器次级处采集功率 P”与太阳能发电功率成反比关系。故“供电变压器次级处采集功率 P”越大，认为太阳能发电功率越小，需要所有逆变器都并网发电；反之，供电变压器次级处采集功率 P”越小，认为太阳能发电功率越大，有逆向功率的趋势，需要有选择地使逆变器处于离网状态。

3. CT 接线

系统需要采取变压器低压侧母排上二次回路 CT 值以获取准确的用户功耗值，其整体接线图如图 8-38 所示。

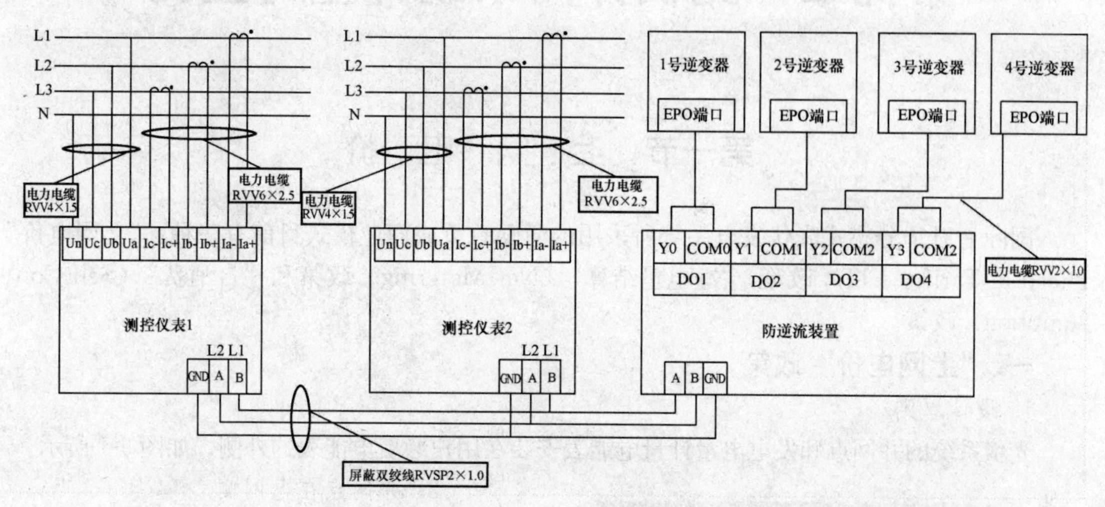

图 8-38　CT 检测电路

逆向功率保护箱输入端连接至交流并网柜接触器辅助触点、手/自动转换开关，通信线连接至测控仪表箱内，通信线也可以与逆变器的通信接口连接。

4. 动作过程

（1）检测交流电网（AC 380V，50Hz）供电回路三相电压、电流（电流互感器测量点），判断功率流向和功率大小。如果电网供电回路出现逆功率现象，防逆流装置立即把光伏并网系统中接入点断开（接触器）。

（2）逆功率恢复的控制。当防逆流装置检测到逆功率，切断光伏供电回路后，若测量点（电流互感器）逆功率消失，并且检测到负荷功率（电流互感器位置的正向功率）大于某一合理门槛值（可设定二次值，单位 W）时，防逆流装置把光伏并网系统中接入点合上（接触器控制点）。

对于具有防逆流装置的发电系统，理想状态下，并网点的电网电压和电流不会随内部负载的增减而变化，因为负载变化时发电功率也随之调节，系统内部是平衡的，不会对外部有影响。实际情况，因控制器调节是有时间的，当负载变化时短时间内并网点会有功率变化，但这个变化会很小，因为负载变化时，发电功率也会变化，因发电功率是随负载的变化而变化的，发电功率的变化抵消了负载变化对电网的冲击，因此在控制器进行功率调节需对逆变器开关机时，负载功率和逆变器功率的矢量和变化不大，低压电网容量完全可以承受此变化，不会造成低压电网电压和电流的突变。

第九章　光伏并网系统计量与监测

第一节　上　网　电　价

国际上对于分布式光伏发电系统所采用的激励政策或商业模式目前有三种："上网电价"（Feed-in Tariff，FIT）政策，"净电量结算"（Net Metering）政策和"自消费"（Self-Consumption）政策。

一、"上网电价"政策

1. 设计原则

光伏系统的并网点和发电电量计量电能表安装在用户缴费电能表的外侧，如图 9-1 所示。

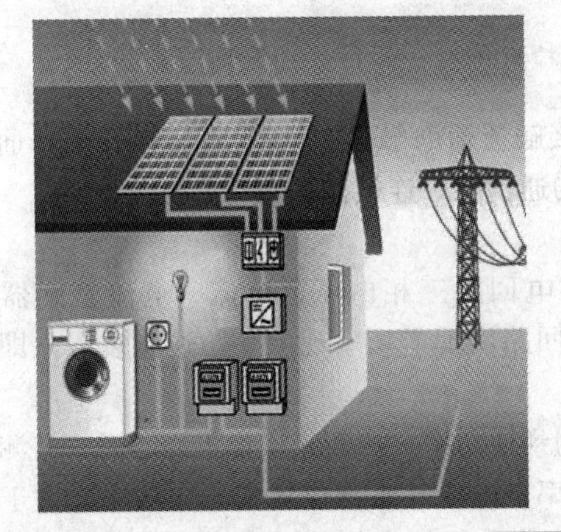

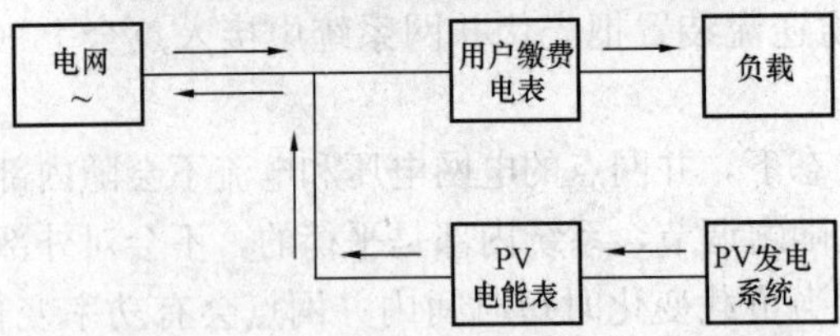

图 9-1　"上网电价"法的光伏系统并网连接图

2. 并网点在电网侧

光伏电量全部馈入低压公共配电网；电力公司根据光伏电量以"上网电价"全额收购光伏电量，按月结算；用户用电和电费同没有装光伏系统时一样，根据用户电表缴费。

3. 优点

（1）发电/用电分开，保证了光伏电量的全额收购。

（2）不存在发电时段与负荷不匹配的问题。

（3）无论自己建设还是开发商建设，都是同电网企业签订售购电合同（PPA），收益透明，有保障，开发商容易介入。

（4）用户用电全部缴费，不影响电网企业的营业额。

（5）电网企业仅承担脱硫标杆电价部分，差价由国家补，电网企业不受损失。

（6）所有电量都经过正常交易，国家税收不受损失。

4. 缺点

（1）同大型光伏电站的商业模式一样，国家补贴脱硫标杆电价之上的差价，需要支付更多的资金。

（2）无论大小客户，都要与电网企业签订 PPA，增加了交易成本。

（3）很多中小用户无法为电网企业开发票，操作上需要解决工商和税务等问题。

二、“净电量结算”政策

1. 设计原则

“净电量结算”政策的设计原则是全年的耗电量要大于光伏发电量，如图 9-2 所示。

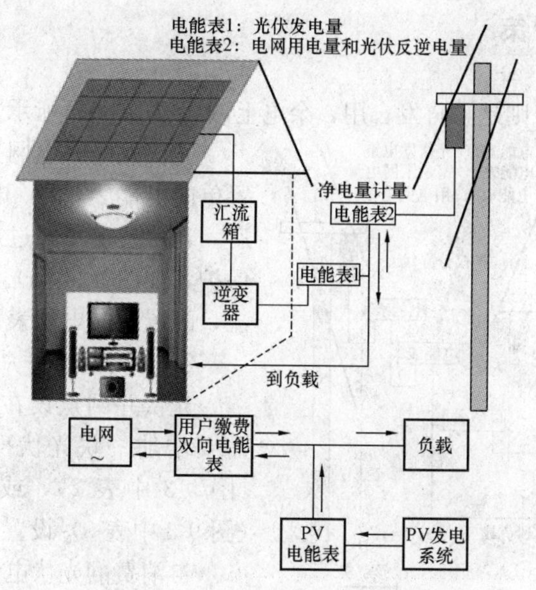

图 9-2 净电量计量政策的原则和接线图

光伏发电对电网有逆流，采用“净电表计量”方式，属消费型：自发自用，国家给予补贴，电网公司不用高价收购 PV 电量，对光伏上网电量超过用电量时支付零售电价购买多余部分。允许抵消用电量，PV 电表在用户电表之后（负载一侧）。

2. 并网点在用户负载侧

光伏并网点设在用户电表的负载侧，自消费的光伏电量不计，以省电方式直接享受电网的零售电价。

光伏反送电量推着电表倒转，或双向计量，净电量结算，即用电电量和反送到电网的电量按照差值结算，结算周期为一年。

所有的光伏电量均享受电网的零售电价，而不需要增加储能装置，并且一年中只要用电量大于光伏发电量，就不存在向电网卖电，没有交易成本。

3. 优点

（1）如果光伏已经达到与电网零售电价平价，或已经低于电网电价，则国家不再给予补贴，节省了国家的资金。

（2）只要全年的用电量大于光伏发电量，就没有电量交易，电力公司同原来一样照表收费，没有增加额外的服务，也没有交易成本。

（3）所有光伏电量的价值等同于电网的零售电价，也不存在发电时段与负荷不匹配的问题。

（4）由于不存在交易，也就不存在中、小用户开不出发票的问题。

4. 缺点

（1）光伏每发一度电，电网就少卖一度电，直接减少了电网企业的营业额。

（2）所有光伏电量都不经过交易，国家税收受损失。

（3）电网计费电能表必须设计成双向计量或允许倒转，失去了防偷电的功能（绝对值计量和防倒转可以防止偷电），可能会出现偷电现象。

“净电量结算”政策仅适合于“自建自用”，不适合开发商介入。

三、“自消费”政策

1. 设计原则

“自消费”政策的原则是“自发自用，余电上网”。如图 9-3 所示。

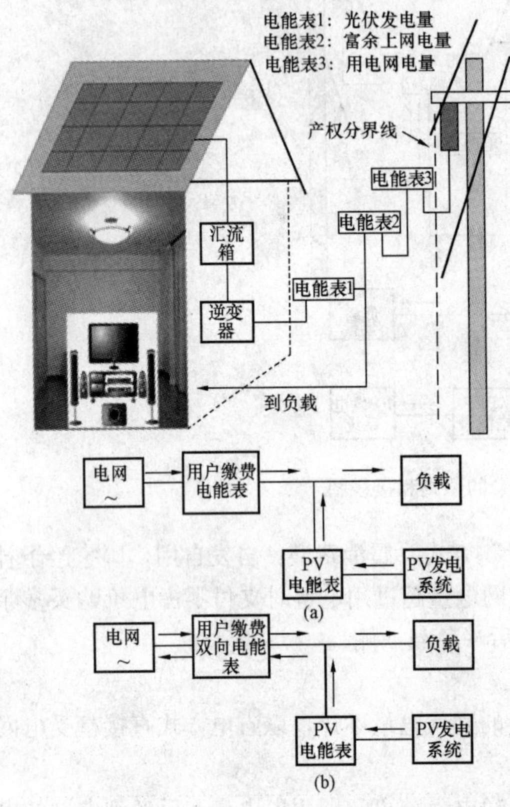

图 9-3　“自消费”政策原理和接线图
（a）无逆流；（b）有逆流

光伏发电对电网无逆流，自发自用，配置单向电能表，PV 电能表在用户电能表之后。光伏发电量超过用电量时，采用逆功率保护，如图 9-3（a）。光伏发电对电网有逆流，配置双向电能表，如图 9-3（b）所示。

2. 并网点在用户负载侧（双向计量）

光伏并网点设在用户电能表的负载侧，需要增加一块光伏反送电量的计量电能表（图 9-3 中表 2），或者将电网用电电能表（图 9-3 中表 3）设置成双向计量。

自消费的光伏电量不做计量，以省电方式直接享受电网的零售电价。

反送电量单独计量，并以公布的光伏上网电价进行结算。

在这种情况下，光伏用户应尽可能全部将光伏电量用掉，否则，反送到电网的电量的价值要小于自用光伏电量的价值。

3. 优点

“自发自用”光伏电量抵消电网电量，不做交易，国家也不用支付电价补贴，节省了国家资金。

4. 缺点

（1）“自发自用”光伏电量减少了电网企业的营业额。

（2）自用光伏电量不经过交易，国家税收受损失。

（3）反送电量（余电上网）需要交易，增加了交易成本。

（4）很多中小用户无法为电网企业开发票。

（5）反送电量在交易操作上需要解决工商和税务等问题。

（6）反送电量同样需要将电网计费电表设计成双向计量或允许倒转，失去了防偷电的功能（绝对值计量和防倒转可以防止偷电）。

由于有“自发自用”部分，“自建自用”很容易实施，而开发商不易介入。

四、补贴政策

1. 激励政策

2013 年 8 月 26 日，发改委价格司对外公布了最新的光伏电价政策：

（1）3个分区标杆电价（统购统销模式）：0.90元/(kW·h)、0.95元/(kW·h)、1.0元/(kW·h)；

（2）对于分布式光伏自用电和反送电，均给0.42元/(kW·h)补贴；

（3）分布式光伏的反送电量按照当地脱硫电价收购[0.35～0.45元/(kW·h)]+0.42元/(kW·h)；

（4）合同期20年。

各种政策见表9-1。

表9-1　　发改委价格司公布的光伏电价征求意见稿

太阳能资源分布区				光伏电站	分布式光伏	
类别		年日照时数/(h/a)	年辐射总量/[MJ/(m²·a)]	上网电价(FIT)/[元/(kW·h)]	自用电补贴/[元/(kW·h)]	余量上网补贴/[元/(kW·h)]
Ⅰ	太阳能资源最丰富地区	3200～3300	6680～8400	0.90	用电电价+0.42	脱硫标杆电价+0.42
Ⅱ	较丰富地区	3000～3200	5852～6680	0.95		
Ⅲ	中等地区	2200～3000	5016～5852	1.00		

2. 电价补贴

部分省级地方政府有光伏电省级电价补贴。

（1）江苏2012—2015年电价补贴分别为0.30元/(kW·h)、0.25元/(kW·h)、0.20元/(kW·h)、015元/(kW·h)。

(2)辽宁省2012年建成发电项、0.15元/(kW·h)。辽宁省2012年建成发电项目补贴0.30元/(kW·h)。此后每年下降10%。

五、商业运营模式

商业运营模式与光伏发电的应用类型有关。

1. 应用类型

IEEE 1547《Standard for Interconnecting Distributed Resources with Electric Power Systems》技术标准中给出的分布式电源的定义为：通过公共连接点与区域电网并网的发电系统（公共连接点一般指电力系统与电力负荷的分界点）。

并网运行的分布式发电系统在电网中的形式有三种类型："全额上网"、"自发自用，余电上网"、"自发自用"。

2. 全额上网

大型地面光伏电站一般都是通过升压站并入高压输电网络（110kV及以上），不直接为负载供电，所采取的商业模式只能是"上网电价"，即全部发电量按照光伏上网电价全部出售给电网企业。

光伏系统直接通过变压器并入中压公共配电网（一般指10kV，20kV，35kV），并通过公共配网为该区域内的负荷供电，其商业模式只能是"上网电价"，即全部发电量按照光伏上网电价全部出售给电网企业。

“全额上网”商业运营模式如图 9-4 所示。

3. 自发自用，余电上网

光伏系统在低压或中压用户侧并网，不带储能系统，不能脱网运行。这是世界上最多的光伏应用形式，目前中国 90％以上的建筑光伏系统属于此种类型。

我国“金太阳示范工程”和“光电建筑”项目都属于此类，我国即将出台的分布式光伏补贴政策也针对此类形式。

采用的商业模式是多种多样的：“上网电价”模式、“净电量结算”模式和“自消费”模式（即“自发自用，余电上网”模式）。如图 9-5 所示。

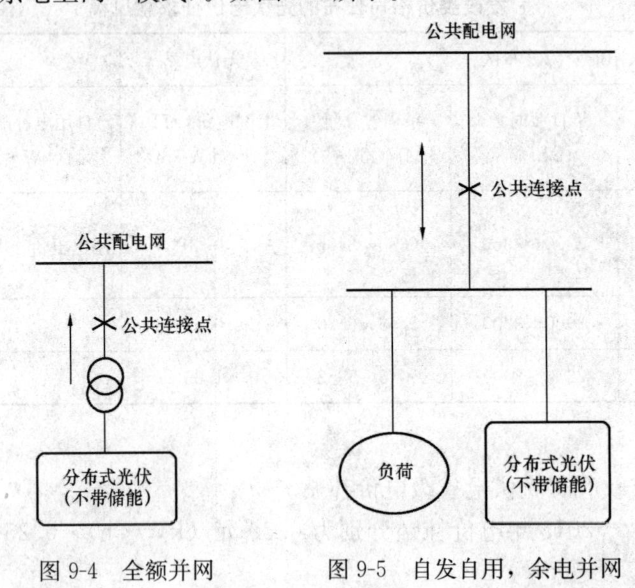

图 9-4　全额并网　　图 9-5　自发自用，余电并网

4. 联网微电网

光伏系统在低压用户侧并网，带储能系统，可以脱网运行，这种形式就是“联网微电网”。所采用的商业模式为“自发自用，余电上网”，如图 9-6 所示。

5. 自发自用

光伏系统在低压用户侧并网，不带储能系统，不可以脱网运行，发电量全部被负荷消耗。所采用的商业模式为“自发自用”，如图 9-7 所示。

直接在用户侧并网的可以有多种商业运营模式。

(1) 只要是在电网与用户的关口计费电表内侧并网，属于“自发自用”的光伏系统，都属于分布式光伏发电，而与电网电压等级无关，可以是 220V、0.4kV、10kV、35kV，甚至是 110kV，如图 9-8 所示。

凡是在中、低压配电网接入，电量就地消纳的发电系统都属于分布式电源，与是否“自发自用”的商业模式无关。

(2) 分布式光伏发电不一定非要采用“自发自用，余电上网”的商业模式，也可以采用同大型光伏电站一样的“上网电

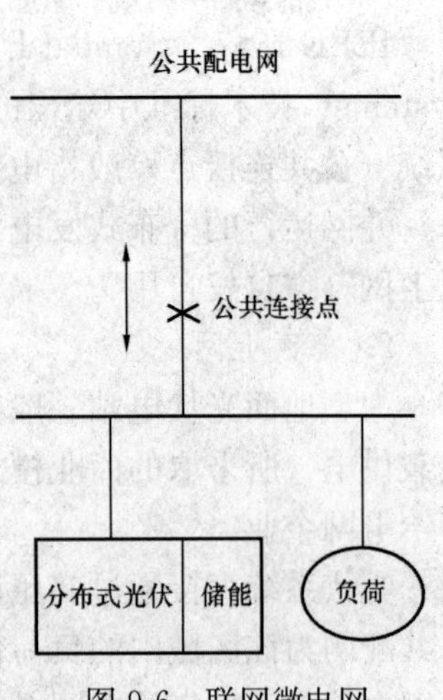

图 9-6　联网微电网

价”政策，统购统销。

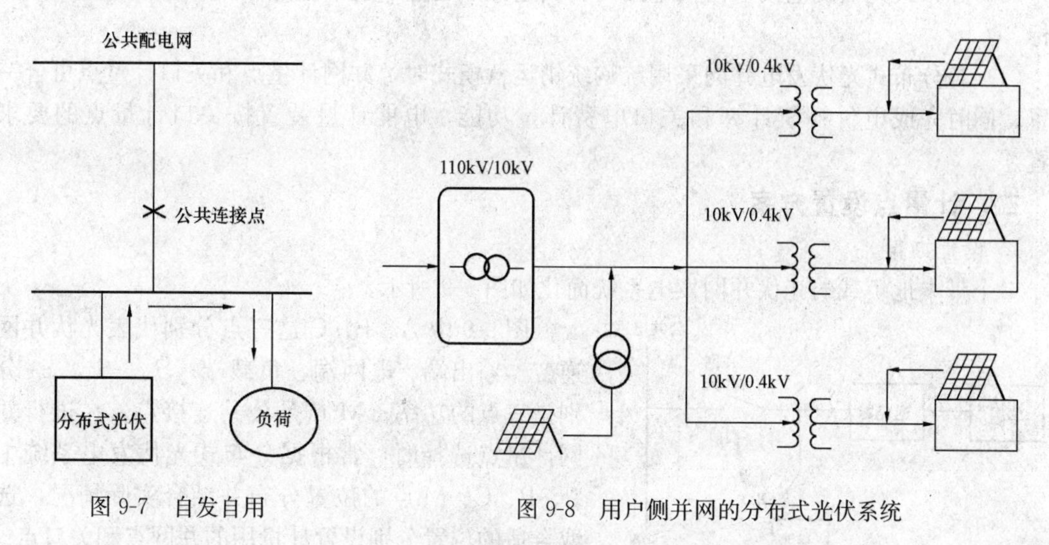

图 9-7　自发自用

图 9-8　用户侧并网的分布式光伏系统

“自发自用”的光伏系统必然属于分布式光伏发电，而分布式光伏发电却不一定非要采用“自发自用，余电上网”的商业模式。

第二节　并网计量点

一、并网计量

1. 计量方式

与建筑结合的BIPV/BAPV型光伏发电系统在发电侧并网采用“上网电价法”。在配电侧并网有以下三种方式：

（1）无逆流，自发自用，配置单向电能表。

（2）如果有逆流，配置双向电能表。

（3）有逆流，采用净电表计量法。

2. 关口计量点

接入公共电网的接入工程产权分界点为光伏发电项目与电网明显断开点处开关设备的电网侧。关口计量点设置在产权分界点处。

3. 电能计量点

电能计量点是输、配电线路中装接电能计量装置的相应位置。

（1）分布式光伏发电并入电网时，应设置并网计量点，用于光伏发电量统计和电价补偿。并网计量点的设置应能区分不同电价和产权主体的电量。

（2）发电上网的分布式光伏发电并网还应设置贸易结算关口计量点，用于上、下网电量的贸易结算。通常确定关口计量点的基本原则为：贸易结算用的电能计量装置原则上应设置在供用电设施产权分界处。如果产权分界处不具备装设电能计量装置的条件，或为了方便管理将电能计量装置设置在其他合适位置的，其线路损耗由产权所有者承担。

在受电变压器低压侧计量的高压供电，应加计变压器损耗。

（3）分布式光伏发电接入公共电网的公共连接点也应设置计量点，用于考核电量和线损指标。

（4）若分布式光伏发电并网采用统购统销运营模式时，并网计量点和关口计量点可合一设置，同时完成电价补偿计算和关口电费计量功能，电能计量装置按关口计量点的要求配置。

二、计量点设置方案

1. 设置方案

一个带本地负载的光伏并网发电系统简化如图 9-9 所示。

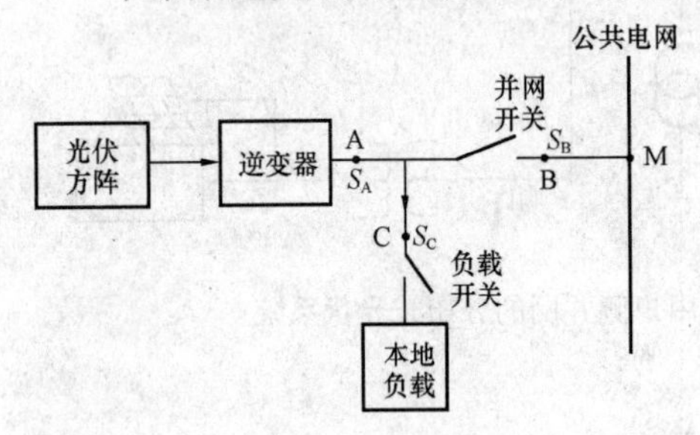

图 9-9　光伏并网发电系统简化

图 9-9 中 A、B、C 这三点分别代表光伏并网逆变器输出端、电网端、负载端；S_A、S_B、S_C 分别是三点的功率；M 点是公共连接点。在进行并网计量点选择时，常根据分布式光伏发电系统中 A、B、C、M 点的位置分布并结合实际情况，选取合适的位置分别设置计量用的并网点和关口点。

对于分布式光伏发电接入的电压等级应按照安全性、灵活性、经济性的原则，根据分布式光伏发电容量、导线载流量、上级变压器及线路可接纳能力、地区配电网情况综合比较后确定，可分为低压并网和高压并网两类。按照运营模式又可分为统购统销、自发自用/余电上网，对应的计量点的选取与设置分以下四种类型。

2. 低压并网统购统销

分布式光伏发电低压并网且采用统购统销运营模式时，并网点和关口点可合一设置，如图 9-10 中所示的 B 点，同时完成电价补偿计算和关口电费计量，电能计量装置按关口计量点的要求配置。

3. 低压并网自发自用/余电上网

分布式光伏发电低压并网且采用自发自用/余电上网运营模式时，并网点和关口点分别设置在图 9-11 所示的 A 点和 B 点。

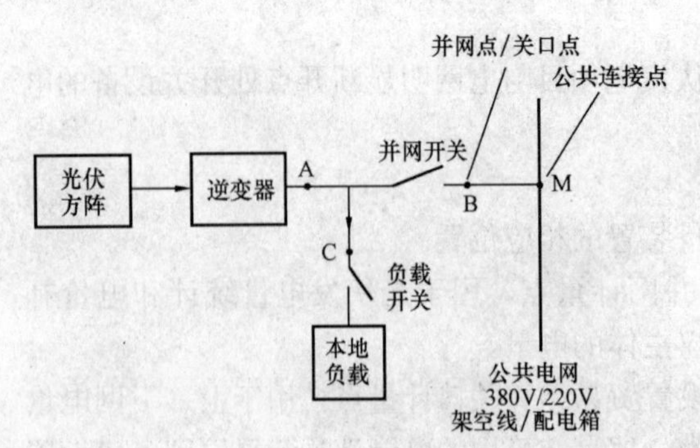

图 9-10　分布式光伏发电低压并网统购统销计量点设置示意

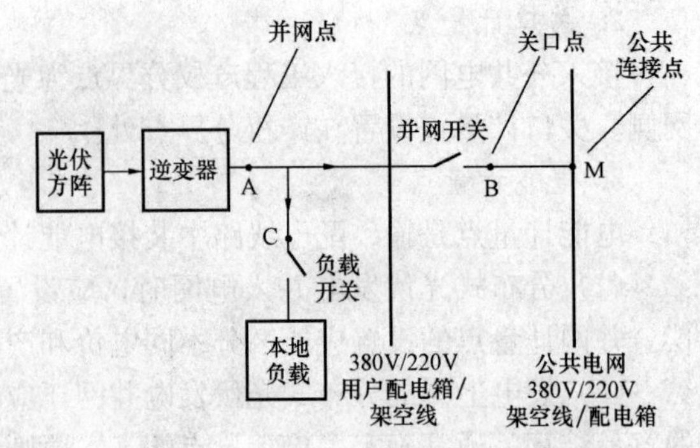

图 9-11　分布式光伏发电低压并网自发自用/余电上网计量点设置示意图

4. 高压并网统购统销

分布式光伏发电高压并网且采用统购统销运营模式时，并网点和关口点可合一设置，如图 9-12 中所示的 B 点，同时完成电价补偿计算和关口电费计量，电能计量装置按关口计量点的要求配置。

5. 自发自用/余电上网高压并网

分布式光伏发电高压并网且采用自发自用/余电上网运营模式时，并网点和关口点分别设置在图 9-13 所示的 A 点和 B 点。

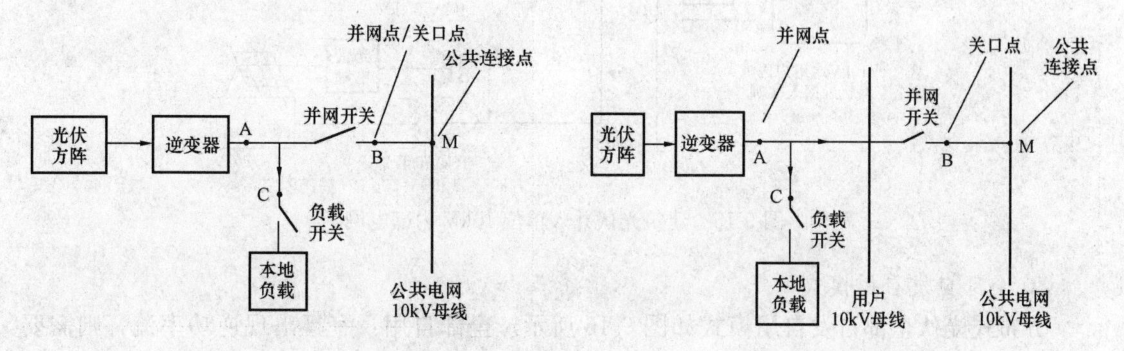

图 9-12 分布式光伏发电高压并网统购统销计量点设置示意图

图 9-13 分布式光伏发电高压并网自发自用/余电上网计量点设置示意图

三、计量类型

1. 集中并入 10kV 及以上公共电网

建筑光伏集中并入 10kV 及以上公共电网执行分区光伏上网电价，如图 9-14 所示。

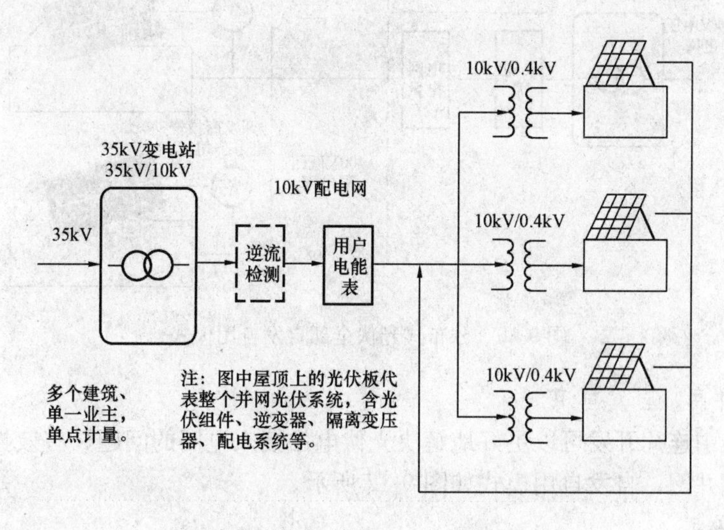

图 9-14 建筑光伏集中并入 10kV 及以上公共电网

2. 并入单位 10kV 内部电网

建筑光伏并入单位 10kV 内部电网执行分布式光伏补贴政策，如图 9-15 所示。

电网企业负责光伏总电量和反送电量的计量，且免费安装计费电能表。

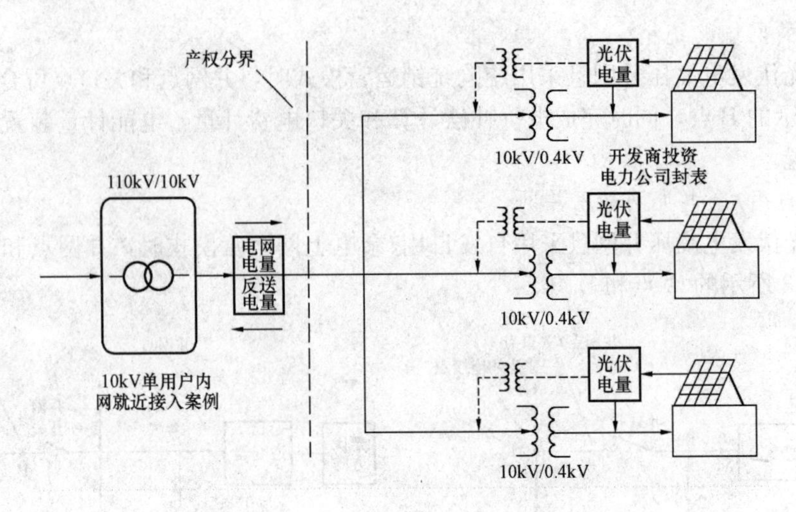

图 9-15　建筑光伏并入单位 10kV 内部电网

3. 全部自发自用模式

分布式光伏全部自发自用模式如图 9-16 所示。全部自用：一旦出现逆功率流，则需要采取措施。

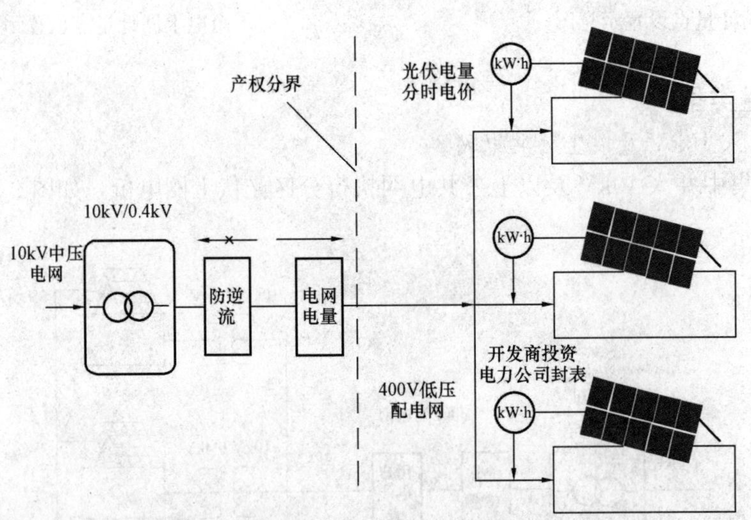

图 9-16　分布式光伏全部自发自用模式

4. 配电侧并网，自发自用

建筑群的集中连片开发可以更好地解决光伏电站接入电网的问题，有效控制光伏电站建设成本。配电侧并网，自发自用模式如图 9-17 所示。

5. 多个并网点

多个并网点如图 9-18 所示。

6. 单一并网点

单一并网点如图 9-19 所示。

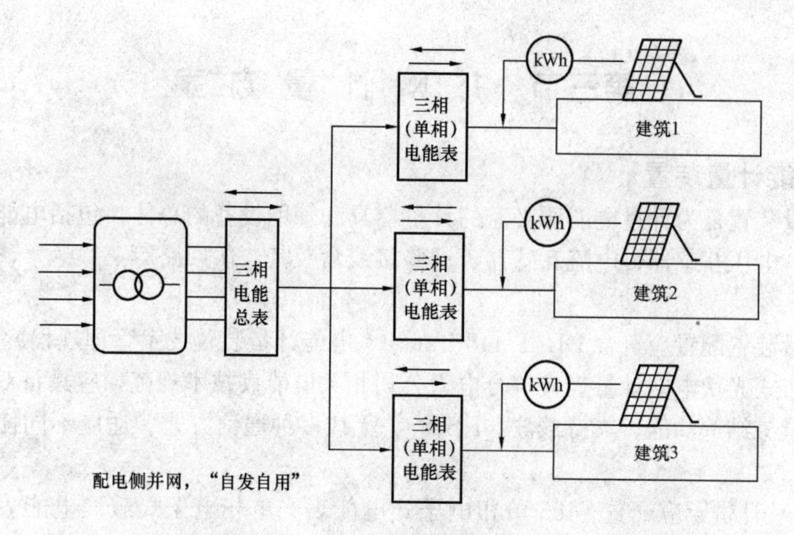

图 9-17　配电侧并网，自发自用

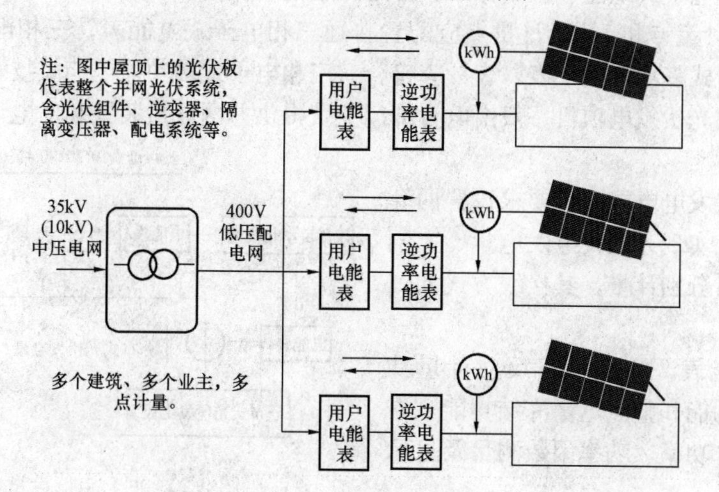

图 9-18　多个并网点

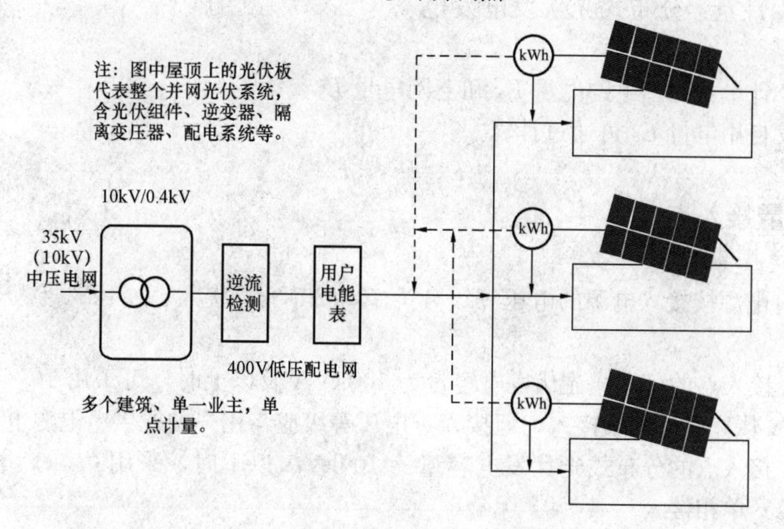

图 9-19　单一并网点

第三节　并网计量方案

一、电能计量装置

电能计量装置是为计量电能所必需的计量器具和辅助设备的总体，包括电能表、计量柜（计量表箱）、电压互感器、电流互感器、试验接线盒及其二次回路等。

1. 要求

电能计量装置配置应符合 DL/T 448—2000《电能计量装置技术管理规程》的要求。

（1）分布式光伏电能计量表应符合电力公司相关电能表技术规范，应具备双向计量、分时计量、电量冻结等功能、支持载波、RS485、无线多种通信方式、适应不同使用环境下数据采集需求。

（2）220V 计量点应配置 S485 单相电子式电能表或单相电子式载波电能表，表计应符合电网公司单相电子式电能表技术标准、普通三相电子式电能表技术标准等。

（3）380V 计量点和 10kV 计量点应配置普通三相电子式电能表、三相电子式载波电能表式或三相电子式多功能电子表，表计应符合《三相电子式多功能电能表技术标准》。

（4）分布式光伏发电项目一般由电力部门免费提供并网计量装置和发电计量装置。

2. 接线方式

分布式光伏发电电能计量要求设置两套电能计量装置，实现光伏发电发电量、上网电量和下网电量分别计量，其接线方式如图 9-20 所示。

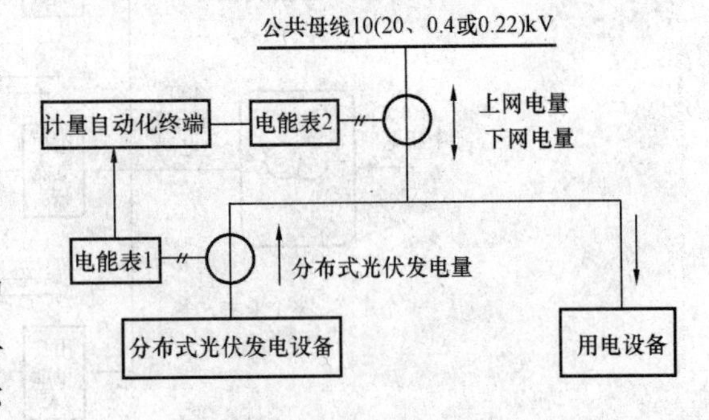

图 9-20　两套电能计量装置

其中，电能表 2 需支持正反向计量功能、分时计量功能和整点电量冻结功能，具备电流、电压、功率、功率因数测量及显示功能。

电能表 1 计量：分布式光伏发电发电量 E_1。

电能表 2 计量：用户下网电量 E_2 和上网电量 E_3。

用户自发自用电量 E_4 可通过计算

$$E_4 = E_1 - E_3$$

二、计量接入点

1. 接入电压等级

光伏发电电源按接入电源的电压等级分为 10（20）kV 接入、0.4kV 接入及 0.22kV 接入三种方式。

（1）单个接入点的分布式光伏发电容量为 100kVA 及以上时，可采用 10（20）kV 电压等级接入或 0.4kV 电压等级接入，但接入点电压等级应与用户的原供电电源电压等级一致。

（2）单个接入点的分布式光伏发电容量为 100kVA 以下时，采用 0.4kV 电压等级三相接入或 0.22kV 单相接入。

当采用 0.22kV 单相接入时，建议单点接入容量不大于 8kVA，同时应兼顾三相不平衡的测算结果。

2. 接入点设置

光伏发电电源接入点应尽量集中，如图 9-21 所示。

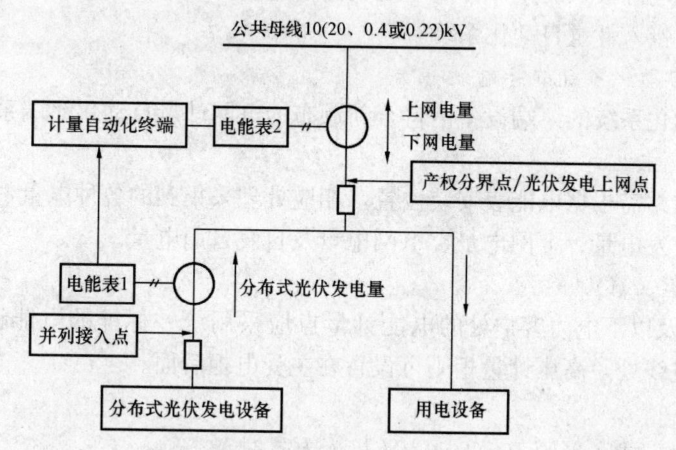

图 9-21　光伏发电电源接入点

3. 10（20）kV 接入点

（1）公共电网变电站 10（20）kV 母线。

（2）公共电网开关站或配电室或箱变 10（20）kV 母线。

（3）T 接公共电网 10（20）kV 线路。

（4）用户开关站或配电室或箱变 10（20）kV 母线。

4. 0.4kV 接入及 0.22kV 接入点

（1）公共电网 0.4kV 配电箱或线路；

（2）公共电网配电房或箱变低压母线；

（3）用户配电房或箱变低压母线。

三、计量方式

1. 高压计量

10（20）kV 接入类用户选择高压计量方式，应在电力设施的产权分界处及光伏发电电源接入点分别设置 10（20）kV 电能计量装置一套，配置三相多功能电能表及负荷管理终端。

2. 低压计量

（1）0.4kV 接入类用户选择低压计量方式，应在电力设施的产权分界处及光伏发电电源接入点分别设置三相 380/220V 电能计量装置一套，配置三相多功能电能表及Ⅱ型集中抄表集中器。

若产权分界处不具备安装条件，可安装在其他易于抄表的合适位置。

（2）0.22kV 接入类用户选择低压计量方式，应在电力设施的产权分界处及光伏发电电源接入点分别设置单相 220V 电能计量装置一套，配置单相电能表（双向）及Ⅱ型集中抄表系统集中器。

若产权分界处不具备安装条件，可安装在其他易于抄表的合适位置。

四、计量自动化系统

1. 用户计量电能表

具有光伏发电电源接入的用户计量电能表可通过负荷管理终端或Ⅱ型集中抄表系统集中器实现数据采集，接入计量自动化系统。

2. 接入计量自动化系统的终端设备

接入计量自动化系统的终端设备需符合新颁布的电网计量自动化终端系列技术标准。

3. 计量自动化主站

计量自动化主站需根据电能表安装位置，相应处理采集到的各种电量数据，自动计算得到分布式光伏发电发电量、上网电量、下网电量及自发自用电量。

4. 电能计量柜（箱）

10（20）kV及以下电力客户处的电能计量点应采用统一标准的电能计量柜（箱），低压计量柜应紧邻进线处，高压计量柜则可设置在主受电柜后面。

5. 计量方式

（1）高压计量方式。采用10（20）kV接入方式时：

1）在中性点非有效接地系统，采用三相三线计量方式。

2）在中性点有效接地系统，采用三相四线计量方式。

（2）低压计量方式。采用0.4V接入方式时，应采用三相四线计量方式。

（3）应采用专用计量柜。对于采用高压计量方式，又没有安装高压计量柜条件的，可考虑采用10（20）kV组合式互感器。

（4）高压计量电流互感器。高压计量电流互感器的一次额定电流，应按总配变容量、光伏发电接入容量确定，为达到相应的动热稳定要求，其电能计量互感器应选用高动热稳定电流互感器。

（5）10（20）kV多回路并网接入。对于10（20）kV多回路并网接入的情况，各回路应分别安装电能计量装置，电压互感器不得切换。

五、技术要求

1. 电能表配置

根据光伏发电电源接入的电压等级及接入点的光伏发电容量，计量电能表配置规定详见表9-2。

表9-2　各类别计量点计量电能表配置表

用电客户类别	计量自动化终端	电能表	备注
10（20）kV接入计量点	负荷管理终端	（1）高压计量方式 Ⅰ、Ⅱ类电能计量装置配0.5S级三相三线多功能双向电能表；Ⅲ类电能计量装置配1.0级三相三线多功能双向电能表（中性点有效接地系统，配置三相四线多功能双向电能表）。 （2）低压计量方式 配1.0级三相四线多功能双向电能表	配互感器

续表

用电客户类别	计量自动化终端	电能表	备注
0.4kV 接入计量点	Ⅱ型集中抄表集中器	$P<30$kW 三相四线多功能双向电能表 20（80）A、1.0 级	直接接入式
		$25\leqslant P<100$kW 三相四线多功能双向电能表 1（10）A、1.0 级	配互感器
0.22kV 接入计量点	Ⅱ型集中抄表集中器	$P<8$kW 单相多功能双向电能表 10（60）A、2.0 级	直接接入式
		$5\leqslant P<15$kW 单相多功能双向电能表 20（80）A、2.0 级	直接接入式

2. 电流互感器

（1）电能计量装置应采用独立的专用电流互感器。

（2）电流互感器的额定一次电流确定，应保证其计量绕组在正常运行时的实际负荷电流达到额定值的 60%左右，至少应不小于 30%。

（3）选取电流互感器可参考表 9-3，该配置是以正常负荷电流与配变容量相接近计算的，对正常负荷电流与配变容量相差太大的需结合实际情况选取计量用互感器，计算原则为（对于总柜计量）：计量互感器额定电流应大于该母线所带所有负荷额定电流的 1.1 倍。

（4）计量回路应先经试验接线盒后再接入电能表。

（5）额定电流：

1）额定二次电流标准值为 1A 或 5A。

2）计量用电流互感器准确级应选取 0.2S。

3）额定输出标准值。额定输出标准值在下列数值中选取：对于二次电流为 1A：10kV 电流互感器，0.15～3VA；0.4kV 电流互感器，0.15～1VA。对于二次电流为 5A：10kV 电流互感器，3.75～15VA；0.4kV 电流互感器，1～3VA。

（6）计量电流互感器配置见表 9-3。

表 9-3　用电客户配置电能计量用互感器参考表

变压器或光伏发电容量/kVA	10kV 电流互感器		
	高压 CT 额定一次电流/A	低压 CT 额定一次电流/A	准确度等级
30		50	0.2S
50		100	0.2S
80		150	0.2S
100	10	200	0.2S
125	10	200	0.2S

续表

变压器或光伏发电容量/kVA	10kV电流互感器		
	高压CT额定一次电流/A	低压CT额定一次电流/A	准确度等级
160	15	300	0.2S
200	15	400	0.2S
250	20	400	0.2S
315	30	500	0.2S
400	30	750	0.2S
500	40	1000	0.2S
630	50	1000	0.2S
800	75	1500	0.2S
1000	75	2000	0.2S
1250	100	2500	0.2S
1600	150	3000	0.2S
2000	150	4000	0.2S
3000	200		0.2S
4000	300		0.2S
5000	400		0.2S
6000	400		0.2S
7000	500		0.2S
8000	600		0.2S

3. 电压互感器

(1) 电压互感器的额定电压。额定一次电压应满足电网电压的要求；额定二次电压应和计量仪表、监控设备等二次设备额定电压相一致。

(2) 电压互感器实际二次负载应在2.5VA至互感器额定负载范围内。

(3) 计量回路不应作为辅助单元的供电电源。

六、典型接线

1. 0.4kV及0.22kV电网侧接入计量

0.4kV及0.22kV电网侧接入计量通用原理如图9-22所示。

2. 0.4kV及0.22kV光伏接入计量

0.4kV及0.22kV光伏侧接入计量通用原理如图9-23所示。

3. 电网侧三相四线有功表经电流互感器接入、试验接线盒分相接入方式

电网侧三相四线有功表经电流互感器接入、试验接线盒分相接入方式如图9-24所示。

4. 光伏侧三相四线有功表经电流互感器接入、试验接线盒分相接入方式

光伏侧三相四线有功表经电流互感器接入、试验接线盒分相接入方式如图9-25所示。

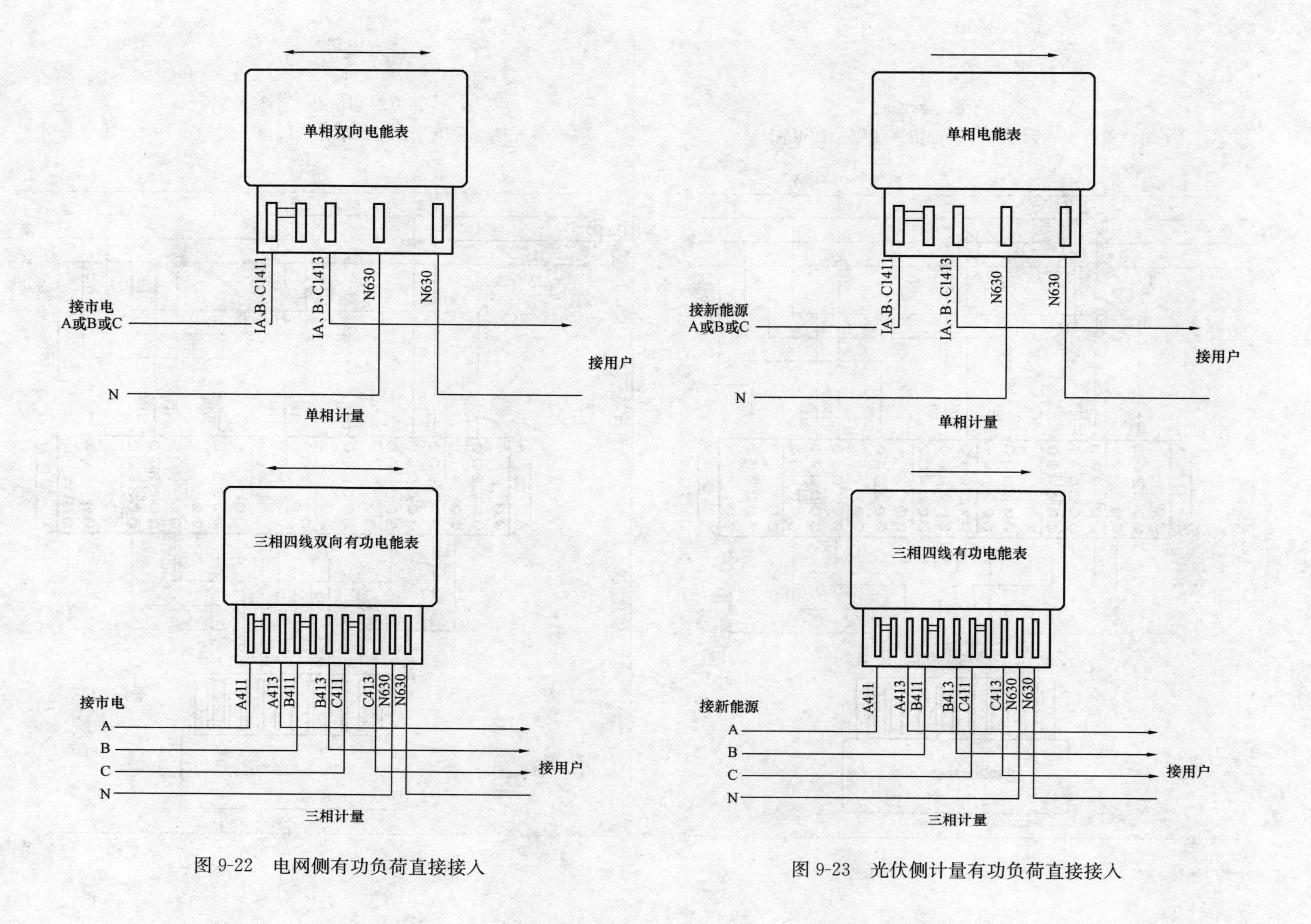

图 9-22　电网侧有功负荷直接接入

图 9-23　光伏侧计量有功负荷直接接入

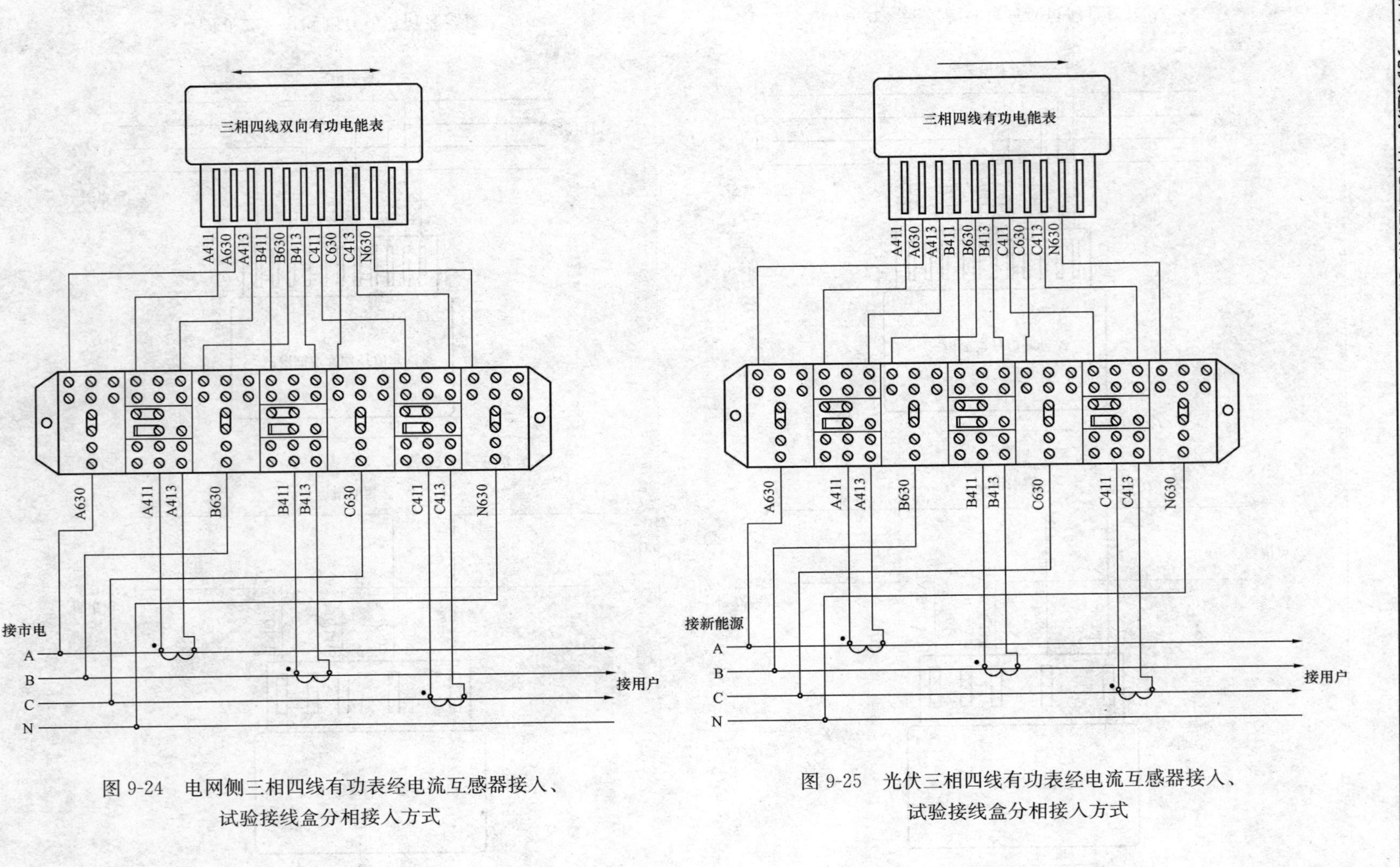

图 9-24 电网侧三相四线有功表经电流互感器接入、试验接线盒分相接入方式

图 9-25 光伏三相四线有功表经电流互感器接入、试验接线盒分相接入方式

第四节　光伏并网在线监测系统

一、系统构成

光伏并网在线监测系统由数据采集系统、数据传输系统、数据中心组成，如图 9-26 所示。

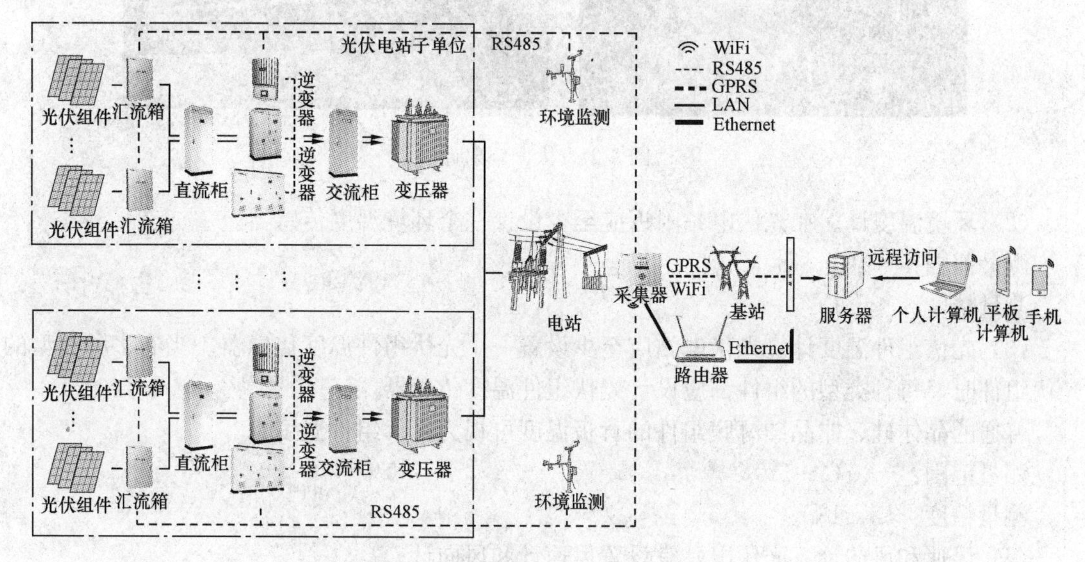

图 9-26　光伏并网在线监测系统

1. 数据采集系统

数据采集系统由一个或者多个数据采集装置组成。结合基于计算机或者其他专用测试平台的测量软硬件产品来实现灵活的、用户自定义的测量系统。

数据采集系统应至少包括环境温度传感器、太阳总辐射传感器、光伏组件温度传感器、电参数监测设备。

2. 数据传输系统

光伏电站数据监测系统中传感器和其他待测设备与数据采集装置之间、数据采集装置与数据中心之间的数据传输。

3. 数据中心

通过实现统一的数据定义与命名规范，集中多个光伏电站数据的环境。

二、系统设计

应在可行性研究和方案设计阶段提出光伏电站数据监测系统建设方案，在施工图设计阶段应进行数据监测系统的设计，并注明预留的监测点。

1. 环境监测设备的设计选型

(1) 太阳总辐射计。应至少设置一个水平太阳总辐射传感器。

光谱范围：300～3000nm。

测量范围：0～2000W/m^2。

测量精度：≤±5%。

太阳辐射计如图 9-27 所示。

图 9-27　太阳辐射计

（2）环境温度计。在光伏电站附近应至少设计一个环境温度传感器。

测量范围：－40℃～80℃。

测量精度：≤±1℃。

（3）光伏组件温度计。光伏电站应至少设置一个光伏组件温度传感器。当有多种类型的光伏组件时，每种类型的组件都应设计光伏组件温度传感器。

普通的晶体硅、非晶硅薄膜组件的背板温度可视为光伏组件温度。

测量范围：－40℃～120℃。

测量精度：≤±1℃。

（4）风速和风向计。光伏电站宜设置风速计和风向计。

风速范围：0～35m/s。

风速测量精度：±0.5m/s。

风向范围：0～360°。

风向测量精度：≤±5°。

（5）环境数据传输。环境监测设备宜支持 Modbus RTU 协议，环境监测设备如图 9-28 所示。

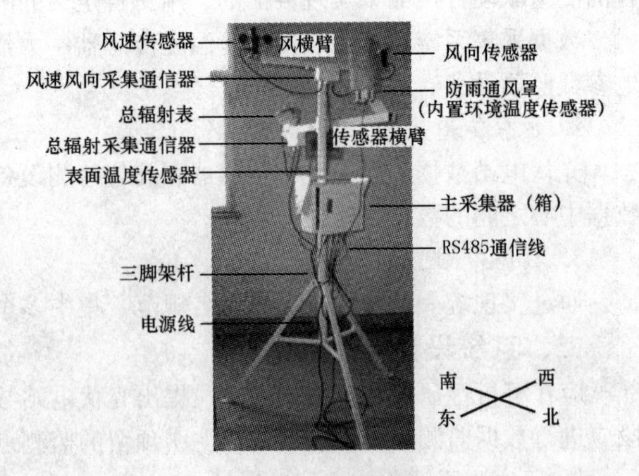

图 9-28　环境监测设备

2. 电参数监测设备的设计选型

（1）直流侧电压、电流、功率。直流侧电参数至少应采集到每台汇流箱输出（若无汇流箱则应采集到光伏组串）的相关数据。

测量范围：电压和电流测量范围应大于被测位置最大值的 1.2 倍，且尽量不高于被测位置工作数值的 2 倍。

测量准确度：≤±1.5%。

（2）交流侧电压、电流、功率。交流侧测量装置应能测量有功功率，且符合测量点的频率要求。

测量范围：电压和电流测量范围应大于被测位置最大值的 1.2 倍，且尽量不高于被测位置工作数值的2倍；测量准确度：≤±0.5%。

交流侧电参数可以采集使用逆变器相关数据。

（3）发电量和电能质量。光伏电站并网点应设置电量测量设备，宜设置电能质量监测设备，且具有数据传输功能，具有RS485标准串行电气接口，采用Modbus标准开放协议或符合DL/T 645中的有关规定。

3. 数据采集装置

（1）光伏电站应至少设计1个数据采集装置。

（2）数据采集装置能够采集的数据至少包括：环境温度、太阳总辐射、光伏组件温度、光伏电站汇流箱电压、电流；交流侧电压、电流、功率、日发电量、总发电量、并网点的电压、电流、功率、电能质量以及光伏子方阵故障、逆变器输入和输出故障、逆变器电压超限、频率超限、谐波超限、孤岛保护。

（3）数据采集装置应主动定时向数据中心发送数据，且定时采集周期应能从5min到1h配置。

（4）数据采集装置支持采集光伏设备数量应满足光伏电站监测需求。

（5）数据采集装置应支持标准的Modbus协议，支持RTU和TCP传输模式。

（6）数据采集装置应支持对光伏设备采集数据的解析，向光伏数据中心发送解析后的数据。

（7）光伏数据采集装置应配置足够存储空间，支持对数据采集装置能够采集的数据要求，采集数据2个月的存储（采集间隔不大于5min的情况下）。

（8）数据采集装置应具有本地配置和管理功能，应具有支持软件升级功能。

（9）数据采集装置应能支持接收来自数据中心的查询、校时等命令。

（10）数据采集装置应可以在不掉电情况下更换光伏采集设备。

（11）数据采集装置应具有识别和传输运行状态的能力，支持对数据采集接口、通信接口以及光伏电站的故障定位和诊断。

（12）光伏数据采集装置应以模块化功能配置支持不同的数据采集应用，支持本地数据传输和远程数据传输。

（13）数据采集装置户内型应外壳防护等级不低于IP20，户外型外壳防护等级应不低于IP54。

4. 现场数据显示

（1）光伏电站监测项目客户管理终端应配置可以显示光伏电站信息的装置。信息应包含如下实时内容：太阳辐射、环境温度、组件温度、风速、风向、直流电流、直流电压、交流电流、交流电压、当前功率、当日发电量、累计发电量等。

（2）现场数据显示装置应提供历史数据查询、生成报表等功能，供用户查询。

5. 电磁兼容性

光伏电站监测设备应符合国家和行业的电磁兼容GB/T 17626《电磁兼容》系列相关标准要求。

三、监测系统的安装

在项目建设施工阶段，应同步进行数据监测系统的施工、安装和调试；在竣工验收阶段，数据监测系统验收应纳入整个项目进行工程验收。

1. 环境监测设备的安装

（1）环境温度传感器应采用防辐射罩或者通风百叶箱。

（2）环境温度传感器应安装在适宜位置，能真实反映环境温度。

（3）安装组件背板温度传感器，一般宜放置在正对光伏组件中心部位电池片的中心位置（平均温度位置），其安装位置还应避免外部条件影响。

（4）水平面太阳总辐射传感器应牢固安装在专用的台柱上。要保证台柱受到严重冲击振动（如大风等）后，不会改变传感器的状态。所在位置应保证全天无阴影遮挡。

（5）太阳总辐射传感器、风向传感器和风速传感器应水平安装，偏差不得超过2°。

（6）平行于太阳能组件平面的太阳辐射传感器，安装偏差不得超过2°。

2. 布线要求

（1）数据采集装置施工安装应符合GB 50093《自动化仪表工程施工及验收规范》中的规定。

（2）弱电布线应符合GB/T 50311《建筑与建筑群综合布线系统工程设计规范》中的规定。

（3）电缆（线）敷设前，应做外观及导通检查。

（4）敷设电缆时应合理安排，不宜交叉；敷设时应防止电缆之间及电缆与其他硬物体之间的摩擦；固定时，松紧应适度。

（5）信号线导体应采用屏蔽线；尽量避免与强信号电缆平行走线，线路不应敷设在易受机械损伤、有腐蚀性介质排放、潮湿以及有强磁场和强静电场干扰的区域，必要时使用钢管屏蔽。

（6）线路不宜平行敷设在高温工艺设备、管道的上方和具有腐蚀性液体介质的工艺设备、管道的下方。

（7）线路敷设完毕，应进行校线及编号，信号线的标识应保持清楚。

（8）监控控制模拟信号回路控制电缆屏蔽层，不得构成两点或多点接地，宜用集中式一点接地。

3. 系统的调试

（1）数据监测装置采集的数据应有效。

（2）数据采集装置接收数据应正常，并能按照接收的指令进行数据发送。

四、数据传输

1. 一般规定

（1）监测设备、数据采集装置应具备数据通信功能，并使用符合国家/行业标准的物理接口和通信协议。

（2）光伏电站由数据采集装置的数据应采用TCP/IP协议传输到数据中心。

2. 监测设备和数据采集装置之间的传输

（1）数据采集周期不大于5min，且应该保证数据的连续性。

（2）传输介质应能满足数据可靠、稳定的传输。

3. 数据采集装置和数据中心之间的传输

数据采集装置应能按照要求使用基于TCP/IP协议的数据网络与数据中心之间进行数据传输，在传输层使用TCP协议。

第五节　光伏并网系统采集与监测的数据

一、环境

1. 气象环境

光伏发电系统需要采集和监测的气象环境信息见表 9-4。

表 9-4　　气象环境信息

信息单元	监测量	数据类型	单位	测点类型	是否必传
1	日累计幅度	无符号整型	W/m²	遥脉	
2	累计幅度	无符号整型	W/m²	遥脉	
3	水平日照幅度	无符号整型	W/m²	遥测	
4	斜面日照幅度	无符号整型	W/m²	遥测	
5	环境温度	有符号整型	0.1℃	遥测	
6	电池板温度	有符号整型	0.1℃	遥测	
7	风速	无符号整型	0.1m/s	遥测	
8	风向	无符号整型		遥测	

注：遥脉装置是配电智能化元件中的脉冲量采集模块，用于采集脉冲量信号，并转换为数字信号，经通信连接实现与监控系统的数据交换。

2. 系统环境

光伏发电系统需要采集和监测的系统环境信息见表 9-5。

表 9-5　　系统环境信息

信息单元	监测量	数据类型	单位	测点类型	是否必传
1	日发电量	无符号整型	0.1kW·h	遥脉	是
2	累计发电	无符号整型	0.1kW·h	遥脉	是
3	水平日照幅度	无符号整型	W/m²	遥测	是
4	斜面日照幅度	无符号整型	W/m²	遥测	
5	环境温度	有符号整型	0.1℃	遥测	是
6	电池板温度	有符号整型	0.1℃	遥测	是
7	电站功率	有符号整型	0.1kW	遥测	是

二、直流发电侧

1. 汇流箱

例如，采集和监测 32 路汇流箱直流侧电压、电流、功率数据信息见表 9-6。

表 9-6　汇流箱数据信息

信息单元	监测量	数据类型	单位	测点类型	是否必传
1	机内温度	有符号整型	0.1℃	遥测	
2	直流母线电压	无符号整型	0.1V	遥脉	
3	第1路电流	有符号整型	0.01A	遥测	
4	第2路电流	有符号整型	0.01A	遥测	
5	第3路电流	有符号整型	0.01A	遥测	
6	第4路电流	有符号整型	0.01A	遥测	
7	第5路电流	有符号整型	0.01A	遥测	
8	第6路电流	有符号整型	0.01A	遥测	
9	第7路电流	有符号整型	0.01A	遥测	
10	第8路电流	有符号整型	0.01A	遥测	
11	第9路电流	有符号整型	0.01A	遥测	
12	第10路电流	有符号整型	0.01A	遥测	
13	第11路电流	有符号整型	0.01A	遥测	
14	第12路电流	有符号整型	0.01A	遥测	
15	第13路电流	有符号整型	0.01A	遥测	
16	第14路电流	有符号整型	0.01A	遥测	
17	第15路电流	有符号整型	0.01A	遥测	
18	第16路电流	有符号整型	0.01A	遥测	
19	第17路电流	有符号整型	0.01A	遥测	
20	第18路电流	有符号整型	0.01A	遥测	
21	第19路电流	有符号整型	0.01A	遥测	
22	第20路电流	有符号整型	0.01A	遥测	
23	第21路电流	有符号整型	0.01A	遥测	
24	第22路电流	有符号整型	0.01A	遥测	
25	第23路电流	有符号整型	0.01A	遥测	
26	第24路电流	有符号整型	0.01A	遥测	
27	第25路电流	有符号整型	0.01A	遥测	
28	第26路电流	有符号整型	0.01A	遥测	
29	第27路电流	有符号整型	0.01A	遥测	
30	第28路电流	有符号整型	0.01A	遥测	
31	第29路电流	有符号整型	0.01A	遥测	
32	第30路电流	有符号整型	0.01A	遥测	
33	第31路电流	有符号整型	0.01A	遥测	
34	第32路电流	有符号整型	0.01A	遥测	

2. 直流配电柜

采集和监测32路直流配电柜数据信息见表9-7。

表 9-7　直流配电柜数据信息

信息单元	监测量	数据类型	单位	测点类型	是否必传
1	总电流	有符号整型	0.1A	遥测	
2	第1路电流	有符号整型	0.01A	遥测	
3	第2路电流	有符号整型	0.01A	遥测	
4	第3路电流	有符号整型	0.01A	遥测	
5	第4路电流	有符号整型	0.01A	遥测	
6	第5路电流	有符号整型	0.01A	遥测	
7	第6路电流	有符号整型	0.01A	遥测	
8	第7路电流	有符号整型	0.01A	遥测	
9	第8路电流	有符号整型	0.01A	遥测	
10	第9路电流	有符号整型	0.01A	遥测	
11	第10路电流	有符号整型	0.01A	遥测	
12	第11路电流	有符号整型	0.01A	遥测	
13	第12路电流	有符号整型	0.01A	遥测	
14	第13路电流	有符号整型	0.01A	遥测	
15	第14路电流	有符号整型	0.01A	遥测	
16	第15路电流	有符号整型	0.01A	遥测	
17	第16路电流	有符号整型	0.01A	遥测	
18	第17路电流	有符号整型	0.01A	遥测	
19	第18路电流	有符号整型	0.01A	遥测	
20	第19路电流	有符号整型	0.01A	遥测	
21	第20路电流	有符号整型	0.01A	遥测	
22	第21路电流	有符号整型	0.01A	遥测	
23	第22路电流	有符号整型	0.01A	遥测	
24	第23路电流	有符号整型	0.01A	遥测	
25	第24路电流	有符号整型	0.01A	遥测	
26	第25路电流	有符号整型	0.01A	遥测	
27	第26路电流	有符号整型	0.01A	遥测	
28	第27路电流	有符号整型	0.01A	遥测	
29	第28路电流	有符号整型	0.01A	遥测	
30	第29路电流	有符号整型	0.01A	遥测	
31	第30路电流	有符号整型	0.01A	遥测	
32	第31路电流	有符号整型	0.01A	遥测	
33	第32路电流	有符号整型	0.01A	遥测	

3. 电池管理系统（BMS）

电池管理系统（BMS）的采集与监测信息见表 9-8。

表 9-8　　BMS系统数据信息

信息单元	监测量	数据类型	单位	测点类型	是否必传
1	电池单体电压	无符号整型	0.1V	遥测	
2	电池单体电流	无符号整型	0.1A	遥测	
3	电池单体温度	无符号整型	0.1℃	遥测	
4	电池可充电电量	无符号整型	0.1A·h	遥测	
5	电池可放电电量	无符号整型	0.1A·h	遥测	
6	电池累计放电电量	无符号整型	kW·h	遥脉	
7	电池累计充电电量	无符号整型	kW·h	遥脉	
8	电池 SOH	无符号整型	0.01	遥测	
9	电池 SOC	无符号整型	0.01	遥测	

三、交流并网侧

1. 逆变器

采集和监测逆变器数据信息见表 9-9。

表 9-9　　逆变器数据信息

信息单元	监测量	数据类型	单位	测点类型	是否必传
1	日发电量	无符号整型	0.1kW·h	遥脉	
2	总发电量	无符号整型	0.1kW·h	遥脉	
3	总运行时间	无符号整型	h	遥脉	
4	机内空气温度	有符号整型	0.1℃	遥测	
5	机内变压器温度	有符号整型	0.1℃	遥测	
6	机内散热器温度	有符号整型	0.1℃	遥测	
7	直流电压	无符号整型	0.1V	遥测	
8	直流电流	无符号整型	0.1A	遥测	
9	总直流功率	无符号整型	W	遥测	
10	A相电压	无符号整型	0.1V	遥测	
11	B相电压	无符号整型	0.1V	遥测	
12	C相电压	无符号整型	0.1V	遥测	
13	A相电流	无符号整型	0.1A	遥测	
14	B相电流	无符号整型	0.1A	遥测	
15	C相电流	无符号整型	0.1A	遥测	
16	A相有功功率	无符号整型	W	遥测	
17	B相有功功率	无符号整型	W	遥测	
18	C相有功功率	无符号整型	W	遥测	
19	总有功功率	无符号整型	W	遥测	
20	总无功功率	有符号整型	var	遥测	
21	总功率因数	有符号整型	0.001	遥测	
22	电网频率	无符号整型	0.1Hz	遥测	
23	逆变器效率	无符号整型	0.1%	遥测	

2. 交流配电柜

采集和监测交流柜数据信息见表 9-10。

表 9-10　交流配电柜数据信息

信息单元	监测量	数据类型	单位	测点类型	是否必传
1	系统频率	无符号整型	0.01Hz	遥测	
2	相电压 V1	无符号整型	0.1V	遥测	
3	相电压 V2	无符号整型	0.1V	遥测	
4	相电压 V3	无符号整型	0.1V	遥测	
5	相（线）电流 I1	无符号整型	0.01A	遥测	
6	相（线）电流 I2	无符号整型	0.01A	遥测	
7	相（线）电流 I3	无符号整型	0.01A	遥测	

3. 发电量和电能质量

采集和监测发电量和电能质量信息见表 9-11。

表 9-11　监测逆变器数据信息

信息单元	监测量	数据类型	单位	测点类型	是否必传
1	系统频率	无符号整型	0.01Hz	遥测	是
2	相电压 V1	无符号整型	0.1V	遥测	是
3	相电压 V2	无符号整型	0.1V	遥测	是
4	相电压 V3	无符号整型	0.1V	遥测	是
5	相（线）电流 I1	无符号整型	0.01A	遥测	是
6	相（线）电流 I2	无符号整型	0.01A	遥测	是
7	相（线）电流 I3	无符号整型	0.01A	遥测	是
8	分相有功功率 P1	有符号整型	0.1W	遥测	
9	分相有功功率 P2	有符号整型	0.1W	遥测	
10	分相有功功率 P3	有符号整型	0.1W	遥测	
11	系统有功功率 Psum	有符号整型	0.1W	遥测	是
12	分相无功功率 Q1	有符号整型	0.1var	遥测	
13	分相无功功率 Q2	有符号整型	0.1var	遥测	
14	分相无功功率 Q3	有符号整型	0.1var	遥测	
15	系统无功功率 Qsum	有符号整型	0.1var	遥测	
16	分相视在功率 S1	无符号整型	0.1VA	遥测	
17	分相视在功率 S2	无符号整型	0.1VA	遥测	
18	分相视在功率 S3	无符号整型	0.1VA	遥测	

续表

信息单元	监测量	数据类型	单位	测点类型	是否必传
19	系统视在功率 Ssum	无符号整型	0.1VA	遥测	是
20	分相功率因数 PF1	有符号整型	0.000 1	遥测	
21	分相功率因数 PF2	有符号整型	0.000 1	遥测	
22	分相功率因数 PF3	有符号整型	0.000 1	遥测	
23	系统功率因数 PF	有符号整型	0.000 1	遥测	是
24	正向有功电能	无符号整型	kW・h	遥脉	
25	反向有功电能	无符号整型	kW・h	遥脉	
26	正向无功电能	无符号整型	kvar・h	遥脉	
27	反向无功电能	无符号整型	kvar・h	遥脉	
28	绝对值和有功电能	无符号整型	kW・h	遥脉	
29	净有功电能	无符号整型	kW・h	遥脉	
30	绝对值和无功电能	无符号整型	kvar・h	遥脉	
31	净无功电能	无符号整型	kvar・h	遥脉	
32	费率波正向有功电能	无符号整型	kW・h	遥脉	
33	费率波反向有功电能	无符号整型	kW・h	遥脉	
34	费率波正向无功电能	无符号整型	kvar・h	遥脉	
35	费率波反向无功电能	无符号整型	kvar・h	遥脉	
36	费率峰正向有功电能	无符号整型	kW・h	遥脉	
37	费率峰反向有功能	无符号整型	kW・h	遥脉	
38	费率峰正向无功电能	无符号整型	kvar・h	遥脉	
39	费率峰反向无功电能	无符号整型	kvar・h	遥脉	
40	费率谷正向有功电能	无符号整型	kW・h	遥脉	
41	费率谷反向有功电能	无符号整型	kW・h	遥脉	
42	费率谷正向无功电能	无符号整型	kvar・h	遥脉	
43	费率谷反向无功电能	无符号整型	kvar・h	遥脉	
44	费率平正向有功电能	无符号整型	kW・h	遥脉	
45	费率平反向有功电能	无符号整型	kW・h	遥脉	
46	费率平正向无功电能	无符号整型	kvar・h	遥脉	
47	费率平反向无功电能	无符号整型	kvar・h	遥脉	
48	电压不平衡能	无符号整型	0.000 1	遥测	
49	电流不平衡能	无符号整型	0.000 1	遥测	

续表

信息单元	监测量	数据类型	单位	测点类型	是否必传
50	有功功率需量	无符号整型	W	遥测	
51	无功功率需量	无符号整型	var	遥测	
52	视在功率需量	有符号整型	VA	遥测	
53	V1 或 V12 总谐波畸变率	无符号整型	0.000 1	遥测	
54	V2 或 V31 总谐波畸变率	无符号整型	0.000 1	遥测	
55	V3 或 V23 总谐波畸变率	无符号整型	0.000 1	遥测	
56	相或线电压平均总谐波畸变	无符号整型	0.000 1	遥测	是
57	I1 总谐波畸变率 THD_I1	无符号整型	0.000 1	遥测	
58	I2 总谐波畸变率 THD_I2	无符号整型	0.000 1	遥测	
59	I3 总谐波畸变率 THD_I3	无符号整型	0.000 1	遥测	
60	相或线电流平均总谐波畸变率	无符号整型	0.000 1	遥测	是
61	V1 或 V12 奇谐波畸变率	无符号整型	0.000 1	遥测	
62	V1 或 V12 偶谐波畸变率	无符号整型	0.000 1	遥测	
63	V1 或 V12 波峰系数	无符号整型	0.000 1	遥测	
64	V1 或 V12 电话谐波波形因数	无符号整型	0.000 1	遥测	
65	V2 或 V31 奇谐波畸变率	有符号整型	0.000 1	遥测	
66	V2 或 V31 偶谐波畸变率	有符号整型	0.000 1	遥测	
67	V2 或 V31 波峰系数	有符号整型	0.000 1	遥测	
68	V2 或 V31 电话谐波波形因数	有符号整型	0.000 1	遥测	
69	V3 或 V23 奇谐波畸变率	有符号整型	0.000 1	遥测	
70	V3 或 V23 偶谐波畸变率	有符号整型	0.000 1	遥测	
71	V3 或 V23 波峰系数	有符号整型	0.000 1	遥测	
72	V3 或 V23 电话谐波波形因数	无符号整型	0.000 1	遥测	
73	I1 奇谐波畸变率	无符号整型	0.000 1	遥测	
74	I1 偶谐波畸变率	无符号整型	0.000 1	遥测	
75	I1 K 系数	有符号整型	0.000 1	遥测	
76	I2 奇谐波畸变率	有符号整型	0.000 1	遥测	
77	I2 偶谐波畸变率	有符号整型	0.000 1	遥测	
78	I2 K 系数	无符号整型	0.000 1	遥测	
79	I3 奇谐波畸变率	无符号整型	0.000 1	遥测	
80	I3 偶谐波畸变率	有符号整型	0.000 1	遥测	
81	I3 K 系数	有符号整型	0.000 1	遥测	

四、运行状态

需要采集和监测的运行状态和故障信息见表 9-12。

表 9-12 采集的故障信息

设备	号码	故障
通用故障	1	门限越限
	2	故障
逆变器故障	1	逆变器故障
	2	直流过电压
	3	电网过电压
	4	电网欠电压
	5	变压器过温
	6	频率异常
	7	孤岛故障
	8	硬件故障
	9	接地故障
	10	模块故障
	11	接触器故障
	12	电网过频
	13	电网欠频
	14	直流母线过电压
	15	直流母线欠电压
	16	逆变过电压
	17	输出过载
	18	降额运行
汇流箱故障	1	汇流箱故障
	2	防雷器故障
直流配电柜故障	1	直流配电柜故障
交流配电柜故障	1	交流配电柜故障
环境监测装置故障	1	环境监测装置故障
电表计量装置故障	1	电能表计量装置故障
蓄电池管理系统（BMS）故障	1	BMS 故障
	2	蓄电池过电压
	3	蓄电池欠电压
	4	电池系统过电压
	5	电池系统欠电压
	6	电池系统过电流
	7	电池系统高温
	8	电池系统低温
	9	电池系统漏电

第十章　并网发电系统安全防护

第一节　并网系统过电压

一、过电压

雷电是一种大气中的放电现象。在云雨形成的过程中，一部分积聚起正电荷，另一部分积聚起负电荷，当这些电荷积聚到一定程度时，就会产生放电现象，形成雷电。

1. 直击雷

直击雷是指直接落到光伏方阵、直流配电系统、电气设备及其配线等处，以及近旁周围的雷击。

2. 闪电感应

（1）闪电静电感应。由于雷云的作用，使附近导体上感应出与雷云符号相反的电荷，雷云主放电时，先导通道中的电荷迅速中和，在导体上的感应电荷得到释放，如没有就近泄入地中，就会产生很高的电位。

（2）闪电电磁感应。由于雷电流迅速变化，在其周围空间产生瞬变的强电磁场，使附近导体上感应出很高的电动势。

（3）闪电感应。闪电放电时，在附近导体上产生的雷电静电感应和雷电电磁感应，它可能使金属部件之间产生火花放电。

3. 闪电电涌侵入

（1）闪电电涌。闪电击于防雷装置或线路上以及由闪电静电感应或雷击电磁脉冲引发，表现为过电压、过电流的瞬态波。

（2）闪电电涌侵入。由于雷电对架空线路、电缆线路或金属管道的作用，雷电波，即闪电电涌，可能沿着这些管线侵入屋内，危及人身安全或损坏设备。

4. 影响

（1）雷电直接对光伏方阵等放电，使大部分高能雷电流被引入到建筑物或设备、线路上。

（2）雷电直接通过接闪装置直接将雷电流输入大地，使得地电位瞬时升高，一大部分雷电流通过保护接地导体反串入设备、线路上。

（3）地电位反击电压通过接地体入侵。雷电击中接闪装置时，在接地体附近将产生放射状的电位分布，对靠近电子设备的接地导体反击，入侵电压可高达数万伏。

（4）由光伏方阵的直流输入线路入侵。这种入侵分为以下两种情况。

1）当光伏方阵遭到直击雷打击时，强雷电电压将邻近土壤击穿或直流输入线路电缆外皮击穿，使雷电脉冲侵入光伏系统。

2）带电荷的云对地面放电时，整个光伏方阵像一个大型无数环形天线一样感应出上千伏的过电压，通过直流输入线路引入，破坏与线路相连的光伏系统设备。

(5) 由光伏系统的输出供电线路入侵。供电设备及供电线路遭受雷击时，在电源线上出现上万伏的雷电过电压，输出线还是引入闪电感应的主要因素。雷电脉冲沿电源线侵入光伏微电子设备及系统，可对系统设备造成毁灭性的打击。

5. 内部过电压

除了雷电能够产生电涌电压和电流外，在光伏发电系统内部也会有过电压。

(1) 切换瞬态。在大功率电路的闭合与断开的瞬间、感性负载和容性负载的接通或断开的瞬间、大型用电系统或变压器等断开也都会产生较大的开关电涌电压和电流，同样会对相关设备、线路等造成危害。

(2) 操作失误。

(3) 组件失效。

二、雷电防护措施

1. 建筑物防雷区域的划分

建筑物防雷区域的划分如图 10-1 所示。

2. 防雷防护

对于光伏建筑一体化的太阳能光伏发电系统，可按建筑物来划分太阳能光伏发电系统的防雷类别，按照 GB 50057《建筑物防雷设计规范》，计算年预计雷击次数。一般光伏建筑一体化发电系统的防雷类别为三类。

对于较重要的太阳能光伏发电系统或家庭用的光伏建筑一体化发电系统的建筑物，因体量小而无法确定防雷类别时，从自身的用途和特性划分，可先按照 GB/T 21714.2《雷电防护　第 2 部分：风险管理》进行风险评估，从可能造成的风险因子和损失概率与经济合理性进行对比来确定防雷类别。

3. 电磁脉冲的防护

(1) 屏蔽。为减少电磁干扰，太阳能光伏方阵的入户线路应以合适的路径敷设，并做好线路屏蔽再引入光伏建筑一体化的建筑物内。

线缆应选用有金属屏蔽层的电缆并穿金属管敷设，在防雷区界面处电缆金属屏蔽层及金属管应做等电位联结并接地。

(2) SPD 保护。对于并网型光伏发电系统的防雷保护，采用加装电涌保护器进行保护。所有的电涌保护器件都必须进行良好的接地处理，并且所有设备的接地都连接到公共地网上。

4. 其他措施

为了保证光伏系统免受雷电和电涌电压的损坏，需采取以下措施：

(1) 所有光伏系统的金属部件（如构架和支架等）必须连接到总等电位母排上，以确保系统安全有效的等电位联结。

(2) 外部防雷装置只能连接到总等电位母排、基础地网或接地环上。

(3) 合理布线，使用双绞线布线方式并尽量缩短线路的长度，避免出现大回路以减小线路上的感应电压，如图 10-2 所示。

(4) 安装在直流侧的电涌保护器。对于从室外进入建筑物内部的电缆，电涌保护器最好安装在建筑物入口处，如图 10-3 所示。

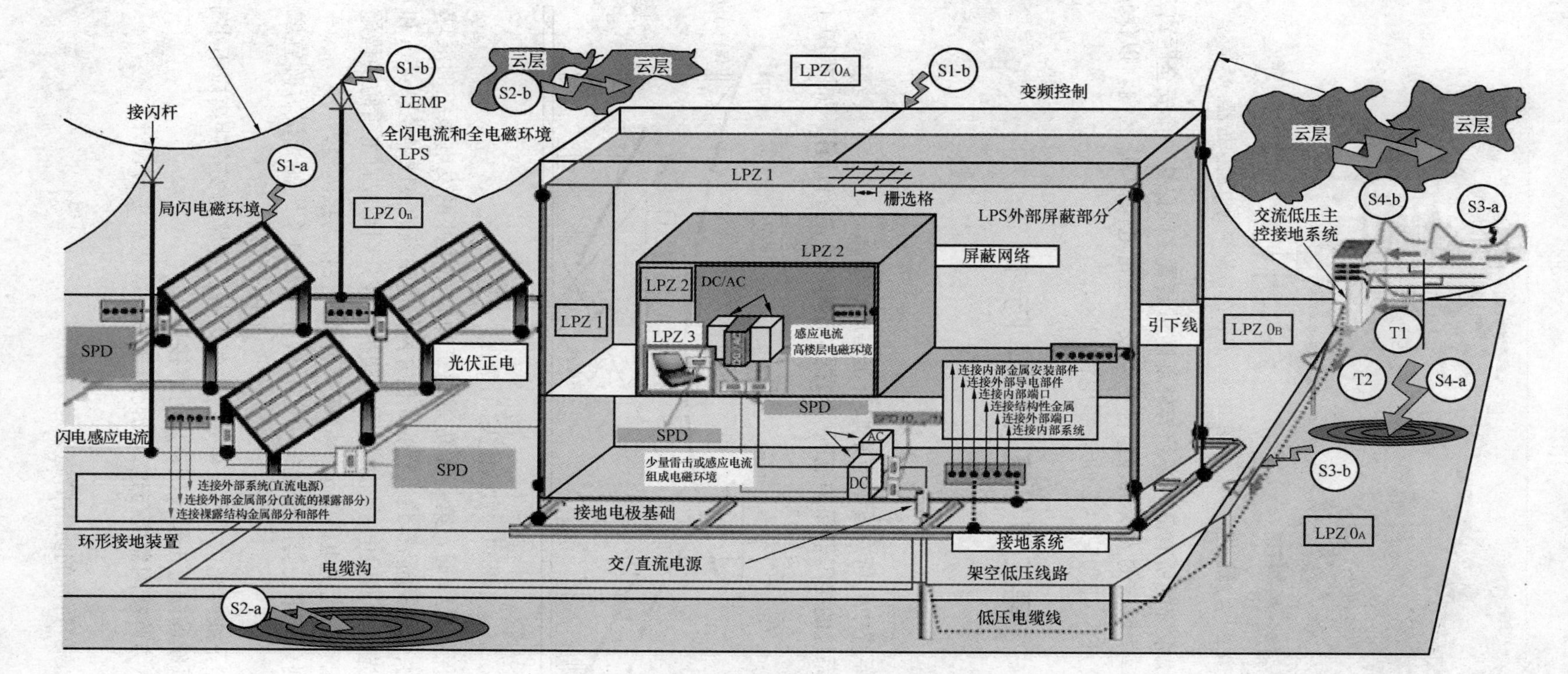

图 10-1　建筑物防雷区域的划分

注：雷击位于/靠近 PV

S1-a/b：位于 PV 上方雷击造成的过电压

S2-a/b：靠近 PV 附近的雷击造成的过电压

高压配电泄漏电流

T1：配电开关开合造成的过电压

T2：高压配电网络故障造成的瞬时过电压

位于/靠近 PV 连接部分的雷击

S3-a/b：雷击对高压/低压架空线造成的过电压

S4-a/b：连接组件附近雷击造成的泄漏电流

LPZ 0_A 为雷电防护 0_A 区；LPZ 0_B 为雷电防护 0_B 区；LPZ 1 为雷电防护 1 区；LPZ 2 为雷电防护 2 区；LPZ 3 为雷电防护 3 区

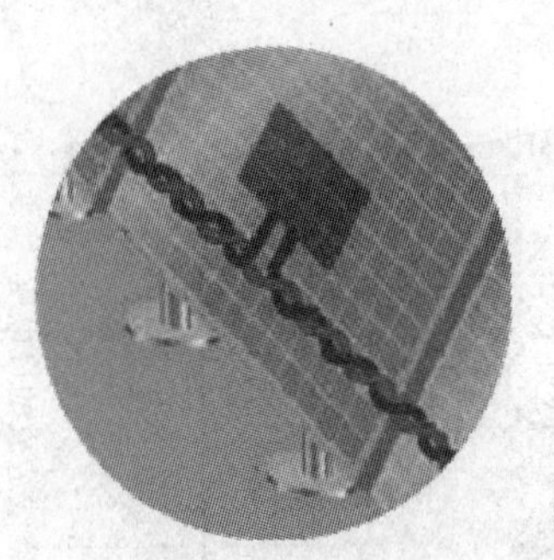

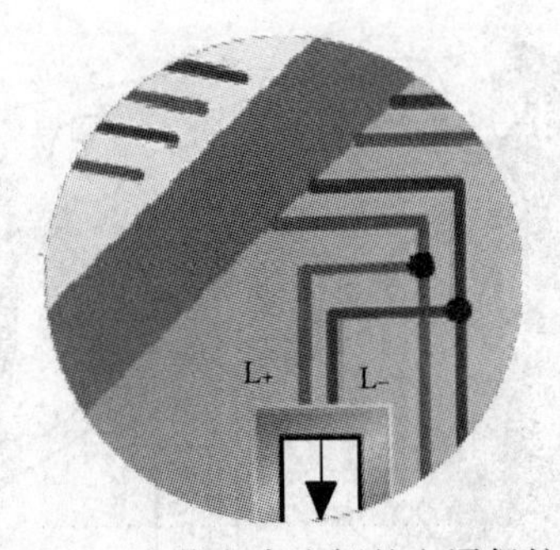

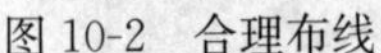

图 10-2 合理布线　　　图 10-3 安装在直流侧的电涌保护器

（5）安全距离。光伏系统的所有部件必须与外部防雷装置之间保持一个安全距离。安装在雷电保护区内的光伏模块所有的光伏组件组件必须安装在雷电保护 0_B 区内，以保证设备免遭直击雷的损坏（IEC/EN 62305-3：2006，雷电保护区）。

第二节 直 击 雷 防 护

一、防护设计

1. 设计原则

（1）光伏并网发电系统中的所有设备应采取直击雷防护措施。

（2）光伏并网发电系统的接闪器保护范围应依据“滚球法”进行计算。如图 10-4 所示。

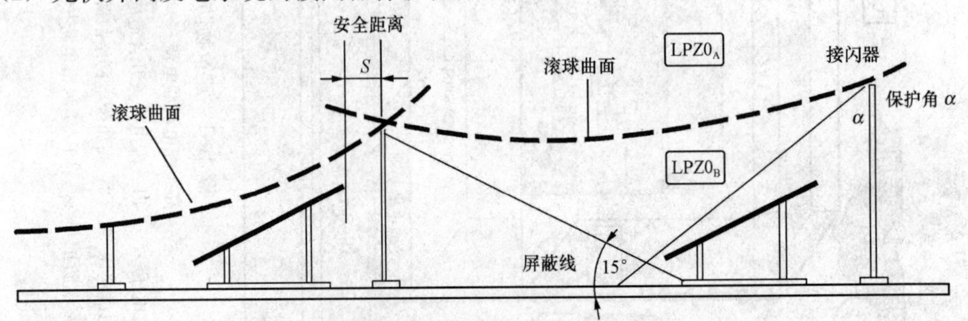

图 10-4 “滚球法”计算保护范围

按“滚球法”计算保护范围时，第一类防雷建筑物的光伏并网发电系统的滚球半径取 30m，第二类防雷建筑物、第三类防雷建筑物的光伏并网发电系统的滚球半径取 45m 和 60m。

（3）光伏方阵应按光伏并网发电系统所属雷电防护等级分别采取直击雷防护措施。

1）光伏方阵宜优先利用光伏组件的金属框架及金属夹件作为接闪器。

2）雷电防护等级划分为第一类防雷建筑物的光伏并网发电系统的光伏方阵宜增加专设接闪器。

3）独立接闪器和引下线与光伏并网发电系统电气设备、线路的安全距离应不小于 3m。

4）光伏并网发电系统的防直击雷接闪器应可靠接地。

5）建筑物屋面光伏方阵接闪器应与建筑物防直击雷系统进行综合设计。

2. 防护目标

光伏发电系统各个防护目标的防雷措施见表 10-1。

表 10-1　　光伏发电系统各个防护目标的防雷措施

防护目标	防直击雷	防雷击电磁脉冲
光伏方阵	✓	
汇流箱	✓	✓
逆变器	○	✓
直流配电装置	○	✓
就地升压变压器	○	
直流线路	✓	✓
交流配电装置	○	✓
电气二次设备	✓	
主变压器	✓	✓
架空送出线路	✓	
建（构）筑物	✓	

注：✓为应设防直击雷保护措施；○为当室外布置时，应设防直击雷保护措施。

二、接闪器

1. 光伏方阵防直击雷

光伏方阵防直击雷接闪器应符合下列规定。

（1）光伏方阵组件的金属框架或金属夹件作接闪器使用时，其材料厚度应符合下列规定：热镀锌钢、不锈钢的厚度不小于0.5mm，铝合金的厚度不小于0.65mm。

（2）光伏并网发电系统光伏方阵增加专设接闪器时，可采用方阵外独立接闪杆（线）、方阵内接闪短杆、接闪带等直击雷防护措施。

光伏方阵外独立接闪杆（线）与方阵边缘的距离应大于3m。

方阵内接闪短针可设置在光伏组件后方，也可设置在光伏组件的金属框（支）架上。

（3）屋面光伏方阵防直击雷接闪措施应与建筑物防直击雷接闪措施相结合，宜采用光伏组件的金属框架或金属夹件作接闪器，也可采用屋面专设接闪器。

（4）屋面光伏方阵防直击雷接闪器应与建筑物屋面接闪带进行等电位连接。

2. 建（构）筑物防直击雷

其他建（构）筑物防直击雷接闪器应符合下列规定：

（1）地面光伏并网发电系统辅助建（构）筑物防直击雷接闪器应按GB 50057《建筑物防雷设计规范》中第三类防雷建筑物要求设计。

（2）升压站防直击雷接闪器应按照DL/T 620《交流电气装置的过电压保护和绝缘配合》规范执行。

（3）汇流箱直击雷防护措施可依据安装位置与组件或建筑物统一设计。

（4）室外布置的逆变器、箱式变压器等宜充分利用其箱体金属外壳对设备进行直击雷防护，采用非金属箱体时，应设置专设接闪器对设备进行直击雷防护。

三、引下线

1. 材料及尺寸要求

光伏组件金属支架作为引下线使用时，引下线、专设接闪器的材料及使用条件按照GB 50057《建筑物防雷设计规范》执行，应符合表10-2的要求。

表 10-2　　引下线、专设接闪器的材料及尺寸要求

材料	结构	最小截面积/mm^2	备注⑩
铜，镀锡铜①	单根扁铜	50	厚度 2mm
	单根圆铜⑦	50	直径 8mm
	铜绞线	50	每股线直径 1.7mm
	单根圆铜③④	176	直径 15mm
铝	单根扁铝	70	厚度 3mm
	单根圆铝	50	直径 8mm
	铝绞线	50	每股线直径 1.7mm
铝合金	单根扁形导体	50	厚度 2.5mm
	单根圆形导体③	50	直径 8mm
	绞线	50	每股线直径 1.7mm
	单根圆形导体	176	直径 15mm
	外表面镀铜的单根圆形导体	50	直径 8mm，径向镀铜厚度至少 70μm，铜纯度 99.9%
热浸镀锌钢②	单根扁钢	50	厚度 2.5mm
	单根圆钢⑨	50	直径 8mm
	绞线	50	每股线直径 1.7mm
	单根圆钢③④	176	直径 15mm
不锈钢⑤	单根扁钢⑥	50⑧	厚度 2mm
	单根圆钢⑥	50⑧	直径 8mm
	绞线	70	每股线直径 1.7mm
	单根圆钢③④	176	直径 15mm
外表面镀铜的钢	单根圆钢（直径 8mm）	50	镀铜厚度至少 70μm，铜纯度 99.9%
	单根扁钢（厚 2.5mm）		

① 热浸或电镀锡的锡层最小厚度为 1μm。

② 镀锌层宜光滑连贯、无焊剂斑点，镀锌层圆钢至少 22.7g/m^2、扁钢至少 32.4g/m^2。

③ 仅应用于接闪杆。当应用于机械应力没达到临界值之处，可采用直径 10mm、最长 1m 的接闪杆，并增加固定。

④ 仅应用于入地之处。

⑤ 不锈钢中，铬的含量大于或等于 16%，镍的含量大于或等于 8%，碳的含量小于或等于 0.08%。

⑥ 对埋于混凝土中以及与可燃材料直接接触的不锈钢，其最小尺寸宜增大至直径 10mm 的 78mm^2（单根圆钢）和最小厚度 3mm 的 75mm^2（单根扁钢）。

⑦ 在机械强度没有重要要求之处，50mm^2（直径 8mm）可减为 28mm^2（直径 6mm）。并应减小固定支架间的间距。

⑧ 当温升和机械受力是重点考虑之处，50mm^2加大至 75mm^2。

⑨ 避免在单位能量 10MJ/Ω 下熔化的最小截面是铜为 16mm^2、铝为 25mm^2、钢为 50mm^2、不锈钢为 50mm^2。

⑩ 截面积允许误差为−3%。

2. 设置

（1）光伏组件支架为非金属复合材料时，应另设引下线。

（2）光伏组件支架至少应设两条引下线。

（3）专设接闪杆每个支撑杆（塔）至少应安装一根引下线。支撑杆（塔）为金属材料或互联钢筋时，可作引下线。

（4）专设接闪器采用接闪线（带）时，每一支点至少应设一根引下线。

（5）建（构）筑物接闪器的引下线应利用建（构）筑物内的钢筋或建（构）筑物金属构件，无钢筋建构筑物应另设引下线，数量不应少于 2 根，且应均匀布设在受保护建筑物上。

四、接地装置

1. 接地体的材料

接地体的材料、结构和最小尺寸应符合表 10-3 的规定。

表 10-3　　接地体的材料、结构和最小尺寸

材料	结构	最小尺寸			备注
		垂直接地体直径/mm	水平接地体/mm^2	接地板/mm	
铜、镀锡铜	铜绞线	—	50	—	每股直径 1.7mm
	单根圆铜	15	50	—	—
	单根扁铜	—	50	—	厚度 2mm
	铜管	20	—	—	壁厚 2mm
	整块铜板	—	—	500×500	厚度 2mm
	网格铜板	—	—	600×600	各网格边截面 25mm×2mm，网格网边总长度不少于 4.8m
热镀锌钢	圆钢	14	78	—	—
	钢管	20	—	—	壁厚 2mm
	扁钢	—	90	—	厚度 3mm
	钢板	—	—	500×500	厚度 3mm
	网格钢板	—	—	600×600	各网格边截面 30mm×3mm，网格网边总长度不少于 4.8m
	型钢	注 3	—	—	—
裸钢	钢绞线	—	70	—	每股直径 1.7mm
	圆钢	—	78	—	—
	扁钢	—	75	—	厚度 3mm
外表面镀铜的钢	圆钢	14	50	—	镀铜厚度至少 250μm，铜纯度 99.9%
	扁钢	—	90（厚 3mm）	—	
不锈钢	圆形导体	15	78	—	—
	扁形导体	—	100	—	厚度 2mm

注：1. 热镀锌层应光滑连贯、无焊剂斑点，镀锌层圆钢至少 22.7g/m^2、扁钢至少 32.4g/m^2。

2. 热镀锌之前螺纹应先加工好。

3. 不同截面的型钢，其截面不小于 290mm^2，最小厚度 3mm，可采用 50mm×50mm×3mm 角钢。

4. 当完全埋在混凝土中时才可采用裸钢。

5. 外表面镀铜的钢，铜应与钢结合良好。

6. 不锈钢中，铬的含量大于或等于 16%，镍的含量等于或大于 5%，钼的含量大于或等于 2%，碳的含量小于或等于 0.08%。

7. 截面积允许误差为－3%。

2. 设置

(1) 光伏方阵接地装置的冲击接地电阻应满足 GB 50057《建筑物防雷设计规范》的规定。

(2) 接闪杆（线）独立接地装置边缘与其他接地网边缘应至少用两根导体将独立接地装置与其他接地网进行连接。

(3) 光伏方阵接地网、建筑物接地网、变电所接地网等接地网边缘应至少用两根导体相互连接构成共用接地网。

(4) 光伏组件支架应至少在两端接地，光伏方阵接地网的冲击接地电阻宜不大于 10Ω。当冲击接地电阻达不到要求时，可采用以下措施：

1) 增加接地体。

2) 将临近接地体连接。

3) 将接地体与接地网连接。

(5) 建筑物屋面光伏方阵接地应充分利用建筑物的接地装置，光伏方阵单元支架应与建筑物屋面接闪带可靠连接并接地。

(6) 接地网应充分利用光伏方阵基础钢筋等建（构）筑物自然接地体；在自然接地体不能满足要求时，增设人工接地体。

(7) 人工接地体宜由垂直接地体和水平接地体构成，环形埋设，其外缘应闭合。水平接地体之间连接点附近宜设置垂直接地体。接地体的埋设深度应不小于 0.5m。在冻土地区应敷设在冻土层以下。

(8) 人工垂直接地体的埋设间距应不小于垂直接地体长度的两倍，受场地限制时可适当减小。

(9) 人工垂直接地体宜采用热镀锌角钢、钢管或圆钢，也可采用复合接地材料。埋于土壤中的人工水平接地体宜采用热镀锌扁钢或圆钢。

(10) 根据现场的土壤和气候条件选择合适的接地材料，接地材料的使用年限宜与地面设施的使用年限相匹配，埋于腐蚀性土壤中的接地体应采用防腐蚀能力强的接地体。

(11) 在高土壤电阻率地区，宜采用降低接地电阻的措施，包括换土法、降阻剂法或其他新技术。

(12) 接地装置的材料及使用条件应满足 GB 50057《建筑物防雷设计规范》的规定。

(13) 接地装置应采取防止发生机械损伤和化学腐蚀的措施，在与公路或管道等交叉及其他可能使接地装置遭受损伤处，均应用钢管等加以保护。

(14) 接地装置引向建筑物的入口处、检修用临时接地点处以及站内主接地网引出点（光伏方阵、光伏方阵其他发电单元、综合楼、变电所接地网的连接处），均应设置标识。

(15) 升压站接地网的设计按 GB 50065《交流电气装置的接地设计规范》标准执行。

第三节 电磁脉冲防护

一、电涌保护器（SPD）

1. 外形

光伏发电系统常用电涌保护器的外形如图 10-5 所示。

2. 组成

电涌保护器的类型和结构按不同的用途有所不同，但它至少应包含一个非线性电压限制元件。用于电涌保护器的基本元器件有放电间隙、充气放电管、压敏电阻、抑制二极管和扼流线圈等。

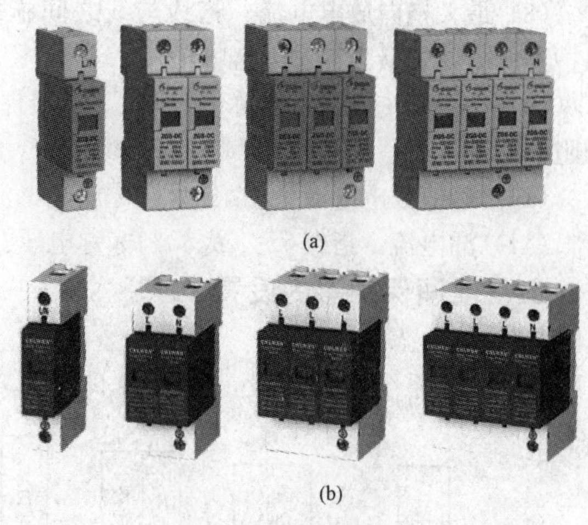

图 10-5　电涌保护器

(a) 直流；(b) 交流

3. 分类

(1) 按工作原理分。

1) 开关型：其工作原理是当没有瞬时过电压时呈现为高阻抗，但一旦响应雷电瞬时过电压时，其阻抗就突变为低值，允许雷电流通过。用作此类装置时器件有放电间隙、气体放电管、闸流晶体管等。

2) 限压型：其工作原理是当没有瞬时过电压时为高阻抗，但随电涌电流和电压的增加其阻抗会不断减小，其电流电压特性为强烈非线性。用作此类装置的器件有氧化锌、压敏电阻、抑制二极管、雪崩二极管等。

3) 分流型或扼流型。

分流型：与被保护的设备并联，对雷电脉冲呈现为低阻抗，而对正常工作频率呈现为高阻抗。

扼流型：与被保护的设备串联，对雷电脉冲呈现为高阻抗，而对正常的工作频率呈现为低阻抗。用作此类装置的器件有扼流线圈、高通滤波器、低通滤波器、1/4 波长短路器等。

(2) 按用途分

1) 电源保护器：交流电源保护器、直流电源保护器、开关电源保护器等。

2) 信号保护器：低频信号保护器、高频信号保护器、天馈保护器等。

4. 技术参数

(1) 标称电压 U_n。电涌保护器正常工作下的电压，可以用直流电压表示，也可以用交流电压的有效值来表示。

(2) 最大持续工作电压 U_c。能长久施加在保护器的指定端，而不引起保护器特性变化和激活保护元件的最大电压有效值。

(3) 标称放电电流 I_n。指电涌保护器所能承受的 8/20μs 雷电流波形的电流峰值。

(4) 最大放电电流 I_{max}。给保护器施加波形为 8/20μs 的标准雷电波冲击 1 次时，保护器所耐受的最大冲击电流峰值。

(5) 电压保护级别 U_p。保护器在下列测试中的最大值：

1) 1kV/μs 斜率的跳火电压。

2) 额定放电电流的残压。

(6) 响应时间 t_A。反应在保护器里的特殊保护元件的动作灵敏度、击穿时间，在一定时间内变化取决于 du/dt 或 di/dt 的斜率。

(7) 最大纵向放电电流。指每线对地施加波形为 8/20μs 的标准雷电波冲击 1 次时，保护器所耐受的最大冲击电流峰值。

(8) 最大横向放电电流。指线与线之间施加波形为 8/20μs 的标准雷电波冲击 1 次时，保护器所耐受的最大冲击电流峰值。

(9) 在线阻抗。指在标称电压 U_n 下流经保护器的回路阻抗和感抗的和，通常称为“系统阻抗”。

(10) 峰值放电电流 I_{max}。分为标称放电电流 I_s 和最大放电电流 I_{max}。

(11) 漏电流。指在 75%或 80%标称电压 U_n 下流经保护器的直流电流。

二、电涌保护器的设置

1. 系统设置

光伏发电系统的 SPD 设置如图 10-6 所示。

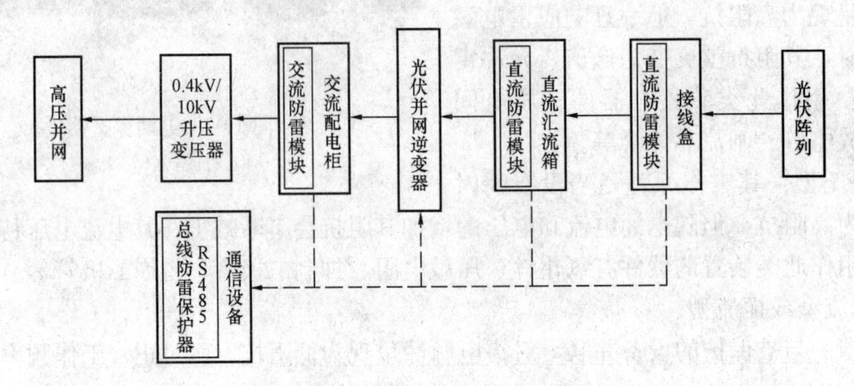

图 10-6　光伏发电系统的 SPD 设置

2. 安装和地点

按照 CLC/TS 50539-12《低压电涌保护装置——用于包括直流在内的特定应用的电涌保护装置——第 12 部分：选择和应用原则——连接到光电装置的电涌保护器（SPD）》和标准 EN62305《雷电防护》保护光伏系统的 SPD 安装和地点取决于多种因素。

SPD 安装位置如图 10-7 所示。

三、建筑物雷电电磁脉冲防护

1. 无外部防雷装置建筑物雷电电磁脉冲防护

无外部防雷装置建筑物的光伏发电系统，多用于民用的自建住宅，或周围有高大建筑物，以保护其不被直接雷击袭击。需对光伏系统和用电设备的防雷保护做如下处理：

(1) 在光伏组件和逆变器之间加装第一级电涌保护器 A，型号根据现场逆变器最大空载电压选择。

(2) 在逆变器与配电柜之间以及配电柜与负载设备之间加装第二级电涌保护器 B，型号根据配电柜以及供电设备的工作电压选择。

(3) 所有的电涌保护器必须良好的接地。

无外部防雷装置建筑物雷电电磁脉冲防护拓扑如图 10-8 所示。

建筑物室外无防雷保护的 SPD 位置如图 10-9 所示。

2. 有外部防雷装置建筑物雷电电磁脉冲防护

对于有外部防雷装置建筑物的光伏发电系统，考虑到整个系统可能遭受直击雷的缘故，所以必须首先保证直击雷的防护措施一定要到位。对于光伏系统和用电设备的防雷保护做如

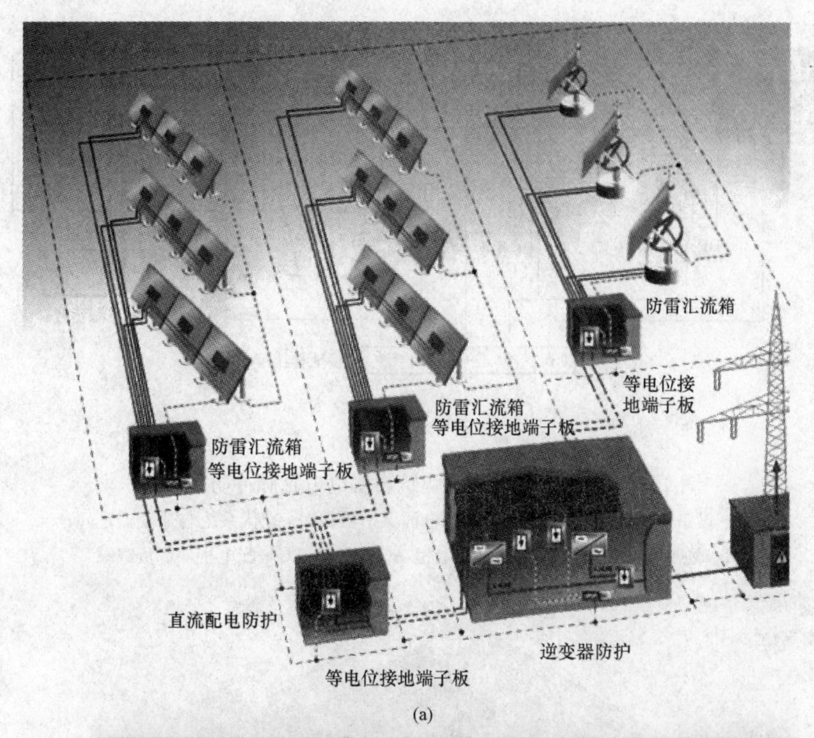

(a)

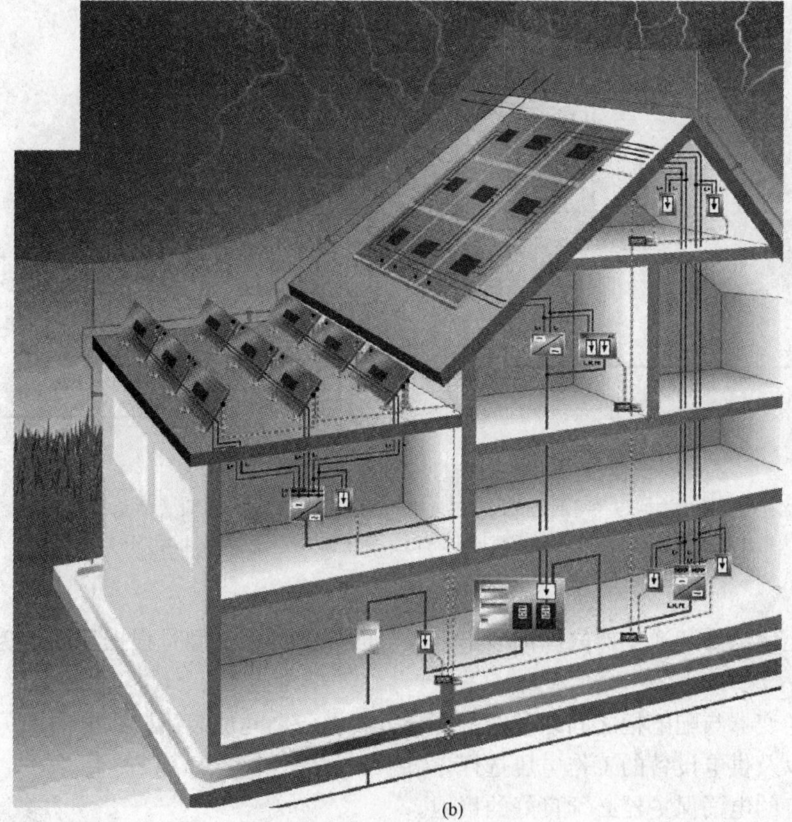

(b)

图 10-7　SPD 安装位置
(a) 平面示意；(b) 垂直示意

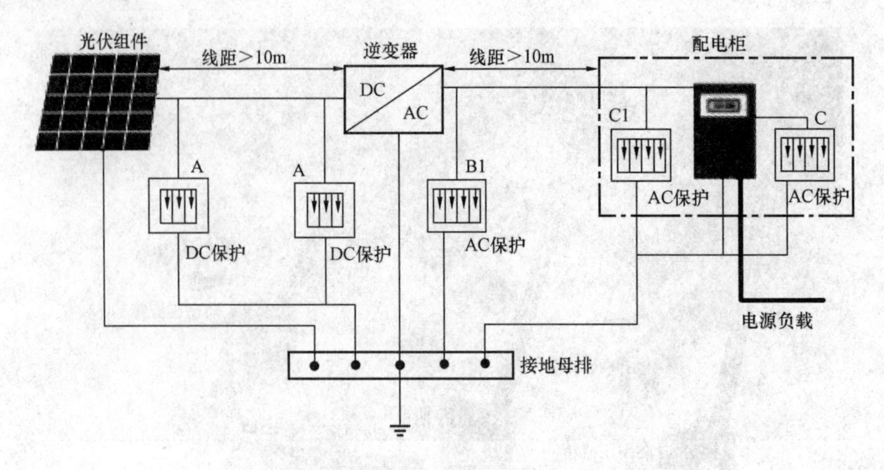

图 10-8　无外部防雷装置建筑物雷电电磁脉冲防护拓扑

光伏—设备之间大于 10m 时光伏专用电涌保护器；A—光伏系统与逆变器之间；B1—逆变器 AC 出线端；C1—配电柜 AC 进线端；C—配电柜 AC 负载端

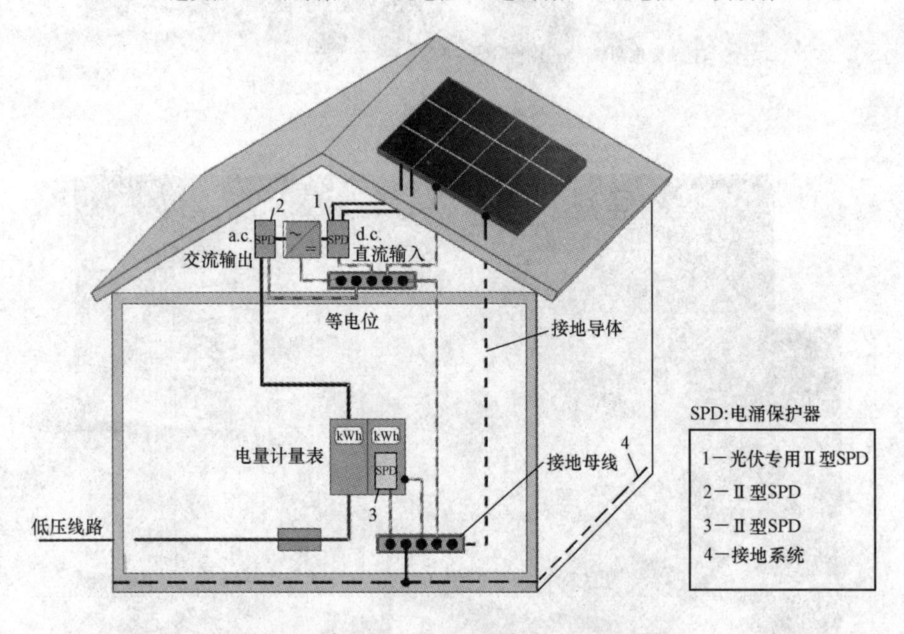

图 10-9　建筑物室外无防雷保护的 SPD 位置

注：当逆变器输出端的与并网点之间距离超过 10m 时，应在位置 2、3 设置两套Ⅱ型 SPD。当光伏组件与逆变器输入端之间距离超过 10m 时，应在位置 1 设置两套Ⅱ型 SPD。

下处理：

（1）在光伏组件和逆变器之间加装第一级电涌保护器 A，型号根据现场逆变器最大空载电压选择。

（2）在逆变器与配电柜之间以及配电柜与负载设备之间加装第二级电涌保护器 B，型号根据配电柜以及供电设备的工作电压选择。

（3）所有的电涌保护器必须良好的接地。

有外部防雷装置建筑物雷电电磁脉冲防护拓扑图如图 10-10 所示。

建筑物室外有防雷保护，满足绝缘间距时的 SPD 位置如图 10-11 所示。

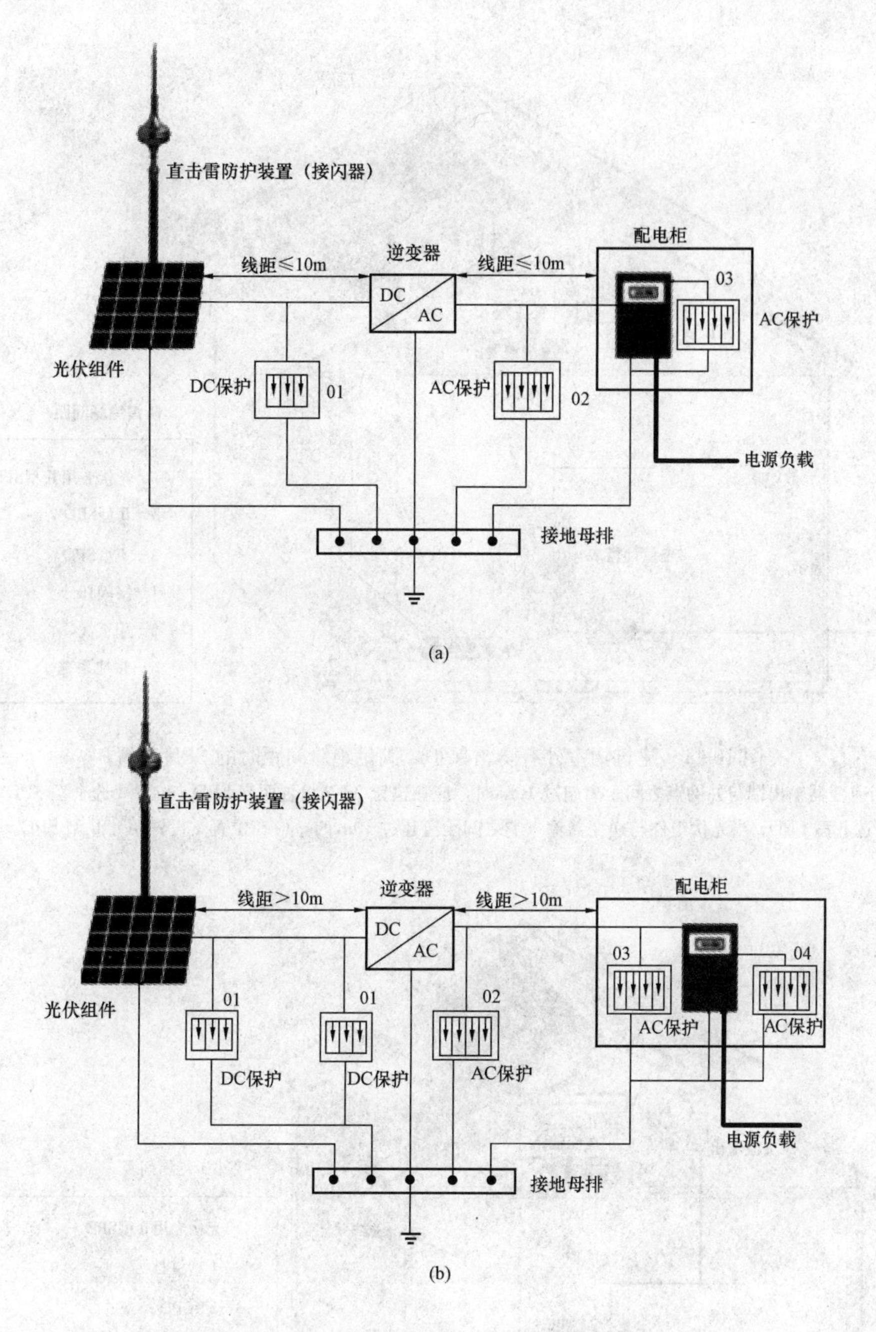

图 10-10　有外部防雷装置建筑物雷电电磁脉冲防护拓扑图

(a) 光伏—设备之间≤10m 时光伏专用电涌保护器：01—光伏出线端，逆变器 DC 端；02—逆变器 AC 出线端；03—配电柜 AC 进线端

(b) 光伏—设备之间＞10m 时光伏专用电涌保护器：01—光伏出线端，逆变器 DC 端；02—逆变器 AC 出线端；03—配电柜 AC 进线端；04—配电柜 AC 负载端

建筑物室外有防雷保护，不满足绝缘间距时的 SPD 位置如图 10-12 所示。

3. 建筑物室外有防雷保护和测控单元

建筑物室外有防雷保护，安装测控单元，满足绝缘间距时的 SPD 位置如图 10-13 所示。

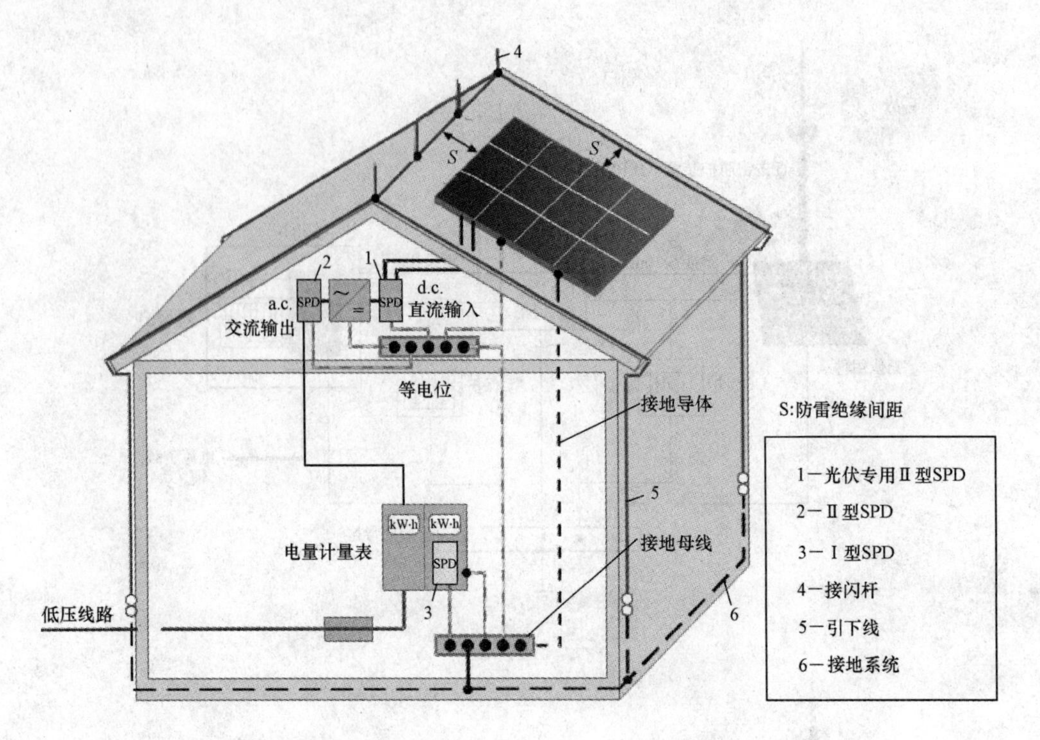

图 10-11 建筑物室外有防雷保护，满足绝缘间距时的 SPD 位置

注：当逆变器输出端与并网点之间距离超过 10m 时，应在位置 2、3 设置两套 SPD，位置 3 选Ⅰ型 SPD，位置 2 选Ⅱ型 SPD。当光伏组件与逆变器输入端之间距离超过 10m 时，应在位置 1 设置两套Ⅱ型 SPD。

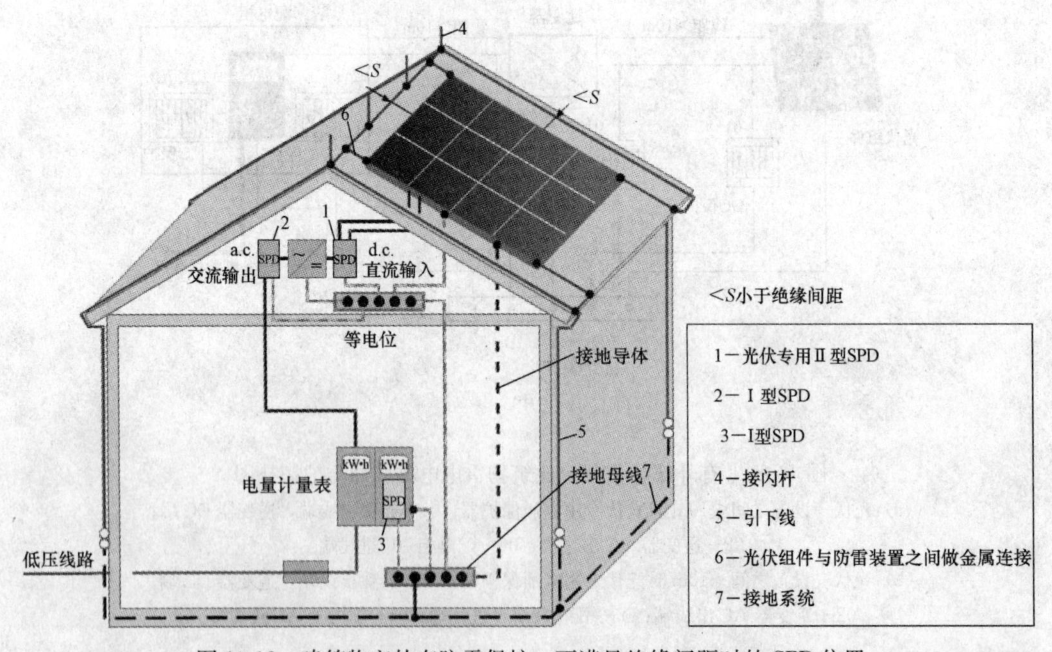

图 10-12 建筑物室外有防雷保护，不满足绝缘间距时的 SPD 位置

注：当逆变器输出端与并网点之间距离超过 10m 时，应在位置 2、3 设置两套Ⅰ型 SPD。当光伏组件与逆变器输入端之间距离超过 10m 时，应在位置 1 设置两套Ⅱ型 SPD。如果光伏组件到等电位端子之间的导体采用交流或直流导体，位置 1 应采用Ⅰ型 SPD。

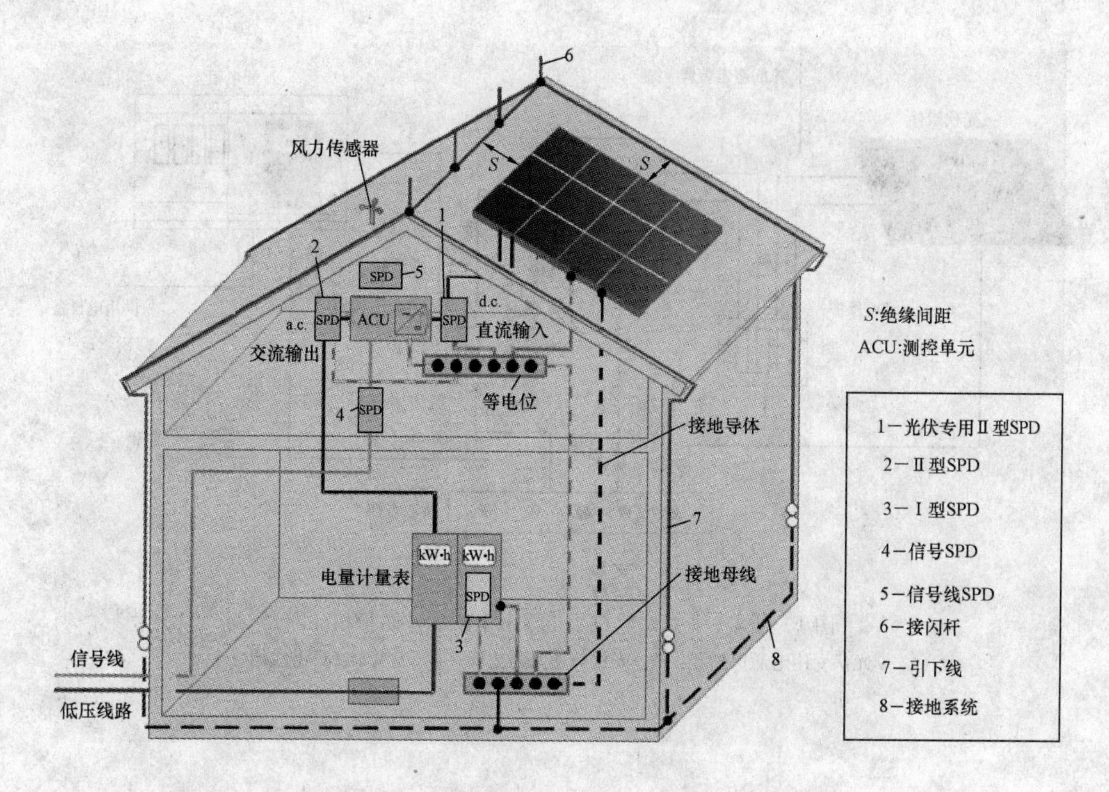

图 10-13　建筑物室外有防雷保护，安装测控单元，满足绝缘间距时的 SPD 位置

注：带有过电压保护逆变器需要在 SPD 与逆变器之间做直接接地连接。

4. 工业厂房建筑物雷电电磁脉冲防护

对于工业厂房建筑物，对于光伏系统和用电设备的防雷保护做如下处理：

(1) 在光伏组件和逆变器之间加装第一级电涌保护器 A，型号根据现场逆变器最大空载电压选择。

(2) 在逆变器与配电柜之间以及配电柜与负载设备之间加装第二级电涌保护器 B，型号根据配电柜以及供电设备的工作电压选择。

(3) 所有的电涌保护器必须良好的接地。

工业厂房建筑物雷电电磁脉冲防护拓扑图如图 10-14 所示。

5. 保护导体截面积

建筑物室外有防雷保护，满足绝缘间距时，除图中标明导体的截面积外，其余导体的截面积采用 $6mm^2$，如图 10-15 所示。

建筑物室外有防雷保护，不满足绝缘间距时非防雷导体的截面积，如图 10-16 所示。

接闪杆需能保护光伏组件避免遭受直击雷，同时确保接闪杆在光伏组件上造成的阴影最小。

四、交流系统电涌保护

由于雷击的能量是非常巨大的，需要通过分级泄放的方法，将雷击能量逐步泄放到大地。

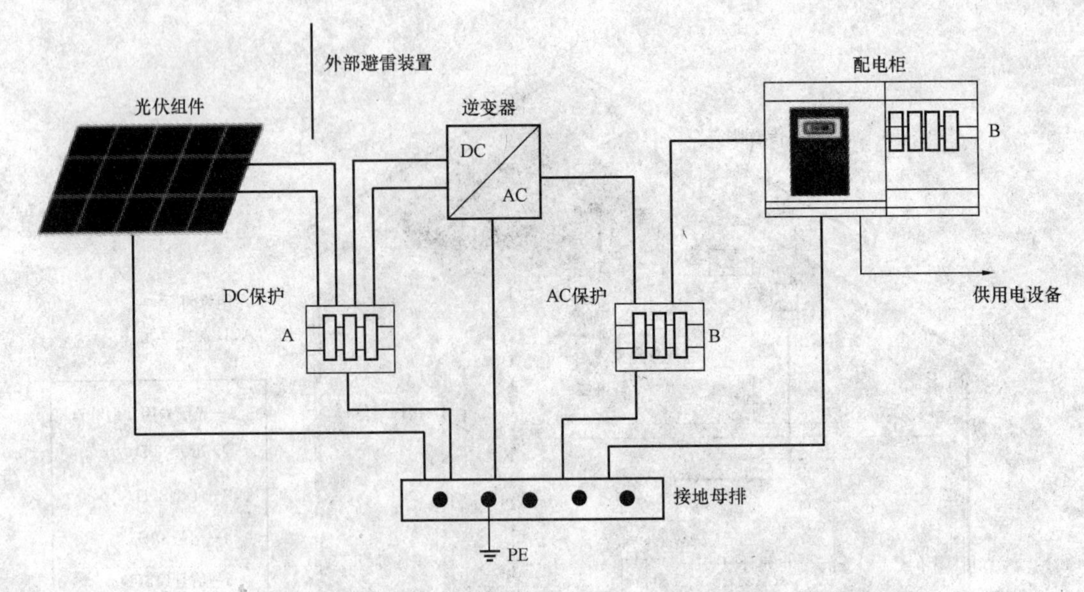

图 10-14 工业厂房建筑物工雷电电磁脉冲防护拓扑图

光伏专用电涌保护器：A—光伏与逆变器之间；B—逆变器 AC 出线端

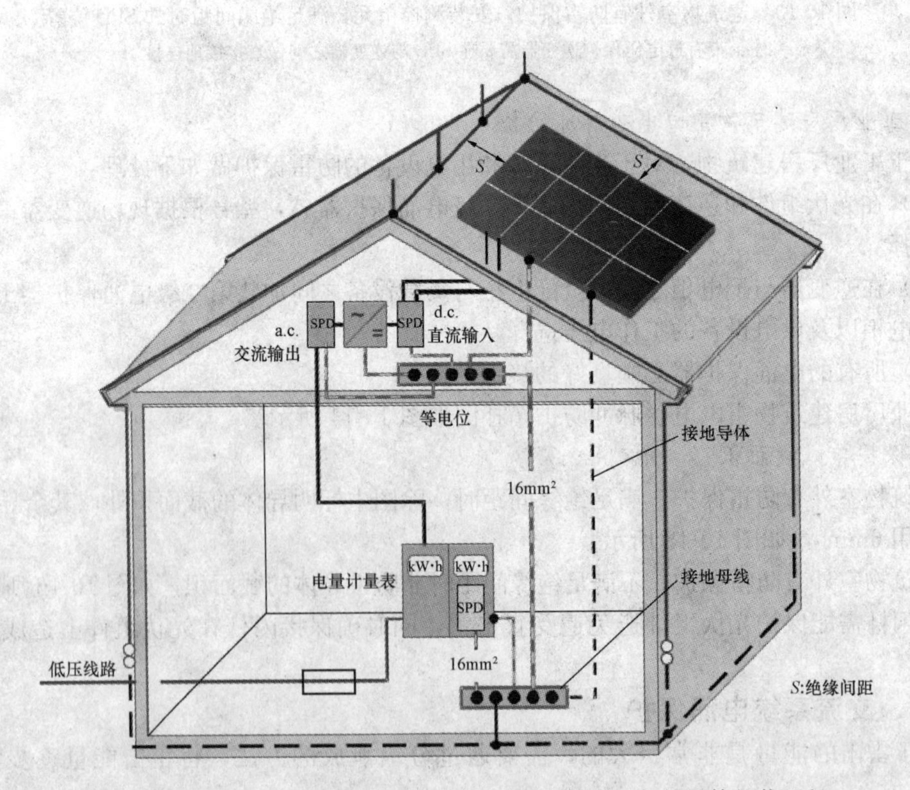

图 10-15 建筑物室外有防雷保护，满足绝缘间距时，保护导体的截面积

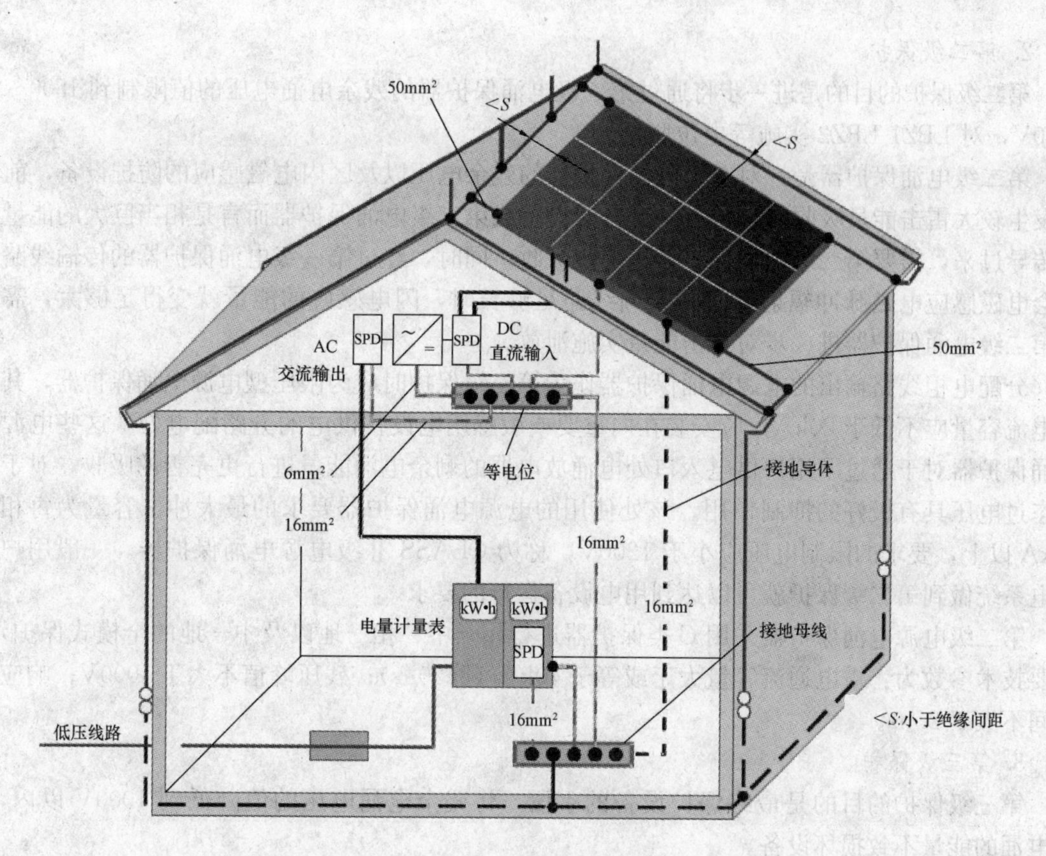

图 10-16　建筑物室外有防雷保护，不满足绝缘间距时非防雷导体的截面积

1. 第一级保护

第一级保护的目的是防止电涌电压直接从 LPZ0 区传导进入 LPZ1 区，将数万至数十万伏的电涌电压限制到 2500～3000V。

第一级电涌保护器可以对于直接雷击电流进行泄放，或者当电源传输线路遭受直接雷击时传导的巨大能量进行泄放，对于有可能发生直接雷击的地方，必须进行 CLASS Ⅰ的防雷。

入户电力变压器低压侧安装的电源电涌保护器作为第一级保护时应为三相电压开关型电源电涌保护器，其雷电通流量应不低于 60kA。该级电源电涌保护器应是连接在用户供电系统入口进线各相和大地之间的大容量电源电涌保护器。一般要求该级电源电涌保护器具备每相 100kA 以上的最大冲击容量，要求的限制电压小于 1500V，称为 CLASS Ⅰ级电源电涌保护器。

这些电磁电涌保护器是专为承受雷电和电磁感应的大电流以及吸引高能量电涌而设计的，可将大量的电涌电流分流到大地。它们仅提供限制电压（冲击电流流过电源电涌保护器时，线路上出现的最大电压称为限制电压）为中等级别的保护，因为 CLASS Ⅰ级保护器主要是对大电涌电流进行吸收，仅靠它们是不能完全保护供电系统内部的敏感用电设备的。

第一级电源电涌保护器可防范 10/350μs、100kA 的雷电波，达到 IEC 规定的最高防护标准。其技术参考为雷电通流量大于或等于 100kA（10/350μs）；残压值不大于 2.5kV；响应时间小于或等于 100ns。

2. 第二级保护

第二级保护的目的是进一步将通过第一级电涌保护器的残余电涌电压的值限制到1500～2000V，对LPZ1-LPZ2实施等电位联结。

第二级电涌保护器是针对前级电涌保护器的残余电压以及区内电磁感应的防护设备，前级发生较大雷击能量吸收时，仍有一部分对设备或第三级电涌保护器而言是相当巨大的能量会传导过来，需要第二级电涌保护器进一步吸收。同时，经过第一级电涌保护器的传输线路也会电磁感应电磁脉冲辐射LEMP，当线路足够长时，闪电感应的能量就变得足够大，需要第二级电涌保护器进一步对雷击能量实施泄放。

分配电柜线路输出的电源电涌保护器作为第二级保护时应为限压型电源电涌保护器，其雷电流容量应不低于20kA，应安装在向重要或敏感用电设备供电的分路配电处。这些电源电涌保护器对于通过了用户供电入口处电涌放电器的剩余电涌能量进行更完善的吸收，对于瞬态过电压具有极好的抑制作用。该处使用的电源电涌保护器要求的最大冲击容量为每相45kA以上，要求的限制电压应小于1200V，称为CLASS Ⅱ级电源电涌保护器。一般用户供电系统做到第二级保护就可以达到用电设备运行的要求。

第二级电源电涌保护器采用C类保护器进行相—中、相—地以及中—地的全模式保护，主要技术参数为：雷电通流容量大于或等于40kA（8/20μs）；残压峰值不大于1000V；响应时间不大于25ns。

3. 第三级保护

第三级保护的目的是最终保护设备的手段，将残余电涌电压的值降低到1000V以内，使电涌的能量不致损坏设备。

第三级电涌保护器是对LEMP和通过第二级电涌保护器的残余雷击能量进行保护。

在电子信息设备交流电源进线端安装的电源电涌保护器作为第三级保护时应为串联式限压型电源电涌保护器，其雷电通流容量应不低于10kA。

最后的防线可在用电设备内部电源部分采用一个内置式的电源电涌保护器，以达到完全消除微小的瞬态过电压的目的。该处使用的电源电涌保护器要求的最大冲击容量为每相20kA或更低一些，要求的限制电压应小于1000V。对于一些特别重要或特别敏感的电子设备，具备第三级保护是必要的，同时也可以保护用电设备免受系统内部产生的瞬态过电压影响。

对于微波通信设备、移动机站通信设备及雷达设备等使用的整流电源，宜视其工作电压的保护，需要分别选用工作电压适配的直流电源电涌保护器作为末级保护。

4. 第四级及四级以上保护

根据被保护设备的耐压等级，假如两级防雷就可以做到限制电压低于设备的耐压水平，就只需要做两级保护，假如设备的耐压水平较低，可能需要四级甚至更多级的保护。第四级保护其雷电通流容量应不低于5kA。

建筑物三级SPD保护设置如图10-17所示。

5. 低压交流系统SPD联结

低压交流系统SPD联结如图10-18所示。

五、其他系统设置

1. 光伏监测系统设置

光伏监测系统SPD设置要求如图10-19所示。

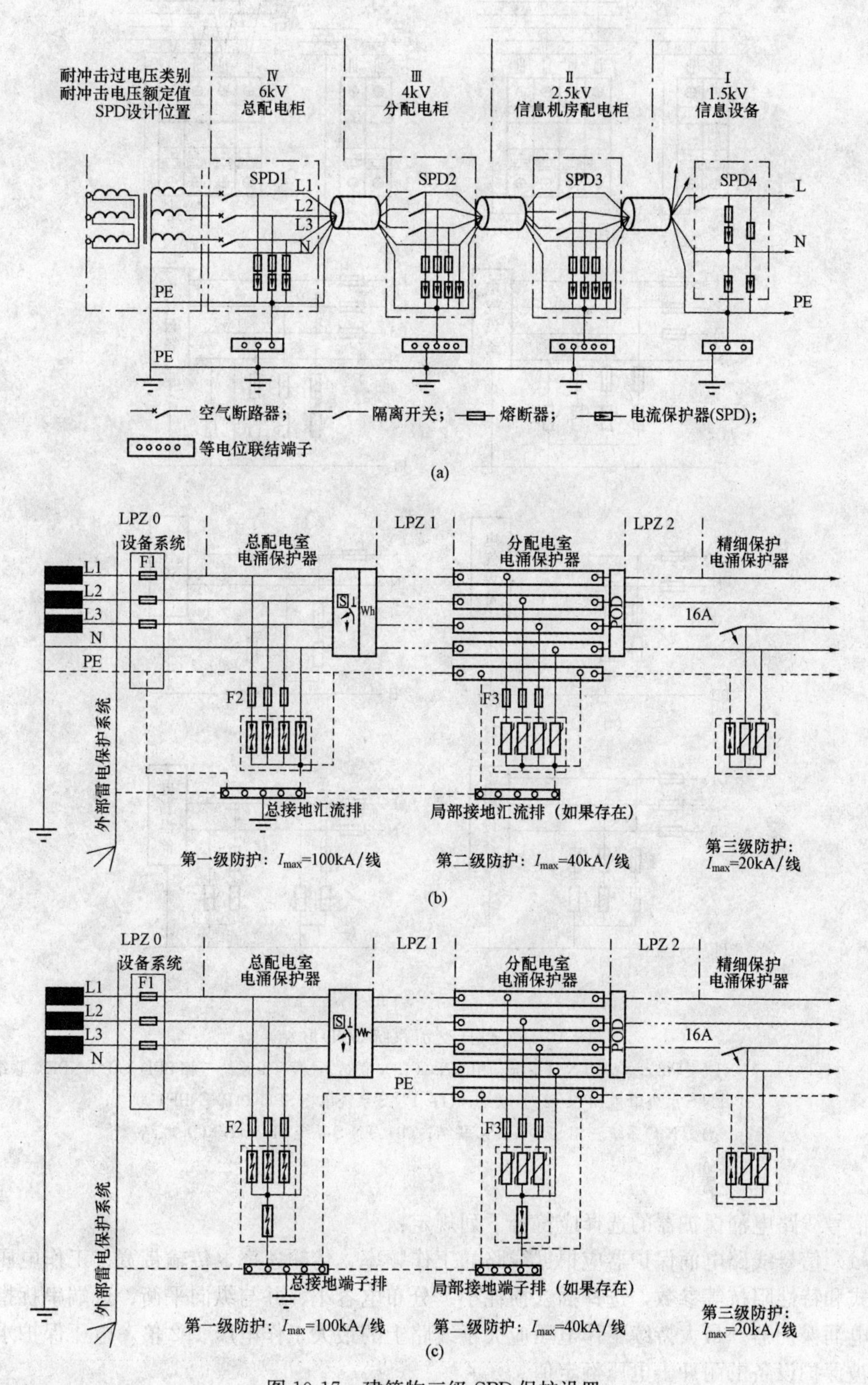

图 10-17　建筑物三级 SPD 保护设置

(a) 信息系统三级 SPD；(b) 配电系统 4P+0；(c) 配电系统 3P+1

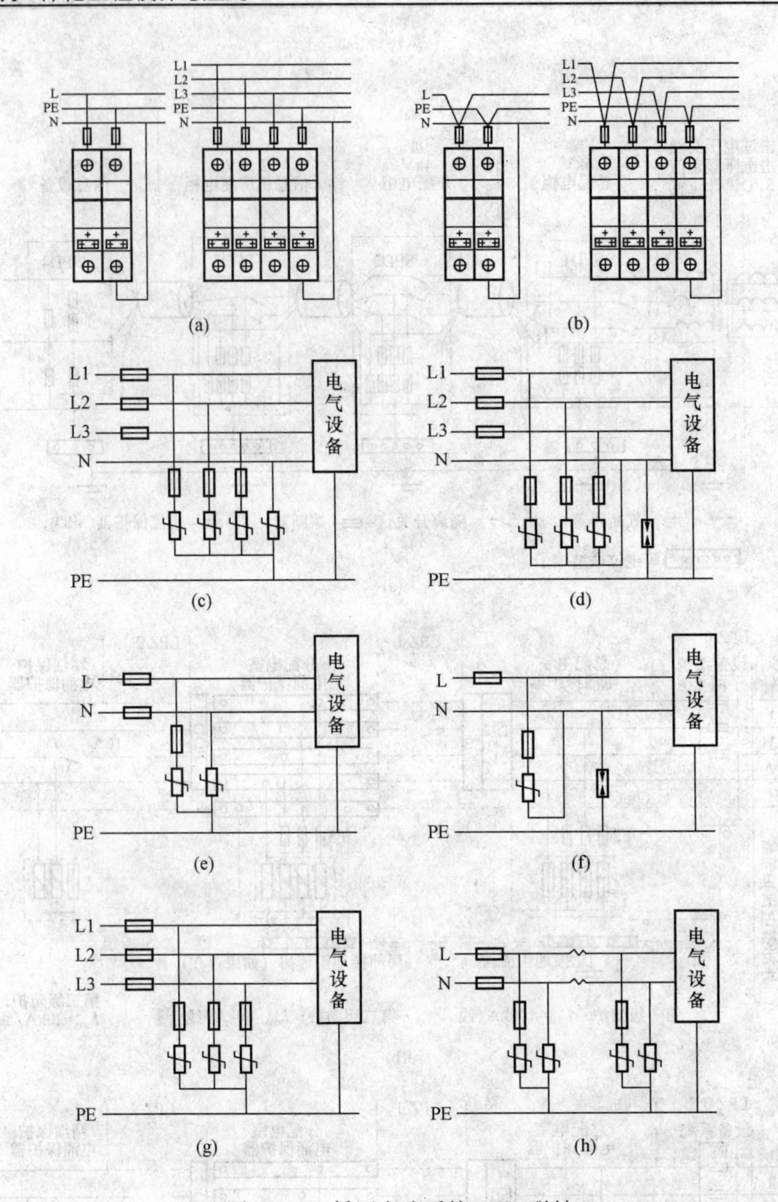

图 10-18　低压交流系统 SOD 联结

(a) 并联联结；(b) 凯文联结；(c) TN-S 系统三相 SPD (4P) 联结；(d) TT 系统三相 SPD (3P+NPE) 联结；
(e) TN-S 系统单相 SPD (2P) 联结；(f) TN-S 系统单相 SPD (1P+NPE) 联结；
(g) TN-C 系统三相 SPD (3P) 联结；(h) TN-S 系统 SPD (B+C) 联结

2. 信号线路设置

信号线路电涌保护器的选择应符合下列规定：

(1) 信号线路电涌保护器应根据线路的工作频率、传输速率、传输带宽、工作电压、接口形式和特性阻抗等参数，选择插入损耗小、分布电容小、并与纵向平衡、近端串扰指标适配的电涌保护器。最大持续工作电压应大于线路上的最大工作电压 1.2 倍，电压保护水平应低于被保护设备的耐冲击电压额定值。

(2) 信号线路电涌保护器宜设置被保护设备端口处。根据雷电过电压、过电流幅值和设备端口耐冲击电压额定值，可设单级电涌保护器，也可设能量配合的多级电涌保护器。

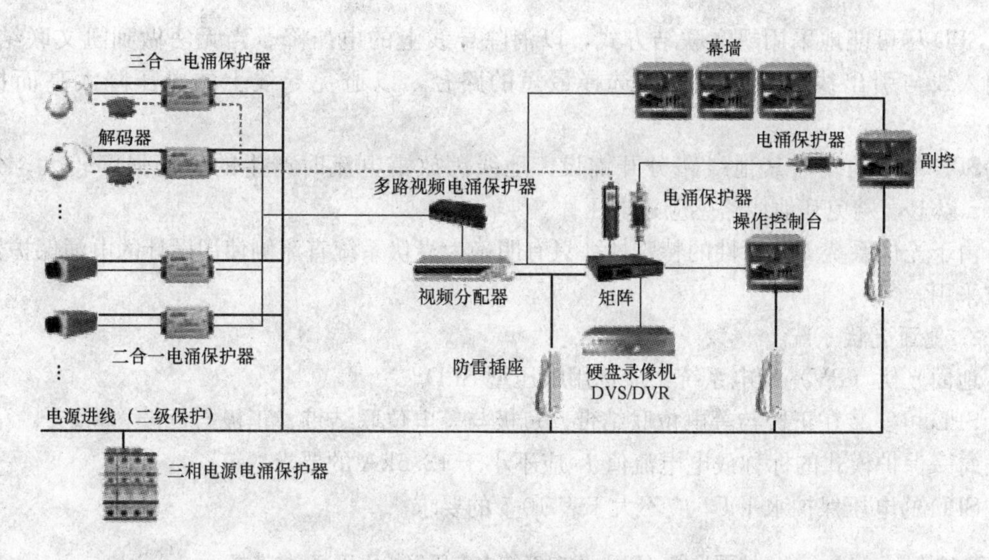

图 10-19 监测系统电涌保护

——视频线；--------控制线；——电源线

（3）信号线路电涌保护器的参数宜符合表 10-4 的规定。

表 10-4 信号线路电涌保护器的参数推荐值

安装区域		室外及入户处	室内
电涌范围	短路电流 10/350μs	0.5～2.5kA	—
	开路电压 1.2/50μs 短路电流 8/20μs	—	0.5～10kV 0.25～5kA
	开路电压 10/700μs 短路电流 5/300μs	4kV 100A	0.5～4kV 25～100A

六、选型

1. 原则

应在不同使用范围内，选用不同性能的 SPD。在选用电源 SPD 时，要考虑当地的雷暴日、当地发电系统环境、是否有遭受过雷电过电压损害的历史、是否有外部防雷保护系统，以及设备的额定工作电压电压、最大工作电压等因素。

在有外部防雷保护的发电系统，LPZ0 与 LPZ1 区交界处的 SPD 必须是经过 10/350μs 波形冲击产品。

SPD 保护必须是多级的。例如，对电子设备电源部分雷电保护而言，至少应采取泄流型 SPD 与限压型 SPD，或者是大通流量高电压保护水平限压型 SPD 与小通流量低电压保护水平限压型 SPD，前后两级进行保护。

对于无人值守的光伏发电系统，应选用带有遥信触点的电源 SPD；对于有人值守的发电系统，可选用带有声光报警的电源 SPD，所有选用的电源 SPD 都具有老化或损坏的视窗显示。

电源 SPD 必须是并联在供电线路上，且 SPD 前加装相应的空气开关，以保证任何情况下光伏系统的供电线路不得发生短路状况。

SPD尽可能地采用凯文联结方式，以消除导线上的电压降。当无法做到凯文联结时，则引入线与引出线分开走线，并选择最短的路径，以避免导线上的电压降太高而损坏设备。

SPD的接地线与其他线路分开铺设。地线泻放雷电流时产生的磁场强度较大，分开50mm以上，避免其他线路感应过电压。

由于光伏系统I-U特性的特殊性，只有明确为光伏系统直流侧使用设计的电涌保护器可以被采用。

2. 地面光伏系统

地面光伏（PV）发电系统中应选用限压型SPD。

SPD可安装在正极与等电位联结带、负极与等电位联结带、正极与负极之间。

每一保护模式的标称放电电流值I_n应不小于12.5kA的要求。

SPD的电压保护水平U_p应不大于表10-5的要求。

表10-5　　地面光伏（PV）发电系统中电压保护水平U_p的选择

汇流箱额定直流电压U_n/V	电压保护水平U_p/kV	汇流箱额定直流电压U_n/V	电压保护水平U_p/kV
$U_n \leqslant 60$	1.1	$400 < U_n \leqslant 690$	3.0
$60 < U_n \leqslant 250$	1.5		
$250 < U_n \leqslant 400$	2.5	$690 < U_n \leqslant 1000$	4.0

SPD的有效电压保护水平$U_{p/f}$应不大于设备耐冲击电压额定值的0.8倍。限压型电涌保护器的有效电压保护水平可按下列公式计算。

$$U_{p/f} = U_p + \Delta U$$

电压开关型电涌保护器的有效电压保护水平可按下列公式计算，结果取大者。

$$U_{p/f} = U_p \quad 或 \quad U_{p/f} = \Delta U$$

式中：$U_{p/f}$为电涌保护器的有效电压保护水平，kV；U_p为电涌保护器的电压保护水平，kV；ΔU为电涌保护器两端引线的感应电压降，即

$$\Delta U = L\frac{di}{dt}$$

户外线路进入建筑物处可按1kV/m计算，在其后的可按$\Delta U = 0.2U_p$计算，仅是感应电涌时可略去不计。

为取得较小的电涌保护器有效电压保护水平，一方面可选有较小电压保护水平值的电涌保护器，并应采用合理的联结，同时应缩短联结电涌保护器的导体长度。

SPD的最大持续运行电压U_{CPV}应不小于PV设备标准测试条件下的开路电压U_{ocSTC}的1.2倍。U_{CPV}的选择要考虑每种保护模式（+/−，+/earth，−/earth）。

3. 建筑光伏汇流设备

光伏建筑一体化的光伏（PV）发电系统中应选用开关型SPD。SPD可安装在正极与等电位联结带、负极与等电位联结带、正极与负极之间。每一保护模式的冲击电流值I_{imp}应不小于表10-6中的要求。

表 10-6 光伏建筑一体化的光伏（PV）发电系统直流侧 I_{imp} 的选择

系统直流侧		光伏方阵			
		不接地		接地	
		额外的接地线路			
		是	否	是	否
雷电保护等级（LPL）	LPL 的最大电流（10/350μs）	2 套 SPDs，每端子的电流/kA			
1 或未知	200kA	12.5	25	25	50
2	150kA	9.375	18.75	18.75	37.5
3 或 4	100kA	6.25	12.5	12.5	25

SPD 的电压保护水平 U_p 应不大于表 10-5 的要求。SPD 的最大持续运行电压 U_{CPV} 应不小于光伏（PV）设备标准测试条件下的开路电压 U_{ocSTC} 的 1.2 倍。U_{CPV} 的选择要考虑每种保护模式（+/−，+/earth，−/earth）。

4. 安装

SPD 的安装如图 10-20 所示。

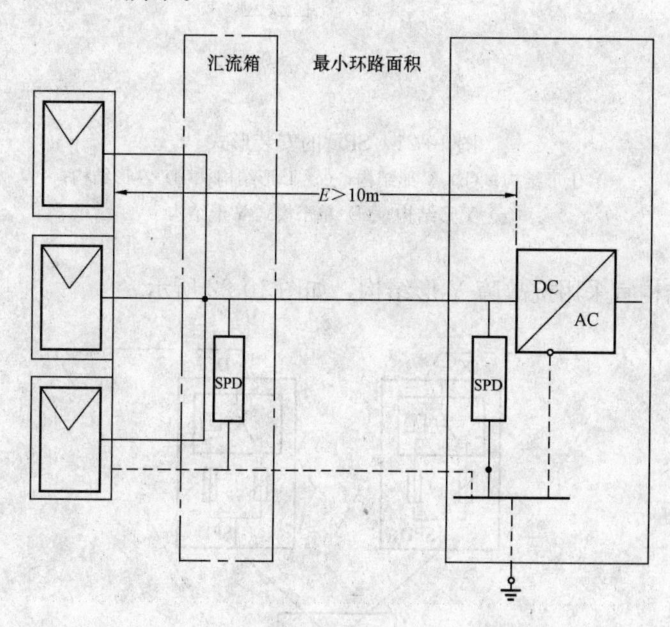

图 10-20 光伏装置直流侧过电压保护的例子

当光伏组件到逆变器间的距离 E 大于 10m，则需两个电涌保护器以保护光伏组件和逆变器。两个电涌保护器一个在光伏组件的前面，一个在逆变器的前面。

当光伏组件到逆变器间的距离 E 小于等于 10m，一个电涌保护器就足够了。

通常情况下，光伏组件的冲击承受电压 U_W 高于逆变器的冲击承受电压 U_W，在这种情况下，推荐靠近逆变器安装电涌保护器。

当光伏方阵汇流箱与光伏组串汇流箱之间的线路长度大于 10m 时，宜在光伏方阵汇流箱上安装第二级 SPD。第二级 SPD 可选用限压型 SPD，I_n 应不小于 5kA，$U_{p/f}$ 应小于

0.8 U_W，U_{CPV} 应不小于 1.2 U_{ocSTC}。

5. 安装结构

SPD 可按电流支路的形式，如 I、V、Y、L、△等形式安装，如图 10-21 所示。

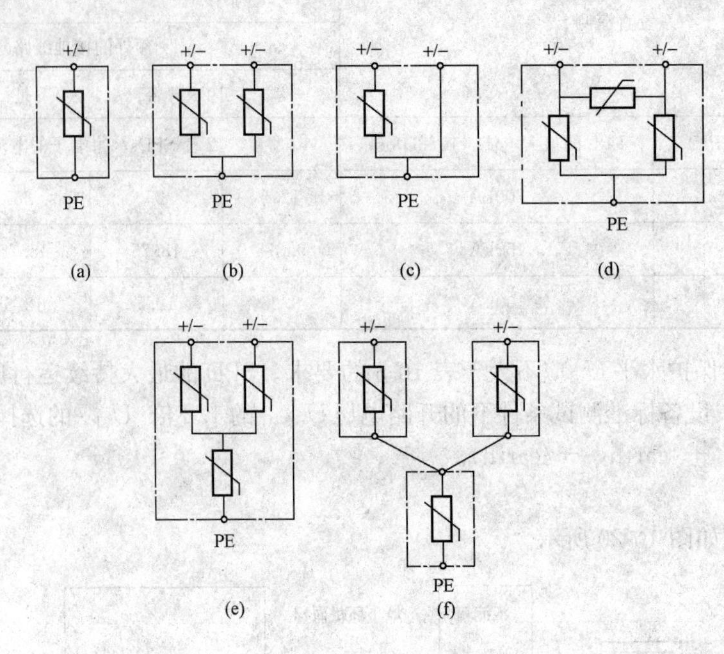

图 10-21　SPD 的安装形式

(a) Ⅰ形结构；(b) V 形结构；(c) L 形结构；(d) △形结构；
(e) Y 形结构；(f) 单个模式 Y 形结构

SPD 的设计结构宜采用抗故障 Y 形结构，如图 10-22 所示。

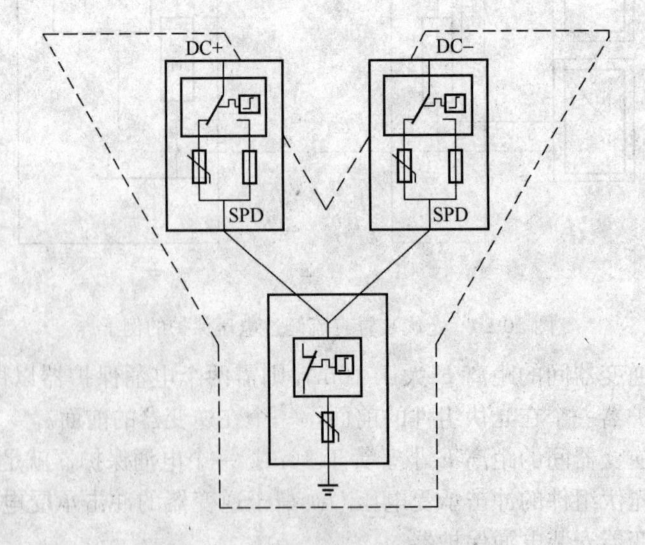

图 10-22　具有抗故障 Y 形结构 SPD

SPD 两端连接的材料和最小截面应符合表 10-7 的要求。

表 10-7　　**SPD 两端连接的材料和最小截面**

等电位连接部件			材料	截面/mm^2
连接 SPD 的导体	电气系统	Ⅰ级试验的 SPD	铜	6
		Ⅱ级试验的 SPD		2.5
		Ⅲ级试验的 SPD		1.5
	电子系统	D1 类 SPD		1.2

注：连接单台或多台Ⅰ级分类试验或 D1 类的 SPD 的单根导体的最小截面面积的计算方法，应符合现行国家标准 GB 50057《建筑物防雷设计规范中的规定》。

6. 过载保护特性

电涌保护器的短路耐受电流 $I_{scCWPV} > I_{sc}$（汇流设备的短路总电），以确保电涌保护器失效后可以脱离开主电路。

第四节　光伏方阵的接地

一、接地要求

1. 裸露导体接地

光伏方阵裸露导线部分的接地和等电位联结应满足图 10-23 的要求。

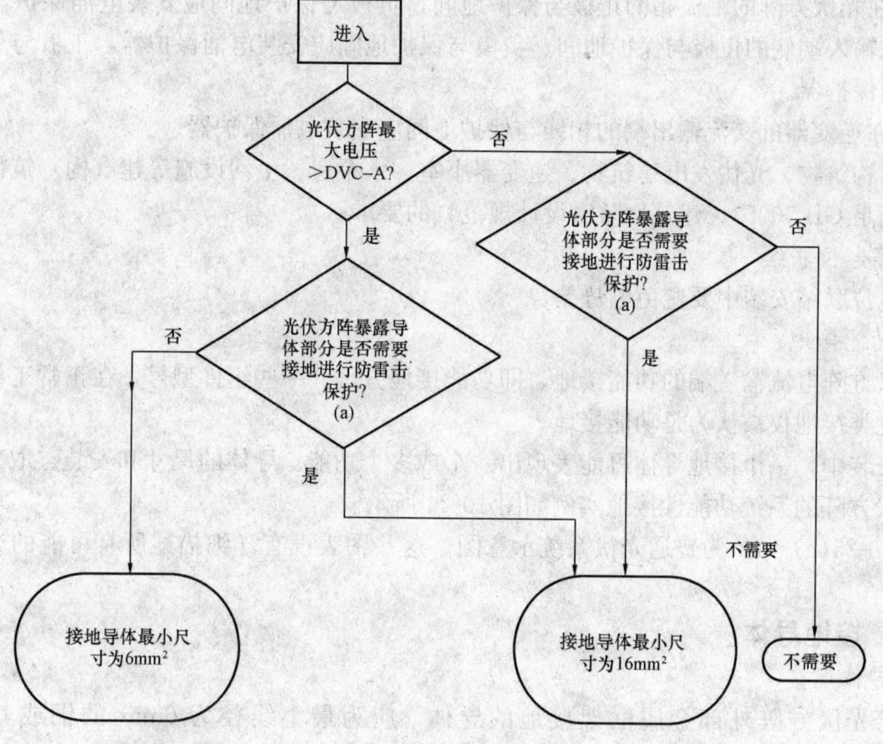

图 10-23　光伏方阵暴露导电部分的功能接地/连接选择流程图

注：(a) 可参考相关标准或参考当地情况，如一年中雷击的天数或者其他雷电数据。评估应包括光伏方阵与其他建筑物的相对位置和防止光伏方阵遭受雷击的结构。

2. 防雷接地

(1) 光伏方阵。

1) 光伏方阵设备和线路应采取防雷击电磁脉冲的措施。

2) 光伏方阵电气装置、设施的金属部件应与防雷装置进行等电位联结并接地。

3) 光伏方阵接地装置的冲击接地电阻不小于建筑物的冲击接地电阻。

4) 独立接闪器和泄流引下线应与光伏发电方阵电气设备、线路保持足够的安全距离，应不小于 3m。

5) 光伏方阵外围接闪杆（线）宜设置独立的防雷地网，其他防雷接地宜与站内设施共用地网。

6) 屋面光伏发电站应根据光伏方阵所在建筑物的雷电防护等级进行防雷设计。

7) 屋面光伏发电站光伏方阵各组件之间的金属支架应相互连接形成网格状，其边缘应就近与屋面接闪带连接。

(2) 其他设备。

1) 汇流箱、逆变器、就地升压变等设备应采取等电位联结和接地措施。其工频接地电阻值应小于 4Ω。

2) 光伏发电站其他设备的电源线路和电子信息线路宜使用屏蔽电缆或敷设在金属管道内，其两端宜在防雷区交界面处进行等电位联结并可靠接地。

3) 架空线路，宜于线路上方安装架空接闪线，并应进行可靠接地和闪电电涌侵入措施。

4) 在光伏方阵的汇流箱的正极与保护地间、负极与保护地间应安装电涌保护器；在逆变器直流输入端侧的正极与保护地间、负极与保护地间应安装电涌保护器，正极与负极间宜安装电涌保护器。

5) 在逆变器的交流输出端的相线与保护地间应安装电涌保护器。

(3) 构筑物。光伏发电建筑物、逆变器小室、水泵房、生活设施等建（构）筑物的防雷措施应满足 GB 50057《建筑物防雷设计规范》的要求。

3. 等电位联结

等电位联结安装中要避免电势差。

4. 功能接地

光伏方阵电流输送端的功能接地，即功能接地方阵。一些组件型号，在正常工作下需要接地，此类接地仅被认为是功能接地。

在安装中，一个接地导体可能表现出一个或多个功能。导体的尺寸和安装点取决于其功能。光伏方阵的系统功能性接地实例如图 10-24 所示。

图 10-25(a)～(c)为普通光伏系统示意图。这些图表没有详细描述所有可能的光伏系统连接。

二、接地导体

1. 导体规格

用于光伏方阵外部金属框架接地的导体，应为最小线径为 6mm^2 的铜或其他等效物体。

参考图 10-23 的光伏方阵暴露导电部分的功能接地/连接选择流程图，在一些系统结构中，由于光照系统要求，最小导体线径可能需要大一些。

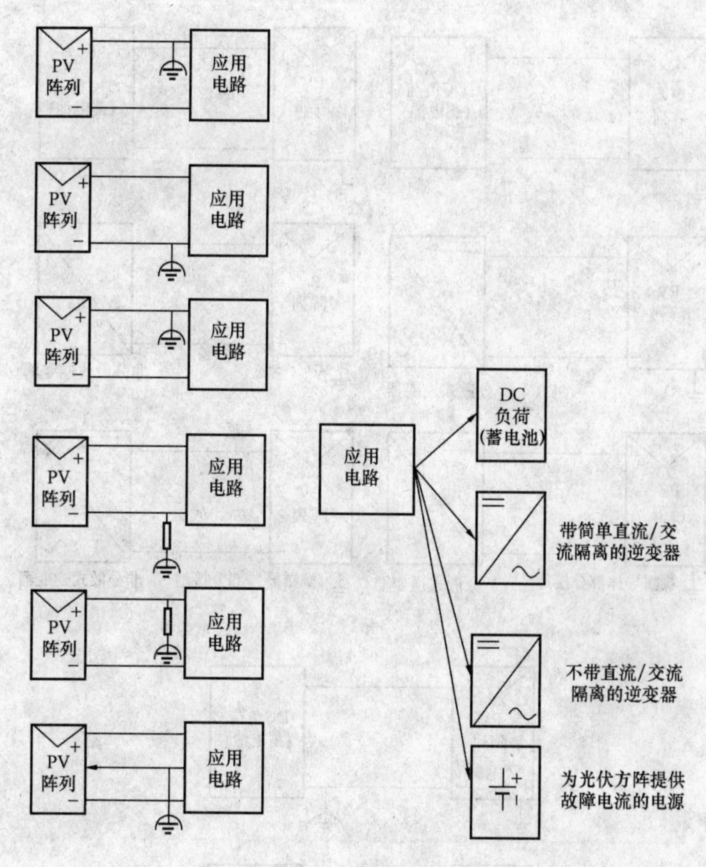

图 10-24　系统功能性接地

注：图中接地的连接类型均为功能性接地。

2. 裸露导体部分接地要求

图 10-26 给出光伏方阵裸露导体部分接地要求。

所有带电导体与设备接地导体之间应存在较大阻抗。

三、独立接地体

光伏方阵中如提供独立接地体，这个接地体应通过主要等电位联结导体与电气安装主要接地端子连接。

四、功能接地

1. 等电位联结

有两种等电位联结方式：总等电位联结和辅助等电位联结。总等电位联结是裸露导体部分与总接地端子的联结，辅助等电位联结是裸露导体之间和/或裸露导体部分与外部导体部分的连接。为了保证同时接触的裸露导体部分和/或外部导体部分电压等级足够低从而避免电击，需要辅助等电位联结。

根据图 10-23 的光伏方阵暴露导电部分的功能接地/连接选择流程图，需要完成光伏方阵的边框连接。

2. 连接导体

光伏方阵连接导体的布线应尽量与光伏方阵的正负极相近，和/或子方阵导线尽可能减

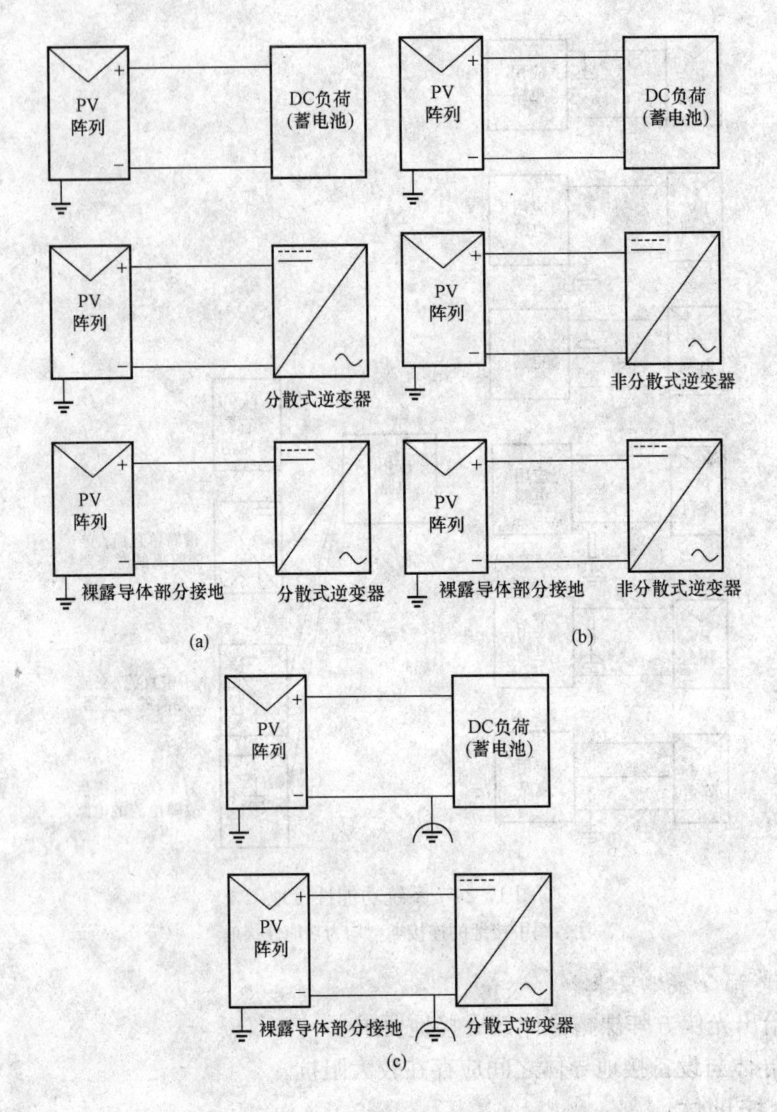

图 10-25　常规用途的各种光伏系统配置

(a) 分散式逆变器；(b) 非分散式逆变器；(c) 带系统功能性接地

注：图中接地的连接类型均为功能性接地，户外金属支架接地也可能出于防雷需要。

少由闪电引起的过电压。

3. 功能接地端子

光伏系统常见的接地端子如图 10-27 所示。

当光伏方阵要求电流输送端功能接地时，应该在一个独立的点接地，同时，这个点应与电气安装的总接地端子相接。

一些电气安装需要有子接地端子，允许光伏功能性接地和子接地端子之间连接。功能性接地连接应建立在强电接地母排 PCE 内部。在没有蓄电池的系统中，这个连接点应该在光伏方阵和功率转换器之间，且应尽可能接近功率转换器；在有蓄电池的系统中，这个连接点应该在控制器和蓄电池保护设备之间。

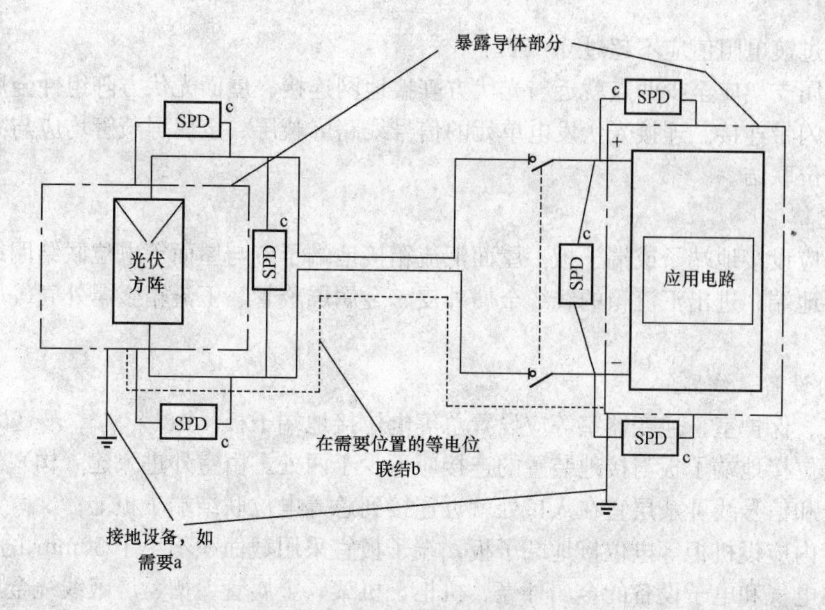

图 10-26　光伏方阵裸露导体的接地

注：图中 a 所示接地连接均为功能接地。暴露金属边框连接应该需要防雷保护。图中 b 所示光伏方阵和所采用电路之间的等电位联结是必需的，主要用于电气设备的雷击过电压保护。等电位联结导体应尽可能与有效导体物理接近，可以减少环路。图中 c 所示过电压保护电涌保护器的所需安装位置应该根据供应商要求确定。

4. 功能接地导体

光伏方阵的功能接地（直接接地导体或经过电阻接地）与接地装置之间的接地导体的最小载流量应满足以下要求：

（1）对于直接接地而非经电阻接地的系统，接地导体的最小载流量不小于功能接地故障断路器的标称值。

（2）接地导体的最小载流量不小于光伏方阵最大电压与功能接地系统中串联电阻阻值的比。

接地导体的材料、类型、绝缘、测量、安装和连接应满足国家标准。

一些组件技术需要对系统的正极或负极的主要导体进行功能性接地。

(a)

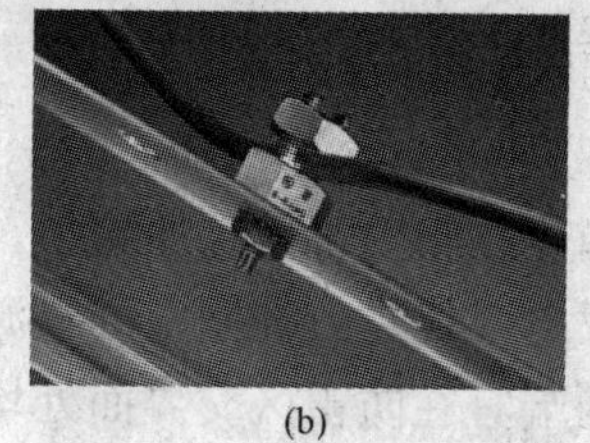

(b)

图 10-27　光伏支架用接地端子

(a) 接地端子；(b) 接地连接器

第五节　等电位联结

一、等电位联结

1. 光伏方阵

每列光伏方阵组件金属框架应相互电气连通，组件金属框架或夹件应与金属支架可靠连接，连接点过渡电阻值应不超过 0.03Ω。

每列金属支架应至少两点就近与光伏方阵接地网连接。屋面光伏方阵组件金属框架应就近与屋面接闪带连接。连接光伏发电单元的信号线路屏蔽层、金属屏蔽管均应与方阵金属支架进行等电位联结。

2. 汇流箱

汇流箱应设接地端子或端子板。屋面汇流箱接地端子应与屋面等电位联结网络连接。电涌保护器接地端、进出汇流箱的线缆金属外皮、金属屏蔽管、汇流箱金属外壳等应与接地端子可靠连接。

3. 室内设备、线路

集控室、保护室、逆变器室等应设置总等电位接地端子板。

总等电位接地端子板与接地装置的连接应不少于两处。由室外进入建（构）筑物的金属管、电力线和信号线屏蔽层宜在入口处就近连接到总等电位联结端子板上。

各机柜内应设机柜等电位接地端子板，端子板宜采用截面积不小于 50mm² 的铜带。

机柜内电气和电子设备的金属外壳、机柜、机架、金属管、槽、屏蔽线缆金属外层、电子设备防静电接地、安全保护接地、功能性接地、电涌保护器接地端等均应以最短的距离与机柜等电位接地端子板连接。

4. 等电位联结导体

等电位联结导体宜采用多股铜芯导线或铜带，连接导体最小截面积应符合表 10-8 的规定。

表 10-8　　等电位联结导体最小截面积

名称	材料	最小截面积/mm²
总接地端子板与接地网之间的联结导体	多股铜芯导线或铜带	25
总接地端子板之间及其与机柜端子板间的联结导体	多股铜芯导线或铜带	16

二、屏蔽和布线

1. 屏蔽

汇流箱应在箱内设置接地端子，线缆屏蔽层的接地及电涌保护器接地需连接于接地端子上。光伏发电系统进入控制室的电源线路及信号与控制线路宜使用屏蔽电缆或敷设在金属管道内，其两端宜在防雷区交界面处均做等电位联结并做可靠接地。

当电源线路未采用屏蔽电缆或敷设在金属管道内时，宜在进入建筑物时安装电涌保护器。接地线在穿越墙壁、楼板和地坪处应套钢管或其他非金属的保护套管，钢管应与接地线电气连通。

当信号与控制线路未采用屏蔽电缆或敷设在金属管道内时，宜在进入建筑物时和进入建筑物内设备机房时安装电涌保护器。采用架空方式架设的光伏发电系统电源线路，宜于线路上方安装架空接闪线，并应作好可靠接地和防雷电电涌侵入措施。

2. 布线

位于建筑内的光伏发设备的电源线路和信号与控制线路宜分开敷设，信号与控制线路宜靠近等电位联结网络的金属部件敷设，应减小由线缆自身形成的电磁感应环路面积。其线缆敷设方式应符合图 10-28 的规定。

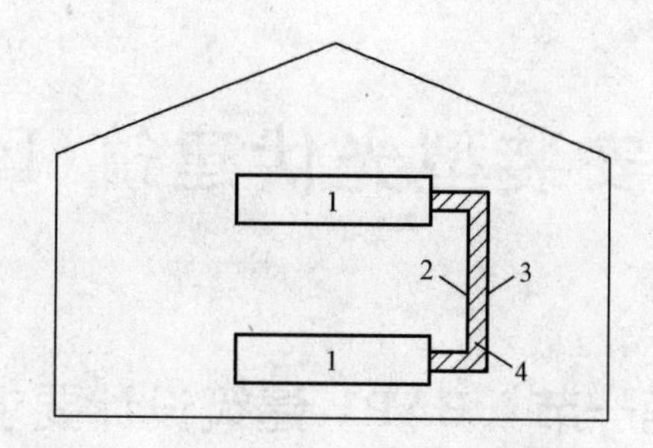

图 10-28　合理布线减少感应环路面积

1—设备；2—a 线（例如电源线）；3—b 线（例如信号线）；4—感应环路面积

位于建筑内的光伏发电站设备的信号与控制系统线缆与电力电缆及其他管线的间距应符合 GB 50343《建筑物电子信息系统防雷技术规范》的相关规定。

信号与控制系统线缆与配电箱、变电室、电梯机房、空调机房之间最小的净距宜符合 GB 50343《建筑物电子信息系统防雷技术规范》的相关规定。

第十一章　安装型光伏建筑(BAPV)设计

第一节　BAPV 建筑设计要求

一、屋顶光伏型式

1. 平屋顶

从发电角度看，平屋顶光伏系统的经济性最好。

(1) 可以按照最佳角度安装，获得最大发电量。

(2) 可以采用标准光伏组件，具有最佳性能。

(3) 与建筑物功能不发生冲突。

(4) 光伏发电成本最低，从发电经济性考虑是光伏建筑的最佳选择。

平屋顶光伏系统安装如图 11-1 所示。

图 11-1　平屋顶的 BAPV

2. 斜屋顶

南向斜屋顶光伏系统具有较好经济性。

(1) 可以按照最佳角度或接近最佳角度安装，因此可以获得最大或者较大发电量。

(2) 可以采用标准光伏组件，性能好、成本低。

（3）与建筑物功能不发生冲突。

（4）光伏发电成本最低或者较低，是光伏系统优选安装方案之一。其他方向（偏正南）次之。斜屋顶光伏系统安装如图 11-2 所示。

图 11-2　斜屋顶的 BAPV

二、建筑设计要求

1. 屋面安装

在平屋顶和坡屋顶建筑上采用太阳能光电系统时，应与建筑物形成一个整体的建筑视觉效果。

平屋顶建筑可采用隐蔽型的一体化形式，在不影响太阳能光伏组件发电效率的情况下，在建筑上通过技术处理采取加高女儿墙，在特别部位增设装饰性遮挡构筑物和修建屋顶水箱间等办法，避免或减少太阳能光电系统对建筑形象的改变和破坏。

平屋面上安装光伏组件应符合下列规定：

（1）光伏组件安装宜按最佳光伏组件安装倾角进行设计，并应设置维修、人工清洗的设施与通道。在太阳高度角较小时，光伏方阵排列过密会造成彼此遮挡，降低运行效率。为使光伏方阵实现高效、经济的运行，应对光伏组件的相互遮挡进行日照计算和分析。

（2）光伏组件安装支架宜采用可手动调节型的可调节支架。手动调节型支架经济可靠，适合于以月、季度为周期的调节系统。

（3）采用支架安装的光伏方阵中光伏组件的间距应满足冬至日 9：00～15：00 之间有连续的日照时数。屋面上设置光伏方阵时，前排光伏组件的阴影不应影响后排光伏组件正常工作。另外，还应注意组件的日斑影响。

(4) 在建筑平屋面上安装光伏组件，其基座不得影响屋面排水功能。如果在建筑屋面上安装光伏组件支架，应选择点式的基座形式，以利于屋面排水。特别要避免与屋面排水方向垂直的条形基座。

(5) 光伏组件基座与结构层相连时，防水层应铺设到基座和金属埋件的上部，形成较高的泛水，并应在地脚螺栓周围作密封处理。

(6) 在平屋面上安装光伏组件时，其支架基座下部应增设附加防水层。支架基座部位由于突出屋面转角较多，容易造成漏水，故应做附加防水层。并应按设计要求做好收头处理。连接件穿过防水层应用密封材料封严。图 11-3 为附加防水层的做法之一。

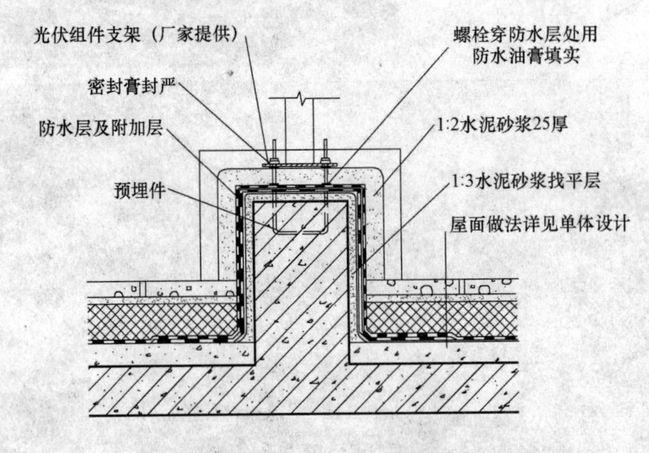

图 11-3 附加防水层的做法

(7) 对直接构成建筑屋面层的建材型光伏构件，其安装基层应为具有一定刚度的保护层，以避免光伏组件变形引起表面局部积灰现象。除应保障屋面排水通畅外，安装基层还应具有一定的刚度和相应的耐火等级要求。

(8) 光伏组件周围的屋面、检修通道、屋面出入口和光伏方阵之间的人行通道应为上人屋面。需要经常维修的光伏组件周围屋面、检修通道、屋面出入口以及人行通道上面应设置刚性保护层保护防水层，一般可铺设水泥砖。

(9) 光伏组件的引线穿过平屋面处应预埋防水套管，并应做防水密封处理。光伏组件的引线穿过屋面处，应预埋防水套管，并作防水密封处理。防水套管应在屋面防水层施工前埋设完毕。

(10) 平屋面安装光伏系统时，光伏组件最低点距屋面完成面不宜小于 0.3m，当组件下方需要人员通过时光伏组件最低点距屋面完成面不宜小于 2.2m，安装光伏组件的支架应对其承载力和稳定性进行结构计算，并对原屋面承载力进行核算。光伏组件最低点距不上人硬质屋面不宜小于 0.3m，是因为防止雨水溅起的污物溅到组件表面，影响发电效率。

(11) 在建筑平屋面上设计安装光伏系统时，不应影响建筑物的消防通道，并根据消防疏散和保护人身安全等方面的需要，安装必要的照明设施。不应影响该建筑物及相邻建筑物的日照、通风及采光，并避免对相邻建筑物产生眩光污染。

2. 坡屋面安装

坡屋面上安装光伏组件应符合下列规定：

（1）坡屋面坡度宜按光伏组件全年获得太阳能最多的倾角设计。一般情况下宜结合一年中太阳辐射较强时的入射角来确定屋面坡度，低纬度地区还要特别注意保证屋面的排水功能。

（2）光伏组件根据建筑造型要求和屋面结构、构造形式，宜选择顺坡镶嵌或顺坡架空安装方式。

（3）设置在坡屋面上的光伏组件支架应与埋设在屋面板上的预埋件连接牢固，并应采取防水构造措施。坡屋面上的光伏组件由于受自重、暴风、雷电等因素影响，容易造成脱落，因此连接固定光伏组件的各部件均应牢固可靠。

（4）光伏组件与坡屋面结合处的雨水排放应通畅。

（5）光伏组件采用顺坡镶嵌安装方式时，其与周围屋面材料连接部位应做好防水构造处理，不得影响屋面整体的保温、隔热、排水、防水、防雷、抗风及抗震等功能。建材型光伏构件安装在坡屋面上时，其与周围屋面材料连接部位应做好建筑构造处理，并应满足屋面整体的保温、防水等围护结构功能要求。

（6）坡屋面上太阳能光伏组件的各类电气管线需穿过坡屋面时，应做防水密封处理。穿越屋面的各种管线，极易造成屋面漏水，因此应特别注重此部位的防水要求。

（7）顺坡架空安装的光伏组件与屋面之间的垂直距离应满足安装和通风散热间距的要求，通风散热间距不宜小于 0.1m。顺坡架空在坡屋面上的光伏组件与屋面间宜留有大于 100mm 的通风间隙。控制通风间隙的目的有两个，一是通过加强屋面通风降低光伏组件背面温升，二是保证组件的安装维护空间。

（8）应在屋面设置用于安装及维护的相关设施。

三、光伏屋顶的安装

1. 屋顶情况

屋顶安装光伏系统必须注意屋顶结构和屋顶防渗透层的密封性。一般而言，每 100W 光伏组件都要求有一个支撑托架。对于一栋新建筑，支撑托架通常在安装屋顶盖板之后、加装屋顶防水材料之前进行安装。负责阵列安装系统的工作人员在安装屋顶时就可以安装支撑托架。

砖瓦屋顶在结构上往往被设计成接近于它的负重能力极限。在这种情况下，屋顶结构必须得到加强，以承受额外的光伏系统重量，或将砖瓦屋顶改变成专门带状的区域安装光伏阵列。如果把砖瓦屋顶转变成较轻的屋面产品，就没有必要加强屋顶结构。

2. 工艺流程

屋顶光伏系统的工艺流程如图 11-4 所示。

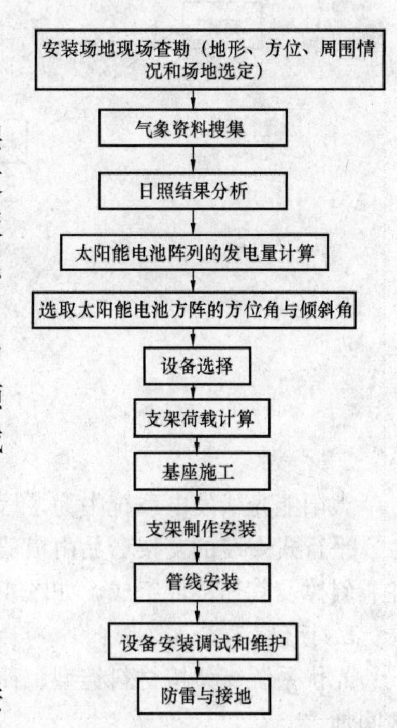

图 11-4　屋顶光伏系统的工艺流程

3. 基本步骤

（1）根据屋顶或其他安装位置的面积大小确定可以安装的光伏系统的规模。

（2）检查屋顶的承重能力。

（3）根据建筑屋顶的设计标准，妥善处理屋顶。如果在屋项安装，确定安装位置时，要考虑到建筑物雨水排水管和烟筒、通风口对光伏组件的影响。尽量按屋顶的尺寸和形状来铺设光伏组件，使屋顶更加美观。

（4）要确保所选择的设备符合当地鼓励政策的范围，按照规范安装设备。

（5）正确设置接地系统，有效避免雷击。

（6）检查系统运行状况是否良好。

（7）确保设计和相关设备能够满足当地电网的并网需求。

（8）与当地的公用电网部门联系，获得并网和在线测试许可。由权威检测机构或电力部门对系统进行全面检测。

第二节　光伏支架设计

一、光伏支架

1. 形式

光伏系统中的支架形式如图 11-5 所示。

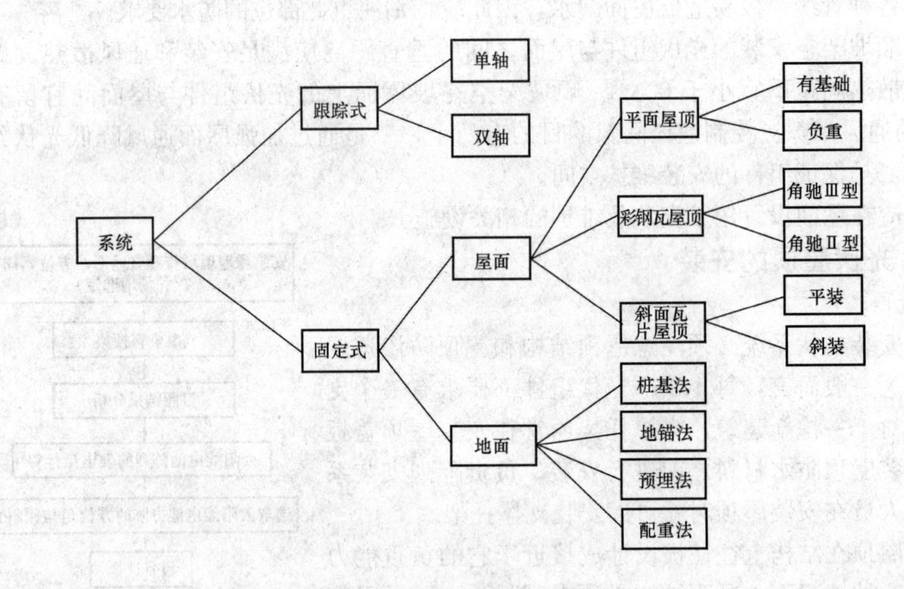

图 11-5　光伏系统中的支架形式

2. 种类

太阳能光伏发电系统中为了固定和安装光伏组件所采用的支架产品。

平行式安装的支架产品由横梁及连接件组成，倾斜式安装的支架产品由横梁、斜梁、立柱、斜撑及其连接件组成，如图 11-6 所示。

3. 标记

光伏系统支架按材料类型、荷载等级、安装尺寸、安装角度的顺序进行标记，标识字符之间加“—”。

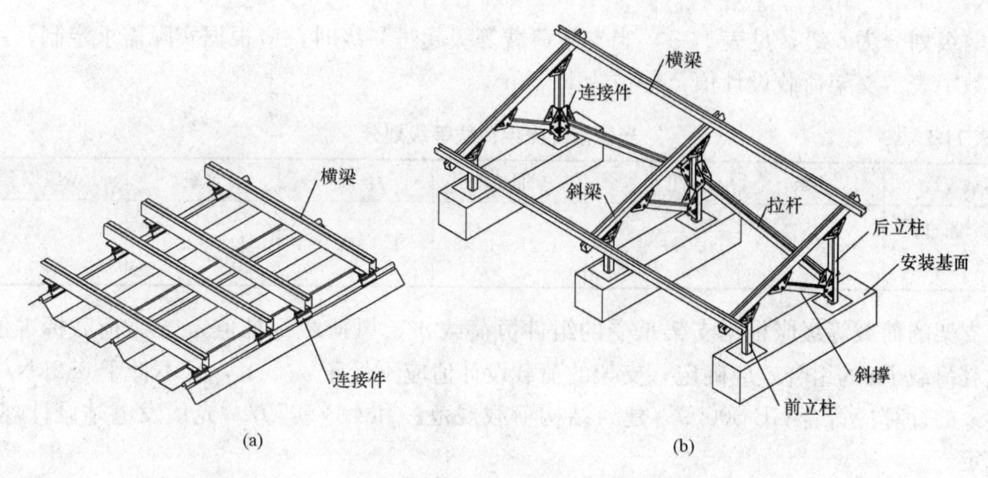

图 11-6 光伏系统支架

（a）平行式安装的支架；（b）倾斜式安装的支架

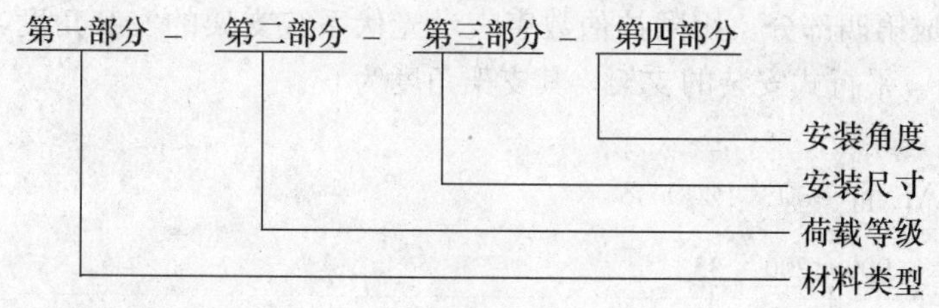

支架的标志如图 11-7 所示。

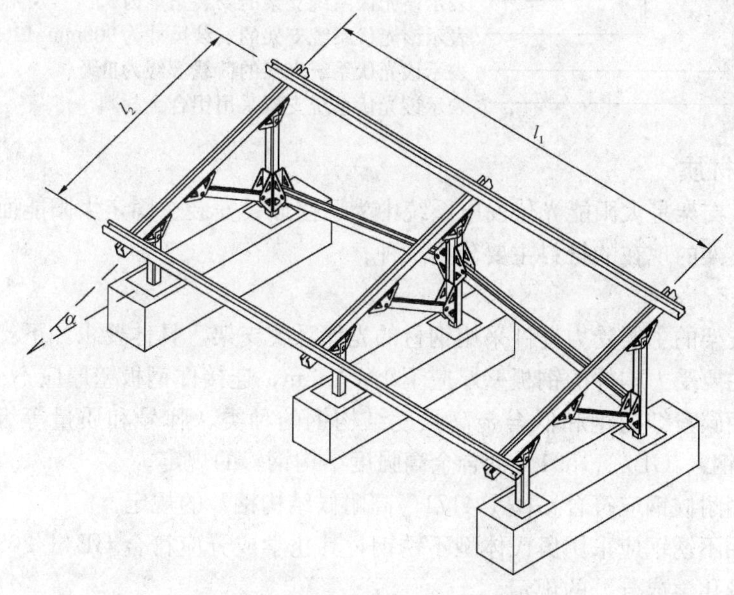

图 11-7 光伏系统支架产品标记

l_1 —支架的安装长度；l_2 —为支架的安装宽度；α —支架的安装角度

（1）标记组成第一部分。用字母表示光伏系统支架材料的种类：铝合金支架用字母“AL”表示；普通钢支架用字母“ST”表示；非金属支架用字母“NM”表示。

（2）标记组成第二部分。用罗马数字表示光伏系统支架荷载等级。常用的光伏系统支架荷载等级划分为6级，见表11-1。当支架荷载等级超过Ⅴ级时，应根据实际需求定制，用阿拉伯数字表示支架荷载设计值，单位为kN/m²。

表11-1 光伏系统支架荷载等级划分

荷载等级	Ⅰ级	Ⅱ级	Ⅲ级	Ⅳ级	Ⅴ级	Ⅴ级以上
荷载设计值/(kN/m²)	0.2～0.90	0.91～1.20	1.21～1.50	1.5～1.80	1.8～2.10	>2.10

支架的荷载等级应根据支架承受的组件恒荷载 q_k、风荷载标准值 ω_k、雪荷载标准值 s_k 和地震荷载 F_{ek} 的组合效应确定，支架的荷载设计值应不低于 ω_k、s_k，且不低于0.2kN/m²，ω_k、s_k 的计算应符合GB 50009《建筑结构荷载规范》和GB 50797《光伏发电站设计规范》的规定。

（3）标记组成第三部分。用两组阿拉伯数字表示光伏系统支架的组件安装面尺寸，单位为毫米（mm）。

（4）标记组成第四部分。用阿拉伯数字表示光伏系统支架的安装角度，如图11-7中的 α，单位为度（°）。平行式安装的支架，其支架角度为0°。

标记示例

通用标记：AL-Ⅲ-900×1200-35

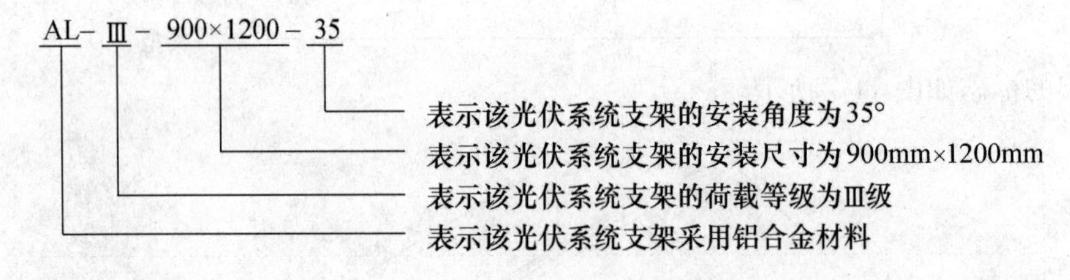

二、支架材质

太阳能光伏支架是太阳能光伏发电系统中为了摆放、安装、固定太阳能面板设计的特殊的支架。光伏支架的现在的材料主要分为三种。

1. 不锈钢

光伏系统支架的主要受力杆件采用钢材的光伏系统支架。具体要求如下：

（1）支架主要受力构件的钢板壁厚应不小于2mm，连接件钢板壁厚应不小于3mm。

（2）支架用碳素结构钢和低合金高强度结构钢的种类、牌号和质量等级应符合GB/T 700《碳素结构钢》、GB/T 1591《低合金高强度结构钢》的规定。

（3）支架用耐候钢应符合GB/T 4171《高耐候结构钢》的规定。

（4）支架用不锈钢应采用奥氏体型不锈钢，其化学成分应符合GB/T 20878《不锈钢和耐热钢 牌号及化学成分》的规定。

（5）焊接材料应与被焊接金属的性能相匹配，并应符合GB/T 5117《非合金钢及细晶粒钢焊条》、GB/T 5118《热强钢焊条》和GB 50661《钢结构焊接技术规程》的规定。

（6）支架配套使用的附件及紧固件应符合GB/T 3098.6《紧固件机械性能 不锈钢螺栓、螺钉和螺柱》的规定。

不锈钢是最常见的光伏支架材料，材料选择冷弯型钢，特点为在组合附件的配合下安装

图 11-8　不锈钢支架

方便维护成本相对较低，同时成型工艺成熟，并且种类多样，规格和防腐蚀性能上都有突出的优点，如图 11-8 所示。

钢支架性能稳定、制造工艺成熟、承载力高、安装简便，已广泛应用于民用、工业太阳能光伏和太阳能电站中。其中型钢均为工厂生产，规格统一，性能稳定，防腐性能优良，外形美观。特别是组合钢支架系统，其现场安装，只需要使用特别设计的连接件将槽钢拼装即可，施工速度快，无需焊接，从而保证了防腐层的完整性。组合钢支架系统的缺点是连接件工艺复杂，种类繁多，对生产制造、设计要求较高。

2. 铝合金

光伏系统支架的主要受力杆件采用铝合金材料的光伏系统支架。

铝合金材料的牌号、状态应符合 GB/T 3190《变形铝及铝合金化学成分》的有关规定，铝合金型材的化学成分、尺寸偏差、试验方法、检验规则、表面处理应符合 GB 5237《铝合金建筑型材》的规定。

铝合金支架一般用在民用建筑屋顶太阳能应用上，铝合金具有耐腐蚀、质量轻、美观耐用的特点，常用牌号为 6063 合金。但其承载力低，无法应用在太阳能电站项目中；另外，铝合金的价格比热镀锌后的钢材高，如图 11-9 所示。

图 11-9　铝合金支架

不同材料之间直接接触有可能导致电解腐蚀，因此在设计安装时要注意绝缘保护。目前我国普遍使用的光伏支架系统按结构的材料分，主要有混凝土支架、钢支架和铝合金支架三种。

3. 非金属支架

光伏系统支架的主要受力杆件采用非金属材料的支架，或以金属作加强筋的胶合材料支架。

（1）非金属支架的材料成分应符合相关标准或行业规范的规定，对于无规范要求的新型材料，应进行技术论证。

（2）非金属支架受力构件和连接件的耐候性应不低于 25 年，可更换构件的耐候性应不低于 15 年。

（3）非金属支架材料应满足 GB 50016《建筑设计防火规范》的防火性能要求。

第三节　光伏支架的结构设计

一、机械结构要求

支架结构及组件安装方式应符合相关建筑规范和标准及组件制造商的安装要求。

1. 温度

在预期工作温度下，光伏组件的支架设计应根据组件制造商的要求，考虑组件最大膨胀/收缩性能。其他所采用的金属部件包括支架、导管、电缆槽等也应考虑相似性能。

2. 机械载荷

考虑光伏方阵的载荷特性，光伏方阵的支架结构必须满足国家、行业标准和规范。要特别注意光伏方阵上的风载荷和雪载荷。

3. 风压

风压取决于安装地的特点，组件、组件支撑边框及组件在建筑物或地面的安装方法，都需要根据安装地的最大预期风速确定。对于这部分的评估，可在现场测量风速（或已知），同时进一步考虑风的类型（暴风、龙卷风、飓风等）。光伏方阵结构应该用一个合适的方式固定或满足当地的建筑标准。

光伏方阵上的风压会对建筑结构产生明显载荷。这个载荷在评估建筑可承受压力时需要计算在内。

4. 异物积累

雪、冰或其他物质可能会在光伏方阵上积累，在选择适当组件、计算组件支架结构及计算建筑可支撑光伏方阵能力时，这部分需要计算在内。

值得注意的是，下落之后这些载荷通常是平均分布的，但当雪滑落时就不是平均分布的。这会对组件及支架结构造成明显破坏。

5. 腐蚀

组件支撑边框，组件连接到边框及边框连接到建筑物或地面都需要选择抗腐蚀材料，从而保证寿命和系统的质量。例如：铝、镀锌钢材、防腐材料等。

如果铝被安装在海边或其他高腐蚀环境中，需要对铝进行阳极氧化，电镀的厚度和规格应符合当地的标准以及保证系统的质量。在农业环境中需要经常考虑腐蚀气体，如氨气。

在不同类金属中，要注意电化学腐蚀。这在支架和建筑物以及支架、固定装置和光伏组件之间可能会发生。

为了减少电化学腐蚀，不同金属表面采用隔离材料，例如：尼龙垫圈，橡胶绝缘等。

在支架系统和其他连接（例如：接地系统）设计中，需要参考制造商说明和当地标准。

二、荷载计算

在支架设计时，为了支架能达到所承受的载荷，需要确定需要使用何种材料以及使用多少，再据此计算强度。

1. 总荷载

总量载荷 T 的计算公式为

当顺风时

$$T = G + W + S + K$$

当逆风时

$$T = G - W + S + K$$

式中：G 为固定载荷，包括组件自身重量和其他重量，其中固定荷重

$$G = GM + GM_1 + GM_2$$

其中：W 为风压载荷，加在组件上的风压力（WM）和加在支撑物上的风压力（WK）的总

和；S 为积雪的载荷，积雪在组件面上产生的垂直荷重；K 为地震的载荷，水平作用在支撑物上的地震力；GM 为组件质量，包含组件的边框重量；GM_1 为框架自身重量；GM_2 为其他重量。

具体到不同的地形环境时，可以参照表 11-2 中的载荷的不同气候条件下的计算组合。

表 11-2　　载荷的不同气候条件下的计算组合

载荷的条件		一般区域	多雪气候区域
长期	平常情况下	G	$G+0.7S$
短期	积雪情况下	$G+S$	$G+S$
	暴风情况下	$G+W$	$G+0.35S+W$
	地震情况下	$G+K$	$G+0.35S+K$

2. 风压载荷

设计时作用于阵列的风压载荷公式

$$W=\frac{1}{2}C_{w}\sigma v_0^2 SaIJ$$

式中：W 为风压荷重；C_w 为风力系数；σ 为空气密度的风速，Ns^2/m^4；v_0 为风速的基准，m/s；S 为受风面积，m^2；a 为高度补偿因子；I 为用途因子；J 为环境因子。

（1）高度补偿因子。随着高度的不同，速度压力也不同，因此要进行高度不同导致的不同风压进行修正。高度补偿因子由下式算出

$$a=\left(\frac{h}{h_0}\right)^{\frac{1}{n}}$$

式中：h 为阵列到地面高度；h_0 为基准高度 10m；n 为表示由于高度递增的变化程度，标准是 5。

（2）用途因子。一般取值为 1.0，具体取值见表 11-3。

表 11-3　　用途因子

用途因子	建设地点周边地形情况
1.15	①非常重要太阳能光伏发电系统等级
1	②普通重要太阳能光伏发电系统等级
0.85	③临时修建或者①以外的系统，且太阳能发电系统阵列高出地面 2m 以下场合

（3）环境因子。一般取值为 1.0，具体取值见表 11-4。

表 11-4　　环境因子

用途因子	建设地点周边地形情况
1.15	基本没有障碍物的平坦地形，如海面，广阔平地等
0.9	分布较为平坦的地形，如低层建筑物、树木等
0.7	中层建筑物（4～9 层）的分布地形，或密集的低层建筑物、树木等

（4）风力系数。按表 11-5 所示的安装形态的场合，对应采用相应的因子。

表 11-5　　风力系数取值

安装形式	风力系数			备注
屋顶安装	C_w（正压）	θ	C_w（负压）	屋顶脊梁处有砖等突起部分的场合，左边负压值的 1/2 也可，左边没有 θ 的 C_w 由下式求得 （正压）$0.95+0.017\theta$ （负压）$-0.10+0.077\theta-0.0026\theta^2$ 其中，$12°\leqslant\theta\leqslant27°$
	0.75	12°	0.45	
	0.61	20°	0.40	
	0.49	27°	0.08	

3. 积雪载荷

光伏组件上一旦有积雪后，会增加组件和支架的负荷，如图 11-10 所示。

图 11-10　组件积雪

积雪的载荷计算

$$S=C_{S}PZ_{S}A_{S}$$

式中：S 为积雪的载荷；C_S 为一坡度因子；P 为积雪平均单位重量，相当于积雪在 1cm 厚度时的重量，N/m^2，一般的区域为 19.6N 以上，多雪的区域为 29.4N 以上。Z_S 为积雪的垂直最深深度，cm；A_S 为积雪的总面积，m^2。

（1）坡度因子。坡度因子见表 11-6。

表 11-6　　坡度因子

坡度/(°)	<30	30～40	40～50	50～60	>60
坡度因子 C_S	1	0.75	0.5	0.25	0

（2）积雪平均单位重量。积雪平均单位重量是指积雪厚度为 1cm、面积为 $1m^2$ 的重量。

（3）积雪量。太阳能发电系统阵列面设计时积雪量定义为地上垂直最深深度的积雪量 Z_S，但是经常进行扫雪而导致积雪量减少的情况，可相应减小 Z_S 值。

4. 地震载荷

对于地震的载荷的计算，一般的地区

$$K = ZR_tA_iC_0G$$

多雪的地区

$$K = ZR_tA_iC_0(G + 0.35S)$$

式中：K 为地震的载荷，N；G 为固定载荷，N；S 为积雪的载荷，N；Z 为地震地域因子；R_t 为振动特性因子；A_i 为层抗剪分布因子；C_0 为标准抗剪因子（0.2）以上。

三、结构构件极限状态设计

1. 极限状态

对于承载能力极限状态，结构构件应按荷载效应的基本组合或偶然组合，结构构件极限状态设计表达式

$$\gamma_0 S \leqslant R$$

式中：γ_0 为重要性系数；对一般光伏组件支架，设计使用年限为 25 年，安全等级为三级，重要性系数不小于 0.95；在抗震设计中，不考虑重要性系数；S 为荷载效应组合的设计值；R 为结构构件承载力的设计值；在抗震设计时，应除以承载力抗震调整系数 γ_{RE}，γ_{RE} 按 GB 50191《构筑物抗震设计规范》取值。

正常使用极限状态，结构构件极限状态设计表达式为

$$S \leqslant C$$

式中：S 为荷载效应组合的设计值；C 为结构构件达到正常使用要求所规定的变形极限。

2. 抗震

一般来说，对于地面用光伏组件的支架，当设防烈度小于 8 度时，可以不进行抗震验算；对于与建筑结合的光伏组件的支架，应按相应的设防烈度进行抗震验算。

在抗震设防地区，支架应进行抗震验算。

3. 支架荷载

支架的荷载和荷载效应计算应符合以下规定：

（1）风荷载应按 GB 50009《建筑结构荷载规范》取 25 年一遇的荷载数值。

组件、组件支撑边框及组件在建筑物或地面的安装方法，都需要根据安装地的最大预期风速确定，这取决于安装地的特点。

对于这部分的评估，可在现场测量风速（或已知），同时进一步考虑风的类型（暴风、龙卷风、飓风等）。光伏方阵结构应该用一个合适的方式固定或满足当地的建筑标准。

光伏方阵上的风压会对建筑结构产生明显载荷。这个载荷在评估建筑可承受压力时需要计算在内。

（2）光伏方阵上的异物积累。雪、冰或其他物质可能会在光伏方阵上积累，在选择适当组件、计算组件支架结构及计算建筑可支撑光伏方阵能力时，这部分需要计算在内。

雪下落之后这些载荷通常是平均分布的，但当雪滑落时就不是平均分布的。这会对组件及支架结构造成明显破坏。

（3）无地震作用效应组合时，荷载效应组合的设计值按下式确定

$$S = \gamma_G S_{GK} + \gamma_w S_{wK} + \gamma_i \psi_i S_{iK} + \gamma_t \psi_t S_{tK}$$

式中：S 为荷载效应组合的设计值；γ_G 为永久荷载分项系数；S_{GK} 为永久荷载效应标准值；γ_w 为风荷载分项系数；S_{wK} 为风荷载效应标准值；γ_i 为雪荷载分项系数；ψ_i、ψ_t 为雪荷载和温度作用的组合值系数，分别取 0.6 和 0.0 或 0.6 和 0.2；S_{iK} 为雪荷载效应标准值；γ_t 为温度作用分项系数；S_{tK} 为温度作用标准值效应。

（4）无地震作用效应组合时，位移计算采用的各荷载分项系数均应取为 1.0；承载力计算时，荷载分项系数应按表 11-7 采用。

表 11-7　无地震作用组合荷载分项系数

荷载组合	γ_G	γ_w	γ_t	γ_i
永久荷载、风荷载和温度作用	1.2	1.4	1.4	—
永久荷载、风荷载、温度作用和雪荷载	1.2	1.4	1.4	1.4

注：1. γ_G：当其效应对结构不利时，对由永久荷载控制的组合应取 1.35；当其效应对结构有利时，应取 1.0；当验算结构抗倾覆或抗滑移时，宜采用 0.9。

2. 表中“—”号表示组合中不考虑该项荷载或作用效应。

（5）有地震作用效应组合时，荷载效应组合的设计值应按下式确定

$$S = \gamma_G S_{GK} + \gamma_{Eh} S_{EhK} + \gamma_w \psi_w S_{wK} + \gamma_t \psi_t S_{tK}$$

式中：S 为荷载效应和地震作用效应组合的设计值；γ_{Eh} 为水平地震作用分项系数；S_{EhK} 为水平地震作用标准值效应；ψ_w 为风荷载的组合值系数，应取 0.6；ψ_t 为温度作用的组合值系数，应取 0.2。

（6）有地震作用效应组合时，位移计算采用的各荷载分项系数均应取为 1.0；承载力计算时，荷载分项系数应按表 11-8 采用。

表 11-8　有地震作用组合荷载分项系数

荷载组合	γ_G	γ_{Eh}	γ_w	γ_t
永久荷载和水平地震作用	1.2	1.3	—	—
永久荷载、水平地震作用、风荷载及温度作用	1.2	1.3	1.4	1.4

注：1. γ_G：当永久荷载效应对结构承载力有利时，应取 1.0。

2. 表中“—”号表示组合中不考虑该项荷载或作用效应。

（7）支架设计应对施工检修荷载进行验算，并应符合以下规定。

施工检修荷载宜取 1kN，也可按实际荷载取用，作用于支架最不利位置。

进行支架构件承载力验算时，荷载组合取永久荷载和施工检修荷载，永久荷载的分项系数取 1.2，施工或检修荷载的分项系数取 1.4。

进行支架构件位移验算时，荷载组合取永久荷载和施工检修荷载，分项系数均应取 1.0。

4. 支架及构件的变形

支架及构件的变形应满足下列要求：

（1）风荷载标准值或地震作用下，支架的柱顶位移应不大于柱高的 1/60。

（2）受弯构件的挠度应不超过表 11-9 的允许值。

表 11-9　　受弯构件的挠度允许值

受弯构件		挠度允许值
主梁		$L/250$
次梁	无边框光伏组件	$L/250$
	其他	$L/200$

注：L 为受弯构件的跨度。对悬臂梁，L 为悬伸长度的 2 倍。

在组件恒荷载、风荷载、雪荷载和地震荷载标准值的组合效应下，钢支架的柱顶位移应不大于柱高的 1/60，铝合金支架柱顶位移应不大于立柱高度的 1/300。

连接件的开孔长度应不小于开孔宽度加 40mm，孔边距离应不小于开孔宽度的 1.5 倍，如图 11-11 所示。连接件的壁厚不得有负偏差。

四、支架的衔接

一般说来，光伏支架组件从装置的衔接方式上可以分为两种，即焊接式和组装式。

1. 焊接式

焊接支架对型钢（角钢、槽钢、方钢等）生产工艺要求低，连接强度较好，价格低廉，是目前市场上普遍采用的支架连接形式。

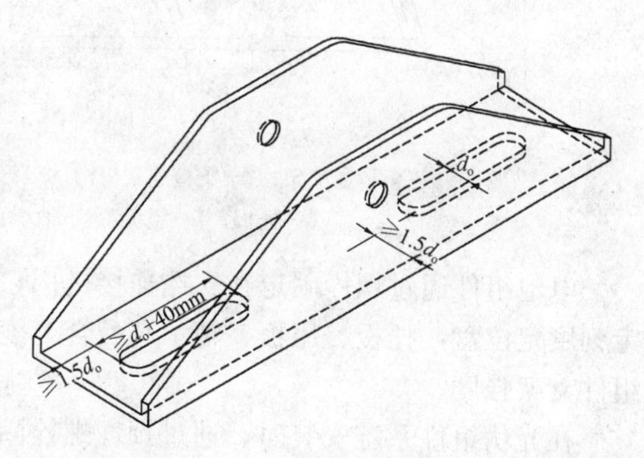

图 11-11　连接件的开孔示意

焊接支架也有一些自身的缺点，如连接点防腐难度大，在野外施工时（特别是偏远地区）安装成本较高，施工速度慢，不够美观等。随着我国城市化水平的提高，居民对建筑物美观的要求越来越高，民用建筑中使用的光伏支架组件，则不太适合使用焊接支架。

2. 拼装式

为了克服焊接支架的缺点，市场上出现了以槽形钢为主要支撑结构构件的成品支架组件。拼装式支架的最显著优点是拼装、拆卸速度快，无需焊接；所有支架构件均在加工厂生产，防腐涂层均匀，耐久性好，施工速度快、美观。

3. 水泥屋顶光伏支架

水泥屋顶光伏支架是安装在水泥房屋顶上的一种太阳能固定支架。其主要构件有主龙骨、次龙骨、后立柱、铰链底座、U 型连接件、铰链连接件、边压码、中压码、水泥基础及其五金零配件等；其中，主龙骨、次龙骨和立柱均用 U 型钢制成。

水泥屋顶支架方案的特点是统一原材料，生产周期短，安装容易，采用调节范围大的长孔，型材表面采用热镀锌处理后防腐性能好，结构受力均衡，整体结构稳定等。

单元排布时需考虑女儿墙高度，及单元离女儿墙的距离，以完善系统的整体结构稳定性和安全性。

当要在屋顶装置光伏阵列时，要使基座预埋件与屋顶主体布局的钢筋结实焊接或衔接，若是遭到布局约束无法进行焊接或衔接，应采纳办法加大基座与屋顶的附着力，并选用铁丝拉紧法或支架延伸固定法等加以固定。基座制造完成后，要对屋顶损坏或触及有些依照国家规范 GB 50207《屋面工程质量检验规范》的需求做防水处置，避免渗水、漏雨表象发作。

光伏电池组件边框及支架要与接地系统牢靠衔接。

五、支架的构造

1. 支架结构

光伏支架结构如图 11-12 所示。

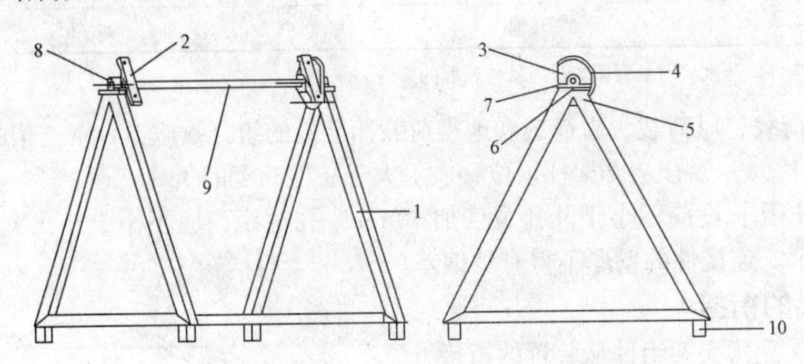

图 11-12 支架结构

1—三角形主支架；2—支撑连接机构；3—刻度定位盘；4—定位孔；5—柱塞式刻度销；6—托板；7—压板；8—轴承套；9—连接杆；10—地脚支撑

电池组件通过螺栓固定在支撑连接机构，并辅以刻度盘调节角度。通过柱塞式刻度销固定刻度定位盘，托板、压板、轴承套配合刻度定位盘使用，连接杆与地脚支撑用来增加光伏组件支架强度。

在光伏组件系统安装时，通过预埋螺栓固定底座，如图 11-13 所示。

支架底部的地脚支撑放入底座中通过螺栓与底座连接，然后安装电池组件。在图 11-12 中，光伏组件通过螺栓与支撑机构 2 连接，通过刻度定位盘 3 与定位销 5 调节所需角度，完成后安装下一组。在矩阵太阳能发电连接时，两组相邻组件支架通过紧固压片 11 固定，以增强其强度，如图 11-14 所示。

图 11-13 螺栓固定底座

2. 要求

支架的构造应符合下列规定：

(1) 用于次梁的板厚不宜小于 1.5mm，用于主梁和柱的板厚不宜小于 2.5mm，当有可靠依据时板厚可用 2mm。

(2) 受拉和受压构件的长细比应满足表 11-10 的规定。

表 11-10 受压和受拉构件的长细比限值

构件类别		允许长细比
受压构件	主要承重构件	180
	其他构件、支撑等	220
受拉构件	主要构件	350
	柱间支撑	300
	其他支撑	400

注：对承受静荷载的结构，可仅计算受拉构件在竖向平面内的长细比。

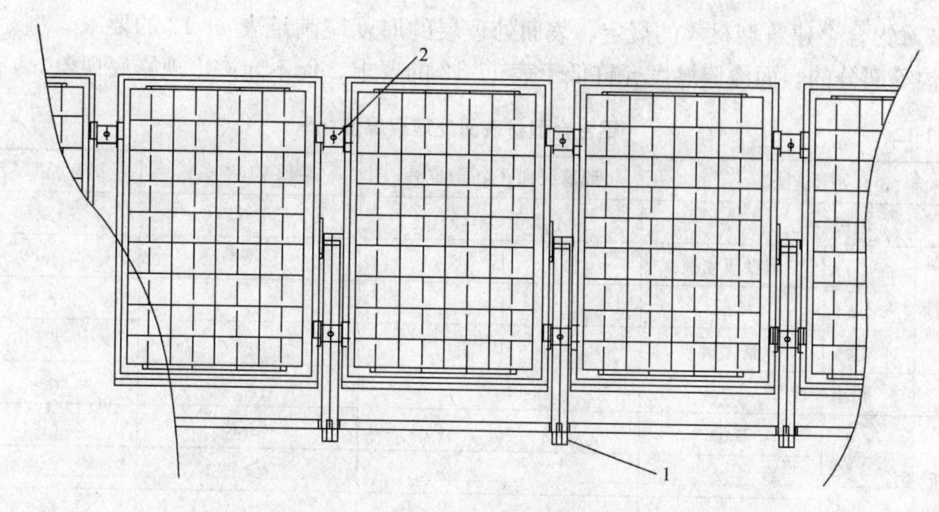

图 11-14　光伏组件支架螺栓固定底座

1—地脚支撑；2—紧固压片

六、防腐

1. 要求

组件支撑边框、组件连接到边框以及边框连接到建筑物或地面，都需要选择抗腐蚀材料，从而保证寿命和系统的质量，如铝、镀锌钢材、防腐材料等。

如果铝被安装在海边或其他高腐蚀环境中，则需要对铝进行阳极氧化，电镀的厚度和规格应符合当地的标准，以保证系统的质量。在农业环境中，需要经常考虑腐蚀气体，如氨气。

在不同类金属中，要注意电化学腐蚀。这在支架和建筑物以及支架、固定装置和光伏组件之间可能会发生。

为了减少电化学腐蚀，不同金属表面采用隔离材料，如尼龙垫圈，橡胶绝缘等。

在支架系统和其他连接（如接地系统）设计中，需要参考制造商说明和当地标准。

（1）支架在构造上应便于检查和清刷。

（2）钢支架防腐宜采用热镀浸锌，镀锌层厚度应不小于 65μm。

（3）当铝合金材料与除不锈钢以外的其他金属材料或与酸、碱性的非金属材料接触、紧固时，应采用材料隔离。隔离材料可采用不锈钢薄片或高分子材料。

（4）铝合金支架应进行表面防腐处理，可采用阳极氧化处理措施，阳极氧化膜的厚度应符合表 11-11 的要求。

表 11-11　　氧化膜的最小厚度

腐蚀等级	最小平均膜厚/μm	最小局部膜厚/μm
弱腐蚀	15	12
中等腐蚀	20	16
强腐蚀	25	20

2. 铝合金构件的防腐

铝合金型材采用阳极氧化、电泳涂漆、粉末喷涂、氟碳漆喷涂进行表面处理时，应符合

GB 5237《铝合金建筑型材》的规定，表面处理层的厚度应满足表 11-12 的要求。型材的内角、横沟等部分的表面漆膜厚度允许低于表 11-12 的要求，但不允许出现露底现象。

表 11-12　　铝合金型材表面处理层厚度

表面处理方法		膜厚级别（涂层种类）	平均膜厚[1]/μm	局部膜厚[2]/μm
阳极氧化		不低于 AA15[3]	$t \geqslant 15$	$t \geqslant 12$
电泳喷漆	阳极氧化膜	B	—	$t \geqslant 9$
	漆膜	B	—	$t \geqslant 7$
	复合膜	B	—	$t \geqslant 16$
粉末喷涂		—	—	$t \geqslant 40$
氟碳喷涂	二涂	—	$t \geqslant 30$	$t \geqslant 25$
	三涂	—	$t \geqslant 40$	$t \geqslant 34$
	四涂	—	$t \geqslant 65$	$t \geqslant 55$

① 平均膜厚是指在型材装饰面上测量的若干个（不少于 5 个）局部膜厚的平均值。

② 局部膜厚是指在型材装饰面上某个面积不大于 $1cm^2$ 的考察面内作若干次（不少于 3 次）膜厚测量所得的测量值的平均值。

③ AA15 最小平均膜厚 15μm，最小局部膜厚 12μm。

3. 钢材的防腐

碳素结构钢和低合金高强度结构钢应采取有效的防腐处理。

采用热浸镀锌防腐蚀处理时，锌膜厚度应符合 GB/T 13912《金属覆盖层 钢铁制件热浸镀锌层 技术要求及试验方法》的规定。

采用防腐涂料时，应完全覆盖钢材表面和无端部封板的闭口型材的内侧，闭口型材宜进行端部封口处理。

采用防腐涂料时，涂层厚度应满足防腐设计要求。当采用氟碳漆喷涂或聚氨酯漆喷涂时，涂膜的厚度宜不小于 35μm，在空气污染严重及海滨地区，涂膜厚度宜不小于 45μm。

不同金属材料之间应设置防腐垫片，绝缘垫片材质宜采用硅橡胶、三元乙丙橡胶或氯丁橡胶。

非金属材料宜采用耐腐蚀性较好的材料，当耐腐蚀性较差时，应进行防腐处理。

4. 外观

（1）铝合金材料的外观。表面应清洁，色泽应均匀。

表面不应有凹凸、变形、皱纹、裂纹、起皮、腐蚀斑点、气泡、电灼伤、流痕、发粘以及膜（涂）层脱落等缺陷。

（2）钢材的外观。钢材表面不得有裂纹、气泡、结疤、泛锈、夹杂和折叠等缺陷。

（3）非金属材料外观。非金属支架构件成品应表面应平整，无裂纹、无纤维外露、无明显气泡和无明显扭曲。

表面涂层应均匀，无脱皮现象；涂层不应误涂、漏涂，无明显流坠、针眼、气泡、皱皮等缺陷。

5. 防腐处理

关于防锈处理，一般采用如下措施。

（1）热浸锌。当构件的材料厚度小于5mm以下，镀层厚度不得小于65μm；当构建的材料厚度大于5mm以上，镀层厚度大于86μm，钢结构的防腐年限达到25年以上。

（2）涂层法。涂层法保护材料，涂层一般要做4～5遍，干漆膜总厚度为150μm，室内工程为125μm，允许误差25μm。光伏工程在海边滩涂实施，是在有较强烈腐蚀性大气中，干漆膜总厚度要增加到200～220μm。

对建于海盐粒子侵蚀利害的地区，如海岛、海岸等，也可考虑采用钢筋水泥支撑结构来防止支架的锈蚀。

第四节　平面屋顶光伏组件的安装

根据屋顶形式的不同，光伏组件的安装方式也有所不同。通常在平屋面的安装方式有倾斜支架安装、平行架空安装以及平铺安装几种。

一、对屋面的要求

1. 基本要求

（1）屋面作为安装太阳能电池的场所，要有荷重自重积雪风压等的承受能力。

（2）对光伏组件阵列不仅要进行耐风压抗地震等强度计算，同时还要考虑漏雨问题，确保不给房屋及系统造成损坏。

（3）支架支撑金属件以及它们的连结部分，根据建筑基准法要具有抵抗固定荷载以及风压积雪地震等外部荷载对房屋及系统破坏的能力。

（4）支架支撑金属件和其他的安装材料，须由能在室外长期使用的耐用材料构成。

（5）对于盐雾雷击，不同的安装区域和安装场所要采取必要的措施，选择符合使用要求的材料及部件作为支撑结构。

（6）对于屋面构造材料和支撑金属件的结合部位要进行防水处理，确保屋面的防水性。

（7）从太阳能电池组件到室内的配线性能及保护方法，必须满足电气设备技术基准的规定。

（8）在屋面上进行的太阳能电池组件的安装作业及电气施工，要遵守劳动安全卫生法及劳动安全的规则，确保作业者的安全。

（9）在作业场所的屋面附近有配电线和其他建筑物的场合，不应有接触配电线导致触电的事故，应与电力公司协商，采取相应的保护对策。

2. 平屋面要求

（1）太阳能光伏组件支架应与屋面预埋件固定牢固，并在地脚螺栓周围作密封防水处理。

（2）在屋面防水层上放置光伏组件时，屋面防水层应包到基座上部，并在基座下部加设附加防水层。

（3）光伏组件周围屋面检修通道屋面出入口和集热器之间的人行通道上部，应铺设保护层。

二、平面屋顶安装方式

1. 安装方式

倾斜支架安装是将光伏组件固定在支架上，再通过基座固定在屋面上，可以根据当地太阳辐射情况调节支架倾角，这种安装方式影响上人屋面的使用，并需要留出检修疏散等通道。如图 11-15 所示。

平行架空安装是在平屋面上设置架空的框架，在框架上通过支架安装光伏组件，并通过支架调节倾角，这种安装方式不影响上人屋面的使用，检修可以在架空空间及光伏组件的前后排间隙完成，安装面积大。如图 11-16 所示。

图 11-15 支架安装

图 11-16 平行架空安装

平铺式安装是将光伏组件平铺在平屋面上，这种安装方式不会造成前后遮挡，安装面积大，但一般来说倾角不可调节，组件效率较低。如图 11-17 所示。

图 11-17 平铺式安装

2. 光伏组件安装

（1）光伏组件安装宜按最佳倾角进行设计，当光伏组件安装倾角小于 10°时，应考虑设置维修人工清洗的设施与通道。

（2）光伏组件安装支架宜采用可调节支架，包括自动跟踪型和手动调节型两种。

（3）支架安装型光伏组件阵列中光伏组件的间距，应满足冬至日不遮挡太阳光的要求。

（4）在建筑屋面上安装光伏组件，应选择不影响屋面排水功能的基座形式和安装方式。

（5）光伏组件基座与结构层相连时，防水层应包到支座和金属埋件的上部，并在地脚螺栓周围作密封处理。

（6）在屋面防水层上安装光伏组件时，其支架基座下部应增设附加防水层。

（7）直接构成建筑屋面面层的建材型光伏组件，除应保障屋面排水通畅外，安装基层还应具有一定的刚度在空气质量较差的地区，还应设置清洗光伏组件表面的设施。

（8）光伏组件周围屋面检修通道屋面出入口和光伏组件阵列之间的人行通道上部，应铺设屋面保温层。

（9）光伏组件的引线穿过屋面处应预埋防水套管，并作防水密封处理。防水套管应在屋面防水层施工前埋设完毕。

3. 有基础安装

有基础平屋面上的安装系统适用于户外或荷载量较大的平屋面，底部框架使用优质铝导轨，预埋螺栓固定，支撑件材料为不锈钢，牢固美观独创的铝合金导轨与屋面紧密连接，无需现场二次加工此类屋面适用于安装任意规格晶硅组件及部分薄膜组件，安装面预埋地脚螺栓，或铺设类似水泥基础；有基础平屋面上的斜装，则需根据实际需要设计安装角度。如图 11-18 所示。

图 11-18　有基础平屋面上的安装系统

（a）有基础斜装；（b）有基础平装；（c）实物

屋顶平面需要预埋地脚螺栓或类似水泥基础。如图 11-19 所示。

4. 负重式安装

负重式安装系统，无需破坏原有防水层，适用于平屋面荷载量较大的情况，如图 11-20 所示。

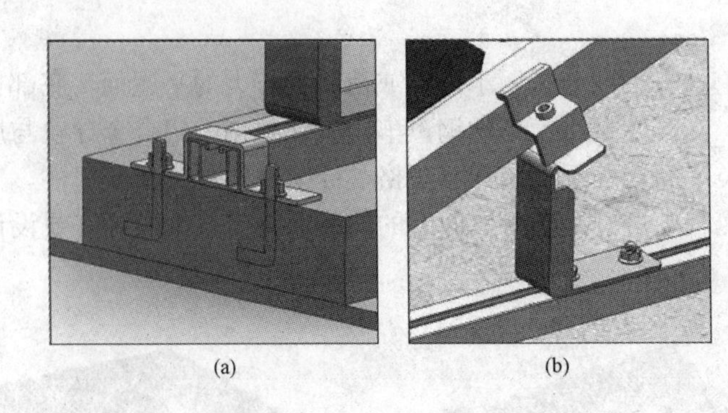

(a) (b)

图 11-19 预埋连接

(a) 水泥基础；(b) 组件支撑固定结构

(a) (b)

(c)

图 11-20 负重式安装系统

(a) 有负重斜装；(b) 有负重平装；(c) 实物

负重式安装系统支架件材料为镀锌型钢，适用于任意规格晶硅组件及部分薄膜组件，根据载荷状况，可灵活增减负重框。

负重框底部框架使用优质铝导轨，其固定需采用水泥块或石块等重物；支撑件材料为不锈钢，不破坏原有防水层，无需防水处理，适用于任意规格晶硅组件及部分薄膜组件可调负重框可根据实际需要设计安装角度，如图 11-21 所示。

5. 导流板安装

(1) 网基式。导流板安装系统适合平面屋顶，其突出优点为能满足载荷量较小的平面屋顶，在铝导轨上安装不锈钢支撑件，框架整体两侧及后面安装导流板，在风载荷极高的情况下，系统也能依靠空气流动产生的压力，牢牢地固定在屋顶上，不致被掀起。底部铝轨呈网状布置提高了结构的整体刚性，如图 11-22 所示。

在载荷量小的平面屋顶组件安装斜度在 10°～15°，导流板材料使用不锈钢或镀铝镁锌板，不破坏原有屋顶，不能出现漏水问题。

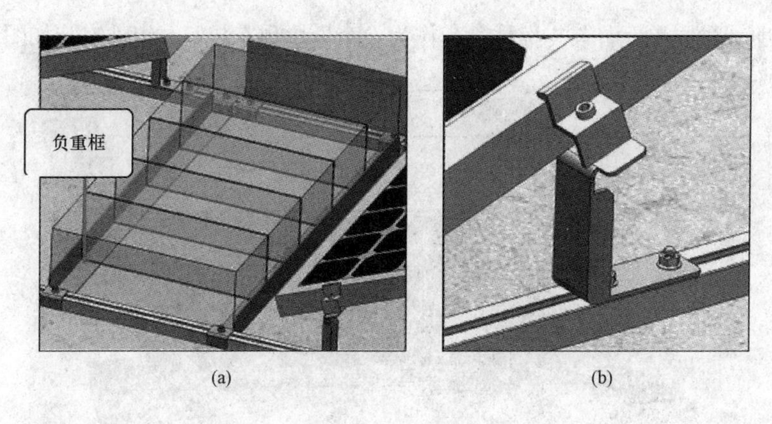

图 11-21　预埋连接

（a）负重框；（b）组件支撑固定结构

图 11-22　导流板安装

组件安装如图 11-23 所示。

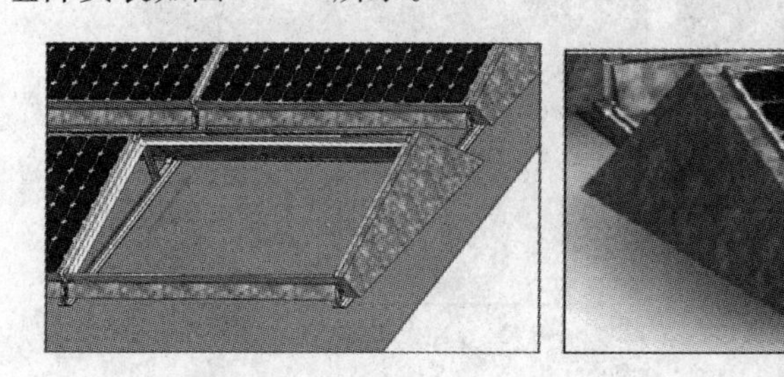

图 11-23　铝导轨连续连接

（2）模块式。在铝导轨上安装不锈钢支撑件，框架整体两侧及后面安装导流板，在风载荷极高的情况下，系统也能依靠空气流动产生的压力，牢牢地固定在屋顶上，不致被掀起。如图 11-24 所示。

图 11-24　模块式

铝导轨分割成独立单元，与支撑柱一起作为一个模块预安装好。组件安装如图 11-25 所示。

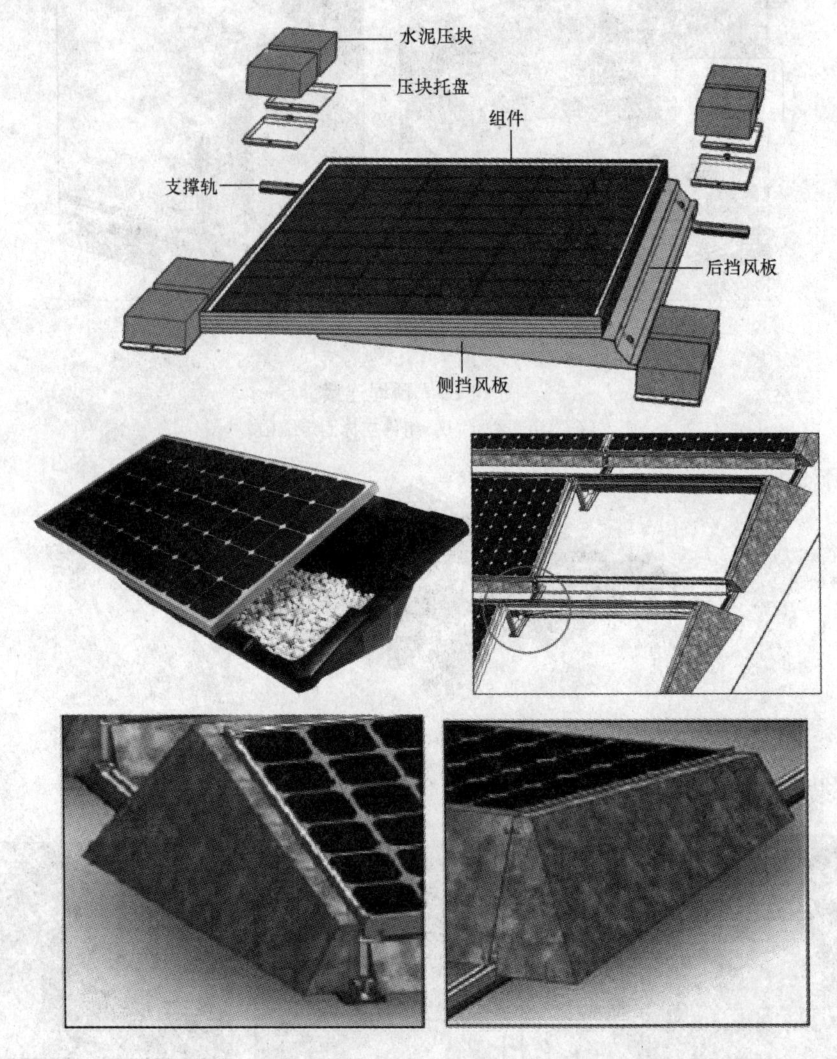

图 11-25　组件安装

6. 可调式安装

（1）全钢可调式。由于现场条件等各种客观因素，需要安装支架在现场做角度调整。安装支架后立柱可以自由做长度调整，立柱上的安装固定座可以多角度旋转，可以非常方便地实现光伏组件在高度和角度上的调整，如图 11-26 所示。

图 11-26　全钢可调式

支架结构件全部采用镀锌型钢，安装角度在一定范围内可自由调整，以适应不同安装场地，如图 11-27 所示。

（2）全铝可调式。底下的角铝支撑条上可有安装孔，分别对应不同的安装角度。系统的支架部分使用角铝支撑条，螺栓连接，如图 11-28 所示。

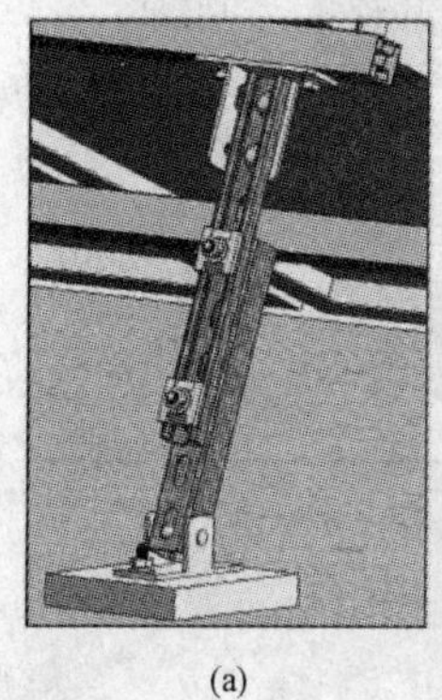

(a)

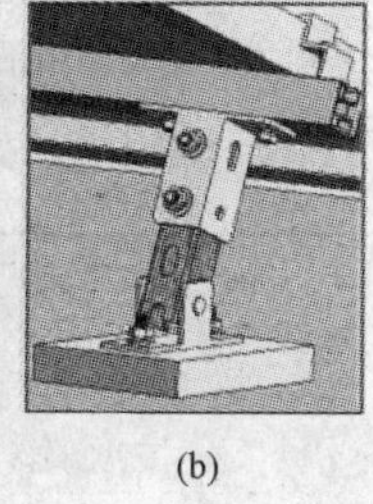

(b)

图 11-27　支撑柱

（a）后支撑柱；（b）前支撑柱

图 11-28　全铝可调式

支架结构件全部采用角铝支撑条，强度高，耐腐蚀性能好。采用标准螺栓连接，如图 11-29 所示。

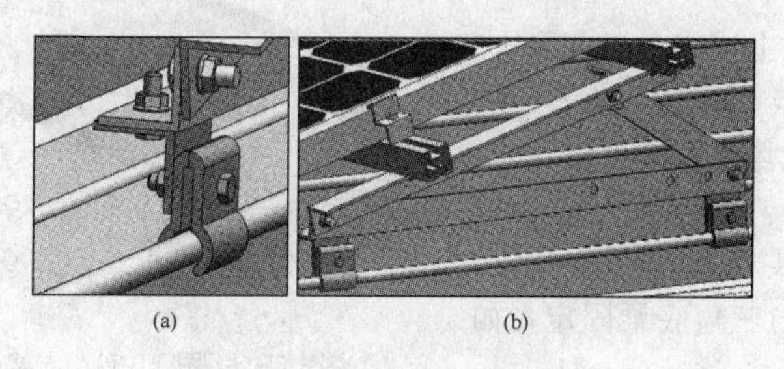

(a)　(b)

图 11-29　可调支架

（a）系统固定用铝夹块；（b）可调式支撑架

7. 各种方式的对比

平面屋顶各种方式的对比见表 11-13。

表 11-13　各种方式的对比

序号	方案	优点	缺点
1	预制混凝土	（1）不影响屋面防水层及其他建筑层。 （2）施工比较简单，可有效缩短工期。 （3）连接牢固，结构安全可靠。 （4）光伏组件支架的用钢量较少	增加了原有屋面的负重，需对原屋面结构进行复核计算
2	预制压块	（1）不影响屋面防水层及其他建筑层。 （2）施工比较简单，可有效缩短工期	（1）增加了原有屋面的负重，需对原屋面结构进行复核计算。 （2）支架连接的可靠度不及其他方案

续表

序号	方案	优点	缺点
3	现浇支架基础	（1）连接牢固，结构安全可靠。 （2）光伏组件支架的用钢量较少。 （3）原有屋面的负重增加较少	（1）支架钢用量较多。 （2）对屋面防水层和其他建筑层破坏较大。 （3）施工较为复杂，工序较多，工期较长
4	支架底部整体连接	（1）支架位置可根据需要灵活布置。 （2）适用范围广，既适用于新建房屋，也适用于现有房屋。 （3）对于屋面防水影响不大。 （4）施工比较简单	（1）对于孤立支架，无法采用该方案。 （2）增加了支架钢用量

三、支架安装

1. 支架构成

支架构成如图 11-30 所示。

2. 支架零部件

系统零部件如图 11-31 所示。

3. 安装步骤

（1）先预制好水泥负重块，如图 11-32所示。

（2）在平面屋顶上铺放水泥负重块，间距按排布图纸布置，如图 11-33 所示。

（3）在水泥负重块上安装三角底梁，如图 11-34 所示。

（4）使用六角头螺栓将三角背梁、三角斜梁相互连接与三角底梁固定，如图 11-35 所示。

（5）依次将所有的支撑柱都安装好，如图 11-36 所示。

（6）安装横梁，使用外六角螺栓组合固定，并在横梁内加止动垫片，如图 11-37 所示。

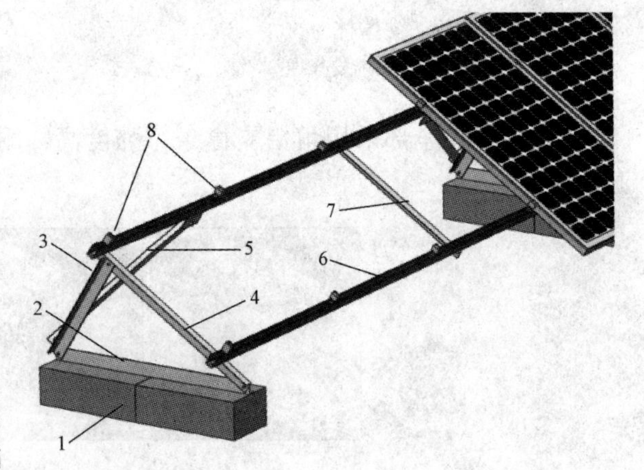

图 11-30 支架构成

1—负重部件，用于增加整体重量；2—三角底梁，用于形成主支撑框架；3—三角背梁，用于形成主支撑框架；4—三角斜梁，用于形成主支撑框架；5—后斜梁，用于支撑横梁；6—横梁，固定支撑光伏组件；7—拉杆，将两支横梁连接为整体；8—压块组件，固定光伏组件

（7）依次在三角支架上安装好横梁，如图 11-38 所示。

（8）在三角背梁上安装后斜撑用后斜撑支撑件与横梁相连，使用螺栓固定，与横梁连接时加止动垫片，如图 11-39 所示。

（9）在每跨居中位置用拉杆将两横梁连接，用螺栓、止动垫片固定，如图 11-40 所示。

（10）将长条螺母插入横梁中，移动到适当位置，配合单侧压块将组件固定，如图11-41 所示。

（11）C型钢横梁需要加长时采用横梁连接片连接，使用螺栓、止动垫片固定，如图 11-42所示。

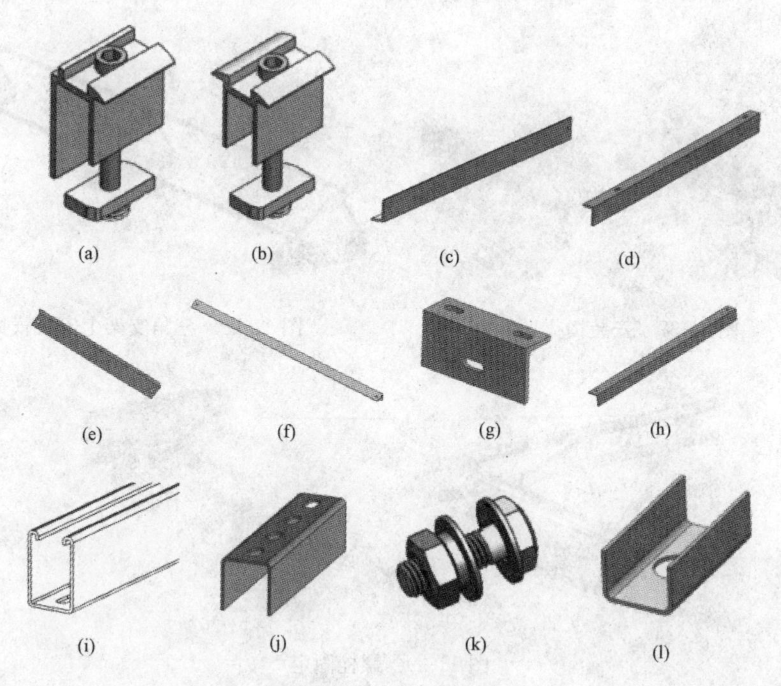

图 11-31　系统零部件

（a）单侧压块组件；（b）双侧压块组件；（c）三角底梁；（d）三角斜梁；（e）三角背梁；（f）后斜撑；（g）后斜撑连接件；（h）拉杆；（i）横梁；（j）C 型连接片；（k）外六角螺栓；（l）止动垫片

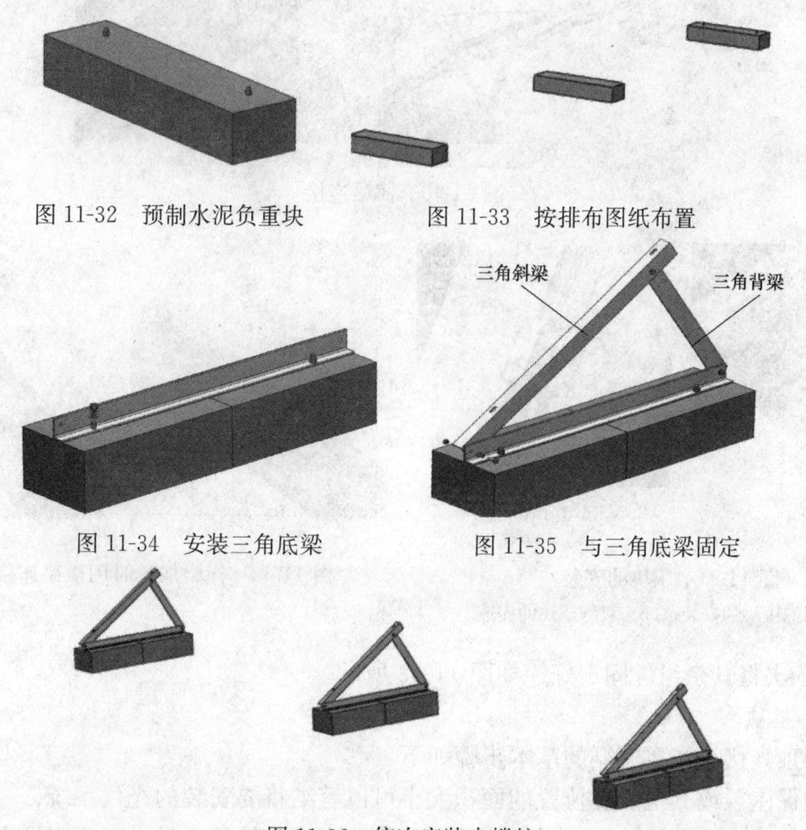

图 11-32　预制水泥负重块

图 11-33　按排布图纸布置

图 11-34　安装三角底梁

图 11-35　与三角底梁固定

图 11-36　依次安装支撑柱

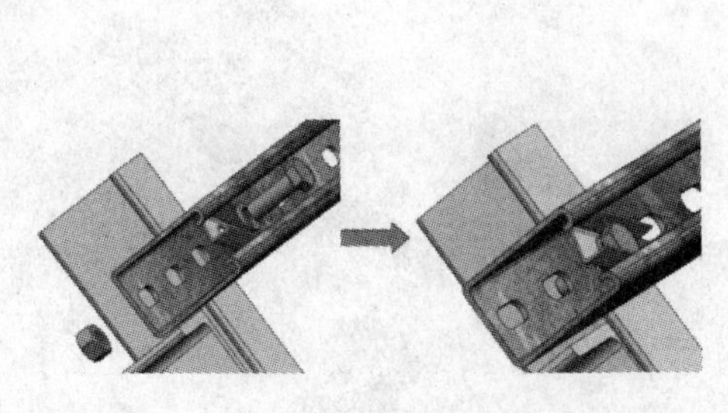

图 11-37　安装横梁

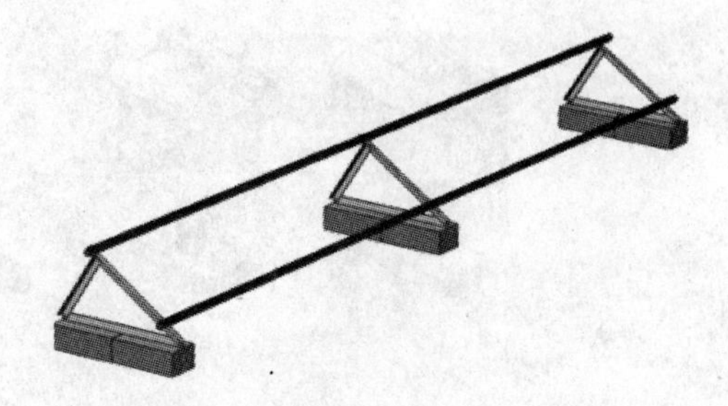

图 11-38　三角支架上安装横梁

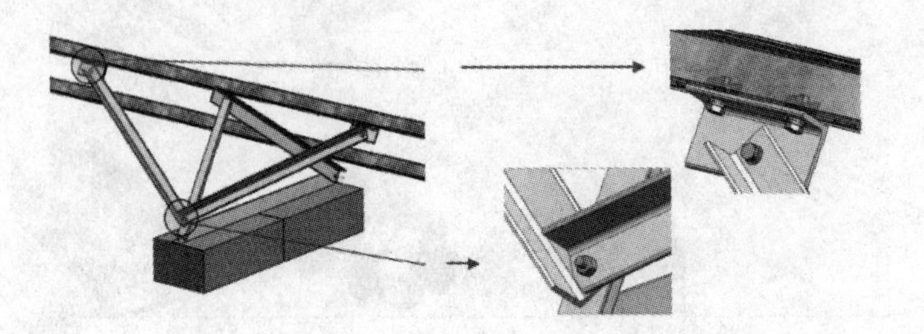

图 11-39　螺栓固定

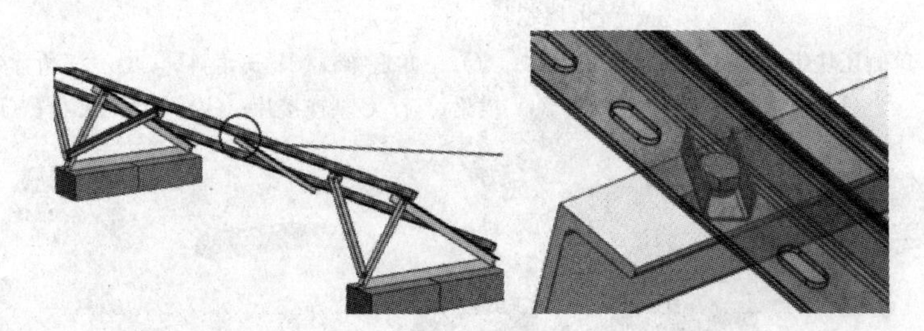

图 11-40　横梁连接

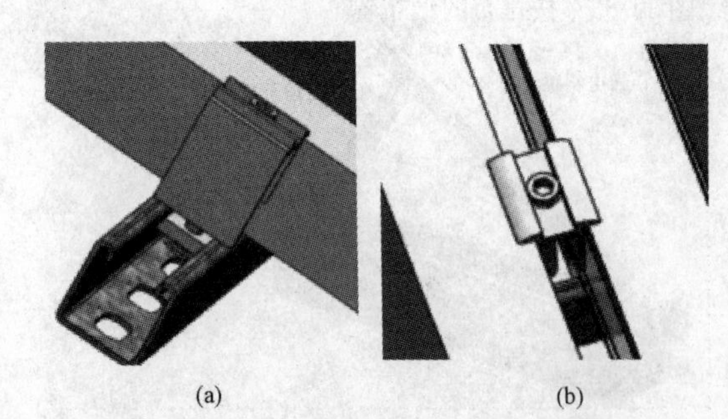

图 11-41　压块的安装

（a）单侧压块的安装；（b）双侧压块的安装

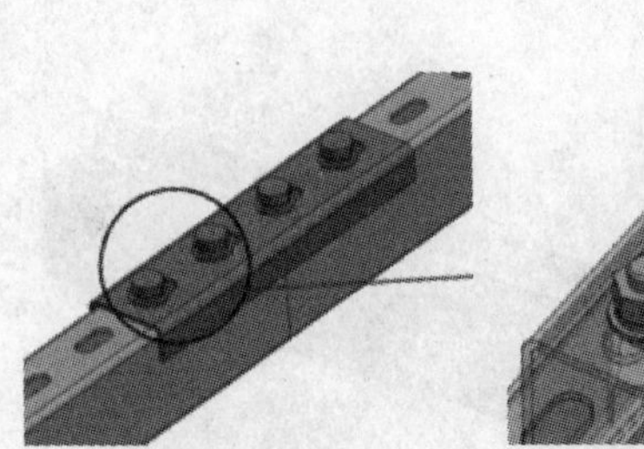

图 11-42　横梁加长时用横梁连接片连接

（12）依次将其余组件固定好，如图 11-43 所示。

4. 注意事项

安装屋顶光伏系统要遵循的基本步骤如下：

（1）确保屋顶或其他安装位置的面积大小可以容纳将要安装的光伏系统。

（2）安装时，需要检查屋顶是否能够承受外加光伏系统的质量，必要时还需要增强屋顶的承重能力。

（3）根据建筑屋顶的设计标准，妥善处理屋顶。

（4）严格按照规范和步骤安装设备。

（5）正确良好地设置接地系统，能有效避免雷击。

（6）检查系统运行是否良好。

（7）确保设计和相关设备能够满足当地电网的并网需求

图 11-43　组件固定

（8）由权威检测机构或电力部门对系统进行全面检测。

第五节　坡屋面光伏组件的安装

在坡屋面的安装方式有顺坡平行架空安装、顺坡镶嵌式安装、光伏瓦安装。

一、对屋面的要求

1. 基本要求

同平面屋顶光伏组件的安装要求。

2. 坡屋面要求

（1）屋面的坡度宜结合光伏组件接受阳光的最佳倾角，即当地纬度来确定。

（2）坡屋面上的光伏组件，宜采用顺坡镶嵌设置或顺坡架空设置。

（3）设置在坡屋面上的光伏组件支架，应与埋设在屋面板上的预埋件牢固连接，并采取防水构造措施。

（4）太阳能光伏组件与坡屋面结合处雨水的排放，应通畅。

（5）顺坡镶嵌在坡屋面上的光伏组件与周围屋面材料的连接部位，应做好防水构造处理。

（6）光伏组件顺坡镶嵌在坡屋面上，不得降低屋面整体的保温隔热防水等功能。

（7）顺坡架空在坡屋面上的光伏组件与屋面间的空隙，不宜大于100mm。

二、斜（坡）屋顶安装方式

1. 倾斜面平装

在坡屋面的安装方式中，顺坡平行架空安装是将光伏组件通过支架架空在坡屋面上，组件与支架的倾角与屋面坡度相同，这种安装方式对屋面防水影响较小，仅需对基座处采取防水措施即可，且便于组件的接线与背板的通风；但它对屋面的外观影响较大。

适用于不同屋面结构中罗马瓦、鱼鳞瓦、石板瓦等瓦片屋顶，如图 11-44 所示。

图 11-44　倾斜面平装

光伏组件可选择晶硅组件，连接件和导轨选择铝合金及不锈钢零部件，如图11-45所示。

顺坡平装的效果如图 11-46 所示。

2. 倾斜面斜装

适用于自身坡度不够大需要增大太阳

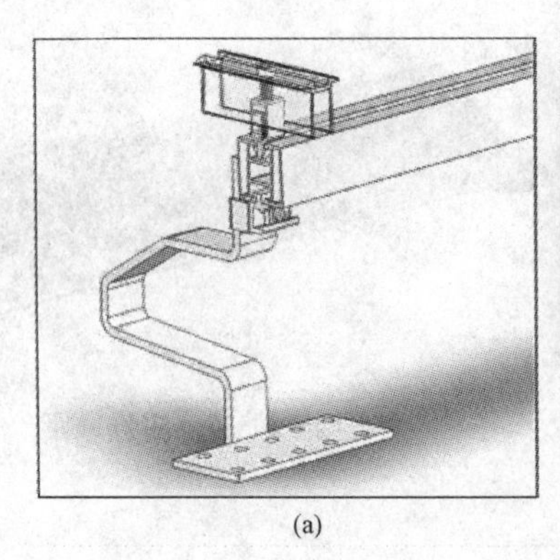
(a)

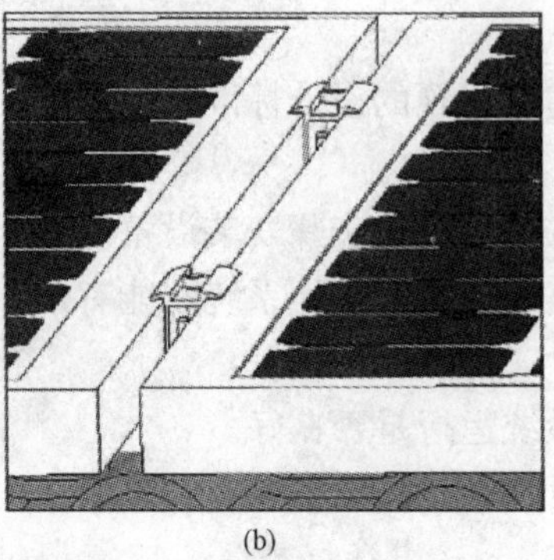
(b)

图 11-45　连接件

(a) 主支撑结构；(b) 电池板的固定

能组件安装角度的屋面。可安装任意规格的太阳能电池板前后挂件高度不同，加大了组件的安装角度，提高了太阳能吸收利用率，如图 11-47 所示。

图 11-46　顺坡平装

图 11-47　倾斜面斜装

光伏组件可选择晶硅组件，连接件和导轨选择铝合金及不锈钢零部件，如图 11-48 所示。

3. 安装要求

(1) 坡屋面坡度，宜按照光伏组件全年获得电能最多的倾角设计。

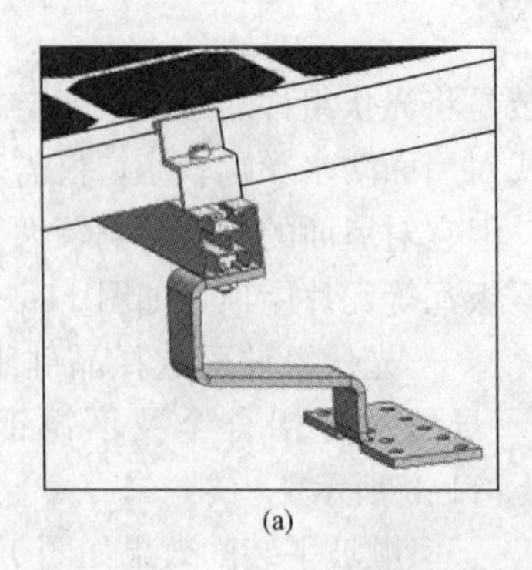
(a)

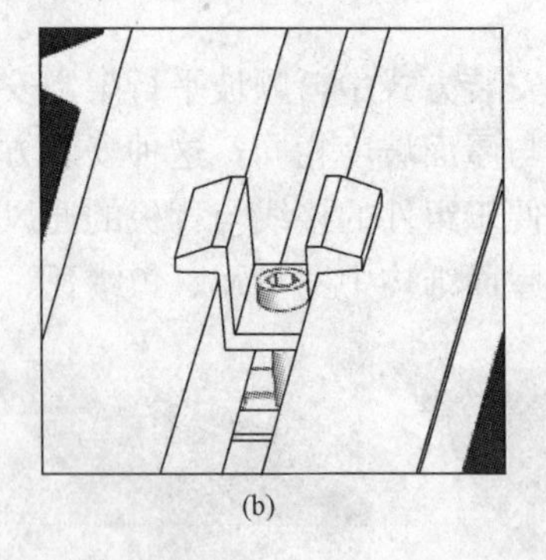
(b)

图 11-48　连接件

(a) 主支撑结构；(b) 电池板的固定

（2）光伏组件宜采用顺坡镶嵌或顺坡架空的安装方式。

（3）建材型光伏组件与周围屋面材料连接部位，应做好建筑构造处理，并应满足屋面整体的要求。

（4）顺坡架空安装的光伏组件与屋面之间的垂直距离，应满足安装和通风散热的要求斜屋面上的平装系统用于各种类型斜屋面及斜瓦片屋面，可安装任意规格的太阳能电池板适用于安装多晶硅组件及薄膜组件，组件系平行于屋面安装。

4. 平屋面和斜屋面安装对比

（1）平屋顶光伏系统。从发电角度看，平屋面上的系统经济性最好；可按照最佳角度安装，获得最大发电量；可采用标准光伏组件，具有最佳性能；与建筑物功能不发生冲突；光伏发电成本最低。

（2）斜屋面光伏系统。南向斜屋面上的光伏系统具有较好的经济性；可按照最佳角度或接近最佳角度安装，因此可获得最大或者较大发电量；可采用标准光伏组件，性能好成本低；与建筑物功能不发生冲突；光伏发电成本最低或者较低，是光伏系统优选的安装方案之一；其他方向（偏正南）上系统的经济型则较次。

第六节　钢板屋面光伏组件的安装

一、彩钢板屋面

1. 彩钢板

彩钢板是薄钢板经冷压或冷轧成型的钢材。钢板采用有机涂层薄钢板（或称彩色钢板）、镀锌薄钢板、防腐薄钢板（含石棉沥青层）或其他薄钢板等。

压型钢板具有单位重量轻、强度高、抗震性能好、施工快速、外形美观等优点，是良好的建筑材料和构件，主要用于围护结构、楼板，也可用于其他构筑物。

彩钢瓦屋面类型如图 11-49 所示。

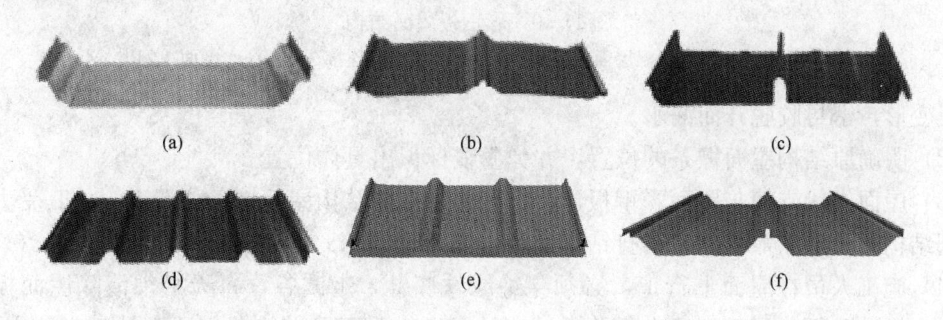

图 11-49　彩钢瓦屋面类型

（a）直立锁边型；（b）咬口型（角驰式）型；（c）卡扣型（暗扣式）型；（d）固定件连接（明钉式）型；（e）复合岩棉；（f）彩钢板

2. 屋面结构

彩钢板屋面结构如图 11-50 所示。

3. 注意事项

（1）首先屋面修设木板或竹板施工栈道，避免材料二次搬运直接踩踏在屋面板上，导致

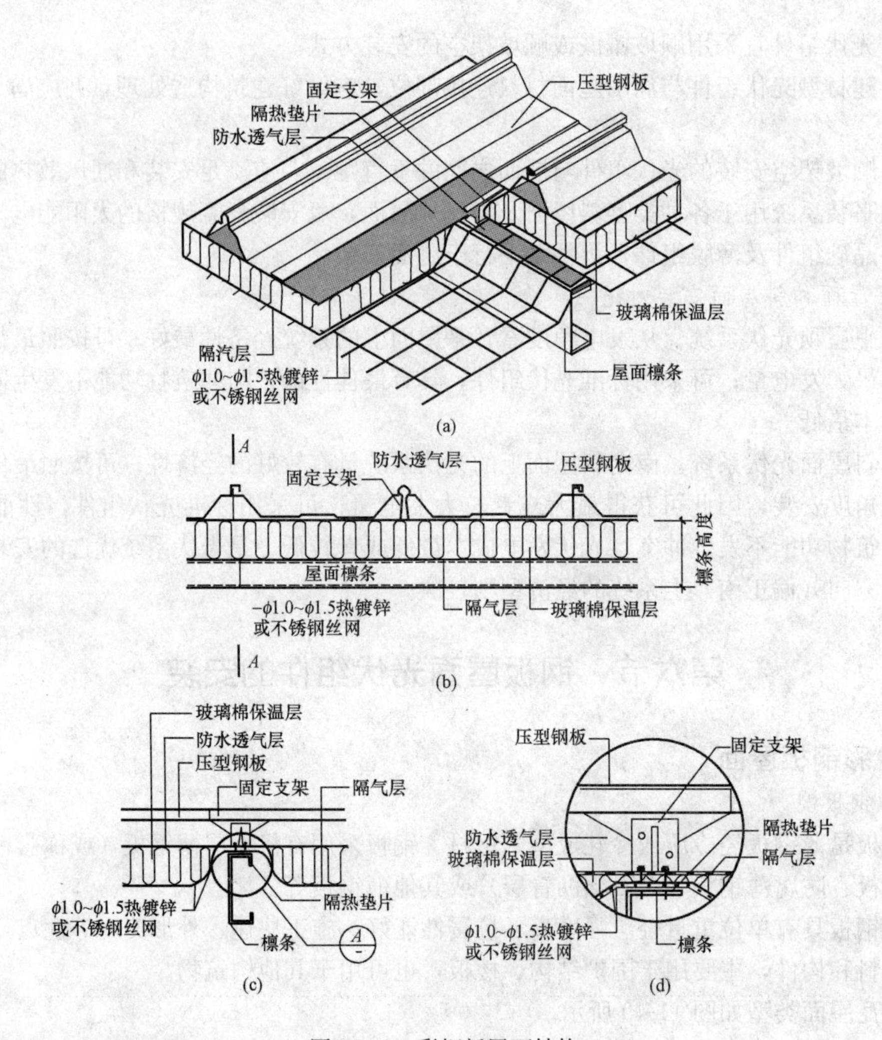

图 11-50　彩钢板屋面结构

（a）单层压型钢板复合保温屋面构造示意；（b）屋面横向连接；（c）A-A 剖面；（d）A 点

屋面板变形，密封胶脱开而漏水。

（2）明确原结构屋面檩条的位置，并弹墨线标识出具体位置。

（3）屋面光伏支架与屋面彩钢板连接位置必须在原结构屋面檩条位置上，使其受力直接传递到结构龙骨上，需明确未漏打钻尾螺钉，或打空。

（4）施工人员在屋面上行走，必须穿绝缘软底鞋，走波谷，每天必须清除屋面板上杂物，防止锈蚀和划伤屋面板所有需要敷设密封膏的位置不得有遗漏。屋面外板安装完毕后，清除屋面全部杂物、铁屑，如发现屋面板涂层划伤，须用彩板专用修补漆进行修补。拉铆钉及自攻螺钉如发生空钉，应随时用铆钉和密封膏补牢，橡胶垫圈不能损坏。

二、彩钢板屋顶安装

1. 导轨安装

系统适合于厂房或仓库等大面积的彩钢瓦屋顶，采用特殊的导轨固定方式，如图 11-51 所示。导轨连接件如图 11-52 所示。

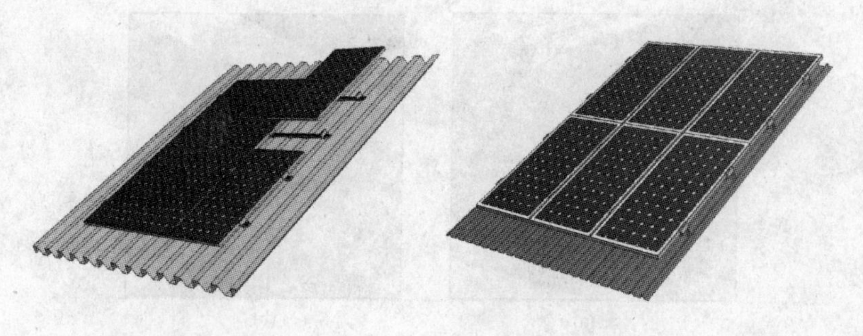

图 11-51　彩钢瓦屋顶安装

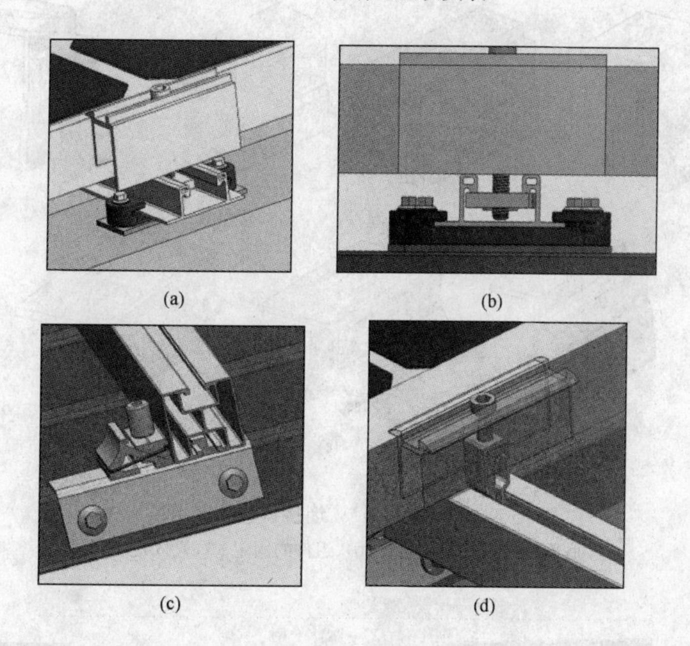

图 11-52　连接件

（a）固定连接结构；（b）侧视图；（c）底部连接及铝轨固定；（d）组件的固定

2. 夹块固定

采用铝制或不锈钢夹块将系统固定在屋面上，如图 11-53 所示。

连接件如图 11-54 所示。

3. 螺杆固定

采用双头螺杆将系统固定在屋顶上，下端用橡胶止水盘做迷宫式防水密封，安全可靠，如图 11-55 所示。

双头螺杆穿透瓦楞板，固定在屋顶支撑梁上，如图 11-56 所示。

三、安装

1. 安装步骤

（1）按照图样制定位置，将钢板夹的正面和背面卡在彩钢板上，并使用螺钉固定，如图 11-57 所示。

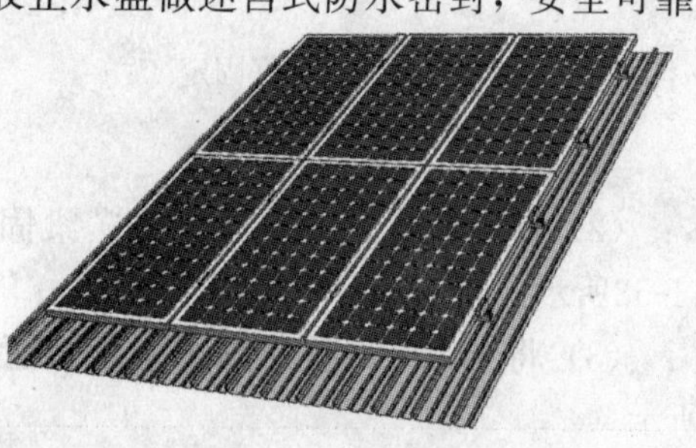

图 11-53　夹块固定

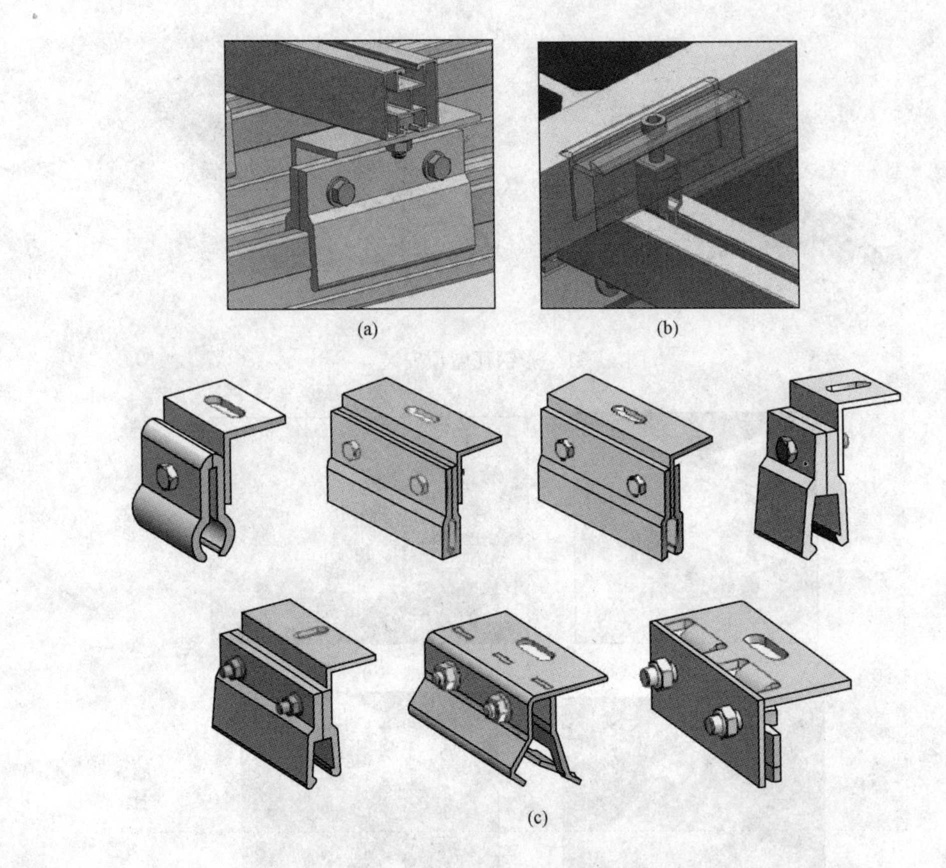

图 11-54 连接件

（a）底部连接及铝轨固定；（b）组件的固定；（c）固定座组件

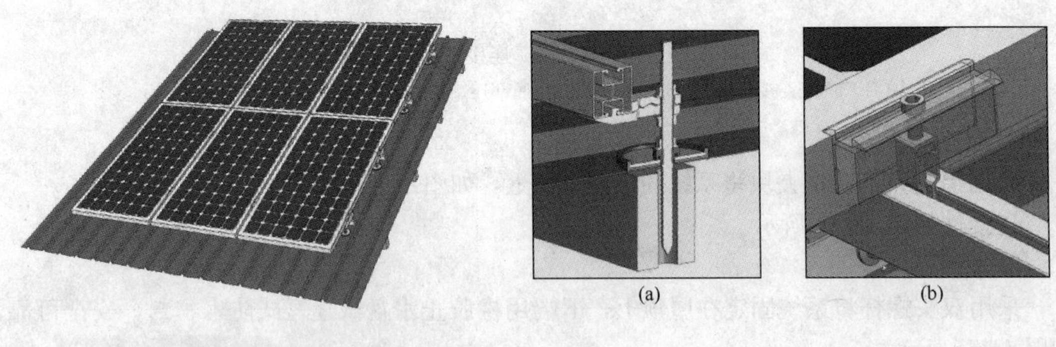

图 11-55 螺杆固定

图 11-56 连接件

（a）底部连接及铝轨固定；（b）组件的固定

（2）使用螺钉穿过横梁，将横梁固定在钢板夹上，调整位置后使用螺母拧紧，如图11-58所示。

（3）将光伏组件按照图纸指示放置于横梁上，通常第一块组件位于侧边，如图 11-59所示。

（4）第一块放置完毕后，使用单侧压块固定，如图 11-60 所示。

图 11-57 钢板夹固定

图 11-58 横梁固定

图 11-59 第一块光伏组件

（5）双侧压块固定方式。将螺钉滑入横梁，使用双侧压块贴紧光伏组件，并用螺钉固定，如图 11-61 所示。

图 11-60 单侧压块固定

图 11-61 双侧压块固定

2. 效果

太阳能彩钢瓦屋顶安装系统对于商用或民用的屋顶太阳能系统的设计和规划具有极大的灵活性，应用于将常见的有框太阳能板平行安装于斜屋顶上，如图 11-62 所示。

图 11-62 彩钢瓦屋顶

四、其他屋面上的安装

1. 瓦楞板

光伏组件在瓦楞板上安装如图 11-63 所示。

2. 波形板

在波形板上安装如图 11-64 所示。

3. 直立锁边钢板

在直立锁边钢板上安装如图 11-65 所示。

4. 普通瓦面

光伏组件在普通瓦面上安装如图 11-66 所示。

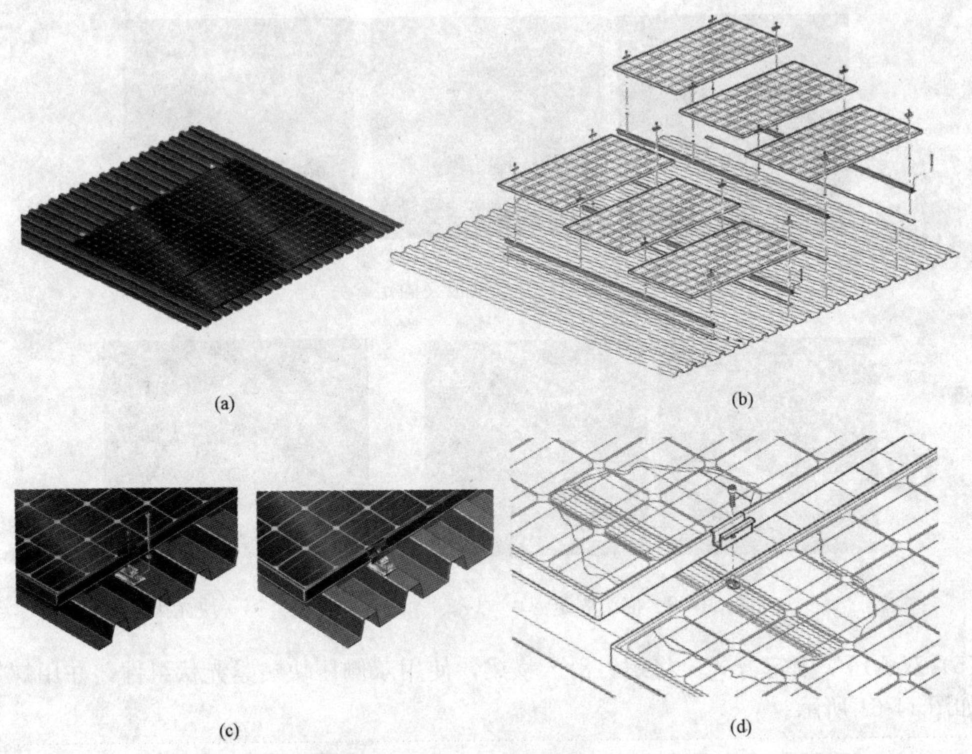

图 11-63　光伏组件在瓦楞板上安装

(a) 效果图；(b) 安装图；(c) 结合端点；(d) 中间点

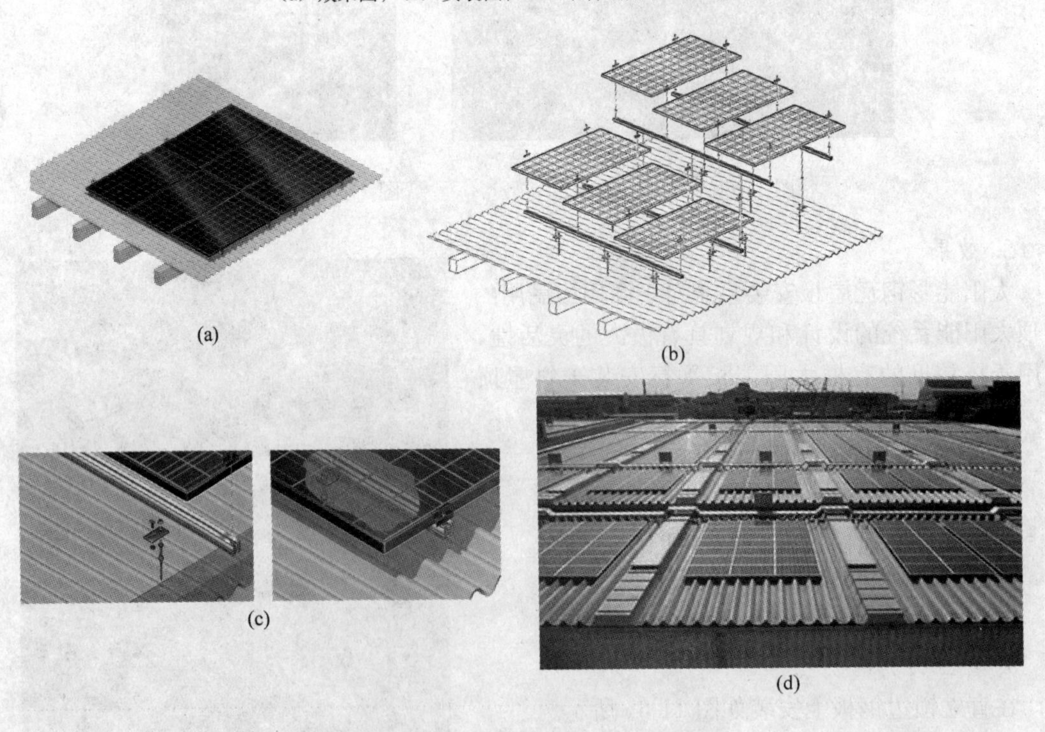

图 11-64　光伏组件在波形板上安装

(a) 效果图；(b) 安装图；(c) 结合端点；(d) 实际系统

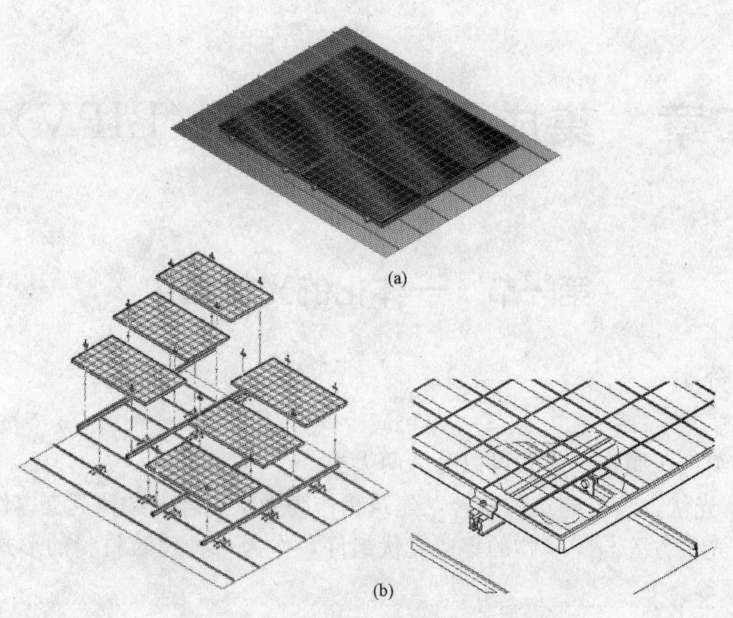

(a)

(b)

图 11-65　光伏组件在直立锁边钢板上安装

（a）效果图；（b）安装图

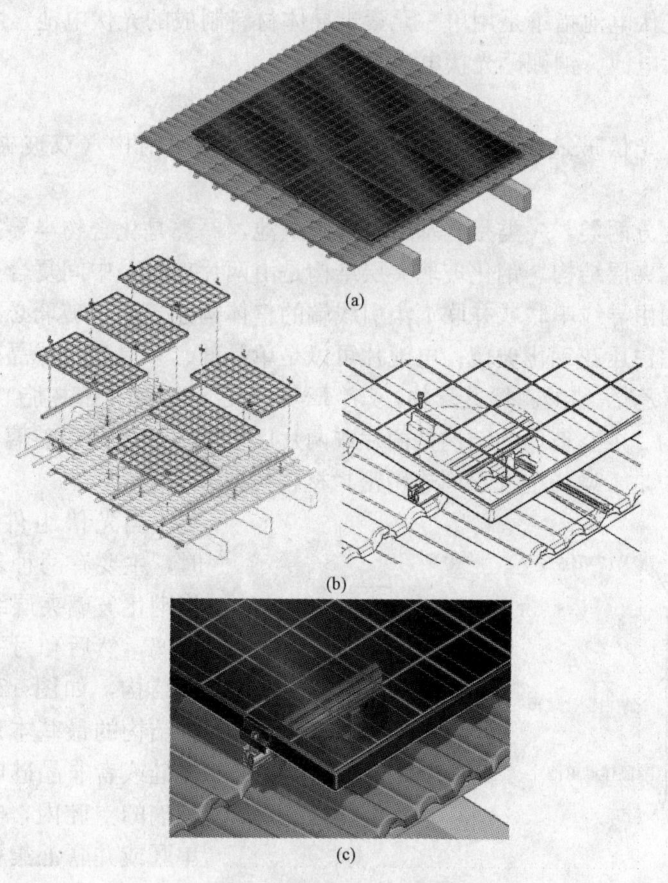

(a)

(b)

(c)

图 11-66　光伏组件在直立锁边钢板上安装

（a）效果图；（b）安装图；（c）结合端点

第十二章　集成型光伏建筑（BIPV）设计

第一节　一体化的光伏组件

一、组件分类

1. 安装方式

BIPV 光伏组件按照安装方式可以分为两大类。

（1）BAPV 光伏方阵与建筑的结合，建筑物作为光伏方阵的载体起支撑作用。

（2）BIPV 光伏方阵与建筑物的集成光伏组件，作为一种建筑材料的形式出现，如光伏幕墙、光伏屋顶等。

2. 材料

按照材料可以分为单晶硅、多晶硅、非晶硅电池和多元化合物光伏电池。

多元化合物光伏电池指不是用单一元素半导体材料制成的光伏电池，主要有硫化镉光伏电池、砷化镓光伏电池、铜铟硒光伏电池。

3. 结构

典型的 BIPV 光伏玻璃组件结构主要是钢化玻璃夹层结构（双玻夹层结构）和中空结构。

薄膜涂层电池分两类，一类是硅基材料薄膜电池，一类是化合物半导体薄膜电池。

（1）钢化玻璃夹层结构。钢化玻璃夹层结构是由两片玻璃，中间复合光伏电池片组成复合层，电池片之间由导线串联或并联汇集引线端的整体构建。两片玻璃必须是钢化玻璃，向光的一面必须是超白压花钢化玻璃；电池片可以是单晶硅、多晶硅、非晶硅的一种。中间的胶片可以是 EVA(乙烯-醋酸乙烯共聚物)或者 PVB(聚乙烯醇缩丁醛树脂)，如图 12-1 所示。

（2）中空结构。中空玻璃的结构是两片或两片以上的玻璃组合，玻璃与玻璃之间保持一定的间隔，间隔中是干燥的空气，周边用密封材料包裹。

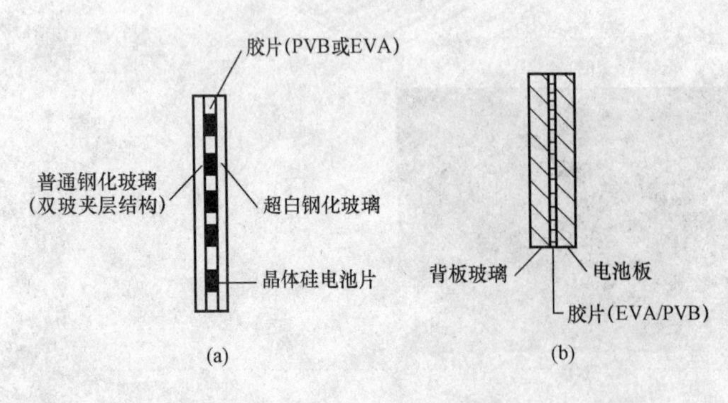

图 12-1　钢化玻璃夹层结构

（a）晶体硅电池片；（b）非晶硅薄膜电池片

当光伏组件和中空玻璃结合时，主要有两种基本形式。一种是将钢化玻璃夹层结构整体作为一块玻璃，然后和另一块玻璃组合成中空结构，如图 12-2（a）所示是该种结构的最基本形式。另一种是晶体硅或者非晶硅电池片放置在中空玻璃的空腔内，电池片之间由导线串联或并联汇集引线端通过间隔条和密封胶引出，如图 12-2（b）所示。

中空玻璃具有优良的绝热性能。在某些条件下其绝热性能可优于混凝土墙。

中空玻璃具有极好的隔声性能。其隔声效果通常与噪声的种类和声强有关，一般可使噪声下降30～40dB。

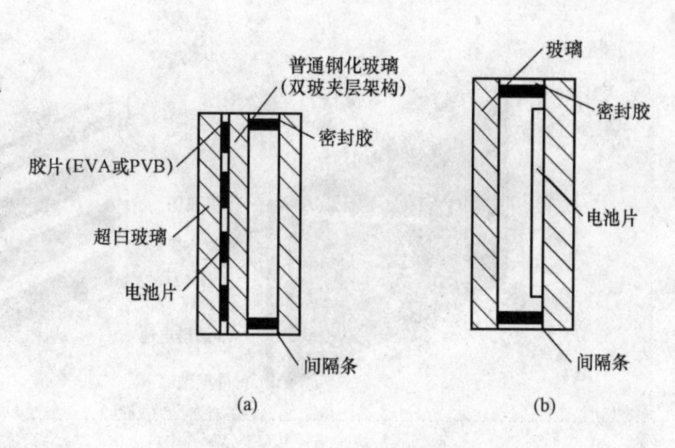

图 12-2 中空玻璃结构

(a) 电池与玻璃组合体；(b) 电池在空腔内

二、非晶硅玻璃组件

1. 双面非晶硅夹层玻璃

双面非晶硅夹层玻璃属于四层夹层玻璃，玻璃/胶膜/非晶硅电池/胶膜/绝缘膜/胶膜/非晶硅电池/胶膜/玻璃。内、外两层玻璃为透光性好的白玻璃。

双面非晶硅夹层玻璃对弱光和散射光吸收性好，对阴影遮挡影响小。两面均能发电，发电量大，不受阳光转移影响。适用于各种立面围墙用。

双面非晶硅夹层玻璃全遮式夹层玻璃不透光；点透式是从激光打圆点处透光；百叶式从间隔处透光，如图 12-3 所示。

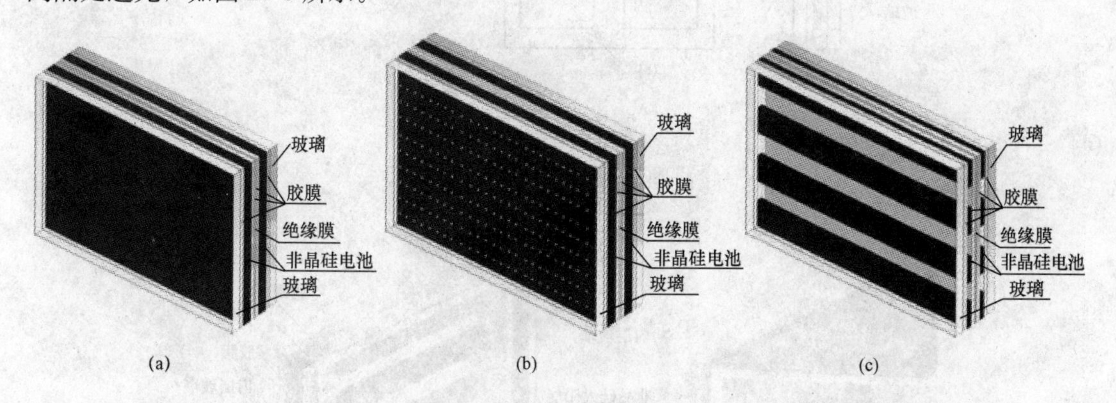

图 12-3 双面非晶硅夹层玻璃

(a) 全遮式；(b) 点透式；(c) 百叶式

双层玻璃板芯片夹在玻璃板之间，芯片之间和芯片与玻璃板边端之间留有一定的间隙，以便透光，芯片占总面积的70%，即透光率为30%。

2. 单面非晶硅夹层玻璃

属于三层夹层玻璃，外层玻璃/胶膜/非晶硅电池/胶膜/内层玻璃。外层玻璃为透光性好的白玻璃，内层玻璃可根据需要选择各种颜色或镀膜的玻璃，如图 12-4 所示。

3. 非晶硅中空玻璃

在普通中空玻璃内部内嵌不锈钢框架，将强光非晶硅电池切割成条状，将其两端固定在不锈钢框架上。可根据需要非晶硅电池条进行疏密、宽窄排布。外层玻璃一般为白玻璃，内层玻璃可根据需要选择各种颜色或镀膜玻璃，如图 12-5 所示。

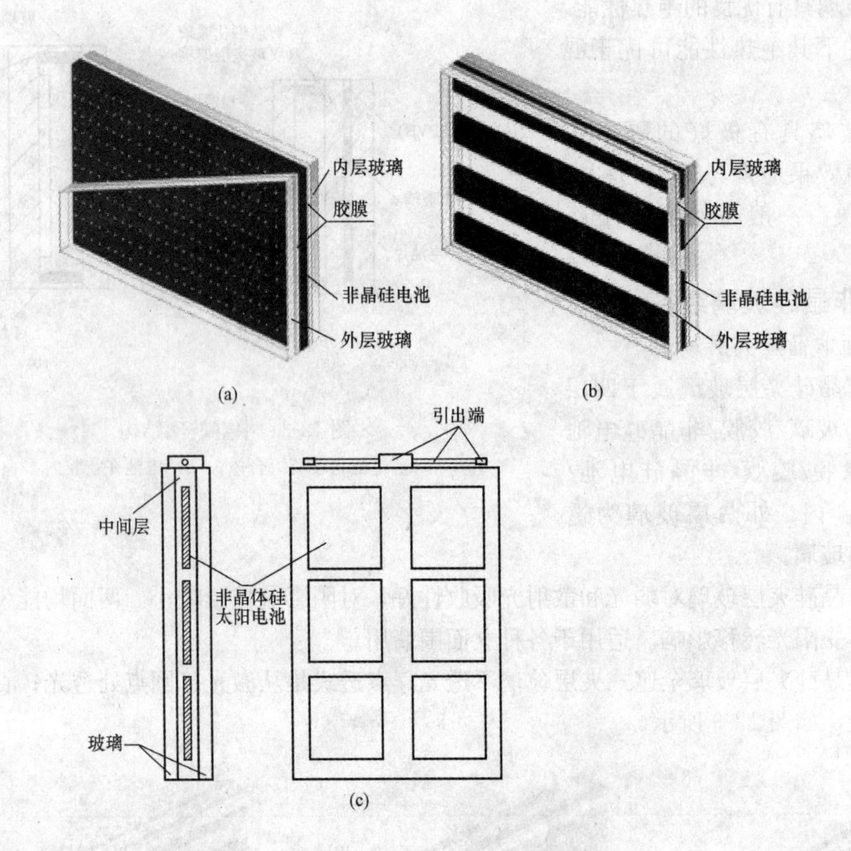

图 12-4　单面非晶硅夹层玻璃

(a) 点透式；(b) 百叶式；(c) 非晶硅

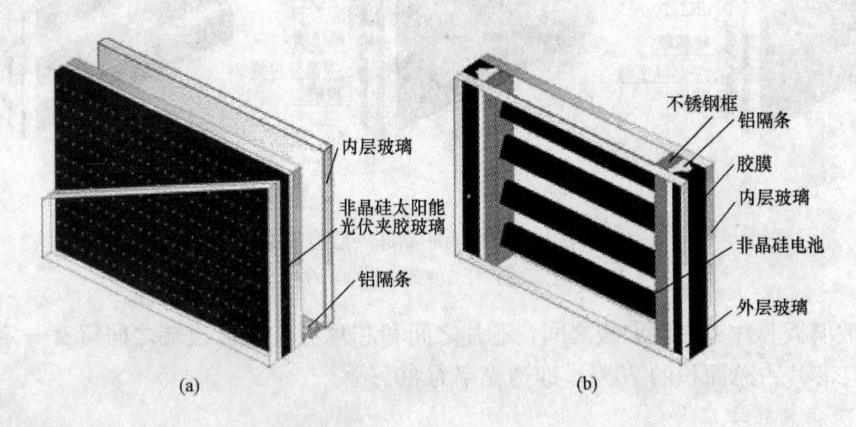

图 12-5　非晶硅中空玻璃

(a) 点透式；(b) 百叶式

非晶硅玻璃作为光伏幕墙的应用如图 12-6 所示。

三、晶硅玻璃组件

1. 晶体硅夹层玻璃

晶体硅夹层玻璃将晶体硅电池片通过胶片将其封装在两片玻璃中间，结构为外层玻璃/

胶膜/晶体硅电池/胶膜/内层玻璃。外层玻璃一般为透明白玻璃，内层玻璃可根据需要选择各种颜色或镀膜玻璃，如图 12-7 所示。

晶体硅夹层玻璃全遮式夹层玻璃的晶体硅紧密排列，不透光。方格式夹层玻璃的晶体硅之间有空隙，光线通过间隙透过。

强光下光伏电池片转化效率高，适用于无遮挡天窗、遮阳窗及强光照射立面墙。

图 12-6　非晶硅玻璃幕墙

2. 晶体硅中空玻璃

晶体硅中空玻璃将晶体硅太阳能光伏夹胶玻璃作为中空玻璃的外层玻璃制成，结构为晶体硅太阳能光伏夹胶玻璃/铝隔条/内层玻璃。内层玻璃可根据需要选择各种颜色或镀膜玻璃，如图 12-8 所示。

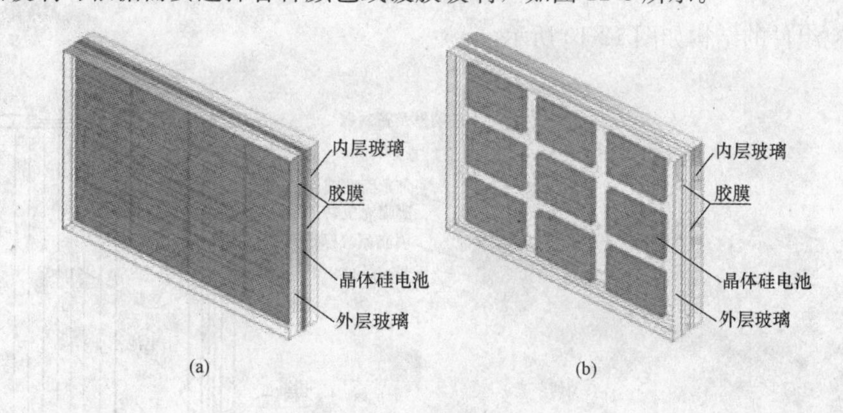

图 12-7　晶体硅夹层玻璃

（a）全透式；（b）方格式

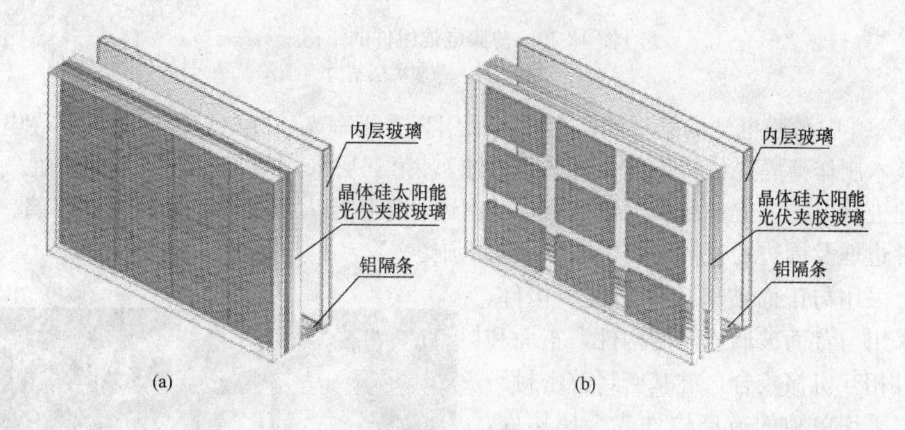

图 12-8　晶体硅中空玻璃

（a）全透式；（b）方格式

晶体硅中空玻璃全遮式中空玻璃的晶体硅紧密排列，不透光。方格式中空玻璃的晶体硅之间有空隙，光线通过间隙透过。晶体硅中空玻璃转化效率高，兼有夹胶玻璃与中空玻璃的双重优良性能，用于无遮挡、光线强的建筑物立面墙。

晶体硅中空玻璃作为光伏遮阳的应用如图12-9所示。

图12-9　晶体硅中空玻璃遮阳

四、薄膜电池

1. 分类

通常薄膜电池分为以下几大类：非晶硅、砷化镓Ⅲ-Ⅴ族化合物、硫化镉、碲化镉及铜铟镓硒薄膜电池组件等。

化合物半导体薄膜电池主要是碲化镉薄膜、砷化镓薄膜等。相对于晶体硅电池，薄膜涂层电池的优点在于生产步骤少，电池组建整体性好，可以制成柔性组件，对于散射光和直射光都有很好的响应等。缺点主要是转换效率低。

2. 结构

薄膜电池组件的结构如图12-10所示。

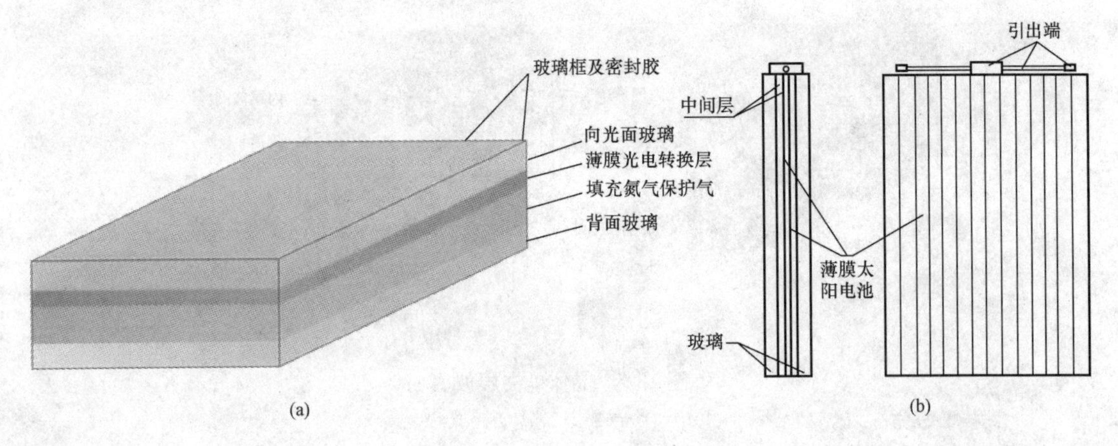

图12-10　薄膜电池组件的结构

(a) 结构；(b) 薄膜夹层结构

图12-10中薄膜电池的第一层向光面，采用高透光率光伏导电玻璃；第二层导电玻璃通过镀膜技术制作薄膜光伏转化单位（薄膜电池）；第三层采用填充氮气或其他惰性气体，对薄膜电池进行保护，避免薄膜电池被氧化及腐蚀；第四层背面玻璃，采用钢化玻璃。

组件边框及周边的密封可以采取下面的措施。

(1) 采用与正面玻璃连体的玻璃构件，背面也采用与背面玻璃连体的构件，正面和背面构件相互机械咬合，硅基密封胶密封。

(2) 采用单独的玻璃构件或金属构件，硅胶密封胶密封。

(3) 各构件与组件接触面需要密封和机械保护。

薄膜电池作为光伏幕墙的应用如图12-11所示。

图12-11　薄膜电池幕墙

第二节　光伏组件的一体化设计

一、设计原则

1. 物理与电性能

在光伏玻璃电池的应用设计中，首要考虑的应该是玻璃的基本物理与电性能，包括光伏玻璃边框材料类型、电池材料、可承受的荷载、绝缘性能、温度系数、额定工作温度及性能、低辐照度下的性能、热斑耐久性能以及湿热-湿冷性能。

2. 建筑材料

选择光伏玻璃电池时，需要考虑其是否能达到替代普通建筑材料的功能，各种性能是否能达到普通建筑材料的功能标准。

作为一种建筑材料，防火、防水、结构强度是否能达到设计要求？在设计光伏玻璃建筑材料时应该还要考虑其美观性。

3. 一体化设计

(1) 容易和任何建筑结构设计合成一体，能够比较方便地安装在任何普通结构上，与一般建筑材料能够很方便地衔接。

(2) 通过特殊的结构设计，光伏玻璃必须具有良好的防渗性能和防风性能，必须具有和普通建材一样的防风避雨的功能。

(3) 能有和普通建材一样的持久性能，这主要和安装光伏玻璃建材的构件选择材料有关。

(4) 光伏玻璃的安装必须符合建筑标准规范，并且和普通建材的安装用时相当。

(5) 线路连接应该符合相关规范，不能由于接线盒、电线以及安全性的不同而导致复杂化。

(6) 系统应该提供简便的维修通道。

(7) 对于晶硅电池光伏玻璃建材系统而言，由于其电池存在负温度效应，必须设计相关的降温结构。

二、性能要求

1. 结构

光伏玻璃是由玻璃—EVA 胶膜—光伏电池—EVA 胶膜－玻璃组成，类似于建筑上常用的夹胶玻璃。可以通过控制双面玻璃之间的电池间隙和边缘空隙，来制成5%～80%透光率的光伏玻璃。

为了实现电池板上表面玻璃的透光率，一般采用超白低铁钢化玻璃，其厚度一般在4～6mm之间；底板玻璃由于起主要的支承、承压作用，厚度要求在4～19mm之间，具体厚度应该根据光伏玻璃建材安装的部位以及抗风压要求等决定，底层玻璃应该使用钢化玻璃，以避免热应力的破坏。

2. 机械荷载

机械荷载主要是指光伏玻璃抗风、雪或冰块等静态载荷的能力。用于建筑屋顶的光伏玻璃建筑材料以及安装在建筑立面的光伏玻璃经常要承受此类负荷。机械载荷的设计包括光伏玻璃的玻璃组件设计、边框设计和构件设计为主。

对于光伏玻璃组件设计来说，其内部层压的光伏电池属于非常易碎的薄片，因此其挠度要求高。边框的设计强度可以根据材料的使用部位，满足国家规定的标准。构件强度设计主要依据的是光伏玻璃建材使用的部位，需满足的结构强度要求来选择不同的材料。

3. 落球冲击剥离性能

参照幕墙设计规范，根据使用部位、安全性的不同，需要满足相应的国家标准。

4. 叠差和对角线偏差

光伏玻璃作为建筑材料，应符合夹层玻璃的相关生产规范。

5. 温度系数

光伏玻璃的温度系数包括电流温度系数和电压温度系数，即光伏玻璃温度与电流和电压之间的关系。

由于晶硅电池存在负温度效应，随着温度的升高效率会下降，光伏玻璃作为建筑材料安装在建筑表面，如果在通风条件不好的情况下，电池温度上升得很快，因此应尽量选择温度系数小的光伏玻璃。

6. 低辐照度下的性能

光伏玻璃建筑材料特别是用在幕墙上，由于倾角一般不能达到最佳倾角，经常处于辐射光照不足的情况，因此对散射光的吸收就很重要，在低辐射照度下的性能要求要高。

7. 热斑耐久性能

热斑耐久性能是指光伏玻璃经受热斑加热效应的能力，如焊点熔化或封装材料老化。电池裂纹或不匹配、内部连接失效、局部被遮光或弄脏均会引用这种缺陷。

光伏玻璃建筑材料经常有可能会被其他建筑物或建筑材料、树木、鸟粪等的遮挡，因此光伏玻璃建筑材料的抗热斑耐久性能应该要求比较高。

8. 热性能

光伏玻璃的热性能包括光伏玻璃经受由于温度反复变化而引起的热失配、疲劳和不同的应力的能力；光伏玻璃经受高温、高湿之后的零下温度影响的能力；光伏玻璃经受长期湿气渗透的能力。

光伏玻璃与建筑结合，作为建筑的外围围护结构，长期经受高温、高湿以及高承力状态下，因此应特别注意其此方面的性能。

9. 绝缘性能

绝缘性能是指光伏玻璃建筑材料中的载流元件与建材边框之间的绝缘是否良好。在光伏玻璃建筑一体化系统中，由于光伏玻璃建筑材料直接安装在建筑上面，人与其的接触比较多，因此其绝缘非常重要。

（1）在光伏玻璃建材中电池板内电池正负极的引出端必须使用绝缘胶密封。

（2）光伏玻璃的引出线在金属框架内走线时，必须采用在外另加一层绝缘套管。

（3）光伏玻璃与构件之间的金属接触部位应该用柔性绝缘垫片隔离。

（4）一般要求在建材构件金属外壳于光伏玻璃内元件之间加上 1000V 再加上两倍的系统最大电压下维持 1min，光伏玻璃无绝缘击穿或表面无破裂现象，同时绝缘电阻要求不小于 50MΩ。

三、安装设计

光伏玻璃建筑材料安装结构形式分为两种即无框式、明框式、隐框式安装结构。

1. 无框结构

无框式结构主要通过两种形式的构件——点式驳接抓和点式螺栓固定，都需要对电池板预先钻孔，因此对于光伏玻璃具有建筑材料的安装要求。

(1) 在定制光伏玻璃前应该详细规划好电池板需要钻孔的位置，以方便在焊接、层压电池板的时候，电池片和焊条远离这些区域。

(2) 电池板的线路引出需经过仔细设计，尽量不显露在内外面可视范围内，影响美观。

(3) 电池板边缘空白区域应稍微留多一点，一般以 50mm 以上为宜，以保护电池板内部不容易受腐蚀。

(4) 在支撑孔周围应用硅酮建筑密封胶进行可靠的密封。

无框式幕墙的应用如图 12-12 所示。

图 12-12　无框式幕墙

2. 明框结构

明框结构即金属框架的构件显露于组件外表面的框支承结构，在这种结构上安装只要按照普通玻璃建材安装即可，线路可以隐藏在型材结构内部，钻孔位尽量选择在凹槽内，并用硅酮建筑密封胶固定密封，如图 12-13 所示。

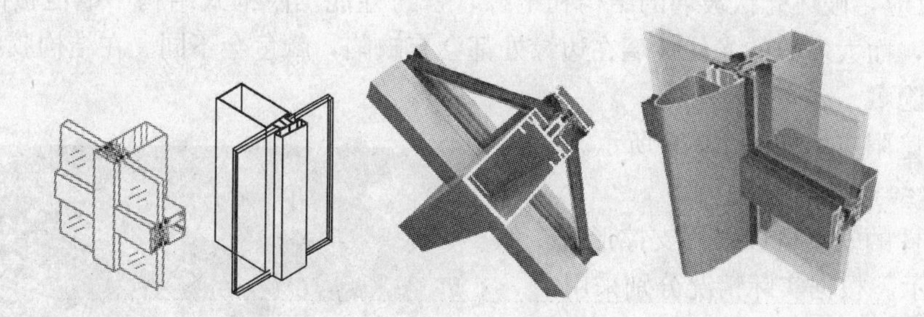

图 12-13　明框结构

明框式存在遮光。阳光照射在明框上会形成阴影，只要一小部分的阴影就能造成效率的大幅度下降。不过这种影响在竖框结构和系统边缘光伏玻璃上体现不明显。同时由于光伏玻璃玻璃表面的积灰通过雨水冲刷以后同雨水一起容易积累在底边框内侧。由于对于幕墙来说，横向框架对太阳光线的遮挡，电池效率通常会降低 3%～5%。因此可以降低横向框架高度，或者甚至只用竖向框架。明框式幕墙如图 12-14 所示。

图 12-14　明框式幕墙

3. 隐框结构

隐框结构即金属框架的构件完全不显露于组件外表面的框支承幕墙，光伏玻璃与构件之间用结构胶固定，如图 12-15 所示。

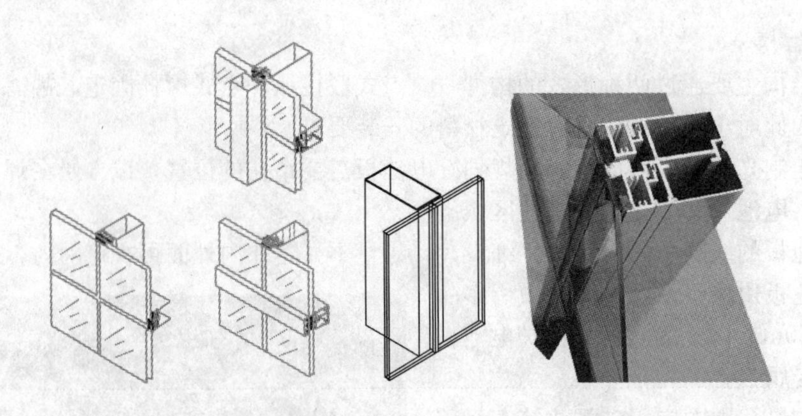

图 12-15　隐框结构

隐框结构的安装应注意以下几点：

（1）在安装前应清除电池板和铝框架表面的灰尘、油污和其他污物，应分别使用带溶剂的擦布和干擦布清洁干净。

（2）应在清洁后 1h 内进行注胶；注胶前再度污染，应重新清洁。

（3）采用硅酮建筑密封胶粘结板块时，不应使结构胶长期处于单独受力状况。硅酮建筑密封胶在固化并达到足够承受力前应不搬动。

隐框式结构中不存在阴影作用。但安装光伏玻璃之间的结构胶可能会和电池板中的 EVA 发生反应，破坏光伏玻璃的结构和绝缘、密封性能。隐框式结构中电池板的整个外观都是可见的，而大多数的光伏玻璃在边缘处都会有缺陷，颜色会不同。在结构胶中不利于线路的安装和隐藏。

隐框式遮阳应用如图 12-16 所示。

图 12-16　隐框式遮阳

4. 支撑结构

光伏组件的安装可以多种支撑形式，如图 12-17 所示。根据实际情况分别采用。

四、结构设计

1. 一般原则

BIPV 光伏结构系统与普通玻璃幕墙和采光顶大体相同，可以套用玻璃幕墙和采光顶的设计方法。

（1）光伏结构系统应进行结构设计，应具有规定的承载能力、刚度、稳定性和变形能力。结构设计使用年限应不小于 25 年。预埋件属于难以更换的部件，其结构设计使用年限宜按 50 年考虑。大跨度支承钢结构的结构设计使用年限应与主体结构相同。

（2）光伏结构系统在正常使用状态下应具有良好的工作性能。

抗震设计的光伏结构系统，在多遇地震作用下应能正常使用；在设防烈度地震作用下经修理后应仍可使用；在罕遇地震作用下支承骨架不应倒塌或坠落。

非抗震设计的光伏结构系统，应计算重力荷载和风荷载的效应，必要时可计入温度作用的效应。

图 12-17　组件支撑

（a）钢爪点支撑；（b）夹板点支撑；（c）大型钢架支撑；（d）立体桁架支撑；（e）超大型支撑；（f）索桁架点支撑；（g）半独立支撑

（3）光伏结构系统的构件和连接应按各效应组合中最不利组合进行设计。

2. 荷载

光伏结构构件和连接的承载力设计值不应小于荷载和作用效应的设计值。按荷载与作用标准值计算的挠度值不宜超过挠度的允许值。

（1）光伏结构系统应分别不同情况，考虑下列重力荷载。

1）组件和支承结构自重。

2）检修荷载。

3）雪荷载。

（2）光伏结构系统的风荷载，应满足国家标准 GB 50009《建筑结构荷载规范》的要求。

（3）光伏结构组件和支承结构的地震力计算与一般玻璃幕墙相同，可按照行业标准 JGJ 102《玻璃幕墙工程技术规范》的规定进行。

（4）光伏采光顶和斜墙的重力荷载会产生平面外方向的作用分力，与风荷载和地震力的作用相叠加。

五、组件选型

1．厚度

（1）组件的玻璃应能承受施加于组件的荷载、地震作用和温度作用。其厚度除应由计算确定外，尚应满足最小厚度的要求。

（2）用作采光顶和幕墙的合一式组件，夹胶玻璃中的单片玻璃厚度应不小于 5mm；幕墙中空玻璃的内侧采用单片玻璃时，厚度应不小于 6mm。

（3）有光伏电池的夹胶玻璃，外片宜采用超白玻璃。夹胶玻璃的内外片，厚度相差不宜大于 3mm。

2．膜

（1）无中空层的单片夹胶玻璃，不宜采用 Low-E 镀膜；有中空层的夹胶中空玻璃，Low-E 镀膜应朝中空层。

（2）组件应采用 PVB 夹胶膜；也可采用 EVA 夹胶膜。非晶硅电池的夹胶玻璃宜采用 PVB 夹胶膜。

3．玻璃

（1）采光顶采用中空玻璃时，室内侧也应采用夹胶玻璃。

（2）斜玻璃幕墙采用中空玻璃时，朝地面一侧宜采用夹胶玻璃。

（3）夹胶玻璃宜采用半钢化玻璃或浮法玻璃，可采用钢化玻璃。

（4）点支承组件应采用钢化玻璃。

（5）钢化玻璃有 1%～3%的自爆率，即使经过二次热处理也还有 0.1%～0.3%的自爆率。而半钢化玻璃和浮法玻璃不会自爆，夹胶后成为安全玻璃。如果承载力足够，可不必采用钢化夹胶玻璃，以免使用后更换玻璃的困难。

（6）点支承玻璃开孔处局部应力很大，只有强度高的钢化玻璃才能满足承载力的要求。

4．结构

（1）组件的结构计算应按 JGJ 102《玻璃幕墙工程技术规范》的规定进行。规范中已列出了边支承玻璃板和点支承玻璃板的计算公式和计算用表，可直接采用。

（2）由荷载及作用标准值产生的组件挠度，边支承组件不宜大于短边的 1/60；点支承组件不宜大于沿较大边长支承点间距的 1/60。

第三节 光 伏 幕 墙

BIPV 的应用型式有很多种，比较典型的应用是光伏玻璃幕墙，下面以光伏玻璃幕墙为例说明 BIPV 电气系统设计。其他型式可根据此酌情增减。

一、建筑结构要求

（1）光伏玻璃幕墙作为建筑幕墙的一种形式，其设计应符合建筑幕墙标准 GB/T 21086《建筑幕墙》和 JGJ 102《玻璃幕墙工程技术规范》的要求中对玻璃幕墙支承结构、材料、性能和分级的相关规定。

（2）不同于传统玻璃幕墙，光伏玻璃幕墙的直流电缆需要隐蔽在支承结构中。因此支撑结构设计应满足电气布线的安全、隐蔽、美观等要求。

（3）光伏玻璃幕墙的支承结构（横梁、立柱等）在设计时宜设计一内部型腔，作为布线型腔，以满足布线隐蔽、安全等要求。型腔的结构可根据幕墙结构等而不同，但一般应为开口型腔且有扣盖密封。型腔的尺寸应满足电缆线径和数量的要求。

（4）当在支承结构上增加穿线孔时，应对支承结构进行结构安全校核，以保证不破坏支承结构的强度。

（5）光伏玻璃幕墙组件的名义工作温度可达 40℃以上，实际工作温度可达 60℃以上。幕墙背面要求有良好通风。组件效率随着温度的升高而降低；减少火灾危险。推荐采用双层可通风的呼吸式幕墙设计。

（6）光伏玻璃幕墙组件可采用明框式、隐框式和点支式安装。

1）点支式结构在支撑孔周围应用建筑密封胶进行可靠密封。

2）隐框式结构采用建筑密封胶粘结板块时，不应使结构胶长期处于单独受力状况。

3）明框结构应降低横向框架高度或仅用竖向框架以减少遮挡，其布线钻孔应尽量选择在凹槽内，并用建筑密封胶固定密封。

4）不论采用何种方式安装，一定要保证组件有足够的连接能力。

5）薄膜光伏玻璃幕墙组件不建议采用隐框式安装。

6）光伏玻璃幕墙组件的安装可参考国家建筑标准设计图集 10J908-5《建筑太阳能光伏系统设计与安装》。

二、幕墙方阵

1. 装机容量与发电量

并网光伏幕墙系统的装机容量应根据光伏玻璃幕墙组件的可安装面积、类型和建筑供配电条件等因素确定。装机容量为所安装光伏玻璃幕墙组件的标称功率之和，光伏玻璃幕墙组件的安装数量可由光伏玻璃幕墙组件的可安装面积和单个组件面积的比值确定。

光伏幕墙系统的发电量应根据所在地的太阳能资源情况、光伏幕墙系统的设计、光伏幕墙方阵的布置和环境条件等因素计算确定。

并网光伏幕墙系统的上网电量可按下式估算或按其他经过验证的方法计算。

$$E_{p} = \frac{H_{A}}{E_{S}} PK$$

式中：E_{p} 为上网发电量，kW·h；H_{A} 为水平面太阳总辐照量（$kW \cdot h/m^2$）。计算月发电量时，应取各月的日均水平面太阳总辐照量乘以每月的天数；E_{S} 为 $1kW/m^2$，标准条件下的辐照度（常数）；P 为装机容量，kWp；K 为综合效率系数，光伏发电系统综合效率系数 K 综合了各种因素影响后的修正系数，在最佳倾角时，一般可取 0.75～0.85。综合效率系数 K 可按下式计算

$$K = K_1K_2K_3K_4K_5K_6K_7K_8$$

(1) K_1 光伏幕墙方阵的安装倾角与方位角修正系数，将水平面太阳能总辐射量转换到光伏幕墙方阵陈列面上的折算系数，可根据组件的安装方式，结合所在地纬度、经度确定。表 12-1 给出几个典型城市的数据供参考，设计时可采用相应的设计软件进行计算。

表 12-1　各地光伏方阵的安装倾角与方位角修正系数

城市	倾角（与水平面夹角；方位角固定 90°）				方位角（与正北向夹角，正北为 0°；倾角固定 90°）				
	0°	30°	45°	60°	90°	135°	180°	225°	270°
沈阳	1.00	1.15	1.14	1.08	0.59	0.75	0.80	0.75	0.59
北京	1.00	1.14	1.13	1.06	0.58	0.73	0.77	0.73	0.58
上海	1.00	1.06	1.01	0.92	0.56	0.63	0.64	0.63	0.56
广州	1.00	1.03	0.97	0.87	0.56	0.60	0.60	0.60	0.56

(2) K_2 光伏玻璃幕墙组件衰减修正系数。其中，晶体硅光伏玻璃幕墙组件的衰减可取年衰减 0.8%或根据产品手册确定，其他类型光伏玻璃幕墙组件的衰减率需参考产品手册。

(3) K_3 光伏玻璃幕墙组件温度修正系数。由光伏玻璃幕墙组件的峰值功率温度系数和当地平均气温决定，可由下式计算

$$K_3 = 1 + K_p(t_{avg} - 25)$$

式中：K_p 为光伏玻璃幕墙组件峰值功率温度系数，%/℃，其中晶硅组件可取−0.45，非晶硅组件取−0.2；t_{avg} 为当地平均气温，℃。计算月发电量时，应取当地月平均气温。

(4) K_4 光伏玻璃幕墙组件表面污染及遮挡修正系数。光伏玻璃幕墙组件表面由于灰尘或其他污垢蒙蔽而产生的遮光影响，以及由于障碍物对投射到组件表面光照的遮挡及光伏方阵各方阵之间的互相遮挡而产生的遮光影响。

(5) K_5 光伏组串适配系数。因为光伏玻璃幕墙组件输出电流及电压的不一致而导致的光伏方阵输出的衰减，由光伏组串的电压、电流离散性确定。

(6) K_6 光伏幕墙系统可用率。全年总小时数与光伏幕墙系统检修维护及故障小时数的差值除以全年总小时数。

(7) K_7 逆变器平均效率。逆变器平均效率是逆变器将输入的直流电能转换成交流电能在不同功率段下的加权平均效率，可由逆变器厂商的数据确定。

(8) K_8 集电线路损耗系数。包括光伏幕墙系统直流侧的直流电缆损耗、逆变器至计量点的交流电缆损耗。

2. 要求

光伏幕墙方阵的设计，应符合下列规定：

(1) 光伏玻璃幕墙组件的类型、规格和安装位置应根据建筑设计和用户需求确定。

(2) 光伏玻璃幕墙组件应与建筑外观相协调，并与建筑模数相匹配。

(3) 满足室内采光要求。

(4) 避免由于朝向和遮挡对光伏发电造成不利影响。

(5) 便于排水、除雪、除尘，保证通风良好，确保系统电气性能安全可靠。

(6) 满足消防要求和防雷要求。

(7) 便于光伏幕墙方阵和建筑相关部位的检修和维护，光伏采光顶宜预留检修通道。

(8) 光伏幕墙方阵最大电压应不超过 1000V。光伏幕墙方阵最大电压可由光伏组串在标

准测试条件下的开路电压通过最低预期工作温度修正后确定。最低预期工作温度下，电压修正系数应根据光伏玻璃幕墙组件供应商提供的数据计算。

3. 原则

光伏幕墙方阵设计应按下列原则确定：

（1）光伏玻璃幕墙组件的串联数应按国家标准 GB 50797《光伏发电站设计规范》的规定。

（2）光伏组串的并联数可根据逆变器额定容量及光伏组串的功率确定。

（3）同一方阵内，光伏玻璃幕墙组件电性能参数宜一致。同一组串内，光伏玻璃幕墙组件的短路电流和最大工作点电流的离散性允许偏差为±3%；有并联关系的各组串间，总开路电压和最大功率点电压的离散性允许偏差为±2%。

（4）根据光伏幕墙组件厂商的要求，光伏幕墙方阵可正极或负极功能接地。功能接地应符合下列规定。

1）宜通过电阻接地。接地电阻为

$$R > \frac{U_{\mathrm{oc.max}}}{30\mathrm{mA}}$$

式中，$U_{\mathrm{oc.max}}$ 为光伏幕墙方阵最大电压，V。

为减少光伏组件性能的电致衰减，非晶硅光伏组件一般要求负极接地，部分晶硅光伏组件（例如背接触式组件）要求正极接地，称为功能接地。该功能接地的目的与电气安全无关，只是为了降低极化效应等对光伏组件性能衰减的影响。与保护接地和防雷接地不同的是，该功能接地在系统运行中可以断开而不会导致着火危险和电击危害。薄膜光伏玻璃幕墙组件通过负极功能接地可避免因电场导致的钠化学反应导致 TCO 导电层损坏；背接触晶硅光伏玻璃幕墙组件可通过正极接地来避免因极化效应导致组件效率降低。实际上，功能接地仅是避免电致衰减的方法之一，也可通过在夜间对光伏组件施加反向电压来实现同样的目的。

功能接地宜通过电阻接地，并通过电阻将故障电流限制在 30mA 以下，避免因接地故障而造成电击危害以及着火危险。直接接地会降低系统的安全性，现已较少采用。

2）功能接地应单点连接到接地母排。

不带储能装置的光伏幕墙系统，接地连接点应位于光伏幕墙方阵的隔离开关和逆变器之间，且应尽量靠近逆变器或位于逆变器内；带有储能装置的光伏幕墙系统，接地连接点应位于充电控制器和电池保护装置之间。

4. 组件选型

光伏玻璃幕墙组件选型应符合下列要求：

（1）选用符合 GB/T 20047.1《光伏（PV）组件安全鉴定　第1部分：结构要求》要求的光伏组件。

（2）双玻光伏玻璃幕墙组件应符合现行国家标准 GB 29551《建筑用光伏夹层玻璃》的规定。

（3）中空玻璃幕墙组件应符合现行国家标准 GB/T 29759《建筑用太阳能光伏中空玻璃》的规定。

三、电缆

1. 选型

（1）电缆的选择应按照电压等级、持续工作电流、短路热稳定性、允许电压降和敷设环境条件等因素进行选型。

（2）电缆导体材质、绝缘类型、绝缘水平、护层类型、导体截面等应符合现行国家标准 GB 50217《电力工程电缆设计规范》的规定和 GB 16895.6《建筑物电气装置 第5部分：电气设备的选择和安装 第52章：布线系统》中关于载流量的规定。

（3）直流电缆选型除符合国家标准规定外，还应符合下列规定：

1）直流电缆的额定电压，应大于确定的光伏幕墙方阵最大电压。

2）直流电缆应选用带非金属护套的电缆或金属铠装电缆。

3）曝露在室外的直流电缆应抗紫外线辐射，或安装在抗紫外线辐射的导管中。

4）直流电缆应为阻燃电缆，阻燃等级及发烟特性应根据建筑的类别、人流密度及建筑物的重要性等综合考虑。

5）光伏玻璃幕墙组件连接电缆应选用光伏电缆。

（4）直流电缆导体截面的选择除符国家标准规定外，还应符合根据下列要求确定的导体截面的最大值。

1）载流量应大于过电流保护电器的额定值或表6-6规定的用于直流电缆或其他直流设备选型的最小电流值。

2）根据电缆敷设环境温度、位置和敷设方法，考虑载流量校正系数。

3）在系统额定功率状态下，光伏幕墙系统直流侧的线路电压降应不大于3%。

2. 电缆连接器

光伏玻璃幕墙组件连接电缆连接器应符合下列要求：

（1）采用符合 GB/T 20047－1《光伏（PV）组件安全鉴定 第1部分：结构要求》规定的电连接器。

（2）用于室外的电连接器防护等级应不低于 IP55。

（3）采用相同厂商的同类型的公母头相互连接。

（4）不应采用用于连接家用设备和交流低压电源的插头和插座。

四、电缆布线

1. 一般要求

（1）布线系统应符合现行行业标准 JGJ 16《民用建筑电气设计规范》、现行国家标准 GB 16895.6《建筑物电气装置 第5部分：电气设备的选择和安装 第52章：布线系统》和 GB 50217《电力工程电缆设计规范》的规定及其他国家、行业标准的规定。

（2）布线系统应符合下列规定。

1）安全、隐蔽、集中布置，建筑外观整齐，易于安装维护。

2）应能承受预期的外部环境影响，如高温、低温、太阳辐射等，避免电缆遭受机械外力、过热、腐蚀等危害。

3）在满足安全条件的前提下应保证电缆路径最短。

4）新建建筑应预留光伏幕墙系统的电缆通道，并宜与建筑本身的电缆通道综合设计。既有建筑增设光伏幕墙系统时，光伏幕墙系统电缆通道应满足建筑结构和电气安全，梯架、托盘及槽盒等电缆通道宜单独设置。

5）直流电缆正负极采用单独导体时，宜靠近敷设。

2. 幕墙内布线

直流电缆在幕墙内布线时，应符合下列规定：

（1）直流电缆不应在光伏玻璃幕墙组件间的胶缝内布线。

（2）直流电缆宜通过幕墙横梁、立柱或副框的开口型腔布线，型腔应通过扣盖扣接密封。

（3）直流电缆也可通过固定在幕墙支承结构上的金属槽盒、金属导管布线。

（4）金属槽盒、金属导管以及幕墙横梁、立柱、副框的布线型腔内光伏电缆的截面利用率不宜超过40%。

3. 连接

（1）光伏玻璃幕墙组件连接电缆宜用规定的电缆连接器连接。

（2）金属槽盒和金属导管的连接处，不得设在穿楼板或墙壁等孔处。

（3）幕墙横梁、立柱以及金属槽盒的电缆引出孔应采用机械加工开孔方法并进行去毛刺处理，管孔端口应采取防止电缆损伤的措施。

4. 接线盒

（1）光伏玻璃幕墙组件接线盒的位置宜由光伏玻璃幕墙组件的安装方式确定。

（2）点支式、隐框式幕墙宜采用背面接线盒，明框式、半隐框式幕墙宜采用侧边接线盒。

5. 汇流设备布线

光伏汇流设备布线应符合下列要求。

（1）直流电缆未经导管进出光伏汇流设备时，应采用防水端子等方式连接以防止电缆在内部断开并保持设备的外壳防护等级。

（2）光伏汇流设备内正极和负极导体应隔离。

（3）进入光伏汇流设备的导体应按极性分组或按回路编号配对。

6. 标示

在直流电缆与其他布线系统可能发生混淆的地方，应提供适当的标识并符合下列要求：

（1）印有光伏或直流标识的直流电缆，其标识应清晰、耐擦除且符合规范的规定。

（2）无光伏或直流标识的直流电缆，宜附加印有“SOLAR D. C.”等字样的彩色标签。标签间隔不宜超过5m，平直布线时，间隔可大于5m但应不超过10m。

（3）当电缆布置在导管或槽盒中时，标签应附着在导管或槽盒的外表面上。

7. 信号线缆

信号线缆（包括控制与通信线缆）布线及接口应符合GB 50311《综合布线系统工程设计规范》中的规定及下列规定。

（1）室外敷设的信号线缆应采用室外型电缆或采取相应的防护措施。

（2）信号线缆应采用屏蔽线，宜避免与电力电缆平行布线。

（3）线路不应敷设在易受机械损伤、有腐蚀性介质排放、潮湿及有强磁场和强静电场干扰的区域，必要时使用金属导管屏蔽。

第四节　嵌入式斜面屋顶的安装

一、斜屋顶

1. 特点

南向斜屋顶BIPV具有较好经济性。

(1) 可以按照最佳角度或接近最佳角度安装，因此可以获得最大或者较大发电量。

(2) 可以采用标准光伏组件，性能好、成本低。

(3) 与建筑物功能不发生冲突。

(4) 光伏发电成本最低或者较低，是光伏系统优选安装方案之一。其他方向（偏正南）次之。

2. 嵌入式结构

嵌入式结构即将光伏系统作为建筑物的一部分替代某些建筑构件。这是一种新型结构，在建筑物设计之初就通过设计、计算，预先做好光伏组件的安装构件，并将组件的安装构件与建筑结构设计为一体，建好之后的光伏系统既具备普通建筑屋顶防雨、遮阳的功能，还可以发电。

光伏系统的成本在建筑设计之初就包含在建材成本里，不需要在建筑物建好之后重新花费安装系统的费用。光伏系统的铺设与建筑主体同步设计、施工、安装，同时投入使用。同时，光伏屋顶系统能更好地利用屋顶面积并且在结构上更安全、可靠，如图 12-18 所示。

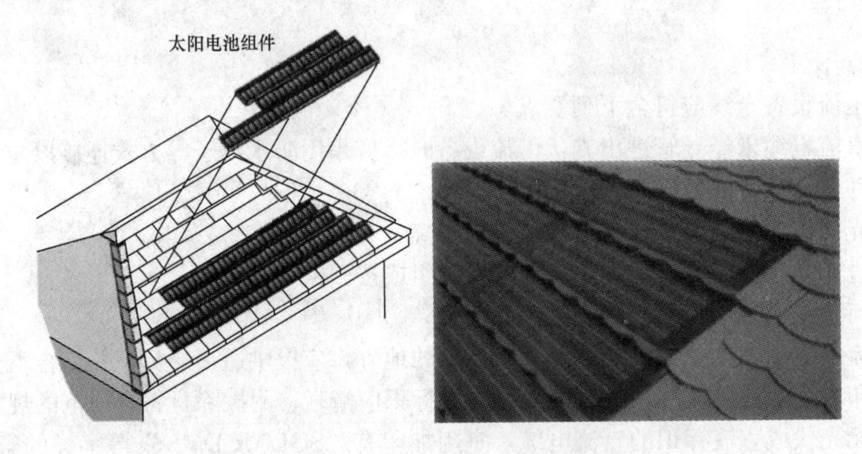

图 12-18 嵌入式结构

顺坡镶嵌式安装是将光伏组件镶嵌在屋面中，组件表面与屋面瓦平齐，这种安装方式对屋面外观影响较小，但组件周边防水面积大背板通风散热不好。

二、薄膜组件安装

1. 薄膜组件

薄膜组件的外形如图 12-19 所示。

2. 安装形式

用于薄膜组件在屋顶上嵌入式安装，安装完以后，太阳能组件上表面与周边的瓦片平面基本等高，整个屋顶看上去更加协调美观，如图 12-20 所示。

铝导轨上需要集成导水槽，用以排水。各接缝处都需要进行针对性设计，保证密封性。在薄膜组件的安装上部和两边安装不锈钢挡水板，如图 12-21 所示。

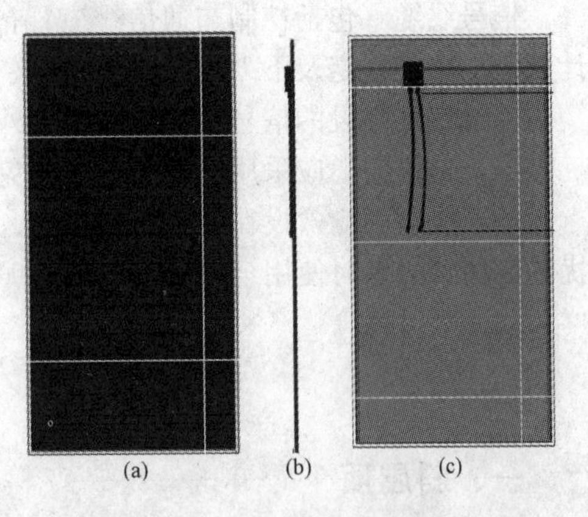

图 12-19 薄膜组件接线
(a) 前视图；(b) 右视图；(c) 后视图

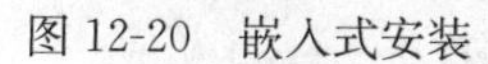

图 12-20　嵌入式安装

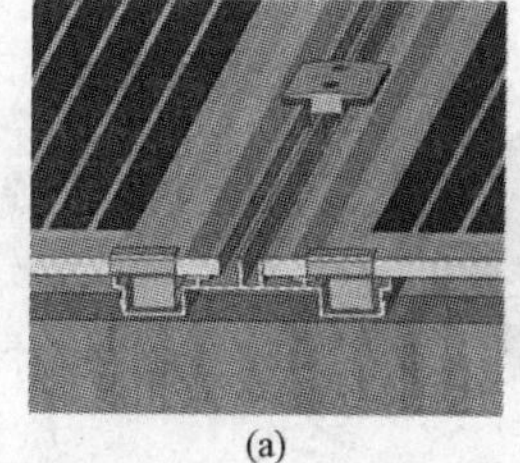

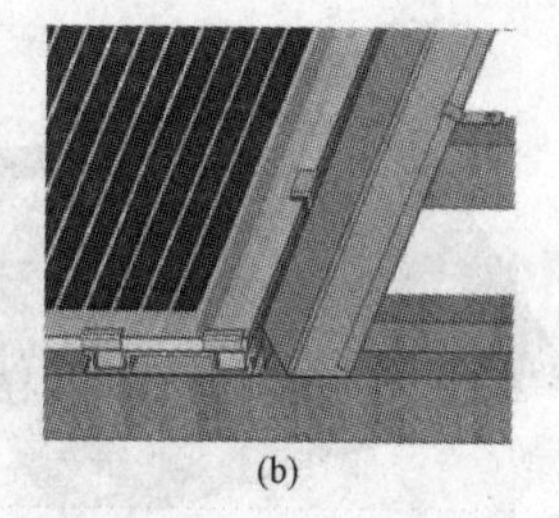

图 12-21　组件固定与防水

(a) 组件的固定；(b) 组件侧边的固定及防水

3. 安装要求

(1) 使用专用夹具把薄膜组件固定在轨道上。

(2) 上层轨道和下层轨道垂直交叉连接固定，如图 12-22 所示。

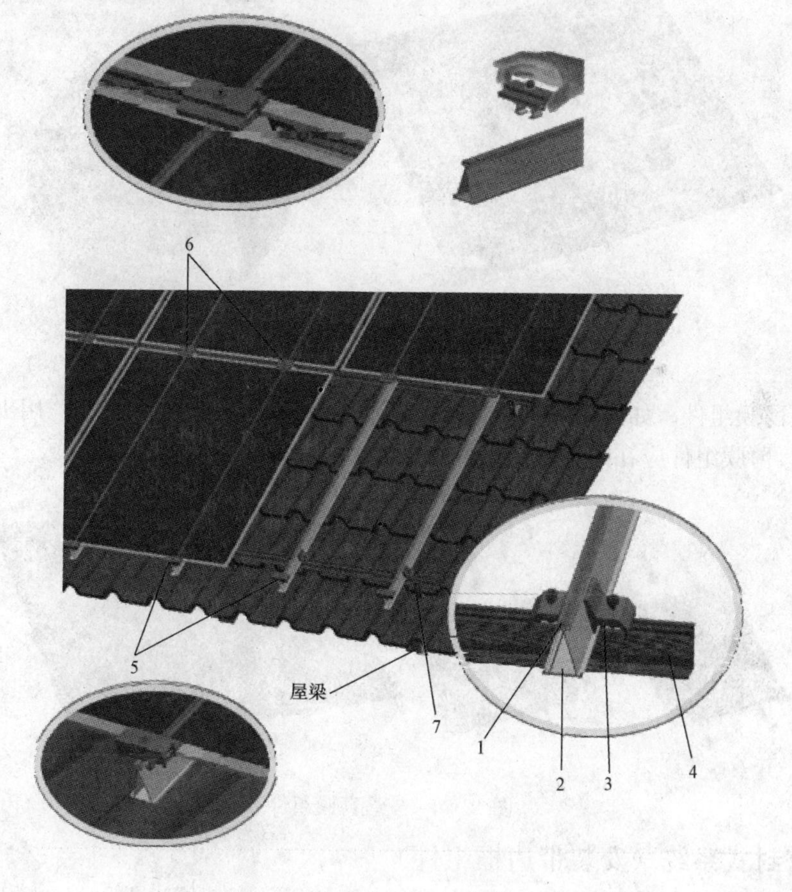

图 12-22　轨道垂直交叉连接固定

1—橡胶垫；2—上层轨道；3—轨道压块；4—下层轨道；

5—侧组件夹具；6—中间组件夹具；7—屋顶挂钩

1) 安装屋梁挂钩。在合适的位置安装屋梁挂钩，如图 12-23 所示。

2) 安装下层轨道。通过屋梁挂钩将下层轨道安装在屋顶上，如图 12-24 所示。

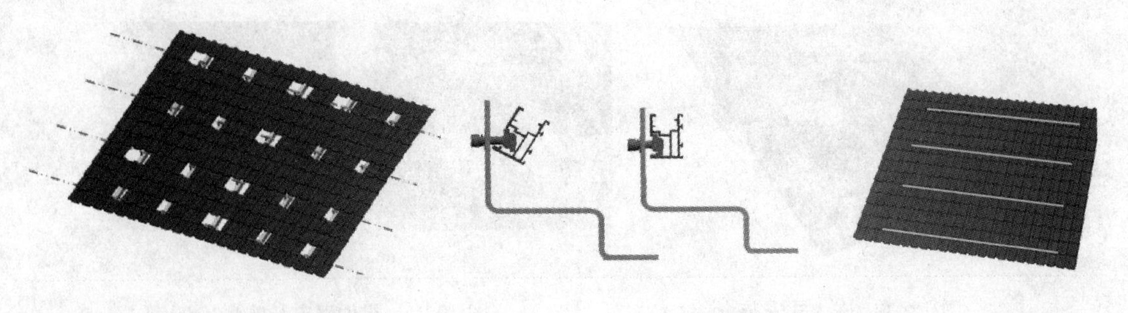

图 12-23　安装屋梁挂钩　　　　图 12-24　安装下层轨道

3）安装上层轨道。将上层轨道通过轨道压块与安装好的下层轨道垂直交叉连接，如图 12-25 所示。

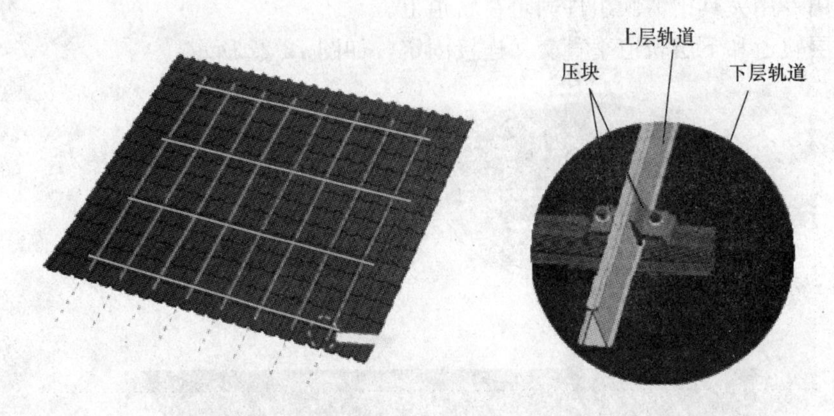

图 12-25　安装上层轨道

4）安装薄膜组件。如图 12-26 所示。将薄膜组件安装在上层轨道上，用夹具固定。需要注意的是，薄膜组件应在两根轨道上对称放置。

图 12-26　安装薄膜组件

三、密封式系统（安装带边框组件）

用于多晶硅组件在屋顶上嵌入式安装。在太阳能组件下面铺设带导水槽的铝导轨，固定以后，组件之间的缝隙用密封橡胶封牢，如图 12-27 所示。

铝导轨上集成了导水槽，用以排水，组件之间的缝隙直接用涂上胶水的橡胶条密封，在组件的上部和两边安装不锈钢挡水板，如图 12-28 所示。

值得注意的是密封橡胶会老化，影响密封性，应定期检查。

图 12-27 带边框组件嵌入式安装

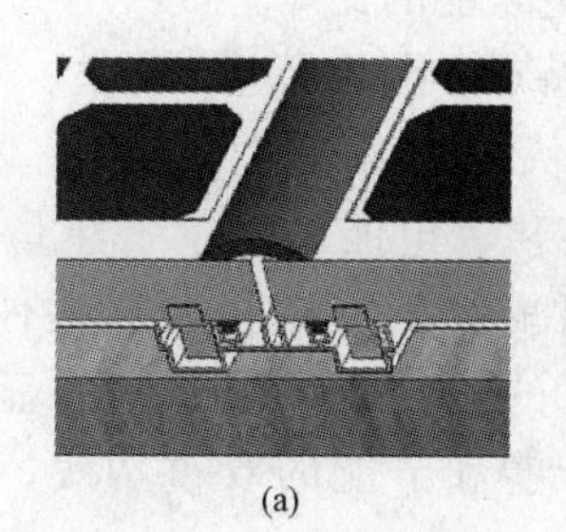
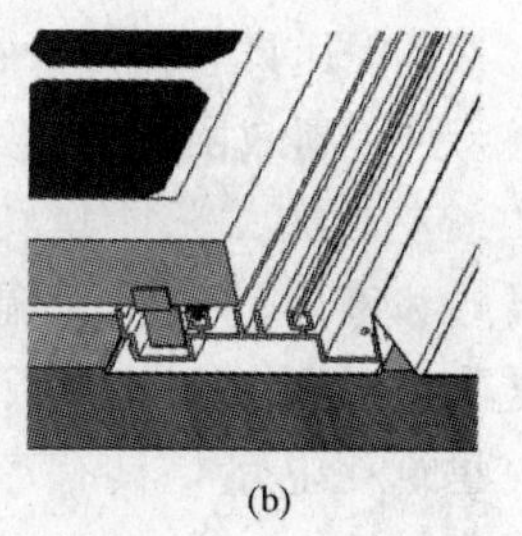

(a) (b)

图 12-28 组件安装
(a) 连接；(b) 边框

四、排水式系统（安装带边框组件）

可用于多晶硅组件或者薄膜组件，在屋顶上嵌入式安装。在需安装太阳能组件的整个区域下面铺设排水板用以防水。排水板是一种结晶度高、非极性的热塑性树脂，无味、无毒，化学性能稳定，如图 12-29 所示。

大面积铺放排水板，防水性能好，在组件两边安装不锈钢挡水板，如图 12-30 所示。

图 12-29 排水式系统

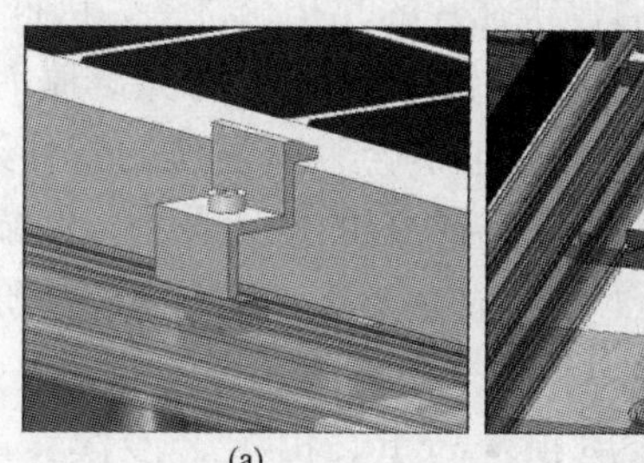

(a) (b)

图 12-30 组件固定与连接
(a) 组件固定方式；(b) 与屋顶的连接

第五节 屋顶光伏瓦的安装

一、光伏瓦

光伏瓦安装就是用属于建材型光伏构件的光伏瓦替代传统的瓦片，做法与传统的瓦屋面相同。这种做法是将光伏组件视为建筑不可分割的构件，实现了光伏建筑的一体化。

1. 结构

(1) 光伏瓦是把光伏组件嵌入支撑结构，使光伏组件和建筑材料结为一体，直接应用于屋顶，和普通屋面瓦一样安装在屋面结构上。光伏瓦屋顶是带有光伏发电功能的屋顶。光伏瓦屋顶组件可用于光伏瓦屋顶的光伏组件。

(2) 光伏瓦屋顶方阵由若干个光伏瓦屋顶组件在机械和电气上按一定方式组装在一起形成的屋顶阵列。

2. 性能要求

光伏瓦是采用合成材料（工程材料）制作的瓦片通过自动化安装工艺与晶硅太阳能模组

结合，形成具有光伏发电功能的瓦片。

光伏瓦具有的四大特点：隔热保温、防水、发电、寿命长。

（1）高效隔热。光伏瓦与建筑屋面实现一体化融合，利用太阳可见光照射发电，将20%左右的太阳能量转化为电能，减少了热量在建筑屋面的积聚量，使传导至建筑保温层和室内的热量大幅减少20%以上。这是任何一种隔热材料所无法比拟的。因此在夏季高温天气，光伏瓦的隔热效果是非常明显的，可以大幅减低空调的使用频率，减少建筑耗电量，具有产能和节能的双重功效，是建筑节能的理想选择，是新一代的绿色建材。

（2）一次防水。光伏瓦通过专业的互搭边角、防水线、挡风线设计，确保瓦片在一般风雨天气具有良好的防雨水渗漏功能，因此光伏陶瓷瓦屋顶具有良好的一次防水性能。在暴风雨天气，由于大风抽真空的特性，则需要在屋面下层做二次防水处理，主要是防止大风在屋面内自由流动造成真空，使雨水倒灌屋面。

（3）发电。能发电的光伏瓦将光伏电池模组与带有镂空平台的瓦片完美地结合起来，在保持建筑原有的建筑风格的基础上，具备光伏电池组件的发电功能。

（4）寿命长。光伏瓦用于屋顶建设，使用寿命可达50年以上。由于光伏瓦的渗水率小于0.5%，是普通建筑瓦片的几十分之一，因此水分很难渗透到瓦片内部，这样就不会因为天气寒冷时，水分在瓦片内部结冰，导致膨胀而缩短瓦片的使用寿命。由于采用了抗紫外线照射的独特配方，瓦片也不会因为强烈的紫外线照射而迅速老化。因此与普通建筑瓦片相比，光伏陶瓷瓦具有三倍左右的使用寿命，大幅减少建筑生命周期内更换瓦片的频次，节省了材料成本和人工更换成本，具有良好的经济价值。

3. 应用场所

新农村民居屋顶，岛上、山上、沙漠、草原等电力不易送达的地方，如图12-31所示。

二、类型

1. 薄膜电池瓦

弯曲的薄膜太阳能光伏屋顶瓦，融入传统黏土瓦片，以粘土瓦片的外形为基础，在其上粘合弹性的太阳能发电模组，在瓦片的边缘通过导线将电能汇集到接线盒，通过接线盒和其他的太阳能屋顶瓦连接。安装时将太阳能屋顶瓦固定在屋顶预先敷设的固定支架上即可，如图12-32所示。

2. 晶体硅太阳能屋顶瓦

晶体硅太阳能屋顶瓦将光伏电池与房屋的屋面瓦结合在一起，受晶体硅弯曲度的限制，目前应用最多的晶体硅屋顶瓦主要以平板瓦为主，如图12-33所示。

晶体硅太阳能屋顶平板瓦按照各地标准瓦的尺寸制作，可以和普通瓦搭配使用，或者在屋顶上单独制作敷设太阳能平板瓦用以发电。

晶体硅太阳能屋顶瓦相对薄膜电池来说转换效率有了大幅度提高，但是从外观来说比较单一，有些设计从边框上下工夫，通过改变外边框的颜色来增加太阳能晶体硅平板瓦的外观效果。

3. 弧形晶体硅太阳能屋顶瓦

为了改善晶体硅太阳能平板屋顶瓦的外观单一性，弧形晶体硅太阳能屋顶瓦采用与传统

(a) (b)

(c)

图 12-31 光伏瓦屋顶

的标准屋顶瓦片相类似的外形结构，其表面采用钢化玻璃作为保护层，采用 UV 辐射固化技术替代传统热层压技术制作，如图 12-34 所示。

图 12-32 薄膜电池屋顶瓦

弧形晶体硅太阳能屋顶瓦外边框为塑料边框，边框边缘部位设计有电源接线盒，该边框一端设计为向下契口，一端设计为向上契口，安装时将瓦式快装组件上、向下契口契咬合为一体即可。契口边框四周设置有螺丝安装孔与上下左右组件相连接时使用，将其咬合后的弧形晶体硅太阳能屋顶瓦用螺丝紧固即可，如图 12-35 所示。

上下契口处均设计有变形弹性支撑片，可根据屋顶正常的变形收缩自行适应尺寸微小的变化而弧形晶体硅太阳能屋顶瓦不产生任何挤裂或者松动现象。同时，在弧形晶体硅太阳能屋顶瓦安组件边框咬合处设计有排水密封水槽，可将雨水迅速排走，可以有效防止雨水、灰尘进入。

弧形晶体硅太阳能屋顶瓦能够代替传统的屋顶瓦使用，可以承受正常屋顶施工人员的重量和抵抗冰雹的冲击。

图 12-33　晶体硅太阳能屋顶瓦

图 12-34　弧形晶体硅太阳能屋顶瓦

三、设计要求

1. 安全

太阳能光伏屋顶瓦敷设在建筑物的最顶端，必须能够经受住外力冲击，例如雨雪、冰雹及一些人为因素等。一般太阳能屋顶瓦采用钢化玻璃，通过严格的力学计算得出的玻璃的厚度。另外，太阳能光伏屋顶瓦用的 PVB 胶片有良好的黏结性、韧性和弹性，具有吸收冲击的作用。即使太阳能光伏屋顶瓦损坏，碎片也会牢牢粘附在 PVB 胶片上，不会脱落四散伤人，从而使产生的伤害可能减少到最低程度，提高建筑物的安全性能。

2. 外观

太阳能光伏屋顶瓦的外观直接影响着建筑物的整体效果，在设计时应该时刻与建筑保持外观一致性，达到与建筑物的完美结合。

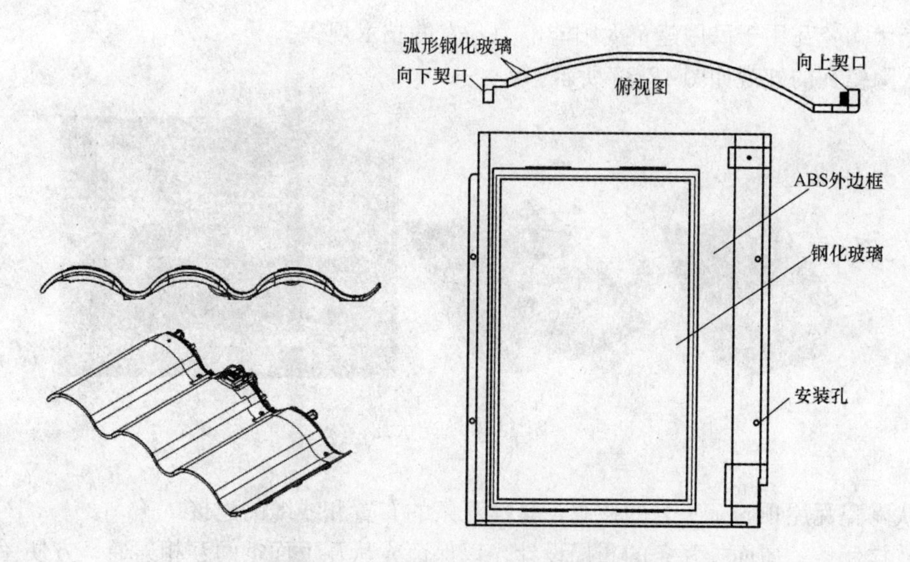

图 12-35　弧形晶体硅太阳能屋顶瓦

3. 功能

太阳能光伏屋顶瓦在建筑上要达到双重功能效果，首先作为能源的转换核心，太阳能光伏屋顶瓦承载着将太阳能转换为电能的重要任务。

另外，太阳能光伏屋顶瓦必须满足普通瓦的功能，即防雨防漏、保温隔热，所以在结构设计和材料选择上必须同时满足以上要求。

4. 结构

在结构设计上要满足安装操作方便的要求，使其安装过程不破坏建筑物原有防护层，安装简单易操作，不需单独配备专业的安装人员及设备，以降低安装成本。

四、光伏陶瓷瓦屋顶安装

1. 光伏陶瓷瓦

光伏陶瓷瓦的核心技术是以陶土为主要原料，使用多种添加材料形成特定配方，通过环境友好型生产工艺制作成具有高强度、高效隔热、高度防渗漏的陶制瓦片，并通过封装工艺与太阳能模组结合，形成的瓦片具有高效散热性能。

光伏陶瓷瓦的核心功能是替代传统建筑瓦片，通过光伏电池的光伏效应，利用建筑坡型屋面，开发太阳能电力。其核心技术包括以下三个方面：

(1) 边框瓦材料。重点解决边框瓦的高强度、低吸水率、低密度和容易成型问题。光伏瓦边框瓦强度达到3000N，是普通瓦片强度的两倍；密度为300～500kg/m^3，是普通瓦片的40%～60%，其阻燃性能达到B1级，抗紫外线老化达240h强紫外线照射无变化，吸水率小于0.5%。

(2) 发电性能优化。光伏电池的发电效率随着温度的升高而下降，通过将瓦片制作成具有传统瓦片边角外形特征的中间镂空凹槽，并形成可以承载光伏模组的平台，从而使光伏模组下面与空气直接接触，可以有效散热；通过挡风线、挡水线、互搭边角的设计，使其具有防水功能；通过三层封胶工艺，实现瓦片的防尘防水等级达到IP65要求。

(3) 光伏陶瓷瓦建筑一体化技术。通过屋面挂瓦条布局结构的设计，使光伏陶瓷瓦屋顶能够高效散热、高效隔热。通过并网逆变技术、远程传输技术、智能计量仪表和管理模式，形成了光伏陶瓷瓦用于民用建筑太阳能电力开发的技术规程。

光伏陶瓷瓦的外观如图 12-36 所示。

图 12-36　光伏瓦

2. 施工

光伏陶瓷瓦屋顶施工工艺的核心，是挂瓦条的布置和线缆的连接。

(1) 挂瓦条。屋面挂瓦条的布局设计，以保证光伏瓦下面空间互相连通、方便屋面散热为原则，并保证光伏瓦的太阳能模组任何部位的温度都不超过 85℃。

光伏瓦屋面挂瓦条的布置形式，如图 12-37 所示。

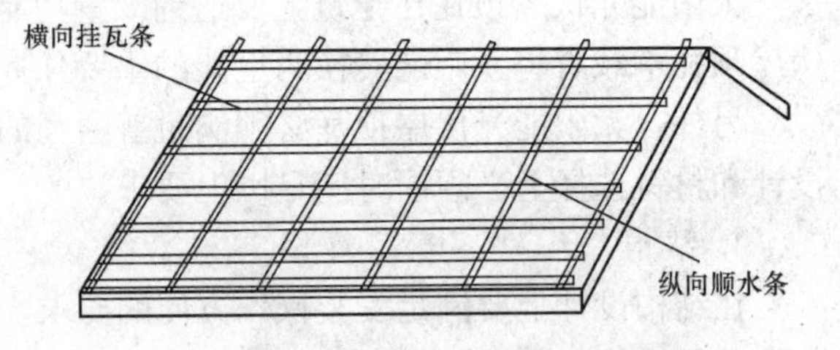

图 12-37　光伏瓦屋面挂瓦条的布置形式

(2) 光伏瓦安装。安装光伏陶瓷瓦屋面应满足以下要求：

1) 光伏瓦适于安装在斜坡屋面上，并符合 GB 50693《坡屋面工程技术规范》的要求，其下设置防水垫层。光伏陶瓷瓦坡屋面倾角以 10°～60°为宜，按照最佳倾角安装。光伏瓦屋面发电系统各组成部分在建筑中的位置应合理，并应满足其所在部位的建筑排水和系统检修、更新与维护的要求。

2) 屋顶形体及空间组合应为光伏瓦接受更多的太阳光照强度、时间创造条件，满足光伏瓦冬至日（晴天）全天有若干小时以上日照时数的要求。

3) 建筑设计应为光伏瓦屋顶发电系统提供安全的安装条件。

4) 靠近脊瓦的一排瓦不宜选用光伏瓦，宜采用同等外形尺寸的配套瓦。

5) 位于建筑屋面两侧的光伏瓦，以上午9：00后和下午 15：00 前能够接受到阳光照射为准，光照不佳的位置采用同等外形尺寸的配套瓦。

3. 电气连接

(1) 线缆的连接。屋面光伏陶瓷瓦线缆的连接如图 12-38 所示。

(2) 瓦片间的连接。瓦片间的连接如图 12-39 所示。

(3) 与汇流电缆的连接。光伏瓦与汇流电缆的连接如图 12-40 所示。

图 12-38　屋面光伏陶瓷瓦线缆的连接

4. 施工注意事项

光伏陶瓷瓦在施工应用中应注意以下事项：

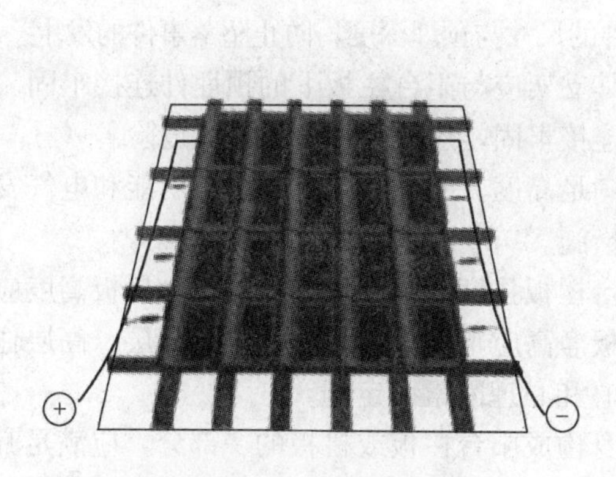
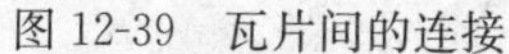

图 12-39　瓦片间的连接

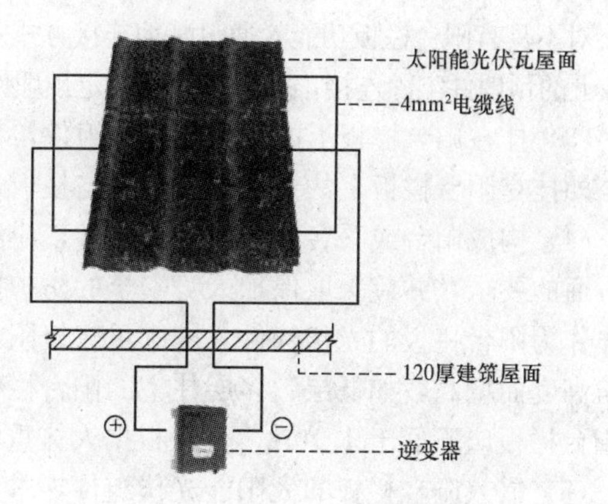

图 12-40　光伏瓦与汇流电缆的连接

（1）根据屋面大样图及坡屋面尺寸，横竖向排光伏陶瓷瓦，保证光伏陶瓷瓦尺寸均匀，符合设计图样要求，光伏陶瓷瓦按横竖尺寸挂线。

（2）安装光伏瓦应根据设计方案确定电路的串并联方式，在瓦片之间进行线路连接时，确定搭扣连接到位。原则上应做到边安装边检测线路连接是否到位，一般以 36 片光伏陶瓷瓦为 1 组进行电压测量，如发现光伏瓦接线端松动或脱落，应及时进行检修。遇到接线盒内点焊未到位造成脱线的，应及时进行瓦片更换。整体光伏瓦安装接线完成后，对其汇流电缆进行电压及电流测量，确定是否符合应有的工作状态。

（3）固定光伏瓦：在每一分段或分块内的光伏陶瓷瓦，均为自下而上粘贴。从最下一层砖下皮的位置线先稳好靠尺，以此托住第 1 层光伏陶瓷瓦。在光伏陶瓷瓦外皮上口拉水平通线，作为粘贴的标准。卧瓦层宜采用 1∶3 水泥砂浆粘贴，砂浆厚度为 30mm，贴上后用灰铲柄轻轻敲打，使之附线，并用靠尺通过标准点调整瓦的平整度和垂直度。光伏陶瓷瓦的最下面一层和最上面一层，用水泥钉与挂瓦条固定。

（4）所有坡屋面屋脊、阴阳角使用的配套瓦切割时，必须做到尺寸准确。

（5）待大面积光伏陶瓷瓦施工完毕后，用靠尺检查琉璃瓦的垂直、平整度，用小钉锤检查光伏陶瓷瓦是否存在空鼓。

第六节　光　伏　遮　阳

一、建筑要求

利用建筑的阳台、空调栏板、露台、遮阳挑板等功能性构件设置光伏组件，应与建筑立面统一协调。在阳台或平台上安装光伏组件应符合下列规定：

（1）安装在阳台或平台栏板上的光伏组件应有适当的倾角，具体角度应充分考虑最佳日照角以及栏板外观造型等综合因素来确定。

低纬度地区由于太阳高度角较小，安装在阳台栏板上的光伏组件或直接构成阳台栏板的光伏构件应有适当的倾角，以接受较多的太阳光。

（2）设置在阳台（露台）上的太阳能光伏组件，其支架应与阳台（露台）地面预埋件连接牢固，并应在地脚螺栓周围做防水密封处理。

对不具有阳台栏板功能，通过其他连接方式安装在阳台栏板上的光伏组件，其支架应与阳台栏板上的预埋件牢固连接，并通过计算确定预埋件的尺寸与预埋深度，防止坠落事件的发生。

(3) 挂在阳台栏板上的太阳能光伏组件，其支架应与阳台栏板上的预埋件连接牢固。

外挂在阳台栏板上的光伏组件，应与栏板连接牢固，避免组件脱落造成危险。

(4) 构成阳台或平台栏板的光伏构件，应满足高度、刚度、强度、防护功能和电气安全等方面的要求，并应采取保护人身安全的防护措施。

作为阳台栏板的光伏构件，应满足建筑阳台栏板强度及高度的要求。阳台栏板高度应随建筑高度而增高，如低层、多层住宅的阳台栏板净高应不低于1.05m，中、高层，高层住宅的阳台栏板应不低于1.10m，这是根据人体重心和心理因素而定的。

(5) 嵌入阳台栏板的太阳能光伏组件，本身构成阳台栏板或栏板的一部分，应满足其刚度、强度及防雷、抗风、抗震等围护和防护功能要求。

光伏组件背面温度较高，或电气连接损坏都可能会引起安全事故（儿童烫伤、电气安全），因此要采取必要的保护措施，避免人身直接触及光伏组件。

二、遮阳设计

建筑遮阳的目的在于阻断直射阳光透过玻璃进入室内，防止阳光过分照射和加热建筑围护结构，防止直射阳光造成的强烈眩光。

在所有的被动式节能措施中，建筑遮阳也许是最为有效的方法之一。

1. 分类

外遮阳板分为自动跟踪和固定两种类型。

(1) 自动跟踪就是可以根据太阳高度角方位角的变化自动跟踪，实现最大化的发电功率。

(2) 固定就是根据建筑地理位置设计好它的最佳朝阳角度，以达到最大的平均发电功率，从而获得更加高的性价比。

传统的建筑遮阳构造一般都安装在侧窗、屋顶天窗、中庭玻璃顶，类型有平板式遮阳板(木质、布帘、百叶等)、布幔、格栅、绿化植被等。

随着建筑的发展，幕墙产品的更新换代，外遮阳系统也在功能上和外观上不断地创新，从形式上划分为水平式遮阳、垂直式遮阳、挡板式遮阳和综合式遮阳四类。如图12-41所示。

2. 水平遮阳

水平遮阳时要仔细考虑不同季节、不同时间的阴影变化。在低纬地区或夏季，由于太阳高度角很大，建筑的阴影很短，水平遮阳可以达到很好的遮阳效果。

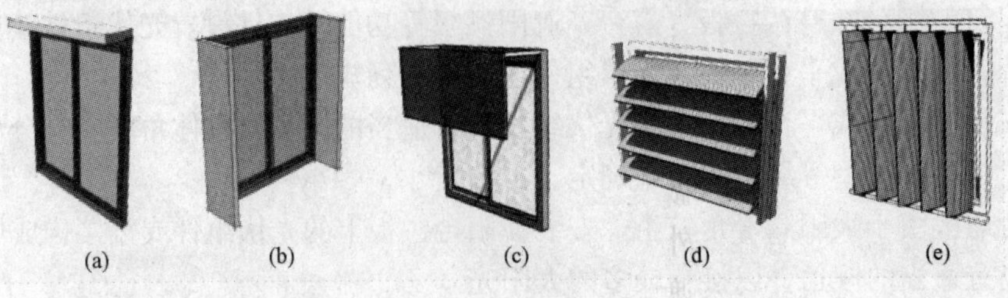

图12-41 遮阳型式

(a) 水平式；(b) 垂直式；(c) 挡板式；(d) 横百叶挡板式；(e) 竖百叶挡板式

在窗的上方设置一定宽度的遮阳板，能够遮挡高度角较大的从窗户上方照射下来的阳光。适用于窗口朝南及其附近朝向的窗户。

光伏水平遮阳通常设置在遮阳板的上方，受阳光直射，发电功效较高，如图 12-42 所示。

图 12-42　水平遮阳

利用冬季、夏季太阳高度角的差异来确定合适的出檐距离，使得屋檐在遮挡住夏季灼热阳光的同时又不会阻隔冬季温暖的阳光。

3. 垂直遮阳

设于玻璃前之凸出板的垂直式遮阳，能有效地遮挡角度较小的，从玻璃窗侧斜射进来的阳光。但对于角度较大的，从玻璃窗上面射下来的阳光，或接近日出、日没时平射的阳光，它不起遮挡作用。

决定垂直遮阳效果的因素是太阳方位角，由于它能够有效地遮挡高度角很低的斜射光线，因此适合用于东南西北四个斜角方向。

光伏垂直遮阳可设置于遮阳板的两侧，能拥有较大的面积设置光伏系统，如图 12-43 所示。

图 12-43　垂直遮阳

4. 挡板

挡板式遮阳能够最有效地遮挡整个窗户部分的阳光，为了兼顾采光和通风，这种遮阳板往往需要移动和开启，进行适当的调节。在窗户的前方离窗户一定距离设置与窗户平行方向的垂直的遮阳板，能够有效地遮挡高度角较小的从窗户正方照射进来的阳光。适用于窗口朝东、西及其附近朝向的窗户。但此种遮阳板遮挡了视线和风，可做成百叶式或活动式的挡板。

光伏挡板建筑遮阳设置在室外，不一定连贯设置。光伏建筑遮阳也可以根据遮阳安装后的活动情况分为固定式光伏建筑遮阳和活动式光伏建筑遮阳两种。光伏建筑遮阳还可以跟建筑室外灯光相结合，成为 LED 光伏建筑遮阳，如图 12-44 所示。

图 12-44　光伏遮阳板

5. 混合遮阳

混合遮阳是以上两种遮阳板的综合，能够遮挡高度角较大的从窗户上方照射下来的阳光，也能够遮挡高度角较小的从窗户两侧斜射进来的阳光。遮阳效果比较明显。适用于南向、东南向及西南向的窗户。

参考文献

[1] 李英姿．太阳能光伏并网发电系统设计与应用[M]．北京：机械工业出版社，2014.

[2] Roger A. Messenger，Jerry Ventre. 光伏系统工程[M]. 3版．王一波，廖华，译．北京：机械工业出版社，2012.

[3] 杨洪兴．光伏建筑一体化工程[M]．北京：中国建筑工业出版社，2012.

[4] 李现辉，郝斌．太阳能光伏建筑一体化工程设计与案例[M]．北京：中国建筑工业出版社，2012.

[5] 张兴，曹仁贤，等．太阳能光伏并网发电及其逆变控制[M]．北京：机械工业出版社，2011.

[6] 李钟实．太阳能光伏发电系统设计施工与应用[M]．北京：人民邮电出版社，2012.

[7] 杨金焕，于化丛，葛亮．太阳能光伏发电应用技术[M]. 2版．北京：电子工业出版社，2013.

[8] 国家电网公司．分布式电源接入系统典型设计：接入系统分册[M]．北京：中国电力出版社，2014.

[9] 国家电网公司．分布式电源接入系统典型设计：送出线路分册[M]．北京：中国电力出版社，2014.

[10] 杨勇，赵波，葛晓慧，等．分布式光伏电源并网关键技术[M]．北京：中国电力出版社，2014.

[11] 中华人民共和国住房和城乡建设部．GB/T 50865—2013 光伏发电接入配电网设计规范[S]．北京：中国计划出版社，2014.

[12] 中华人民共和国能源行业标准．NB/T 32016—2013 并网光伏发电监控系统技术规范[S]．北京：中国电力出版社，2014.

[13] 中华人民共和国住房和城乡建设部．JGJ 203—2010 民用建筑太阳能光伏系统应用技术规范[S]．北京：中国建筑工业出版社，2010.

[14] 国家能源局．NB/T 32005—2013 光伏发电站低电压穿越检测技术规程[S]．北京：中国电力出版社，2014.

[15] 中华人民共和国国家质量监督检验检疫总局．GB/T 19939—2005 光伏系统并网技术要求[S]．北京：中国标准出版社，2006.

[16] 中华人民共和国住房和城乡建设部．JGJ/T 264—2012 光伏建筑一体化系统运行与维护规范[S]．北京：中国建筑工业出版社，2012.

[17] 国家能源局．NB/T 32006—2013 光伏发电站电能质量检测技术规程[S]．北京：中国电力出版社，2014.

[18] 国家能源局．NB/T 32012—2013 光伏发电站太阳能资源实时监测技术规范[S]．北京：中国电力出版社，2014.

[19] 国家能源局．NB/T 32004—2013 光伏发电并网逆变器技术规范[S]．北京：中国电力出版社，2014.

[20] 国家能源局．NB/T 32015—2013 分布式电源接入配电网技术规定[S]．北京：中国电力出版社，2014.

[21] 国家电网公司．Q/GDW 667—2011 分布式电源接入配电网运行控制规范[S]．北京：中国电力出版社，2012.

[22] 北京鉴衡认证中心．CGC/GF 020：2012 用户侧并网光伏电站监测系统技术规范[S]．北京：北京鉴衡认证中心，2012.

[23] 中华人民共和国国家质量监督检验检疫总局．GB 29551—2013 建筑用太阳能光伏夹层玻璃[S]．北京：中国标准出版社，2013.

[24] 中华人民共和国国家质量监督检验检疫总局．GB/T 29759—2013 建筑用太阳能光伏中空玻璃[S]．北

京：中国标准出版社，2014.
[25] 中华人民共和国国家质量监督检验检疫总局．GB/T 13593.6—2013 低压熔断器 第6部分 太阳能光伏系统保护用熔断体的补充要求[S]. 北京：中国标准出版社，2013.
[26] 中国电器工业协会．CEEIA B218.1—2012 光伏发电系统用电缆 第1部分：一般要求[S]. 北京：中国电器工业协会，2010.
[27] 广东电网公司．广电市〔2014〕6号附件2广东电网公司分布式光伏发电接入计量方案(试行)[S]. 广州：广东电网公司，2014.
[28] 北京鉴衡认证中心．CGC/GF020：2012 用户侧并网光伏电站监测系统技术规范[S]. 北京：北京鉴衡认证中心，2012.
[29] 中华人民共和国住房和城乡建设部．GB 50057—2010 建筑物防雷设计规范[S]. 北京：中国计划出版社，2011.
[30] 谢小林．太阳能光伏发电系统直流保护探讨[J]. 太阳能，2013(23)，42-47.
[31] 王国忠，张正，刘璇璇．浅析低压电器在光伏发电系统的适用性[J]. 太阳能，2014(02)，37-41.
[32] 吕芳，马丽云．建筑光伏系统工程设计要点研究[J]. 电气技术与自动化，2010，39(5)，159-161.
[33] 谭进，曾祥学，涂博瀚，等．光伏系统雷电防护措施研究[J]. 水电能源科学，2012，30(5)，136-138.
[34] 黄海．光伏电站中的逆功率保护功能[J]. 太阳能，2013(23)，42-47.
[35] 曹阳．隔离开关在光伏系统直流侧的应用[J]. 低压电器，2011(1)，35-37，44.
[36] 李晓辉．分布式电源对配电网继电保护影响的研究[D]. 北京：华北电力大学，2011.
[37] 王冬，温玉刚，苗向阳．光伏建筑一体化(BIPV)及光伏玻璃组件介绍[J]. 门窗，2009(08)，12-15.
[38] 雷一，赵争鸣．大容量光伏发电关键技术与并网影响综述[J]. 电力电子，2010(03)，16-23.
[39] 王鹏，林涛，纪坤华．分布式光伏电源接入配电网的安全防护[J]. 华东电力，2013，41(11)，2344-2347.
[40] 陈炜，艾欣，吴涛，等．光伏并网发电系统对电网的影响研究综述[J]. 电力自动化设备，2013，33(2)，26-32，39.
[41] 龙文志．屋面光伏组件的安装方式及其对屋面的要求[J]. 中国建筑防水，2013(23)，25-30.
[42] 许正梅．分布式光伏电源接入配电网对电能质量的影响及对策[D]. 北京：华北电力大学，2012.
[43] 陈琨．高校太阳能光伏屋面电站的设计、安装及并应用研究[D]. 济南：山东建筑大学，2013.
[44] 周颖．光伏并网发电站对配网的影响分析及正负效应综合评估[D]. 重庆：重庆大学，2012.
[45] 李英姿．分布式光伏并网系统运行中存在的问题[J]. 建筑电气．2014(11)：44-50.